[참!쉬움 합격이 참 쉽다!]

02 전기기사, 전기산업기사

이론부터 기출문제까지 한 권으로 끝내는

전력공학

알기 쉬운 기본이론 + 상세한 기출문제 해설

문영철 지음

BM (주)도서출판 성안당

도서 A/S 안내

성안당에서 발행하는 모든 도서는 저자와 출판사, 그리고 독자가 함께 만들어 나갑니다.

좋은 책을 펴내기 위해 많은 노력을 기울이고 있습니다. 혹시라도 내용상의 오류나 오탈자 등이 발견되면 "좋은 책은 나라의 보배"로서 우리 모두가 함께 만들어 간다는 마음으로 연락주시기 바랍니다. 수정 보완하여 더 나은 책이 되도록 최선을 다하겠습니다.

성안당은 늘 독자 여러분들의 소중한 의견을 기다리고 있습니다. 좋은 의견을 보내주시는 분께는 성안당 쇼핑몰의 포인트(3,000포인트)를 적립해 드립니다.

잘못 만들어진 책이나 부록 등이 파손된 경우에는 교환해 드립니다.

저자 문의 : mycman78@naver.com(문영철)

본서 기획자 e-mail : coh@cyber.co.kr(최옥현)

홈페이지 : http://www.cyber.co.kr 전화 : 031) 950-6300

더 이상 쉬울 수 없다! 전력공학

우리나라는 현대사회에 들어오면서 빠르게 산업화가 진행되고 눈부신 발전을 이룩하였는데 그러한 원동력이 되어준 어떠한 힘, 에너지가 있다면 그것이 바로 전기라 생각합니다. 이러한 전기는 우리의 생활을 좀 더 편리하고 윤택하게 만들어주지만 관리를 잘못하면 무서운 재앙으로 변할 수 있기 때문에 전기를 안전하게 사용하기 위해서는 이에 관련된 지식을 습득해야 합니다. 그 지식을 습득할 수 있는 방법이 바로 전기기사 및 전기산업기사 자격시험(이하 자격증)이라고 볼 수 있습니다. 또한, 전기에 관련된 산업체에 입사하기 위해서는 자격증은 필수가 되고 전기설비를 관리하는 업무를 수행하기 위해서는 한국전기기술인협회에 회원등록을 해야 하는데 이때에도 반드시 자격증이 있어야 가능하며 전기사업법 시행규칙 제45조에서도 전기안전관리자 선임자격에 자격증을 소지한 자라고 되어 있습니다. 이처럼 자격증은 전기인들에게는 필수이지만 아직까지 자격증 취득에 애를 먹어 전기인의 길을 포기하시는 분들을 많이 봤습니다.

이에 최단기간 내에 효과적으로 자격증을 취득할 수 있도록 본서를 발간하게 되었고, 이 책이 전기를 입문하는 분들에게 조금이나마 도움이 되었으면 합니다.

이 책의 특징

01 본서를 완독하면 충분히 합격할 수 있도록 이론과 기출문제를 효과적으로 구성하였습니다.

02 이론에 '쌤!코멘트'를 삽입하여 저자의 학습 노하우를 습득할 수 있도록 하였습니다.

03 문제마다 출제이력과 중요도를 표시하여 출제경향 및 각 문제의 출제빈도를 쉽게 파악할 수 있도록 하였습니다.

04 단원별로 유사한 기출문제들끼리 묶어 문제응용력을 높였습니다.

05 기출문제를 가급적 원문대로 기재하여 실전력을 높였습니다.

이 책을 통해 합격의 영광이 함께하길 바라며, 또한 여러분의 앞날을 밝힐 수 있는 밑거름이 되기를 바랍니다. 본서를 만들기 위해 많은 시간을 함께 수고해주신 여러 선생님들과 성안당 이종춘 회장님, 편집부 직원 여러분들의 노고에 감사드립니다.

앞으로도 더 좋은 도서를 만들기 위해 항상 연구하고 노력하겠습니다.

저자 씀

합격 가이드

합격시켜 주는「참!쉬움 전력공학」의 강점

1 10년간 기출문제 분석에 따른 장별 출제분석 및 학습방향 제시

☑ 10년간 기출문제 분석에 따라 각 장별 출제경향분석 및 출제포인트를 실어 학습방향을 제시했다.
또한, 출제항목별로 기사, 산업기사를 구분하여 출제율을 제시함으로써 효율적인 학습이 될 수 있도록 구성했다.

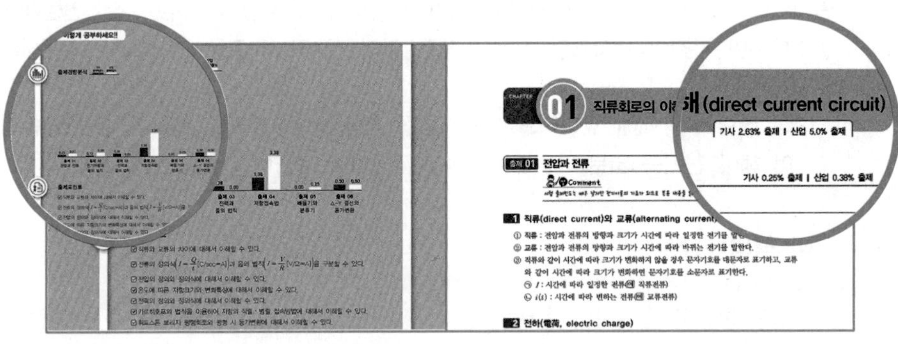

2 자주 출제되는 이론을 그림과 표로 알기 쉽게 정리

☑ 자주 출제되는 이론을 체계적으로 그림과 표로 알기 쉽게 정리해 초보자도 쉽게 공부할 수 있도록 했다.

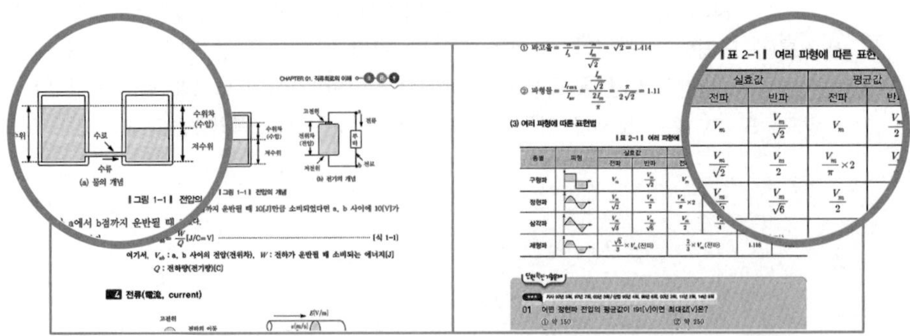

3 이론 중요부분에 '굵은 글씨'로 표시

☑ 이론 중 자주 출제되는 내용이나 중요한 부분은 '굵은 글씨'로 처리하여 확실하게 이해하고 암기할 수 있도록 표시했다.

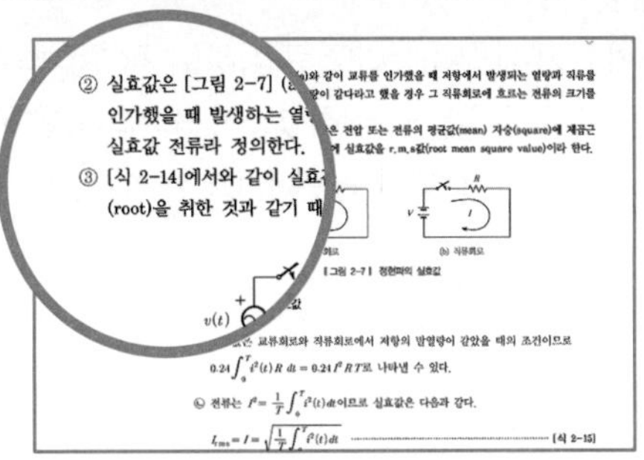

4 단락별로 '단락확인 기출문제' 삽입

☑ 이론 중 단락별로 기출문제를 삽입하여 해당되는 단락이론을 확실하게 이해할 수 있도록 삽입했다.

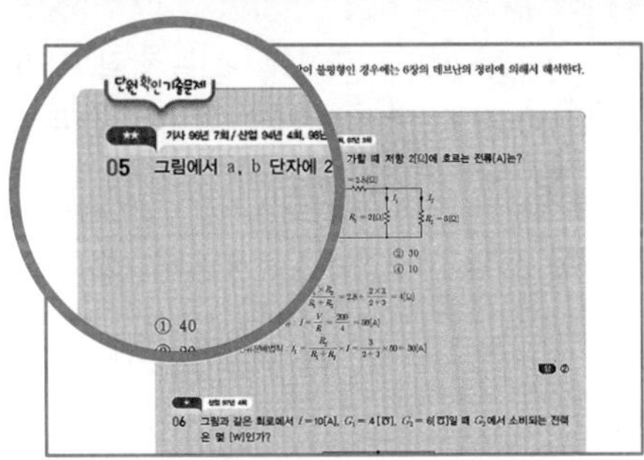

5 좀 더 이해가 필요한 부분에 '참고' 삽입

☑ 이론 내용을 상세하게 이해하는 데 도움을 주고자 부가적인 설명을 참고로 실었다.

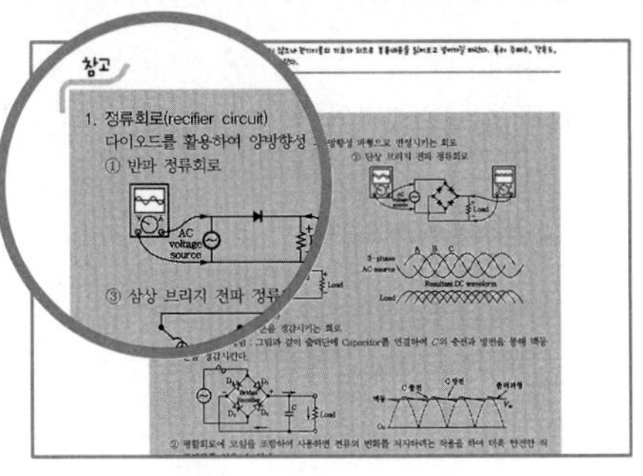

6 문제에 중요도 '별표 및 출제이력' 구성

☑ 문제에 별표(★)를 구성하여 각 문제의 중요도를 알 수 있게 하였으며 출제이력을 표시하여 자주 출제되는 문제임을 알 수 있게 하였다.

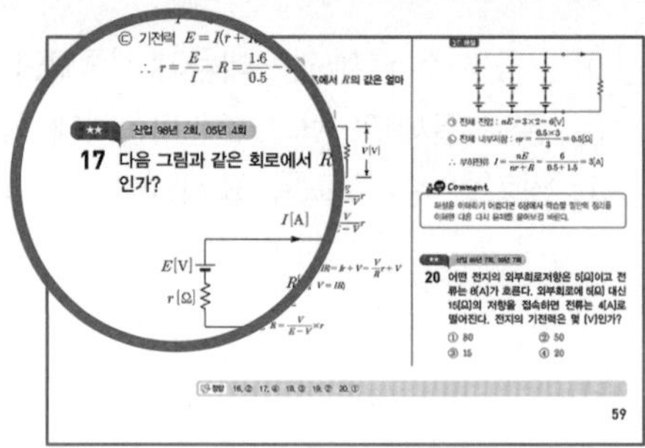

7 '집중공략' 문제 표시

☑ 자주 출제되는 문제에 '집중공략'이라고 표시하여 중요한 문제임을 표시해 집중해서 학습할 수 있도록 했다.

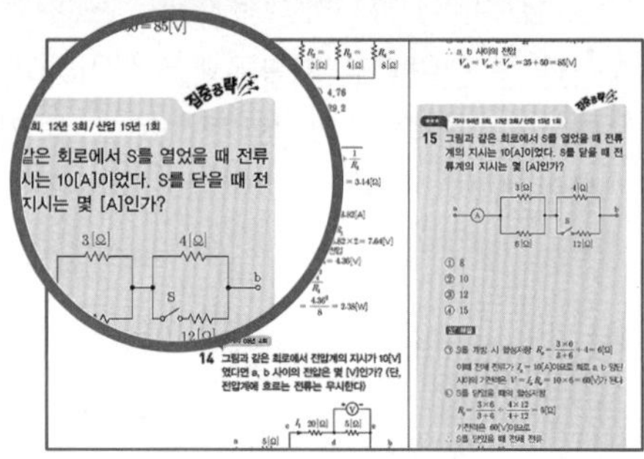

8 '쌤!코멘트' 구성

☑ 이론에 '쌤!코멘트'를 구성하여 문제 해결에 대한 저자분의 합격 노하우를 제시해 학습에 도움을 주었다.

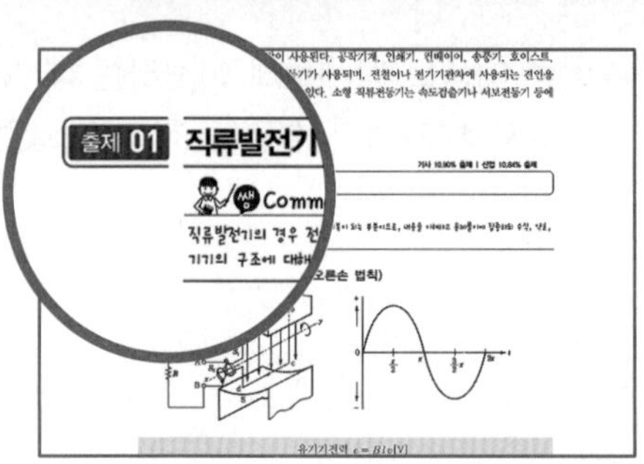

9 상세한 해설 수록

☑ 문제에 상세한 해설로 그 문제를 완전히 이해할 수 있도록 했을 뿐만 아니라 유사문제에도 대비할 수 있도록 했다.

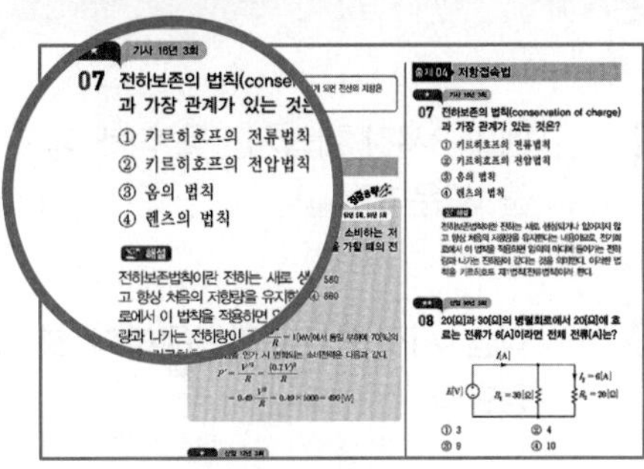

「참!쉬움」 전력공학을 효과적으로 활용하기 위한 **제대로 학습법**

01 매일 3시간 학습시간을 정해 놓고 하루 분량의 학습량을 꼭 지킬 수 있도록 학습계획을 세운다.

02 학습 시작 전 출제항목마다 출제경향분석 및 출제포인트를 파악하고 학습방향을 정한다.

03 한 장의 이론을 읽어가면서 굵은 글씨 부분은 중요한 내용이므로 확실하게 암기한다.

04 이론 중간중간에 '단원확인 기출문제'를 풀어보면서 앞의 이론을 확실하게 이해한다.

05 기출문제에서 헷갈렸던 문제나 틀린 문제는 문제번호에 체크표시(☑)를 해 둔 다음 나중에 다시 챙겨 풀어본다.

06 기출문제에 '별표'나 '출제이력', '집중공략' 표시를 보고 중요한 문제는 확실하게 풀고 '쌤!코멘트'를 이용해 저자의 노하우를 배운다.

07 하루 공부가 끝나면 오답노트를 작성한다.

08 그 다음날 공부 시작 전에 어제 공부한 내용을 복습해본다. 복습은 30분 정도로 오답노트를 가지고 어제 틀렸던 문제나 헷갈렸던 부분 위주로 체크해본다.

09 부록에 있는 과년도 출제문제를 시험 직전에 모의고사를 보듯이 풀어본다.

10 책을 다 끝낸 다음 오답노트를 활용해 나의 취약부분을 한 번 더 체크하고 실전시험에 대비한다.

단원별 **최신 출제비중**을 파악하자!

전기기사

	출제율(%)
제1장 전력계통	3.06
제2장 전선로	5.50
제3장 선로정수 및 코로나 현상	5.43
제4장 송전특성 및 조상설비	10.20
제5장 고장계산 및 안정도	7.73
제6장 중성점 접지방식	6.47
제7장 이상전압 및 방호대책	11.66
제8장 송전선로 보호방식	15.83
제9장 배전방식	7.06
제10장 배전선로 설비 및 운용	13.70
제11장 발 전	13.36
합 계	100%

전기산업기사

	출제율(%)
제1장 전력계통	1.70
제2장 전선로	7.80
제3장 선로정수 및 코로나 현상	7.40
제4장 송전특성 및 조상설비	12.00
제5장 고장계산 및 안정도	6.70
제6장 중성점 접지방식	5.30
제7장 이상전압 및 방호대책	8.20
제8장 송전선로 보호방식	16.70
제9장 배전방식	9.20
제10장 배전선로 설비 및 운용	12.70
제11장 발 전	12.30
합 계	100%

전기자격 시험안내

01 시행처

한국산업인력공단

02 시험과목

구분	전기기사	전기산업기사	전기공사기사	전기공사산업기사
필기	1. 전기자기학 2. 전력공학 3. 전기기기 4. 회로이론 및 제어공학 5. 전기설비기술기준	1. 전기자기학 2. 전력공학 3. 전기기기 4. 회로이론 5. 전기설비기술기준	1. 전기응용 및 공사재료 2. 전력공학 3. 전기기기 4. 회로이론 및 제어공학 5. 전기설비기술기준	1. 전기응용 2. 전력공학 3. 전기기기 4. 회로이론 5. 전기설비기술기준
실기	전기설비 설계 및 관리	전기설비 설계 및 관리	전기설비 견적 및 시공	전기설비 견적 및 시공

03 검정방법

[기사]

- **필기** : 객관식 4지 택일형, 과목당 20문항(과목당 30분)
- **실기** : 필답형(2시간 30분)

[산업기사]

- **필기** : 객관식 4지 택일형, 과목당 20문항(과목당 30분)
- **실기** : 필답형(2시간)

04 합격기준

- **필기** : 100점을 만점으로 하여 과목당 40점 이상, 전과목 평균 60점 이상
- **실기** : 100점을 만점으로 하여 60점 이상

05 출제기준

■ 전기기사, 전기산업기사

주요항목	세부항목
1. 발 · 변전 일반	(1) 수력발전 (2) 화력발전 (3) 원자력발전 (4) 신재생에너지발전 (5) 변전방식 및 변전설비 (6) 소내전원설비 및 보호계전방식
2. 송 · 배전선로의 전기적 특성	(1) 선로정수 (2) 전력원선도 (3) 코로나 현상 (4) 단거리 송전선로의 특성 (5) 중거리 송전선로의 특성 (6) 장거리 송전선로의 특성 (7) 분포정전용량의 영향 (8) 가공전선로 및 지중전선로
3. 송 · 배전방식과 그 설비 및 운용	(1) 송전방식 (2) 배전방식 (3) 중성점접지방식 (4) 전력계통의 구성 및 운용 (5) 고장계산과 대책
4. 계통보호방식 및 설비	(1) 이상전압과 그 방호 (2) 전력계통의 운용과 보호 (3) 전력계통의 안정도 (4) 차단보호방식
5. 옥내배선	(1) 저압 옥내배선 (2) 고압 옥내배선 (3) 수전설비 (4) 동력설비
6. 배전반 및 제어기기의 종류와 특성	(1) 배전반의 종류와 배전반 운용 (2) 전력제어와 그 특성 (3) 보호계전기 및 보호계전방식 (4) 조상설비 (5) 전압조정 (6) 원격조작 및 원격제어
7. 개폐기류의 종류와 특성	(1) 개폐기 (2) 차단기 (3) 퓨즈 (4) 기타 개폐장치

차 례

CHAPTER 01 전력계통

CHAPTER 02 전선로

출제 03 고장전류 및 용량계산

출제 04 안정도

출제 05 송전용량

CHAPTER 06 중성점 접지방식

출제 01 중성점 접지방식의 목적 및 종류

출제 02 송전선로의 중성점 접지방식

CHAPTER 07 이상전압 및 방호대책

CHAPTER 08 송전선로 보호방식

출제 01 보호계전기

출제 02 선로의 개폐장치

출제 03 계기용 변성기

CHAPTER 09 배전방식

출제 01 배전선 계통구성과 운용

출제 02 배전방식의 특성

출제 03 저압 배전방식

출제 04 전력 수요와 공급

출제 05 손실계수와 분산손실계수

CHAPTER 10 배전선로 설비 및 운용

출제 01 변압기설비

출제 02 전압강하의 계산

출제 03 전압강하율, 전압변동률, 전력손실

출제 04 배전선로 전압조정

출제 05 전기방식별 소요전선량 및 전력비

출제 06 역률개선

CHAPTER 11 발 전

출제 01 수력발전

출제 02 화력발전

출제 03 원자력발전

부록 과년도 출제문제

기초이론 및 용어해설

CHAPTER

01

전력계통

기사 3.06% 출제
산업 1.70% 출제

이렇게 공부하세요!!

출제경향분석

	출제 01 전력계통의 용어	출제 02 송·배전 전압	출제 03 표준전압 및 공칭전압	출제 04 송전방식	출제 05 계통의 연계	출제 06 주파수
기사 출제비율 %	출제 없음	출제 없음	0.41	0.57	2.08	출제 없음
산업 출제비율 %	출제 없음	출제 없음	1.10	0.10	0.50	출제 없음

출제포인트

☑ 경제적인 송전전압을 선정하는 스틸식에 대한 문제와 공칭전압의 정의에 대해 알아둔다.

☑ 직류송전방식과 교류송전방식의 각각의 특성에 대해 이해한다.

☑ 계통연계의 필요성과 장단점에 대해 알아둔다.

CHAPTER

01 전력계통

기사 3.06% 출제 | 산업 1.70% 출제

기사 출제 없음 | 산업 출제 없음

출제 01 전력계통의 용어

전력을 발생하는 발전소에서 수용가에 오기까지의 과정을 파악하고 그 시설물의 특성을 이해해야 한다.

1 용어

① 전력계통 : 전기를 생산하고 수용가에 공급하는 전반적인 시설이다.

② 발전설비 : 화력발전소, 원자력발전소, 수력발전소 등의 전력생산시설이다.

③ 수송설비 : 발전설비에서 생산된 전력을 수용장소까지 송전하고 배전하는 송전선로, 변전소, 배전선로 등을 말한다.

④ 수용설비 : 수송배분된 전력을 수용가에서 사용하기 위한 설비이다.

⑤ 운용설비 : 위의 설비들을 효율적으로 관리 및 운용하기 위한 급전·통신 설비이다.

⑥ 송전 : 고전압으로 대전력을 장거리수송하여 발전소 및 변전소를 연결한다.

⑦ 배전 : 저전압으로 소전력을 단거리수송하여 수용가에 전력을 배분이다.

2 송·배전 선로의 구성

(1) 송전선로

대전력의 장거리송전 시 154[kV], 345[kV], 765[kV]의 초고압 송전전압으로 승압하여 수용가 부근의 변전소(1차)에 공급하는 선로이다.

(2) 배전선로

배전용 변전소(3차)에서 배전전압(22.9[kV])으로 낮추어진 전력을 배전용 변압기까지 공급하는 선로이다.

기사 출제 없음 | 산업 출제 없음

출제 02 송·배전 전압

송·배전 선로에서 발생하는 전력손실을 감소시키기 위한 방안을 전력손실식을 통하여 파악하여야 한다.

3상 3선식 선로에서 송·배전 전력이 $P=\sqrt{3}\,VI\cos\theta$[W]일 때 부하전류는 $I=\dfrac{P}{\sqrt{3}\,V\cos\theta}$

[A]이다. 이때, 선로의 전력손실은 $P_l = 3I^2R$[W]로 나타낼 수 있다.

여기서, 부하전류를 전력손실에 대입하면 다음과 같다.

$$P_l = \frac{P^2}{V^2\cos^2\theta}\rho\frac{l}{A}\text{[W]}$$

여기서, V : 선간전압[kV]
I : 부하전류[A]
$\cos\theta$: 역률
P : 전력[W]
k : 선로손실률
l : 송・배전 거리[m]
R : 전선 한 가닥당 저항[Ω]

위 식을 통해 **전력손실은 전압의 제곱에 반비례하고 송・배전 전력은 전압의 제곱에 비례**한다는 것을 알 수 있다. 따라서, 송・배전 시 전압을 높일수록 같은 전선로를 통해 더 많은 전력을 공급할 수 있다.

기사 0.41% 출제 | 산업 1.10% 출제

출제 03 표준전압 및 공칭전압

전력공급을 효과적으로 운용하기 위해 절연비용과 전력손실을 고려하여 합리적인 송・배전 전압을 결정해야 한다.

승압하여 전력을 공급하면 같은 선로를 통해 더 큰 전력을 공급할 수 있어 유리하지만 선로 및 기기의 절연내력이 높아져야 하므로 절연비용이 많이 들게 된다. 따라서, 경제적인 측면을 고려하여 알맞은 송전전압을 결정할 필요가 있다.

1 승압하여 송전할 경우 고려사항

(1) 건설비

① 동일전력 공급 시 전선의 굵기가 얇아져 **전선비용이 절감**된다.
② 애자 및 기기 등의 절연내력이 높아져야 하므로 가격이 비싸진다.
③ 지면과의 이격거리, 전선 상호간의 간격이 커야 하므로 **철탑 등의 지지물비용이 비싸진다.**

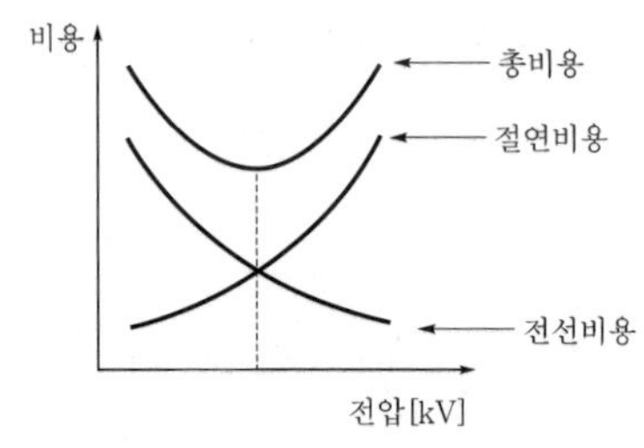

(2) 운용 시 유지비용

송전 시 전력손실이 송전전압의 제곱에 반비례하여 감소한다.

2 경제적인 송전전압 스틸 식(Alfred still)

(1) 경제적인 송전전압

$$E = 5.5\sqrt{0.6l + \frac{P}{100}}\ [\text{kV}]$$

여기서, l : 송전거리[km], P : 송전전력[kW]

단원 확인 기출문제

★★★★★ 산업 94년 2회, 00년 1·5회, 14년 2회

01 다음 식은 무엇을 결정할 때 사용되는 식인가? (단, l은 송전거리[km]이고, P는 송전전력[kW]이다)

$$E = 5.5\sqrt{0.6l + \frac{P}{100}}$$

① 송전전압　　② 송전선의 굵기
③ 역률개선 시 콘덴서의 용량　　④ 발전소의 발전전압

해설 선로길이와 송전전력을 고려하여 경제적인 송전선로의 전압을 선정할 때 사용한다(스틸의 식).

송전전압 $E = 5.5\sqrt{0.6l + \frac{P}{100}}$ [kV]

답 ①

(2) 표준전압

국내에서 사용하고 있는 표준전압에는 공칭전압과 최고 전압이 있다.

① 공칭전압 : **전선로를 대표하는 선간전압을 말하며 일반적으로 전부하상태에서 수전단의 전압이다.**

② 최고 전압 : 전선로에 발생하는 최고의 선간전압이다.

③ **배전전압** : 110, 200, 220, 380, 440, 3300, 6600, 13200, 22900[V]
④ **송전전압** : 22000, 66000, 154000, 220000, 275000, 345000[V]

참고

우리나라 가장 대표적인 공칭전압은 송전전압에서 765[kV]−345[kV]−154[kV], 배전전압에서 22.9[kV]−380[V]/220[V]를 사용할 계획이다.

단원확인기출문제

★★ 산업 99년 3회, 01년 2회

02 3상 송전선로의 공칭전압이란?

① 무부하상태에서 그의 수전단의 선간전압 ② 무부하상태에서 그의 송전단의 상전압
③ 전부하상태에서 그의 송전단의 선간전압 ④ 전부하상태에서 그의 수전단의 상전압

해설 공칭전압이란 전부하상태에서 수전단 선간전압 또는 수전단 상전압으로 표기한다.

답 ④

기사 0.57% 출제 | 산업 0.10% 출제

출제 04 송전방식

현재 전력공급이 교류를 사용하고 있는데 직류송전과 비교하여 장단점을 파악하여 향후 전력공급방향을 고려할 수 있어야 한다.

1 직류송전방식과 교류송전방식의 비교

(1) 교류송전방식의 장점

① **전압의 승압 · 강압이 용이**하다.
② 유도전동기에서 회전자계를 쉽게 얻을 수 있다.
③ 교류방식으로 변압기 및 보호장치들을 이용하여 합리적인 운용이 가능하다.

(2) 직류송전방식의 특성

① 절연계급을 낮춰서 비용절감을 얻을 수 있다.
② 송전 시 효율이 높다.
③ **리액턴스가 없으므로 안정도가 높다.**
④ **표피효과가 나타나지 않으므로 전선에 최대 전력을 공급할 수 있다.**
⑤ 교류계통의 차단용량보다 작다.

⑥ **비동기연계가 가능하다.**

⑦ 순변환 · 역변환 장치가 필요하므로 설비의 가격이 비싸지고 복잡해진다.

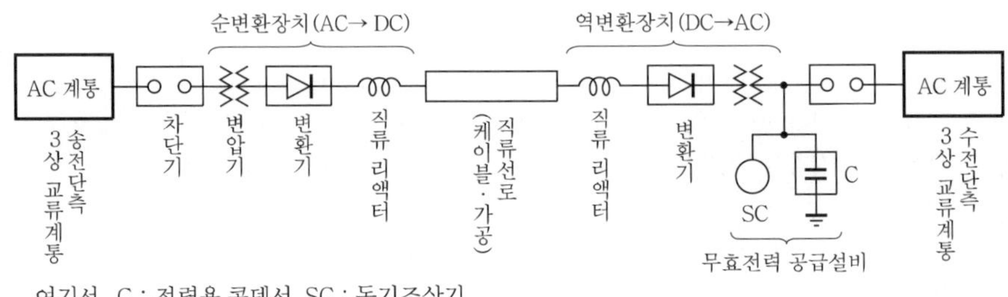

여기서, C : 전력용 콘덴서, SC : 동기조상기

단원 확인기출문제

★★★★ 기사 94년 2회, 99년 5회 / 산업 94년 5회, 00년 3회, 06년 1회, 15년 2회

03 직류송전방식이 교류송전방식에 비하여 유리한 점이다. 틀린 것은?

① 표피효과에 의한 송전손실이 없다.
② 통신선에 대한 유도잡음이 작다.
③ 선로의 절연이 용이하다.
④ 정류가 필요없고 승압 및 강압이 쉽다.

해설 **직류송전방식(HVDC)의 장점**

㉠ 비동기연계가 가능하다.
㉡ 리액턴스 강하가 없으므로 안정도가 높다.
㉢ 절연비가 저감되고, 코로나에 유리하다.
㉣ 유전체손이나 연피손이 없다.
㉤ 고장전류가 적어 계통확충이 가능하다.
④ 직류전력은 전압변성이 어렵고 AC-DC로 변환장치가 필요하다.

답 ④

2 단상 교류와 3상 교류의 비교

① 전선 한 가닥당 송전전력이 크다.
② 회전자계를 쉽게 얻을 수 있어서 회전기기의 사용에 편리하다.
③ 균일한 크기의 송전전력을 얻을 수 있다.

기사 2.08% 출제 | 산업 0.50% 출제

출제 05 계통의 연계

전력공급을 안정적으로 할 수 있도록 계통연계의 특성을 알고 운용 시 주의사항을 숙지하여야 한다.

연계(interconneting system)란 다단자전원망을 병렬화하는 것으로, 다음과 같은 장단점이 있어 모든 계통을 연계시킨다.

1 장점

① 각 전력계통이 유무 상통하여 **전력의 신뢰도를 증가**시킬 수 있으며 첨두부하를 교환하여 부하율을 향상시킨다.
② **부하증가에 대해 배후전력이 커져서** 전압·주파수 변화가 작아지고 전력의 질이 좋아진다.
③ 경제급전이 가능해져서 경제적이다.

2 단점

① 배후전력이 커서 **고장전류가 많아 보호방식이 복잡해진다**.
② 많은 계통이 연결되어 있어 한번 고장이 발생하면 복구가 어렵다.
③ 복잡한 전압조정방식이 필요하다.

기사 출제 없음 | 산업 출제 없음

출제 06 주파수

우리나라의 상용주파수인 60[Hz]의 장단점을 알아둔다.

주파수가 변동하면 전동기속도가 변하므로 주파수는 항상 일정해야 한다. 우리나라의 상용주파수는 60[Hz]인데 외국에서는 50[Hz]를 많이 사용하고 있다. 50[Hz]에 비해 우리가 사용하는 60[Hz]의 특성은 다음과 같다.

1 60[Hz]의 장점

① 전동기의 회전속도가 20[%] 빨라지므로 기기의 크기가 작아진다.
② 철손이 작아지고 특수한 경우 50[Hz]의 기기를 사용할 수 있다.

2 60[Hz]의 단점

① 리액턴스 강하가 커지고 충전전류가 증가하므로 경부하 시 페란티 효과가 커진다.
② 선로의 전압변동률도 커진다.

단원 자주 출제되는 기출문제

★★★★ 산업 94년 2회, 96년 6회, 00년 3회, 04년 2회, 15년 1회, 17년 3회

01 우리나라의 배전방식으로 가장 많이 사용되고 있는 것은?

① 단상 2선식　② 3상 3선식
③ 3상 4선식　④ 2상 4선식

해설
우리나라에서는 3상 4선식을 대표적인 배전방식으로 사용하는데 다음과 같은 특성이 있다.
㉠ 다른 배전방식에 비해 큰 전력을 공급할 수 있다.
㉡ 선로사고 시 사고검출이 용이하다.
㉢ 3상 부하 및 단상 부하에 동시전력을 공급할 수 있다.

★★★ 산업 95년 4회, 99년 3회, 01년 2회

02 변전소의 설치목적이 아닌 것은?

① 경제적인 이유에서 전압을 승압 또는 강압한다.
② 발전전력은 집중연계한다.
③ 수용가에 배분하고 정전을 최소화한다.
④ 전력의 발생과 계통의 주파수를 변환시킨다.

해설
변전소는 전압을 승압 또는 강압하는 곳으로, 계통을 연계하고 조류를 제어한다.

★★ 기사 15년 1회 / 산업 03년 1회, 14년 3회

03 전력계통의 전압을 조정하는 가장 보편적인 방법은?

① 발전기의 유효전력 조정
② 부하의 유효전력 조정
③ 계통의 주파수 조정
④ 계통의 무효전력 조정

해설
조상설비를 이용하여 무효전력을 조정하여 전압을 조정한다.
㉠ 동기조상기 : 진상 · 지상 무효전력을 조정하여 역률을 개선하여 전압강하를 감소시키거나 경부하 및 무부하 운전 시 페란티 현상을 방지한다.
㉡ 전력용 콘덴서 및 분로 리액터 : 무효전력을 조정하는 정지기로, 전력용 콘덴서는 역률을 개선하고, 선로의 충전용량 및 부하 변동에 의한 수전단측의 전압조정을 한다.
㉢ 직렬 콘덴서 : 선로에 직렬로 접속하여 전달 임피던스를 감소시켜 전압강하를 방지한다.

★ 기사 93년 4회

04 전력계통의 전압조정과 무관한 것은?

① 발전기의 조속기(governor)
② 발전기의 전압조정장치
③ 전력용 콘덴서
④ 분로 리액터(shunt reactor)

해설 **전력계통의 전압조정**
㉠ 조상설비를 이용하여 전력계통의 전압조정을 할 수 있는데 조상설비에는 전력용 콘덴서, 분로 리액터 등이 있다.
㉡ 발전기의 조속기는 부하변동에 따른 원동기의 회전속도를 일정하게 유지하기 위한 장치이다.

★★★★★ 기사 92년 3회, 11년 2회 / 산업 05년 1회, 07년 2회, 12년 3회, 14년 1회

05 전송전력이 400[MW], 송전거리가 200[km]인 경우의 경제적인 송전전압은 약 몇 [kV]인가? (단, Still의 식에 의하여 산정한다)

① 57　② 173
③ 353　④ 645

해설
경제적인 송전전압 $E=5.5\sqrt{0.6l+\frac{P}{100}}$ [kV]

$=5.5\sqrt{0.6\times200+\frac{400000}{100}}$

$=353$[kV]

여기서, l : 송전거리[km]
P : 송전전력[kW]

정답 01. ③ 02. ④ 03. ④ 04. ① 05. ③

★ 산업 03년 3회, 18년 2회

06 우리나라에서 현재 사용되고 있는 송전전압에 해당되는 것은?

① 150[kV]　② 220[kV]
③ 345[kV]　④ 500[kV]

해설
현재 우리나라에서 사용되고 있는 표준전압은 다음과 같다.
㉠ 배전전압 : 110, 200, 220, 380, 440, 3300, 6600, 13200, 22900[V]
㉡ 송전전압 : 22000, 66000, 154000, 220000, 275000, 345000, 765000[V]

★★★ 산업 01년 1회, 14년 1회

07 3상 송전선로의 공칭전압이란?

① 그 전선로를 대표하는 최고 전압
② 그 전선로를 대표하는 평균전압
③ 그 전선로를 대표하는 선간전압
④ 그 전선로를 대표하는 상전압

해설
공칭전압이란 KSC 0501에 의해 송전선로의 전압은 선간전압으로 표기한다.

★★ 기사 95년 5회

08 다음 중 우리나라에서 사용하는 공칭전압에서 22000/38000의 의미는?

① 접지전압/비접지전압
② 비접지전압/접지전압
③ 선간전압/상전압
④ 상전압/선간전압

해설
Y결선기준으로
선간전압 = $\sqrt{3}$×상전압
$22000 \times \sqrt{3} = 38000$[V]

★ 산업 92년 6회

09 공칭전압은 그 선로를 대표하는 선간전압을 말하고, 최고 전압은 정상운전 시 선로에 발생하는 최고의 선간전압을 나타낸다. 다음 표에서 공칭전압에 대한 최고 전압이 옳은 것은?

	공칭전압[kV]	최고 전압[kV]
①	3.3/5.7 Y	3.5/6.0 Y
②	6.6/11.4 Y	6.9/11.9 Y
③	13.2/22.9 Y	13.5/25.8 Y
④	22/38 Y	25/45 Y

해설
공칭전압과 계통 최고 전압 사이에는 다음과 같은 관계가 있다.

공칭전압[kV]	3.3	6.6	22.9	66	154	345	765
최고 전압[kV]	3.6	7.2	25.8	72.5	170	362	800

★★★ 기사 93년 2회, 01년 2회

10 송전전압을 높일 때 발생하는 특성 중 옳지 않은 것은?

① 송전전력과 전선의 단면적이 일정하면 선로의 전력손실이 감소한다.
② 절연애자의 갯수가 증가한다.
③ 변전소에 시설할 기기의 값이 고가로 된다.
④ 보수·유지에 필요한 비용이 적어진다.

해설
송전전압이 높아지면 지지물이 높아져 건설비용이 증가하고 코로나 현상 등이 발생하여 선로 및 지지물의 유지·보수 관리비용이 높아진다.

★★★★★ 기사 90년 6회, 96년 2회, 99년 6회, 11년 2회

11 송전선로의 건설비와 전압과의 관계를 나타낸 것은?

①
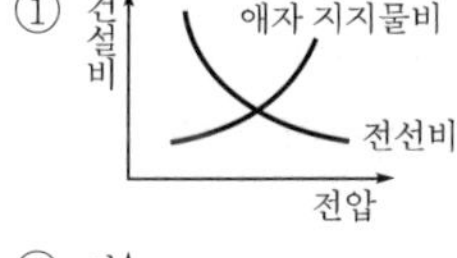

②
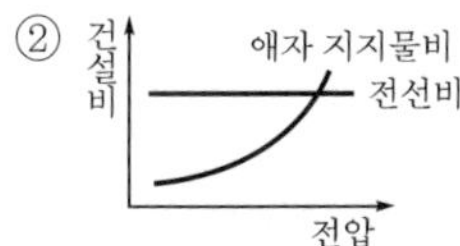

③
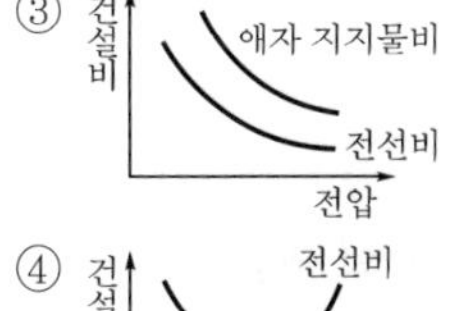

④
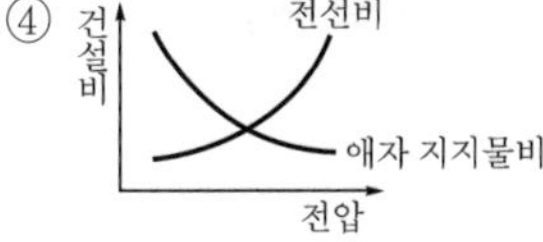

정답 06. ③ 07. ③ 08. ④ 09. ③ 10. ④ 11. ①

해설

송전 시 전압을 높일 때 발생하는 현상은 다음과 같다.
㉠ 전선의 굵기가 가늘어도 된다.
㉡ 절연내력을 높여야 하기 때문에 소요애자의 가격은 비싸진다.
㉢ 전선 상호간 거리를 크게 하여야 하므로 지지물가격은 비싸진다.

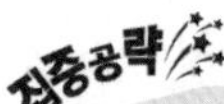

★★★★★ 기사 96년 6회, 98년 4회, 99년 3·7회, 01년 2회, 17년 2회, 19년 2회(유사)

12 교류송전방식에 비하여 직류송전방식의 장점에 해당되지 않는 것은?

① 기기 및 선로의 절연에 필요한 비용이 절감된다.
② 안정도의 한계가 없으므로 송전용량을 전류용량의 한도까지 높일 수 있다.
③ 1선 지락고장 시 인접통신선의 전자유도장해가 작다.
④ 고전압, 대전류의 차단이 용이하다.

해설 **직류송전방식(HVDC)의 장점**
㉠ 비동기연계가 가능하다.
㉡ 리액턴스가 없어서 역률을 1로 운전할 수 있고 안정도가 높다.
㉢ 절연비가 저감되고, 코로나에 유리하다.
㉣ 유전체손이나 연피손이 없다.
㉤ 고장전류가 작아 계통확충이 가능하다.

★★★ 기사 94년 6회, 96년 4회, 13년 1회

13 직류송전방식에 비하여 교류송전방식의 가장 큰 이점은?

① 선로의 리액턴스에 의한 전압강하가 없으므로 장거리송전에 유리하다.
② 지중송전의 경우 충전전류와 유전체손을 고려하지 않아도 된다.
③ 변압이 쉬워 고압 송전이 유리하다.
④ 같은 절연에서 송전전력이 크게 된다.

해설 **교류송전방식의 장점**
㉠ 전압의 승압·강압이 용이하다.
㉡ 유도전동기에서 회전자계를 쉽게 얻을 수 있다.

★★ 기사 01년 1회

14 송전전압을 높일 경우에 생기는 문제점이 아닌 것은?

① 전선 주위의 전위경도가 커지기 때문에 코로나손, 코로나 잡음이 발생한다.
② 변압기, 차단기 등의 절연 레벨이 높아지기 때문에 건설비가 많이 든다.
③ 표준상태에서 공기의 절연이 파괴되는 전위경도는 직류에서 50[kV/cm]로 높아진다.
④ 태풍, 뇌해, 염해 등에 대한 대책이 필요하다.

해설

표준상태(20[℃], 760[mmHg])에서 공기는 직류 30[kV/cm]에서 절연파괴되므로 정현파교류의 경우는 $\frac{30}{\sqrt{2}}=21.1$[kV/cm]에서 절연이 파괴된다.

★ 기사 05년 3회 / 산업 12년 2회

15 송·배전 선로에 대한 다음 설명 중 틀린 것은?

① 송·배전 선로는 저항, 인덕턴스, 정전용량, 누설 컨덕턴스라는 4개의 정수로 이루어진 연속된 전기회로이다.
② 송·배전 선로의 전압강하, 수전전력, 송전손실, 안정도 등을 계산하는 데 선로정수가 필요하다.
③ 장거리 송전선로에 대해서 정밀한 계산을 할 경우에는 분포정수회로로 취급한다.
④ 송·배전 선로의 선로정수는 원칙적으로 송전전압, 전류 또는 역률 등에 의해서 많이 받게 된다.

해설

선로정수는 전선의 종류, 굵기, 배치에 따라 정해지고 전압·전류·역률의 영향은 받지 않는다.

정답 12. ④ 13. ③ 14. ③ 15. ④

★★★★ 기사 03년 1회, 12년 3회, 14년 1회, 16년 2회, 19년 2·3회

16 **각 전력계통을 연락선으로 상호연결하면 여러가지 장점이 있다. 옳지 않은 것은?**

① 각 전력계통의 신뢰도가 증가한다.
② 경제급전이 용이하다.
③ 배후전력(back power)이 크기 때문에 고장이 적으며 영향의 범위가 작아진다.
④ 주파수의 변화가 작아진다.

해설 **연계(interconneting system)**

㉠ 다단자 전원망을 병렬화하는 것으로, 장단점이 있어 모든 계통을 연계시키고 있다.
㉡ 장점
- 각 전력계통이 유무 상통하여 전력의 신뢰도를 증가시킬 수 있으며 첨두부하를 교환하여 부하율을 향상시킨다.
- 부하증가에 대해 배후전력이 커져서 전압, 주파수 변화가 작고 전력의 질이 좋아진다.
- 경제급전이 가능해져서 경제적이다.

㉢ 단점
- 배후전력이 커서 고장전류가 많아 보호방식이 복잡해진다.
- 많은 계통이 연결되어 있어 한번 고장이 발생하면 복구가 어렵다.
- 복잡한 전압조정방식이 필요하다.

★★ 기사 91년 7회, 95년 7회, 11년 1회, 16년 3회

17 **전자계산기에 의한 전력조류계산에서 슬랙(slack) 모선의 지정값은? (단, 슬랙 모선을 기준모선으로 한다)**

① 유효전력과 무효전력
② 전압크기와 유효전력
③ 전압크기와 무효전력
④ 전압크기와 위상차

해설

계통의 조류를 계산하는 데 있어 발전기모선, 부하모선에서는 다같이 유효전력이 지정되어 있지만 송전손실이 미지이므로 이들을 모두 지정해 버리면 계산 후 이 송전손실 때문에 계통 전체에 유효전력에 과부족이 생기므로 발전기모선 중에서 유효전력용 모선으로 남겨서 여기서 유효전력과 전압의 크기를 지정하는 대신 전압의 크기와 그 위상각을 지정하는 모선을 슬랙 모선 또는 스윙 모선이라고 한다.

정답 16. ③ 17. ④

CHAPTER

02

전선로

기사 5.50% 출제
산업 7.80% 출제

이렇게 공부하세요!!

출제경향분석

기사 출제비율 % / 산업 출제비율 %

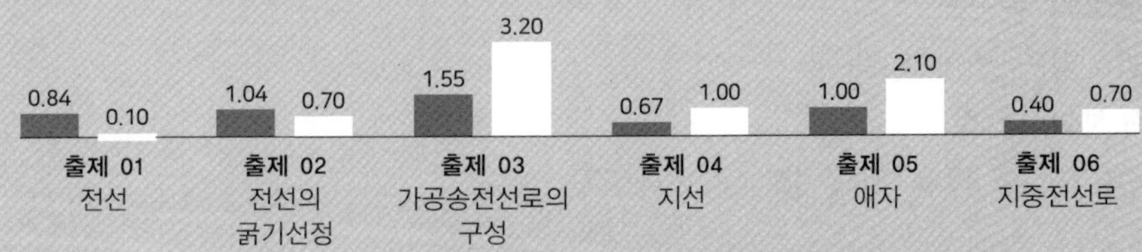

출제포인트

- ☑ 전선로의 의미를 파악하고 가공선로와 지중선로를 구분하여 각각의 특성에 대해 이해할 수 있다.
- ☑ 전선을 구분할 수 있어야 하고 강심 알루미늄연선과 복도체 및 다도체에 대해 알아둔다.
- ☑ 전선의 굵기를 선정하는 기본조건과 켈빈의 법칙에 대해 이해할 수 있다.
- ☑ 이도의 정도에 따른 문제점과 이도의 크기를 구할 수 있다.
- ☑ 가공전선로를 운영하기 위해 댐퍼, 오프셋, 애자 등의 정의와 지선의 사용목적과 장력에 대해 이해할 수 있다.

CHAPTER 02

전선로

기사 5.50% 출제 | 산업 7.80% 출제

기사 0.84% 출제 | 산업 0.10% 출제

출제 01 전 선

전선로에 사용하는 전선의 종류를 구분하고 운용 시 문제점 및 특성을 파악하여 각각의 환경에 적합하게 사용하여야 한다.

1 전선로의 의미

전선로는 가공전선로와 지중전선로 두 가지로 구분할 수 있다.

① 가공전선로 : 전선을 지표면 위에 목주, 철근 콘크리트주, 철주, 철탑 등의 지지물을 이용하여 시설한다.

② 지중전선로 : 케이블을 이용하여 지하에 매설하여 시설한다.

2 가공선로에 사용되는 전선의 구비조건

① **도전율이 높고 저항률이 낮을 것**

② **기계적 강도가 클 것**

③ 신장률(팽창률)이 클 것

④ **내구성이 클 것**

⑤ 가선작업이 용이할 것

⑥ **가요성이 클 것**

⑦ 비중(밀도)이 작을 것(중량이 가벼울 것)

3 전선의 구분

(1) 나전선

도체에 피복을 하지 않아 절연이 되지 않는 전선을 말한다.

(2) 절연전선

저·고압 가공인입선과 감전사고 방지 및 공급신뢰도 향상을 위해 사용되는 전선을 말한다.

4 전선의 종류

(1) 전선의 구조에 의한 분류

① 단 선

㉠ 단면이 원형인 1가닥의 도체로, 단면적이 적은 경우에 적용하는데 표피효과로 인해 사용이 제한적이다.

㉡ **단선의 굵기를 나타낼 때 전선의 지름을 사용**한다.

② 연선(stranded wire)

㉠ 얇은 소선 여러 개를 규칙적인 배열로 꼬아서 만든 선으로, 같은 굵기의 단선에 비해 표피효과가 작고 가요성이 우수하다.

㉡ 연선의 소선 총수 $N = 3n(n+1)+1$

여기서, n : 소선 층수

㉢ 연선 바깥지름(외경) $D = (2n+1)d$[mm]

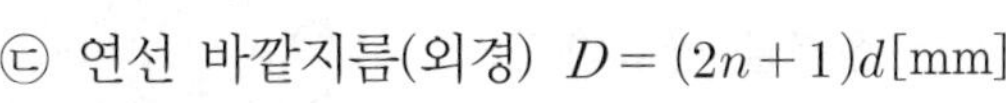

㉣ **연선의 총단면적** $A = Na[\text{mm}^2]$

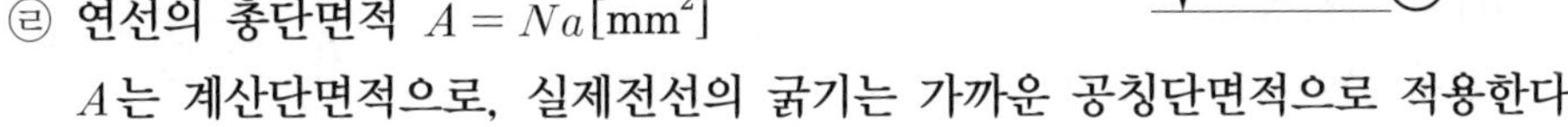

A는 계산단면적으로, 실제전선의 굵기는 가까운 공칭단면적으로 적용한다.

③ 중공전선 : 표피효과 및 코로나 발생을 억제하기 위해 사용되는 전선이다.

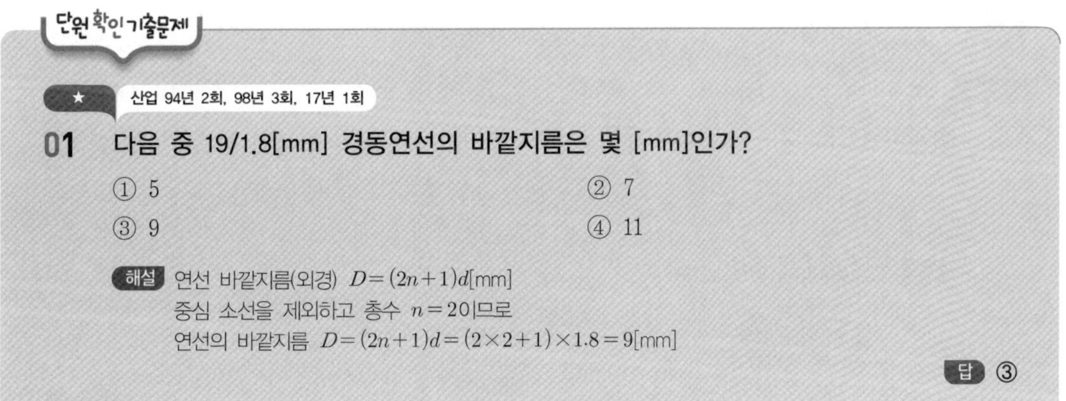

단원 확인 기출문제

★ 산업 94년 2회, 98년 3회, 17년 1회

01 다음 중 19/1.8[mm] 경동연선의 바깥지름은 몇 [mm]인가?

① 5 ② 7

③ 9 ④ 11

해설 연선 바깥지름(외경) $D = (2n+1)d$[mm]
중심 소선을 제외하고 층수 $n = 2$이므로
연선의 바깥지름 $D = (2n+1)d = (2 \times 2 + 1) \times 1.8 = 9$[mm]

답 ③

(2) 재질에 의한 분류

① 경동선

㉠ **가공전선로에 적용하는 전선**으로, 풍압에 대한 영향을 고려해 기계적 강도가 커야 한다.

㉡ 저항률 $\rho = \dfrac{1}{55}[\Omega \cdot \text{mm}^2/\text{m}]$

㉢ 인장강도 : $35 \sim 48[\text{kg/mm}^2]$

② 연동선

㉠ 풍압에 대한 영향을 받지 않는 곳에 시설하는 전선으로, **옥내 배선 및 접지선에 사용**한다.

ⓛ 저항률 $\rho = \frac{1}{58}[\Omega \cdot mm^2/m]$

ⓒ 인장강도 : 20 ~ 25[kg/mm²]

③ 알루미늄선

㉠ 전선의 중량을 고려하여 장거리 송전선로에 적용한다.

ⓛ 저항률 $\rho = \frac{1}{35}[\Omega \cdot mm^2/m]$

ⓒ 인장강도 : 15 ~ 20[kg/mm²]

④ 강심 알루미늄 연선(ACSR)

㉠ 2종 이상의 전선을 꼬아서 만든 것이다.

ⓛ 가운데 소선을 강선(철선)으로 하고 주위를 알루미늄선으로 꼬아서 만든 전선이다.

ⓒ **경동선에 비해 저항률이 높아서 동일 전력을 공급하기 위해서는 바깥지름이 더 커지게 된다.**

ⓔ **전선이 굵어져서 코로나 현상 방지에 효과적이다.**

ⓜ **장경간선로에 적합하고 온천지역에 적용한다.**

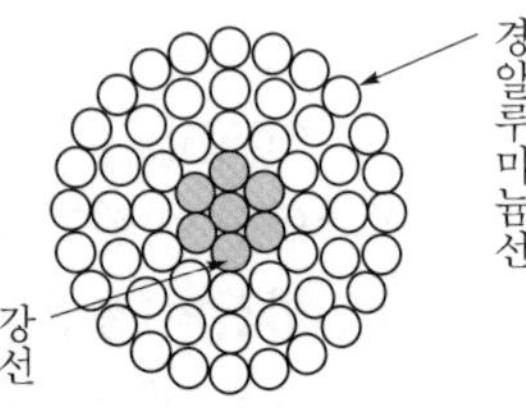

▌ACSR 단면도▐

단원 확인 기출문제

★★★ 산업 07년 4회

02 장거리경간을 갖는 송전선로에서 전선의 단선을 방지하기 위하여 사용하는 전선은?

① 경알루미늄선 ② 경동선

③ 중공전선 ④ ACSR

해설 **강심 알루미늄 연선(ACSR)**

송전선로의 지지물 사이의 거리가 길게 되는 장경간선로에 사용하는 전선으로, 인장강도가 약한 알루미늄 전선 중심에 강심을 추가하여 인장강도를 보강한 전선이다. 또한, 화학적인 변화를 고려해 구리선을 사용하지 못하는 온천지역에서 많이 사용한다.

답 ④

(3) 전선의 조합에 의한 분류

① 단도체 : 송전선로에서 1상의 전력을 전선 1가닥을 이용해 공급한다.

② 복도체 및 다도체

㉠ 송전선로에서 1상의 전력을 전선 2가닥 이상을 이용해 공급한다.

예 154[kV] – 2도체, 345[kV] – 4도체, 765[kV] – 6도체

ⓛ **코로나 발생이 억제**된다.

ⓒ **선로의 인덕턴스가 감소하고, 정전용량이 증가되어 송전전력이 증가**한다.

기사 1.04% 출제 | 산업 0.70% 출제

출제 02 전선의 굵기선정

전선굵기를 결정할 때 고려할 사항에 대해 숙지하고 켈빈의 법칙과 스틸의 식을 구분하여 정의를 파악하여야 한다.

1 전선의 굵기 고려사항

(1) 허용전류

① 저항손에 의한 발열로 인해서 전선의 온도가 상승할 때 그 최고 온도에 대응하는 전류를 말한다.

② **최고 허용온도는 단시간 과부하에 대해서는** 100[℃], **장시간 연속부하는** 90[℃]로 한다. 단, 주위온도 40[℃], 일사량 0.1[W/cm^2], 풍속 0.5[m/sec] 기준이다.

③ 전선이 굵을수록 저항이 작아져서 온도상승이 작으므로 허용전류는 커지게 된다.

(2) 기계적 강도

가공전선은 전선자중뿐만 아니라 착빙설, 댐퍼를 비롯한 부착금구의 하중, 각종 풍압에 의한 진동 등에도 단선되지 않도록 충분한 강도가 요구된다.

(3) 전압강하

$$e = V_s - V_r = \sqrt{3}\, I_n(R\cos\theta + X\sin\theta)[\text{V}]$$

2 켈빈의 법칙

이 법칙은 **가장 경제적인 전선의 굵기선정방식**으로, 전선시설비에 대한 1년 간의 이자 및 감가삼각비와 1년 간의 전력손실량에 대한 환산전기요금이 같을 때의 굵기를 선정하는 것이다.

단원확인기출문제

★★★★ 기사 92년 3회, 96년 5회, 03년 3회

03 전선의 단위길이 내에서 연간에 손실되는 전력량에 대한 전기요금과 단위길이의 전선값에 대한 금리(金利), 감가상각비 등의 연간 경비의 합계가 같게 되는 조건이 가장 경제적인 전선의 단면적이라는 것은 누구의 법칙인가?

① 뉴턴의 법칙
② 켈빈의 법칙
③ 플레밍의 법칙
④ 스틸의 법칙

해설 **켈빈의 법칙**

㉠ 전선의 굵기를 결정하는 방법이다.
㉡ 전선비용은 건설비와 유지비를 같게 설계하였을 때 가장 경제적이다.

답 ②

기사 1.55% 출제 | 산업 3.20% 출제

출제 03 가공송전선로의 구성

송전선로 지지물의 종류와 사용환경을 구분하고 선로에 단선이나 지지물의 전복사고가 발생하지 않게 전선의 이도를 설정하고 진동 및 단락사고 방지책에 대해 알아야 한다.

1 송전선로의 기능

송전선로는 발전소에서 발생한 전력을 수요지 근처의 변전소까지 경제적으로 안전하게 수송하여야 하며, 이의 구성은 경과지 주변여건에 적합하여야 한다. 가공송전선로의 주요 구성요소는 전기의 수송로인 전선과 이를 지지하는 지지물 및 전선과 지지물 간에 전기적으로 절연체 역할을 하는 애자로 크게 나눌 수 있다.

2 지지물

목주, 철근 콘크리트주, 철주, 철탑 등으로 나눌 수 있다.

(1) 목 주

말구지름 12[cm] 이상이고, 지름증가율이 $\frac{9}{1000}$ 이상이다.

(2) 철근 콘크리트주

말구지름 14[cm] 이상(14, 17, 19[cm])이고, 지름증가율이 $\frac{1}{75}$ 이상이다.

(3) 철 주

하천 및 계곡 등 장경간이나 특수장소에서 콘크리트주 또는 목주로는 필요한 강도와 길이를 얻기 어려운 장소에 사용한다.

(4) 철탑의 분류

① 직선형 철탑(A형 철탑) : **수평각도 3° 이하**의 개소에 사용하는 현수애자장치 철탑이다.
② 각도형 철탑(B형 철탑) : **수평각도가 3°를 넘는** 개소에 사용하는 철탑이다.
③ 인류형 철탑(D형 철탑) : 가섭선을 인류하는 개소에 사용하는 철탑이다.

④ 내장형 철탑(C형 또는 E형 철탑) : **수평각도가 30°를 초과하거나 양측 경간의 차가 커서 불평균장력이 현저하게 발생하는 개소에 사용하는 철탑**이다.

⑤ 보강형 철탑 : 직선철탑이 연속하는 경우 전선로의 강도가 부족하며 **10기 이하마다 1기씩** 설치하는 철탑이다.

단원확인기출문제

★★★ 산업 93년 4회

04 직선철탑이 여러 기로 연결될 때에는 10기마다 1기의 비율로 넣는 철탑으로서, 선로의 보강용으로 사용되는 철탑은?

① 각도철탑 ② 인류철탑
③ 내장철탑 ④ 특수철탑

해설 직선철탑이 연속하는 경우 10기 이하마다 1기씩 내장애자장치의 내장형 철탑 또는 그 이상의 강도를 갖는 철탑을 사용하여 전선로를 보강하여야 한다.
* 보강형 철탑이란 용어가 보기에 없고 내장형 철탑이 있을 경우 답으로 선정한다.

답 ③

3 전선의 이도

(1) 개 념

① 가공선로에서 전선을 느슨하게 가선하여 시설하는데 전선이 지지점을 연결하는 수평선으로부터 밑으로 내려가 있는 길이를 말한다.

② 이도를 고려해야 하는 이유는 가공선로의 주변온도에 따라 전선이 수축하거나 늘어나게 되기 때문이다.

(2) 이도가 선로에 미치는 영향

① **이도의 대소는 지지물의 높이를 결정**한다.

② 이도가 크면 전선은 좌우로 크게 진동해서 다른 상의 전선 또는 식물에 접촉해서 위험하다.

③ 이도가 너무 작으면 전선의 장력이 증가하여 단선사고가 발생할 수 있다.

(3) 이도(dip)의 계산

$$D = \frac{WS^2}{8T} [\mathrm{m}]$$

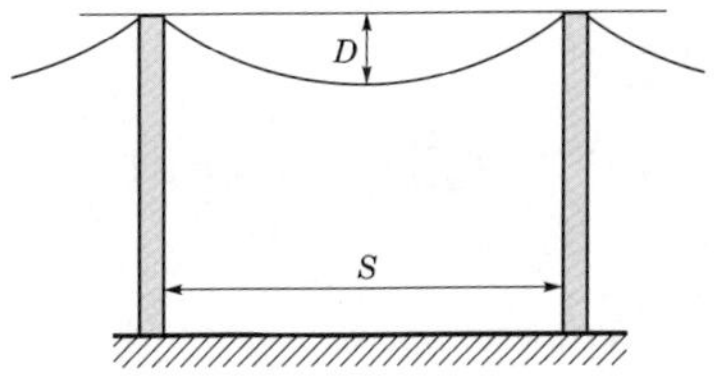

여기서, W : 단위길이당 전선의 중량[kg/m]
S : 경간[m]
T : 수평장력[kg]

이도는 경간길이의 제곱과 전선의 중량에 비례하고 수평장력에 반비례한다.

(4) 전선의 실제길이

$$L = S + \frac{8D^2}{3S}[\text{m}]$$

① 전선의 길이 L은 경간보다 $\frac{8D^2}{3S}$ 만큼 더 길어진다.

② $\frac{8D^2}{3S}$ 의 길이는 실제 경간에 비해 대략 1.0[%] 이하로 나타난다.

(5) 전선의 평균높이

$$h_m = h - \frac{2}{3}D[\text{m}]$$

여기서, h : 지지물의 높이, D : 이도

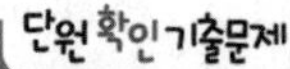

★★★★★ 기사 94년 4회 / 산업 91년 6회, 96년 2회

05 경간거리 200[m], 전선장력 1000[kg], 전선의 중량이 2[kg/m]인 전선로의 딥은 몇 [m]인가? (단, 전선지지점에 고저차가 없다고 한다)

① 7　　② 8
③ 9　　④ 10

해설 전선로의 딥(이도) $D = \frac{WS^2}{8T} = \frac{2 \times 200^2}{8 \times 1000} = 10[\text{m}]$

답 ④

★★★★ 산업 96년 5회, 12년 1회, 17년 1회

06 가공선로에서 이도를 D[m]라 하면 전선의 실제길이는 경간 S[m]보다 얼마나 차이가 나는가?

① $\frac{5D}{8S}$　　② $\frac{3D^2}{8S}$
③ $\frac{9D}{8S^2}$　　④ $\frac{8D^2}{3S}$

해설 전선의 길이 $L = S + \frac{8D^2}{3S}$ 이므로 경간 S에 비해 $\frac{8D^2}{3S}$ 만큼 길다.

답 ④

4 전선에 가한 하중(풍압하중 : 철탑설계 시 가장 큰 하중)

(1) 방향별 하중

전선에 가해지는 하중에는 수직하중과 수평하중이 있다.

$$W = \sqrt{{W_1}^2 + {W_2}^2}$$

여기서, W_1 : 수직하중, W_2 : 수평하중

① 수직하중 : 전선에 걸리는 수직하중은 전선자중(W_c)과 빙설하중(W_i)을 고려한다.

② 수평하중 : 수평하중에는 수평 횡하중과 종하중이 있다.

㉠ 수평횡하중 : 전선로와 직각방향으로 가해지는 하중이다.

ⓐ 빙설이 적은 지역 $W_w = \dfrac{pd}{1000}$ [kg/m]

ⓑ 빙설이 많은 지역 $W_w = \dfrac{p(d+12)}{1000}$ [kg/m]

여기서, P : 풍압[kg/m^2], d : 전선지름

㉡ 수평종하중 : 전선로방향으로 가해지는 하중이다.

(2) 전선의 부하계수

① **전선에 걸리는 하중은 전선의 자중, 풍압하중, 빙설하중 등이 있으며 이들의 합성하중과 전선자중과의 비를 부하계수**라 한다.

$$\text{부하계수 } q = \frac{\text{합성하중}}{\text{전선의 자중}} = \frac{\sqrt{(W_c + W_i)^2 + {W_w}^2}}{W_c}$$

여기서, q : 부하계수, W : 합성하중[kg/m], W_c : 전선자중[kg/m]

W_i : 빙설하중[kg/m], W_w : 풍압하중[kg/m]

② 고온계

㉠ 합성하중 $W = \sqrt{{W_c}^2 + {W_w}^2}$

㉡ 전선의 부하계수 $= \dfrac{\text{합성하중}}{\text{전선하중}} = \dfrac{\sqrt{{W_c}^2 + {W_w}^2}}{W_c}$

③ 저온계(W_i 고려)

㉠ 합성하중 $W = \sqrt{(W_c + W_i)^2 + {W_w}^2}$

㉡ 전선의 부하계수 $= \dfrac{\text{합성하중}}{\text{전선하중}} = \dfrac{\sqrt{(W_c + W_i)^2 + {W_w}^2}}{W_c}$

단원 확인기출문제

★★★ 기사 91년 5회

07 **전선에 가해지는 하중으로, 전선의 자중을 W_c, 풍압하중을 W_w, 빙설하중을 W_i라 할 때 고온계 하중 시 전선의 부하계수는?**

① $\dfrac{\sqrt{W_c^{\,2}+W_w^{\,2}}}{W_c}$ ② $\dfrac{W_c}{\sqrt{W_c^{\,2}+W_w^{\,2}}}$

③ $\dfrac{\sqrt{W_c^{\,2}+W_w^{\,2}}}{W_i}$ ④ $\dfrac{W_i}{\sqrt{W_c^{\,2}+W_w^{\,2}}}$

해설 전선에 걸리는 하중은 전선의 자중, 풍압하중 및 빙설하중이 있으며 이들의 합성하중과 전선의 자중과의 비를 부하계수라 한다.

답 ①

5 전선의 진동과 도약

(1) 전선의 진동 원인과 결과

① 가공송전선로에 바람이 전선과 직각에 가까운 방향으로 불 때에는 그 전선 주위에 공기의 소용돌이가 생기고 이 때문에 전선의 연직방향에 교번력이 작용해서 전선은 상하로 진동하게 된다.

② 이 진동이 계속되면 단선사고나 지지물에 지속적인 힘이 가해져 기계적 강도가 약해진다.

(2) 진동방지대책

① 전선의 지지점 가까운 곳에 1개소 또는 2개소에 **댐퍼를 설치**한다.

② 복도체 및 다도체의 경우 스페이서 댐퍼를 설치한다.

(3) 전선의 단선방지

전선과 동일한 소재를 추가하여 금구류로 연결한다(**아머로드**(armor rod)).

(4) 상하 선로의 단락방지

철탑의 암(arm)의 길이에 차등을 두는 오프 셋(off-set)을 실시한다.

오프 셋(off-set)이란 착빙설 탈락에 의한 전선의 도약 시 접촉사고를 방지하기 위하여 상하 암(arm)의 전선이 동일 수직선상에 일직선으로 놓이지 않도록 암(arm)의 길이에 차등을 두어 수평간격을 유지하는 것을 말한다.

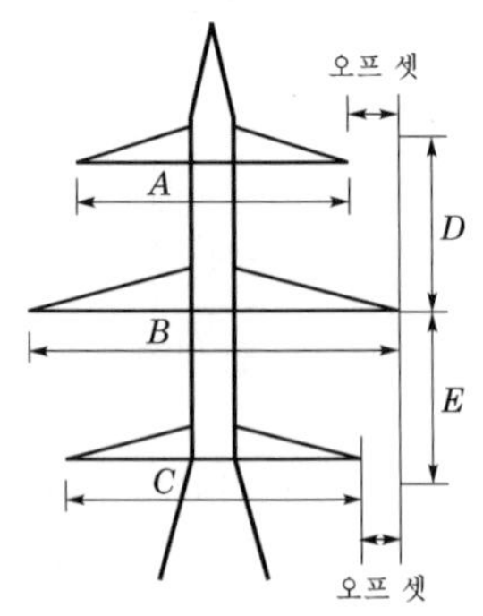

단원 확인기출문제

★★★★ 산업 93년 3회, 00년 3회, 04년 4회, 14년 3회

08 가공전선로의 전선진동을 방지하기 위한 방법으로 옳지 않은 것은?

① 토셔널 댐퍼(torsional damper)를 설치한다.
② 스프링 피스톤 댐퍼와 같은 진동제지권을 설치한다.
③ 경동선을 ACSR로 교환한다.
④ 클램프나 전선접촉기 등을 가벼운 것으로 바꾸고 클램프 부근에 적당히 전선을 첨가한다.

해설 가공전선로의 경동선을 ACSR(강심 알루미늄 연선)로 교환하면 전선의 바깥지름이 커지고 중량은 가벼워져서 풍압에 의한 진동이 더 크게 발생한다.

답 ③

기사 0.67% 출제 | 산업 1.00% 출제

출제 04 지 선

지선의 사용목적 및 시설방법을 정리하고 강도계산을 통해 지선수를 결정할 수 있어야 한다. 또한, 애자의 구비조건 및 설치 시 유의사항을 파악해야 한다.

1 지선의 시설목적

① 지지물의 강도를 보강한다.
② 전선로의 안전성을 증대한다.
③ 불평형하중에 대한 평형이 필요할 때 시설한다.
④ 전선로가 건조물 등과 접근할 경우에 보안상 필요할 때 시설한다.

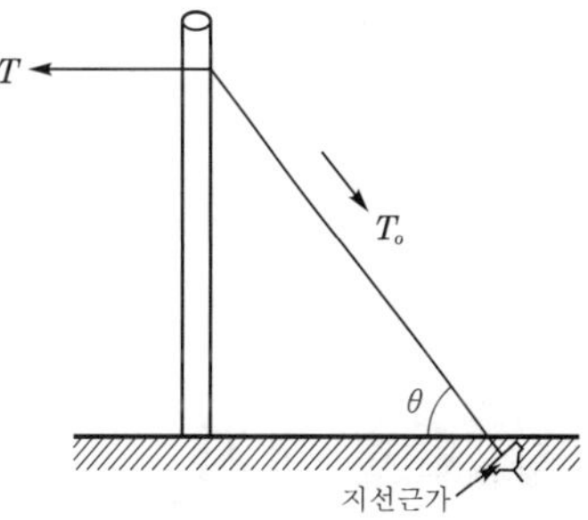

여기서, T : 수평장력(전선합성장력)
T_o : 지선에 작용하는 장력[kN]

2 지선의 시방세목

① 지선의 안전율 : 2.5 **이상**
② 지선의 허용인장하중 : 4.31[kN] **이상**
③ 소선의 굵기 및 인장강도 : 직경 2.6[mm] 이상이고, 아연도금철선으로 소선인장강도가 0.68[kN/mm²] 이상이다.
④ **소선 3조 이상으로 구성**한다.

3 지선의 가닥수 계산

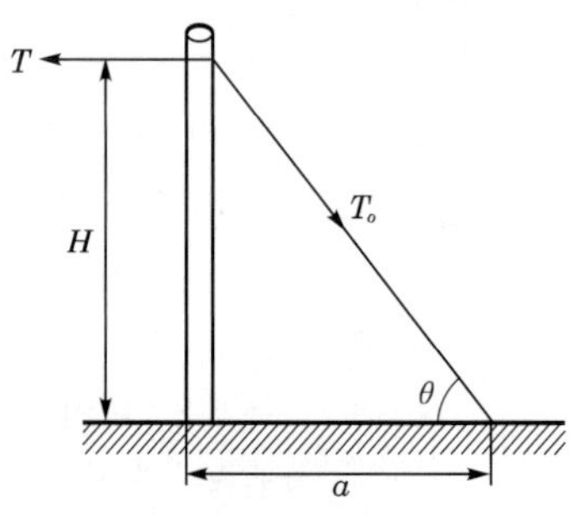

① 지선의 장력 $T_o = \dfrac{T}{\cos\theta}$[kg]

② 지선의 소선가닥수 $n = \dfrac{T_o}{\text{소선의 인장하중}} \times \text{안전율}$

여기서, T : 전선의 장력

T_o : 지선의 장력

H : 전선의 지지점

단원확인기출문제

★★★ 산업 94년 3회, 98년 2회, 01년 3회

09 전선의 장력이 1000[kg]일 때 지선이 걸리는 장력은 몇 [kg]인가?

① 2000

② 2500

③ 3000

④ 3500

1000[kg]
지선
60°

해설 지선에 걸리는 장력 $T_o = \dfrac{T}{\cos\theta}$

$= \dfrac{1000}{\cos 60°} = 2000$[kg]

여기서, T : 수평장력

T_o : 지선에 걸리는 장력

답 ①

기사 1.00% 출제 I 산업 2.10% 출제

출제 05 애 자

Comment

애자의 필요성을 알고 애자의 구비조건 및 종류를 구분하여 운영 시의 주의사항을 파악한다.

1 애자의 설치목적

가공 송·배전 선로나 통신선로에서 전압이 걸려 있는 전선을 절연시켜 지지물에 취부하기 위하여 애자(insulator)를 사용한다.

2 애자의 구비조건

① 선로의 상규전압에 대해서는 물론 사고로 발생되는 내부이상전압에 대해서도 **충분한 절연내력 및 절연저항을 가져야 한다.**

② 경오손상태에서도 상규전압 및 이상전압에 대한 전기적 특성을 갖고 **누설전류가 작아야 한다.**

③ 전선의 자중, 바람, 눈 등의 외력에 대하여 **충분한 기계적 강도를 가져야 한다.**

④ 온도 및 외력의 급변에 대하여도 전기적 · 기계적 특성을 유지해야 하고 급격한 열화현상이 발생하지 않아야 한다.

3 애자의 종류

애자는 구조와 종류에 따라 핀 애자, 현수애자, 장간애자 등으로 구분한다.

(1) 핀 애자

66[kV] 이하의 전선로에 사용(실제 30[kV] 이하에 적용)한다.

(2) 현수애자(254[mm] 적용)

① 원형의 절연체 상하에 시멘트를 이용하여 연결하는 금구류를 부착시켜 제작한 것으로, 전압에 따라 필요한 개수만큼 연결해서 사용한다.

② 국내 66[kV] 이상의 모든 선로에서 거의 사용한다.

③ **현수애자는 구조적인 차이에 따라 클레스형과 볼 소켓형으로 구분**한다.

(3) 장간애자

장경간 선로나 코로나 방지 및 해안지역에 가까운 곳에 설치하여 염진해대책이 필요한 곳에 시설한다.

4 애자의 전압분담

1연의 애자련에서 각 애자의 전압분담이 균일하지 않으므로 애자의 위치에 따라 다음과 같이 나타난다.

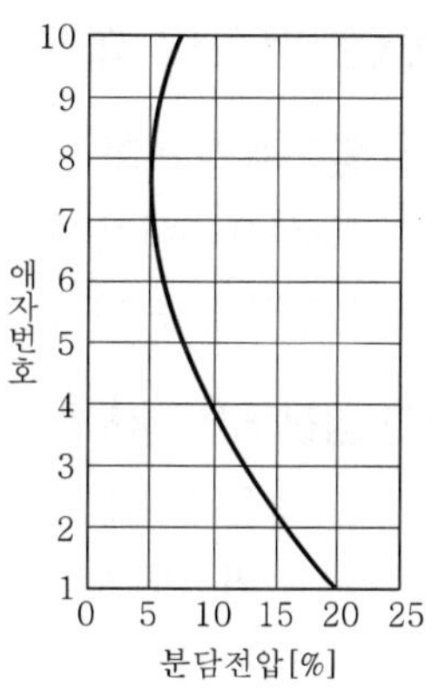

(1) 전압분담이 가장 큰 애자

전선에서 가장 가까운 애자

(2) 전압분담이 가장 작은 애자

전선에서 지지물쪽으로 약 $\frac{3}{4}$ 지점에 위치한 애자

5 애자련 보호대책

초호각(아킹혼), 초호환(아킹링)이 애자련을 보호한다.

① **뇌격으로 인한 섬락사고 시 애자련을 보호**한다.

② **애자련의 전압분담을 균등화(아킹혼으로 인한 정전용량의 균등)**한다.

③ 전선의 이상현상으로 인한 열적 파괴를 방지한다.

④ 전기적 접지에 의한 코로나 발생을 억제한다.

6 애자의 연효율(연능률)

애자련에 가해지는 섬락전압과 각 애자의 섬락전압을 애자련의 개수배한 전압의 비율이다.

$$\eta = \frac{\text{애자련의 섬락전압}(V_n)}{\text{1연의 애자개수}(n) \times \text{애자 1개의 섬락전압}(V_1)} \times 100[\%]$$

7 애자섬락전압(254[mm]의 현수애자)

① 건조섬락시험 : **건조한 상태에서의 섬락시험**으로, 섬락전압은 80[kV]이다.

② 주수섬락시험 : **젖은 상태에서의 섬락시험**으로, 섬락전압은 50[kV]이다.

③ 유중섬락시험 : 절연유 속에 넣은 상태에서의 섬락시험으로, 섬락전압은 140[kV]이다.

④ 충격섬락시험 : 표준파형의 충격파전압(서지) 상태에서의 섬락시험으로, 섬락전압은 125[kV]이다.

| 표 2-1 | 전압별 애자개수

22[kV]	66[kV]	154[kV]	345[kV]
2 ~ 3	4 ~ 6	9 ~ 11	19 ~ 23

8 염진해 대책

(1) 염진해의 의미

전선로나 변전소에 사용되는 애자와 부상 표면에 염분, 먼지, 매연 등 오손물질이 부착하여 습윤상태가 되면 내전압이 급격히 저하되어 결국에는 섬락하게 된다.

(2) 염진해 방지대책

① 과절연 : 애자의 연면절연을 강화하여 오손상태에서도 섬락사고를 방지한다.

② 연면절연을 강화한다.

③ 애자연결개수를 증가시킨다.

④ 애자표면에 굴곡을 많이 주어 제작한다.

단원 확인 기출문제

★★★ 산업 95년 4회, 00년 6회, 01년 2회, 05년 1회

10 **애자가 갖추어야 할 구비조건으로 옳은 것은?**

① 온도의 급변에 잘 견디고 습기도 잘 흡수하여야 한다.
② 지지물에 전선을 지지할 수 있는 충분한 기계적 강도를 갖추어야 한다.
③ 비·눈·안개 등에 대해서도 충분한 절연저항을 가지며, 누설전류가 많아야 한다.
④ 선로전압에는 충분한 절연내력을 가지며, 이상전압에는 절연내력이 매우 작아야 한다.

해설 **애자가 갖추어야 할 조건**
㉠ 선로의 상규전압에 대해서는 물론 여러가지 사고로 발생하는 내부이상전압에 대해서도 충분한 절연내력을 가져야 한다.
㉡ 비·눈·안개 등에 대해서도 필요한 전기적 표면저항을 가지고 누설전류가 작아야 한다.
㉢ 전선의 자중, 바람, 눈 등의 외력에 대하여 충분한 기계적 강도를 가져야 한다.
㉣ 온도의 급변에 견디고 습기를 흡수하지 않아야 한다.

답 ②

★★★★★ 산업 92년 2회, 95년 6회, 99년 3회, 02년 4회, 13년 2회, 17년 3회

11 **154[kV] 송전선로에 10개의 현수애자가 연결되어 있다. 다음 중 전압부담이 가장 작은 것은?**

① 철탑에 가장 가까운 것 ② 철탑에서 3번째
③ 전선에서 가장 가까운 것 ④ 전선에서 3번째

해설 **154[kV] 송전선로의 현수애자 10개인 1연에서 나타나는 전압부담**
㉠ 전압부담이 가장 작은 애자 : 철탑으로부터 3번째 애자(전선으로부터는 70 ~ 80[%]에 위치)
㉡ 전압부담이 가장 큰 애자 : 전선에서 가장 가까운 애자

답 ②

기사 0.41% 출제 | 산업 0.70% 출제

출제 06 지중전선로

지중전선로의 사용목적을 가공전선로와 비교하여 파악하고 시설방법과 전기적 특성을 파악하여야 한다.

1 지중전선로를 송전선로로 채용

① 도시의 경관을 중요 시 하는 경우
② 수용밀도가 아주 높은 지역에 전력을 공급하는 경우
③ 자연재해인 뇌·풍수해 등에 의한 사고를 미연에 방지해야 하는 경우
④ 보안상의 문제로 가공선로를 건설할 수 없는 경우

2 지중전선로의 장단점

(1) 장 점

① 환경과의 조화가 용이하다.

② 풍수해와 낙뢰 등 기상조건에 대한 영향을 받지 않는다.

③ 통신선 및 타시설물에 대한 **유도장해가 적다.**

④ **인체에 대한 감전사고 및 화재 발생빈도가 적다.**

(2) 단 점

① 가공선로에 비해 같은 굵기의 전선으로 **송전용량이 적고 공사비가 비싸다.**

② **선로사고 시 고장의 발견 및 보수가 어렵다.**

3 지중전선로(케이블)의 전력손실

(1) 저항손

케이블에서의 전력손실의 주체를 이루는 손실이다.

$$P_c = nI^2 R[\mathrm{W/km}]$$

여기서, n : 전선수, I : 정격전류, R : 저항

(2) 유전체손

절연물을 전극 간에 끼우고 교류전압을 인가하였을 때 발생하는 손실이다.

$$P_d = \omega CV^2 \tan\delta[\mathrm{W/km}]$$

여기서, ω : 각주파수, C : 정전용량, V : 정격전압, δ : 유전손실각

(3) 연피손, 시즈손(차폐층)

케이블에 교류를 흘리면 도체회로로부터의 전자유도작용으로 연피에 전압이 유기되고 와전류를 흐르게 되어 발생하는 손실을 말한다.

4 전력 케이블의 고장점 검출법

① 머레이루프법 : 휘트스톤 브리지 원리를 적용한 케이블의 선로 임피던스를 이용하여 위치를 찾아내는 방법

② 펄스레이더법 : 펄스를 케이블에 가하면 진행하는 펄스가 고장점에서 반사되어 되돌아오는데 걸리는 시간을 거리로 환산하여 고장점을 찾아내는 방법

③ 수색 코일법 : 지중 케이블의 고장점을 지상으로부터 탐색 코일과 수화기로서 검출하는 방법

④ **정전용량법** : 지중 케이블 중 사고난 선로와 건전상 선로의 정전용량을 비교하여 사고점을 찾아내는 방법

5 지중전선로의 시공방법

지중송전선로 포설방법으로는 직매식, 관로식, 전력구식, 덕트식 등이 있으며, 장래의 계통구성, 송전용량, 경과지, 케이블 종류, 시공조건 등을 고려하여 포설방식을 선정하여야 한다. 케이블의 매설깊이는 차량 등의 중량물을 압력을 받는 장소에서는 1.0[m] 이상, 기타 장소에서는 0.6[m] 이상 유지하여야 한다.

(1) 직접매설식

① 케이블을 직접 땅속에 묻어주는 것으로, 필요한 깊이까지 대지를 파고 콘크리트 트러프 등의 방호물을 설치하고 케이블을 넣고 모래 및 자갈 등을 채워 메워주는 방식이다.

② 관로식에 비해 케이블의 열방산효과가 커서 허용전류가 크며 공사기간도 짧고 공사비도 적게 사용되는 방식이다.

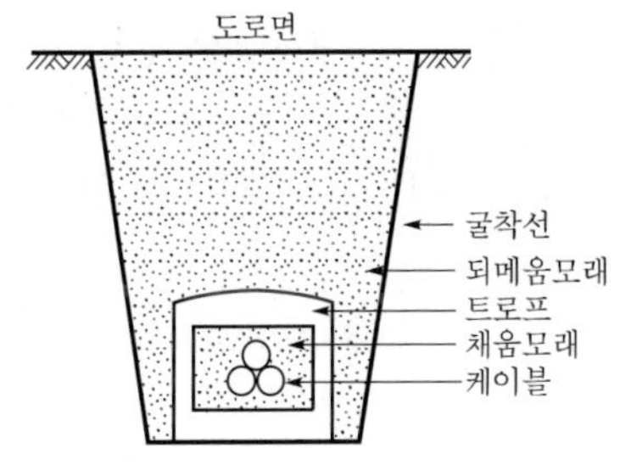

(2) 관로식

철근 콘크리트관 등을 부설하나 후관 상호간을 연결한 맨홀을 통하여 케이블을 인입하는 방식이다.

(3) 암거식

터널과 같은 콘크리트 구조물을 설치하여 다회선의 케이블을 수용하는 방식이다.

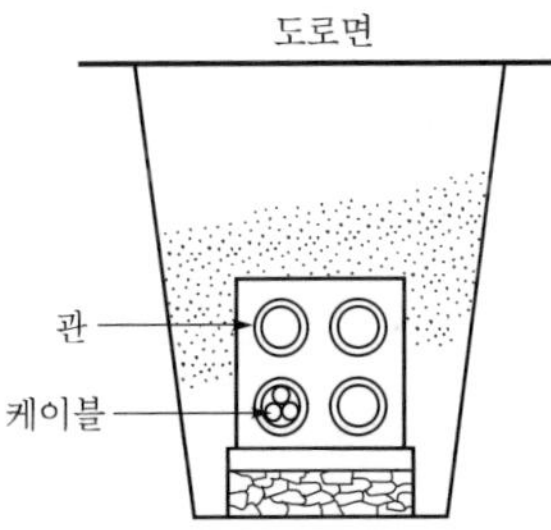

6 지중전선로에서의 L, C와 충전전류

(1) 지중전선로에서의 L, C

① 지중전선로에는 케이블을 채용하므로 가공전선로에 비해 선간거리가 감소한다.

② **가공전선로에 비하여 인덕턴스는 감소**하고, **정전용량은 증가**한다.

(2) 지중전선로에서의 충전전류

$$I_C = \omega CE\,l = 2\pi f\,C\frac{V}{\sqrt{3}}l[\mathrm{A}]$$

여기서, ω : 각주파수($2\pi f$), C : 정전용량, E : 대지전압(상전압)

V : 선간전압, l : 선로길이

단원확인기출문제

★★★★★ 기사 92년 5회, 95년 2회, 02년 1회, 19년 3회 / 산업 93년 1회, 98년 6회, 99년 6회, 02년 2회, 05년 4회, 12년 2회

12 지중선계통은 가공선계통에 비하여 어떠한가?

① 인덕턴스, 정전용량이 모두 작다. ② 인덕턴스, 정전용량이 모두 크다.
③ 인덕턴스는 작고 정전용량은 크다. ④ 인덕턴스는 크고 정전용량는 작다.

해설 지중전선로는 케이블을 사용하므로 인덕턴스(L)가 감소하고 가공전선로에 비해 선간거리가 작아져서 정전용량(C)은 증가한다.

답 ③

★★ 산업 91년 3회, 96년 2회, 03년 2회

13 지중전선로인 전력 케이블의 고장검출방법으로 머레이 루프법이 있다. 이 방법을 사용하되 교류전원, 수화기를 접속시켜 찾을 수 있는 고장은?

① 1선 지락 ② 2선 단락
③ 3선 단락 ④ 1선 단선

해설 머레이루프법은 지중 케이블의 운용 중 1선 지락 시 건전상과의 접속을 통해 휘트스톤 브리지의 원리를 이용하여 고장점을 찾는 방법이다.

답 ①

단원 자주 출제되는 기출문제

★★★★ 기사 93년 3회, 01년 3회, 14년 2회

01 가공전선에 사용되는 전선의 구비조건으로 틀린 것은?

① 도전율이 높아야 한다.
② 기계적 강도가 커야 한다.
③ 전압강하가 작아야 한다.
④ 허용전류가 작아야 한다.

해설 **전선의 구비조건**
㉠ 도전율이 높을 것
㉡ 기계적 강도가 클 것
㉢ 가요성(유연성)이 클 것
㉣ 내구성이 있을 것
㉤ 비중이 작을 것
㉥ 가격이 저렴할 것
㉦ 공사·보수의 취급이 용이할 것

★ 산업 93년 3회, 07년 4회

02 송전선로의 연속사용 최고 허용온도는 몇 [℃]인가?

① 90　　② 120
③ 150　　④ 200

해설
송전선의 경우 연속사용 최고 온도는 90[℃]이고 단시간 사용온도는 100[℃]이다.

★★ 산업 92년 5회

03 인장강도는 작으나 도전율이 높아 옥내 배선용으로 주로 사용되는 전선은?

① 규동선　　② 연동선
③ 경동선　　④ 동복강선

해설
㉠ 연동선
- 풍압에 대한 영향을 받지 않는 곳에 시설하는 전선으로, 옥내 배선 및 접지선에 사용한다.
- 저항률 $\rho = \frac{1}{58}[\Omega \cdot \text{mm}^2/\text{m}]$
- 인장강도 : 20 ~ 25[kg/mm²]

㉡ 경동선
- 저항률 $\rho = \frac{1}{55}[\Omega \cdot \text{mm}^2/\text{m}]$
- 인장강도 : 35 ~ 48[kg/mm²]

★★★★★ 기사 90년 2회, 96년 7회, 13년 3회, 16년 3회 / 산업 16년 1회

04 송전거리, 전력, 손실률 및 역률이 일정하다면 전선의 굵기는?

① 전류에 비례한다.
② 전압의 제곱에 비례한다.
③ 전류에 역비례한다.
④ 전압의 제곱에 역비례한다.

해설
부하전력 $P = V_n I_n \cos\theta[\text{W}]$

부하전류 $I_n = \frac{P}{V_n \cos\theta}[\text{A}]$

전력손실 $P_l = I_n^{\,2} R = \left(\frac{P}{V_n \cos\theta}\right)^2 \times R$

$$= \frac{P^2}{V_n^{\,2}\cos^2\theta}\rho\frac{l}{A}[\text{W}]$$

전선의 단면적과 전압의 관계 $A \propto \frac{1}{V^2}$

여기서, P : 송전전력, V_n : 송전전압
r : 선로저항, $\cos\theta$: 역률
A : 전선굵기

★★★ 기사 97년 4회

05 단상 2선식(110[V]) 저압 배전선로를 단상 3선식(110/220[V])으로 변경하고 부하용량 및 공급전압을 변경시키지 않고 부하를 평형시켰을 때의 전선로의 전압강하율은 변경 전에 비해서 어떻게 되는가?

① $\frac{1}{4}$배　　② $\frac{1}{6}$배
③ $\frac{1}{2}$배　　④ $\frac{1}{3}$배

정답 01. ④ 02. ① 03. ② 04. ④ 05. ①

해설

전압강하율 $\%e \propto \frac{1}{V^2}$ 이므로 110[V]에서 220[V]로 승압 시 $\frac{1}{4}$배로 감소한다.

★★★★★ 기사 94년 4회, 98년 6회, 03년 3회, 17년 1회, 18년 3회, 19년 2회

06 송·배전 선로의 전선굵기를 결정하는 데 고려하지 않아도 되는 것은?

① 기계적강도 ② 전압강하
③ 허용전류 ④ 절연저항

해설 전선굵기의 결정 시 고려사항
㉠ 허용전류
㉡ 전압강하
㉢ 기계적 강도
가장 경제적인 전선의 굵기선정은 켈빈의 법칙을 이용한다.

★ 기사 91년 2회, 95년 4회, 97년 2회, 99년 7회, 04년 4회

07 100[V]의 수용가를 220[V]로 승압했을 때 특별히 교체하지 않아도 되는 것은?

① 백열전등의 전구
② 옥내 배선의 전선
③ 콘센트와 플러그
④ 형광등의 안정기

해설

부하증가 시 $V = I \cdot R$ 에서 승압을 할 경우 전선을 교체하지 않아도 공급전류는 증가된다. 승압 시 부하설비 및 개폐장치의 경우 절연이 파괴될 우려가 있으므로 교체해야 된다.

★ 기사 91년 7회, 96년 5회

08 단상식 배선에서 옥내 배선의 길이 l[m], 부하전류 I[A]일 때 배선의 전압강하를 V[V]로 하기 위한 전선의 굵기는 다음 중 어느 요소에 비례하는가?

① $l\sqrt{\frac{V}{I}}$ ② $\sqrt{\frac{lV}{I}}$
③ $\sqrt{lVI}$ ④ $\sqrt{\frac{lI}{V}}$

해설

단상 2선식의 전압강하 $v = 2I \cdot r = 2I \times \rho\frac{l}{A}$[V]

위의 식을 정리하면 전선의 굵기 $A = \frac{2I\rho l}{v} = \frac{\pi d^2}{4}$

전선의 굵기 $d = \sqrt{\frac{8I\rho l}{\pi v}} = K\sqrt{\frac{lI}{v}}$

여기서, $K = \sqrt{\frac{8\rho}{\pi}}$

★★★★ 기사 14년 2회 / 산업 93년 5회, 03년 1회

09 ACSR은 동일한 길이에서 동일한 전기저항을 갖는 경동연선에 비하여 특징이 어떠한가?

① 바깥지름과 중량이 모두 크다.
② 바깥지름은 크고 중량은 작다.
③ 바깥지름은 작고 중량은 크다.
④ 바깥지름과 중량이 모두 작다.

해설 강심 알루미늄 연선(ACSR)의 특징
㉠ 경동선에 비해 저항률이 높아서 동일전력을 공급하기 위해서는 바깥지름이 더 커지게 된다.
㉡ 전선이 굵어져서 코로나 현상방지에 효과적이다.
㉢ 중량이 작아 장경 간 선로에 적합하고 온천지역에 적용된다.

★★ 산업 97년 7회, 05년 3회

10 해안지방의 송전용 나전선으로 가장 적당한 것은?

① 동선
② 강선
③ 알루미늄 합금선
④ 강심 알루미늄선

해설

해안의 염분은 알루미늄 및 강(철)을 부식시키므로 동선(구리선)을 사용하는 것이 적당하다. 반면에 온천지역의 경우 황성분으로 동(구리선)을 부식시킨다.

정답 06. ④ 07. ② 08. ④ 09. ② 10. ①

★★★★★ 기사 11년 2회, 19년 1회 / 산업 90년 7회, 97년 7회

11 **다음 중 켈빈(Kelvin)의 법칙이 적용되는 경우는?**

① 전력손실량을 축소시킬 때
② 경제적인 전선의 굵기를 선정할 때
③ 전압강하를 축소시킬 때
④ 부하배분의 균형을 얻을 때

해설 **켈빈의 법칙**
경제적인 전선의 굵기를 결정하는 방안으로, 전선비용은 건설비와 유지비를 같게 설계하였을 때 가장 경제적 투자가 된다.

★★★★ 산업 99년 6회, 03년 2회, 13년 3회

12 **전선의 중량은 전압과 역률과의 곱에 어떠한 관계에 있는가?**

① 비례
② 반비례
③ 자승에 비례
④ 자승에 반비례

해설
전력손실 $P_c = \dfrac{P^2}{V^2\cos^2\theta}\rho\dfrac{l}{A}$에서

전선의 단면적 $A = \dfrac{\rho l P^2}{P_c V^2\cos^2\theta} \propto \dfrac{1}{V^2\cos^2\theta}$

전선의 중량 $W = Al$
여기서, A : 전선의 단면적
l : 전선의 길이

전선의 중량 $W = Al = \dfrac{\rho l^2 P^2}{P_c V^2\cos^2\theta} \propto \dfrac{1}{V^2\cos^2\theta}$

★★★★★ 기사 17년 3회, 19년 2회 / 산업 13년 2회, 15년 2회

13 **아킹혼의 설치목적은 무엇인가?**

① 코로나손의 방지
② 이상전압 제한
③ 지지물의 보호
④ 섬락사고 시 애자의 보호

해설
뇌충격전압에 의한 섬락으로부터 애자련을 보호하기 위해 아킹혼(링)을 설치하며 그 기능은 다음과 같다.
㉠ 뇌격으로 인한 섬락사고 시 애자련을 보호한다.
㉡ 애자련의 전압분담을 균등화한다.
㉢ 코로나 발생 억제 및 애자의 열적 파괴를 방지한다.

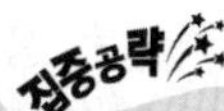

★★★★★ 기사 17년 2회 / 산업 91년 7회, 97년 5회, 06년 2회

14 **가공송전선로를 가선할 때에는 하중조건과 온도조건을 고려하여 적당한 이도(dip)를 주도록 하여야 한다. 다음 중 이도에 대한 설명으로 옳은 것은?**

① 이도가 작으면 전선이 좌우로 크게 흔들려서 다른 상의 전선에 접촉하여 위험하게 된다.
② 전선을 가선할 때 전선을 팽팽하게 가선하는 것을 이도를 크게 준다고 한다.
③ 이도를 작게 하면 이에 비례하여 전선의 장력이 증가되며 심할 때는 전선 상호간이 꼬이게 된다.
④ 이도의 대소는 지지물의 높이를 좌우한다.

해설 **이도가 선로에 미치는 영향**
㉠ 이도의 대소는 지지물의 높이를 결정한다.
㉡ 이도가 크면 전선은 좌우로 크게 진동해서 다른 상의 전선 또는 식물에 접촉해서 위험을 준다.
㉢ 이도가 너무 작으면 전선의 장력이 증가하여 단선사고가 발생할 수 있다.

★★ 기사 00년 5회

15 **빙설이 많은 지방에서 특고압 가공전선의 이도(dip)를 계산할 때 전선 주위에 부착하는 빙설의 두께와 비중은 일반적인 경우 각각 얼마로 상정하는가?**

① 두께 : 10[mm], 비중 : 0.9
② 두께 : 6[mm], 비중 : 0.9
③ 두께 : 10[mm], 비중 : 1.0
④ 두께 : 6[mm], 비중 : 1.0

해설 **빙설하중**
전선 주위에 두께 6[mm], 비중 0.9의 빙설이 균일하게 부착된 상태에서의 하중을 말한다.

정답 11. ② 12. ④ 13. ④ 14. ④ 15. ②

★ 산업 94년 4회, 13년 2회

16 풍압이 p[kg/m^2]이고 빙설이 많지 않은 지방에서 직경이 d[mm]인 전선 1[m]가 받는 풍압은 표면계수를 k라고 할 때 몇 [kg/m]가 되는가?

① $\dfrac{pk(d+12)}{1000}$ ② $\dfrac{pk(d+6)}{1000}$

③ $\dfrac{pkd}{1000}$ ④ $\dfrac{pkd^2}{1000}$

해설 전선로와 직각방향으로 가해지는 하중

㉠ 빙설이 적은 지역 $W_w = \dfrac{pkd}{1000}$[kg/m]

㉡ 빙설이 많은 지역 $W_w = \dfrac{pk(d+12)}{1000}$[kg/m]

★★★★ 산업 93년 4회, 00년 6회, 01년 3회, 15년 1회

17 양 지지점의 높이가 같은 전선의 이도를 구하는 식은? (단, d : 이도[m], T : 수평장력[kg], W : 전선의 무게[kg/m], S : 경간[m])

① $d=\dfrac{WS^2}{8T}$ ② $d=\dfrac{SW^2}{8T}$

③ $d=\dfrac{8WT}{S^2}$ ④ $d=\dfrac{ST^2}{8W}$

해설

이도 $d=\dfrac{WS^2}{8T}$[m]

여기서, W : 단위길이당 전선의 중량[kg/m]

S : 경간[m]

T : 수평장력[kg]

★★★ 산업 94년 4회, 17년 3회

18 전선의 자중과 빙설하중의 종합하중을 W_1, 풍압하중을 W_2라 할 때 합성하중은?

① $\sqrt{W_1^{\ 2}+W_2^{\ 2}}$ ② W_1+W_2

③ W_1-W_2 ④ W_2-W_1

해설

전선의 하중 $W=\sqrt{W_1^{\ 2}+W_2^{\ 2}}$

여기서, W_1 : 수직하중

W_2 : 수평하중

전선의 자중(W_c)과 빙설하중(W_i)의 합은 수직하중으로, 풍압하중은 수평하중으로 고려한다.

★★★★ 산업 90년 2회, 97년 2회, 03년 2회

19 가공전선로에서 전선의 단위길이당 중량과 경간이 일정할 때 이도는 어떻게 되는가?

① 전선의 장력에 반비례한다.

② 전선의 장력에 비례한다.

③ 전선의 장력의 2승에 반비례한다.

④ 전선의 장력의 2승에 비례한다.

해설

전선의 이도 $D=\dfrac{WS^2}{8T}$이므로 경간이 일정할 때 전선의 이도는 장력(T)에 반비례한다.

★★★ 산업 94년 3회, 00년 2회

20 고저차가 없는 가공송전선로에서 이도 및 전선중량을 일정하게 하고 경간을 2배로 했을 때 전선의 수평장력은 몇 배가 되는가?

① 2배 ② 4배

③ $\dfrac{1}{2}$배 ④ $\dfrac{1}{4}$배

해설

이도 $D=\dfrac{WS^2}{8T}$

여기서, W : 단위길이당 전선의 중량[kg/m]

S : 경간[m]

T : 수평장력[kg]

전선의 수평장력 $T=\dfrac{WS^2}{8D}$에서 $T\propto S^2$이므로 경간(S)을 2배로 하면 수평장력(T)은 4배가 된다.

★★ 기사 97년 2회

21 송·배전 선로에서 전선의 장력을 2배로 하고 경간을 2배로 하면 전선의 이도는 몇 배가 되는가?

① $\dfrac{1}{4}$ ② $\dfrac{1}{2}$

③ 2 ④ 4

해설

경간과 장력을 2배로 하면

이도 $D'=\dfrac{W(2S)^2}{8\times(2T)}=2\times\dfrac{WS^2}{8T}=2D$

이도는 2배가 된다.

정답 16. ③ 17. ① 18. ① 19. ① 20. ② 21. ③

★★★★ 기사 00년 3회 / 산업 90년 7회, 97년 6회, 16년 2회

22 그림과 같이 지지점 A, B, C에는 고저차가 없으며, 경간 AB와 BC 사이에 전선이 가설되어 그 이도가 12[cm]이었다고 한다. 지금 지지점 B에서 전선이 떨어져 전선의 이도가 D로 되었다면 D는 몇 [cm]가 되겠는가?

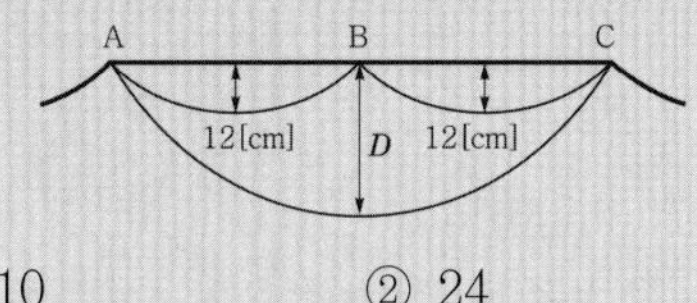

① 10 ② 24
③ 30 ④ 36

해설 새로운 전선의 이도 D

경간이 같고 전선의 지지점에 고저차가 없는 상태에서 전선이 떨어질 경우

$D = 2D_1 = 2\times 12 = 24$[cm]

★★★★ 산업 93년 3회, 07년 1회, 18년 1회

23 전주 사이의 경간이 50[m]인 가공전선로에서 전선 1[m]되는 중량이 0.37[kg], 전선의 이도가 0.8[m]라면 전선의 수평장력은 몇 [kg]인가?

① 80 ② 120
③ 145 ④ 165

해설

이도 $D = \dfrac{WS^2}{8T}$[m]

수평장력 $T = \dfrac{WS^2}{8D} = \dfrac{0.37\times 50^2}{8\times 0.8}$

$= 144.5$

$≒ 145$[kg]

★★ 기사 94년 3회, 95년 2회, 04년 2회

24 온도가 t[℃] 상승했을 때의 이도는 약 몇 [m] 정도 되는가? (단, 온도변화 전의 이도를 D_1[m], 경간을 S[m], 전선의 온도계수를 α라 한다)

① $\sqrt{D_1 + \dfrac{3}{8}S\alpha t}$

② $\sqrt{D_1 + \dfrac{8}{3}S\alpha^2 t^2}$

③ $\sqrt{{D_1}^2 + \dfrac{3}{8}S^2\alpha t}$

④ $\sqrt{{D_1}^2 + \dfrac{8}{3}S^2\alpha^2 t}$

해설

전선의 이도 $D = \dfrac{WS^2}{8T}$[m], 전선의 실제길이 $L = S + \dfrac{8D^2}{3S}$[m]에서 온도가 상승하면 온도 정특성에 의해 전선이 팽창하므로 t[℃] 상승하였을 때 전선의 길이 $L_t = L(1+\alpha t)$가 된다.

$L_t = L + \alpha t L = S + \dfrac{8D_t^2}{3S}$ 이므로

$S + \dfrac{8D^2}{3S} + \alpha t L = S + \dfrac{8D_t^2}{3S}$

양변을 $\dfrac{8}{3S}$로 나누면

${D_t}^2 = {D_t}^2 + \dfrac{3}{8}\alpha t S L$

t[℃] 상승 시 이도 $D_t = \sqrt{D^2 + \dfrac{3}{8}\alpha t S L}$

$≒ \sqrt{{D_1}^2 + \dfrac{3}{8}\alpha t S^2}$

★★★★★ 기사 14년 3회, 15년 2회 / 산업 90년 2회, 97년 5회

25 경간 200[m]의 가공전선로가 있다. 전선 1[m]당의 하중은 2.0[kg]이고 풍압하중이 없는 것으로 하면, 인장하중 4000[kg]의 전선을 사용할 때의 이도는 몇 [m]인가? (단, 안전율=2.0)

① 5 ② 5.4
③ 6.4 ④ 7

해설

전선의 이도 $D = \dfrac{WS^2}{8T} = \dfrac{2\times 200^2}{8\times \dfrac{4000}{2.0}} = 5$[m]

여기서, 인장하중 = 수평장력×안전율

정답 22. ② 23. ③ 24. ③ 25. ①

★★ 산업 13년 3회

26 공칭단면적 200[mm²], 전선무게 1.838[kg/m], 전선의 외경 18.5[mm]인 경동연선을 경간 200[m]로 가설하는 경우 이도는 약 몇 [m]인가? (단, 경동연선의 전단인장하중=7910[kg], 빙설하중=0.416[kg/m], 풍압하중=1.525[kg/m], 안전율=2.0)

① 3.44　② 3.78
③ 4.28　④ 4.78

해설

합성하중 $W=\sqrt{(W_c+W_i)^2+W_w^2}$

$=\sqrt{(1.838+0.416)^2+1.525^2}$

$=2.721$[kg/m]

여기서, W_c : 전선자중[kg/m]

W_i : 빙설하중[kg/m]

W_w : 풍압하중[kg/m]

이도 $D=\dfrac{WS^2}{8T}=\dfrac{2.721\times 200^2}{8\times\dfrac{7910}{2}}=3.439 \fallingdotseq 3.44$[m]

여기서, 인장하중=수평장력×안전율

수평장력$=\dfrac{\text{인장하중}}{\text{안전율}}$

★★ 산업 94년 7회

27 전선 양측의 지지점의 높이가 동일한 경우 전선의 단위길이당 중량을 W[kg], 수평장력을 T[kg], 경간을 S[m], 전선의 이도를 D[m]라 할 때 전선의 실제길이 L[m]을 계산하는 식은?

① $S+\dfrac{8S^2}{3D}$

② $S+\dfrac{8D^2}{3S}$

③ $S+\dfrac{3S^2}{8D}$

④ $S+\dfrac{3D^2}{8S}$

해설

전선의 실제길이 $L=S+\dfrac{8D^2}{3S}$[m]

여기서, S : 경간

D : 전선의 이도

집중공략

★★★★ 기사 92년 2회, 05년 3회, 06년 1회 / 산업 94년 2회, 04년 3회

28 경간이 200[m]인 가공전선로가 있다. 사용전선의 길이는 경간보다 몇 [m] 길어야 하는가? (단, 전선의 1[m]당 하중은 2.0[kg], 인장하중은 4000[kg]이며, 풍압하중은 무시하고 전선의 안전율을 2라 한다)

① $\dfrac{1}{3}$

② $\dfrac{1}{2}$

③ $\sqrt{2}$

④ $\sqrt{3}$

해설

전선의 이도 $D=\dfrac{WS^2}{8T}=\dfrac{2\times 200^2}{8\times\dfrac{4000}{2.0}}=5$[m]

전선의 실제길이 $L=S+\dfrac{8D^2}{3S}$

전선의 경간보다 $\dfrac{8D^2}{3S}$ 만큼 더 길어지므로

$\dfrac{8D^2}{3S}=\dfrac{8\times 5^2}{200}=0.33$[m]

★★★★ 산업 90년 6회, 95년 7회, 97년 7회, 00년 4회

29 단면적 330[mm²]의 강심 알루미늄을 경간이 300[m]이고 지지점의 높이가 같은 철탑 사이에 가설하였다. 전선의 이도가 7.4[m]이면 전선의 실제길이는 몇 [m]인가? (단, 풍압, 온도 등의 영향은 무시한다)

① 300.282
② 300.487
③ 300.685
④ 300.875

해설

전선의 실제길이 $L=S+\dfrac{8D^2}{3S}$

$=300+\dfrac{8\times 7.4^2}{3\times 300}=300.487$[m]

정답 26. ① 27. ② 28. ① 29. ②

★ 기사 97년 5회

30 전선진동의 루프 길이를 l[m], 전선장력을 T[kg], 전선의 중량을 W[kg/m], 중력가속도를 g[m/sec^2]라 할 때 전선의 고유진동주파수는 몇 [Hz]인가?

① $\frac{1}{2l}\sqrt{\frac{Tg}{W}}$ ② $\frac{1}{2T}\sqrt{\frac{gl}{W}}$
③ $\frac{1}{2g}\sqrt{\frac{Tl}{W}}$ ④ $\frac{1}{2W}\sqrt{\frac{Tg}{l}}$

해설 t

전선의 고유진동수 $f_n = \frac{1}{2l}\sqrt{\frac{T \cdot g}{W}}$

여기서, l : 선로길이[m]
T : 전선장력[kg]
W : 전선중량[kg/m]
g : 중력가속도[m/sec^2]

★★ 기사 14년 3회 / 산업 92년 5회, 99년 7회, 18년 3회

31 전선의 지지점높이가 31[m]이고, 전선의 이도가 9[m]라면 전선의 평균높이[m]는 몇 [m]가 적당한가?

① 25 ② 26.5
③ 28.5 ④ 30

해설

전선의 평균높이 $h_m = h - \frac{2}{3}D$
$= 31 - \frac{2}{3} \times 9 = 25$[m]

★★★★★ 기사 14년 1회, 18년 2회 / 산업 97년 5회, 11년 3회, 16년 3회

32 전선로에 댐퍼(damper)를 사용하는 목적은?

① 전선의 진동방지
② 전력손실 경감
③ 낙뢰의 내습방지
④ 많은 전력을 보내기 위하여

해설

댐퍼는 진동이 발생하기 쉬운 개소에 설치하여 전선의 진동을 방지시켜 단선사고는 방지한다. 댐퍼는 350[m] 이내는 1개, 650[m] 구간에는 2개, 그 이상은 3개 이상을 설치한다.

★★★ 기사 91년 6회, 00년 3회, 04년 3회, 13년 3회

33 송전선로에 사용되는 애자의 특성이 나빠지는 원인으로 볼 수 없는 것은?

① 애자 각 부분의 열팽창의 상이
② 전선 상호간의 유도장애
③ 누설전류에 의한 편열
④ 시멘트의 화학팽창 및 동결팽창

해설 **애자의 열화원인**

㉠ 애자제조의 결함
㉡ 온도의 영향
㉢ 시멘트의 화학팽창
㉣ 전기적 스트레스와 코로나에 의한 영향

★★★ 기사 92년 3회, 95년 7회, 98년 7회, 17년 3회

34 현수애자에 대한 설명이 아닌 것은?

① 애자를 연결하는 방법에 따라 클래비스형과 볼소켓형이 있다.
② 2 ~ 4층의 갓모양의 자기편을 시멘트로 접착하고 그 자기를 주철제 base로 지지한다.
③ 애자의 연결개수를 가감함으로써 임의의 송전전압에 사용할 수 있다.
④ 큰 하중에 대하여는 2연 또는 3연으로 하여 사용할 수 있다.

해설 **현수애자의 특성**

㉠ 애자의 연결개수를 가감함으로써 임의의 송전전압에 사용할 수 있다.
㉡ 큰 하중에 대해서는 2연 또는 3연으로 하여 사용할 수 있다.
㉢ 현수애자를 접속하는 방법에 따라 클래비스형과 볼소켓형으로 나눌 수 있다.

★★ 산업 93년 4회, 98년 5회, 02년 3회

35 우리나라에서 가장 많이 사용하는 현수애자의 표준은 몇 [mm]인가?

① 160 ② 250
③ 280 ④ 320

해설

우리나라에서는 254[mm]가 가장 많이 사용되고 있다. 통상 250[mm]로 적용한다.

정답 30. ① 31. ① 32. ① 33. ② 34. ② 35. ②

★★★ 산업 97년 4회, 04년 3회

36 250[mm] 현수애자 1개의 건조섬락전압은 몇 [kV] 정도인가?

① 50 ② 60
③ 80 ④ 100

해설 250[mm] 현수애자의 전기적 특성

건조섬락전압	주수섬락전압	충격섬락전압	유중파괴전압	누설거리
80[kV]	50[kV]	125[kV]	140[kV]	280[mm]

★★★ 기사 95년 2회

37 애자의 전기적 특성에서 가장 높은 전압은?

① 건조섬락전압 ② 주수섬락전압
③ 충격섬락전압 ④ 유중파괴전압

해설

254[mm] 현수애자의 경우 전기적 특성은 다음과 같다.
㉠ 건조섬락전압 : 80[kV]
㉡ 주수섬락전압 : 50[kV]
㉢ 유중파괴전압 : 140[kV]
㉣ 충격섬락전압 : 125[kV]

★★ 기사 92년 3회, 16년 2회

38 송전선 현수애자련의 연면섬락과 관계가 가장 작은 것은?

① 철탑 접지저항
② 현수애자의 개수
③ 현수애자련의 오손
④ 가공지선

해설 연면섬락

㉠ 초고압 송전선로에서 애자련의 표면에 전류가 흘러 생기는 섬락이다.
㉡ 연면섬락의 방지책
- 철탑의 접지저항을 작게 한다.
- 현수애자개수를 늘려 애자련을 길게 한다.

★★★★ 산업 93년 1회, 01년 3회, 16년 1회

39 345[kV] 초고압 송전선로에 사용되는 현수애자는 1연 현수인 경우 대략 몇 개 정도 사용되는가?

① 6 ~ 8 ② 12 ~ 14
③ 18 ~ 20 ④ 28 ~ 38

해설

송전전압 345[kV]의 경우 현수애자 1연의 애자개수는 18 ~ 23개를 설치한다.

★★★ 산업 90년 6회, 12년 2회

40 4개를 한 줄로 이어 단 표준현수애자를 사용하는 송전선전압에 해당되는 것은? (단, 애자는 250[mm] 현수애자임)

① 22[kV] ② 66[kV]
③ 154[kV] ④ 345[kV]

해설 송전전압에 따른 1연의 애자개수

㉠ 22[kV] : 2 ~ 3개
㉡ 66[kV] : 4 ~ 5개
㉢ 154[kV] : 9 ~ 11개
㉣ 345[kV] : 18 ~ 23개

집중공략

★★★★★ 기사 00년 3회, 05년 1회, 14년 1회 / 산업 95년 2회, 14년 2회, 18년 1회

41 다음 중 가공송전선에 사용하는 애자련 중 전압부담이 가장 큰 것은?

① 철탑에 가장 가까운 애자
② 전선에 가장 가까운 애자
③ 중앙에 있는 애자
④ 철탑과 애자련 중앙의 그 중간에 있는 애자

해설

송전선로에서 현수애자의 전압부담은 전선에서 가까이 있는 것부터 1번째 애자 22[%], 2번째 애자 17[%], 3번째 애자 12[%], 4번째 애자 10[%] 그리고 8번째 애자가 약 6[%], 마지막 애자가 8[%] 정도의 전압을 부담하게 된다.

★★★ 기사 13년 1회 / 산업 92년 2·3회, 99년 3·4회, 06년 2회, 18년 3회

42 현수애자 4개를 1연으로 한 66[kV] 송전선로가 있다. 현수애자 1개의 절연저항은 1500[MΩ], 이 선로의 경간이 200[m]라면 선로 1[km]당 누설 컨덕턴스는 몇 [℧]인가?

① 0.83×10^{-9} ② 0.83×10^{-4}
③ 0.83×10^{-3} ④ 0.83×10^{-2}

정답 36. ③ 37. ④ 38. ④ 39. ③ 40. ② 41. ② 42. ①

해설

1[km]당 지지물경간이 200[m]이므로 철탑의 수는 5개가 된다.

애자련의 절연저항은 병렬로 환산해서 1[km]당

합성저항 $R=\dfrac{4\times1500\times10^6}{5}=\dfrac{6}{5}\times10^9[\Omega]$

누설 컨덕턴스 $G=\dfrac{1}{R}=\dfrac{5}{6}\times10^{-9}=0.83\times10^{-9}[℧]$

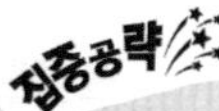

★★★★★ 기사 93년 2회, 94년 7회, 00년 5회 / 산업 97년 2회, 04년 3회, 11년 1회

43 소호환(arcing ring)의 설치목적은?

① 애자련의 보호
② 클램프의 보호
③ 이상전압발생의 방지
④ 코로나손의 방지

해설 **소호각, 소호환의 설치 목적**

㉠ 이상전압으로 인한 섬락사고 시 애자련의 보호
㉡ 애자련의 전압분담 균등화

★★★ 산업 17년 3회

44 전선에 낙뢰가 가해져서 애자에 섬락이 생기면 아크가 생겨 애자가 손상되는데 이것을 방지하기 위하여 사용하는 것은?

① 댐퍼(damper)
② 아킹혼(arcing horn)
③ 아머로드(armor rod)
④ 가공지선(overhead ground wire)

해설 **아킹혼, 아킹링의 사용목적**

㉠ 뇌격으로 인한 섬락사고 시 애자련을 보호
㉡ 애자련의 전압분담 균등화
㉢ 전기적 접지에 의한 코로나 발생의 억제

★★★★ 산업 91년 2회, 95년 7회, 99년 7회

45 현수애자의 연효율(string efficiency) η[%]는? (단, V_1 : 현수애자 1개의 섬락전압, n : 1련의 사용애자수, V_n : 애자련의 섬락전압)

① $\eta=\dfrac{V_n}{nV_1}\times100[\%]$

② $\eta=\dfrac{nV_1}{V_n}\times100[\%]$

③ $\eta=\dfrac{nV_n}{V_1}\times100[\%]$

④ $\eta=\dfrac{V_1}{nV_n}\times100[\%]$

해설

연효율(연능률)은 애자련에 가해지는 섬락전압과 각 애자의 섬락전압을 애자련의 개수배한 전압의 비율이다.

연효율

$$\eta=\frac{\text{애자련의 섬락전압}(V_n)}{\text{1연의 애자개수}(n)\times\text{애자 1개의 섬락전압}(V_1)}\times100[\%]$$

★★★ 기사 05년 3회 / 산업 93년 2회, 04년 1회

46 250[mm] 현수애자 10개를 직렬로 접속한 애자련의 건조섬락전압이 590[kV]이고, 연효율은 0.74이다. 현수애자 1개의 건조섬락전압은 약 몇 [kV]인가?

① 80 ② 90
③ 100 ④ 120

해설

연효율 $\eta=\dfrac{V_n}{nV_1}\times100[\%]$

$=\dfrac{590}{10\times V_1}=0.74$

현수애자 1개의 건조섬락전압

$V_1=\dfrac{590}{10\times0.74}=80[\text{kV}]$

★ 산업 17년 2회

47 다음 중 표준형 철탑이 아닌 것은?

① 내선철탑 ② 직선철탑
③ 각도철탑 ④ 인류철탑

해설 **사용목적에 따른 철탑의 종류**

㉠ 직선형 철탑 : 수평각도 3° 이하의 개소에 사용하는 현수애자장치 철탑
㉡ 각도형 철탑 : 수평각도가 3°를 넘는 개소에 사용하는 철탑

정답 43. ① 44. ② 45. ① 46. ① 47. ①

㉢ 인류형 철탑 : 가섭선을 인류하는 개소에 사용하는 철탑
㉣ 내장형 철탑 : 수평각도가 30°를 초과하거나 양측 경간의 차가 커서 불균형 장력이 현저하게 발생하는 개소에 사용하는 철탑
㉤ 보강형 철탑 : 직선철탑이 연속하는 경우 전선로의 강도가 부족하며 10기 이하마다 1기씩 내장애자장치의 내장형 철탑으로, 전선로를 보강하기 위하여 사용

★★ 산업 12년 3회

48 보통 송전선용 표준철탑설계의 경우 가장 큰 하중은?

① 풍압 ② 애자, 전선의 중량
③ 빙설 ④ 전선의 인장강도

해설
철탑에 상시 상정하중에서 가장 크게 고려해야 할 하중은 풍압하중이다.

★★★★★ 기사 95년 5회 / 산업 19년 1회

49 전선로의 지지물 양쪽의 경간차가 큰 곳에 쓰이며 E철탑이라고도 하는 철탑은?

① 인류형 철탑 ② 보강형 철탑
③ 각도형 철탑 ④ 내장형 철탑

해설
사용목적에 따른 철탑의 종류는 전선로의 표준경간에 대하여 설계하는 것으로, 다음의 5종류가 있다.
㉠ 직선형 철탑 : 직선철탑이라 함은 수평각도 3° 이하의 개소에 사용하는 현수애자장치 철탑을 말하며 그 철탑형의 기호를 'A, F, SF'로 한다.
㉡ 각도형 철탑 : 각도철탑이라 함은 수평각도 3°를 넘는 개소에 사용하는 철탑으로, 기호는 'B'라 한다.
㉢ 인류형 철탑 : 인류철탑이라 함은 가섭선을 인류하는 개소에 사용하는 철탑으로, 그 철탑형의 기호를 'D'로 한다.
㉣ 내장형 철탑 : 내장철탑이라 함은 수평각도 30°를 초과하거나 양측 경간의 차가 커서 불평균장력이 현저하게 발생하는 개소에 사용하는 철탑을 말하며 그 철탑형의 기호를 'C, E'로 한다.
㉤ 보강형 철탑 : 직선철탑이 연속하는 경우 전선로의 강도가 부족하며 10기 이하마다 1기씩 내장애자장치의 내장형 철탑으로 전선로를 보강하기 위하여 사용한다.

★★ 기사 94년 6회 / 산업 89년 7회

50 지상높이 h[m]인 곳에 수평하중 P[kg]를 받는 목주에 지선을 설치할 때 지선 l[m]이 받는 장력은 몇 [kg]인가?

① $\dfrac{l}{h}P$ ② $\dfrac{\sqrt{l^2-h^2}}{h}P$
③ $\dfrac{h^2}{\sqrt{l^2-h^2}}P$ ④ $\dfrac{l}{\sqrt{l^2-h^2}}P$

해설
지선이 받는 장력 $T_o = \dfrac{P}{\cos\theta} = \dfrac{P}{\frac{a}{l}} = \dfrac{lP}{a}$

피타고라스 정리에서 $a^2+h^2=l^2$이므로
$a=\sqrt{l^2-h^2}$
$T_o = \dfrac{lP}{\sqrt{l^2-h^2}}$[kg]

★★★ 산업 92년 2회

51 그림과 같이 지선을 설치하여 전주에 가해진 수평장력 800[kg]을 지지하고자 한다. 지선으로서 4[mm] 철선을 사용한다고 하면 몇 가닥 사용해야 하는가? (단, 4[mm] 철선 1가닥의 인장하중은 440[kg]으로 안전율은 2.5이다)

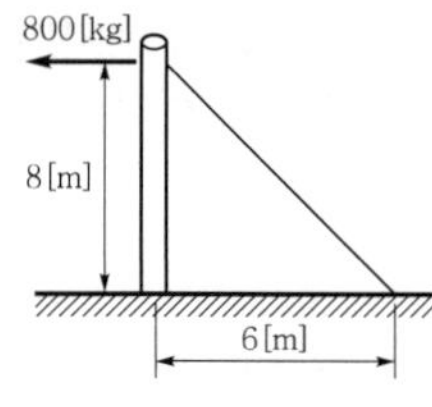

① 7 ② 8
③ 9 ④ 10

해설
지선의 장력 $T_o = \dfrac{T}{\cos\theta}$[kg]

$\cos\theta = \dfrac{6}{\sqrt{8^2+6^2}}$

여기서, T : 수평장력, T_o : 지선에 걸리는 장력

사용해야 할 지선가닥수$= \dfrac{T}{\cos\theta} \times$안전율$\times \dfrac{1}{440[\text{kg}]}$

$= \dfrac{800}{\frac{6}{\sqrt{8^2+6^2}}} \times 2.5 \times \dfrac{1}{440}$

$=7.57$가닥

절상하면 8가닥을 사용한다.

정답 48. ① 49. ④ 50. ④ 51. ②

★ 기사 13년 3회

52 지중전선로가 가공전선로에 비해 장점에 해당하는 것이 아닌 것은?

① 경과지확보가 가공전선로에 비해 쉽다.
② 다회선설치가 가공전선로에 비해 쉽다.
③ 외부기상여건 등의 영향을 받지 않는다.
④ 송전용량이 가공전선로에 비해 크다.

해설 **지중전선로의 장단점**

㉠ 장점
- 환경과의 조화가 용이하고 시설부지확보가 쉽다.
- 풍수해와 낙뢰 등 기상조건에 대한 영향을 받지 않는다.
- 통신선 및 타시설물에 대한 유도장해가 작다.
- 다회선을 같은 루트에 시공이 가능하다.

㉡ 단점
- 가공선로에 비해 같은 굵기의 전선으로 송전용량이 적고 공사비가 비싸다.
- 선로사고 시 고장의 발견 및 보수가 어렵다.

★★★ 기사 19년 3회 / 산업 93년 1회, 99년 3회, 06년 1회, 12년 1회

53 케이블의 전력손실과 관계없는 것은?

① 도체의 저항손 ② 유전체손
③ 연피손 ④ 철손

해설
철손은 전기기기의 철심에서 자기포화에 의해 발생하는 손실이다.

★★ 산업 12년 3회

54 가공선로에 대한 지중선로의 장점으로 옳은 것은?

① 건설비가 싸다.
② 송전용량이 많다.
③ 인축에 대한 안전성이 높으며 환경조화를 이룰 수 있다.
④ 사고복구에 효율적이다.

해설
지중전선로는 가공선로에 비해 같은 굵기의 전선으로 송전용량이 적고 공사비가 비싸며 사고 시 고장의 발견 및 보수가 어렵다.

집중공략

★★★★★ 기사 97년 2회, 05년 3회 / 산업 03년 1회, 05년 1회, 06년 3회, 11년 2회

55 지중 케이블에 있어서 고장점을 찾는 방법이 아닌 것은?

① Marray loop 시험기에 의한 방법
② Megger에 의한 측정방법
③ 수색 코일에 의한 방법
④ 펄스에 의한 측정

해설 **지중 케이블의 고장점찾는 방법**
머레이루프법, 펄스레이더법, 수색 코일법, 정전용량법
② Megger(메거)는 절연저항 측정 시 사용한다.

★★★ 산업 90년 2회, 94년 5회, 96년 7회, 00년 2회, 05년 4회

56 선택배류기는 어느 전기설비에 설치하는가?

① 급전선
② 지하전력 케이블
③ 가공전화선
④ 가공통신 케이블

해설
선택배류기는 전식작용을 방지하기 위해 지하전력 케이블에 설치한다.

★★ 기사 96년 2회, 99년 7회, 04년 1회

57 케이블을 부설한 후 현장에서 절연내력시험을 할 때 직류로 하는 이유는?

① 절연파괴 시까지의 피해가 작다.
② 절연내력은 직류가 크다.
③ 시험용 전원의 용량이 적다.
④ 케이블의 유전체손이 없다.

해설
직류로 시험하는 이유는 케이블은 정전용량이 없고 유전체손이 없을 뿐만 아니라 충전용량도 없으므로 시험용 전원의 용량이 적어져 이동이 간편하여 휴대하기 쉽다.

정답 52. ③ 53. ④ 54. ③ 55. ② 56. ② 57. ③

CHAPTER

03

선로정수 및 코로나 현상

기사 5.43% 출제

산업 7.40% 출제

이렇게 공부하세요!!

출제경향분석

기사 출제비율 % | 산업 출제비율 %

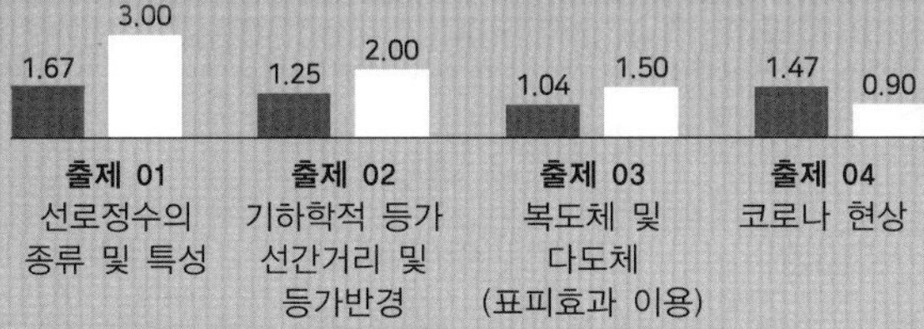

출제포인트

- ☑ 선로정수의 의미와 r, L, C, g의 크기를 계산할 수 있다.
- ☑ 전력의 공급 시 등가선간거리와 등가반경에 대한 계산과 미치는 영향에 대해 이해할 수 있다.
- ☑ 연가의 필요성 및 방법과 표피효과의 정의와 감소방법에 대해 이해할 수 있다.
- ☑ 코로나 현상의 정의와 이로 인한 문제점, 코로나 현상을 억제하는 방법 등에 대해 이해할 수 있다.

CHAPTER

03 선로정수 및 코로나 현상

기사 5.43% 출제 | 산업 7.40% 출제

송전선로는 저항, 인덕턴스, 정전용량 및 누설 컨덕턴스의 4가지 정수가 연속적으로 분포되어 있는 전기회로로 볼 수 있는데 이를 **선로정수**라 한다. 선로정수는 전선의 종류, 굵기 및 배치에 따라 크기가 정해지고 전압, 전류, 역률의 영향은 받지 않는다.

기사 1.67% 출제 | 산업 3.00% 출제

출제 01 선로정수의 종류 및 특성

송·배전 선로의 전선에 나타나는 선로정수를 정의하고 수식을 반드시 암기해야 한다. 그리고 선로정수의 크기를 감소시킬 수 있는 방법을 파악하여 정리하여야 한다.

1 저 항

선로에 사용되는 전선의 저항은 굵기, 재질, 길이, 온도에 따라 변화되는데 다음과 같이 나타낼 수 있다.

(1) 저 항

$$R = \rho\frac{l}{A}[\Omega]$$

여기서, ρ : 저항률, l : 선로길이, A : 전선의 굵기

(2) 전선의 저항률 및 도전율

① 경동선 : $\rho = \frac{1}{55}[\Omega \cdot \text{mm}^2/\text{m}]$

② 연동선 : $\rho = \frac{1}{58}[\Omega \cdot \text{mm}^2/\text{m}]$

③ 알루미늄선 : $\rho = \frac{1}{35}[\Omega \cdot \text{mm}^2/\text{m}]$

(3) 전선의 온도에 따른 저항의 크기

① 온도가 t[℃]에서 T[℃]로 증가 시 저항

$$R_T = R_t[1+\alpha_t(T-t)][\Omega]$$

여기서, R_T : T[℃] 때의 저항, R_t : t[℃] 때의 저항, α_t : t[℃] 때의 온도계수

② 연동선의 온도계수

$$\alpha_t = \frac{1}{234.5+t}$$

예 주위온도 40[℃], 연속사용온도 90[℃]인 경우

$$R_{90} = R_{40}\left\{1+\frac{1}{234.5+40}(90-40)\right\} = 1.18R_{40}$$

2 인덕턴스

전선에 전류가 흐를 경우 전선 주변에 발생하는 자속의 비례상수를 인덕턴스라 한다.

(1) 인덕턴스의 종류

① 자기 인덕턴스(L_i) : 매초 1[A]의 비율로 전류의 변화가 있을 때 1[V]의 역기전력을 유기하는 회로의 인덕턴스이다.

② 상호 인덕턴스(L_m) : 임의회로의 전류에 의해 생긴 자속 중 일부가 다른 회로에 쇄교하면 역기전력이 유기되는데, 이때의 비례상수를 말한다.

③ 전선 1선당 작용 인덕턴스 : $L = L_i + L_m$[H]

(2) 각 상에서의 인덕턴스

① 단상 2선식

$$\text{작용 인덕턴스 } L = 0.05 + 0.4605\log_{10}\frac{D}{r}\text{[mH/km]}$$

여기서, D : 등가선간거리
r : 전선의 반지름

② 3상 3선식

$$\text{작용 인덕턴스 } L = 0.05 + 0.4605\log_{10}\frac{\sqrt[3]{D_1 \cdot D_2 \cdot D_3}}{r}\text{[mH/km]}$$

㉠ 단도체 : $L = 0.05 + 0.4605\log_{10}\frac{D}{r}$[mH/km]

㉡ n도체 : $L = \frac{0.05}{n} + 0.4605\log_{10}\frac{D}{r_e}$[mH/km]

여기서, n : 소도체수
D : 등가선간거리
r_e : 등가반경

단원 확인 기출문제

★★★★ 산업 91년 2회, 95년 7회, 99년 4회

01 3상 3선식 송전선로의 선간거리가 D_1, D_2, D_3[m]이고, 전선의 지름이 d[m]로서 연가된 경우라면 전선 1[km]의 인덕턴스는 몇 [mH/km]인가?

① $0.05+0.4605\log_{10}\dfrac{\sqrt[3]{D_1D_2D_3}}{d}$　② $0.05+0.4605\log_{10}\dfrac{2\sqrt[3]{D_1D_2D_3}}{d}$

③ $0.05+0.4605\log_{10}\dfrac{d\sqrt[3]{D_1D_2D_3}}{2}$　④ $0.05+0.4605\log_{10}\dfrac{d}{\sqrt[3]{D_1D_2D_3}}$

해설 3상 3선식 등가선간거리 $D=\sqrt[3]{D_1\cdot D_2\cdot D_3}$[m]

전선의 지름이 d[m]이므로 반지름 $r=\dfrac{d}{2}$이 된다.

$\dfrac{\sqrt[3]{D_1\cdot D_2\cdot D_3}}{\dfrac{d}{2}}=\dfrac{2\sqrt[3]{D_1\cdot D_2\cdot D_3}}{d}$이므로

작용 인덕턴스 $L=0.05+0.4605\log_{10}\dfrac{2\sqrt[3]{D_1\cdot D_2\cdot D_3}}{d}$[mH/km]

답 ②

3 정전용량

(1) 단상 2선식

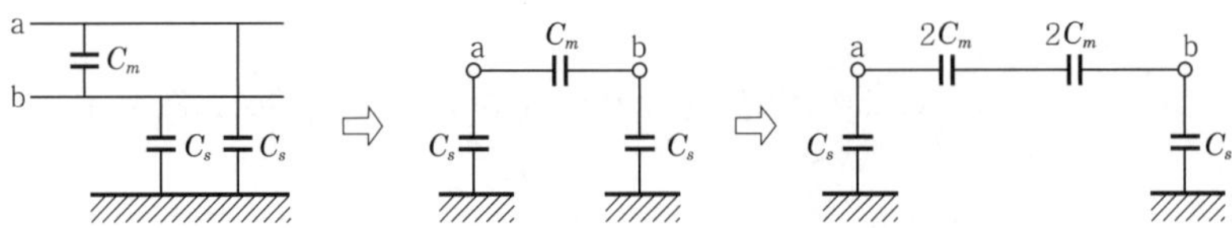

① 1선당 작용정전용량

$$C=C_s+2C_m[\mu\text{F/km}]$$

여기서, C_s : 대지정전용량[μF/km]

C_m : 선간정전용량[μF/km]

② 대지정전용량

$$C_s=\frac{0.02413}{\log_{10}\dfrac{4h^2}{rD}}[\mu\text{F/km}]$$

여기서, C_m : 선간정전용량[μF/km]

r : 도체의 반경[cm]

D : 선간거리[cm]

(2) 3상 3선식

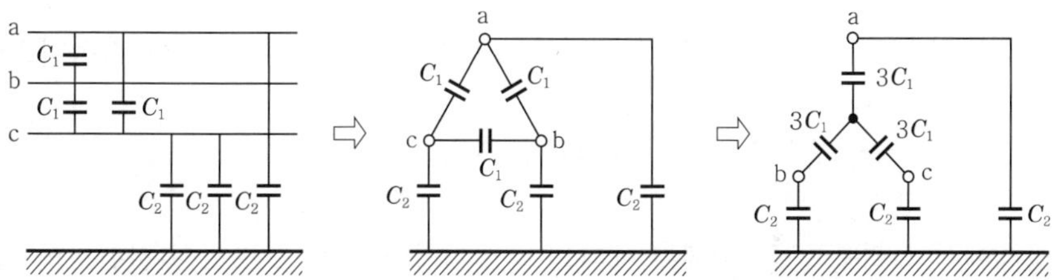

① 1선당 작용정전용량

$$C = C_s + 3C_m\,[\mu\mathrm{F/km}]$$

② 단도체의 정전용량

$$C = \frac{0.02413}{\log_{10}\frac{D}{r}}\,[\mu\mathrm{F/km}]$$

여기서, D : 등가선간거리, r : 도체 반경

③ 복도체의 정전용량

$$C = \frac{0.02413}{\log_{10}\frac{D}{r_e}}\,[\mu\mathrm{F/km}]$$

등가반경 $r_e = \sqrt{rs}$

여기서, r : 소도체 반경, s : 소도체 간격

단원 확인 기출문제

★★★★★ 기사 94년 3회, 00년 5회, 16년 1회

02 선간거리 D이고 반지름이 r인 선로의 정전용량 $C[\mu\mathrm{F/km}]$는?

① $\dfrac{0.2413}{\log_{10}\frac{r}{D}}$　② $\dfrac{0.02413}{\log_{10}\frac{r}{D}}$

③ $\dfrac{0.2413}{\log_{10}\frac{D}{r}}$　④ $\dfrac{0.02413}{\log_{10}\frac{D}{r}}$

해설 1선당 작용정전용량 $C = C_s + 2C_m = \dfrac{0.02413}{\log_{10}\frac{D}{r}}[\mu\mathrm{F/km}]$

여기서, C_s : 대지정전용량[μF/km], C_m : 선간정전용량[μF/km], r : 도체의 반경[cm], D : 선간거리[cm]

답 ④

4 누설 컨덕턴스

송・배전 선로와 대지 또는 선로간에 존재하는 누설저항의 역수를 누설 컨덕턴스라고 한다.

$$g = \frac{1}{\text{누설저항}} [\mho]$$

건조한 상태에서 전력을 공급 시에는 애자의 누설저항이 아주 크므로 송전선로의 특성을 고려할 때 누설저항의 역수인 누설 컨덕턴스는 무시할 수 있다.

기사 1.25% 출제 | 산업 2.00% 출제

출제 02 기하학적 등가선간거리 및 등가반경

전력공급 시 전력공급을 효과적으로 하기 위한 복도체 및 다도체의 계산방법을 파악하고 문제에 적용할 수 있어야 한다.

1 기하학적 등가선간거리

선로는 각 상의 배치가 보통 비대칭 3각형을 이루고 있으므로 그 선간거리의 평균값으로는 산술적인 평균값이 아니라 기하학적 평균값을 취해야 한다.

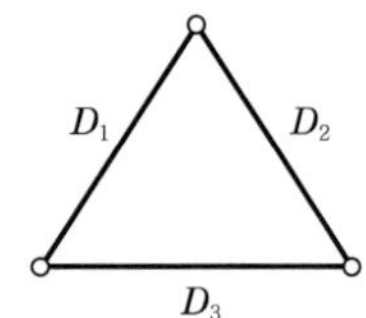

$$\text{기하학적 평균거리 } D = \sqrt[3]{D_1 \times D_2 \times D_3}$$

(1) 수평배치일 경우

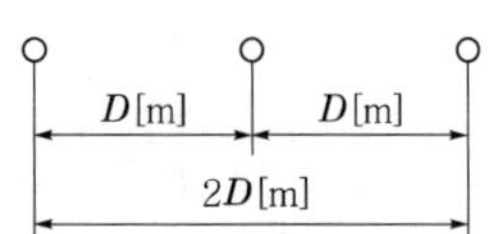

$$\begin{aligned} D &= \sqrt[3]{D \times D \times 2D} \\ &= \sqrt[3]{2 \times D^3} = \sqrt[3]{2} \times \sqrt[3]{D^3} \\ &= \sqrt[3]{2}\, D\,[\text{m}] \end{aligned}$$

(2) 정삼각배치인 경우

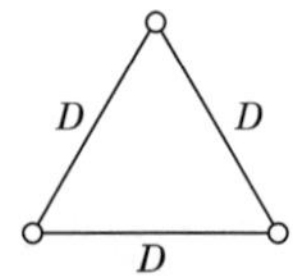

$$\begin{aligned} D &= \sqrt[3]{D \times D \times D} \\ &= D[\text{m}] \end{aligned}$$

(3) 정사각배치인 경우

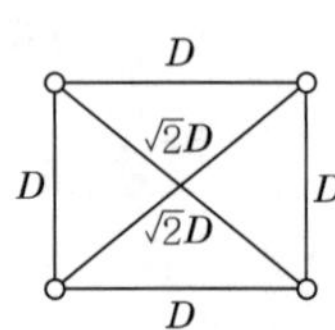

$$\begin{aligned} D &= \sqrt{D \times D \times D \times D \times \sqrt{2}\, D \times \sqrt{2}\, D} \\ &= \sqrt[6]{2 \times D^6} \\ &= \sqrt[6]{2}\, D\,[\text{m}] \end{aligned}$$

단원 확인기출문제

★★★★ 기사 05년 1회 / 산업 13년 2회

03 전선 a, b, c가 일직선으로 배치되어 있고, a와 b, b와 c 사이의 거리가 각각 5[m]일 때 이 선로의 등가 선간거리는 몇 [m]인가?

① 5 ② 10

③ $5\sqrt{2}$ ④ $5\sqrt[3]{2}$

해설 등가선간거리 $D = \sqrt[3]{D_1 \cdot D_2 \cdot D_3}$ [m]

$= \sqrt[3]{5 \times 5 \times (5 \times 2)} = \sqrt[3]{2} \times 5 = 5\sqrt[3]{2}$

답 ④

2 기하학적 등가반경

$$\text{등가반지름 } r_e = r^{\frac{1}{n}} s^{\frac{n-1}{n}} = \sqrt[n]{rs^{n-1}}$$

여기서, r : 소도체의 반지름, n : 소도체수, s : 소도체의 간격

단원 확인기출문제

★★★ 산업 97년 6회, 03년 2회, 06년 3회

04 소도체의 반지름이 r[m], 소도체간의 선간거리가 d[m]인 2개의 소도체를 사용한 345[kV] 송전선로가 있다. 복도체의 등가반경은 얼마인가?

① $\sqrt{rd}$ ② $\sqrt{rd^2}$

③ $\sqrt{r^2d}$ ④ rd

해설 등가반지름 $r_e = r^{\frac{1}{n}} d^{\frac{n-1}{n}} = \sqrt[n]{rd^{n-1}}$

여기서, r : 소도체의 반지름, n : 소도체수, d : 소도체의 간격

복도체의 등가반경 $r_e = r^{\frac{1}{2}} d^{\frac{2-1}{2}} = \sqrt{rd}$

답 ①

3 충전전류 및 충전용량

(1) 충전전류

송전선로나 케이블에서 선로와 대지, 선로와 선로 사이에 정전용량이 나타나는데 이를 통하여 흐르는 전류이다.

$$I_c = \omega CE\,l = 2\pi f\,C\frac{V}{\sqrt{3}}l[\mathrm{A}]$$

여기서, $C = C_s + 3C_m$

ω : 각주파수($2\pi f$), l : 선로길이, V : 선간전압, E : 대지전압

(2) 충전용량

$$Q_c = 3EI_c = 3\omega f\,CE^2 l = 2\pi f\,CV^2 \times 10^{-3}[\mathrm{kVA}]$$

4 연 가

(1) 연가의 의미

3상 3선식 가공선로는 각 선간거리 및 지표상의 높이가 다르기 때문에 각 상의 선로정수의 크기가 달라 불평형이 된다.

선로정수의 불평형을 방지하기 위해 각 상의 위치를 바꾸어 전체 선로에 대한 선로정수의 크기가 같게 하는 것을 연가라 한다.

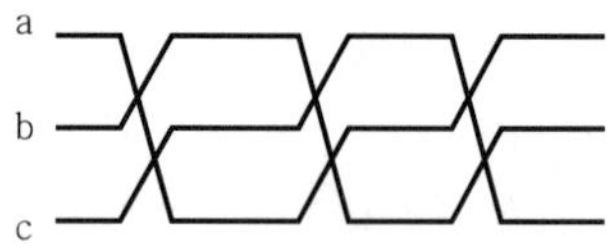

(2) 연가의 목적

① **선로정수가 평형**된다.

② **근접통신선에 대한 유도장해를 감소**시킨다.

③ 소호 리액터 접지계통에서 중성점의 잔류전압으로 인한 직렬공진을 방지한다.

④ 저항접지계통에서 선로정수 불평형에 의한 수전단측의 역률저하를 방지한다.

단원 확인 기출문제

★★★★★ 기사 97년 7회, 00년 4회, 13년 1회, 16년 2회 / 산업 12년 1회

05 연가의 효과가 아닌 것은?

① 대지정전용량의 감소 ② 통신선의 유도장해 감소
③ 각 상의 임피던스 평형 ④ 직렬공진 방지

해설 연가의 목적
㉠ 선로정수가 평형된다.
㉡ 근접통신선에 대한 유도장해를 감소시킨다.
㉢ 소호 리액터 접지계통에서 중성점의 잔류전압으로 인한 직렬공진을 방지한다.

답 ①

5 표피효과

표피효과는 전선에 교류전류가 흐를 때 주파수가 높을수록 도체표면으로 전류가 집중되어 흐르는 현상으로, 도체의 중심에 쇄교자속수가 증가하여 인덕턴스가 커지기 때문에 발생한다. 즉, 쇄교자속수는 $\phi = LI$이고 $L = \dfrac{\phi}{I} \propto \phi$이므로 중심부에서는 쇄교자속이 커서 리액턴스 $X = 2\pi f L[\Omega]$이 주파수 f에 비례하여 증가하게 되어 전선 중심에 전류밀도는 작아진다. 한편, 표피두께는 다음과 같은 식으로 나타낼 수 있다.

$$\delta = \sqrt{\frac{2}{\omega\mu\sigma}} = \sqrt{\frac{1}{\pi f\mu\sigma}} = \sqrt{\frac{\rho}{\pi f\mu}}\,[\mathrm{m}]$$

주파수 f[Hz], 투자율 μ[H/m], 도전율 σ[℧/m] 및 전선의 지름이 클수록 표피두께 δ는 작아지고, 표피효과는 커진다.

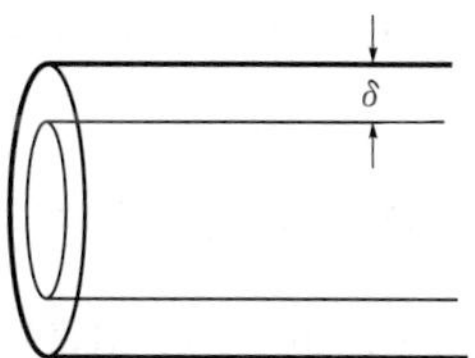

단원확인기출문제

★★★★ 기사 98년 7회, 03년 2회, 13년 2회

06 표피효과에 대한 설명으로 옳은 것은?

① 표피효과는 전선의 단면적에 반비례한다.
② 표피효과는 주파수에 비례한다.
③ 표피효과는 전선의 비투자율에 반비례한다.
④ 표피효과는 도전율에 반비례한다.

해설 **표피효과**

㉠ 전선표면에 가까워질수록 전류가 많이 흐르는 현상이다.
㉡ 주파수 f[Hz], 투자율 μ[H/m], 도전율 σ[℧/m] 및 전선의 지름이 클수록 표피효과는 커진다.

답 ②

기사 1.04% 출제 | 산업 1.50% 출제

출제 03 복도체 및 다도체(표피효과 이용)

복도체 및 다도체의 장점과 단점에 대한 문제가 다수 출제되고 있으므로 반드시 내용을 정리하고 숙지해야 한다.

1 복도체의 의미

송전선로에서 **송전전력의 증대 및 코로나 현상 방지를 목적으로 단도체를 사용하지 않고 2개 이상의 소도체를 사용**하는데 이를 **복도체 및 다도체**라고 한다.

154[kV]는 2도체, 345[kV]는 4도체, 765[kV]는 6도체 방식을 사용하고 있다.

2 복도체의 특징

(1) 장 점

① 동일단면적에서 단도체에 비해 **등가반경이 커져서 코로나 임계전압이 높아짐에 따라 코로나 발생이 억제**된다.

② 단도체에 비해 **정전용량이 증가하고 인덕턴스가 감소하여 송전용량이 증대**된다.

③ 선로의 특성 임피던스 $Z_o = \sqrt{\dfrac{L}{C}}$ 이 작아져서 선로전압강하가 감소하고 안정도가 증가한다.

(2) 단 점

① **단도체에 비해 정전용량이 커져 경부하 시 페란티 현상에 대한 우려가 있다.**

② 갤로핑 현상 등으로 인해 전선에 진동이 생기기 쉽다.

③ 소도체 사이에서 발생하는 흡인력으로 인해 도체간 단락으로 인해 전선표면의 손상 우려가 있으므로 **스페이서를 설치해 도체가 충돌하는 것을 방지**한다.

단원 확인기출문제

★★★★★ 산업 93년 4회, 01년 3회, 05년 1회, 18년 3회

07 복도체에 대한 설명으로 옳지 않은 것은?

① 같은 단면적의 단도체에 비하여 인덕턴스는 감소하고 정전용량은 증가한다.
② 코로나 개시전압이 높고 코로나 손실이 적다.
③ 단락 시 등의 대전류가 흐를 때 소도체간에 반발력이 생긴다.
④ 같은 전류용량에 대하여 단도체보다 단면적을 작게 할 수 있다.

해설 복도체방식에서 도체에 흐르는 전류가 같은 방향이므로 도체 사이에 흡인력이 발생한다.

답 ③

기사 1.47% 출제 | 산업 0.90% 출제

출제 04 코로나 현상

쌤 Comment

코로나 현상은 출제비율이 아주 높기 때문에 발생하는 원인 및 현상을 파악하고 방지대책을 연관지어 반드시 숙지하여야 한다. 그리고 코로나 임계전압식을 알면 필기 및 실기시험 문제풀이에 아주 용이하다.

1 코로나 현상의 의미

초고압 송전선로에서 발생하는 코로나 현상은 송전선로 주위공기의 절연강도를 초과하여 국부적으로 절연이 파괴되어 불꽃 및 잡음이 발생하는 현상이다.

2 공기의 파열극한 전위경도

① 표준상태(20[℃])에서 1[cm] 간격의 두 평면전극 사이의 공기절연이 파괴되어 전극간 아크(불꽃방전)가 발생되는 전압이다.

② **직류 – 30[kV/cm], 교류 – 21.1[kV/cm]**

3 코로나 임계전압

$$E_o = 24.3\, m_o m_1\, \delta\, d \log_{10} \frac{D}{r}\,[\text{kV}]$$

여기서, m_o : 전선표면계수 – 단선(1.0), 연선(0.8)

m_1 : 날씨에 관한 계수 – 맑은 날(1.0), 우천 시(0.8)

δ : 상대공기밀도$\left(\dfrac{0.386b}{273+t}\right)$

b : 기압[mmHg]

t : 온도[℃]

D : 선간거리[m]

r : 전선의 지름[cm]

4 코로나 발생으로 인한 현상 및 대책

① 코로나 발생으로 인한 문제점

㉠ **전력손실이 발생**한다.

㉡ 소호 리액터 접지방식에서 1선 지락 시 소호능력 저하의 원인이 된다.

㉢ **코로나 잡음 및 근접통신선에 대해서 유도장해를 준다.**

㉣ 전력반송장치에 장해를 준다.

ⓜ **오존(O_3)에 의해 초산이 발생하여 전선이 부식**된다.

ⓑ 코로나 현상으로 인해 발생된 고조파 중 제3고조파에 의해 직접접지방식에서 유도장해가 발생된다.

② 코로나 방지대책

㉠ **굵은 전선(ACSR)을 사용하여 코로나 임계전압을 높인다.**

㉡ **등가반경이 큰 복도체 및 다도체 방식을 채택**한다.

㉢ 가선금구류를 개량한다.

단원 자주 출제되는 기출문제

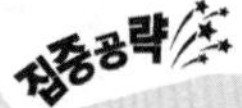

★★★ 기사 96년 6회, 00년 6회

01 송전선로의 선로정수가 아닌 것은 다음 중 어느 것인가?

① 저항 ② 리액턴스
③ 정전용량 ④ 누설 컨덕턴스

해설 **송전선로의 선로정수**
저항, 인덕턴스, 정전용량, 누설 컨덕턴스

★★ 기사 04년 4회

02 선로정수에 영향을 가장 많이 주는 것은?

① 전선의 배치 ② 송전전압
③ 송전전류 ④ 역률

해설
선로정수는 전선의 종류, 굵기 및 배치에 따라 크기가 정해지고 전압, 전류, 역률의 영향은 받지 않는다.

★ 기사 02년 1회

03 240[mm²] 강심 알루미늄 연선의 20[℃]에서 1[km]당 저항은 0.120[Ω]이다. 이 전선의 50[℃]에서의 저항은 몇 [Ω]인가? (단, 30[℃]에서의 저항온도계수는 0.00385이다)

① 0.124 ② 0.134
③ 0.152 ④ 0.212

해설
30[℃] 때 온도계수를 α_T, 20[℃] 때 온도계수를 α_t라 하면
$r=\alpha_T \times R_T=\alpha_t \times R_t$

30[℃] 때의 저항 $R_T=\dfrac{\alpha_t}{\alpha_T}\times R_t=\dfrac{0.12}{0.00385}\times\alpha_t$
$=31.168\alpha_t[\Omega]$

이때, 30[℃] 때의 저항 $R_T=R_t[1+\alpha_t(T-t)]$
$=0.12[1+\alpha_t(30-20)]$
$=31.168\alpha_t[\Omega]$

20[℃] 때 온도계수 $\alpha_t=\dfrac{0.12}{31.168-10\times0.12}=0.004$

따라서, 50[℃] 때의 저항
$R_T=R_t[1+\alpha_t(T-t)]$
$=0.12[1+0.004(50-20)]$
$=0.1344[\Omega]$

★ 기사 04년 3회

04 3상 3선식 송전선에서 L을 작용 인덕턴스라 하고 L_m 및 L_e는 대지를 귀로로 하는 1선의 자기 인덕턴스 및 상호 인덕턴스라고 할 때 이들 사이의 관계식은?

① $L=L_m-L_e$ ② $L=L_e-L_m$
③ $L=L_m+L_e$ ④ $L=\dfrac{L_m}{L_e}$

해설
대지를 귀로로 하는 1선의 자기 인덕턴스(L_m)와 대지를 귀로로 하는 상호 인덕턴스(L_e)의 방향에 따라 작용 인덕턴스(L)는 다음과 같이 나타난다.
작용 인덕턴스 $L=L_m-L_e$

★★★★ 산업 95년 4회, 03년 1회, 05년 1회, 13년 3회

05 그림과 같이 D[m]의 간격으로 반경 r[m]의 두 전선 a, b가 평행으로 가선되어 있는 경우 작용 인덕턴스는 몇 [mH/km]인가?

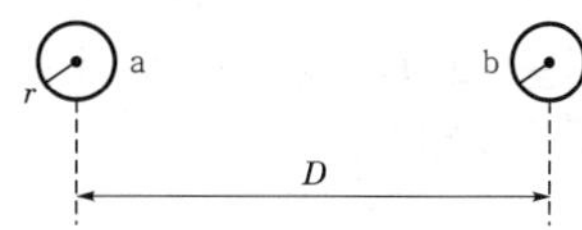

① $L=0.05+0.4605\log_{10}\dfrac{D}{r}$

② $L=0.05+0.4605\ \log_{10}(rD)$

③ $L=0.05+0.4605\log_{10}\dfrac{2D}{r}$

④ $L=0.05+0.4605\log_{10}\left(\dfrac{1}{rD}\right)$

해설
작용 인덕턴스 $L=0.05+0.4605\log_{10}\dfrac{D}{r}$[mH/km]

여기서, D : 등가선간거리
r : 전선의 반지름

정답 01. ② 02. ① 03. ② 04. ① 05. ①

★★★ 기사 94년 5회, 00년 2회

06 3상 3선식 가공송전선로의 선간거리가 각각 D_1, D_2, D_3일 때 등가선간거리는?

① $\sqrt{D_1D_2+D_2D_3+D_3D_1}$

② $\sqrt[3]{D_1D_2D_3}$

③ $\sqrt{D_1^{\ 2}+D_2^{\ 2}+D_3^{\ 2}}$

④ $\sqrt[3]{D_1^{\ 3}+D_2^{\ 3}+D_3^{\ 3}}$

해설

기하학적 등가선간거리 $D=\sqrt[3]{D_1\times D_2\times D_3}$

★★★★★ 기사 12년 1회, 16년 2회(유사) / 산업 93년 3회, 98년 3회

07 3상 3선식에서 전선의 선간거리가 각각 1[m], 2[m], 4[m]라고 할 때 등가선간거리는 몇 [m]인가?

① 1　② 2

③ 3　④ 4

해설

도체간의 기하학적 평균선간거리(등가선간거리)

$D_n=\sqrt[3]{D_1\cdot D_2\cdot D_3}$[m]

$=\sqrt[3]{1\times2\times4}=2$[m]

★★★ 기사 96년 2회, 15년 2회, 18년 3회

08 다음 그림과 같은 선로의 등가선간거리는 몇 [m]인가?

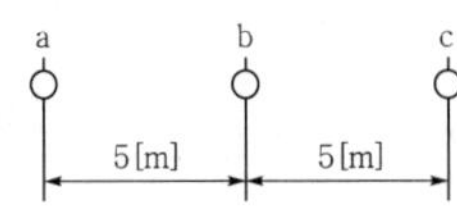

① 5　② $5\sqrt{2}$

③ $5\sqrt[3]{2}$　④ $10\sqrt[3]{2}$

해설

등가선간거리 $D=\sqrt[3]{D_1\cdot D_2\cdot D_3}$[m]

$=\sqrt[3]{5\times5\times(5\times2)}$

$=\sqrt[3]{2}\times\sqrt[3]{5^3}=\sqrt[3]{2}\times5=5\sqrt[3]{2}$

★★★★ 기사 94년 7회, 95년 2·7회, 00년 2회, 05년 2회 / 산업 15년 3회

09 반지름 r[m]인 3상 송전선 A, B, C가 그림과 같이 수평으로 D[m] 간격으로 배치되고 3선이 완전연가된 경우 각 인덕턴스는 몇 [mH/km]인가?

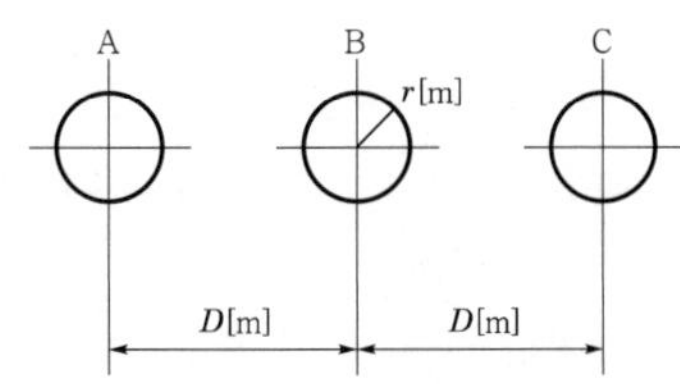

① $L=0.05+0.4605\log_{10}\dfrac{D}{r}$

② $L=0.05+0.4605\log_{10}\dfrac{\sqrt{2}D}{r}$

③ $L=0.05+0.4605\log_{10}\dfrac{\sqrt{3}D}{r}$

④ $L=0.05+0.4605\log_{10}\dfrac{\sqrt[3]{2}D}{r}$

해설

3선의 수평배열 등가선간거리

$D=\sqrt[3]{D\times D\times2D}$

$=\sqrt[3]{2D^3}$

$=\sqrt[3]{2}\times\sqrt[3]{D^3}$

$=\sqrt[3]{2}D$

작용 인덕턴스

$L=0.05+0.4605\log_{10}\dfrac{\sqrt[3]{2}D}{r}$[mH/km]

★★★ 산업 95년 4회, 98년 2회, 06년 3회

10 길이가 35[km]인 단상 2선식 전선로의 유도 리액턴스는? (단, 전선로 단위길이당 인덕턴스는 1.3[mH/km/선], 주파수 60[Hz]이다)

① 17　② 26

③ 34　④ 68

해설

유도 리액턴스 $X_L=\omega L=2\pi fL$[Ω]이고

L[mH/km/선]이므로 선로길이만큼 배수를 취하고 단상 2선식이므로 왕복선로, 즉 2배로 한다.

$X_L=2\pi\times60\times1.3\times10^{-3}\times35\times2=34$[Ω]

정답 06. ② 07. ② 08. ③ 09. ④ 10. ③

★★★ 기사 97년 6회 / 산업 11년 3회

11 **반지름 14[mm]의 ACSR로 구성된 완전연가된 3상 1회 송전선로가 있다. 각 상간의 등가선간거리가 2800[mm]라고 할 때 이 선로의 [km]당 작용 인덕턴스는 몇 [mH/km]인가?**

① 1.11 ② 1.012
③ 0.83 ④ 0.33

해설

작용 인덕턴스 $L = 0.05 + 0.4605\log_{10}\frac{280}{1.4}$

$= 1.11$[mH/km]

등가선간거리와 전선의 반지름을 [cm]로 환산한다.
2800[mm] → 280[cm], 14[mm] → 1.4[cm]

★★ 산업 91년 3회, 05년 2회

12 **3상 3선식 송전선에서 바깥지름 20[mm]의 경동연선을 그림과 같이 일직선 수평배치로 하여 연가를 했을 때 1[km]마다의 인덕턴스는 약 몇 [mH/km]인가?**

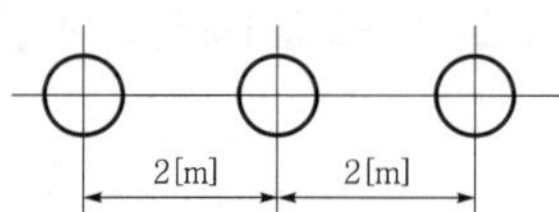

① 1.16 ② 1.32
③ 1.48 ④ 1.64

해설

작용 인덕턴스 $L = 0.05 + 0.4605\log_{10}\frac{\sqrt[3]{2}\,D}{r}$

$= 0.05 + 0.4605\log_{10}\frac{\sqrt[3]{2}\times 200}{\frac{2}{2}}$

$= 1.16$[mH/km]

등가선간거리와 전선의 반지름을 [cm]로 변환하여 단위를 같게 하여 계산한다.

★★★★★ 기사 92년 6회 / 산업 90년 2회, 95년 2회, 01년 1회, 03년 4회, 05년 4회

13 **전선 4개의 도체가 정사각형으로 배치되어 있을 때 각 도체간의 거리를 D라 하면 소도체간의 기하평균거리는?**

① D ② $4D$
③ $\sqrt[3]{2}\,D$ ④ $\sqrt[6]{2}\,D$

해설

정사각배치의 기하학적 평균거리는 각각의 전선끼리 영향을 미치는 관계를 고려한다.

$D = \sqrt{D\times D\times D\times D\times \sqrt{2}\,D\times \sqrt{2}\,D}$

$= \sqrt[6]{2\times D^6}$

$= \sqrt[6]{2}\,D$

★★ 산업 98년 2회, 07년 2회

14 **4각형으로 배치된 4도체 송전선이 있다. 소도체의 반지름이 1[cm], 한 변의 길이가 32[cm]일 때 소도체간의 기하학적 평균거리[cm]는?**

① $32\times 2^{\frac{1}{3}}$ ② $32\times 2^{\frac{1}{4}}$
③ $32\times 2^{\frac{1}{5}}$ ④ $32\times 2^{\frac{1}{6}}$

해설

4각형의 기하학적 평균거리는 $D=\sqrt[6]{2}\,D$이므로

$D=\sqrt[6]{2}\times 32 = 32\times 2^{\frac{1}{6}}$

★★★ 기사 91년 7회, 98년 7회 / 산업 12년 3회

15 **선간거리 D, 도체의 반지름 r, 도체간의 간격 l인 복도체의 인덕턴스[mH/km]는?**

① $0.4605\log_{10}\frac{D}{\sqrt{rl}} + 0.05$

② $0.4605\log_{10}\frac{D}{\sqrt{rl}} + 0.025$

③ $0.4605\log_{10}\frac{D}{rl} + 0.05$

④ $0.4605\log_{10}\frac{D}{rl} + 0.025$

해설

n도체의 경우 작용 인덕턴스

$L=\frac{0.05}{n} + 0.4605\log_{10}\frac{D}{r_e}$[mH/km]

여기서, n : 소도체수
D : 등가선간거리
r_e : 등가반경

정답 11. ① 12. ① 13. ④ 14. ④ 15. ②

등가반경 $r_e = r^{\frac{1}{n}} l^{\frac{n-1}{n}}$ 이므로 복도체의 경우

$r_e = r^{\frac{1}{2}} l^{\frac{2-1}{2}} = \sqrt{r}\sqrt{l} = \sqrt{rl}$

★ 산업 93년 6회, 98년 6회

16 **등가선간거리 9.37[m], 공칭단면적 330[mm²], 도체 외경 25.3[mm], 복도체 ACSR인 3상 송전선의 인덕턴스는 몇 [mH/km]가? (단, 소도체간격은 40[cm]이다)**

① 1.001　　② 0.010
③ 0.100　　④ 1.100

해설

복도체선로의 경우 전선의 인덕턴스

$L = \dfrac{0.05}{n} + 0.4605\log_{10}\dfrac{D}{r_e}$[mH/km]

여기서, n : 소도체수
D : 등가선간거리
r_e : 등가반경

소도체수 $n=2$, 등가선간거리 = 937[cm]

등가반경 $r_e = \sqrt{rs} = \sqrt{\dfrac{25.3}{2} \times 40}$ [cm]

작용 인덕턴스 $L = 0.025 + 0.4605\log_{10}\dfrac{937}{\sqrt{\dfrac{2.53}{2}\times 40}}$

$= 1.001$[mH/km]

★★★★★ 기사 18년 2회 / 산업 99년 4회, 03년 3회, 05년 1회, 11년 1회, 12년 1회

17 **단상 2선식 배전선로에서 대지정전용량을 C_s, 선간정전용량을 C_m 이라 할 때 작용정전용량 C_n 은?**

① $C_s + C_m$　　② $C_s + 2C_m$
③ $2C_s + C_m$　　④ $C_s + 3C_m$

해설

단상 2선식의 1선당 작용정전용량

$C = C_s + 2C_m = \dfrac{0.02413}{\log_{10}\dfrac{D}{r}}$ [μF/km]

여기서, C_s : 대지정전용량[μF/km]
C_m : 선간정전용량[μF/km]
r : 도체의 반경[cm]
D : 선간거리[cm]

집중공략

★★★★ 기사 91년 7회 / 산업 93년 5회, 96년 6회, 98년 6회, 04년 4회, 11년 2회

18 **3상 3선식 선로에 있어서 각 선의 대지정전용량이 C_s[μF/km], 선간 정전용량이 C_m[μF/km]일 때 1선의 작용정전용량[μF/km]은?**

① $2C_s + C_m$　　② $C_s + 2C_m$
③ $3C_s + C_m$　　④ $C_s + 3C_m$

해설

3상 3선식의 1선당 작용정전용량

$C = C_s + 3C_m$[μF/km]

여기서, C_s : 대지정전용량[μF/km]
C_m : 선간정전용량[μF/km]

★★★ 기사 99년 4회, 14년 2회

19 **그림과 같이 각 도체와 연피 간의 정전용량이 C_o, 각 도체간의 정전용량이 C_m 인 3상 케이블의 도체 1조당의 작용정전용량은?**

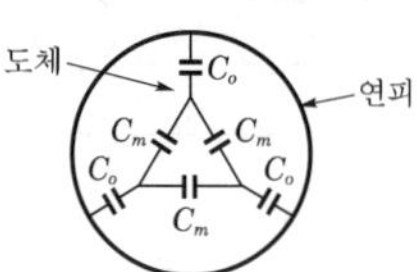

① $C_o + C_m$　　② $2C_o + 3C_m$
③ $3C_o + C_m$　　④ $C_o + 3C_m$

해설

케이블에서 도체와 연피 간의 정전용량(C_o)은 대지정전용량이다.

3상 3선식의 1조당 작용정전용량

$C = C_s + 3C_m = C_o + 3C_m$[μF/km]

★★★★★ 기사 95년 7회, 97년 5회, 03년 2회, 14년 3회 / 산업 16년 3회, 19년 2회

20 **3상 3선식 송전선로에서 각 선의 대지정전용량이 0.5096[μF]이고, 선간정전용량이 0.1295[μF]일 때 1선의 작용정전용량은 몇 [μF]인가?**

① 0.6391　　② 0.7686
③ 0.8981　　④ 1.5288

정답 16. ① 17. ② 18. ④ 19. ④ 20. ③

해설

3상 3선식의 1선 작용정전용량 $C = C_s + 3C_m[\mu F]$

여기서, C_s : 대지정전용량[μF/km]

C_m : 선간정전용량[μF/km]

$C = C_s + 3C_m = 0.5096 + 3 \times 0.1295 = 0.8981[\mu F]$

★ 기사 95년 2회

21 도체의 반경이 2[cm], 선간거리가 2[m]인 송전선로의 작용정전용량은 몇 [μF/km]인가?

① 0.00603 ② 0.01206
③ 0.02413 ④ 0.05826

해설

작용정전용량 $C = \dfrac{0.02413}{\log_{10}\dfrac{D}{r}}$

$= \dfrac{0.02413}{\log_{10}\dfrac{200}{2}} = 0.01206[\mu F/km]$

도체반경과 선간거리를 [cm]로 하여 $\dfrac{D}{r} = \dfrac{200}{2}$을 적용한다.

★★★ 산업 94년 2회, 03년 1회, 11년 1회

22 선간거리가 $2D$[m]이고 선로도선의 지름이 d[m]인 선로의 단위길이당 정전용량은 몇 [μF/km]인가?

① $\dfrac{0.02413}{\log_{10}\dfrac{4D}{d}}$ ② $\dfrac{0.02413}{\log_{10}\dfrac{2D}{d}}$

③ $\dfrac{0.2413}{\log_{10}\dfrac{D}{d}}$ ④ $\dfrac{0.2413}{\log_{10}\dfrac{4D}{d}}$

해설

정전용량 $C = \dfrac{0.02413}{\log_{10}\dfrac{D}{r}} = \dfrac{0.02413}{\log_{10}\dfrac{2D}{\frac{d}{2}}}$

$= \dfrac{0.02413}{\log_{10}\dfrac{4D}{d}}[\mu F/km]$

여기서, d : 도체의 반경[cm]

D : 선간거리[cm]

집중공략

★★★★★ 기사 94년 7회, 98년 6회, 99년 6회, 02년 3회, 05년 1회 / 산업 18년 3회

23 3상 3선식 1회선의 가공송전선로에서 D를 선간거리, r을 전선의 반지름이라고 하면 1선당의 정전용량 C는?

① $\log_{10}\dfrac{D}{r}$에 비례 ② $\log_{10}\dfrac{D}{r}$에 반비례

③ $\dfrac{D}{r^2}$에 비례 ④ $\dfrac{r^2}{D}$에 비례

해설

전선의 1선당 작용정전용량 $C = \dfrac{0.02413}{\log_{10}\dfrac{D}{r}} \propto \dfrac{1}{\log_{10}\dfrac{D}{r}}$이 된다.

★★ 산업 18년 3회

24 삼각형 배치의 선간거리가 5[m]이고, 전선의 지름이 1[cm]인 3상 가공송전선의 1선의 정전용량은 약 몇 [μF/km]인가?

① 0.008 ② 0.016
③ 0.024 ④ 0.032

해설

도체간의 등가선간거리 $D_n = \sqrt[3]{D_1 \cdot D_2 \cdot D_3}$[m]

$= \sqrt[3]{5 \times 5 \times 5}$

$= \sqrt[3]{5^3} = 5$[m]

작용정전용량 $C = \dfrac{0.02413}{\log_{10}\dfrac{D}{r}} = \dfrac{0.02413}{\log_{10}\dfrac{500}{0.5}}$

$= 0.008[\mu F/km]$

도체반경과 선간거리를 [cm]로 하여 $\dfrac{D}{r} = \dfrac{500}{0.5}$을 적용한다.

★★ 기사 04년 1회

25 송·배전 선로에서 도체의 굵기는 같게 하고 경간을 크게 하면 도체의 인덕턴스는?

① 커진다.
② 작아진다.
③ 변함이 없다.
④ 도체의 굵기 및 경간과는 무관하다.

정답 21. ② 22. ① 23. ② 24. ① 25. ③

해설

작용 인덕턴스 $L=0.05+0.4605\log_{10}\frac{D}{r}$[mH/km]이므로 작용 인덕턴스 $L \propto \log_{10}\frac{D}{r}$에 비례하므로 경간을 크게 하더라도 인덕턴스의 변화는 없다.

★★ 기사 19년 1회

26 송·배전 선로에서 도체의 굵기는 같게 하고 도체간의 간격을 크게 하면 도체의 인덕턴스는?

① 커진다.
② 작아진다.
③ 변함이 없다.
④ 도체의 굵기 및 도체간의 간격과는 무관하다.

해설

작용 인덕턴스 $L=0.05+0.4605\log_{10}\frac{D}{r}$[mH/km]이므로 작용 인덕턴스 $L \propto \log_{10}\frac{D}{r}$에 비례하므로 도체간의 간격 D를 크게 하면 도체의 인덕턴스는 증가한다.

★ 산업 92년 6회

27 소도체 2개로 된 복도체방식 3상 3선식 송전선로가 있다. 소도체의 지름 2[cm], 소도체의 간격 16[cm], 등가선간거리가 200[cm]인 경우 1상당 작용정전용량은 몇 [μF/km]인가?

① 0.14 ② 0.0142
③ 0.02413 ④ 0.04826

해설

1선당 작용정전용량 $C=\frac{0.02413}{\log_{10}\frac{D}{r}}$[$\mu$F/km]

복도체의 1상당 작용정전용량

$$C=\frac{0.02413}{\log_{10}\frac{D}{\sqrt{rs}}}=\frac{0.02413}{\log_{10}\frac{200}{\sqrt{\frac{2}{2}\times 16}}}=0.0142[\mu\text{F/km}]$$

★★★ 기사 18년 1회 / 산업 91년 5회, 97년 2회, 04년 4회

28 송전선로의 정전용량은 등가선간거리 D가 증가하면 어떻게 되는가?

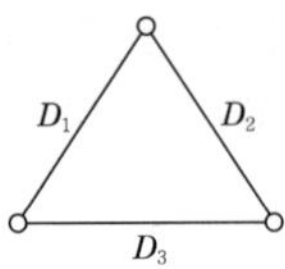

① 증가한다.
② 감소한다.
③ 변하지 않는다.
④ D^2에 반비례하여 감소한다.

해설

정전용량 $C=\frac{0.02413}{\log_{10}\frac{D}{r}}$에서 선간거리 D를 증가시키면 정전용량은 감소한다.

★★★★ 산업 91년 2회, 96년 7회

29 3상 3선식 송전선을 연가할 경우 일반적으로 전체 선로길이를 몇 등분해서 연가하는가?

① 5 ② 4
③ 3 ④ 2

해설

연가는 송전선로에 근접한 통신선에 대한 유도장해를 방지하기 위해 선로구간을 3등분하여 전선의 배치를 상호변경하여 선로정수를 평형시키는 방법이다.

★★★★★ 기사 19년 3회 / 산업 06년 3회, 07년 1회, 11년 1회, 16년 1회, 19년 2·3회

30 송전선로를 연가하는 목적은 무엇인가?

① 페란티 효과 방지
② 직격뢰 방지
③ 선로정수의 평형
④ 유도뢰의 방지

해설 연가의 목적

㉠ 선로정수의 평형
㉡ 근접통신선에 대한 유도장해 감소
㉢ 소호 리액터 접지계통에서 중성점의 잔류전압으로 인한 직렬공진의 방지

정답 26. ① 27. ② 28. ② 29. ③ 30. ③

★★★★ 산업 00년 4회, 02년 2회, 11년 2·3회

31 선로정수를 전체적으로 평형되게 하고 근접통신선에 대한 유도장해를 줄일 수 있는 방법은?

① 딥(dip)을 준다.
② 연가를 한다.
③ 복도체를 사용한다.
④ 소호 리액터 접지를 한다.

해설 연가의 목적
㉠ 선로정수의 평형
㉡ 근접통신선에 대한 유도장해 감소
㉢ 소호 리액터 접지계통에서 중성점의 잔류전압으로 인한 직렬공진의 방지

★★ 산업 98년 7회, 04년 1회, 05년 1회

32 연가해도 효과가 없는 것은?

① 선로정수의 평형
② 유도뢰의 방지
③ 정전용량 감소
④ 각 상의 임피던스 평형

해설
유도뢰의 방지를 위해서는 가공지선을 설치하고 철탑의 탑각접지저항을 낮추어야 한다.

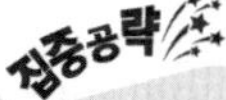

★★★★★ 기사 96년 5회, 02년 2회 / 산업 98년 4회, 07년 3회, 19년 2회

33 전선에서 전류의 밀도가 도선의 중심으로 들어갈수록 작아지는 현상은?

① 페란티 효과
② 표피효과
③ 근접효과
④ 접지효과

해설 전선에서 발생하는 이상현상
㉠ 페란티 현상 : 선로에 흐르는 충전전류로 인해 수전단 전압이 송전단전압보다 높아지는 현상
㉡ 표피효과 : 전선표면에 가까워질수록 전류가 많이 흐르는 현상
㉢ 근접효과 : 같은 방향의 전류는 바깥쪽으로, 다른 방향의 전류는 안으로 집중하는 현상

★★★★★ 기사 96년 6회, 05년 1회

34 다음 전선의 표피효과에 관한 기술 중 맞는 것은?

① 전선이 굵을수록, 또 주파수가 낮을수록 커진다.
② 전선이 굵을수록, 또 주파수가 높을수록 커진다.
③ 전선이 가늘수록, 또 주파수가 낮을수록 커진다.
④ 전선이 가늘수록, 또 주파수가 높을수록 커진다.

해설
주파수 f[Hz], 투자율 μ[H/m], 도전율 σ[℧/m] 및 전선의 지름이 클수록 표피효과는 커진다.

★★★ 기사 92년 5회, 95년 7회 / 산업 93년 5회, 96년 5회, 07년 3회, 14년 3회

35 3상 수직배치인 선로에서 오프셋(off-set)을 설치하는 이유는?

① 전선의 진동 억제
② 단락 방지
③ 철탑중량 감소
④ 전선의 풍압 감소

해설
철탑의 암의 길이를 다르게 하는 오프셋은 피빙 도약으로 인한 상·하선의 단락을 방지하기 위해 전선이 수직배치인 개소에 설치한다.

★★★★ 기사 92년 5회, 95년 7회 / 산업 91년 6회, 96년 7회, 14년 1회

36 다음 중 철탑에서 전선의 오프셋을 하는 주된 이유는?

① 불평형 전압의 유도 방지
② 지락사고 방지
③ 전선의 진동 방지
④ 상·하선의 혼촉 방지

해설
오프셋은 송전선의 착빙설이 지면으로 떨어지면서 발생하는 피빙 도약에 의한 상·하선의 단락을 방지하기 위해 사용한다.

정답 31. ② 32. ② 33. ② 34. ② 35. ② 36. ④

★★★★ 산업 93년 1회, 05년 4회, 15년 1회

37 공기의 파열극한 전위경도는 정현파교류의 실효값으로 약 몇 [kV/cm]인가?

① 21 ② 25
③ 30 ④ 33

해설 공기의 파열극한 전위경도
㉠ 1[cm] 간격의 두 평면전극 사이의 공기절연이 파괴되어 전극간 아크가 발생되는 전압이다.
㉡ 직류 : 30[kV/cm], 교류 : 21.1[kV/cm]

★★★ 기사 13년 3회 / 산업 91년 7회, 96년 2회

38 송전선로에서 코로나가 발생하면 전선이 부식된다. 다음의 무엇에 의하여 부식되는 것인가?

① 산소 ② 질소
③ 수소 ④ 오존

해설
송전선로에서 코로나가 일어나면 공기절연이 파괴되면서 O_3(오존)이 발생하며 주위의 빗물과 화학적 반응에 의해 초산이 형성되므로 전선이 부식된다.

★★ 기사 05년 1회 / 산업 96년 4회, 07년 2회

39 송전선로의 코로나 손실을 나타내는 Peek 식에서 E_o에 해당하는 것은?

$$P_c = \frac{241}{\delta}(f+25)\sqrt{\frac{d}{2D}}(E-E_o)^2 \times 10^{-5}[\text{kW/km/선}]$$

① 코로나 임계전압
② 전선에 감하는 대지전압
③ 송전단전압
④ 기준 충격절연 강도전압

해설
송전선로의 코로나 손실을 나타내는 Peek식

$$P_c = \frac{241}{\delta}(f+25)\sqrt{\frac{d}{2D}}(E-E_o)^2 \times 10^{-5}[\text{kW/km/선}]$$

여기서, δ : 상대공기밀도
f : 주파수
d : 전선의 직경[cm]
D : 전선의 선간거리[cm]
E : 전선에 걸리는 대지전압[kV]
E_o : 코로나 임계전압[kV]

★★★ 기사 00년 3회, 12년 1회

40 1선 1[km]당의 코로나 손실 P[kW]를 나타내는 Peek식을 구하면? (단, δ : 상대공기밀도, D : 선간거리[cm], d : 전선의 지름[cm], f : 주파수[Hz], E : 전선에 걸리는 대지전압[kV], E_o : 코로나 임계전압[kV])

① $P = \frac{241}{\delta}(f+25)\sqrt{\frac{d}{2D}}(E-E_o)^2 \times 10^{-5}$

② $P = \frac{241}{\delta}(f+25)\sqrt{\frac{2D}{d}}(E-E_o)^2 \times 10^{-5}$

③ $P = \frac{241}{\delta}(f+25)\sqrt{\frac{d}{2D}}(E-E_o)^2 \times 10^{-3}$

④ $P = \frac{241}{\delta}(f+25)\sqrt{\frac{2D}{d}}(E-E_o)^2 \times 10^{-3}$

해설
Peek의 실험식에서 코로나 손실

$$P_c = \frac{241}{\delta}(f+25)\sqrt{\frac{d}{2D}}(E-E_o)^2 \times 10^{-5}[\text{kW/km/선}]$$

★ 기사 97년 4회, 05년 4회, 17년 1회

41 코로나 현상에 대한 설명 중 옳지 않은 것은?

① 코로나 현상은 전력의 손실을 일으킨다.
② 코로나 손실은 전원주파수의 $\frac{2}{3}$제곱에 비례한다.
③ 코로나 방전에 의하여 전파장해가 일어난다.
④ 선을 부식한다.

해설
코로나가 발생하면 다음과 같은 현상이 일어난다.
㉠ $P_c = \frac{241}{\delta}(f+25)\sqrt{\frac{d}{2D}}(E-E_o)^2 \times 10^{-5}$[kW/km/선]에서 전력손실은 $(f+25)$에 비례한다.

정답 37. ① 38. ④ 39. ① 40. ① 41. ②

㉡ 코로나 손실에 의해 발생된 고조파로 인해 소호 리액터 접지계통에서 소호불능의 원인이 된다.
㉢ 전선이 부식되고 유도장해가 발생한다.

★★★★★ 기사 94년 6회, 99년 4·7회, 00년 4회, 03년 4회

42 3상 3선식 송전선로에서 코로나 임계전압 E_o[kV]는? (단, $d=2r$: 전선의 지름[cm], D : 전선의 평균선간거리[cm])

① $E_o = 24.3d\ \log_{10}\dfrac{D}{r}$

② $E_o = 24.3d\log_{10}\dfrac{r}{D}$

③ $E_o = \dfrac{24.3}{d\log_{10}\dfrac{D}{r}}$

④ $E_o = \dfrac{24.3}{d\log_{10}\dfrac{r}{D}}$

해설

코로나 임계전압 $E_o = 24.3m_o m_1 \delta d \log_{10}\dfrac{D}{r}$[kV]

여기서, m_o : 전선표면에 정해지는 계수
→ 매끈한 전선=1.0, 거친 전선=0.8
m_1 : 날씨에 관한 계수
→ 맑은 날=1.0, 우천 시=0.8
δ : 상대공기밀도$\left(\dfrac{0.386b}{273+t}\right)$
b : 기압[mmHg]
d : 전선직경[cm]
f : 온도[℃]
D : 선간거리[cm]

★★★ 기사 97년 5회

43 다음 중 송전선의 코로나손과 가장 관계가 깊은 것은?

① 상대공기밀도
② 송전선의 정전용량
③ 송전거리
④ 송전선의 전압변동률

해설

코로나손은 Peek의 실험식에서 살펴보면 다음과 같다.

$$P_c = \frac{241}{\delta}(f+25)\sqrt{\frac{d}{2D}}(E-E_o)^2\times 10^{-5}\text{[kW/km/선]}$$

여기서, δ : 상대공기밀도
f : 주파수
d : 전선직경
D : 선간거리
E_o : 임계전압

★★★★★ 기사 91년 2회, 99년 5회, 11년 2회, 19년 3회 / 산업 94년 4회, 02년 2회

44 다음 중 송전선로의 코로나 임계전압이 높아지는 경우는?

① 기압이 낮아지는 경우
② 전선의 지름이 큰 경우
③ 온도가 높아지는 경우
④ 상대공기밀도가 작은 경우

해설

전선의 지름(d)이 크거나 상대공기밀도(δ)가 높고 기압과 온도가 높을 때 코로나 임계전압이 높아진다.

코로나 임계전압 $E_o = 24.3m_0 m_1 \delta d \log_{10}\dfrac{D}{r}$[kV]

여기서, m_o : 전선표면에 정해지는 계수
→ 매끈한 전선=1.0, 거친 전선=0.8
m_1 : 날씨에 관한 계수
→ 맑은 날=1.0, 우천 시=0.8
δ : 상대공기밀도$\left(\dfrac{0.386b}{273+t}\right)$
b : 기압[mmHg]
d : 전선직경[cm]
f : 온도[℃]
D : 선간거리[cm]

★★★ 산업 00년 3회

45 코로나 방지대책으로 적당하지 않은 것은?

① 전선의 외경을 크게 한다.
② 선간거리를 증가시킨다.
③ 복도체방식을 채용한다.
④ 가선금구를 개량한다.

정답 42. ① 43. ① 44. ② 45. ②

해설 코로나 방지대책

㉠ 굵은 전선(ACSR)을 사용하여 코로나 임계전압을 높인다.
㉡ 등가반경이 큰 복도체 및 다도체 방식을 채택한다.
㉢ 가선금구류를 개량한다.

해설

복도체방식으로 전력공급 시 도체간에 전선의 꼬임현상 및 충돌로 인한 불꽃발생이 일어날 수 있으므로 스페이서를 설치하여 도체 사이의 일정한 간격을 유지한다.

★★★★★ 기사 92년 7회 / 산업 92년 5·7회, 93년 5회, 99년 4회, 02년 4회, 06년 4회

46 다음 송전선로의 코로나 발생방지대책으로 가장 효과적인 방법은?

① 전선의 선간거리를 증가시킨다.
② 선로의 대지절연을 강화한다.
③ 철탑의 접지저항을 낮게 한다.
④ 전선을 굵게 하거나 복도체를 사용한다.

해설

코로나 임계전압 $E_o = 24.3 m_o m_1 \delta d \log_{10}\dfrac{D}{r}$[kV]에서

코로나 임계전압이 전선의 지름(d)에 비례하므로 굵은 전선을 사용하거나 단도체 대신 복도체를 사용하는 경우 임계전압이 증가하여 코로나 발생을 억제할 수 있다.

★ 기사 90년 2회, 98년 3회

47 송전선로의 코로나 임계전압이 높아지는 경우가 아닌 것은?

① 상대공기밀도가 작다.
② 전선의 반지름과 선간거리가 크다.
③ 낡은 전선을 새 전선으로 교체하였다.
④ 날씨가 맑다.

해설

코로나 임계전압 $E_o = 24.3 m_o m_1 \delta d \log_{10}\dfrac{D}{r}$[kV]

상대공기밀도가 높아야 코로나 임계전압이 높아져서 코로나 발생 우려가 낮아진다.

★★★ 기사 94년 2회, 02년 3회

48 복도체에서 2본의 전선이 서로 충돌하는 것을 방지하기 위하여 2본의 전선 사이에 적당한 간격을 두어 설치하는 것은?

① 아머로드 ② 댐퍼
③ 아킹혼 ④ 스페이서

★★★★★ 기사 00년 3회 / 산업 96년 4회, 97년 4회, 98년 5회, 99년 7회, 16년 2회

49 다도체를 사용한 송전선로가 있다. 단도체를 사용했을 때와 비교할 때 옳은 것은? (단, L : 작용 인덕턴스, C : 작용정전용량)

① L과 C 모두 감소한다.
② L과 C 모두 증가한다.
③ L은 감소하고, C는 증가한다.
④ L은 증가하고, C는 감소한다.

해설 복도체나 다도체를 사용할 때 특성

㉠ 인덕턴스는 감소하고 정전용량은 증가한다.
㉡ 같은 단면적의 단도체에 비해 전류용량이 증대된다.
㉢ 안정도가 증가하여 송전용량이 증가한다.
㉣ 등가반경이 커져 코로나 임계전압의 상승으로 코로나 현상이 방지된다.

★★★★★ 기사 14년 3회, 16년 2회, 18년 3회, 19년 2회 / 산업 14년 2회, 18년 1회

50 송전선로에 복도체를 사용하는 이유는?

① 철탑의 하중을 평형시키기 위해서이다.
② 선로의 진동을 없애기 위해서이다.
③ 선로를 뇌격으로부터 보호하기 위해서이다.
④ 코로나를 방지하고 인덕턴스를 감소시키기 위해서이다.

해설

복도체 및 다도체는 등가단면적의 단선에 비해서 다음과 같은 특성이 있다.

㉠ 코로나 임계전압은 15 ~ 20[%] 상승하여 코로나를 방지한다.
㉡ 인덕턴스는 20 ~ 30[%] 감소하고 정전용량은 20[%] 정도 증가한다.
㉢ 중부하 송전선로에서는 조상설비를 절약할 수 있고 안정도가 증대한다.
㉣ 안정도가 증가하여 송전전력이 증대된다.

정답 46. ④ 47. ① 48. ④ 49. ③ 50. ④

★★★ 기사 03년 1회, 13년 3회

51 단도체방식과 비교하여 복도체방식의 송전선로를 설명한 것으로 옳지 않은 것은?

① 전선의 인덕턴스는 감소되고, 정전용량은 증가한다.
② 선로의 송전용량이 증가된다.
③ 계통의 안정도를 증진시킨다.
④ 전선표면의 전위경도가 저감되어 코로나 임계전압을 낮출 수 있다.

해설 **복도체나 다도체를 사용할 때 장점**

㉠ 인덕턴스는 감소하고 정전용량은 증가한다.
㉡ 같은 단면적의 단도체에 비해 전류용량 및 송전용량이 증가한다.
㉢ 코로나 임계전압의 상승으로 코로나 현상이 방지된다.

★★ 산업 99년 6회

52 복도체 또는 다도체에 대한 설명으로 옳지 않은 것은?

① 복도체는 3상 송전선의 1상의 전선을 2본으로 분할한 것이다.
② 2본 이상으로 분할된 도체를 일반적으로 다도체라고 한다.
③ 복도체 또는 다도체를 사용하는 주목적은 코로나 방지에 있다.
④ 복도체의 선로정수는 같은 단면적의 단도체선로에 비교할 때 변함이 없다.

해설

복도체를 사용하면 같은 단면적의 단도체에 비해 인덕턴스는 20[%] 정도 감소하고 정전용량은 20[%] 정도 증가한다.

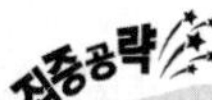

★★ 기사 94년 4회

53 복도체에 있어서 소도체의 반지름을 r[m], 소도체 사이의 간격을 s[m]라고 할 때 2개의 소도체를 사용한 복도체의 등가반지름은?

① $\sqrt{rs}$　② $\sqrt{r^2 s}$
③ $\sqrt{rs^2}$　④ rs

해설

등가반지름 $r_e = r^{\frac{1}{n}} s^{\frac{n-1}{n}} = \sqrt[n]{rs^{n-1}}$

여기서, r : 소도체의 반지름
n : 소도체수
s : 소도체간격

복도체의 등가반지름 $r_e = r^{\frac{1}{2}} s^{\frac{2-1}{2}} = \sqrt{rs}$

★ 기사 92년 5회 / 산업 04년 1회

54 2복도체 선로가 있다. 소도체의 지름이 8[mm], 소도체 사이의 간격이 40[cm]일 때 등가반지름은 몇 [cm]인가?

① 2.8　② 3.5
③ 4.0　④ 5.7

해설

복도체선로의 등가반지름 $r_2 = \sqrt{rs}$

여기서, r : 소도체의 반경
s : 소도체간격

소도체 반지름 및 소도체 사이의 간격을 [cm] 단위를 맞추어서 다음과 같이 계산한다.

2복도체 등가반지름 $r = \sqrt{rs} = \sqrt{\frac{0.8}{2} \times 40} = 4$[cm]

정답 51. ④ 52. ④ 53. ① 54. ③

CHAPTER

04

송전특성 및 조상설비

기사 10.20% 출제

산업 12.00% 출제

이렇게 공부하세요!!

출제경향분석

기사 출제비율 % / 산업 출제비율 %

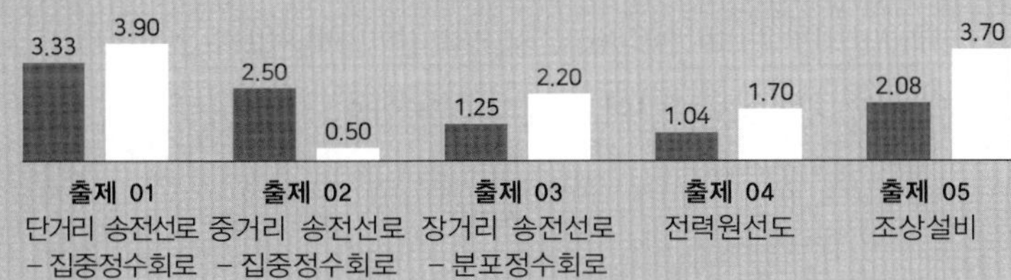

출제포인트

☑ 송전거리에 따른 특성을 비교하여 집중정수회로와 분포정수회로를 구분할 수 있다.

☑ 단거리 송전선로에 대한 특성과 계산을 할 수 있다.

☑ 중거리 송전선로를 해석하는 데 필요한 4단자정수, T형 회로와 π형 회로의 해석방법 및 계산문제를 이해할 수 있다.

☑ 장거리 송전선로의 특성과 전력원선도에 대한 내용 및 계산문제를 이해할 수 있다.

☑ 조상설비의 종류 및 역할과 조상설비를 선정함에 있어 고려할 사항을 이해할 수 있다.

송전특성 및 조상설비

기사 10.20% 출제 | 산업 12.00% 출제

송전선로의 특성, 즉 송·수전 양단의 전압, 전류, 전력 및 전압강하나 전력손실 등을 효율적으로 계산하기 위해 선로정수를 감안하여 송전거리에 따라 다음과 같이 구분한다.

송전선로는 선로정수가 선로에 따라 균일하게 분포되어 있는 분포정수회로로 취급해야 하나 선로의 길이가 짧을 경우 선로정수가 한곳에 집중된 집중정수회로로 해석이 가능하다.

기사 3.33% 출제 | 산업 3.90% 출제

출제 01 단거리 송전선로 – 집중정수회로

송·배전 선로의 단상과 3상에 대한 전압강하 및 전력손실에 대해 수식적인 의미를 파악하고 페란티 현상이 나타날 경우 문제와 해결책을 파악해야 한다.

송전선로의 선로정수(r, L, C, g) 중에 정전용량 C와 애자의 누설 컨덕턴스 g는 작으므로 무시하고 r, L 직렬회로로 해석한다.

1 전압강하

(1) 전압강하의 의미

선로에 부하가 접속되어 운전 시 송전단전압과 수전단전압의 차이이다.

$$e = E_S - E_R$$

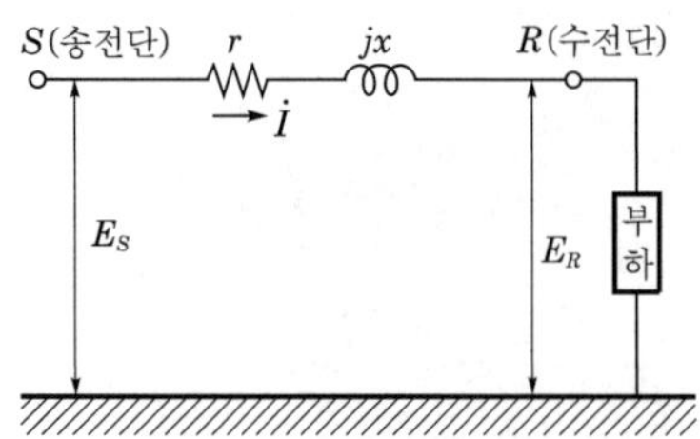

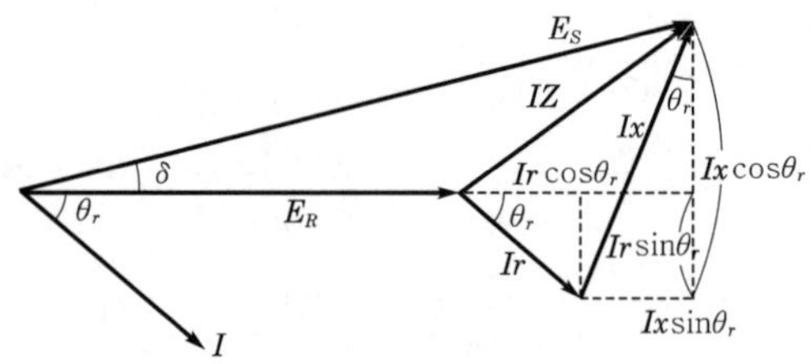

(2) 단상의 경우

① 송전단전압 $E_S = E_R + I_n(r\cos\theta + x\sin\theta)[V]$

② 전압강하 $e = E_S - E_R = I_n(r\cos\theta + x\sin\theta)[V]$

③ 수전단전력 $P = E_r I_n \cos\theta[W]$에서 $I_n = \dfrac{P}{E_r\cos\theta}[A]$를 위 전압강하식에 대입하면

$$e = \frac{P}{E_R}(r + x\tan\theta)[V]$$

(3) 3상의 경우

① 송전단전압 $V_S = V_R + \sqrt{3}I_n(r\cos\theta + x\sin\theta)[V]$

② 전압강하 $e = V_S - V_R = \sqrt{3}I_n(r\cos\theta + x\sin\theta)[V]$

③ 수전단전력 $P = \sqrt{3}V_R I_n \cos\theta[W]$에서 $I_n = \dfrac{P}{\sqrt{3}V_R\cos\theta}[A]$를 위 전압강하식에 대입하면

$$e = \frac{P}{V_R}(r + x\tan\theta)[V]$$

단원 확인 기출문제

★★★★ 기사 12년 2회 / 산업 95년 5·7회, 11년 1회

01 저항 10[Ω], 리액턴스 15[Ω]인 3상 송전선이 있다. 수전단전압 60[kV], 부하역률 80[%], 전류 100[A]라고 한다. 이때, 송전단전압은 몇 [V]인가?

① 55750 ② 55950

③ 81560 ④ 62941

해설 송전단전압 $V_S = V_R + \sqrt{3}I_n(r\cos\theta + x\sin\theta)[V]$

$= 60000 + \sqrt{3}\times100\times(10\times0.8 + 15\times0.6) = 62941[V]$

답 ④

(4) 전압강하율

전압강하는 부하의 특성에 따라 다르게 되는데 이 전압강하의 수전단전압에 대한 비율을 말한다.

$$\%e = \frac{E_S - E_R}{E_R}\times100 = \frac{I_n(r\cos\theta + x\sin\theta)}{E_R}\times100[\%]$$

여기서, E_S : 송전단전압, E_R : 수전단전압

(5) 전압변동률

선로에 접속해 있는 부하가 갑자기 변화되었을 때 단자전압의 변화 정도를 나타낸 것이다.

$$\varepsilon = \frac{E_{R0} - E_R}{E_R} \times 100[\%]$$

여기서, E_{R0} : 무부하 시 수전단전압, E_R : 전부하 시 수전단전압

2 송전단전력(P_S)

수전단전력 $P = \sqrt{3}\,V_R I_n \cos\theta$[W], 선로손실 $P_l = 3I_n^2 r$[W]에서 송전단전력은 다음과 같다.

$$P_S = \sqrt{3}\,V_S I_n \cos\theta_s = P_R + 3I_n^2 r[\text{W}]$$

여기서, $\cos\theta_s$: 송전단역률

3 페란티 현상(Ferranti effect)

(1) 의 미

수전단전압(E_R)이 송전단전압(E_S)보다 더 높아지는 현상이다.

(2) 발생원인

경부하 및 무부하 시 선로의 충전용량의 영향으로 진상전류(충전전류)가 흘러 전압보상으로 인해 발생한다. 페란티 현상은 **충전용량이 클수록, 선로길이가 길어질수록 커진다.**

(3) 방지대책

진상전류를 제거하기 위해 수전단에 병렬로 **분로 리액터를 설치**한다.

4 충전용량

① 무부하 송전용량(충전용량) : $Q_c = 2\pi f C V_n^2 l \times 10^{-9}$[kVA]

② 충전전류 : $I_c = \omega C E l \times 10^{-6}$[A]

③ 송전선로의 충전전류 : $I_c = 2\pi f C \dfrac{V_n}{\sqrt{3}} l \times 10^{-6}$[A]

여기서, C : 정전용량[μF/km], V_n : 정격전압, l : 선로길이

기사 2.50% 출제 | 산업 0.50% 출제

출제 02 중거리 송전선로 – 집중정수회로

매회 1문제 이상 출제되는 부분으로, 4단자정수의 의미와 수식을 통해 선로를 해석할수 있는 방법을 익혀야 한다.

1 개 념

① 50[km]를 넘고 대략 100[km] 정도까지의 송전선로이다.

② 선로정수 r, L, C를 고려하여, $r-L$의 직렬요소와 C의 병렬요소의 집중정수로 취급한다.

2 T형 회로

병렬 어드미턴스를 한가운데에 두고, 직렬 임피던스를 양등분하여 양쪽에 배치한다.

$$E_C = E_R + \frac{Z}{2} I_R$$

$$I_C = YE_C = YE_R + \frac{ZY}{2} I_R$$

$$I_S = I_C + I_R = YE_R + \left(1 + \frac{ZY}{2}\right) I_R = CE_R + DI_R \quad \cdots\cdots ⓐ$$

$$E_S = E_C + \frac{Z}{2} I_S = E_R + \frac{Z}{2} I_R + \frac{ZY}{2} E_R + \frac{Z}{2}\left(1 + \frac{ZY}{2}\right) I_R$$

$$= \left(1 + \frac{ZY}{2}\right) E_R + Z\left(1 + \frac{ZY}{4}\right) I_R = AE_R + BI_R \quad \cdots\cdots ⓑ$$

따라서, 4단자정수는 식 ⓐ 및 ⓑ에서 다음과 같다.

$$A = D = 1 + \frac{ZY}{2},\ B = Z\left(1 + \frac{ZY}{4}\right)[\Omega],\ C = Y[℧]$$

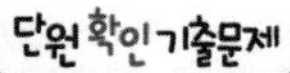

★★★★★ 산업 93년 2회, 95년 2회, 01년 1회, 07년 4회, 14년 3회

02 T형 회로에서 4단자정수 A는?

① $Z\left(1+\frac{ZY}{4}\right)$ ② Y

③ $1+\frac{ZY}{2}$ ④ Z

해설 T형 회로

송전단전압 $E_S=\left(1+\frac{ZY}{2}\right)E_R+Z\left(1+\frac{ZY}{4}\right)I_R$

송전단전류 $I_S=YE_R+\left(1+\frac{ZY}{2}\right)I_R$

∴ 4단자정수 A는 $1+\frac{ZY}{2}$가 된다.

답 ③

3 π형 회로

임피던스를 한가운데에 두고, C로 이루어지는 어드미턴스는 이등분하여 양쪽에 배치한다.

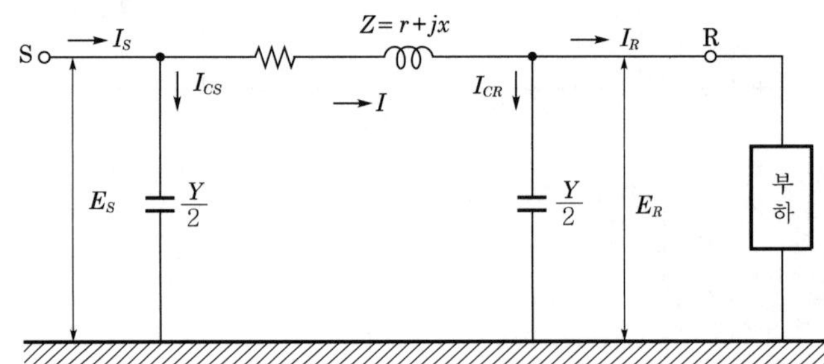

$$I_{CR}=\frac{Y}{2}E_R$$

$$I=I_{CR}+I_R=\frac{Y}{2}E_R+I_R$$

$$E_S=E_R+ZI=E_R+Z\left(\frac{Y}{2}E_R+I_R\right)=\left(1+\frac{ZY}{2}\right)E_R+ZI_R \quad \cdots\cdots\text{ⓐ}$$

$$I_{CS}=\frac{Y}{2}E_S=\frac{Y}{2}\left(1+\frac{ZY}{2}\right)E_R+\frac{ZY}{2}I_R$$

$$I_S=I_{CS}+I=\frac{Y}{2}\left(1+\frac{ZY}{2}\right)E_R+\frac{ZY}{2}I_R+\frac{Y}{2}E_R+I_R$$

$$=Y\left(1+\frac{ZY}{4}\right)E_R+\left(1+\frac{ZY}{2}\right)I_R \quad \cdots\cdots\text{ⓑ}$$

따라서, 4단자정수는 식 ⓐ 및 ⓑ에서 다음과 같다.

$$A=D=1+\frac{ZY}{2},\ B=Z[\Omega],\ C=Y\left(1+\frac{ZY}{4}\right)[\mho]$$

4 4단자정수

$$\begin{bmatrix}E_S\\I_S\end{bmatrix}=\begin{bmatrix}A&B\\C&D\end{bmatrix}\begin{bmatrix}E_R\\I_R\end{bmatrix}=\begin{bmatrix}AE_R+BI_R\\CE_R+DI_R\end{bmatrix}$$

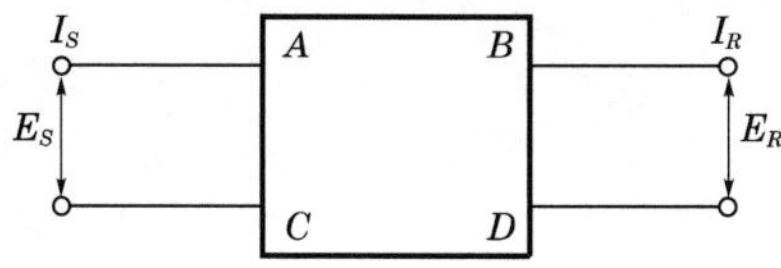

(1) T형 회로에서의 4단자 기본방정식

$$E_S=\left(1+\frac{ZY}{2}\right)E_R+Z\left(1+\frac{ZY}{4}\right)I_R\ \rightarrow\ E_S=AE_R+BI_R$$

$$I_S=YE_R+\left(1+\frac{ZY}{2}\right)I_R\ \rightarrow\ I_S=CE_R+DI_R$$

① 직렬회로 : $\begin{bmatrix}A&B\\C&D\end{bmatrix}=\begin{bmatrix}1&Z\\0&1\end{bmatrix}$

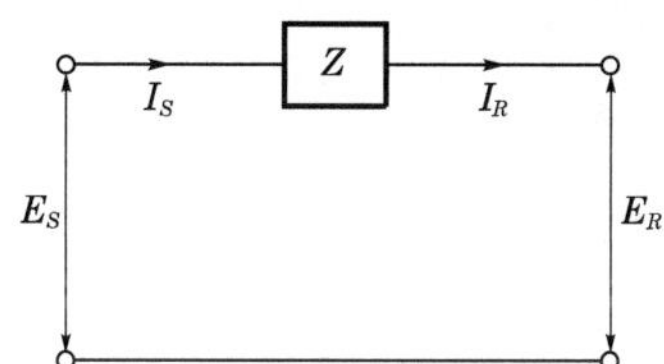

② 병렬회로 : $\begin{bmatrix}A&B\\C&D\end{bmatrix}=\begin{bmatrix}1&0\\Y&1\end{bmatrix}$

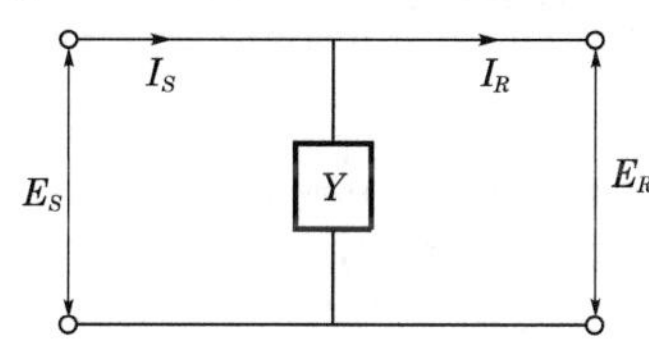

(2) 4단자정수 구하는 방법

① $A=\left.\frac{E_S}{E_R}\right|_{I_R=0}$: 2차 개방 시 전압(전달)비

② $B=\left.\frac{E_S}{I_R}\right|_{E_R=0}$: 2차 단락 시 (전달)임피던스

③ $C=\left.\frac{I_S}{E_R}\right|_{I_R=0}$: 2차 개방 시 (전달)어드미턴스

④ $D=\left.\frac{I_S}{I_R}\right|_{E_R=0}$: 2차 단락 시 전류(전달)비

⑤ $AD-BC=1$인 기본관계가 성립된다.

단원 확인 기출문제

★★★★ 산업 00년 1회, 04년 1회

03 송전선로에서 4단자정수 A, B, C, D 사이의 관계는?

① $BC-AD=1$ ② $AC-BD=1$

③ $AB-CD=1$ ④ $AD-BC=1$

답 ④

★★★★ 기사 93년 3회, 99년 5회, 05년 1회, 13년 2회(유사), 18년 1회 / 산업 96년 5회, 06년 2회

04 송전선의 4단자정수가 $A=D=0.92$, $B=j80[\Omega]$일 때 C의 값은 몇 [℧]인가?

① $j1.92\times10^{-4}$ ② $j2.47\times10^{-4}$

③ $j1.92\times10^{-3}$ ④ $j2.47\times10^{-3}$

해설 $AD-BC=1$에서

$$C=\frac{AD-1}{B}=\frac{0.92\times0.92-1}{j80}=j1.92\times10^{-3}$$

답 ③

기사 1.25% 출제 | 산업 2.20% 출제

출제 03 장거리 송전선로 – 분포정수회로

장거리 송전선로는 고려할 사항이 많아 학습하기 어려움이 있으므로 시험에 자주 나오는 특성 임피던스, 전파정수에 대해서 집중적으로 문제를 풀면서 정리하는 것이 필요하다.

1 개 념

전송선로의 **길이가** 100[km] **이상**이 되면 집중정수회로로 취급할 경우 오차가 크게 되므로, 선로정수가 전선로에 따라 균일하게 분포되어 있는 **분포정수회로로 취급**한다.

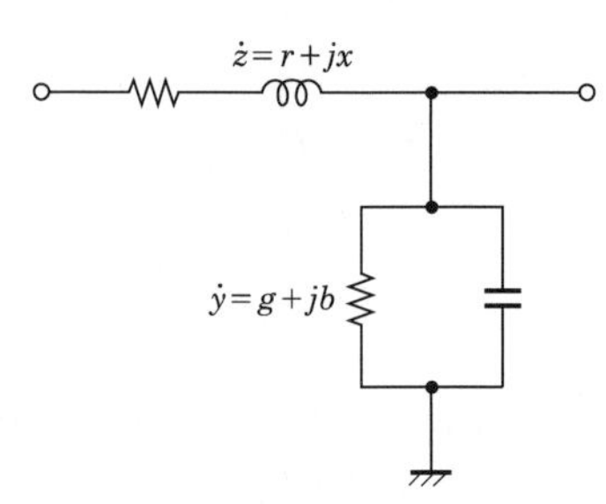

① 단위길이당 직렬 임피던스 : $\dot{z}=r+jx[\Omega/\text{km}]$

② 단위길이당 병렬 어드미턴스 : $\dot{y}=g+jb[℧/\text{km}]$

2 전파방정식

① $\dot{E}_s = \cosh\gamma l \dot{E}_r + Z_o \sinh\gamma l \dot{I}_r$

② $\dot{I}_s = \frac{1}{\dot{Z}_o}\sinh\gamma l \dot{E}_r + \cosh\gamma l \dot{I}_r$

3 특성(파동) 임피던스

송전선로를 진행하는 전압과 전류의 비를 나타내는데 그 송전선 특유의 것으로서, 보통 선로의 인덕턴스 L[mH/km]과 정전용량 $C[\mu F/km]$의 비이며, **선로의 길이에 무관**하다.

$$Z_o = \sqrt{\frac{Z}{Y}} = \sqrt{\frac{R+j\omega L}{g+j\omega C}} \fallingdotseq \sqrt{\frac{L}{C}}\,[\Omega]$$

4 전파정수

전압 및 전류가 송전단에서 멀어질수록 그 진폭과 위상이 변화하는 특성을 나타낸다.

$$\gamma = \sqrt{ZY} = \sqrt{(R+j\omega L)(g+j\omega C)} = j\omega\sqrt{LC}$$

5 전파속도(위상속도)

송전선로에서 전압, 전류의 진행속도는 L, C에 의해 정해지는데 일반적으로 가공송전선로에서 단도체의 경우 $L \fallingdotseq 1.3$[mH/km], $C \fallingdotseq 0.009[\mu F/km]$ 정도이므로 전파속도는 다음과 같다.

$$v = \frac{1}{\sqrt{LC}} \fallingdotseq \frac{1}{\sqrt{1.3\times10^{-3}\times0.009\times10^{-6}}} = 3\times10^5\,[\text{km/sec}] = 3\times10^8\,[\text{m/sec}]$$

구분	단거리선로(집중정수)	중거리선로(집중정수)		장거리선로(분포정수)
		T형 회로	π형 회로	
	$Z[\Omega]$	$\frac{Z}{2}$ $\frac{Z}{2}[\Omega]$, $Y[℧]$	Z, $\frac{Y}{2}$ $\frac{Y}{2}$	z z $z[\Omega/km]$, y y $y[℧/km]$
$A=D$	1	$1+\frac{ZY}{2}$	$1+\frac{ZY}{2}$	$\cosh\gamma l = \cosh\sqrt{ZY}$
B	Z	$Z\left(1+\frac{ZY}{4}\right)$	Z	$Z_w\sinh\gamma l = \sqrt{\frac{Z}{Y}}\sinh\sqrt{ZY}$
C	0	Y	$Y\left(1+\frac{ZY}{4}\right)$	$\frac{1}{Z_w}\sinh\gamma l = \sqrt{\frac{Y}{Z}}\sinh\sqrt{ZY}$

단원 확인 기출문제

★★★★ 기사 03년 2회

05 장거리송전로에서 4단자정수가 같은 것은?

① $A=B$　　② $B=C$

③ $C=D$　　④ $A=D$

해설 장거리송전선로 4단자정수

송전단전압 $\dot{E}_S=\cosh\alpha l E_R+Z_o\sinh\alpha l I_R$

송전단전류 $\dot{I}_S=\frac{1}{Z_o}\sinh\alpha l E_R+\cosh\alpha l I_R$

$$\begin{bmatrix} E_S \\ I_S \end{bmatrix}=\begin{bmatrix} A & B \\ C & D \end{bmatrix}\begin{bmatrix} E_R \\ I_R \end{bmatrix}=\begin{bmatrix} \cosh\alpha l & Z_o\sinh\alpha l \\ \frac{1}{Z_o}\sinh\alpha l & \cosh\alpha l \end{bmatrix}\begin{bmatrix} E_R \\ I_R \end{bmatrix}$$

답 ④

★★★★★ 산업 90년 2회, 97년 7회, 17년 1회

06 단위길이의 임피던스를 Z, 어드민턴스를 Y라 할 때 선로의 특성 임피던스는?

① $\sqrt{\frac{Y}{Z}}$　　② $\sqrt{\frac{Z}{Y}}$

③ $\sqrt{ZY}$　　④ Y

해설 특성 임피던스 $Z_o=\sqrt{\frac{Z}{Y}}=\sqrt{\frac{r+j\omega L}{g+j\omega C}}\fallingdotseq\sqrt{\frac{L}{C}}[\Omega]$

답 ②

★★★ 산업 96년 5회, 00년 1회

07 가공송전선의 인덕턴스가 1.3[mH/km]이고, 정전용량이 0.009[μF/km]일 때 파동 임피던스는 몇 [Ω]인가?

① 350　　② 380

③ 400　　④ 420

해설 파동 임피던스(특성 임피던스) $Z_o=\sqrt{\frac{L}{C}}=\sqrt{\frac{1.3\times10^{-3}}{0.009\times10^{-6}}}=380[\Omega]$

답 ②

★★★★ 산업 98년 5회

08 단위길이당 임피던스 Z, 어드민턴스를 Y인 송전선의 전파정수는?

① $\sqrt{\frac{Y}{Z}}$　　② $\sqrt{\frac{Z}{Y}}$

③ $\sqrt{\frac{1}{ZY}}$　　④ $\sqrt{ZY}$

해설 전파정수 $\gamma = \sqrt{ZY} = \sqrt{(r+j\omega L)(g+j\omega C)} = j\omega\sqrt{LC} \fallingdotseq \sqrt{LC}$

특성 임피던스 $Z_o = \sqrt{\dfrac{Z}{Y}}$

답 ④

기사 1.04% 출제 | 산업 1.70% 출제

출제 04 전력원선도

전력원선도의 의미만 파악하고 자주 나오는 문제 위주로 하여 간단하게 정리하는 것이 필요하다.

1 송 · 수전단 전력

① 송전선로에서 $X \gg R$이다.

② 송 · 수전단 전력 : $P = \dfrac{E_S E_R}{X}\sin\delta[\text{MW}]$

③ 최대 전력 : $P_{\max} = \dfrac{E_S E_R}{X}[\text{MW}]$

여기서, $\sin\delta = 1$

2 원선도

(1) 전력 원선도에서 알 수 있는 요소

① 송 · 수전단 전력

② 조상설비의 종류 및 조상용량

③ 개선된 수전단역률

④ 송전효율 및 선로손실

⑤ 송전단역률

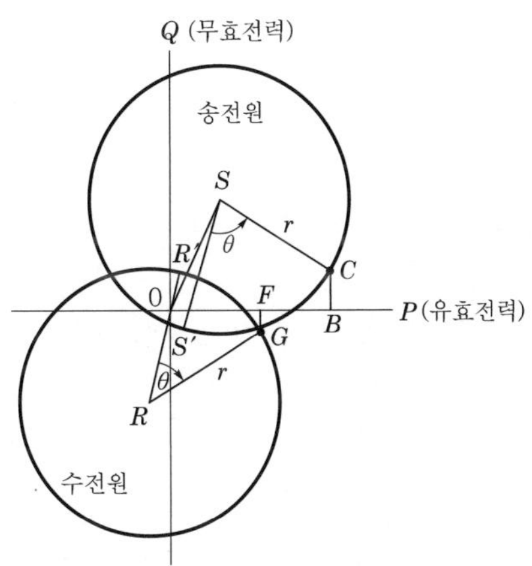

(2) 원선도에서 구할 수 없는 것

① 과도극한전력

② 코로나 손실

(3) 원선도 반지름

$$r = \frac{V_S V_R}{B}$$

여기서, V_S : 송전단전압, V_R : 수전단전압, B : 4단자정수에서 임피던스 요소

(4) 송전용량 계수법

① 수전단전압과 선로길이를 고려한 수전전력을 구하는 방법이다.

② $P = k\frac{{V_R}^2}{l}$ [kW]

여기서, k : 송전거리를 고려한 송전용량계수

③ 송전용량계수 k는 송·수전단 전압비, 선로정수 등에 의해서 정해지는 것으로서, $\frac{r}{x}$의 비에 따라서 달라진다.

(5) 고유부하법

① 고유송전용량

㉠ 수전단을 선로의 특성 임피던스와 같은 임피던스로 단락한 상태에서의 수전전력을 말한다.

㉡ $P = \frac{{V_R}^2}{Z_o} = \frac{{V_R}^2}{\sqrt{\frac{L}{C}}}$

② 특성 임피던스 : $Z_o = \sqrt{\frac{L}{C}}$ [Ω]

단원 확인 기출문제

★★★ 산업 90년 7회, 96년 4회, 97년 2회

09 $E_S = AE_R + BI_R$, $I_S = CE_R + DI_R$ **의 전파방정식을 만족하는 전력원선도의 반경의 크기는 다음 중 어느 것인가?**

① $\frac{E_S E_R}{D}$ ② $\frac{E_S E_R}{C}$

③ $\frac{E_S E_R}{B}$ ④ $\frac{E_S E_R}{A}$

해설 전력원선도의 반지름 $R = \frac{E_S E_R}{Z} = \frac{E_S E_R}{B}$

 ③

기사 2.08% 출제 | 산업 3.70% 출제

출제 05 조상설비

조상설비는 무효전력을 조정하는 부분으로, 여러 설비가 있다. 따라서, 각 설비의 운용상 특성을 비교하여 정리하고 수식적인 접근이 가능하도록 기출문제를 이용하여 반복적인 학습이 필요하다.

1 전력용 콘덴서

(1) 전력용 콘덴서의 역률 개선

① **콘덴서를 선로에 병렬로 접속해 진상 무효전력을 공급하고 선로의 지상 무효전력을 보상하여 역률을 개선**한다.

② 역률개선 시 필요한 전력용 콘덴서 용량

$$Q_c = P[\mathrm{kW}](\tan\theta_1 - \tan\theta_2)[\mathrm{kVA}]$$

$$= V_n I_n \cos\theta_1 \left(\frac{\sin\theta_1}{\cos\theta_1} - \frac{\sin\theta_2}{\cos\theta_2}\right)[\mathrm{kVA}]$$

$$= V_n I_n \cos\theta_1 \left(\frac{\sqrt{1-\cos^2\theta_1}}{\cos\theta_1} - \frac{\sqrt{1-\cos^2\theta_2}}{\cos\theta_2}\right)[\mathrm{kVA}]$$

(2) 전력용 콘덴서 설치 시 효과

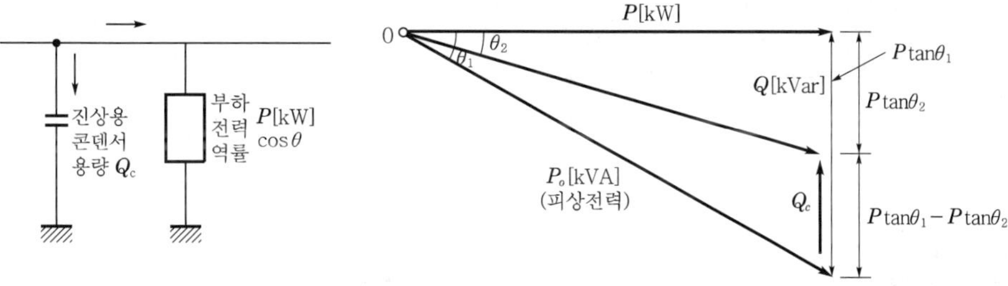

① 콘덴서는 전압보다 90° 위상이 빠른 진상 무효전류를 공급하므로 부하의 역률이 개선되어 정격전류가 감소된다.

② 정격전류가 감소되어 선로의 전력손실이 감소되고 전압강하 및 전압변동률이 개선되어 전압조정이 용이하다.

㉠ $P_l = I^2 r = \left(\dfrac{P_R}{E_R \cos\theta}\right)^2 r = \dfrac{{P_R}^2 r}{{E_R}^2 \cos^2\theta}$

여기서, P_R : 수전전력(출력), E_R : 수전단전압, r : 선로저항

㉡ $e(3상) = \sqrt{3}\, I_n (r\cos\theta + x\sin\theta)[\mathrm{V}]$

③ **동일 크기의 부하에서 선로전류가 감소해 설비의 공급 여력이 증가**한다.

④ **전기요금이 경감**된다.

(3) 전력용 콘덴서의 충전용량

① 콘덴서 1대 사용 시 충전용량

㉠ 콘덴서에 흐르는 전류 : $I_c = \omega CE$[A]

㉡ 전력용 콘덴서 충전용량 : $Q_c = EI_c$[kVA]

$= \omega CE^2 = \omega CE^2 \times 10^{-9}$[kVA]

여기서, C : 정전용량[μF], E : 대지전압[kV]

② 3상 △결선 시 충전용량

㉠ $Q_1 = \omega C{V_n}^2 \times 10^{-9}$[kVA]

㉡ $Q_\triangle = 3Q_1 = 3\omega C{V_n}^2 \times 10^{-9}$[kVA]

여기서, C : 정전용량[μF], V_n : 정격전압[kV]

③ 3상 Y결선 시 충전용량

㉠ $Q_1 = \omega C\left(\dfrac{V_n}{\sqrt{3}}\right)^2 \times 10^{-9} = \dfrac{1}{3}\omega C{V_n}^2 \times 10^{-9}$[kVA]

㉡ $Q_Y = 3Q_1 = \omega C{V_n}^2 \times 10^{-9}$[kVA]

여기서, C : 정전용량[μF], V_n : 정격전압[kV]

→ 전력용 콘덴서를 △결선으로 하면 Y결선 때와 비교해 3배의 충전용량을 얻을 수 있다.

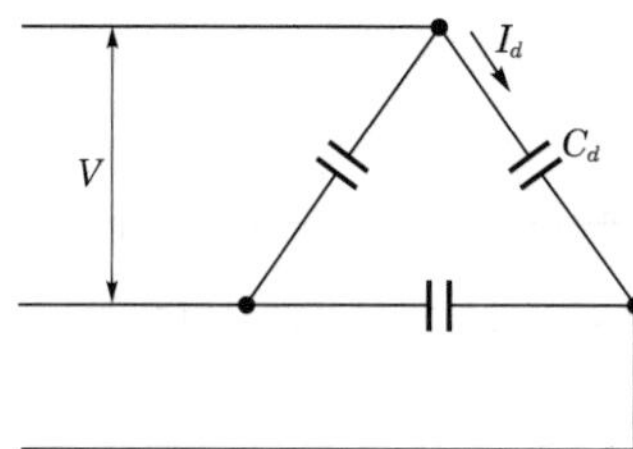

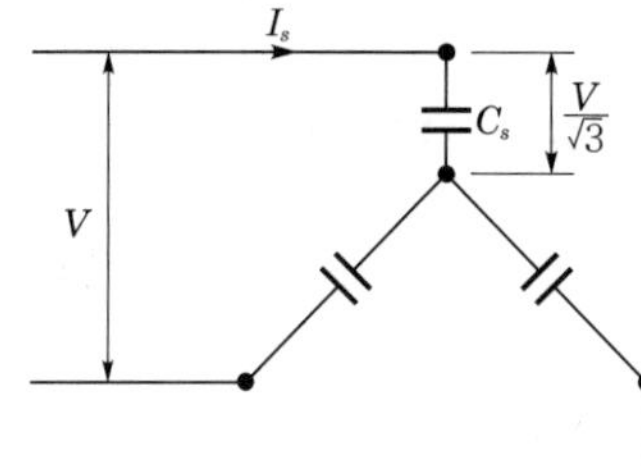

단원 확인 기출문제

★ 기사 98년 4회, 15년 2회

10 60[Hz], 154[kV], 길이 100[km]인 3상 송전선로에서 대지정전용량 C_s =0.005[μF/km], 전선간의 선간정전용량 C_m =0.0014[μF/km]일 때 1선에 흐르는 충전전류는 약 몇 [A]인가?

① 17.8 ② 30.8

③ 34.4 ④ 53.4

해설 1선에 흐르는 충전전류 $I_c = 2\pi f(C_s + 3C_m)\dfrac{V_n}{\sqrt{3}} l \times 10^{-6}$[A]

$= 2\pi \times 60 \times (0.005 + 3 \times 0.0014) \times \dfrac{154000}{\sqrt{3}} \times 100 \times 10^{-6}$

$= 30.8$[A]

 답 ②

(4) 전력용 콘덴서 설비의 부속기기

① 직렬 리액터

㉠ 사용목적

ⓐ 콘덴서에 의해 발생하는 **고조파에 의한 전압파형의 왜곡을 방지**한다.

ⓑ 콘덴서 투입 시 돌입전류를 억제한다.

ⓒ 콘덴서 개방 시 모선의 과전압을 억제한다.

ⓓ 고조파전류의 유입 억제와 계전기의 오동작을 방지한다.

㉡ 직렬 리액터의 용량 : 콘덴서에서 발생하는 고조파 중에서 3고조파는 △결선에서 순환되므로, 5고조파를 제거하기 위해 사용되는 직렬 리액터의 용량은 유도성 및 용량성 리액턴스의 공진조건에 의하여 아래와 같이 구한다.

$$5\omega L = \frac{1}{5\omega C}$$

$$\omega L = \frac{1}{25} \cdot \frac{1}{\omega C} = 0.04\frac{1}{\omega C}$$

전력용 콘덴서에 직렬로 삽입되는 직렬 리액터의 용량은 콘덴서 용량의 이론상 4[%], 실제상 5~6[%]를 사용하고 있다.

② 방전 코일

㉠ 콘덴서를 회로로부터 분리할 때 **콘덴서 내부의 잔류전하를 방전시켜 인체에 대한 감전사고를 미연에 방지**하기 위해 설치한다.

㉡ 방전 코일의 용량은 콘덴서 Bank 용량의 0.1[%] 정도를 적용한다.

2 분로 리액터

장거리송전선의 경우 경부하 또는 무부하 시에 충전전류의 영향으로 수전단의 전압이 상승할 우려가 있기 때문에 지상전류를 얻고 전압상승을 억제하기 위해 분로 리액터를 설치하여 운전한다. 이로 인해 **페란티 현상을 방지**한다.

단원 확인기출문제

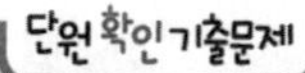

기사 95년 6회, 00년 4회, 02년 3회, 05년 2회

11 송전선로의 페란티 현상을 방지하는 데 효과적인 것은?

① 분로 리액터 사용　　② 복도체 사용

③ 병렬 콘덴서 사용　　④ 직렬 콘덴서 사용

해설 **페란티 현상**

㉠ 무부하 및 경부하 시 선로에 충전전류가 흐르면 수전단전압이 송전단전압보다 높아지는 현상으로 그 원인은 선로의 정전용량 때문에 발생한다.

㉡ 방지책 : 동기조상기, 분로 리액터

답 ①

3 동기조상기

(1) 동기조상기의 역할

동기전동기를 무부하상태로 운전하며 계자전류를 조정하여 지상 및 진상 무효전력을 조정하여 전압 및 역률을 조정할 수 있는 설비이다.

(2) 동기조상기의 장점

① 계자전류의 조정을 통해 **지상 및 진상 무효전력의 제어가 가능**하다.

② 회전기로서 **연속적인 제어가 가능하여 안정성이 높다.**

③ 부하급변 시 속응여자방식으로 선로의 전압을 일정하게 유지할 수 있다.

④ 계통의 안정도를 증진시켜서 송전전력을 늘릴 수 있다.

⑤ **송전선로에 시충전(시송전)이 가능하여 안정도가 높아진다.**

(3) 동기조상기의 단점

① 대용량 기기로서 가격이 비싸다.

② 회전기이므로 손실이 크고 유지 및 보수 비용이 크다.

(4) 전력용 콘덴서와 동기조상기의 비교

전력용 콘덴서	동기조상기
㉠ 진상 전류만 공급이 가능하다. ㉡ 전류조정이 계단적이다. ㉢ 소형·경량으로 값이 싸고 손실이 작다. ㉣ 용량변경이 쉽다.	㉠ 진상·지상 전류 모두 공급이 가능하다. ㉡ 전류조정이 연속적이다. ㉢ 대형·중량이므로 값이 비싸고 손실이 크다. ㉣ 선로의 시충전 운전이 가능하다.

단원확인기출문제

★★★★ 기사 91년 5회, 02년 2회, 03년 4회, 18년 2회 / 산업 91년 6회, 95년 7회, 98년 2회

12 동기조상기에 대한 다음 설명 중 옳지 않은 것은?

① 선로의 시충전이 불가능하다.

② 중부하 시에는 과여자로 운전하여 앞선 전류를 취한다.

③ 경부하 시에는 부족여자로 운전하여 뒤진 전류를 취한다.

④ 전압조정이 연속적이다.

해설 동기조상기는 시송전(시충전) 시 발전기로 운전하여 충전전류를 공급하여 안정도를 증진시키고 송전전력을 증가시킬 수 있다.

답 ①

4 직렬 콘덴서(X_c)

(1) 직렬 콘덴서의 역할

콘덴서를 선로에 직렬로 설치하여 운전하는 것으로, 전압강하 보상, 전압변동 경감, 송전전력 증대 및 안정도 증가, 전력조류제어에 이용되는 것이다.

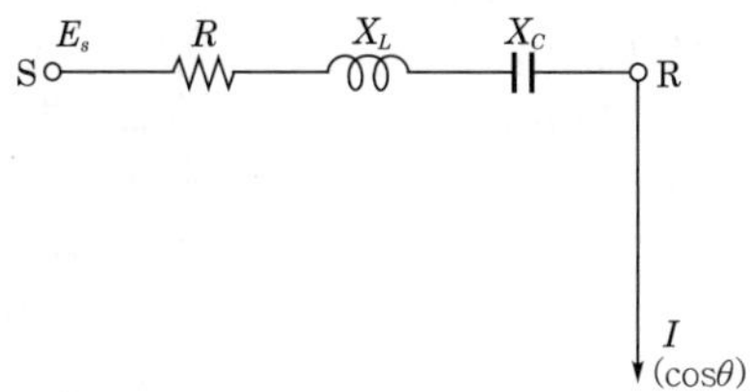

(2) 직렬 콘덴서 설치 시 이점

① **장거리선로의 인덕턴스를 보상하여서 전압강하를 줄인다.**
② 수전단의 전압변동률을 줄인다.
③ **전달 임피던스가 감소하여 안정도가 증가하여 최대 송전전력이 커진다.**
④ **부하의 역률이 나쁜 선로일수록 효과가 좋다.**

단원 확인 기출문제

★★★★★ 기사 90년 2회, 97년 2회, 01년 2회 / 산업 93년 5회, 00년 1회, 02년 2회, 03년 2회, 19년 1회

13 직렬 콘덴서를 선로에 삽입할 때의 현상으로 옳은 것은?

① 장거리선로의 인덕턴스를 보상하므로 전압강하가 많아진다.
② 부하의 역률이 나쁜 선로일수록 효과가 좋다.
③ 수전단의 전압변동률을 증가시킨다.
④ 정태안정도가 감소하여서 최대 송전전력이 커진다.

해설 **직렬 콘덴서 설치 시 이점**
㉠ 선로의 인덕턴스를 보상하여 전압강하를 줄인다.
㉡ 안정도가 증가하여 송전전력이 커진다.
㉢ 부하역률이 나쁜 선로일수록 설치효과가 좋다.
㉣ 수전단 전압변동률을 줄인다.

답 ②

단원 자주 출제되는 기출문제

★★ 산업 97년 2회

01 저항이 9.5[Ω]이고 리액턴스가 13.5[Ω]인 22.9[kV] 선로에서 수전단전압이 21[kV], 역률이 0.8(lag) 전압변동률이 10[%]라고 할 때 송전단전압은 몇 [kV]인가?

① 22.1 ② 23.1
③ 24.1 ④ 25.1

해설

송전단전압 $V_S = V_R + \sqrt{3}\,I_n(r\cos\theta + x\sin\theta)[\text{V}]$

전압강하율 $\%e = \dfrac{\sqrt{3}\,I_n(r\cos\theta + x\sin\theta)}{V_R}$

$= \dfrac{\sqrt{3}\,I_n(9.5\times0.8+13.5\times0.6)}{21000} \times 100$

$= 10[\%]$

수전단전류 $I_n = \dfrac{10\times21000}{\sqrt{3}\times100\times(9.5\times0.8+13.5\times0.6)}$

$= 77.23[\text{A}]$

송전단전압 $V_S = 21000 + \sqrt{3}\times77.23 \times(9.5\times0.8+13.5\times0.6)$

$= 23132[\text{V}] \fallingdotseq 23.1[\text{kV}]$

★★★★ 산업 96년 4회, 98년 7회, 02년 2·3회, 11년 2·3회, 18년 1회

02 수전단전압 60000[V], 전류 200[A], 선로저항 R=7.61[Ω], 리액턴스 X=11.85[Ω]인 3상 단거리 송전선로의 전압강하율은 몇 [%]인가? (단, 수전단역률은 0.8임)

① 6.51 ② 7.62
③ 8.42 ④ 9.43

해설

전압강하율 $\%e = \dfrac{\sqrt{3}\,I_n(r\cos\theta + x\sin\theta)}{V_R}$ 이므로

$\%e = \dfrac{\sqrt{3}\times200\times(7.61\times0.8+11.85\times0.6)}{60000}\times100$

$= 7.62[\%]$

★ 산업 02년 4회

03 선로의 길이 10[km], 전선 1조당 저항이 0.4[Ω/km], 리액턴스가 0.6[Ω/km]의 3상 배전선에서 수전단전압을 20[kV], 부하역률을 0.8로 유지하고 선로손실을 5[%] 이내로 하기 위한 부하의 최대 전력은 몇 [kW]인가?

① 1070 ② 3200
③ 5000 ④ 9600

해설

전력손실 $P_c = 3I^2r = 0.05P$ 와

부하전력 $P = \sqrt{3}\,V_RI_n\cos\theta$에서

$P_c = 3I^2r = 0.05\times\sqrt{3}\,V_RI_n\cos\theta$에서 양변의 전류를 고려하면 다음과 같다.

$P_c = 3I_n\times0.4\times10 = 0.05\times\sqrt{3}\times20000\times0.8$

$I_n = \dfrac{0.05\times\sqrt{3}\times20000\times0.8}{0.4\times10\times3} = 115.47[\text{A}]$

최대 전력 $P = \sqrt{3}\,V_RI_n\cos\theta$

$= \sqrt{3}\times20000\times115.4\times0.8\times10^{-3}$

$= 3200[\text{kW}]$

★★ 산업 17년 3회

04 단거리 송전선의 4단자정수 A, B, C, D 중 그 값이 0인 정수는?

① A ② B
③ C ④ D

해설

단거리 송전선로는 선로의 길이가 짧아 선로와 대지 사이의 정전용량 및 누설 컨덕턴스가 무시할 만큼 작게 나타난다.

★★ 기사 97년 2회

05 T회로의 일반회로정수에서 C는 무엇을 의미하는가?

① 저항 ② 리액턴스
③ 임피던스 ④ 어드미턴스

정답 01. ② 02. ② 03. ② 04. ② 05. ④

해설

그림과 같은 선로정수를 T형 회로라 한다.

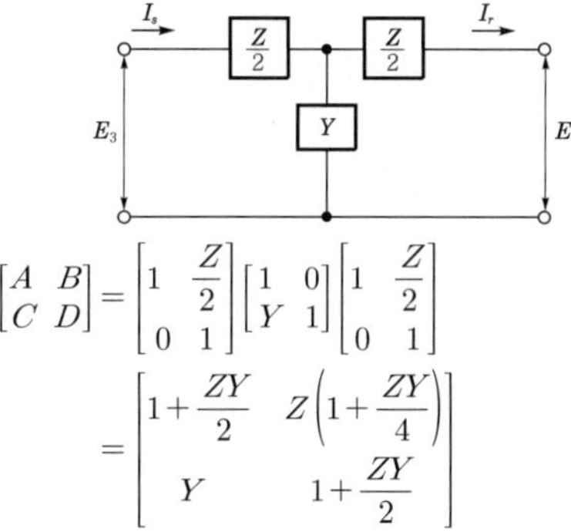

$$\begin{bmatrix} A & B \\ C & D \end{bmatrix} = \begin{bmatrix} 1 & \frac{Z}{2} \\ 0 & 1 \end{bmatrix}\begin{bmatrix} 1 & 0 \\ Y & 1 \end{bmatrix}\begin{bmatrix} 1 & \frac{Z}{2} \\ 0 & 1 \end{bmatrix} = \begin{bmatrix} 1+\frac{ZY}{2} & Z\left(1+\frac{ZY}{4}\right) \\ Y & 1+\frac{ZY}{2} \end{bmatrix}$$

4단자정수 A, B, C, D는 위와 같고 $C=Y$이므로 어드미턴스를 의미한다.

★★★★★ 기사 12년 1회, 14년 3회, 19년 2회 / 산업 00년 2회, 03년 3회, 07년 3회

06 중거리 송전선로의 T형 회로에서 송전단전류 I_S는? (단, Z, Y는 선로의 직렬 임피던스와 병렬 어드미턴스이고 E_R은 수전단전압, I_R은 수전단전류이다)

① $I_R\left(1+\frac{ZY}{2}\right)+YE_R$

② $E_R\left(1+\frac{ZY}{2}\right)+ZI_R\left(1+\frac{ZY}{4}\right)$

③ $E_R\left(1+\frac{ZY}{2}\right)+ZI_R$

④ $I_R\left(1+\frac{ZY}{2}\right)+E_RY\left(1+\frac{ZY}{4}\right)$

해설

T형 회로는 아래 그림과 같다.

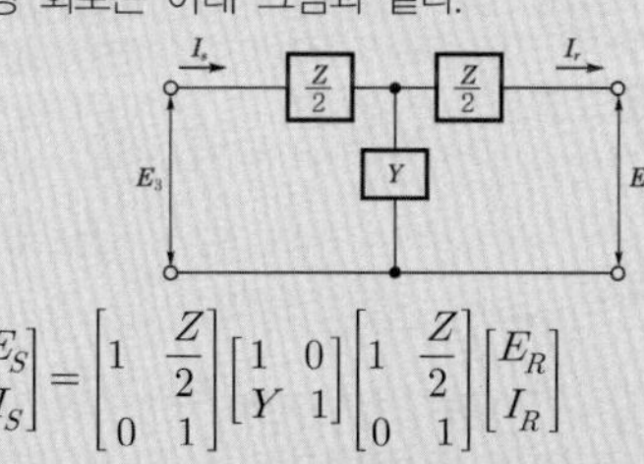

$$\begin{bmatrix} E_S \\ I_S \end{bmatrix} = \begin{bmatrix} 1 & \frac{Z}{2} \\ 0 & 1 \end{bmatrix}\begin{bmatrix} 1 & 0 \\ Y & 1 \end{bmatrix}\begin{bmatrix} 1 & \frac{Z}{2} \\ 0 & 1 \end{bmatrix}\begin{bmatrix} E_R \\ I_R \end{bmatrix} = \begin{bmatrix} 1+\frac{ZY}{2} & Z\left(1+\frac{XY}{4}\right) \\ Y & 1+\frac{ZY}{2} \end{bmatrix}\begin{bmatrix} E_R \\ I_R \end{bmatrix}$$

송전단전압 $E_S=\left(1+\frac{ZY}{2}\right)E_R+Z\left(1+\frac{ZY}{4}\right)I_R$

송전단전류 $I_S=YE_R+\left(1+\frac{ZY}{2}\right)I_R$

★★ 기사 19년 1회

07 전선 중간에 전원이 없을 경우 송전단의 전압 $E_S=AE_R+BI_R$이 된다. 수전단의 전압 E_R의 식으로 옳은 것은? (단, I_S, I_R은 송전단 및 수전단의 전류이다)

① $E_R=AE_S+CI_S$

② $E_R=BE_S+AI_S$

③ $E_R=DE_S-BI_S$

④ $E_R=CE_S-DI_S$

해설

$\begin{bmatrix} E_S \\ I_S \end{bmatrix}=\begin{bmatrix} A & B \\ C & D \end{bmatrix}\begin{bmatrix} E_R \\ I_R \end{bmatrix}$에서 $\begin{bmatrix} A & B \\ C & D \end{bmatrix}$의 역행렬을 양변에 곱하여 식을 정리하면 다음과 같다.

$$\begin{bmatrix} E_R \\ I_R \end{bmatrix}=\begin{bmatrix} A & B \\ C & D \end{bmatrix}^{-1}\begin{bmatrix} E_S \\ I_S \end{bmatrix} = \frac{1}{AD-BC}\begin{bmatrix} D & -B \\ -C & A \end{bmatrix}\begin{bmatrix} E_S \\ I_S \end{bmatrix}$$

여기서, $AD-BC=1$

수전단전압 $E_R=DE_S-BI_S$

수전단전류 $I_R=-CE_S+AI_S$

★★★★ 기사 92년 5회, 04년 1회

08 다음 그림에서 4단자정수 A, B, C, D는? (단, E_S : 송전단전압, I_S : 송전단전류, E_R : 수전단전압, I_R : 수전단전류, Y : 병렬 어드미턴스)

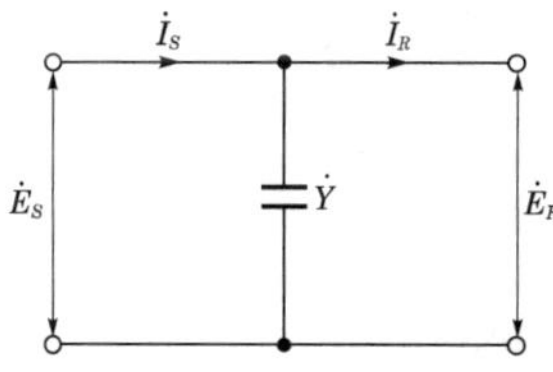

① 1, 0, Y, 1 ② 1, 0, $-Y$, 1

③ 1, Y, 0, 1 ④ 1, 0, 0, 1

해설

단일 어드미턴스이므로 송전단전압 $E_S=E_R$이고 송전단전류 $I_S=I_R+YE_R$이므로 4단자정수는 $A=1$, $B=0$, $C=Y$, $D=1$이 된다.

정답 06. ① 07. ③ 08. ①

★★★★ 산업 92년 3회, 95년 6회, 98년 2회, 06년 3회, 15년 2회

09 π형 회로의 일반회로정수에서 B의 값은?

① Y ② Z

③ $1+\dfrac{ZY}{2}$ ④ $Y\left(1+\dfrac{ZY}{4}\right)$

해설

π형 회로는 그림과 같으므로 합성 4단자정수 A, B, C, D는 다음과 같다.

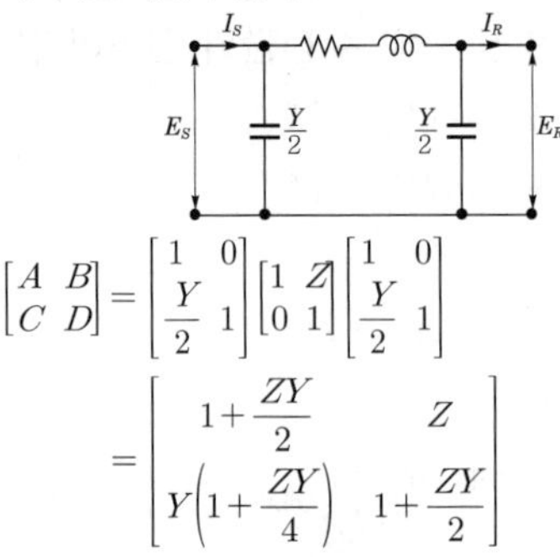

$$\begin{bmatrix} A & B \\ C & D \end{bmatrix} = \begin{bmatrix} 1 & 0 \\ \frac{Y}{2} & 1 \end{bmatrix} \begin{bmatrix} 1 & Z \\ 0 & 1 \end{bmatrix} \begin{bmatrix} 1 & 0 \\ \frac{Y}{2} & 1 \end{bmatrix}$$

$$= \begin{bmatrix} 1+\frac{ZY}{2} & Z \\ Y\left(1+\frac{ZY}{4}\right) & 1+\frac{ZY}{2} \end{bmatrix}$$

$B = Z$이므로 임피던스를 의미한다.

★★★ 기사 11년 1회, 17년 3회(유사) / 산업 91년 3회

10 154[kV], 300[km]의 3상 송전선에서 일반회로정수는 $\dot{A}=0.930$, $\dot{B}=j150$, $\dot{C}=j0.90\times10^{-3}$, $\dot{D}=0.930$이다. 이 송전선에서 무부하 시 송전단에 154[kV]를 가했을 때 수전단전압은 약 몇 [kV]인가?

① 143 ② 154

③ 166 ④ 171

해설

송전선의 무부하 시 수전단전류 $I_R=0$이므로

송전단전압 $E_S = AE_R + BI_R$에서

$E_S = AE_R + B\times 0 = AE_R$

수전단전압 $E_R = \dfrac{E_S}{A} = \dfrac{154}{0.93} = 165.59 \fallingdotseq 166$[kV]

★★ 기사 12년 3회

11 일반회로정수가 A, B, C, D이고 송전단 상전압이 E_S인 경우 무부하 시 송전단의 충전전류(송전단전류)는?

① CE_S ② ACE_S

③ $\dfrac{A}{C}E_S$ ④ $\dfrac{C}{A}E_S$

해설

㉠ 4단자 방정식 $E_S = AE_R + BI_R$
$I_S = CE_R + DI_R$

㉡ 4단자정수 A, B, C, D

$A = \dfrac{E_S}{E_R}\Big|_{I_R=0}$, $B = \dfrac{E_R}{I_R}\Big|_{E_R=0}$

$C = \dfrac{I_S}{E_R}\Big|_{I_R=0}$, $D = \dfrac{I_S}{I_R}\Big\}$

㉢ 무부하 시란 2차측을 개방한 상태($I_R=0$)이므로 4단자정수 A와 C의 관계이다.

㉣ $I_S = CE_R$이고, $E_R = \dfrac{E_S}{A}$이므로 송전단전류 $I_S = \dfrac{C}{A}E_S$이다.

★★★★★ 기사 92년 7회, 98년 6회, 02년 2회 / 산업 97년 7회, 98년 3회

12 그림과 같이 회로정수 A, B, C, D인 송전선로에 변압기 임피던스 Z_R을 수전단에 접속했을 때 변압기 임피던스 Z_R을 포함한 새로운 회로정수 D_o는? (단, 그림에서 E_S, I_S는 송전단 전압 · 전류이고, E_R, I_R는 수전단의 전압 · 전류이다)

E_S, I_S — [A B / C D] — Z_R — I_R, E_R

① $B+AZ_R$

② $B+CZ_R$

③ $D+AZ_R$

④ $D+CZ_R$

해설

송전선로에 변압기가 직렬로 접속하므로 송전선로와 변압기의 합성 시에 선로정수는 다음과 같다.

$$\begin{bmatrix} A_o & B_o \\ C_o & D_o \end{bmatrix} = \begin{bmatrix} A & B \\ C & D \end{bmatrix}\begin{bmatrix} 1 & Z_R \\ 0 & 1 \end{bmatrix}$$

$$= \begin{bmatrix} A & AZ_R+B \\ C & CZ_R+D \end{bmatrix}$$

$D_o = CZ_R + D$

정답 09. ② 10. ③ 11. ④ 12. ④

★★★ 기사 90년 7회, 01년 2회, 04년 4회, 18년 1회

13 일반회로정수가 A, B, C, D인 선로에 임피던스가 $\frac{1}{Z_R}$인 변압기가 수전단에 접속된 계통의 일반회로정수 중 D_o는?

① $D_o = \frac{C+DZ_R}{Z_R}$

② $D_o = \frac{C+AZ_R}{Z_R}$

③ $D_o = \frac{D+CZ_R}{Z_R}$

④ $D_o = \frac{B+AZ_R}{Z_R}$

해설

선로에 임피던스가 $\frac{1}{Z_R}$인 변압기가 수전단에 직렬로 접속 시 선로정수는 다음과 같다.

$$\begin{bmatrix} A_o & B_o \\ C_o & D_o \end{bmatrix} = \begin{bmatrix} A & B \\ C & D \end{bmatrix}\begin{bmatrix} 1 & \frac{1}{Z_R} \\ 0 & 1 \end{bmatrix} = \begin{bmatrix} A & \frac{A}{Z_R}+B \\ C & \frac{C}{Z_R}+D \end{bmatrix}$$

$$\therefore D_o = \frac{C}{Z_R}+D = \frac{C+DZ_R}{Z_R}$$

★★ 기사 93년 1회, 13년 1회

14 그림과 같은 회로에 있어서의 합성 4단자 정수에서 B_o의 값은? (단, Z_{tr}은 수전단에 접속된 변압기의 임피던스)

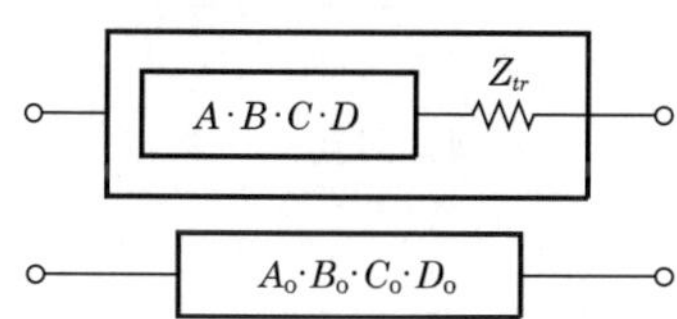

① $B_o = B+Z_{tr}$ ② $B_o = A+BZ_{tr}$
③ $B_o = B+AZ_{tr}$ ④ $B_o = C+DZ_{tr}$

해설

문제의 그림과 같은 4단자정수는 다음과 같다.

$$\begin{bmatrix} A_o & B_o \\ C_o & D_o \end{bmatrix} = \begin{bmatrix} A & B \\ C & D \end{bmatrix}\begin{bmatrix} 1 & Z_{tr} \\ 0 & 1 \end{bmatrix} = \begin{bmatrix} A & AZ_{tr}+B \\ C & CZ_{tr}+D \end{bmatrix}$$

$B_o = AZ_{tr}+B$가 된다.

★★ 기사 99년 4회, 04년 2회

15 그림과 같이 4단자정수가 A_1, B_1, C_1, D_1인 송전선로의 양단에 Z_S, Z_R의 임피던스를 갖는 변압기가 연결된 경우의 합성 4단자정수 중 A의 값은?

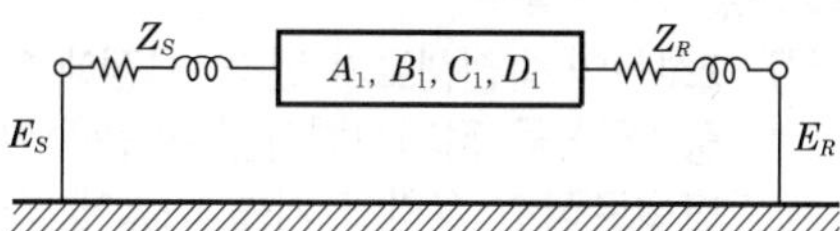

① $A = C_1$ ② $A = B_1+A_1Z_R$
③ $A = A_1+C_1Z_S$ ④ $A = D_1+C_1Z_R$

해설

송전선로의 양단에 Z_S, Z_R의 변압기가 직렬로 접속하므로

$$\begin{bmatrix} A & B \\ C & D \end{bmatrix} = \begin{bmatrix} 1 & Z_S \\ 0 & 1 \end{bmatrix}\begin{bmatrix} A_1 & B_1 \\ C_1 & D_1 \end{bmatrix}\begin{bmatrix} 1 & Z_R \\ 0 & 1 \end{bmatrix}$$

$$= \begin{bmatrix} A_1+C_1Z_S & B_1+D_1Z_S \\ C_1 & D_1 \end{bmatrix}\begin{bmatrix} 1 & Z_R \\ 0 & 1 \end{bmatrix}$$

$$= \begin{bmatrix} A_1+C_1Z_S & A_1Z_R+C_1Z_RZ_S+B_1+D_1Z_S \\ C_1 & D_1+C_1Z_R \end{bmatrix}$$

★★★ 기사 90년 2회, 00년 5회, 03년 4회, 16년 2회

16 일반회로정수가 같은 평행 2회선에서 A, B, C, D는 1회선인 경우의 몇 배로 되는가?

① $A:2,\ B:2,\ C:\frac{1}{2},\ D:1$

② $A:1,\ B:2,\ C:\frac{1}{2},\ D:1$

③ $A:1,\ B:\frac{1}{2},\ C:2,\ D:1$

④ $A:1,\ B:\frac{1}{2},\ C:2,\ D:2$

해설

평행 2회선의 경우 합성 4단자정수 A_o, B_o, C_o, D_o는

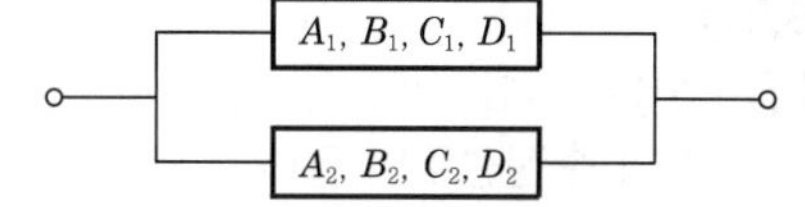

$$A_o = \frac{A_1B_2+B_1A_2}{B_1+B_2},\ B_o = \frac{B_1 \cdot B_2}{B_1+B_2}$$

$$C_o = C_1+C_2+\frac{(A_1-A_2)(D_2-D_1)}{B_1+B_2}$$

$$D_o = \frac{B_1D_2+D_1B_2}{B_1+B_2}$$ 이다.

정답 13. ① 14. ③ 15. ③ 16. ③

$A_1 = A_2 = A$,
$B_1 = B_2 = B$, $C_1 = C_2 = C$, $D_1 = D_2 = D$라 하면
$A_o = A$, $B_o = \frac{1}{2}B$, $C_o = 2C$, $D_o = D$가 된다.

★★ 기사 05년 3회

17 2회선의 송전선로가 있다. 사정에 의하여 그 중 1회선을 정지시켰다면 이 송전선로의 일반회로정수 B의 크기는 어떻게 되는가?

① 변화가 없다.
② $\frac{1}{2}$로 된다.
③ 2배로 된다.
④ 4배로 된다.

해설
그림과 같은 평행 2회선의 경우 합성 4단자정수 A_o, B_o, C_o, D_o는 아래와 같다.

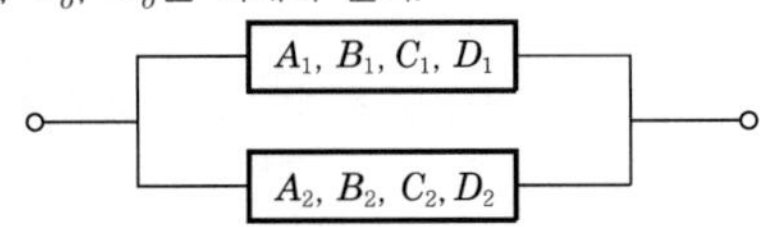

$$A_o = \frac{A_1B_2 + B_1A_2}{B_1 + B_2}$$
$$B_o = \frac{B_1 \cdot B_2}{B_1 + B_2}$$
$$C_o = C_1 + C_2 + \frac{(A_1 - A_2)(D_2 - D_1)}{B_1 + B_2}$$
$$D_o = \frac{B_1D_2 + D_1B_2}{B_1 + B_2}$$ 이다.

$A_1 = A_2 = A$, $B_1 = B_2 = B$, $C_1 = C_2 = C$,
$D_1 = D_2 = D$라 하면
$A_o = A$, $B_o = \frac{1}{2}B$, $C_o = 2C$, $D_o = D$가 되므로
1회선이 단선되면 $A_o = A$, $B_o = 2B$, $C_o = \frac{1}{2}C$, $D_o = D$가 된다.

★ 기사 92년 6회

18 그림에서와 같이 일반회로정수 A, B, C, D의 송전선로의 길이가 2배로 되면 그 전체의 일반회로정수 A_o, B_o, C_o, D_o는?

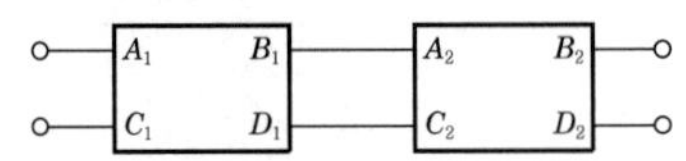

① $A_o = A^2 + BC$, $B_o = AB + BD$
$C_o = CA + DC$, $D_o = CB + D^2$
② $A_o = 2A$, $B_o = 2B$
$C_o = 2C$, $D_o = 2D$
③ $A_o = A^2$, $B_o = B^2$
$C_o = C^2$, $D_o = D^2$
④ $A_o = A^2 + BC$, $B_o = CB + D^2$
$C_o = CA + DC$, $D_o = AB + BD$

해설
문제의 그림과 같은 송전선로의 합성 4단자정수 A_o, B_o, C_o, D_o는

$$\begin{bmatrix} A_o & B_o \\ C_o & D_o \end{bmatrix} = \begin{bmatrix} A_1 & B_1 \\ C_1 & D_1 \end{bmatrix}\begin{bmatrix} A_2 & B_2 \\ C_2 & D_2 \end{bmatrix} = \begin{bmatrix} A_1A_2 + B_1C_2 & A_1B_2 + B_1D_2 \\ C_1A_2 + D_1C_2 & C_1B_2 + D_1D_2 \end{bmatrix}$$

따라서, $A_1 = A_2 = A$, $B_1 = B_2 = B$, $C_1 = C_2 = C$, $D_1 = D_2 = D$라 하면
$A_o = A_1A_2 + B_1C_2 = A^2 + BC$
$B_o = A_1B_2 + B_1D_2 = AB + BD$
$C_o = C_1A_2 + D_1C_2 = CA + DC$
$D_o = C_1B_2 + D_1D_2 = CB + D^2$

★★★★★ 기사 12년 2회, 16년 3회(유사), 17년 3회 / 산업 95년 2·6회, 05년 1회, 17년 2회

19 장거리 송전선로의 특성은 무슨 회로로 나누는 것이 가장 좋은가?

① 특성 임피던스 회로
② 집중정수회로
③ 분포정수회로
④ 분산회로

해설 **분포정수회로**
송전선로의 100[km] 이상이 되면 선로정수가 전선로에 균일하게 분포되어 있는 분포정수회로로 해석해야 한다.
② 집중정수회로
- 단거리 송전선로 : R, L 적용
- 중거리 송전선로 : R, L, C 적용

정답 17. ③ 18. ① 19. ③

★ 기사 97년 4회, 99년 6회, 00년 6회

20 송전선로의 수전단을 단락할 경우 송전단 전류 I_S는 어떤 식으로 표시되는가? (단, 송전단전압을 V_S, 선로의 임피던스 및 어드미턴스를 Z 및 Y라 함)

① $I_S=\sqrt{\frac{Y}{Z}}\tanh\sqrt{ZY}\,V_S$

② $I_S=\sqrt{\frac{Z}{Y}}\tanh\sqrt{ZY}\,V_S$

③ $I_S=\sqrt{\frac{Y}{Z}}\coth\sqrt{ZY}\,V_S$

④ $I_S=\sqrt{\frac{Z}{Y}}\coth\sqrt{ZY}\,V_S$

해설

장거리 송전선로에서 송전단전압 V_S와 송전단전류 I_S는 다음과 같다.

$$V_S=V_R\cosh\gamma l+I_R Z_o\sinh\gamma l$$

$$I_S=\frac{V_R}{Z_o}\sin\gamma l+I_R\cosh\gamma l$$

윗 식에서 수전단이 단락되었으므로 $V_R=0$이 되어

$V_S=I_R Z_o\sinh\gamma l$[V], $I_S=I_R\cosh\gamma l$[A]

$$\frac{I_S}{V_S}=\frac{I_R\cosh\gamma l}{I_R Z_o\sinh\gamma l}=\frac{1}{Z_o}\coth\gamma=\frac{1}{\sqrt{\frac{Z}{Y}}}\coth\sqrt{ZY}$$

$$I_S=\sqrt{\frac{Y}{Z}}\coth\sqrt{ZY}\cdot V_S$$

★ 기사 97년 4회, 05년 1회

21 전파정수 r, 특성 임피던스 Z_o, 길이 l인 분포정수회로가 있다. 수전단에 이 선로의 특성 임피던스와 같은 임피던스 Z_o를 부하로 접속하였을 때 송전단에서 부하측을 본 임피던스는?

① Z_o ② $\frac{1}{Z_o}$

③ $Z_o\tanh rl$ ④ $Z_o\coth rl$

해설

장거리 송전선로에서 송전단전압 V_S와 송전단전류 I_S는

$$V_S=V_R\cosh rl+I_R Z_o\sinh rl$$

$$I_S=\frac{V_R}{Z_o}\sinh rl+I_R\cosh rl$$

송전단에서 부하측을 본 임피던스 Z_S는

$$Z_S=\frac{V_S}{I_S}=\frac{V_R\cosh rl+I_R Z_o\sinh rl}{\frac{V_R}{Z_o}\sinh rl+I_R\cosh rl}[\Omega]$$

양변을 I_R로 나누면

$$Z_S=\frac{\frac{V_R}{I_R}\cosh rl+Z_o\sinh rl}{\frac{1}{Z_o}\times\frac{V_R}{I_R}\sinh rl+\cosh rl}=\frac{Z_R\cosh rl+Z_o\sinh rl}{\frac{Z_R}{Z_o}\sinh rl+\cosh rl}$$

여기서, 수전단 부하 임피던스 $Z_R=Z_o$이면

$$Z_S=\frac{Z_o\cosh rl+Z_o\sinh rl}{\frac{Z_o}{Z_o}\sinh rl+\cosh rl}=Z_o[\Omega]$$가 된다.

★★★★ 산업 92년 3회

22 선로의 단위길이당 분포 인덕턴스, 저항, 정전용량, 누설 컨덕턴스를 L, r, C 및 g로 할 때 특성 임피던스[Ω]는?

① $(r+j\omega L)(g+j\omega C)$

② $\sqrt{(r+j\omega L)(g+j\omega C)}$

③ $\sqrt{\frac{r+j\omega L}{g+j\omega C}}$

④ $\sqrt{\frac{g+j\omega C}{r+j\omega L}}$

해설

특성 임피던스 $Z_o=\sqrt{\frac{Z}{Y}}=\sqrt{\frac{r+j\omega L}{g+j\omega C}}$

★★★★★ 기사 05년 1회, 19년 3회 / 산업 03년 1회, 13년 2회, 14년 1회, 15년 3회

23 장거리 송전선에서 단위길이당 임피던스 $Z=r+j\omega L$[Ω/km], 어드미턴스 $Y=g+j\omega C$[℧/km]라 할 때 저항과 누설 컨덕턴스를 무시하는 경우 특성 임피던스[Ω]는?

① $\sqrt{\frac{L}{C}}$ ② $\sqrt{\frac{C}{L}}$

③ $\frac{L}{C}$ ④ $\frac{C}{L}$

정답 20. ③ 21. ① 22. ③ 23. ①

해설

특성 임피던스 $Z_o = \sqrt{\frac{Z}{Y}} = \sqrt{\frac{r+j\omega L}{g+j\omega C}}$ 에서

$r=g=0$

즉, 무손실선로에서 특성 임피던스 $Z_o = \sqrt{\frac{L}{C}}$ [Ω]

★★★ 기사 92년 7회, 19년 1회

24 수전단을 단락한 경우 송전단에서 본 임피던스가 300[Ω]이고 수전단을 개방한 경우 송전단에서 본 어드미턴스가 1.875×10^{-3} [℧]일 때 이 송전선의 특성 임피던스는 몇 [Ω]인가?

① 200 ② 300
③ 400 ④ 500

해설

특성 임피던스 $Z_o = \sqrt{\frac{Z}{Y}} = \sqrt{\frac{300}{1.875\times10^{-3}}}$

$= 400[\Omega]$

★★★★★ 기사 98년 4회 / 산업 94년 7회, 04년 3회, 18년 3회

25 선로의 특성 임피던스에 관한 내용으로 옳은 것은?

① 선로의 길이가 길어질수록 값이 커진다.
② 선로의 길이가 길어질수록 값이 작아진다.
③ 선로의 길이보다는 부하전력에 따라 값이 변한다.
④ 선로의 길이에 관계없이 일정하다.

해설

특성 임피던스 $Z_o = \sqrt{\frac{Z}{Y}} = \sqrt{\frac{R+j\omega L}{g+j\omega C}} \rightarrow \sqrt{\frac{L}{C}}$

L[mH/km]이고 C[μF/km]이므로 특성 임피던스는 선로의 길이에 관계없이 일정하다.

★★★ 기사 96년 7회

26 선로의 단위길이당 분포 인덕턴스, 저항, 정전용량 및 누설 컨덕턴스를 각각 L, r, C 및 g라 할 때 전파정수는?

① $\sqrt{g+j\frac{\omega C}{r}}+j\omega L$
② $\sqrt{r+\frac{j\omega L}{g}+j\omega C}$
③ $\sqrt{(r+j\omega L)(g+j\omega C)}$
④ $(r+j\omega L)(g+j\omega C)$

해설

전파정수 $\gamma = \sqrt{ZY} = \sqrt{(r+j\omega L)(g+j\omega C)}$

★★★★ 기사 95년 6회, 00년 3·5회, 02년 2회, 19년 2회

27 송전선로의 특성 임피던스와 전파정수는 무슨 시험에 의해서 구할 수 있는가?

① 무부하 시험과 단락시험
② 부하시험과 단락시험
③ 부하시험과 충전시험
④ 충전시험과 단락시험

해설

장거리 송전선로의 경우 송전단전압과 송전단전류는

$E_S = E_R\cosh\gamma l + I_R Z_o \sinh\gamma l$

$I_S = E_R\sinh\gamma l + I_R\cosh\gamma l$

$I_S = \frac{E_R}{Z_o}\sinh\gamma l + I_R\cosh\gamma l$이므로 수전단단락 시 송전단에서 본 임피던스 Z_{SS}는

$Z_{SS} = \frac{E_{SS}}{I_{SS}} = \frac{I_R Z_o \sinh\gamma l}{I_R\cosh\gamma l} = Z_o\tanh\gamma l$ ·············· ㉠

수전단을 개방했을 때 송전단에서 본 어드미턴스 Y_{SO}는

$Y_{SO} = \frac{I_{SO}}{E_{SO}} = \frac{E_R\sinh\gamma l}{E_R\cosh\gamma l} = \frac{1}{Z_o}\tanh\gamma$ ·············· ㉡

따라서, ㉠식과 ㉡식에서 특성 임피던스 Z_o와 전파정수 γ를 구할수 있다.

특성 임피던스 $Z_o = \sqrt{\frac{Z_{SS}}{Y_{SO}}}$

전파정수 $\gamma l = \tan^{-1}\sqrt{Z_{SS}\cdot Y_{SO}}$

그러므로 특성 임피던스와 전파정수는 무부하시험과 단락시험에서 구할 수 있다.

★ 산업 04년 4회

28 송전선에서 저항과 누설 컨덕턴스를 무시한 개략 계산에서 송전선의 특성 임피던스의 값은 보통 몇 [Ω] 정도인가?

① 100 ~ 300 ② 300 ~ 500
③ 500 ~ 700 ④ 700 ~ 900

정답 24. ③ 25. ④ 26. ③ 27. ① 28. ②

해설 특성 임피던스(파동 임피던스)

송전선로에 진행하는 전력의 전압과 전류의 비로서, 가공송전선로의 경우 300~500[Ω]의 크기로 나타난다.

★★★★ 기사 13년 1회, 15년 3회 / 산업 94년 3·6회, 07년 1회, 17년 2회

29 송전선로의 수전단을 단락한 경우 송전단에서 본 임피던스는 300[Ω]이고, 수전단을 개방한 경우에는 1200[Ω]일 때 이 선로의 특성 임피던스는 몇 [Ω]인가?

① 600 ② 500
③ 1000 ④ 1200

해설

특성 임피던스 $Z_o=\sqrt{\frac{Z}{Y}}=\sqrt{\frac{Z_{SS}}{Y_{SO}}}$

$=\sqrt{\frac{300}{\frac{1}{1200}}}=\sqrt{300\times1200}$

$=600[\Omega]$

여기서, Z_{SS} : 수전단 단락 시 송전단에서 본 임피던스
Y_{SO} : 수전단 개방 시 송전단에서 본 어드미턴스

★★ 산업 95년 5회, 99년 3회, 16년 2회

30 어떤 가공선의 인덕턴스가 1.6[mH/km]이고 정전용량이 0.008[μF/km]일 때 특성 임피던스는 약 몇 [Ω]인가?

① 128 ② 224
③ 345 ④ 447

해설

특성 임피던스 $Z_o=\sqrt{\frac{Z}{Y}}=\sqrt{\frac{L}{C}}$

$=\sqrt{\frac{1.6\times10^{-3}}{0.008\times10^{-6}}}$

$=447.21[\Omega]$

★ 기사 96년 5회, 02년 1회, 05년 2회

31 송전선로의 특성 임피던스를 Z[Ω,] 전파정수를 α라 할 때 이 선로의 직렬 임피던스는 어떻게 표현되는가?

① $Z\alpha$ ② $\frac{Z}{\alpha}$
③ $\frac{\alpha}{Z}$ ④ $\frac{1}{Z\alpha}$

해설

특성 임피던스 $Z=\sqrt{\frac{Z}{Y}}$, 전파정수 $\alpha=\sqrt{ZY}$이므로

직렬 임피던스 $Z\alpha=\sqrt{\frac{Z}{Y}}\times\sqrt{ZY}=Z$

★★★ 기사 97년 5회

32 파동 임피던스가 500[Ω]인 가공송전선 10[km]당 인덕턴스[mH/km]와 정전용량 C[μF/km]는 얼마인가?

① $L=1.67,\ C=0.0067$
② $L=2.12,\ C=0.0067$
③ $L=1.67,\ C=0.167$
④ $L=2.12,\ C=0.167$

해설

파동 임피던스 $Z_o=\sqrt{\frac{L}{C}}[\Omega]$

전파속도 $V=\frac{1}{\sqrt{LC}}=3\times10^8$[m/sec]

위 두 식을 이용하여 인덕턴스 L과 정전용량 C를 구하면,

인덕턴스 $L=\frac{Z_o}{V}=\frac{500}{3\times10^8}$

$=1.67\times10^{-3}$[H/m]

$=1.67$[mH/km]

정전용량 $C=\frac{1}{Z_oV}=\frac{1}{500\times3\times10^8}$

$=0.00667\times10^{-9}$[F/m]

$=0.0067$[μF/km]

★★★★ 산업 99년 5회, 04년 3회, 19년 3회

33 일반회로정수 A, B, C, D, 송·수전단 상전압이 각각 E_S, E_R일 때 수전단 전력원선도의 반지름은?

① $\frac{E_S\cdot E_R}{A}$ ② $\frac{E_S\cdot E_R}{B}$
③ $\frac{E_S\cdot E_R}{C}$ ④ $\frac{E_S\cdot E_R}{D}$

해설

전력원선도의 반지름 $r=\frac{E_SE_R}{B}$

정답 29. ① 30. ④ 31. ① 32. ① 33. ②

★ 산업 13년 3회

34 선로길이 100[km], 송전단전압 154[kV], 수전단전압 140[kV]의 3상 3선식 정전압송전선에서 선로정수는 저항 0.315[Ω/km], 리액턴스 1.035[Ω/km]라고 할 때 수전단 3상 전력원선도의 반경을 [MVA]단위로 표시하면 약 얼마인가?

① 200 ② 300
③ 450 ④ 600

해설

전력원선도의 반지름(반경) $r = \dfrac{E_S E_R}{B}$

여기서, E_S : 송전단전압
E_R : 수전단전압
B : 4단자정수의 임피던스(Z) 요소

임피던스 $Z = \sqrt{r^2 + x^2} \times$선로길이
$= \sqrt{0.315^2 + 1.035^2} \times 100$
$= 108.19[\Omega]$

전력원선도의 반경 $r = \dfrac{E_S E_R}{B} = \dfrac{154 \times 140}{108.19}$
$= 199.28 ≒ 200$[MVA]

★★★ 기사 94년 7회, 04년 1회

35 정전압 송전방식에서 전력원선도를 그리려면 무엇이 주어져야 하는가?

① 송 · 수전단 전압, 선로의 일반회로정수
② 송 · 수전단 전류, 선로의 일반회로정수
③ 조상기용량, 수전단전압
④ 송전단전압, 수전단전류

해설 **전력원선도 작성 시 필요요소**

송 · 수전단 전압의 크기 및 위상각, 선로정수

★★★★ 산업 01년 1회, 04년 4회, 12년 3회, 17년 1회

36 전력원선도의 가로축과 세로축은 각각 어느 것을 나타내는가?

① 최대 전력 – 피상전력
② 유효전력 – 무효전력
③ 조상용량 – 송전효율
④ 송전효율 – 코로나 손실

해설

전력원선도의 가로축은 유효전력, 세로축은 무효전력, 반경(반지름)은 $\dfrac{V_S V_R}{Z}$ 이다.

★★★★★ 기사 12년 2회, 13년 2회, 19년 3회 / 산업 04년 1회, 11년 2회, 16년 2회

37 다음 중 전력원선도에서 알 수 없는 것은?

① 전력
② 손실
③ 역률
④ 코로나 손실

해설 **전력원선도에서 알 수 있는 사항**

㉠ 송 · 수전단 전력
㉡ 조상설비의 종류 및 조상용량
㉢ 개선된 수전단역률
㉣ 송전효율 및 선로손실
㉤ 송전단역률

★★ 산업 11년 2회

38 조상설비라고 할 수 없는 것은?

① 분로 리액터
② 동기조상기
③ 비동기조상기
④ 상순표시기

해설

상순표시기는 다상 회로에서 각 상의 최대값에 이르는 순서를 표시하는 장치로, 상회전방향을 확인할 때 사용하는 장치이다.

★★★★ 산업 06년 1회, 13년 3회

39 충전전류는 일반적으로 어떤 전류를 말하는가?

① 앞선 전류 ② 뒤진 전류
③ 유효전류 ④ 누설전류

해설

충전전류는 선로와 대지, 선로와 선로 사이에 정전용량으로 인해 선로에 흐르는 진상전류(앞선 전류)이다.

정답 34. ① 35. ① 36. ② 37. ④ 38. ④ 39. ①

★★★ 기사 16년 1회 / 산업 94년 6회

40 **동기조상기에 관한 설명으로 틀린 것은?**

① 동기전동기의 V특성을 이용하는 설비이다.
② 동기전동기를 부족여자로 하여 컨덕터로 사용한다.
③ 동기전동기를 과여자로 하여 콘덴서로 사용한다.
④ 송전계통의 전압을 일정하게 유지하기 위한 설비이다.

해설 **동기조상기**
㉠ 동기전동기를 무부하상태로 운전하고 여자전류의 가감을 통해 전기자반작용 현상을 이용하여 전력계통의 전압 조정 및 역률 개선에 사용하는 기기이다.
㉡ 동기전동기의 위상특성곡선(V곡선)을 이용하는 설비이다.
㉢ 여자전류를 변화시켜 진상 또는 지상 전류를 공급함으로써 무효전력 조정장치로 사용한다.
㉣ 부족여자운전 – 리액터 작용
㉤ 과여자운전 – 콘덴서 작용

★★★★ 기사 95년 2회, 00년 3회

41 **동기조상기에 대한 설명으로 옳은 것은?**

① 정지기의 일종이다.
② 연속적인 전압조정이 불가능하다.
③ 계통의 안정도를 증진시키기가 어렵다.
④ 송전선의 시송전에 이용할 수 있다.

해설 **동기조상기의 특성**
㉠ 진상전류 및 지상전류를 이용할 수 있어 광범위로 연속적인 전압조정을 할 수 있다.
㉡ 시동전동기를 갖는 경우에는 조상기를 발전기로 동작시켜 선로에 충전전류를 흘리고 시송전(시충전)에 이용할 수 있다.
㉢ 계통의 안정도를 증진시켜 송전전력을 증가시킬 수 있다.

★★★★★ 기사 11년 3회, 15년 3회(유사) / 산업 95년 5회, 03년 1회

42 **동기조상기와 전력용 콘덴서를 비교할 때 전력용 콘덴서의 이점으로 옳은 것은?**

① 진상과 지상의 전류 양용이다.
② 단락고장이 일어나도 고장전류가 흐르지 않는다.
③ 송전선의 시송전에 이용 가능하다.
④ 전압조정이 연속적이다.

해설 **전력용 콘덴서의 장점**
㉠ 정지기로 회전기인 동기조상기에 비해 전력손실이 작다.
㉡ 부하특성에 따라 콘덴서의 용량을 수시로 변경할 수 있다.
㉢ 단락고장이 일어나도 고장전류가 흐르지 않는다.

★★★★ 기사 13년 1회

43 **동기조상기(A)와 전력용 콘덴서(B)를 비교한 것으로 옳은 것은?**

① 조정 : A는 계단적, B는 연속적
② 전력손실 : A가 B보다 적음
③ 무효전력 : A는 진상·지상 양용, B는 진상용
④ 시송전 : A는 불가능, B는 가능

해설 **전력용 콘덴서와 동기조상기의 특성**

전력용 콘덴서	동기조상기
• 진상전류만 공급이 가능하다. • 전류조정이 계단적이다. • 소형·경량으로 값이 싸고 손실이 작다. • 용량변경이 쉽다.	• 진상·지상 전류 모두 공급이 가능하다. • 전류조정이 연속적이다. • 대형, 중량으로 값이 비싸고 손실이 크다. • 선로의 시송전(시충전) 운전이 가능하다.

★★ 기사 96년 4회, 00년 2회, 03년 1회

44 **전압이 다른 송전선로를 루프로 사용하여 조류제어를 할 때 필요한 기기는?**

① 동기조상기
② 3권선 변압기
③ 분로 리액터
④ 위상조정변압기

정답 40. ② 41. ④ 42. ② 43. ② 44. ①

해설

동기조상기로 계자전류를 과여자, 부족여자시키면 전기자전류의 위상이 진상 또는 지상이 되므로 무효전력을 제어한다.

★★★★★ 기사 98년 3회, 00년 4회 / 산업 13년 1회

45 **송·배전 선로 도중에 직렬로 삽입하여 선로의 유도성 리액턴스를 보상함으로써 선로정수 그 자체를 변화시켜서 선로의 전압강하를 감소시키는 직렬 콘덴서 방식의 득실에 대한 설명으로 옳은 것은?**

① 최대 송전력이 감소하고 정태안정도가 감소된다.
② 부하의 변동에 따른 수전단의 전압변동률은 증대된다.
③ 선로의 유도 리액턴스를 보상하고 전압강하를 감소한다.
④ 송수 양단의 전달 임피던스가 증가하고 안정극한전력이 감소한다.

해설

전압강하 $e = V_S - V_R$

$$= \sqrt{3}\, I_n (R\cos\theta + (X_L - X_C)\sin\theta)$$

위에서 보듯이 감소된다.

직렬 콘덴서는 송전선로와 직렬로 설치하는 전력용 콘덴서로 설치하게 되면 안정도를 증가시키고 선로의 유도성 리액턴스를 보상하여 선로의 전압강하를 감소시킨다. 또한, 역률이 나쁜 선로일수록 효과가 양호하다.

★★★★ 기사 12년 2·3회, 14년 1회 / 산업 16년 1회

46 **직렬 콘덴서를 선로에 삽입할 때의 이점이 아닌 것은?**

① 선로의 인덕턴스를 보상한다.
② 수전단의 전압강하를 줄인다.
③ 정태안정도가 증가한다.
④ 송전단의 역률을 개선한다.

해설 **직렬 콘덴서를 설치하였을 때 이점(장점)**

㉠ 선로의 인덕턴스를 보상하여 전압강하 및 전압변동률을 줄인다.
㉡ 안정도가 증가하여 송전전력이 커진다.
㉢ 부하역률이 나쁜 선로일수록 설치효과가 좋다.
④ 역률개선은 전력용 콘덴서(병렬 콘덴서)를 사용한다.

★★★★ 산업 93년 5회, 02년 2·4회, 05년 2회

47 **안정권선(△권선)을 가지고 있는 대용량 고전압의 변압기가 있다. 조상기 및 전력용 콘덴서는 주로 어디에 접속되는가?**

① 주변압기의 1차
② 주변압기의 2차
③ 주변압기의 3차(안정권선)
④ 주변압기의 1차와 2차

해설 **1차 변전소에 설치되어 있는 3권선 변압기의 3차 권선의 용도**

㉠ 3고조파 제거를 위해 안정권선(△권선)을 설치한다.
㉡ 조상설비(동기조상기 및 전력용 콘덴서, 분로 리액터)를 설치한다.
㉢ 변전소 내 전원을 공급한다.

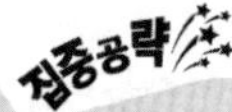

★★★★ 기사 94년 6회, 99년 3회, 13년 3회 / 산업 04년 2회, 05년 2회

48 **전력계통의 전압조정설비의 특징으로 옳지 않은 것은?**

① 병렬 콘덴서는 진상능력만을 가지며 병렬 리액터는 진상능력이 없다.
② 동기조상기는 무효전력의 공급과 흡수가 모두 가능하며 진상 및 지상 용량을 갖는다.
③ 동기조상기는 조정의 단계가 불연속적이나 직렬 콘덴서 및 병렬 리액터는 연속적이다.
④ 병렬 리액터는 장거리 초고압 송전선 또는 지중선계통의 충전용량보상용으로 주요 발·변전소에 설치된다.

해설

동기조상기는 무부하상태로 회전하는 동기전동기로, 무효전력을 가감하여 전압을 조정하게 되므로 전압조정이 연속적이다.

정답 45. ③ 46. ④ 47. ③ 48. ③

★★★ 산업 15년 2회

49 조상설비가 있는 1차 변전소에서 주변압기로 주로 사용되는 변압기는?

① 강압용 변압기
② 3권선 변압기
③ 단권변압기
④ 단상변압기

해설

1차 변전소의 주변압기로 3권선 변압기가 사용되는데 조상설비는 3권선 변압기의 3차 권선에 접속된다.

★★★★ 기사 93년 3회 / 산업 94년 6회, 99년 4회

50 중간조상방식이란?

① 송전선로의 중간에 동기조상기 연결
② 송전선로의 중간에 직렬 콘덴서 삽입
③ 송전선로의 중간에 병렬 전력용 콘덴서 연결
④ 송전선로의 중간에 개폐소 설치, 리액터와 전력용 콘덴서를 병렬로 연결

해설

중간조상방식은 송전선로 중 변전소에 3권선 변압기의 3차 권선에 동기조상기를 연결하여 무효전력을 조정하는 방식이다.

★★★ 기사 96년 6회, 04년 2회, 15년 2회

51 전력용 콘덴서를 변전소에 설치할 때 직렬 리액터를 설치하고자 한다. 직렬 리액터의 용량을 결정하는 식은? (단, f_o : 전원의 기본주파수, C : 역률개선용 콘덴서의 용량, L : 직렬 리액터의 용량)

① $2\pi f_o L = \dfrac{1}{2\pi f_o C}$

② $6\pi f_o L = \dfrac{1}{6\pi f_o C}$

③ $10\pi f_o L = \dfrac{1}{C}$

④ $14\pi f_o L = \dfrac{1}{14\pi f_o C}$

해설

직렬 리액터는 제5고조파 제거를 위해 사용한다.

$5\omega_o L = \dfrac{1}{5\omega_o C} \rightarrow 10\pi f_o L = \dfrac{1}{10\pi f_o C}$

여기서, $\omega_o = 2\pi f_o$

직렬 리액터의 용량은 콘덴서 용량의 이론상 4[%], 실제상 5 ~ 6[%]를 사용한다.

★★★★★ 기사 01년 1회, 03년 1회, 15년 3회 / 산업 07년 2회, 12년 1회, 14년 3회

52 전력용 콘덴서에 직렬로 콘덴서 용량의 5[%] 정도의 유도 리액턴스를 삽입하는 목적은?

① 제3고조파 전류의 억제
② 제5고조파 전류의 억제
③ 이상전압 발생방지
④ 정전용량의 조절

해설

직렬 리액터는 제5고조파 전류를 제거하기 위해 사용하고 직렬 리액터의 용량은 전력용 콘덴서 용량의 이론상 4[%] 이상, 실제로는 5 ~ 6[%]의 용량을 사용한다.

★★★★ 산업 94년 2회, 12년 3회(유사), 18년 1회

53 1상당의 용량 150[kVA]인 전력용 콘덴서에 제5고조파를 억제시키기 위해 필요한 직렬 리액터의 기본파에 대한 용량은 몇 [kVA] 정도가 필요한가?

① 1.5 ② 3
③ 4.5 ④ 6

해설

직렬 리액터의 용량은 기본파용량의 4[%]가 필요하므로 직렬 리액터 용량 $Q_L = 150 \times 0.04 = 6$[kVA]

★★ 기사 15년 2회

54 전선로에서 고조파의 제거방법이 아닌 것은?

① 변압기를 △결선한다.
② 유도전압조정장치를 설치한다.
③ 무효전력보상장치를 설치한다.
④ 능동형 필터를 설치한다.

정답 49. ② 50. ① 51. ③ 52. ② 53. ④ 54. ②

해설 고조파의 제거방법(감소대책)

㉠ 유도전압조정기는 배전선로의 변동이 클 경우 전압을 조정하는 기기이다.
㉡ 변압기의 △결선 : 제3고조파를 제거한다.
㉢ 능동형 필터, 수동형 필터를 사용한다.
㉣ 무효전력조정장치 : 사이리스터를 이용하여 병렬 콘덴서와 리액터를 신속하게 제어하여 고조파를 제거한다.

★★★★★ 산업 91년 5회, 97년 4회, 01년 2회, 06년 3회, 12년 3회

55 전력용 콘덴서 회로에 방전 코일을 설치하는 주목적은?

① 합성역률의 개선
② 전원개방 시 잔류전하를 방전시켜 인체의 위험방지
③ 콘덴서의 등가용량 증대
④ 전압의 개선

해설

방전 코일은 콘덴서를 전원으로부터 개방시킬 때 콘덴서 내부에 남아 있는 잔류전하를 방전시켜 인체의 감전사고를 방지한다.

★★★ 기사 97년 2회, 99년 6회 / 산업 98년 7회, 03년 2회, 15년 2회

56 3상 1선과 대지간의 단위길이당 충전전류가 0.25[A/km]일 때 길이가 18[km]인 선로의 충전전류는 몇 [A]인가?

① 1.5 ② 4.5
③ 13.5 ④ 40.5

해설

충전전류 $I_c = \omega CEl \times 10^{-6}$[A]
충전전류는 거리(l)에 비례한다.
$I_c = 0.25 \times 18 = 4.5$[A]

★★★★★ 기사 98년 7회, 15년 1·2회, 17년 3회, 18년 2회(유사) / 산업 11년 2회, 15년 1회

57 정전용량 0.01[μF/km], 길이 173.2[km], 선간전압 60000[V], 주파수 60[Hz]인 송전선로의 충전전류[A]는 얼마인가?

① 6.3 ② 12.5
③ 22.6 ④ 37.2

해설

송전선로의 충전전류

$$I_c = 2\pi f C \frac{V_n}{\sqrt{3}} l \times 10^{-6}[\text{A}]$$
$$= 2\pi f(C_s + 3C_m)\frac{V_n}{\sqrt{3}} l \times 10^{-6}$$
$$= 2\pi \times 60 \times 0.01 \times \frac{60000}{\sqrt{3}} \times 173.2 \times 10^{-6}$$
$$= 22.6[\text{A}]$$

★★ 산업 91년 7회, 97년 2회

58 22000[V], 60[Hz], 1회선의 3상 지중송전에 대한 무부하송전용량은 약 몇 [kVar] 정도 되겠는가? (단, 송전선의 길이는 20[km], 1선 1[km]당 정전용량은 0.5[μF]이다)

① 1750 ② 1825
③ 1900 ④ 1925

해설

무부하송전용량(충전용량)

$$Q_c = 2\pi f C V_n^2 l \times 10^{-9}[\text{kVA}]$$
$$= 2\pi \times 60 \times 0.5 \times 22000^2 \times 20 \times 10^{-9}$$
$$= 1824.68[\text{kVA}]$$

★★★★★ 기사 93년 6회, 99년 3회

59 수전단전압이 송전단전압보다 높아지는 현상을 무슨 효과라 하는가?

① 페란티 효과 ② 표피효과
③ 근접효과 ④ 도플러 효과

해설

① 페란티 현상 : 선로에 충전전류가 흐르면 수전단전압이 송전단전압보다 높아지는 현상
② 표피효과 : 교류전류의 경우에는 도체 중심보다 도체 표면에 전류가 많이 흐르는 현상
③ 근접효과 : 같은 방향의 전류는 바깥쪽으로, 다른 방향의 전류는 안쪽으로 모이는 현상
④ 도플러 효과 : 관찰자와 에너지원이 서로 상대적인 움직임이 있을 때 관찰자가 느끼는 파동의 진동수 또는 파장의 변화

정답 55. ② 56. ② 57. ③ 58. ② 59. ①

★★★★ 기사 11년 1·3회 / 산업 99년 7회, 00년 4회, 06년 1회, 13년 3회, 14년 1회

60 페란티 현상이 발생하는 원인은?

① 선로의 과도한 저항 때문이다.
② 선로의 정전용량 때문이다.
③ 선로의 인덕턴스 때문이다.
④ 선로의 급격한 전압강하 때문이다.

해설

페란티 현상이란 선로에 충전전류가 흐르면 수전단전압이 송전단전압보다 높아지는 현상으로, 그 원인은 선로의 정전용량 때문이다.

★★★★★ 기사 97년 5회, 05년 3회 / 산업 99년 5회, 02년 4회, 03년 4회, 15년 2회

61 다음 중 초고압 장거리 송전선로에 접속되는 1차 변전소에 분로 리액터를 설치하는 목적은?

① 송전용량의 증가
② 전력손실의 경감
③ 과도안정도의 증진
④ 페란티 효과의 방지

해설

무부하 및 경부하 시 발생하는 페란티 현상은 1차 변전소의 3권선 변압기 3차측 권선에 분로 리액터(Sh·R)를 설치하여 방지한다.

★★ 기사 16년 3회 / 산업 94년 3회

62 단락비가 큰 동기발전기에 대한 설명으로 옳지 않은 것은?

① 기계의 치수가 커진다.
② 풍손, 마찰손, 철손이 많아진다.
③ 전압변동률이 커진다.
④ 안정도가 높아진다.

해설

단락비가 큰 동기발전기는 동기 임피던스 및 전기자반작용이 작아서 전압변동률이 작다.

단락비 $K_s = \dfrac{10V_n^2}{PZ_s}$

★ 기사 91년 6회

63 자기여자방지를 위하여 충전용의 발전기 용량이 구비할 조건은?

① 발전기용량 < 선로의 충전용량
② 발전기용량 < 3×선로의 충전용량
③ 발전기용량 > 선로의 충전용량
④ 발전기용량 > 3×선로의 충전용량

해설 **자기여자현상의 방지법**

㉠ 수전단부근에 병렬로 리액터를 설치한다.
㉡ 수전단부근에 변압기를 설치하여 자화전류를 흘린다.
㉢ 수전단에 부족여자로 운전하는 동기조상기를 설치하여 지상전류를 흘린다.
㉣ 발전기를 2대 이상 병렬로 설치한다.
㉤ 단락비가 큰 기계를 사용한다.

정답 60. ② 61. ④ 62. ③ 63. ④

CHAPTER

05

고장계산 및 안정도

기사 7.73% 출제

산업 6.70% 출제

이렇게 공부하세요!!

출제경향분석

기사 출제비율 % / 산업 출제비율 %

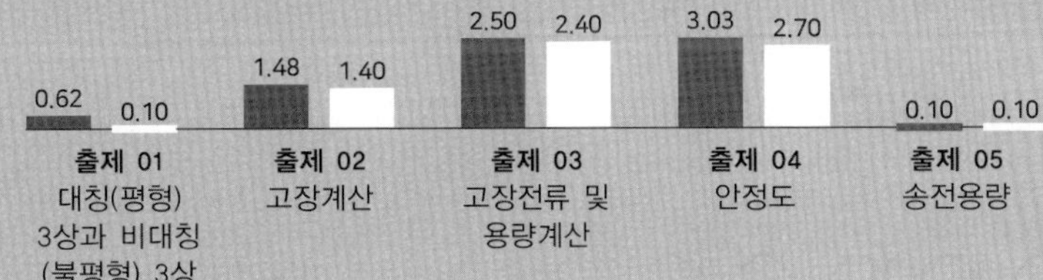

출제포인트

- ☑ 3상 평형과 불평형에 대한 정의와 불평형 시 나타나는 고조파에 대해 이해할 수 있다.
- ☑ 전선로 운영 중 발생하는 사고에 따른 고려사항에 대해 이해할 수 있다.
- ☑ 고장전류 및 고장용량 계산 시 보다 효과적인 방법의 선정을 알고 계산문제를 풀 수 있다.
- ☑ 안정도의 종류와 안정도 증진대책에 대한 방법을 이해할 수 있다.

고장계산 및 안정도

기사 7.73% 출제 | 산업 6.70% 출제

기사 0.62% 출제 | 산업 0.10% 출제

출제 01 대칭(평형) 3상과 비대칭(불평형) 3상

대칭좌표법은 고장계산의 도구라는 것을 인지하고 내용의 해석보다는 기출문제에서 어떻게 적용되는지에 반복적으로 확인하고 풀이를 하는 것이 필요하다.

1 대칭(평형) 3상

(1) 대칭 3상의 정의

① 처음 발전기에서 생산된 전기 에너지로 각 상의 크기는 같고 각각 120°의 위상차가 발생되는 3상 교류로 계통에 사고 및 장해가 없는 상태를 말한다.

② a상 기준으로 b상은 a상보다 120° 뒤지고, c상은 a상보다 240° 뒤지는 파형을 말한다.

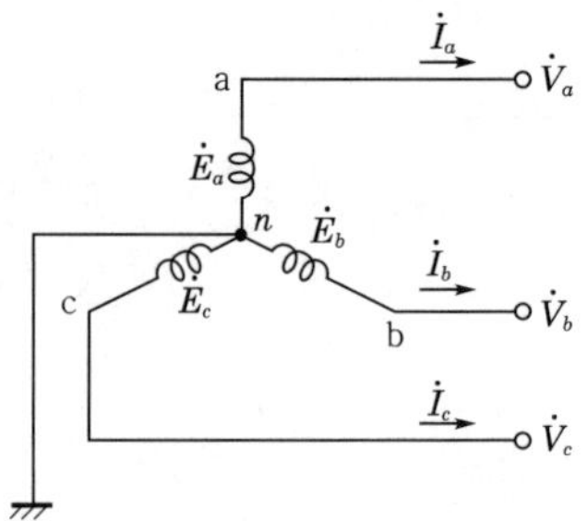

(2) 대칭 3상 전압

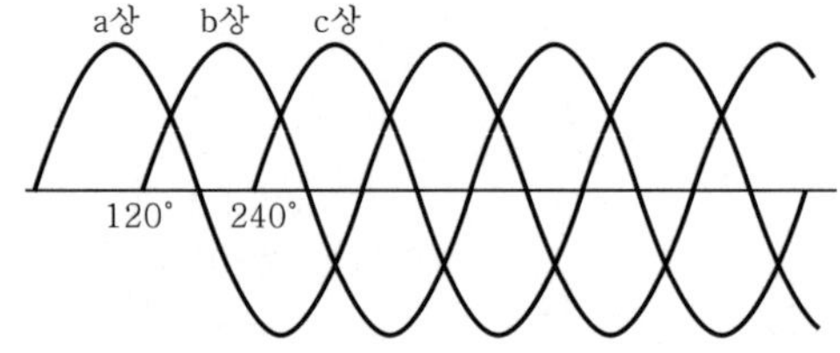

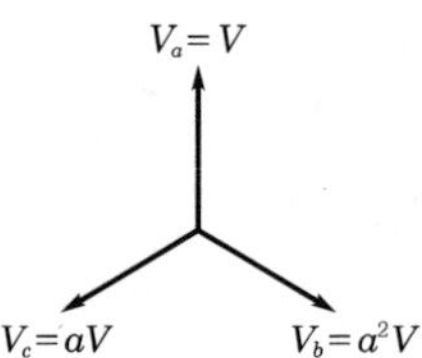

① a상 전압 : $V_a = V_m \sin\omega t = V\angle 0° = V$

② b상 전압 : $V_b = V_m \sin(\omega t - 120°) = V\angle -120° = V\angle 240° = a^2 V$

③ c상 전압 : $V_c = V_m \sin(\omega t - 240°) = V\angle -240° = V\angle 120° = aV$

④ 중성점전위 : $V_n = V_a + V_b + V_c = V(1 + a^2 + a) = 0$

2 비대칭(불평형) 3상

(1) 비대칭(불평형) 3상의 정의 및 특성

① 불평형, 계통의 지락 및 단락사고, 선로의 유도장해, 서지의 침입, 고조파 발생 등에 의해 각 상의 크기와 위상이 함께 달라진 3상 교류의 형태를 말한다.

② 대칭 3상의 경우에는 전압 및 전류에 정상분 밖에 나타나지 않지만, 불평형이 발생되면 정상분 외에 각 상에 영상분 및 역상분이 추가로 나타난다. 이때, 정상분, 영상분, 역상분을 대칭성분(평형성분)이라 한다.

③ **각 상에 흐르는 전류를 영상분, 정상분, 역상분이 분해 · 해석을 할 수 있는데 이를 대칭좌표법**이라 한다.

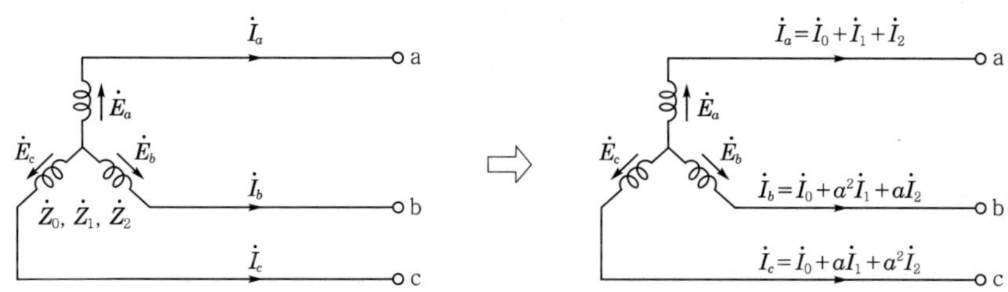

▍고장 시 전류▍

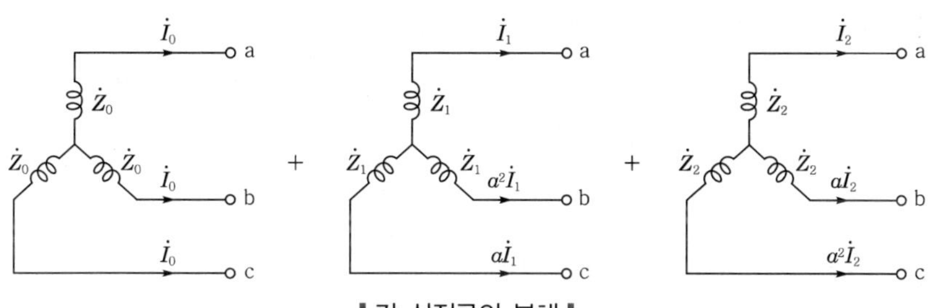

▍각 상전류의 분해▍

(2) 불평형 3상 전류

① a상에 흐르는 전류 : $I_a = \dot{I}_0 + \dot{I}_1 + \dot{I}_2$

② b상에 흐르는 전류 : $I_b = \dot{I}_0 + a^2\dot{I}_1 + a\dot{I}_2$

③ c상에 흐르는 전류 : $I_c = \dot{I}_0 + a\dot{I}_1 + a^2\dot{I}_2$

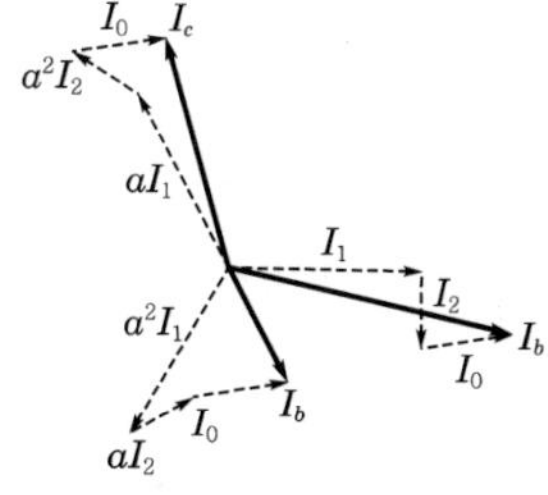

▍비대칭 3상의 대칭성분▍

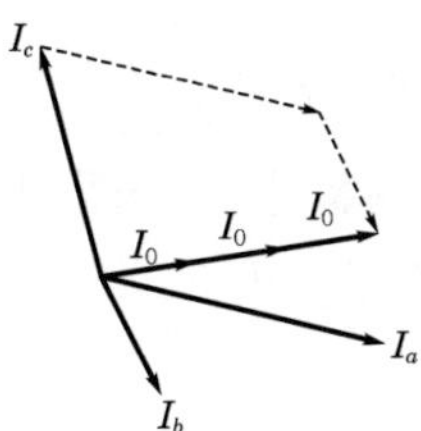

▍영상분 벡터▍

(3) 불평형전류의 대칭분해

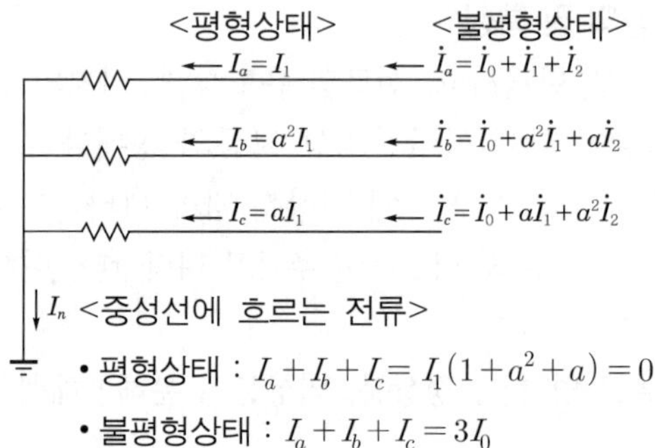

- 평형상태 : $I_a + I_b + I_c = I_1(1 + a^2 + a) = 0$
- 불평형상태 : $I_a + I_b + I_c = 3I_0$

① 영상전류(zero phase sequence component)

㉠ $I_a + I_b + I_c = 3I_0 + I_1(1 + a^2 + a) + I_2(1 + a + a^2)$

$= 3I_0$

㉡ **영상전류** : $I_0 = \dfrac{1}{3}(I_a + I_b + I_c)$

→ **계전기의 동작전류, 통신선에 대한 전자유도장해가 발생**한다.

㉢ 고조파성분 : 제 3고조파, 9고조파, 15고조파 ……

② 정상전류(positive phase sequence component)

㉠ $I_a + aI_b + a^2I_c = I_0(1 + a + a^2) + I_1(1 + a^3 + a^3) + I_2(1 + a^2 + a^4)$

$= I_0(1 + a + a^2) + I_1(1 + 1 + 1) + I_2(1 + a^2 + a)$

$= 3I_1$

㉡ **정상전류** : $I_1 = \dfrac{1}{3}(I_a + aI_b + a^2I_c)$

→ **전동기운전 시 회전력이 발생**한다.

㉢ 고조파성분 : 기본파, 제 7고조파, 13고조파, 19고조파 ……

③ 역상전류(negative phase sequence component)

㉠ $I_a + a^2I_b + aI_c = I_0(1 + a^2 + a) + I_1(1 + a^4 + a^2) + I_2(1 + a^3 + a^3)$

$= I_0(1 + a + a^2) + I_1(1 + a + a^2) + I_2(1 + 1 + 1)$

$= 3I_2$

㉡ **역상전류** : $I_2 = \dfrac{1}{3}(I_a + a^2I_b + aI_c)$

→ **전동기운전 시 제동력이 발생**한다.

㉢ 고조파성분 : 제 5고조파, 11고조파, 17고조파 ……

단원 확인기출문제

★★★ 산업 92년 5회, 99년 5회

01 송전선로에서 다음 중 옳은 것은?

① 정상 임피던스는 역상 임피던스의 반이다.
② 정상 임피던스는 역상 임피던스의 2배이다.
③ 정상 임피던스는 역상 임피던스의 3배이다.
④ 정상 임피던스는 역상 임피던스와 같다.

해설 송전선로의 임피던스 비교

$Z_1 = Z_2 < Z_0$

여기서, Z_0 : 영상 임피던스, Z_1 : 정상 임피던스, Z_2 : 역상 임피던스

답 ④

기사 1.48% 출제 | 산업 1.40% 출제

출제 02 고장계산

고장계산 시 고려되는 성분을 파악하는 것이 필요하고 영상·정상·역상을 수식적으로 표현하는 기호를 숙지해야 문제를 수월하게 풀이할 수 있다.

1 대칭 3상 교류발전기의 기본식

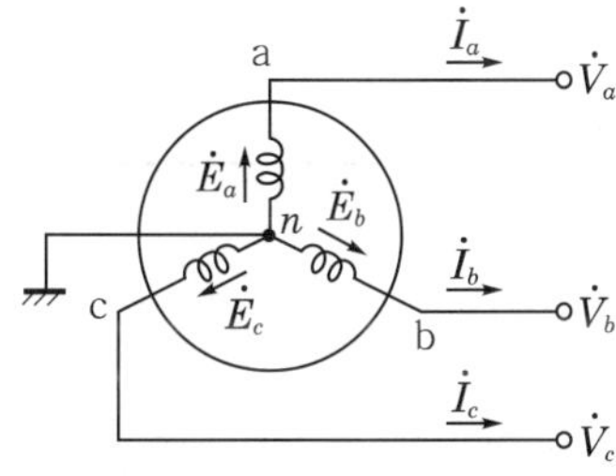

① 영상전압 : $\dot{V}_0 = -\dot{I}_0\dot{Z}_0$
② 정상전압 : $\dot{V}_1 = \dot{E}_a - \dot{I}_1\dot{Z}_1$
③ 역상전압 : $\dot{V}_2 = -\dot{I}_2\dot{Z}_2$

2 1선 지락사고

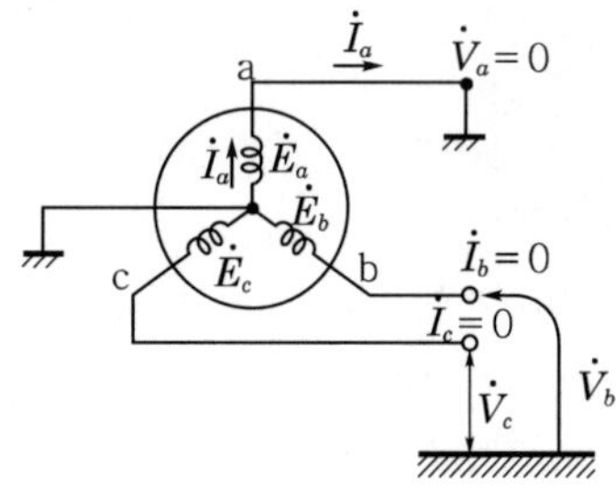

그림과 같이 a상에 지락사고가 발생하면 b와 c상이 개방된다.

$V_a=0$, $I_b=0$, $I_c=0$

<table>
<tr>
<td>

$V_a=0 \rightarrow V_0+V_1+V_2=0$
$(-Z_aI_a)+(E_a-I_1Z_1)+(-I_2Z_2)=0$
$E_a=I_0(Z_0+Z_1+Z_2)$
$\therefore\ I_0=I_1=I_2=\dfrac{E_a}{Z_0+Z_1+Z_2}$
$I_0=\dfrac{1}{3}(I_a+I_b+I_c)=\dfrac{1}{3}I_a$
$I_a=3I_0$
$\therefore\ I_g=3I_0=\dfrac{3E_a}{Z_0+Z_1+Z_2}$

</td>
<td>

$I_b=I_c=0 \rightarrow I_b-I_c=0$
$(I_0+a^2I_1+aI_2)-(I_0+aI_1+a^2I_2)=0$
$(a^2-a)I_1-(a^2-a)I_2=0$
$\therefore\ I_1=I_2$
$I_b=0 \rightarrow I_0+a^2I_1+aI_2=0$
$I_0+a^2I_1+aI_1=0$
$I_0+(a^2+a)I_1=0$
$I_0-I_1=0$
$\therefore\ I_0=I_1=I_2$

</td>
</tr>
<tr>
<td colspan="2">

$I_0=I_1=I_2$, $I_g=3I_0=\dfrac{3E_a}{Z_0+Z_1+Z_2}$

</td>
</tr>
</table>

3 선간단락사고

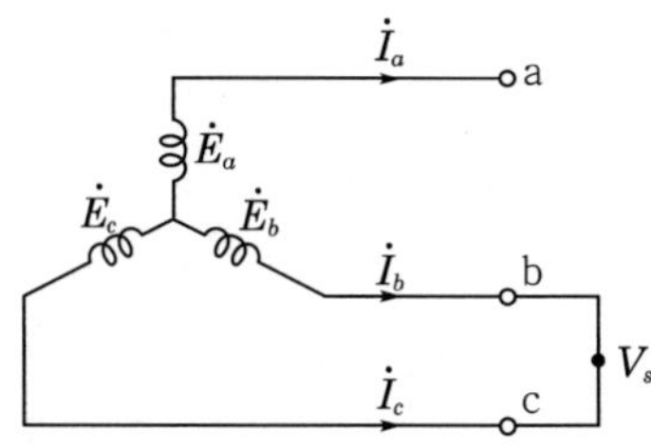

b와 c상에 단락사고가 발생하면 $V_0=0$, $V_1=V_2$ 이므로

① $\dot{I}_0 = 0$

$$\dot{I}_1 = -\dot{I}_2 = \frac{E_a}{Z_1 + Z_2}$$

② $\dot{I}_b = -\dot{I}_c = \dfrac{a^2 - a}{Z_1 + Z_2} E_a$

4 3상 단락사고

3상 단락사고가 발생하면 $V_a = V_b = V_c = 0$ 이므로

$V_0 = V_1 = V_2 = 0$

$I_0 = I_2 = 0$

$I_1 = \dfrac{E_a}{Z_1}$

단원 확인 기출문제

★★★ 기사 92년 2회, 18년 3회

02 3상 송전선로에서 선간단락이 발생하였을 때 다음 중 옳은 것은?

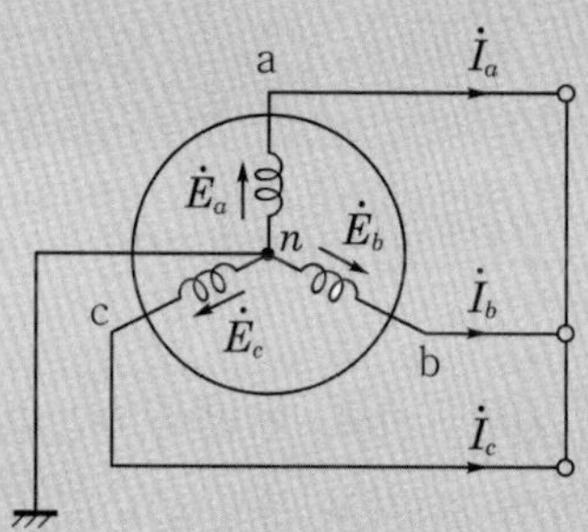

① 정상전류와 역상전류가 흐른다.
② 정상전류, 역상전류 및 영상전류가 흐른다.
③ 역상전류의 영상전류가 흐른다.
④ 정상전류와 영상전류가 흐른다.

해설 선간단락고장 시 $I_0 = 0$, $I_1 = -I_2$, $V_1 = V_2$이므로 영상전류는 흐르지 않는다.
여기서, I_0 : 영상전류, I_1 : 정상전류, I_2 : 역상전류
V_1 : 정상전압, V_2 : 역상전압

답 ①

기사 2.50% 출제 | 산업 2.40% 출제

출제 03 고장전류 및 용량계산

기기 및 선로 운용 시 고장상태를 구분하고 고장전류를 계산하여 차단기용량을 합리적으로 선정할 수 있어야 한다. 이는 필기 및 실기 시험에 반드시 출제되고 실무에도 적용되는 기본내용이므로 어려움이 있어도 반드시 익혀야 한다.

1 고장전류계산의 목적

① 차단기 차단용량 결정 및 보호계전기를 설정하기 위해서이다.
② 전력기기의 기계적 강도 및 정격을 결정하기 위해서이다.
③ 근접통신선에 유도장해 및 계통구성에 적용하기 위해서이다.

2 3상 단락전류의 계산

(1) 옴 법

전력계통의 선로 및 기기의 전압, 전류, 전력, 임피던스 등의 단위로 나타내어 실제크기로 계산하는 방법이다.

$$\text{단락전류 } I_s = \frac{E}{Z} = \frac{\frac{V_n}{\sqrt{3}}}{Z}\,[\text{A}]$$

여기서, E : 대지전압, V_n : 선간전압

(2) 퍼센트 임피던스법($\%Z$)

전력계통의 선로 및 기기의 전압, 전류, 전력에 백분율(%)을 적용하여 계산하는 방법이다.

① **%임피던스의 정의** : 임피던스 $Z[\Omega]$이 접속되고 E[V]의 정격전압이 인가되어 있는 회로에 정격전류 I_n[A]가 흐르면 I_nZ[V]의 전압강하가 생기게 된다.
이 전압강하분 I_nZ[V]가 회로의 정격전압 E[V]에 대한 비율을 나타낸다.

$$\%Z = \frac{I_n[\text{A}]\cdot Z[\Omega]}{E[\text{V}]}\times 100\,[\%]$$

② **%임피던스를 사용하는 이유** : 옴법은 사용하는 전압에 따라 그 값이 각각 달라지기 때문에 하나의 계통에서 서로 다른 전압이 되어 서로 다른 여러 개의 부분으로 이루어질 경우에는 반드시 사전에 계통전압의 기준값을 정하고 각 부분의 임피던스를 이 기준인 전압의 크기에 맞추어서 환산해 준 다음에 집계하여야 한다. 반면 %임피던스는 비율이므로 각 부분의 값을 그대로 집계해 갈 수 있다는 특징이 있다.

③ %임피던스 계산(%리액턴스로 기호만 변형시켜 같이 적용됨)

㉠ 단상의 경우 : $\%Z = \dfrac{I_n Z}{E} \times 100 = \dfrac{P_n[\text{kVA}] \cdot Z}{10 \cdot E^2[\text{kV}]}[\%]$

여기서, E : 대지전압[kV], $P_n = E I_n$[kVA]

㉡ 3상의 경우 : $\%Z = \dfrac{I_n Z}{V_n} \times 100 = \dfrac{P_n[\text{kVA}] \cdot Z}{10 \cdot V_n^2}[\%]$

여기서, V_n : 선간전압[kV], $P_n = \sqrt{3}\, V_n I_n$[kVA]

단원 확인 기출문제

★★★★ 기사 96년 7회, 03년 4회 / 산업 05년 1회, 14년 1회, 17년 3회

03 66[kV] 1회선 송전선로에서 1선의 리액턴스가 22[Ω], 전류가 300[A]일 때 %리액턴스는?

① $10\sqrt{2}$ ② $10\sqrt{3}$

③ $\dfrac{10}{\sqrt{2}}$ ④ $\dfrac{20}{\sqrt{3}}$

해설 퍼센트 리액턴스 $\%Z = \dfrac{I_n Z}{E} \times 100 = \dfrac{300 \times 22}{\dfrac{66000}{\sqrt{3}}} \times 100 = 10\sqrt{3}\,[\%]$

답 ②

★★★ 산업 92년 6회

04 %임피던스와 [Ω]임피던스와의 관계식은? (단, E : 정격전압[kV], kVA : 3상 용량)

① $\%Z = \dfrac{Z[\Omega] \times [\text{kVA}]}{10E^2}$ ② $\%Z = \dfrac{Z[\Omega] \times [\text{kVA}]}{100E^2}$

③ $\%Z = \dfrac{Z[\Omega] \times [\text{kVA}] \times 10}{E^2}$ ④ $\%Z = \dfrac{Z[\Omega] \times [\text{kVA}]}{10E^2} \times 100$

해설 퍼센트 임피던스 $\%Z = \dfrac{I_n Z}{E} \times 100 = \dfrac{PZ}{10E^2}[\%]$

답 ①

3 단락전류(I_s)

(1) 단상의 경우

$$I_s = \frac{E}{Z} = \frac{E}{\dfrac{\%ZE}{100 I_n}} = \frac{100}{\%Z} \times I_n\,[\text{A}]$$

여기서, E : 대지전압

(2) 3상의 경우

$$I_s = \frac{100}{\%Z} \times I_n = \frac{100}{\%Z} \times \frac{P_n}{\sqrt{3}\, V_n} [A]$$

여기서, V_n : 선간전압

4 단락용량

단락용량은 차단기 차단용량을 결정할 때 사용한다.

(1) 단상의 경우

$$P_s = EI_s = E \times \frac{100}{\%Z} \times I_n = \frac{100}{\%Z} \times P_n [kVA]$$

여기서, E : 대지전압

(2) 3상의 경우

$$P_s = \sqrt{3}\, V_n I_s = \sqrt{3}\, V_n \times \frac{100}{\%Z} \times I_n = \frac{100}{\%Z} \times P_n [kVA]$$

여기서, V_n : 선간전압

단원 확인 기출문제

★★★ 산업 97년 5회

05 그림과 같은 3상 3선식 전선로의 단락점에서 3상 단락전류를 제한하려고 %리액턴스 5[%]의 한류 리액터를 시설하였다. 단락전류는 약 몇 [A] 정도 되는가? (단, 66[kV]에 대한 %리액턴스는 5[%] 저항분은 무시한다)

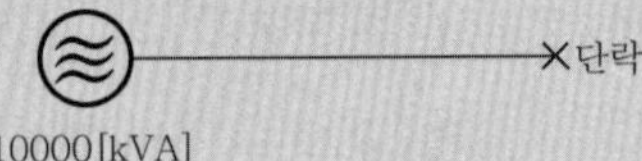

① 880
② 1000
③ 1130
④ 1250

해설 단락전류 $I_s = \frac{100}{\%Z} \times I_n [A]$

단락전류는 한류 리액터를 %리액턴스와 직렬로 설치되어 단락전류의 크기를 제한하는 역할을 한다.

단락전류 $I_s = \frac{100}{5+5} \times \frac{10000}{\sqrt{3} \times 66} = 874.8 [A]$

답 ①

★★ 산업 93년 3회

06 22.9/3.3[kV]인 자가용 수용가의 주변압기로 단상 500[kVA] 3대를 Δ-Δ결선하여 사용할 때 고압측에 설치하는 차단기의 차단용량은 몇 [MVA]인가? (단, 변압기의 임피던스는 3[%]이다)

① 30 ② 50
③ 80 ④ 100

해설 1상 변압기×3=3상 변압기

$P_n = 500 \times 3 = 1500[\text{kVA}]$

차단기의 차단용량 $P_s = \frac{100}{\%Z} \times P_n = \frac{100}{3} \times 1500 \times 10^{-3} = 50[\text{MVA}]$

 ②

기사 3.03% 출제 | 산업 2.70% 출제

출제 04 안정도

안정도는 전력공학을 공부하는 목적에 해당되는 부분으로, 정의를 구분하고 그에 따른 안정도 증진대책을 숙지해야 한다. 그리고 매시험 출제되는 부분이므로 반드시 정리를 해야 한다.

1 정태안정도

정태 안정도란 **부하가 서서히 증가한 경우** 계속해서 송전할 수 있는 능력으로, 이때의 전력을 정태안정 극한전력이라 한다.

2 과도안정도

계통에 **갑자기 부하가 증가하여 급격한 교란상태가 발생**하더라도 정전을 일으키지 않고 송전을 계속하기 위한 전력의 최대값을 과도안정도(transient stability)라 한다.

3 안정도의 계산

E_S와 E_R의 상차각 δ에 대해서 송전전력 $P = \frac{V_S V_R}{X} \sin\delta[\text{MW}]$이다.

단원 확인기출문제

★★★★ 산업 93년 5회, 01년 1회, 06년 2회, 07년 3회, 14년 2회

07 송전전압 161[kV], 수전단전압이 154[kV], 상차각 60°, 리액턴스가 45[Ω]일 때 선로손실을 무시하면 전송전력[MW]은 얼마인가?

① 397　　② 477

③ 563　　④ 621

해설 전송전력 $P=\dfrac{V_S V_R}{X}\sin\delta=\dfrac{161\times154}{45}\sin60°=477.16[\text{MW}]$

 ②

4 안정도의 증진대책

안정도를 증진시키는 방법은 다음과 같다.

① 직렬 리액턴스를 작게 한다.
- ㉠ 발전기나 변압기 리액턴스를 작게 한다.
- ㉡ 선로에 복도체를 사용하거나 **병행회선수를 늘린다.**
- ㉢ **선로에 직렬 콘덴서를 설치**한다.

② 전압변동을 작게 한다.
- ㉠ 단락비를 크게 한다.
- ㉡ **속응여자방식을 채용**한다.

③ 계통을 연계시킨다.

④ **중간조상방식을 채용**한다.

⑤ **고장구간을 신속히 차단시키고 재폐로방식을 채택**한다.

⑥ 소호 리액터 접지방식을 채용한다.

⑦ 고장 시 발전기 입·출력의 불평형을 작게 한다.

단원 확인기출문제

★★★ 기사 12년 3회 / 산업 97년 6회, 06년 4회

08 송전선로의 안정도를 증진시키는 방법이 아닌 것은?

① 선로의 회선수 감소　　② 재폐로방식의 채용

③ 속응여자방식의 채용　　④ 리액턴스 감소

해설 송전선로의 안정도를 증진시키려면 선로의 회선수를 증가시켜야 한다.

답 ①

★★★★★ 기사 15년 3회 / 산업 96년 4회, 00년 6회, 02년 1회, 19년 2회

09 송전계통의 안정도를 증진시키는 방법은?

① 발전기와 변압기 간의 직렬 리액턴스를 가능한 크게 한다.
② 계통을 연계하지 않도록 한다.
③ 조속기의 동작을 느리게 한다.
④ 중간조상방식을 채용한다.

해설 송전계통에서 무효전력을 조정하기 위해 동기조상기를 이용한 중간조상방식을 채용하게 되면 계통의 전압변동의 제어 시 전력용 콘덴서 및 분로 리액터를 이용한 제어방식에 비해 과도현상이 줄어들어 안정도가 향상된다.

답 ④

기사 0.10% 출제 | 산업 0.10% 출제

출제 05 송전용량

송전용량을 개략적으로 계산하는 방법 중에 송전용량계수에 의한 방법이 거의 출제되고 있고 이는 동기발전기 출력식이나 송전전력(전송전력)의 식과 거의 같게 표현된다.

1 상차각에 의한 방법

송전단전압과 수전단전압 사이에는 약간의 상차각이 있다. 이 상차각을 측정하여 송전전력을 구하는 방법이다.

2 고유송전용량에 의한 방법

독일의 Rudenberg에 의한 식으로, 다음과 같다.

$$P_m = \frac{{V_R}^2}{Z_o} = \frac{{V_R}^2}{\sqrt{\frac{L}{C}}} = 2.5\,{V_R}^2\,[\text{kW}]$$

여기서, P_m : 고유송전용량(고유부하)[kW]

Z_o : 선로의 특성 임피던스[Ω](400[Ω])

V_R : 수전단 선간전압[kV]

3 송전용량계수에 의한 방법

수전단전력을 P_R[kW], 수전단 선간전압을 V_R[kV], 송전거리를 l[km]이라 하면 다음과 같은 관계가 있다.

$$P_R = K\frac{{V_R}^2}{l}\,[\mathrm{kW}]$$

단원 확인기출문제

★★★★ 기사 97년 2회, 04년 2회

10 345[kV] 2회선 선로의 길이가 220[km]이다. 송전용량 계수법에 의하면 송전용량은 약 몇 [MW]인가? (단, 345[kV]의 송전용량계수는 1200이다)

① 525 ② 650

③ 1050 ④ 1300

해설 송전용량계수법 $P = K\frac{V_R^2}{l}$[kW]

송전용량 $P = 1200 \times \frac{345^2}{220} = 649227$[kW] ≒ 649.2[MW]

2회선이므로 송전용량 $P_o = 649.2 \times 2 = 12984 = 1300$[MW]

답 ④

단원 자주 출제되는 기출문제

★★ 기사 04년 1회

01 3본의 송전선에 동상의 전류가 흘렀을 경우 이 전류를 무슨 전류라 하는가?

① 영상전류 ② 평형전류
③ 단락전류 ④ 대칭전류

해설
영상전류는 같은 크기와 동일한 위상각의 차를 가진 불평형전류로, 통신선에 대한 전자유도장해를 발생시킨다.
영상전류 $I_0 = \frac{1}{3}(I_a + I_b + I_c)$

★★★★ 기사 91년 7회, 03년 3회, 18년 1회 / 산업 13년 3회

02 A, B 및 C상 전류를 각각 $\dot{I}_a$, $\dot{I}_b$ 및 $\dot{I}_c$라 할 때 $I_x = \frac{1}{3}(I_a + a^2 I_b + aI_c)$, $a = -\frac{1}{2} + j\frac{\sqrt{3}}{2}$ 으로서 표시되는 I_x는 어떤 전류인가?

① 정상전류
② 역상전류
③ 영상전류
④ 역상전류와 영상전류의 합계

해설 불평형에 의한 고조파전류
㉠ 영상전류 : $I_0 = \frac{1}{3}(I_a + I_b + I_c)$
㉡ 정상전류 : $I_1 = \frac{1}{3}(I_a + aI_b + a^2 I_c)$
㉢ 역상전류 : $I_2 = \frac{1}{3}(I_a + a^2 I_b + aI_c)$

★★★★ 기사 95년 4회, 98년 4회, 17년 1회

03 송전선로의 정상 · 역상 및 영상 임피던스를 각각 Z_1, Z_2 및 Z_0라 할 때 옳은 것은?

① $Z_1 = Z_2 = Z_0$ ② $Z_1 = Z_2 > Z_0$
③ $Z_1 > Z_2 = Z_0$ ④ $Z_1 = Z_2 < Z_0$

해설 송전선로의 임피던스
$Z_1 = Z_2 < Z_0$

★★ 기사 93년 5회, 05년 4회, 06년 1회, 17년 1회

04 그림과 같은 회로의 영상 · 정상 · 역상 임피던스 $\dot{Z}_0$, $\dot{Z}_1$, $\dot{Z}_2$는?

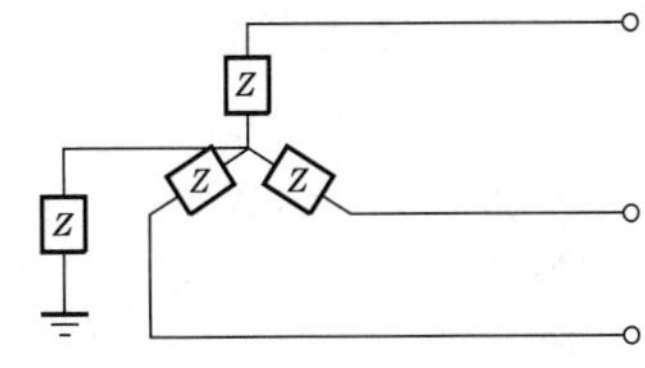

① $\dot{Z}_0 = 3\dot{Z} + \dot{Z}_n$, $\dot{Z}_1 = 3\dot{Z}$, $\dot{Z}_2 = \dot{Z}$
② $\dot{Z}_0 = 3\dot{Z}_n$, $\dot{Z}_1 = \dot{Z}_1$, $\dot{Z}_2 = 3\dot{Z}$
③ $\dot{Z}_0 = \dot{Z} + \dot{Z}_n$, $\dot{Z}_1 = \dot{Z}_2 = \dot{Z} + 3Z_n$
④ $\dot{Z}_0 = \dot{Z} + 3\dot{Z}_n$, $\dot{Z}_1 = \dot{Z}_2 = \dot{Z}$

해설
1선 지락 시 영상전류는 접지선을 통해 대지로 흐르므로 영상 임피던스는 $\dot{Z}_0 = \dot{Z} + 3\dot{Z}_n$ 으로 표현되고 정상 임피던스와 역상 임피던스는 $\dot{Z}_1 = \dot{Z}_2 = \dot{Z}$으로 표현된다.

★★★★ 기사 19년 3회 / 산업 04년 2회, 19년 1회

05 중성점 저항접지방식에서 1선 지락 시 영상전류를 I_0라고 할 때 저항을 통하는 전류는 어떻게 표현되는가?

① $\frac{1}{3}I_0$ ② $\sqrt{3}\,I_0$
③ $3I_0$ ④ $6I_0$

해설
그림과 같이 a상에 지락사고가 발생하고 b와 c상이 개방되었다면

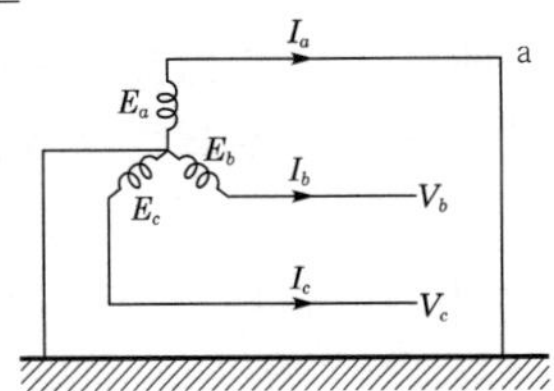

정답 01. ① 02. ② 03. ④ 04. ④ 05. ③

$V_a=0$, $I_b=I_c=0$ 이므로

$I_0+a^2I_1+aI_2=I_0+aI_1+a^2I_2=0$

따라서, $I_0=I_1=I_2$

a상의 지락전류 $I_g=I_a=I_0+I_1+I_2=3I_0$

$$=\frac{3E_a}{Z_0+Z_1+Z_2}$$

★★★★★ 기사 91년 5회, 05년 2회 / 산업 17년 1회

06 선간단락고장을 대칭좌표법으로 해석할 경우 필요한 것 모두를 나열한 것은?

① 정상 임피던스 및 역상 임피던스
② 정상 임피던스 및 영상 임피던스
③ 역상 임피던스 및 영상 임피던스
④ 영상 임피던스

해설 선로고장 시 대칭좌표법으로 해석할 경우 필요 사항

㉠ 1선 지락 : 영상 임피던스, 정상 임피던스, 역상 임피던스
㉡ 선간단락 : 정상 임피던스, 역상 임피던스
㉢ 3선 단락 : 정상 임피던스

★★★★ 기사 90년 2회, 12년 3회

07 3상 동기발전기단자에서의 고장전류계산 시 영상전류 I_0와 정상전류 I_1 및 역상전류 I_2가 같은 경우는?

① 1선 지락 ② 2선 지락
③ 선간단락 ④ 2상 단락

해설

1선 지락고장 시

$I_0=I_1=I_2$, $I_g=3I_0=\dfrac{3E_a}{Z_0+Z_1+Z_2}$

★★★ 기사 93년 5회, 03년 4회, 12년 2회, 17년 3회

08 송·배전 선로의 고장전류의 계산에서 영상 임피던스가 필요한 경우는?

① 3상 단락계산 ② 3선 단선계산
③ 1선 지락계산 ④ 선간단락계산

해설 선로고장 시 대칭좌표법으로 해석할 경우 필요 사항

㉠ 1선 지락 : 영상 임피던스, 정상 임피던스, 역상 임피던스
㉡ 선간단락 : 정상 임피던스, 역상 임피던스
㉢ 3선 단락 : 정상 임피던스

★ 산업 97년 6회

09 3상 단락사고가 발생한 경우 옳지 않은 것은? (단, V_0 : 영상전압, V_1 : 정상전압, V_2 : 역상전압, I_0 : 영상전류, I_1 : 정상전류, I_2 : 역상전류)

① $V_2=V_0=0$
② $V_2=I_2=0$
③ $I_2=I_0=0$
④ $I_1=I_2=0$

해설

3상 단락사고가 일어나면 $V_a=V_b=V_c=0$이므로

$I_0=I_2=V_0=V_1=V_2=0$

$\therefore\ I_1=\dfrac{E_a}{Z_1}\neq 0$

★ 기사 95년 4회

10 송전선로의 고장전류계산에서 변압기의 결선상태(Δ-Δ, Δ-Y, Y-Δ, Y-Y)와 중성점 접지상태(접지 또는 비접지, 접지 시에는 접지 임피던스값)를 알아야 할 경우는?

① 3상 단락 ② 선간단락
③ 1선 접지 ④ 3선 단선

해설

㉠ 3상 단락전류 $I_1=\dfrac{E_a}{Z_1}$

여기서, Z_1 : 정상분 임피던스

㉡ 선간단락전류 $I_1=-I_2=\dfrac{E_a}{Z_1+Z_2}$

여기서, Z_1 : 정상분 임피던스, Z_2 : 역상분 임피던스

㉢ 1선 접지전류 $I_g=\dfrac{3E_a}{Z_0+Z_1+Z_2}$

여기서, Z_0 : 영상분 임피던스
Z_1 : 정상분 임피던스
Z_2 : 역상분 임피던스

정답 06. ① 07. ① 08. ③ 09. ④ 10. ③

집중공략

★★★★★ 기사 96년 4회, 00년 2·4회, 04년 3·4회, 07년 1회, 14년 1회 / 산업 15년 2회

11 그림과 같은 3상 발전기가 있다. a상이 지락한 경우 지락전류는 얼마인가? (단, Z_0, Z_1, Z_2는 영상·정상·역상 임피던스이다)

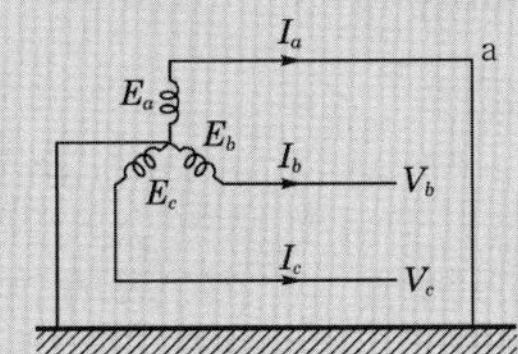

① $\dfrac{E_a}{Z_0+Z_1+Z_2}$ ② $\dfrac{2E_a}{Z_0+Z_1+Z_2}$

③ $\dfrac{3E_a}{Z_0+Z_1+Z_2}$ ④ $\dfrac{2Z_2E_a}{Z_1+Z_2}$

해설

1선 지락사고 시 전류

$I_0=I_1=I_2$, $I_g=3I_0=\dfrac{3E_a}{Z_0+Z_1+Z_2}$[A]

★★ 기사 96년 2회, 98년 5회, 03년 1회, 16년 1회

12 다음 그림과 같은 전력계통의 약 154[kV] 송전선로에서 고장지락저항 Z_{gf}를 통해서 1선 지락고장이 발생되었을 때 고장점에서 본 영상 임피던스[%]는? (단, 그림에서 표시한 임피던스는 모두 동일용량(즉, 100[MVA] 기준으로 환산한 [%]임))

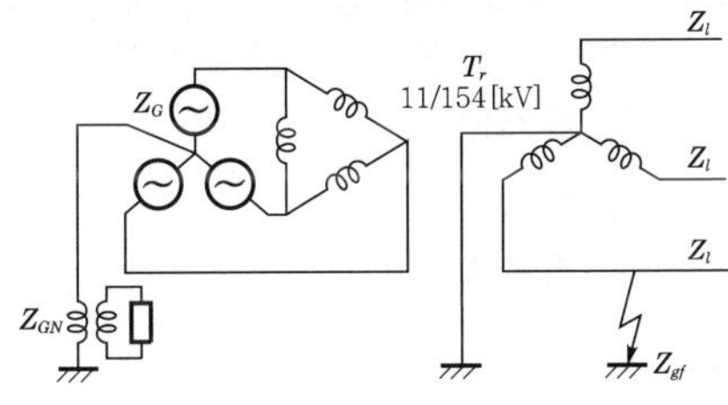

① $Z_0=Z_l+Z_t+Z_{gf}+Z_G+Z_{GN}$

② $Z_0=Z_l+Z_t+Z_G$

③ $Z_0=Z_l+Z_t+Z_{gf}$

④ $Z_0=Z_l+Z_t+3Z_{gf}$

해설

영상전류는 변압기 저압측의 접속이 △결선이므로 영상회로에는 발전기 임피던스(Z_G), 중성점 임피던스(Z_{GN})가 포함되지 않는다.

★★ 산업 93년 4회, 03년 3회, 12년 3회, 18년 1회

13 고장점에서 구한 전 임피던스를 Z, 고장점의 성형전압을 E라 하면 단락전류는?

① $\dfrac{E}{Z}$ ② $\dfrac{E}{\sqrt{3}Z}$

③ $\dfrac{\sqrt{3}E}{Z}$ ④ $\dfrac{3E}{Z}$

해설

단락전류 $I_S=\dfrac{\frac{V}{\sqrt{3}}}{Z}=\dfrac{E}{Z}$[A]

여기서, V : 선간전압, E : 성형전압(대지전압)

★ 기사 95년 2회, 99년 3회

14 그림과 같은 회로의 영상·정상 및 역상 임피던스 $\dot{Z}_0$, $\dot{Z}_1$, $\dot{Z}_2$는?

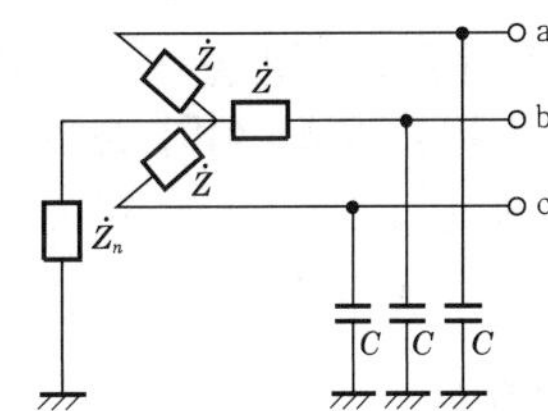

① $\dot{Z}_0=\dfrac{\dot{Z}+3\dot{Z}_n}{1+j\omega C(\dot{Z}+3\dot{Z}_n)}$

$\dot{Z}_1=\dot{Z}_2=\dfrac{\dot{Z}}{1+j\omega C\dot{Z}}$

② $\dot{Z}_0=\dfrac{3\dot{Z}_n}{1+j\omega C(3\dot{Z}+\dot{Z}_n)}$

$\dot{Z}_1=\dot{Z}_2=\dfrac{3\dot{Z}_n}{1+j\omega C\dot{Z}}$

③ $\dot{Z}_0=\dfrac{\dot{Z}+\dot{Z}_n}{1+j\omega C(\dot{Z}+\dot{Z}_n)}$

$\dot{Z}_1=\dot{Z}_2=\dfrac{\dot{Z}}{1+j3\omega C\dot{Z}_n}$

④ $\dot{Z}_0=\dfrac{3\dot{Z}}{1+j\omega C(\dot{Z}+\dot{Z}_n)}$

$\dot{Z}_1=\dot{Z}_2=\dfrac{3\dot{Z}}{1+j3\omega C\dot{Z}}$

정답 11. ③ 12. ④ 13. ① 14. ①

해설

㉠ 정상 및 역상 등가회로

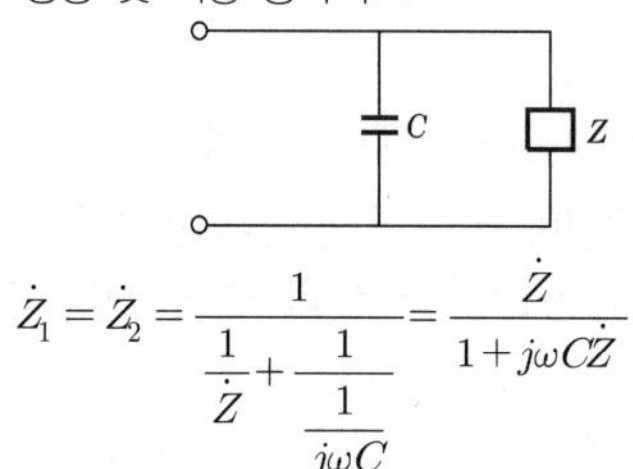

$$\dot{Z}_1 = \dot{Z}_2 = \frac{1}{\frac{1}{\dot{Z}} + \frac{1}{\frac{1}{j\omega C}}} = \frac{\dot{Z}}{1 + j\omega C\dot{Z}}$$

㉡ 영상 등가회로

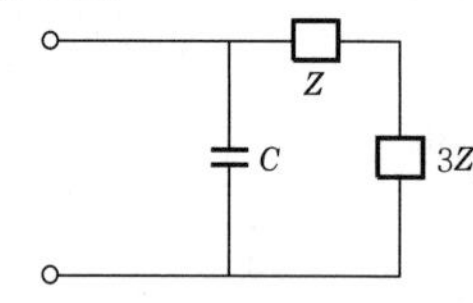

영상 임피던스

$$\dot{Z}_0 = \frac{1}{\frac{1}{\frac{1}{j\omega C}} + \frac{1}{\dot{Z} + 3\dot{Z}_n}} = \frac{\dot{Z} + 3\dot{Z}_n}{1 + j\omega C(\dot{Z} + 3\dot{Z}_n)}$$

★★ 산업 94년 4회, 12년 2회, 15년 3회

15 송전선로의 저항을 R, 리액턴스를 X라 하면 다음 어느 식이 성립하는가?

① $R > X$ ② $R < X$

③ $R = X$ ④ $R \leq X$

해설

송전선로에서 일반적으로 리액턴스가 저항에 비해서 크게 나타난다.

★★ 기사 93년 5회, 00년 6회, 05년 1회

16 단락전류는 다음 중 어느 것을 말하는가?

① 앞선 전류

② 뒤진 전류

③ 충전전류

④ 누설전류

해설

선로에서 인덕턴스가 정전용량보다 크므로 사고 시 발생하는 단락전류는 지상전류가 된다.

★★★★ 기사 96년 4회, 99년 4회 / 산업 95년 6회, 98년 3회

17 단락전류를 제한하기 위한 것은?

① 동기조상기

② 분로 리액터

③ 전력용 콘덴서

④ 한류 리액터

해설

한류 리액터는 선로에 직렬로 설치한 리액터로, 단락사고 시 발전기에 전기자반작용이 일어나기 전 커다란 돌발단락전류가 흐르므로 이를 제한하기 위해 설치하는 리액터이다.

★★★★★ 기사 14년 3회, 15년 3회, 16년 3회, 18년 1회 / 산업 96년 7회, 01년 3회

18 한류 리액터를 사용하는 가장 큰 목적은?

① 충전전류의 제한

② 접지전류의 제한

③ 누설전류의 제한

④ 단락전류의 제한

해설 **한류 리액터**

선로의 단락사고 시 일시적으로 발생하는 단락전류를 제한하여 차단기의 용량을 감소하기 위해 선로에 직렬로 설치한다.

★ 기사 05년 1회

19 PF · S형 큐비클식 고압 수전반설비에서 고압 전로의 단락보호용으로 사용하는 전력 퓨즈는?

① 인입형

② 방출형

③ 한류형

④ 애자형

해설

PF · S형은 개폐기와 전력 퓨즈를 인입구 개폐설비로 사용하는 형식으로, 차단기의 생략이 가능하여 선로사고 시에 흐르는 단락전류를 전력 퓨즈가 제한하여 설비를 보호한다.

정답 15. ② 16. ② 17. ④ 18. ④ 19. ③

★ 기사 16년 1회

20 단락용량 5000[MVA]인 모선 전압이 154[kV]라면 등가 모선 임피던스는 약 몇 [Ω]인가?

① 2.54 ② 4.74
③ 6.34 ④ 8.24

해설

단락용량 $P_s = \sqrt{3}\,V_n I_s$[MVA]

단락전류 $I_s = \dfrac{P_s}{\sqrt{3}\,V_n} = \dfrac{5000\times10^3}{\sqrt{3}\times154} = 18745.14$[A]

등가 모선 임피던스 $Z_s = \dfrac{E}{I_s} = \dfrac{\frac{154000}{\sqrt{3}}}{18745} = 4.74[\Omega]$

★★ 기사 05년 2회, 15년 1회

21 %임피던스에 대한 설명으로 틀린 것은?

① 단위를 가지지 않는다.
② 절대량이 아닌 기준량에 대한 비를 나타낸 것이다.
③ 기기용량의 크기와 관계없이 일정한 범위로 사용한다.
④ 변압기나 동기기의 내부 임피던스만 사용할 수 있다.

해설 %임피던스법

㉠ 전력계통의 선로 및 기기의 전압·전류·전력에 백분율[%]을 적용하여 계산하는 방법이다.
㉡ 임피던스법의 특징
- 값이 단위를 가지지 않으므로 계산 도중 단위의 환산이 필요없다.
- 식이 간단해진다.
- 기기용량의 대소에 관계없이 그 값이 일정한 범위 내에 들어가기 때문에 기억하기 쉽다.

집중공략

★★★★ 산업 91년 2회, 01년 1회, 04년 1회

22 3상 변압기의 Impedance가 Z[Ω]이고 선간전압이 V[kV], 정격용량이 P[kVA]일 때 이 변압기와 퍼센트 임피던스는?

① $\dfrac{10PZ}{V}$ ② $\dfrac{PZ}{10V^2}$

③ $\dfrac{PZ}{100V^2}$ ④ $\dfrac{PZ}{V}$

해설

퍼센트 임피던스 $\%Z = \dfrac{I_n Z}{V}\times100 = \dfrac{P\cdot Z}{10\cdot V^2}$[%]

여기서, V : 대지전압[kV]
P : 정격용량[kVA]

★★ 산업 93년 6회

23 송전선로에서 가장 많이 발생되는 사고는?

① 단선사고 ② 단락사고
③ 지지물 전복사고 ④ 지락사고

해설

송전선로 운용 중 수목이나 조류에 의한 지락사고가 가장 많이 발생한다.

★★★★ 기사 93년 2회, 05년 1회, 13년 2·3회, 18년 3회(유사) / 산업 19년 3회

24 3상 3선식 송전선로에서 정격전압이 66[kV]이고, 1선당 리액턴스가 17[Ω]일 때 이를 100[MVA] 기준으로 환산한 %리액턴스는?

① 35 ② 39
③ 45 ④ 49

해설

퍼센트 리액턴스 $\%X = \dfrac{P_n X}{10\,V_n^{\,2}}$

여기서, V_n : 정격전압[kV]
P_n : 정격용량[kVA]

$\%X = \dfrac{P_n X}{10\,V_n^{\,2}} = \dfrac{100000\times17}{10\times66^2} = 39.02$[%]

★★ 기사 19년 1회

25 선간전압이 154[kV]이고, 1상당의 임피던스가 $j8$[Ω]인 기기가 있을 때 기준용량을 100[MVA]로 하면 %임피던스는 약 몇 [%]인가?

① 2.75 ② 3.15
③ 3.37 ④ 4.25

정답 20. ② 21. ④ 22. ② 23. ④ 24. ② 25. ③

해설

퍼센트 임피던스 $\%Z = \frac{P_n Z}{10 V_n^2}$

여기서, V_n : 정격전압[kV]

P_n : 정격용량[kVA]

임피던스 $Z = 0 + j8[\Omega]$에서 $Z = j8[\Omega]$이므로

$$\%Z = \frac{P_n Z}{10 V_n^2} = \frac{100000 \times 8}{10 \times 154^2} = 3.37[\%]$$

★★★ 기사 93년 1회, 94년 2회 / 산업 16년 3회

26 154/22.9[kV], 40[MVA] 3상 변압기의 %리액턴스가 14[%]라면 고압측으로 환산한 리액턴스는 몇 [Ω]인가?

① 95 ② 83

③ 75 ④ 61

해설

퍼센트 리액턴스 $\%X = \frac{I_n X}{V} \times 100 = \frac{PX}{10 V_n^2}[\%]$

여기서, V_n : 정격전압[kV]

P_n : 정격용량[kVA]

고압측의 선로 리액턴스 $X = \frac{10 V_n^2}{P} \times \%X = \frac{10 \times 154^2}{40000} \times 14 = 83[\Omega]$

★★★ 기사 97년 6회, 03년 1회

27 변압기의 %임피던스가 표준값보다 훨씬 클 때 고려하여야 할 문제점은?

① 온도상승

② 여자돌입전류

③ 기계적 충격

④ 전압변동률

해설

%임피던스의 크기가 전압변동률과 같으므로 %임피던스가 클 경우 전압변동률을 고려해야 한다.

★★ 기사 97년 7회, 15년 3회

28 전압 V_1[kV]에 대한 [%]값이 X_{P_1}이고, 전압 V_2[kV]에 대한 [%]값이 X_{P_2}일 때 이들 사이에는 다음 중 어떤 관계가 있는가?

① $X_{P_1} = \frac{V_1^2}{V_2} X_{P_2}$ ② $X_{P_1} = \frac{V_1}{V_2^2} X_{P_2}$

③ $X_{P_1} = \frac{V_2^2}{V_1^2} X_{P_2}$ ④ $X_{P_1} = \frac{V_2}{V_1^2} X_{P_2}$

해설

퍼센트 리액턴스 $\%X = \frac{PX}{10 V^2}$이므로

전압 V_1에 대한 퍼센트 임피던스 $X_{P_1} = \frac{PX}{10 V_1^2}$

전압 V_2에 대한 퍼센트 임피던스 $X_{P_2} = \frac{PX}{10 V_2^2}$

$\frac{X_{P_1}}{X_{P_2}} = \frac{\frac{PX}{10 V_1^2}}{\frac{PX}{10 V_2^2}} = \frac{V_2^2}{V_1^2}$ 에서

$$X_{P_1} = \frac{V_2^2}{V_1^2} \cdot X_{P_2}$$

★ 산업 90년 6회

29 154[kV] 계통에 접속된 용량 80000[kVA]의 변압기의 %임피던스가 8[%]이다. 이것을 100000[kVA] 기준으로 고치면 임피던스값은 몇 [Ω]이 되겠는가?

① 23.7 ② 29.6

③ 33.3 ④ 36.7

해설

80000[kVA] %임피던스가 8[%]일 때 100000[kVA]의 경우 $\%Z$는 용량에 비례하므로

$$\%Z = 8 \times \frac{100000}{80000} = 10[\%]$$

따라서, $\%Z = \frac{PZ}{10 V^2}$ 에서

임피던스 $Z = \frac{10 V^2}{P} \times \%Z = \frac{10 \times 154^2}{100000} \times 10 = 23.716[\Omega]$

정답 26. ② 27. ④ 28. ③ 29. ①

★★ 산업 94년 7회, 12년 2회

30 어느 발전소의 발전기는 그 정격이 13.2[kV], 93000[kVA], 95[%] Z라고 명판에 쓰여 있다. 이것은 약 몇 [Ω]인가?

① 1.2　　② 1.8
③ 1200　　④ 1780

해설

$\%Z = \dfrac{PZ}{10V^2}$ 에서

선로 임피던스 $Z = \dfrac{10V^2}{P} \times \%Z$

$= \dfrac{10 \times 13.2^2 \times 95}{93000} = 1.77[\Omega]$

★★★★ 기사 91년 2회, 96년 2회, 04년 4회

31 선로의 3상 단락전류는 대개 다음과 같은 식으로 구한다. 여기에서 I_n 은 무엇인가?

$$I_s = \frac{100}{\%Z_T + \%Z_L} \cdot I_n$$

① 그 선로의 평균전류
② 그 선로의 최대 전류
③ 전원변압기의 선로측 정격전류(단락측)
④ 전원변압기의 전원측 정격전류

해설

3상 단락전류 $I_s = \dfrac{100}{\%Z_T + \%Z_L} \cdot I_n[\text{A}]$

여기서, I_s : 3상 단락전류
$\%Z_T$: 변압기의 %임피던스
$\%Z_L$: 선로의 %임피던스

★★ 기사 95년 6회

32 정격용량 3000[kVA], 정격 2차 전압 6[kV], %임피던스 5[%]인 3상 변압기의 2차 단락전류는 약 몇 [A]인가?

① 5770　　② 6770
③ 7770　　④ 8770

해설

2차측 단락전류 $I_s = \dfrac{100}{\%Z} \times I_n = \dfrac{100}{5} \times \dfrac{3000}{\sqrt{3} \times 6}$

$= 5773.6[\text{A}]$

★★★★★ 기사 90년 6회, 95년 7회, 00년 4회, 03년 1회 / 산업 90년 2회, 97년 7회

33 %임피던스 Z를 이용한 3상 단락전류 I_s[A]의 계산식은? (단, I_n[A]은 정격전류임)

① $I_s = \dfrac{100}{\sqrt{3}} \times \%Z \times I_n$

② $I_s = \dfrac{\sqrt{3}}{100 \times \%Z} \times I_n$

③ $I_s = \dfrac{100}{\%Z} \times I_n$

④ $I_s = \dfrac{\sqrt{3}}{100} \times \%Z \times I_n$

해설

3상 단락전류 $I_s = \dfrac{100}{\%Z} \times I_n = \dfrac{100}{\%Z} \times \dfrac{P_n}{\sqrt{3}\,V_n}[\text{A}]$

여기서, V_n : 선간전압

★★★★ 기사 16년 1회 / 산업 97년 4회, 03년 1회

34 그림과 같은 3상 3선식 전선로의 단락점에 있어서 3상 단락전류는 몇 [A]인가? (단, 22[kV]에 대한 %리액턴스는 4[%], 저항분은 무시한다)

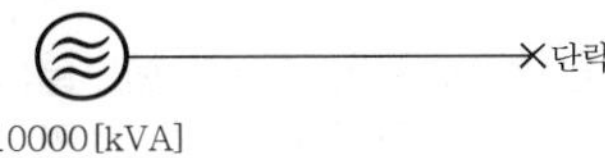

① 5560　　② 6560
③ 7560　　④ 8560

해설

선로 및 기기의 고장계산 시 사용하는 방법은 Ohm법, 퍼센트(%) 법이 있다.

퍼센트(%) 법

단락전류 $I_s = \dfrac{100}{\%X} \times I_n[\text{A}]$

단락용량 $P_s = \dfrac{100}{\%X} \times P_n[\text{kVA}]$

정답 30. ② 31. ③ 32. ① 33. ③ 34. ②

정격전류 $I_n = \dfrac{P}{\sqrt{3}\,V_n}$

$= \dfrac{10000}{\sqrt{3}\times 22} = 262.43[\text{A}]$

$\therefore$ 단락전류 $I_s = \dfrac{100}{\%X}\times I_n$

$= \dfrac{100}{4}\times 262.43 = 6561[\text{A}]$

★★★★ 기사 17년 3회(유사) / 산업 98년 2회, 04년 4회, 19년 1회

35 그림과 같은 3상 송전계통의 송전전압은 22[kV]이다. 지금 1점 P에서 3상 단락했을 때의 발전기에 흐르는 단락전류는 약 몇 [A]인가?

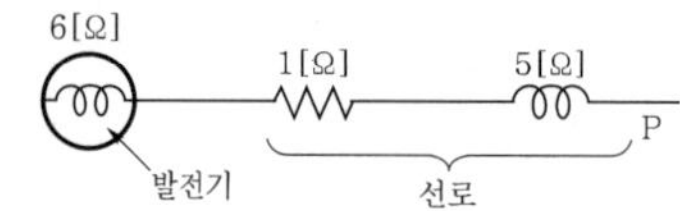

① 725　② 1150
③ 2300　④ 3725

해설

선로 및 기기의 합성 임피던스 $Z = \sqrt{1^2 + (6+5)^2} = 11.05[\Omega]$

단락전류 $I_s = \dfrac{E}{Z}$

$= \dfrac{\frac{22000}{\sqrt{3}}}{11.05} = 1150[\text{A}]$

★★★★ 기사 00년 6회, 02년 4회, 12년 1회 / 산업 92년 2회, 12년 1회, 13년 2회(유사)

36 단락점까지의 전선 한 줄의 임피던스가 $Z = 6 + j8[\Omega]$ 단락 전의 단락점전압이 $E = 22.9[\text{kV}]$인 단상 선로의 단락용량은 몇 [kVA]인가? (단, 부하전류는 무시한다)

① 13110　② 26220
③ 39330　④ 52440

해설

전선로 왕복선의 임피던스 $Z = 2(6+j8)$

$= 2\times\sqrt{6^2+8^2}$

$= 20[\Omega]$

단락전류 $I_s = \dfrac{E}{Z}$

$= \dfrac{22900}{20} = 1145[\text{A}]$

단락용량 $P_s = EI_s$

$= 22.9\times 1145 = 26220[\text{kVA}]$

★★★ 산업 92년 5회, 03년 4회, 07년 1회, 16년 1회

37 154[kV] 송전계통에서 3상 단락고장이 발생하였을 경우 고장점에서 본 등가 정상 임피던스가 100[MVA] 기준으로 25[%]라고 하면 단락용량은 몇 [MVA]인가?

① 250　② 300
③ 400　④ 500

해설

단락용량 $P_s = \dfrac{100}{\%Z}\times P_n[\text{MVA}]$

여기서, P_n : 기준용량

$P_s = \dfrac{100}{25}\times 100 = 400[\text{MVA}]$

★★ 산업 90년 7회, 95년 4회, 07년 4회

38 66[kV] 송전계통에서 3상 단락고장이 발생하였을 경우 고장점에서 본 등가 정상(正相) 임피던스가 100[MVA] 기준으로 25[%]라고 하면 고장피상전력은 몇 [MVA]가 되는가?

① 250　② 300
③ 400　④ 500

해설

차단기용량 $P_s = \dfrac{100}{\%Z}\times P_n[\text{MVA}]$

여기서, P_n : 기준용량

고장피상전력 $P_s = \dfrac{100}{25}\times 100 = 400[\text{MVA}]$

★★★★ 기사 93년 4회, 96년 5회, 99년 6회, 03년 2회, 19년 2회

39 합성 임피던스 0.4[%](10000[kVA] 기준)인 개소에 설치하는 차단기의 필요차단용량은 몇 [MVA]인가?

① 40　② 250
③ 400　④ 2500

정답 35. ② 36. ② 37. ③ 38. ③ 39. ④

해설

차단기용량 $P_s=\frac{100}{\%Z}\times P$

$=\frac{100}{0.4}\times 10000\times 10^{-3}$

$=2500$[MVA]

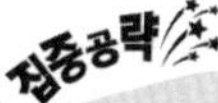

★★★★★ 기사 90년 7회, 91년 6회, 96년 4회, 99년 6회, 03년 2회 / 산업 16년 1·3회

40 전원으로부터의 합성 임피던스가 0.25[%](10000[kVA] 기준)인 곳에 설치하는 차단기의 용량은 몇 [MVA]인가?

① 250 ② 400
③ 2500 ④ 4000

해설

차단기용량 $P_s=\frac{100}{\%Z}\times P_n$

$=\frac{100}{0.25}\times 10000$

$=4000000=4000$[MVA]

★★ 산업 95년 7회, 18년 3회

41 그림과 같은 전선로의 단락용량은 약 몇 [MVA]인가? (단, 그림의 수치는 10000[kVA]를 기준으로 한 %리액턴스를 나타낸다)

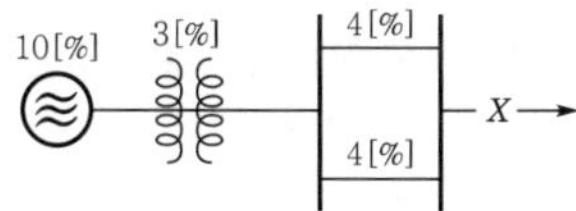

① 33.7 ② 66.7
③ 99.7 ④ 133.7

해설

합성 퍼센트 리액턴스 $\%X=\frac{4}{2}+3+10=15$[%]

단락용량 $P_s=\frac{100}{\%Z}\times P_n=\frac{100}{15}\times 10000\times 10^{-3}$

$=66.67$[MVA]

★ 기사 92년 3회

42 그림과 같이 전압 11[kV], 용량 15[MVA]의 3상 교류발전기 2대와 용량 33[MVA]의 변압기 1대로 된 계통이 있다. 발전기 1대 및 변압기 %리액턴스가 20[%], 10[%]일 때 차단기 ②의 차단용량[MVA]은?

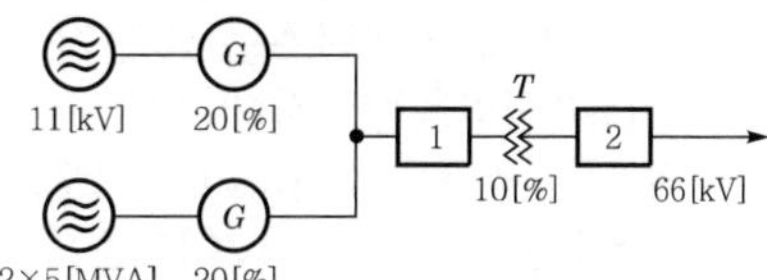

① 80 ② 95
③ 103 ④ 125

해설

변압기용량 33[MVA]를 기준용량으로 발전기 및 변압기의 %리액턴스를 환산하여 합산하면 아래와 같다.

$\%X=10+\frac{20}{2}\times\frac{33}{15}=32$[%]

차단기 ②의 차단용량 $P_s=\frac{100}{32}\times 33=103$[MVA]

★★ 기사 90년 2회, 95년 6회, 01년 3회

43 그림에서 A점의 차단기용량으로 가장 적당한 것은?

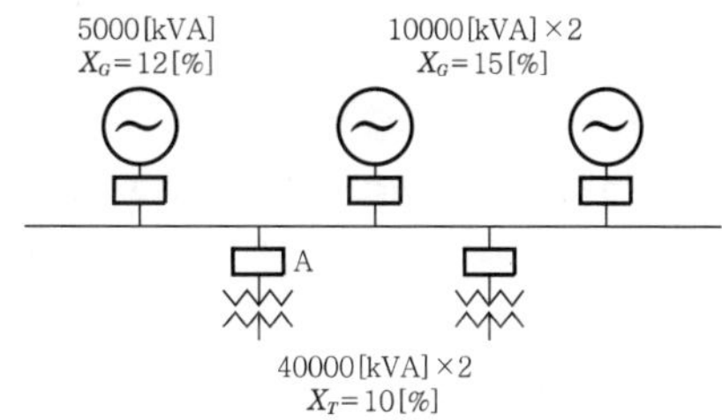

① 50[MVA]
② 100[MVA]
③ 150[MVA]
④ 200[MVA]

해설

10000[kVA]를 기준용량으로 하였을 때 5000[kVA] 발전기 %리액턴스는 24[%]이므로

$\%X=\frac{1}{\frac{1}{24}+\frac{1}{15}+\frac{1}{15}}=5.71$[%]

A점의 차단용량 $P_s=\frac{100}{5.71}\times 10000\times 10^{-3}$

$=175$[MVA]

계산상 175[MVA]이지만 보기에 없으므로 정답선정 시 계산값을 포함하는 200[MVA]를 답으로 한다.

정답 40. ④ 41. ② 42. ③ 43. ④

★★ 기사 93년 4회, 95년 5회, 12년 2회

44 그림과 같은 전력계통에서 A점에 설치된 차단기의 단락용량은 몇 [MVA]인가? (단, 각 기기의 리액턴스는 발전기 G_1, G_2 = 15[%](정격용량 15[MVA]기준), 변압기= 8[%](정격용량 20[MVA] 기준), 송전선= 11[%](정격용량 10[MVA]기준)이며 기타 다른 정수는 무시한다)

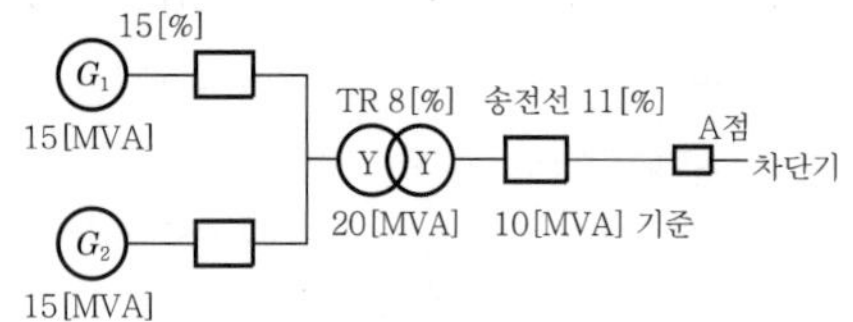

① 20 ② 30
③ 40 ④ 50

해설

15[MVA]를 기준용량으로 하였을 때 계통의 %리액턴스

$\%X = \frac{15}{2} + 8 \times \frac{15}{20} + 11 \times \frac{15}{10} = 30[\%]$

A점 차단기의 단락용량 $P_s = \frac{100}{30} \times 15 = 50[\text{MVA}]$

★★ 기사 00년 5회, 01년 2회

45 그림에 표시하는 무부하송전선이 S점에서 3상 단락이 일어났을 때 단락전류는 약 몇 [A]인가? (단, 발전기 G_1, G_2는 각각 15 [MVA], 11[kV], 임피던스=30[%]이고 변압기 T는 30[MVA], 11[kV]/154[kV], 임피던스=8[%], 변압기와 단락점 사이는 50[km]이고 임피던스는 0.5[Ω/km]이다)

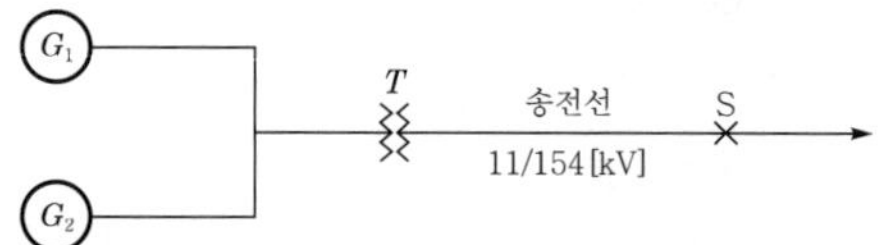

① 127 ② 254
③ 273 ④ 383

해설

변압기 용량 30[MVA]를 기준용량으로 한다.

선로의 퍼센트 임피던스 $\%Z = \frac{PZ}{10V^2}$

$= \frac{30000 \times 0.5 \times 50}{10 \times 154^2}$

$= 3.162[\%]$

발전기의 15[MVA], 30[%]를 30[MVA]의 용량으로 환산하면 $\%Z \propto P_n$이므로 60[%]로 되므로

단락점에서 본 전체 %임피던스 $\%Z = \frac{60}{2} + 8 + 3.16$

$= 41.16[\%]$

단락전류 $I_s = \frac{100}{\%Z} \times I_n = \frac{100}{41.16} \times \frac{30000}{\sqrt{3} \times 154}$

$= 273.2[\text{A}]$

★ 기사 97년 5회, 02년 4회, 05년 1회

46 그림과 같은 154[kV] 송전계통의 F점에서 무부하 시 3상 단락고장이 발생하였을 경우 고장전력은 약 몇 [MVA]인가? (단, 발전기 G_1 : 용량 20[MVA], G_2 : 용량 30[MVA]의 %과도 리액턴스 및 변압기 T_r : 용량 50[MVA]의 %리액턴스는 각각 자기용량 기준으로 20[%], 20[%], 10[%]이고 변압기에서 고장점 F까지의 선로 리액턴스는 100[MVA] 기준으로 5[%]라고 한다)

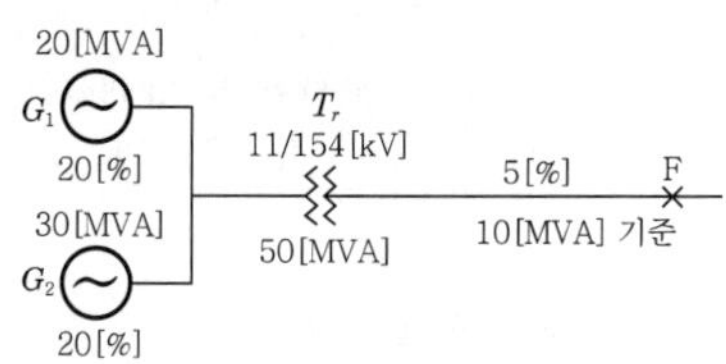

① 133 ② 143
③ 154 ④ 182

해설

100[MVA]를 기준용량으로 하였을 때 각 기기의 %임피던스는 다음과 같다.

발전기 G_1 : $\%Z_{G_1} = 20 \times \frac{100}{20} = 100[\%]$

발전기 G_2 : $\%Z_{G_2} = 20 \times \frac{100}{30} = 66.7[\%]$

변압기 T_r : $\%Z_{Tr} = 10 \times \frac{100}{50} = 20[\%]$

송전선로 $\frac{T}{L}$: $\%Z_{TL} = 5 \times \frac{100}{100} = 5[\%]$

고장점 F에서 본 전 %임피던스는

$\%Z = 5 + 20 + \frac{100 \times 66.7}{100 + 66.7} = 65[\%]$

고장전력 $P_s = \frac{100}{\%Z} \times P_n$이므로

$P_s = \frac{100}{65} \times 100 = 153.8[\text{MVA}]$

정답 44. ④ 45. ③ 46. ③

★ 기사 02년 2회

47 그림과 같은 변전소에서 6600[V]의 일정 전압으로 유지되는 단상 2선식 배전선이 있다. 100[kVA]에 대한 %리액턴스가 고압선 8[%] 변압기 4[%] 저압선 6[%]라 하면 저압선측에 단락이 생긴 경우 고압선측에 흐르는 단락전류는 몇 [A]인가?

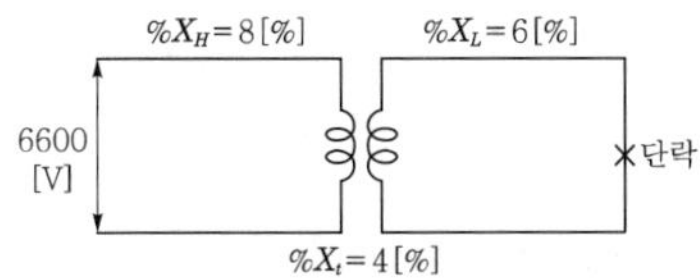

① 약 84　② 약 189
③ 약 252　④ 약 378

해설

합성 퍼센트 리액턴스 $\%X = 8+4+6 = 18[\%]$

고압측 단락전류 $I_s = \frac{100}{\%X} \times I_m$

$= \frac{100}{18} \times \frac{100}{6.6}$

$= 84.17[A]$

★ 산업 97년 6회

48 100[MVA]의 3상 변압기 2뱅크를 가지고 있는 배전용 2차측의 배전선에 시설할 차단기용량은 몇 [MVA]인가? (단, 변압기는 병렬로 운전되며, 각각의 $\%Z$는 20[%]이고, 전원 임피던스는 무시한다)

① 1000　② 2000
③ 3000　④ 4000

해설

2뱅크 변압기의 합성 퍼센트 임피던스는 자기용량을 기준으로 $\frac{20}{2} = 10[\%]$이므로

차단기용량 $P_s = \frac{100}{\%Z} \times P_n = \frac{100}{10} \times 100$

$= 1000[MVA]$

★★★ 기사 98년 5회, 17년 2회, 19년 2회(유사)

49 송전선로의 송전단전압을 E_S, 수전단전압을 E_R, 송 · 수전단 전압 사이의 위상차를 δ, 선로의 리액턴스를 X라 하면, 선로저항을 무시할 때 송전전력 P는 어떤 식으로 표시되는가?

① $P = \frac{E_S - E_R}{X}$

② $P = \frac{(E_S - E_R)^2}{X}$

③ $P = \frac{E_S E_R}{X} \sin\delta$

④ $P = \frac{E_S E_R}{X} \tan\delta$

해설

송전전력 $P = \frac{E_S \cdot E_R}{X} \sin\delta$ [MW]이므로 유도 리액턴스 X에 반비례하므로 송전거리가 멀어질수록 감소한다.

★★★★ 기사 00년 5회 / 산업 96년 6회, 98년 5회, 19년 3회

50 송전단전압 161[kV], 수전단전압 155[kV], 상차각 40°, 리액턴스가 50[Ω]일 때 선로손실을 무시하면 송전전력은 몇 [MW]인가? (단, cos40° = 0.766, cos50° = 0.643)

① 107　② 321
③ 408　④ 580

해설

송전전력 $P = \frac{V_S V_R}{X} \sin\delta$

$= \frac{161 \times 155}{50} \sin 40° = 320.9[MW]$

★★★★★ 기사 97년 5회, 99년 7회, 01년 3회 / 산업 99년 4회, 05년 3회, 17년 3회

51 교류송전에서는 송전거리가 멀어질수록 동일전압에서의 송전가능전력이 적어진다. 그 이유는?

① 선로의 어드미턴스가 커지기 때문이다.
② 선로의 유도성 리액턴스가 커지기 때문이다.
③ 코로나 손실이 증가하기 때문이다.
④ 저항손실이 커지기 때문이다.

정답 47. ① 48. ① 49. ③ 50. ② 51. ②

해설

송전전력 $P = \frac{V_S V_R}{X} \sin\delta$[MW]

여기서, V_S : 송전단전압[kV]
V_R : 수전단전압[kV]
X : 선로의 유도 리액턴스[Ω]

따라서, 송전거리가 멀어질수록 유도 리액턴스 X가 증가하여 송전전력이 감소한다.

★★ 산업 00년 5회

52 송전선로의 정상상태 극한(최대) 송전전력은 선로 리액턴스와 대략 어떤 관계가 성립하는가?

① 송·수전단 사이의 리액턴스에 반비례한다.
② 송·수전단 사이의 리액턴스에 비례한다.
③ 송·수전단 사이의 리액턴스의 자승에 비례한다.
④ 송·수전단 사이의 리액턴스의 자승에 반비례한다.

해설

송전전력 $P = \frac{V_S V_R}{X} \sin\delta$[MW]에서 정상상태 극한(최대) 송전전력은 송·수전단 사이 선로의 리액턴스에 반비례한다.

★★★ 기사 98년 6회, 02년 4회

53 송전선로의 송전용량을 결정할 때 송전용량계수법에 의한 수전전력을 나타낸 식은?

① 수전전력 $= \frac{\text{송전용량계수} \times (\text{수전단선간전압})^2}{\text{송전거리}}$

② 수전전력 $= \frac{\text{송전용량계수} \times \text{수전단선간전압}}{\text{송전거리}}$

③ 수전전력 $= \frac{\text{송전용량계수} \times (\text{송전거리})^2}{\text{수전단선간전압}}$

④ 수전전력 $= \frac{\text{송전용량계수} \times (\text{수전단전류})^2}{\text{송전거리}}$

해설

송전용량계수법 $P = K\frac{E_r^2}{l}$

여기서, P : 수전단전력[kW]
E_R : 수전단선간전압[kV]
l : 송전거리[km]

집중공략

★★★★ 기사 90년 2회, 96년 2회, 15년 3회 / 산업 13년 2회

54 154[kV] 송전선로에서 송전거리가 154[km]라 할 때 송전용량계수법에 의한 송전용량은? (단, 송전용량계수는 1200으로 한다)

① 61600[kW] ② 92400[kW]
③ 123200[kW] ④ 184800[kW]

해설

송전용량계수법의 송전용량 $P = K\frac{V_R^2}{L}$[kW]

여기서, K : 송전용량계수
V_R : 수전단전압[kV]
L : 송전거리[km]

송전용량 $P = 1200 \times \frac{154^2}{154} = 184800$[kW]

★★★ 산업 04년 2회, 17년 1회

55 전력계통 안정도의 종류가 아닌 것은?

① 상태안정도 ② 정태안정도
③ 과도안정도 ④ 동태안정도

해설 **안정도의 종류 및 특성**

㉠ 정태안정도 : 부하가 서서히 증가한 경우 계속해서 송전할 수 있는 능력으로, 이때의 전력을 정태안정 극한전력이라 한다.
㉡ 과도안정도 : 계통에 갑자기 부하가 증가하여 급격한 교란상태가 발생하더라도 정전을 일으키지 않고 송전을 계속하기 위한 전력의 최대값을 말한다.
㉢ 동태안정도 : 차단기 또는 조상설비 등을 설치하여 안정도를 높인 것을 말한다.

★★★★ 산업 94년 7회, 11년 3회, 15년 1회

56 정태안정 극한전력이란?

① 부하가 서서히 증가할 때 극한전력
② 부하가 갑자기 변할 때 극한전력
③ 부하가 갑자기 사고났을 때 극한전력
④ 부하가 변하지 않을 때 극한전력

해설 **정태안정도**

부하가 서서히 증가한 경우 계속해서 송전할 수 있는 능력으로, 이때의 전력을 정태안정 극한전력이라 한다.

정답 52. ① 53. ① 54. ④ 55. ① 56. ①

★★★ 기사 94년 5회, 03년 2회

57 과도안정 극한전력이란?

① 부하가 서서히 감소할 때 극한전력
② 부하가 서서히 증가할 때 극한전력
③ 부하가 갑자기 사고났을 때 극한전력
④ 부하가 변하지 않을 때 극한전력

해설 과도안정도
계통에 갑자기 부하가 증가하여 급격한 교란상태가 발생하더라도 정전을 일으키지 않고 송전을 계속하기 위한 전력의 최대값을 말한다.

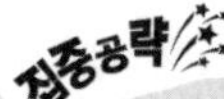

★★★★★ 기사 18년 3회(유사) / 산업 91년 5회, 97년 5회, 00년 3회, 04년 1회, 07년 1회

58 전력계통의 안정도 향상대책으로 옳은 것은?

① 송전계통의 전달 리액턴스를 증가시킨다.
② 재폐로방식(reclosing method)을 채택한다.
③ 전원측 원동기용 조속기의 부동시간을 크게 한다.
④ 고장을 줄이기 위하여 각 계통을 분리시킨다.

해설 송전전력을 증가시키기 위한 안정도 증진대책
㉠ 직렬 리액턴스를 작게 한다.
- 발전기나 변압기 리액턴스를 작게 한다.
- 선로에 복도체를 사용하거나 병행회선수를 늘린다.
- 선로에 직렬 콘덴서를 설치한다.

㉡ 전압변동을 작게 한다.
- 단락비를 크게 한다.
- 속응여자방식을 채용한다.

㉢ 계통을 연계시킨다.
㉣ 중간조상방식을 채용한다.
㉤ 고장구간을 신속히 차단시키고 재폐로방식을 채택한다.
㉥ 소호 리액터 접지방식을 채용한다.
㉦ 고장 시에 발전기 입·출력의 불평형을 작게 한다.

★★★★ 기사 03년 1회, 13년 2회, 15년 1회, 16년 1회 / 산업 15년 1회, 18년 1회

59 송전계통의 안정도를 증진시키는 방법이 아닌 것은?

① 전압변동을 작게 한다.
② 직렬 리액턴스를 크게 한다.
③ 제동저항기를 설치한다.
④ 중간조상기방식을 채용한다.

해설 안정도 향상대책
㉠ 송전계통의 전달 리액턴스를 감소한다.
→ 기기 리액턴스 감소 및 선로에 직렬 콘덴서 설치
㉡ 송전계통의 전압변동을 작게 한다.
→ 중간조상방식을 채용하거나 속응여자방식을 채용
㉢ 계통을 연계하여 운전한다.
㉣ 제동저항기를 설치한다.
㉤ 직류송전방식의 이용검토로 안정도문제를 해결한다.

★★★ 산업 01년 2회, 05년 1회

60 전력계통의 안정도 향상대책으로 옳지 않은 것은?

① 계통의 직렬 리액턴스를 낮게 한다.
② 고속도 재폐로방식을 채용한다.
③ 지락전류를 크게 하기 위하여 직접접지방식을 채용한다.
④ 고속도 차단방식을 채용한다.

해설
직접접지방식은 1선 지락사고 시 대지로 흐르는 지락전류가 다른 접지방식에 비해 너무 커서 안정도가 가장 낮은 접지방식이다.

★★★★ 기사 95년 4회, 99년 6회, 00년 4회, 04년 3회

61 안정도 향상대책으로 적당하지 않은 것은?

① 직렬 콘덴서로 선로의 리액턴스를 보상한다.
② 기기의 리액턴스를 감소한다.
③ 발전기의 단락비를 작게 한다.
④ 계통을 연계한다.

해설 송전계통의 안정도 향상대책
㉠ 보호계전기, 차단기의 동작으로 고속화하여 발전기의 부담을 작게 한다.
㉡ 고속도 재폐로방식을 채택한다.
㉢ 직렬 리액턴스를 줄인다.
㉣ 전압변동을 작게 한다.
㉤ 고장전류를 줄이고 고장구간을 조속히 차단한다.
㉥ 고장 시 발전기의 입·출력의 불평형을 줄인다.
㉦ 중간조상방식을 채용한다.

정답 57. ③ 58. ② 59. ② 60. ③ 61. ③

★ 기사 97년 2회

62 **교류발전기의 전압조정장치로 속응여자방식을 채택하고 있다. 그 목적에 대한 설명 중 틀린 것은?**

① 전력계통에 고장발생 시 발전기의 동기화력을 증가시키기 위함이다.
② 송전계통의 안정도를 높이기 위함이다.
③ 여자기의 전압상승률을 크게 하기 위함이다.
④ 전압조정용 탭의 수동변환을 원활히 하기 위함이다.

해설

속응여자방식을 사용하면 여자기의 전압상승률은 올릴 수 있고, 고장발생으로 발전기의 전압이 저하하더라도 즉각 응동해서 발전기전압을 일정수준까지 유지시킬 수 있으므로 안정도증진에 기여한다.

정답 62. ④

CHAPTER

06

중성점 접지방식

기사 6.47% 출제
산업 5.30% 출제

이렇게 공부하세요!!

출제경향분석

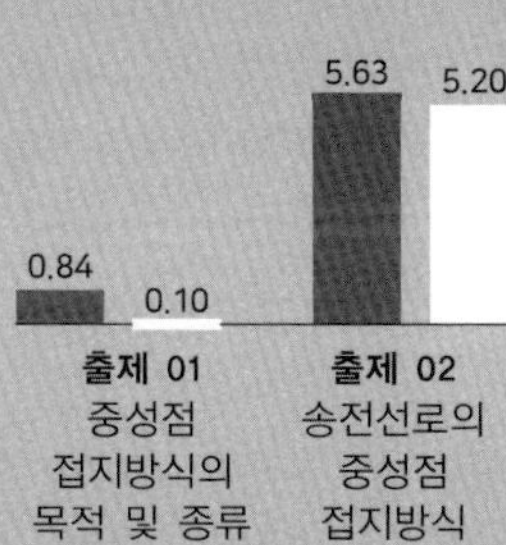

출제포인트

- ☑ 중성점 접지를 하는 목적을 이해할 수 있다.
- ☑ 비접지방식의 적용사항과 운영 중에 사고로 인한 전압 및 전류의 영향과 크기를 이해할 수 있다.
- ☑ 직접접지방식의 적용사항과 비접지방식과의 차이점, 유효접지에 대해 이해할 수 있다.
- ☑ 소호 리액터 적용 시 기본원리인 병렬공진을 이용한 용량의 선정방법과 직접접지방식과의 차이점에 대해 이해할 수 있다.

CHAPTER

06 중성점 접지방식

기사 6.47% 출제 | 산업 5.30% 출제

기사 0.84% 출제 | 산업 0.10% 출제

출제 01 중성점 접지방식의 목적 및 종류

중성점 접지방식은 기기, 전력, 법규 및 실기시험에서 다루어지는 부분으로, 기본개념을 익히고 각 접지방식의 특성을 비교하여 정리할 필요가 있다.

1 중성점 접지의 목적

① **지락고장 시 건전상의 대지전위상승을 억제하여 전선로 및 기기의 절연 레벨을 경감**시킨다.

② 뇌, 아크 지락, 기타에 의한 **이상전압의 경감 및 발생을 방지**한다.

③ **지락고장 시 접지계전기의 동작을 확실하게 한다.**

④ 소호 리액터 접지방식에서는 1선 지락 시 아크 지락을 재빨리 소멸시켜 그대로 송전을 계속할 수 있다.

2 중성점 접지방식의 종류

중성점 접지방식은 위 그림에서 보는 바와 같이 중성점 접지선에 접지 임피던스 방식에 따라 다음과 같이 나누어진다.

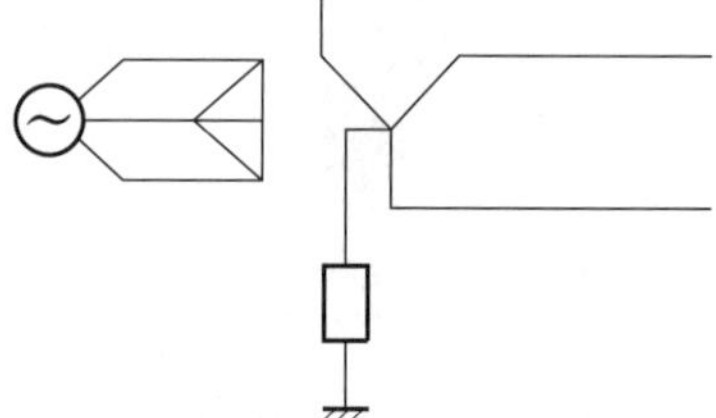

① 비접지방식

② 직접접지방식

③ 저항접지방식

④ 소호 리액터 접지방식

단원 확인기출문제

★★★★ 기사 90년 6회, 96년 6회, 98년 4회 / 산업 04년 4회, 19년 3회

01 송전계통의 중성점을 접지하는 목적으로 옳지 않은 것은?

① 전선로의 대지전위의 상승을 억제하고 전선로와 기기의 절연을 경감시킨다.

② 소호 리액터 접지방식에서는 1선 지락 시 지락점 아크를 빨리 소멸시킨다.

③ 차단기의 차단용량을 경감시킨다.

④ 지락고장에 대한 계전기의 동작을 확실하게 하여 신속하게 사고차단을 한다.

해설 중성점 접지는 차단기의 차단용량과 무관하고 차단기의 용량을 경감시키기 위해서는 한류 리액터를 설치한다.

답 ③

기사 5.63% 출제 | 산업 5.20% 출제

출제 02 송전선로의 중성점 접지방식

비접지방식은 현재 사용되는 것이 아니지만 다른 접지방식을 적용하는 데 비교하는 기준이 되는 부분이므로 특성을 정확히 파악하고 이해해야만 중성점 접지방식을 이해할 수 있다. 직접접지방식은 현재 사용되는 접지방식으로, 왜 지금 이 접지방식을 사용하고 있는지 다른 접지방식과 특성을 비교하여 학습하여야 한다. 소호 리액터 접지방식은 가장 이상적인 접지방식으로, 그 이유와 현재 사용되지 않는 이유를 파악하고 정리하여야 한다. 또한, 운전 시 주의사항을 반드시 숙지하여야 한다.

1 비접지방식

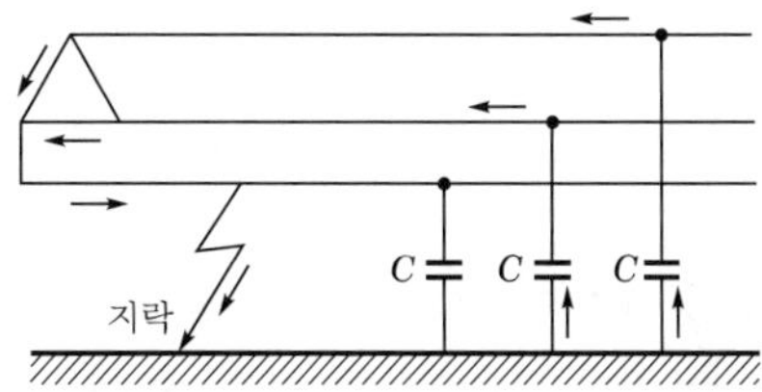

(1) 적용 개소

① 선로의 길이가 짧거나 전압이 낮은 계통(20~30[kV] 정도)에 한해서 적용한다.

② △-△결선방식에서 사용한다.

(2) 비접지방식의 장점

① 1선 지락고장 시 대지정전용량에 의한 리액턴스가 커서 **지락전류가 아주 작다.**

② **근접통신선에 대한 유도장해가 작다.**

③ 변압기의 **△결선으로 선로에 제3고조파가 나타나지 않는다.**

④ **변압기의 1대 고장 시에도 V결선으로 3상 전력의 공급이 가능**하다.

㉠ V결선용량 $P_V = \sqrt{3}\,P_1$

㉡ V결선출력비$= \dfrac{\sqrt{3}\,V_n I_n}{3\,V_n I_n} = 57.7[\%]$

㉢ V결선이용률$= \dfrac{\sqrt{3}\,V_n I_n}{2\,V_n I_n} = 86.6[\%]$

(3) 비접지방식의 단점

① **1선 지락고장 시 건전상의 대지전압이** $\sqrt{3}$ **배 상승**한다.

② **1선 지락고장 시 선로에 이상전압(4 ~ 6배)이 간헐적으로 발생**한다.

③ 계통의 기기절연 레벨을 높여야 한다.

★★★ 기사 93년 5회, 02년 4회

02 중성점 비접지방식에서 가장 많이 사용되는 변압기의 결선방법은?

① △-△ ② △-Y

③ Y-Y ④ Y-V

해설 중성점 비접지방식의 경우 중성점이 없는 △-△결선방식을 사용하고 있다.

답 ①

2 직접접지방식

(1) 개 요

① 계통에 접속된 변압기의 중성점을 금속선으로 직접접지하는 방식이다.

② **높은 전압에서는(한전은 154[kV] 이상 계통) 유효접지방식을 채용**한다.

③ **1선 지락고장 시 건전상과 대지 간 전위상승이 거의 없어 절연이 유리**하다.

④ **지락전류가 커서 보호계전기의 동작이 확실**하다.

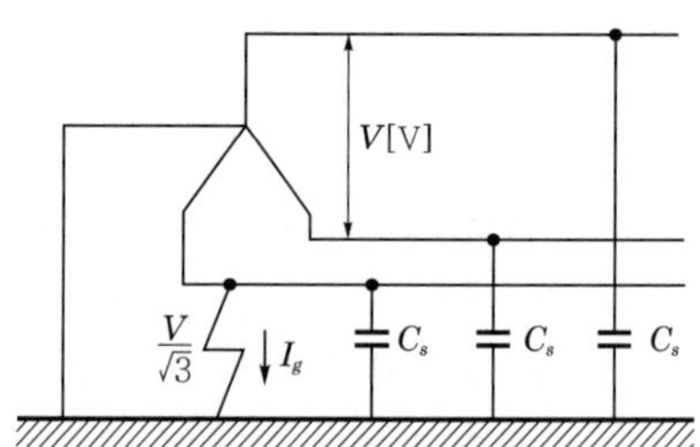

(2) 적용 개소

직접접지방식의 이점은 절연 레벨의 저감에 있으므로, 절연비가 커지는 초고압 송전선로에 적용한다.

(3) 직접접지방식의 장점

① 1선 지락고장 시 낮은 이상전압 : **1선 지락고장 시 건전상의 대지전압은 거의 상승하지 않고,** 지락에 의한 이상전압이 다른 접지방식과 비교해서 낮기 때문에 선로의 애자개수를 줄이고 **기기의 절연수준을 저하**시킬 수 있다.

② 계통 및 설비의 낮은 절연 레벨 : 개폐 서지의 크기를 저감시킬 수 있으므로 **피뢰기의 책무를 경감**시킬 수 있고 낮은 정격전압의 피뢰기를 사용할 수 있어 저감절연이 가능하여 경제적이다.

③ 변압기의 단절연 : 변압기를 Y결선으로 하여 중성점을 접지할 수 있으므로 중성점에 이르는 전위분포를 직선적으로 설계해서 변압기권선의 절연을 선로측으로부터 중성점까지로 접

근함에 따라 점차적으로 낮출 수 있는 **단절연이 가능하고, 변압기 및 부속 설비의 중량과 가격을 저하**시킬 수 있다.

④ 보호계전기의 동작 확실 : 1선 지락고장 시에는 1상이 단락상태로 되어 지락전류가 커지기 때문에 **보호계전기의 동작이 확실하고 고장의 선택차단도 가능**하여 고속차단기와의 조합에 의한 고속차단방식의 채택이 가능하다.

(4) 직접접지방식의 단점

① 계통안정도 저하 : **1선 지락 시 지락전류가 저역률의 대전류이기 때문에 과도안정도가 나빠진다.**

② 유도장해 : 1선 지락고장 시 병행통신선에 전자유도장해를 크게 미치게 되고 평상시에는 불평형 전류 및 변압기의 **제3고조파로 유도장해를 줄 우려가 있다.**

③ 기기의 충격 : **지락전류의 기기에 대한 기계적 충격이 커서 손상을 주기 쉽다.** 계통고장의 70 ~ 80[%]는 1선 지락고장이므로 차단기가 대전류를 차단할 기회가 많아진다.

(5) 유효접지

① **1선 지락고장 시 건전상 전압이 상규대지전압의 1.3배를 넘지 않는 범위에 들어가도록 중성점 임피던스를 조절해서 접지하는 방식**을 **유효접지**라고 한다.

② $\dfrac{X_0}{X_1} \leq 3$, $\dfrac{R_0}{X_1} \leq 1$ 이라는 유효접지조건을 만족하면 1선 지락 시 건전상의 대지간 전압은 고장 전보다 1.3배 또는 선간전압의 0.8배 이하이다.

단원 확인 기출문제

★★★★★ 산업 90년 2회, 96년 5회, 99년 3회, 03년 3회, 06년 2회, 12년 2회(유사)

03 중성점 접지방식에서 직접접지방식에 대한 설명으로 틀린 것은?

① 보호계전기의 동작이 확실하여 신뢰도가 높다.
② 변압기의 저감절연이 가능하다.
③ 과도안정도가 대단히 높다.
④ 단선고장 시 이상전압이 최저이다.

해설 **직접접지방식의 특징**

㉠ 1선 지락사고 시 건전상의 전위는 거의 상승하지 않는다.
㉡ 변압기에 단절연 및 저감절연이 가능하다.
㉢ 1선 지락 시 지락전류가 커서 지락보호계전기의 동작이 확실하다.
㉣ 지락전류가 크기 때문에 기기에 주는 충격과 유도장해가 크고 안정도가 작다.

답 ③

3 소호 리액터 접지방식

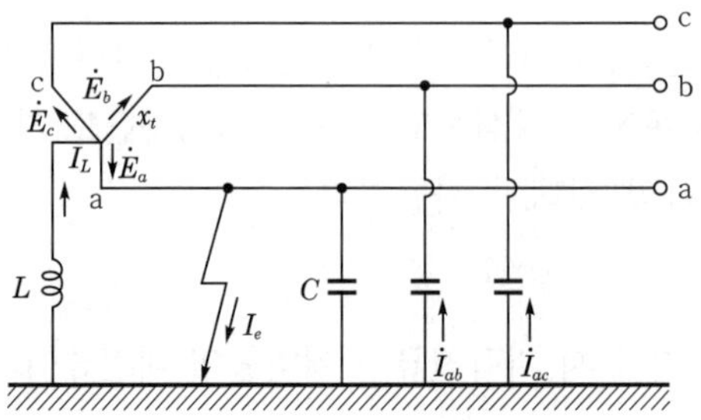

(1) 소호 리액터 접지방식의 의미

선로의 대지정전용량과 병렬공진하는 리액터를 통하여 중성점접지하는 방식으로, 1선 지락고장 시 극히 작은 전류가 흐르고 지락 아크가 자연소멸된다. 이 리액터를 발명한 사람의 이름을 붙여 페터슨 코일 또는 소호 리액터라 한다.

(2) 소호 리액터 접지방식의 장점

① 1선 지락고장 시 자연소호하여 고장회복이 가능하다.

② 영구지락고장 시 다중 고장이 아닌 경우 송전을 지속할 수 있다.

③ **1선 지락 시 고장전류가 매우 작아 유도장해가 경감되고 과도안정도가 높다.**

(3) 소호 리액터 접지방식의 단점

① 소호 리액터 접지장치의 가격이 비싸다.

② **지락사고 시 지락전류검출이 어려워 보호계전기의 동작이 확실하지 않다.**

③ **사고 중 단선사고 시 직렬공진으로 이상전압이 발생한다.**

(4) 합조도(P)

① 합조도는 소호 리액터의 탭이 공진점을 벗어나고 있는 정도를 뜻한다.

② 합조도 $P = \dfrac{I_L - I_C}{I_C} \times 100[\%]$

여기서, I_L : 사용탭 전류, I_C : 대지충전전류

㉠ $P=0$인 경우 $\omega L = \dfrac{1}{3\omega C_s}$ → 완전보상

㉡ $P=+$인 경우 $\omega L < \dfrac{1}{3\omega C_s}$ → **과보상(이상전압방지)**

㉢ $P=-$인 경우 $\omega L > \dfrac{1}{3\omega C_s}$ → 부족보상

→ 소호 리액터 접지방식운용상 주의할 점은 절대로 부족보상의 탭을 사용하면 안되는데 이는 지락사고 시 과대한 이상전압이 발생할 위험이 있기 때문이다.

㉣ $\omega L = \dfrac{1}{3\omega C} - \dfrac{X_t}{3}$

③ 공진 탭 사용 시 소호 리액터 용량(Q_L)

㉠ 1상의 경우 : $Q_L = 6\pi f CE^2 \times 10^{-3}$[kVA]

여기서, C : 정전용량[μF], E : 상전압(대지전압)

㉡ 3상의 경우 : $Q_L = 2\pi f C{V_n}^2 \times 10^{-3}$[kVA]

여기서, C : 정전용량[μF], V_n : 선간전압

단원 확인 기출문제

★★★ 산업 95년 7회, 05년 1회, 07년 3회

04 지락전류의 크기가 최소인 중성점 접지방식은?

① 비접지방식 ② 소호 리액터 접지방식
③ 직접접지방식 ④ 고저항접지방식

해설 선로의 대지정전용량과 병렬공진하는 리액터를 통하여 중성점접지하는 방식으로, 1선 지락고장 시 극히 작은 전류가 흐르고 지락 아크가 자연소멸된다.

답 ②

★★ 기사 96년 4회, 01년 1회

05 1상의 대지정전용량 0.5[μF], 주파수 60[Hz]인 3상 송전선이 있다. 이 선로에 소호 리액터를 설치하려 한다. 소호 리액터의 공진 리액턴스는 약 몇 [Ω]인가?

① 970 ② 1370
③ 1770 ④ 3570

해설 소호 리액터의 공진 리액턴스 $\omega L = \frac{1}{3\omega C} - \frac{X_t}{3}$[Ω]

$\omega L = \frac{1}{3\omega C} = \frac{1}{3\times 2\pi \times 60 \times 0.5 \times 10^{-6}} = 1768 \fallingdotseq 1770$[Ω]

[참고] 변압기 리액턴스 X_t가 문제에 없으므로 생략한다.

답 ③

4 저항접지방식

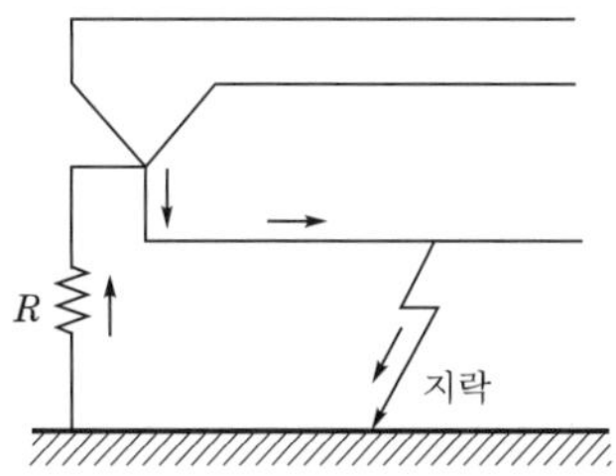

① 중성점을 저항으로 접지하는 방식으로, 저항의 크기에 따라 다음과 같이 나눌 수 있다.

㉠ 저저항접지 : 30[Ω] 정도

㉡ 고저항접지 : 100 ~ 1000[Ω] 정도

② 중성점에 저항을 삽입하는 이유

㉠ 1선 지락 시 고장전류를 제한하기 위해서이다.

㉡ 통신선에 유도장해를 경감하기 위해서이다.

㉢ 저역률 개선 및 과도안정도를 향상하기 위해서이다.

③ 전류제한의 한계는 보호계전기의 동작이 확실한 100 ~ 300[A] 정도이다.

5 중성점 접지방식별 특성비교

접지방식 / 비교사항	비접지	직접접지	저항접지	소호 리액터
지락 시 건전상의 전압상승	$\sqrt{3}$배 상승	평상시와 같다.	비접지의 경우 보다 작다.	–
변압기의 절연	최고	최저, 단절연도 가능하다.	비접지보다 약간 작다.	비접지보다 약간 작다.
지락전류의 크기	작다.	최대	중간 정도	최소
1선 지락 시 전자유도장해	작다.	최대	중간 정도	거의 없다.
지락계전기 적용	접지계전기의 적용이 곤란하다.	고장구간 선택 차단이 용이하다.	소세력계전기에 의해 선택차단할 수 있다.	접지계전기의 설치가 곤란하다.

단원 자주 출제되는 기출문제

★ 산업 90년 2회, 04년 3회

01 평형 3상 송전선에서 보통의 운전상태인 경우 중성점전위는 항상 얼마인가?

① 0
② 1
③ 송전전압과 같다.
④ ∞(무한대)

해설
중성점의 전위는 3상 대칭 평형상태의 경우 항상 0[V]이다.

★★ 산업 95년 7회, 98년 3회

02 66000[V] 평형대칭 3상 송전선의 정상운전 시 건전상의 대지전위는?

① 66000[V] ② $66000\sqrt{3}$[V]
③ $\dfrac{66000}{\sqrt{3}}$[V] ④ $\dfrac{66000}{\sqrt{2}}$[V]

해설
3상 송전선의 건전상의 대지전위는 선간전압(정격전압)의 $\dfrac{1}{\sqrt{3}}$ 배로 나타난다.

★★★★★ 기사 00년 3회, 03년 3회, 17년 1회 / 산업 14년 2회, 18년 1회, 19년 1회

03 송전선로의 중성점접지의 주된 목적은?

① 단락전류의 제한
② 송전용량의 극대화
③ 전압강하의 극소화
④ 이상전압의 방지

해설 중심점접지의 목적
㉠ 이상전압의 경감 및 발생 방지
㉡ 전선로 및 기기의 절연 레벨 경감(단절연·저감절연)
㉢ 보호계전기의 신속 확실한 동작
㉣ 소호 리액터 접지계통에서 1선 지락 시 아크 소멸 및 안정도 증진

★★★★ 기사 97년 5회, 11년 3회 / 산업 14년 2회

04 송전선의 중성점을 접지하는 이유가 아닌 것은?

① 고장전류크기의 억제
② 이상전압발생의 방지
③ 보호계전기의 신속정확한 동작
④ 전선로 및 기기의 절연 레벨 경감

해설 송전선의 중성점접지의 목적
㉠ 대지전압상승 억제 : 지락고장 시 건전상 대지전압 상승억제 및 전선로와 기기의 절연 레벨 경감
㉡ 이상전압상승 억제 : 뇌, 아크지락, 기타에 의한 이상전압 경감 및 발생방지
㉢ 계전기의 확실한 동작확보 : 지락사고 시 지락계전기의 확실한 동작확보
㉣ 아크지락 소멸 : 소호 리액터 접지인 경우 1선 지락 시 아크지락의 신속한 아크 소멸로 송전선을 지속

★★ 산업 91년 2회, 97년 5회, 18년 3회

05 저전압 단거리 송전선에 적당한 접지방식은?

① 직접접지방식
② 저항접지방식
③ 비접지방식
④ 소호 리액터 접지방식

해설
비접지방식은 선로의 길이가 짧거나 전압이 낮은 계통(20 ~ 30[kV] 정도)에 적용한다.

★★ 산업 92년 2회, 13년 2회

06 중성점 비접지방식이 이용되는 송전선은?

① 20 ~ 30[kV] 정도의 단거리 송전선
② 40 ~ 50[kV] 정도의 중거리 송전선
③ 50 ~ 100[kV] 정도의 장거리 송전선
④ 140 ~ 160[kV] 정도의 장거리 송전선

해설 우리나라에 채용되고 있는 중성점 접지방식
㉠ 22[kV] : 비접지방식
㉡ 22.9[kV] : 3상 4선식 중성점 다중 접지방식

정답 01. ① 02. ③ 03. ④ 04. ① 05. ③ 06. ①

ⓒ 66[kV] : 소호 리액터 접지방식

ⓓ 154[kV], 345[kV] : 직접접지방식(유효접지방식)

★★★★★ 기사 17년 3회 / 산업 93년 2회, 03년 4회, 05년 4회, 13년 3회

07 △결선의 3상 3선식 배전선로가 있다. 1선이 지락하는 경우 건전상의 전위상승은 지락 전의 몇 배가 되는가?

① $\frac{\sqrt{3}}{2}$　　② 1

③ $\sqrt{2}$　　④ $\sqrt{3}$

해설

비접지방식에서 1선 지락사고 시 건전상의 대지전압이 $\sqrt{3}$배 상승하고 이상전압(4 ~ 6배)이 간헐적으로 발생한다.

★★ 기사 94년 6회, 98년 4회, 04년 3회

08 3300[V] △결선 비접지 배전선로에서 1선이 지락하면 전선로의 대지전압은 몇 [V]까지 상승하는가?

① 3300　　② 4950

③ 5715　　④ 6600

해설

정상 시 대지전압은 $\frac{6600}{\sqrt{3}}$[V]이고, 1선 지락사고 시 대지전압이 $\sqrt{3}$배 상승하므로 1선 지락 시 건전상의 대지전압 $V = \frac{3300}{\sqrt{3}} \times \sqrt{3} = 3300$[V]

★★ 기사 03년 3회, 12년 2회 / 산업 94년 7회

09 6.6[kV], 60[Hz], 3상 3선식 비접지식에서 선로의 길이가 10[km]이고 1선의 대지정전용량이 0.005[μF/km]일 때 1선 지락 시 고장전류 I_g[A]의 범위로 옳은 것은?

① $I_g < 1$

② $1 \leq I_g < 2$

③ $2 \leq I_g < 3$

④ $3 \leq I_g < 4$

해설

비접지식 선로에서 1선 지락사고 시

지락전류 $I_g = 2\pi f(3C_s)\frac{V}{\sqrt{3}}l \times 10^{-6}$

$= 2\pi \times 60 \times 3 \times 0.005 \times \frac{6600}{\sqrt{3}} \times 10 \times 10^{-6}$

$= 0.215$[A]

★★★★★ 기사 17년 1회, 19년 2회(유사) / 산업 01년 2회, 05년 1회, 07년 4회, 15년 3회

10 비접지식 송전선로에 있어서 1선 지락고장이 생겼을 경우 지락점에 흐르는 전류는?

① 직류전류이다.

② 고장상의 전압보다 90도 늦은 전류이다.

③ 고장상의 전압보다 90도 빠른 전류이다.

④ 고장상의 전압과 동상의 전류이다.

해설

비접지방식에서 1선 지락고장 시 지락점에 흐르는 전류는 대지정전용량으로 흐르는 충전전류로서, 90° 진상 전류가 된다.

★★ 산업 17년 2회

11 배전로에 3상 3선식 비접지방식을 채용할 경우 장점이 아닌 것은?

① 과도안정도가 크다.

② 1선 지락고장 시 고장전류가 작다.

③ 1선 지락고장 시 인접통신선의 유도장해가 작다.

④ 1선 지락고장 시 건전상의 대지전위상승이 작다.

해설 **비접지방식의 특성**

㉠ 비접지방식의 장점
- 1선 지락고장 시 대지정전용량에 의한 리액턴스가 커서 지락전류가 아주 작다.
- 근접통신선에 대한 유도장해가 작다.
- 변압기의 △결선으로 선로에 제3고조파가 나타나지 않는다.
- 변압기의 1대 고장 시에도 V결선으로 3상 전력의 공급이 가능하다.

㉡ 비접지방식의 단점
- 1선 지락고장 시 건전상의 대지전압이 $\sqrt{3}$배, 이상전압(4 ~ 6배)이 나타난다.
- 계통의 기기절연 레벨을 높여야 한다.

정답 07. ④ 08. ① 09. ① 10. ③ 11. ④

★★★ 산업 92년 5회

12 중성점 직접접지 송전방식의 장점에 해당되지 않는 것은?

① 사용기기의 절연 레벨을 경감시킬 수 있다.
② 1선 지락고장 시 건전상의 전위상승이 작다.
③ 1선 지락고장 시 접지계전기의 동작이 확실하다.
④ 1선 지락고장 시 인접통신선의 전자유도장해가 작다.

해설
직접접지방식에서 1선 지락고장 시 대지로 흐르는 고장전류는 영상전류이므로 인접통신선에 전자유도장해를 주게 된다.

★★★★ 산업 95년 5회, 00년 2회, 07년 2회

13 이상전압의 발생 우려가 가장 작은 중성점 접지방식은?

① 저항접지방식
② 소호 리액터 접지방식
③ 직접접지방식
④ 비접지방식

해설
중성점 직접접지방식은 1선 지락사고 시 건전상의 대지전압상승이 작고 이상전압이 억제된다.

★★★★★ 기사 14년 3회 / 산업 99년 4회, 00년 1회, 02년 2회, 06년 4회, 18년 2회

14 송전계통에 있어서 지락보호계전기의 동작이 가장 확실한 방식은?

① 비접지식
② 고저항접지식
③ 직접접지식
④ 소호 리액터 접지식

해설
직접접지방식은 1선 지락사고 시 지락전류가 커서 고장검출이 확실하고 고속도로 선택차단이 가능하다.

★ 기사 05년 1회

15 정격전압 13200[V]인 Y결선발전기의 중성점을 80[Ω]의 저항으로 접지하였다. 발전기 단자에서 1선 지락전류는 약 몇 [A]인가? (단, 기타 정수는 무시한다)

① 60
② 95
③ 120
④ 165

해설
1선 지락전류 $I_g = \dfrac{V}{R}$

$$= \frac{13200}{80} = 165[\text{A}]$$

여기서, R : 접지저항

★★★★★ 기사 93년 3회, 95년 4회, 04년 1회, 12년 1회, 16년 3회(유사) / 산업 11년 1회

16 직접접지방식이 초고압 송전선에 채용되는 이유 중 가장 적당한 것은?

① 지락고장 시 병행통신선에 유기되는 유도전압이 작기 때문에
② 지락 시 지락전류가 작으므로
③ 계통의 절연을 낮게 할 수 있으므로
④ 송전선로의 안정도가 높으므로

해설 **직접접지방식의 장단점**
㉠ 장점
- 1선 지락고장 시 이상전압이 낮다.
- 절연 레벨을 낮출 수 있다(저감절연으로 경제적).
- 변압기의 단절연을 할 수 있다.
- 보호계전기의 동작이 확실하다.

㉡ 단점
- 지락전류가 저역률, 대전류이기 때문에 계통의 안정도가 저하된다.
- 지락고장 시 병행통신선에 대한 전자유도장해가 크다.
- 지락전류가 커서 기기에 대한 기계적 충격이 있다.

정답 12. ④ 13. ③ 14. ③ 15. ④ 16. ③

★★★★ 기사 93년 2회, 02년 1회, 11년 1회 / 산업 17년 1회

17 직접접지방식에 대한 설명 중 옳지 않은 것은?

① 이상전압발생의 우려가 없다.
② 계통의 절연수준이 낮아지므로 경제적이다.
③ 변압기의 단절연이 가능하다.
④ 보호계전기가 신속히 동작하므로 과도안정도가 좋다.

해설 직접접지방식
㉠ 1선 지락 시 건전상의 전위는 평상시 같아 기기의 절연을 단절연할 수 있어 변압기가격이 저렴하다.
㉡ 1선 지락 시 지락전류가 커서 지락계전기의 동작이 확실하다. 반면 지락전류가 크기 때문에 기기에 주는 충격과 유도장해가 크고 안정도가 나쁘다.

★★★ 기사 91년 6회, 97년 7회, 11년 2회

18 직접접지방식에서 변압기에 단절연을 할 수 있는 이유는?

① 고장전류가 크므로
② 중성점전위가 낮으므로
③ 이상전압이 낮으므로
④ 보호계전기의 동작이 확실하므로

해설
직접접지방식의 경우 중성점접지가 가능하여 중성점전위가 0[V]가 되므로 변압기의 단절연이 가능하다. 반면에 비접지방식은 변압기의 전절연을 실시한다.

★★★ 산업 06년 3회, 16년 2회

19 중성점 접지방식에서 직접접지방식을 다른 접지방식과 비교하였을 때 그 설명으로 틀린 것은?

① 변압기의 저감절연이 가능하다.
② 지락고장 시 이상전압이 낮다.
③ 다중 접지사고로의 확대 가능성이 대단히 크다.
④ 보호계전기의 동작이 확실하여 신뢰도가 높다.

해설 직접접지방식의 특성
㉠ 계통에 접속된 변압기의 중성점을 금속선으로 직접 접지하는 방식이다.
㉡ 1선 지락고장 시 이상전압이 낮다.
㉢ 절연 레벨을 낮출 수 있다(저감절연으로 경제적).
㉣ 변압기의 단절연을 할 수 있다.
㉤ 보호계전기의 동작이 확실하다.

★★★★ 산업 93년 2회

20 유효접지는 1선 접지 시 전선상의 전압이 상규대지전압의 몇 배를 넘지 않도록 하는 중성점접지를 말하는가?

① 0.8 ② 1.3
③ 3 ④ 4

해설
1선 지락고장 시 건전상 전압이 상규대지전압의 1.3배를 넘지 않는 범위에 들어가도록 중성점 임피던스를 조절해서 접지하는 방식을 유효접지라고 한다.

★★★★★ 기사 03년 2회 / 산업 95년 6회, 04년 3회

21 송전계통의 중성점 접지방식에서 유효접지라 하는 것은?

① 소호 리액터 접지방식
② 1선 접지 시 건전상의 전압이 상규대지전압의 1.3배 이하로 중성점 임피던스를 억제시키는 중성점접지
③ 중성점에 고저항을 접지시켜 1선 지락 시 이상전압의 상승을 억제시키는 중성점접지
④ 송전선로에 사용되는 변압기의 중성점을 저리액턴스로 접지시키는 방식

해설
1선 지락고장 시 건전상의 전압상승이 평상시 대지전압의 1.3배 이하가 유지되도록 중성점 임피던스를 조절해서 접지하는 방식(선간전압의 75[%]가 넘지 않도록 중성점 임피던스 조절)이다.

정답 17. ④ 18. ② 19. ③ 20. ② 21. ②

★ 산업 93년 1회, 06년 4회

22 1선 지락 시 전압상승을 상규대지전압의 1.3배 이하로 억제하기 위한 유효접지에서는 다음과 같은 조건을 만족하여야 한다. 다음 중 옳은 것은? (단, R_0 : 영상저항, X_0 : 영상 리액턴스, X_1 : 정상 리액턴스)

① $\dfrac{R_0}{X_1} \leqq 1,\ 0 \geqq \dfrac{X_1}{X_0} \geqq -3$

② $\dfrac{R_0}{X_1} \geqq 1,\ 0 \geqq \dfrac{X_0}{X_1} \geqq -3$

③ $\dfrac{R_0}{X_1} \leqq 1,\ 0 \leqq \dfrac{X_0}{X_1} \leqq 3$

④ $\dfrac{R_0}{X_1} \geqq 1,\ 0 \leqq \dfrac{X_0}{X_1} \leqq 3$

해설

$\dfrac{X_0}{X_1} \leq 3,\ \dfrac{R_0}{X_1} \leq 1$이라는 유효접지조건을 만족하면 1선 지락 시 건전상의 대지간 전압은 고장 전보다 1.3배 또는 선간전압의 0.8배 이하이다.

★★★★ 기사 16년 3회 / 산업 96년 4회, 00년 4회, 07년 4회, 12년 3회, 16년 1회

23 송전선로에서 1선 지락 시 건전상의 전압상승이 가장 작은 접지방식은 어느 것인가?

① 비접지방식
② 직접접지방식
③ 저항접지방식
④ 소호 리액터 접지방식

해설

직접접지방식은 1선 지락고장 시 건전상의 전압상승이 거의 없다.

구 분	비접지 방식	직접접지방식	소호 리액터 접지방식
1선 지락 시 건전상 전압 상승	$\sqrt{3}$배 상승	최소	−
기기절연수준	최고	최저 (단절연)	중간
1선 지락전류	작다.	최대	매우 작다.
전자유도장해	작다.	최대	매우 작다.
과도안정도	높다.	최소	매우 높다.

★ 산업 95년 5회

24 우리나라에서 소호 리액터 접지방식이 사용되고 있는 계통은 어느 전압[kV]계급인가?

① 22.9 ② 66
③ 154 ④ 345

해설 우리나라에 채택되고 있는 접지방식

㉠ 22[kV] : 비접지방식
㉡ 66[kV] : 소호 리액터 접지방식(단, 제주도 : 저항접지방식)
㉢ 154[kV], 345[kV] : 직접접지방식(유효접지방식)

★★★★ 기사 96년 4회, 99년 5회, 04년 1회

25 어떤 선로의 양단에 같은 용량의 소호 리액터를 설치한 3상 1회선 송전선로에서 전원측으로부터 선로길이의 $\dfrac{1}{4}$ 지점에 1선 지락고장이 발생했다면 영상전류의 분포는 대략 어떠한가?

①
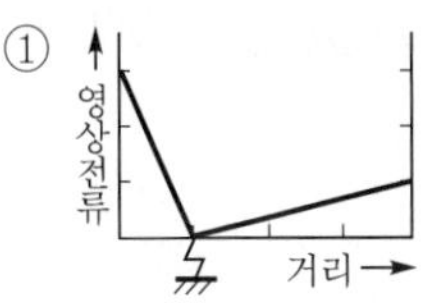

②
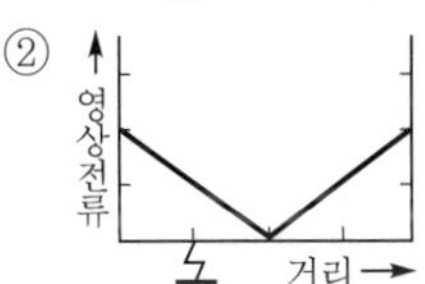

③
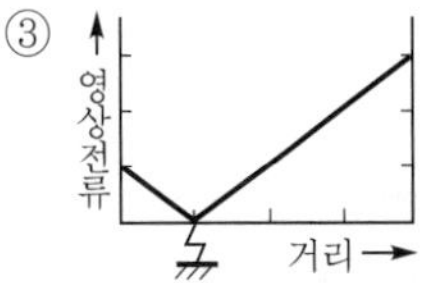

④
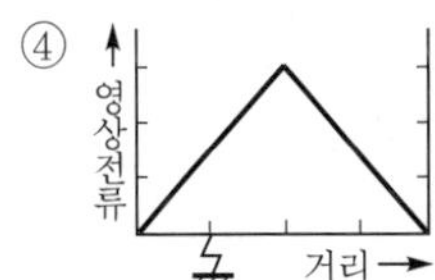

해설

소호 리액터 접지방식은 병렬공진을 이용하여 지락전류를 억제하므로 지락점의 위치에 관계없이 선로 양단에 나타나는 영상전류의 크기는 같다.

정답 22. ③ 23. ② 24. ② 25. ②

★★ 산업 03년 1회, 16년 1회

26 3상 1회선 송전선로의 소호 리액터 용량은?

① 선로충전용량과 같다.
② 3선 일괄의 대지충전용량과 같다.
③ 선간충전용량의 $\frac{1}{2}$이다.
④ 1선과 중성점 사이의 충전용량과 같다.

해설 병렬공진
㉠ 소호 리액터의 인덕턴스 = 전선로의 3선 일괄의 대지충전용량
㉡ 소호 리액터의 용량 $\omega L = \frac{1}{3\omega C_s}$

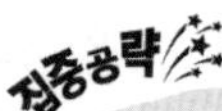

★★★★ 기사 97년 4회, 99년 5회, 05년 4회, 18년 2회

27 소호 리액터를 송전계통에 사용하면 리액터의 인덕턴스와 선로의 정전용량이 어떤 상태로 되어 지락전류를 소멸시키는가?

① 병렬공진
② 직렬공진
③ 고임피던스
④ 저임피던스

해설
소호 리액터 접지방식은 리액터 용량과 대지정전용량의 병렬공진을 이용하여 지락전류를 소멸시킨다.

★★★ 산업 92년 3회, 03년 2회, 14년 1회

28 다음 중성점 접지방식 중 단선고장일 때 선로의 전압상승이 최대이고 또한 통신장해가 최소인 것은?

① 비접지
② 직접접지
③ 저항접지
④ 소호 리액터 접지

해설
소호 리액터 접지방식은 지락사고 시 건전상의 전압상승이 거의 상승하지 않고 지락전류(영상전류)가 억제되어 근접통신선에 유도장해가 최소이다.

★★★★ 산업 93년 3·4회, 98년 2회, 99년 6회, 12년 1회, 16년 2회, 18년 2회

29 다음 중 소호 리액터 접지에 대한 설명으로 틀린 것은?

① 선택지락계전기의 동작이 용이하다.
② 지락전류가 작다.
③ 지락 중에도 송전이 계속 가능하다.
④ 전자유도장해가 경감한다.

해설
소호 리액터 접지방식은 지락사고 시 소호 리액터와 대지정전용량의 병렬공진으로 인해 지락전류가 거의 흐르지 않으므로 고장검출이 어려워 선택지락계전기의 동작이 불확실하다.

★★★★ 기사 93년 1회, 98년 7회, 01년 2회, 05년 1회, 12년 1회, 19년 1회

30 송전계통에 있어서 1선 지락의 경우 지락전류가 가장 작은 중성점 접지방식은?

① 저항접지식　② 직접접지식
③ 비접지식　④ 소호 리액터 접지식

해설 송전계통의 접지방식별 지락사고 시 지락전류 크기비교

중성점 접지방식	비접지	직접접지	저항접지	소호 리액터 접지
지락전류의 크기	작다.	최대	중간 정도	최소

★★★ 기사 16년 2회

31 송전계통에서 1선 지락의 경우 유도장해가 가장 작은 중성점 접지방식은?

① 비접지방식
② 저항접지방식
③ 직접접지방식
④ 소호 리액터 접지방식

해설 중성점 접지방식별 특성비교

구 분	비접지 방식	직접접지 방식	소호 리액터 접지방식
기기절연수준	최고	최저 (단절연)	중간
1선 지락전류	매우 작다.	최대	최소
전자유도장해	매우 작다.	최대	최소
과도안정도	크다.	최소	최대

정답 26. ② 27. ① 28. ④ 29. ① 30. ④ 31. ④

★★ 기사 98년 3회

32 다음 중 1선 지락전류가 큰 순서대로 배열된 것은?

> ㉠ 직접접지 3상 3선 방식
> ㉡ 저항접지 3상 3선 방식
> ㉢ 리액터(reactor) 접지 3상 3선 방식
> ㉣ 비접지 3상 3선 방식

① ㉣ – ㉠ – ㉡ – ㉢
② ㉣ – ㉡ – ㉠ – ㉢
③ ㉠ – ㉡ – ㉣ – ㉢
④ ㉡ – ㉠ – ㉢ – ㉣

해설 송전계통의 접지방식별 지락사고 시 지락전류 크기비교

중성점 접지방식	비접지	직접접지	저항접지	소호 리액터 접지
지락전류의 크기	작다.	최대	중간 정도	최소

★★★★ 산업 94년 4회, 95년 6회, 98년 4회, 99년 5회, 06년 4회, 07년 1회

33 단선고장 시 이상전압이 가장 큰 접지방식은? (단, 비공진 탭이나 2회선을 사용하지 않은 경우임)

① 비접지식
② 직접접지식
③ 소호 리액터 접지식
④ 고저항 접지식

해설
소호 리액터 접지계통에서 1선 단선사고가 발생하면 대지정전용량과 직렬공진상태가 되어 이상전압이 발생한다.

★★★★★ 기사 02년 3회, 05년 2회 / 산업 92년 7회, 93년 2회, 11년 3회, 13년 2회(유사)

34 소호 리액터 접지계통에서 리액터의 탭을 완전공진상태에서 약간 벗어나도록 하는 이유는?

① 전력손실을 줄이기 위하여
② 선로의 리액턴스분을 감소시키기 위하여
③ 접지계전기의 동작을 확실하게 하기 위하여
④ 직렬공진에 의한 이상전압의 발생을 방지하기 위하여

해설
소호 리액터 접지방식에서 1선 지락사고 시 건전상의 전선이 단선될 경우 직렬공진으로 인해 이상전압이 발생할 우려가 있으므로 리액터를 과보상으로 하여 설치한다.

$\omega L < \dfrac{1}{3\omega C_s}$ → 과보상(이상전압 방지)

소호 리액터의 용량 $\omega L = \dfrac{1}{3\omega C} - \dfrac{x_t}{3}$

★★★★ 기사 93년 4회, 97년 2회, 00년 3회 / 산업 11년 2회, 13년 2회

35 송전계통의 중성점접지용 소호 리액터의 인덕턴스 L은? (단, 선로 한 선의 대지정전용량을 C라 한다)

① $L = \dfrac{1}{C}$　② $L = \dfrac{C}{2\pi f}$
③ $L = \dfrac{1}{2\pi f C}$　④ $L = \dfrac{1}{3(2\pi f)^2 C}$

해설
소호 리액터의 리액턴스 $\omega L = \dfrac{1}{3\omega C}$에서

인덕턴스 $L = \dfrac{1}{3\omega^2 C}$이다.

★★★ 기사 00년 2회, 01년 3회, 03년 1회

36 소호 리액터 접지방식에서 10[%] 정도의 과보상을 한다고 할 때 사용되는 탭의 크기로 일반적인 것은?

① $\omega L > \dfrac{1}{3\omega C}$　② $\omega L < \dfrac{1}{3\omega C}$
③ $\omega L > \dfrac{1}{3\omega^2 C}$　④ $\omega L < \dfrac{1}{3\omega^2 C}$

정답 32. ③ 33. ③ 34. ④ 35. ④ 36. ②

해설

㉠ $\omega L > \dfrac{1}{3\omega C}$: 부족보상

㉡ $\omega L < \dfrac{1}{3\omega C}$: 과보상

㉢ $\omega L = \dfrac{1}{3\omega C}$: 완전보상

★★★★ 기사 93년 1회, 99년 4회, 02년 2회, 04년 4회, 11년 3회

37 1상의 대지정전용량 C[F], 주파수 f[Hz]의 3상 송전선의 소호 리액터의 공진 탭의 리액턴스는 몇 [Ω]인가? (단, 소호 리액터를 접속시키는 변압기의 리액턴스는 X_t [Ω]이다)

① $\dfrac{1}{3\omega C}+\dfrac{X_t}{3}$　② $\dfrac{1}{3\omega C}-\dfrac{X_t}{3}$

③ $\dfrac{1}{3\omega C}+3X_t$　④ $\dfrac{1}{3\omega C}-3X_t$

해설

소호 리액터 $\omega L = \dfrac{1}{3\omega C} - \dfrac{X_t}{3}$[Ω]

여기서, X_t : 변압기 1상당 리액턴스

★★ 산업 94년 3회

38 1상 대지정전용량 0.53[μF], 주파수 60[Hz]의 3상 송전선의 소호 리액터의 공진 탭(리액턴스)은 몇 [Ω]인가? (단, 접지시키는 변압기의 1상당의 리액턴스는 9[Ω]이다)

① 1466

② 1566

③ 1666

④ 1686

해설

소호 리액터 $\omega L = \dfrac{1}{3\omega C} - \dfrac{X_t}{3}$[Ω]

$= \dfrac{1}{3\times 2\pi\times 60\times 0.53\times 10^{-6}} - \dfrac{9}{3}$

$= 1665.25$

$\fallingdotseq 1666$[Ω]

여기서, X_t : 변압기 1상당 리액턴스

★★ 산업 97년 6회

39 1상 대지정전용량 0.53[μF], 주파수 60[Hz]의 3상 송전선이 있다. 이 선로에 소호 리액터를 설치하고자 한다. 소호 리액터의 10[%] 과보상 탭의 리액턴스는 약 몇 [Ω]인가? (단, 소호 리액터를 접지시키는 변압기 1상당의 리액턴스는 9[Ω]이다)

① 505　② 806

③ 1498　④ 1514

해설

소호 리액터 ωL

$= \dfrac{1}{3\omega C} - \dfrac{X_t}{3}$[Ω]

$= \dfrac{1}{3\times 2\pi\times 60\times 0.53\times 10^{-6}\times 1.1} - \dfrac{9}{3}$

$= 1513.6 \fallingdotseq 1514$[Ω]

여기서, X_t : 변압기 1상당 리액턴스

★★★★★ 산업 95년 4회, 98년 4회, 01년 3회, 06년 1회, 12년 3회

40 3상 3선식 소호 리액터 접지방식에서 1선의 대지정전용량을 C[μF], 상전압 E[kV], 주파수 f[Hz]라 하면, 소호 리액터의 용량은 몇 [kVA]인가?

① $\pi f CE^2 \times 10^{-3}$

② $2\pi f CE^2 \times 10^{-3}$

③ $3\pi f CE^2 \times 10^{-3}$

④ $6\pi f CE^2 \times 10^{-3}$

해설

소호 리액터 용량은 3선의 대지정전용량과 병렬공진으로 하므로 $\omega L = \dfrac{1}{3\omega C}$

소호 리액터 용량 $Q_L = 3EI_c = 3E\cdot\dfrac{E}{X_c}$

$= 3E\cdot\dfrac{E}{\dfrac{1}{\omega C}} = 3\omega CE^2$[kVA]

이를 전압과 대지정전용량의 단위를 고려하여 정리하면 다음과 같다.

소호 리액터 용량 $Q_L = 3\omega C\times 10^{-6}\times E^2 \times 10^6\times 10^{-3}$

$= 6\pi f CE^2\times 10^{-3}$[kVA]

정답 37. ② 38. ③ 39. ④ 40. ④

★★★★ 산업 91년 5회, 96년 7회, 18년 3회

41 공칭전압 V[kV], 1상의 대지정전용량 C[μF], 주파수 f의 3상 3선식 1회선 송전선의 소호 리액터 접지방식에서 소호 리액터의 용량은 몇 [kVA]인가?

① $6\pi f CV^2 \times 10^{-3}$　② $3\pi f CV^2 \times 10^{-3}$
③ $2\pi f CV^2 \times 10^{-3}$　④ $\pi f CV^2 \times 10^{-3}$

해설

소호 리액터 용량

$Q_L = 2\pi f C(V \times 10^3)^2 l \times 10^{-9}$[kVA]
$= 2\pi f CV^2 l \times 10^{-3}$

여기서, C : 대지정전용량[μF], V : 선간전압

★★★ 산업 95년 5회

42 선로의 길이 60[km]인 3상 3선식 66[kV] 1회선 송전에 적당한 소호 리액터 용량은 몇 [kVA]인가? (단, 대지정전용량은 1선당 0.0053[μF/km]이다)

① 322　② 522
③ 1044　④ 1566

해설

소호 리액터 용량 $Q_L = 2\pi f CV^2 l \times 10^{-9}$[kVA]
$= 2\pi \times 60 \times 0.0053 \times 66000^2 \times 60 \times 10^{-9} = 522.2$[kVA]

★★★ 산업 89년 6회

43 66[kV], 100[km], 60[Hz]인 평행 2회선 송전선이 있다. 여기서, 시설한 소호 리액터의 용량[kVA]은? (단, 1선 1[km]당 대지용량은 0.004[μF], 과보상은 30[%]로 한다)

① 1657　② 1707
③ 1757　④ 1807

해설

소호 리액터 용량 $Q_L = Q_c = 2\pi f CV^2 l \times 10^{-9}$[kVA]

평행 2회선의 경우 소호 리액터의 용량을 2배로 하여야 하므로

$Q_L = 2\pi \times 60 \times 0.004 \times 66000^2 \times 100 \times 10^{-9} \times (1+0.3) \times 2 = 1707$[kVA]

★ 산업 94년 5회

44 154[kV], 60[Hz], 선로의 길이 200[km]인 평행 2회선 송전선에 설치한 소호 리액터의 공진 탭의 용량은 약 몇 [MVA]인가? (단, 1선의 대지정전용량=0.0043[μF/km])

① 7.7　② 10.3
③ 15.4　④ 18.6

해설

소호 리액터의 공진 탭 용량

$Q_L = 2\pi \times 60 \times 0.0043 \times 154000^2 \times 200 \times 10^{-9} \times 2$
$= 15378$[kVA]
$\fallingdotseq 15.4$[MVA]

★ 산업 92년 7회, 02년 4회

45 66[kV], 60[Hz], 3상 3선식 선로에서 중성점을 소호 리액터 접지하여 완전공진상태로 되었을 때 중섬점에 흐르는 전류는 몇 [A]인가? (단, 소호 리액터를 포함한 영상회로의 등가저항은 200[Ω], 잔류전압은 4400[V]라고 한다)

① 11　② 22
③ 33　④ 44

해설

중성점의 전류 $I = \frac{\text{잔류전압}}{\text{등가저항}} = \frac{4400}{200} = 22$[A]

★★★★ 기사 93년 2회

46 다음 표는 리액터의 종류와 그 목적을 나타낸 것이다. 바르게 짝지어진 것은?

종 류	목 적
㉠ 병렬 리액터	ⓐ 지락 아크의 소멸
㉡ 한류 리액터	ⓑ 송전손실 경감
㉢ 직렬 리액터	ⓒ 차단기의 용량 경감
㉣ 소호 리액터	ⓓ 제5고조파 제거

① ㉠－ⓑ　② ㉡－ⓓ
③ ㉢－ⓓ　④ ㉣－ⓒ

정답 41. ③ 42. ② 43. ② 44. ③ 45. ② 46. ③

해설 리액터의 종류 및 특성

㉠ 병렬 리액터(분로 리액터) : 페란티 현상을 방지한다.
㉡ 한류 리액터 : 계통의 사고 시 단락전류의 크기를 억제하여 차단기의 용량을 경감시킨다.
㉢ 직렬 리액터 : 콘덴서 설비에서 발생하는 제5고조파를 제거한다.
㉣ 소호 리액터 : 1선 지락사고 시 지락전류를 억제하여 지락 시 발생하는 아크를 소멸시킨다.

★★★ 기사 03년 4회 / 산업 94년 7회, 98년 6회

47 송전선로의 접지에 대하여 기술하였다. 다음 중 옳은 것은?

① 소호 리액터 접지방식은 선로의 정전용량과 직렬공진을 이용한 것으로, 지락전류가 타방식에 비해 좀 큰 편이다.
② 고저항 접지방식은 이중고장을 발생시킬 확률이 거의 없으며 비접지식보다는 많은 편이다.
③ 직접접지방식을 채용하는 경우 이상전압이 낮기 때문에 변압기선정 시 단절연이 가능하다.
④ 비접지방식을 택하는 경우 지락전류차단이 용이하고 장거리송전을 할 경우 이중고장의 발생을 예방하기 좋다.

해설

직접접지방식은 지락사고 시 건전상의 전압이 거의 변화가 없고 이상전압이 낮기 때문에 절연 레벨을 낮게 하고 단절연방식을 채택할 수 있다.

★★★ 기사 96년 5회, 99년 6회

48 비접지방식을 직접접지방식과 비교한 것 중 옳지 않은 것은?

① 전자유도장해가 경감된다.
② 지락전류가 작다.
③ 보호계전기의 동작이 확실하다.
④ △결선을 하여 영상전류를 흘릴 수 있다.

해설

비접지방식은 지락사고 시 지락전류가 작아 고장전류검출이 어려워 보호계전기의 동작이 불확실해진다. 그러므로 지락사고 시 대지전압이 상승하는 특성을 이용하여 접지형 계기용 변압기(GPT)를 이용하여 지락과전압계전기(OVGR)를 사용한다.

★ 기사 05년 4회

49 공통중성선 다중 접지방식의 특성에 대한 설명으로 옳은 것은?

① 저압 혼촉 시 저압선 전위상승이 낮다.
② 합성접지저항이 매우 높다.
③ 건전상의 전위상승이 매우 높다.
④ 고감도의 지락보호가 용이하다.

해설

다중 접지방식의 경우 여러 개의 접지극이 병렬접속으로 합성저항이 작아 지락사고검출이 용이하다.

★★ 산업 07년 4회

50 3상 4선식 고압 선로의 보호에 있어서 중성선 다중 접지방식의 특성 중 옳은 것은?

① 합성접지저항이 매우 높다.
② 건전상의 전위상승이 매우 높다.
③ 통신선에 유도장해를 줄 우려가 있다.
④ 고장 시 고장전류가 매우 작다.

해설

3상 4선식 중성선 다중 접지방식에서 1선 지락사고 시 지락전류(영상분 전류)가 매우 커서 근접통신선에 유도장해가 크게 발생한다.

★★★★★ 산업 90년 2회, 02년 3회, 05년 4회, 13년 2회

51 중성점 저항접지방식의 병행 2회선 송전선로의 지락사고차단에 사용되는 계전기는?

① 선택접지계전기
② 과전류계전기
③ 거리계전기
④ 역상계전기

해설 선택지락(접지)계전기(SGR)

병행 2회선 송전선로에서 지락사고 시 고장회선만을 선택차단할 수 있게 하는 계전기이다.

정답 47. ③ 48. ③ 49. ④ 50. ③ 51. ①

CHAPTER

07

이상전압 및 방호대책

기사 11.66% 출제
산업 8.20% 출제

이렇게 공부하세요!!

출제경향분석

기사 출제비율 % / 산업 출제비율 %

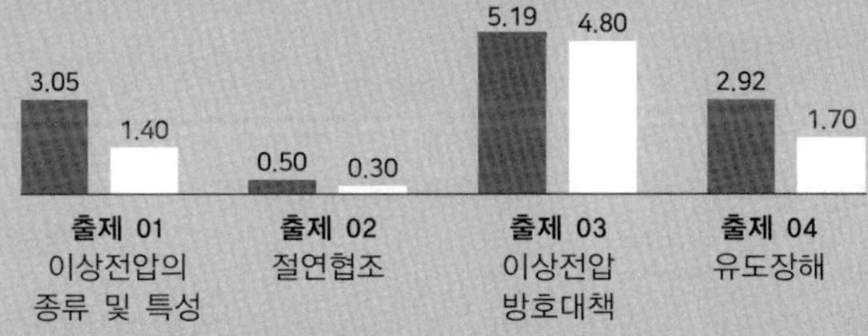

출제포인트

- ☑ 이상전압의 종류와 발생하는 장소에 따른 선로 및 설비에 미치는 영향을 이해할 수 있다.
- ☑ 절연협조의 의미와 절연협조를 구성하는 데 설비 간의 영향, 기준충격절연강도 등에 대해 이해할 수 있다.
- ☑ 피뢰기의 구조와 역할, 피뢰기의 중요용어의 정의에 대해 이해할 수 있다.
- ☑ 이상전압의 내습 시 방호설비의 종류와 각각의 역할에 대해 이해할 수 있다.
- ☑ 유도장해의 종류와 상황에 따라 주변설비에 미치는 영향을 이해할 수 있다.

이상전압 및 방호대책

기사 11.66% 출제 | 산업 8.20% 출제

기사 3.05% 출제 | 산업 1.40% 출제

출제 01 이상전압의 종류 및 특성

전력운용에 영향을 주는 이상전압의 특성을 구분하고 절연협조의 의미와 기준충격절연강도에 대해 알아야 한다.

1 이상전압의 원인

(1) 외부적 원인

① 직격뢰 : 전선로에 직격되는 뢰

② 유도뢰 : 대지로 방전 시 인접해 있는 전선로에 유도되는 뢰

③ 다른 송전선로와의 혼촉사고 또는 유도

(2) 내부적 원인

① 개폐 서지

㉠ 차단기를 이용하여 투입과 개방의 조작 시 나타나는 과도전압으로, 송전선로 대지전압의 4 ~ 6배 정도로 나타난다.

㉡ 억제방법 : 차단기 내 저항기를 설치(개폐저항기)한다.

② 1선 지락사고 시 건전상의 대지전위상승

㉠ 비접지방식에서 1선 지락 시 건전상의 대지전위가 $\sqrt{3}$ 배 상승하여 나타난다.

㉡ 억제방법 : 중성점 직접접지(또는 유효접지) 방식을 채택한다.

③ 무부하 시 전위상승

㉠ 무부하 시 전원을 투입하면 선로에 나타나는 대지정전용량 및 부하의 용량성 부하에 의해 수전단의 전압이 상승하여 페란티 현상으로 나타날 수 있다.

㉡ 억제방법 : 분로 리액터 및 동기조상기를 지상으로 운전한다.

단원확인기출문제

★★★ 산업 16년 2회

01 송 · 배전 선로에서 내부이상전압에 속하지 않는 것은?

① 개폐이상전압　　② 유도뢰에 의한 이상전압

③ 사고 시 과도이상전압　　④ 계통조작과 고장 시 지속이상전압

해설 **내부이상전압**
㉠ 선로 및 계통 내부에서 사고로 인해 발생한 이상전압
㉡ 무부하선로의 개폐 시 이상전압
㉢ 지락사고에 의한 과도전압
㉣ 페란티 현상 및 자기여자현상
㉤ 소호 리액터 방식의 1선 단선에 의한 이상전압

답 ②

2 이상전압의 특성

(1) 개폐 서지(이상전압)

① 공식 : 개폐 서지=투입 서지 + 개방 서지
㉠ 개폐 서지 : 송전선로의 개폐조작에 따른 과도현상 때문에 발생하는 이상전압
㉡ 투입 서지 : 건전한 선로에서 차단기를 투입하였을 때 일어나는 이상전압
㉢ **개방 서지 : 선로를 차단하였을 때 일어나는 이상전압**

② **회로를 투입할 때 보다 개방할 때, 또 부하가 있는 회로를 개방하는 것보다 무부하의 회로를 개방하는 쪽이 더 높은 이상전압이 발생**한다. 따라서, **이상전압이 가장 큰 경우는 무부하 송전선로의 충전전류를 차단할 경우**이다.

단원 확인기출문제

★★★★ 산업 17년 2회

02 개폐 서지를 흡수할 목적으로 설치하는 것의 약어는?

① CT　　② SA
③ GIS　　④ ATS

해설 ㉠ 서지 흡수기(SA) : 차단기(VCB)의 개폐 서지를 대지로 방전시켜 몰드 변압기, 건식 변압기를 보호하는 장치
㉡ 피뢰기(LA) : 뇌 서지 또는 개폐 서지를 대지로 방전시키고 속류를 차단하여 기기나 선로를 보호하는 장치
㉢ 가스 절연개폐설비(GIS) : SF_6 절연 가스로 충전된 금속제함에 차단기, 계기용 변성기 등을 담아 밀봉한 것으로, 주위의 오염물질이나 기후의 영향을 거의 받지 않고 장기간사용에 따른 절연의 열화 우려가 낮은 설비
㉣ 자동전환개폐기(ATS) : 변압기의 2차측에 설치되어 정전사고 시 예비전원을 투입시키고 이에 연결하여 부하에 전력을 공급할 수 있게 하는 장치

답 ②

(2) 이상전압 파형 및 진행파

① 반사파전압 : $E_1 = \dfrac{Z_2 - Z_1}{Z_1 + Z_2} E[\text{A}]$

② 투과파전압 : $E_2 = \dfrac{2Z_2}{Z_1 + Z_2} E[\text{A}]$

③ 진행속도 : $V = \dfrac{1}{\sqrt{LC}}$ [m/sec]

(3) 직격뢰의 파형

① 충격파(서지) : 극히 짧은 시간에 파고값에 도달했다가 소멸해버리는 파형이다.

② **파두장은 짧고, 파미장은 길다.**

③ 국제 표준충격파 : $1 \times 40[\mu\text{sec}]$, $\mathbf{1.2 \times 50[\mu sec]}$

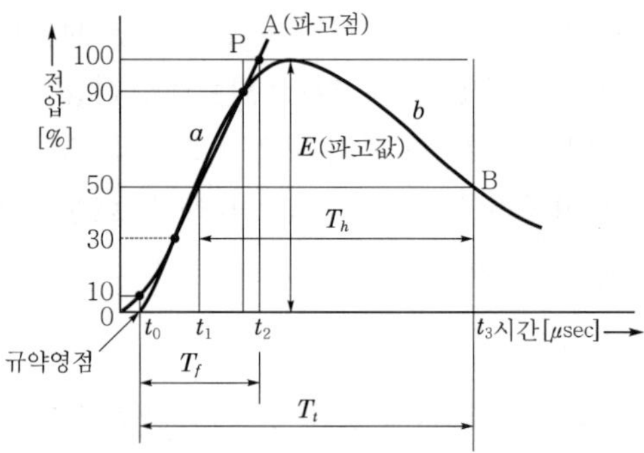

여기서, OA : 파두, T_f : 파두길이

AB : 파미, T_t : 파미길이

단원 확인 기출문제

★★★★ 기사 95년 6회, 12년 2회

03 송전선로에서 이상전압이 가장 크게 발생하기 쉬운 경우는?

① 무부하송전선로를 폐로하는 경우

② 무부하송전선로를 개로하는 경우

③ 부하송전선로를 폐로하는 경우

④ 부하송전선로를 개로하는 경우

해설 회로를 투입할 때 보다 개방할 때, 또 부하가 있는 회로를 개방하는 것보다 무부하의 회로를 개방하는 쪽이 더 높은 이상전압이 발생한다.

 ②

기사 0.50% 출제 | 산업 0.30% 출제

출제 02 절연협조

기준충격절연강도 및 절연계급의 의미를 숙지하고 전력계통에 설치된 각각의 설비를 BIL의 크기에 따라 순서대로 암기하여야 한다. 필기 및 실기시험에 출제되고 있다.

1 절연협조의 정의

발 · 변전소의 기기나 송 · 배전 선로 등의 전력계통 전체의 절연설계를 보호장치와 관련시켜서 합리화를 도모하고 안전성과 경제성을 유지하는 것이다.

2 절연계급과 기준충격 절연강도(BIL)

① 절연계급 : 계통의 선로 및 기기의 절연강도계급을 말하며, 각 절연계급에 대응해서 절연강도를 지정할 때 기준이 되는 기준충격 절연강도(BIL)[kV]가 정해져 있다.

② 기준충격 절연강도(BIL) : 계통에서의 뇌전압 진행파의 파고값, 각종 보호장치의 보호능력 등을 고려해서 정해진다.

③ BIL = 절연계급×5 + 50[kV] = $5E+50$

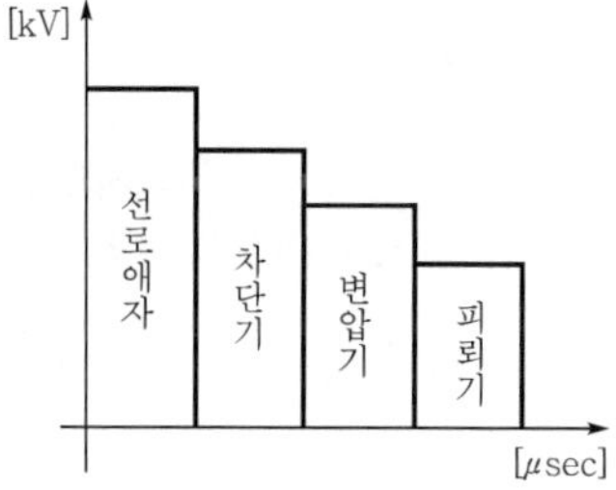

단원 확인 기출문제

★★★ 산업 07년 2회

04 계통의 기기절연을 표준화하고 통일된 절연체계를 구성하는 목적으로 절연계급을 설정하고 있다. 이 절연계급에 해당하는 내용을 무엇이라 부르는가?

① 제한전압 ② 기준충격 절연강도
③ 사용주파 내전압 ④ 보호계전

해설 ㉠ 절연계급 : 계통의 선로 및 기기의 절연강도계급이다.
㉡ 기준충격 절연강도(BIL) : 각 절연계급에 대응해서 절연강도를 지정할 때 기준이다.

답 ②

★★★★★ 기사 11년 3회, 15년 3회 / 산업 93년 2회, 98년 5회, 05년 1회

05 송전계통에서 절연협조의 기본이 되는 것은?

① 피뢰기의 제한전압 ② 애자의 섬락전압
③ 변압기 붓싱의 섬락전압 ④ 권선의 절연내력

해설 절연협조란 발 · 변전소의 기기나 송 · 배전 선로 등의 전력계통 전체의 절연설계를 보호장치와 관련시켜서 합리화를 도모하고 안전성과 경제성을 유지하는 것으로, 피뢰기의 제한전압을 기본으로 한다.

답 ①

기사 5.19% 출제 | 산업 4.80% 출제

출제 03 이상전압 방호대책

이상전압으로부터 선로 및 기기를 보호하기 위한 설비의 종류를 파악하고 설치방법 및 운용상 주의할 부분에 대해 숙지하여야 한다.

1 피뢰기

(1) 피뢰기의 정의

피뢰기는 낙뢰 또는 개폐 서지 등의 이상전압을 일정값 이하로 저감시켜 전기기기의 절연파괴를 방지하고 방전한 후 속류를 신속히 차단하며 계통을 정상적인 상태로 유지시키는 기능을 가진 기기이다.

참고 속 류

방전현상이 실질적으로 끝난 후 계속하여 전력계통에서 공급되어 피뢰기에 흐르는 전류이다.

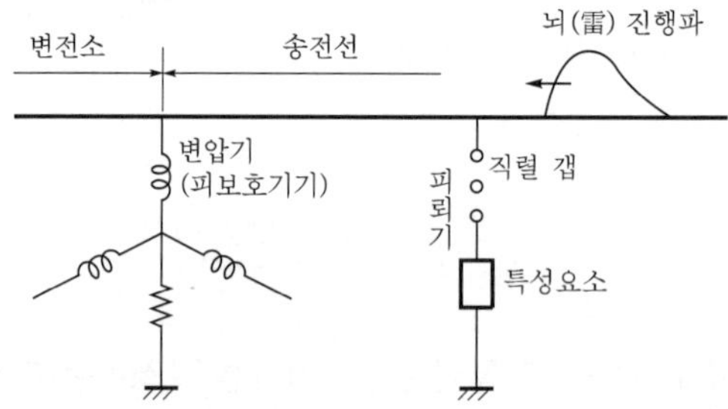

단원 확인기출문제

★★★★★ 기사 93년 1회, 15년 2회, 19년 1회

06 이상전압의 파고값을 저감시켜 전력사용설비를 보호하기 위하여 설치하는 것은?

① 피뢰기 ② 소호환
③ 아킹혼 ④ 아머로드

해설 **피뢰기의 역할**

㉠ 피뢰기는 낙뢰 또는 개폐 서지 등의 이상전압을 일정값 이하로 저감시켜 전기기기의 절연파괴를 방지한다.
㉡ 이상전압을 방전한 후 속류를 신속히 차단하고 계통을 정상적인 상태로 유지한다.

답 ①

(2) 피뢰기의 종류 및 특성

① 갭형 피뢰기

㉠ 직렬 갭 : 평상시 피뢰기회로를 열고(OFF) 과전압이 인가될 때 불꽃방전에 의해 그 회로를 닫으며(ON) 그 후 특성요소로 제한하여 **속류차단작용을 하는 피뢰기의 구성부분**이다.

㉡ 특성요소 : **이상전압내습 시 대전류를 방전시켜 단자간 전압을 제한**하고 방전 후는 속류를 실질적으로 정지 또는 직렬 갭으로 차단할 수 있는 정도로 제한하는 피뢰기의 구성부분이다.

㉢ 실드링 : 대지정전용량의 불균형 완화 및 피뢰기 방전개시시간의 저하를 방지한다.

② 갭레스형 피뢰기

㉠ 갭레스형 피뢰기의 구조

ⓐ 특성요소(ZnO 소자)만으로 밀봉된 구조로, 직렬 갭이 불필요하다.

ⓑ 특성요소 : 산화아연(ZnO) 주성분으로 하여 산화금속을 첨가한 소결체로, 우수한 비직선 전압·전류 특성을 가지고 있다.

㉡ 갭레스형 피뢰기의 특성

ⓐ **직렬 갭이 없어서 방전특성 및 내오손 특성이 우수**하다.

ⓑ **제한전압이 낮으며 구조가 간단, 소형화, 경량화가 가능**하다.

ⓒ **급준파 응답특성이 우수**하다.

참고 **열폭주현상**

직렬 갭이 없어 상시에 흐르는 누설전류에 의해 발열이 일어나 과열소손되는 것이다.

구 분	Gap형(탄화규소 피뢰기)	Gapless형(산화아연 피뢰기)
구 조	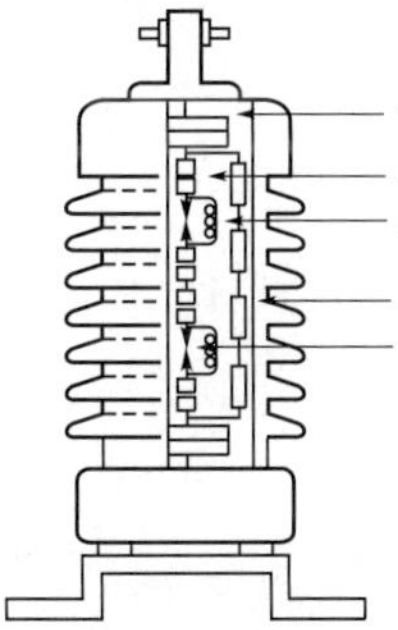 특성요소 주 갭 소호 코일 분로저항 측로 갭	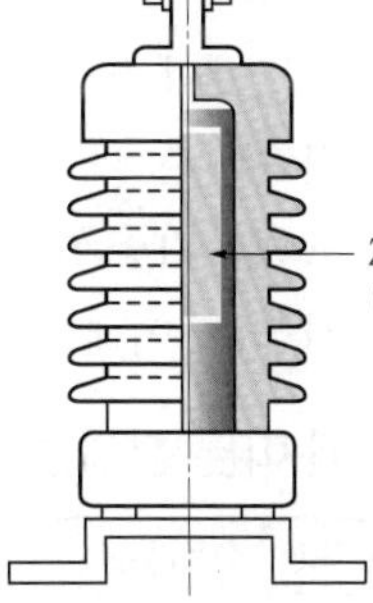 ZnO (특성요소)

(3) 피뢰기의 중요용어

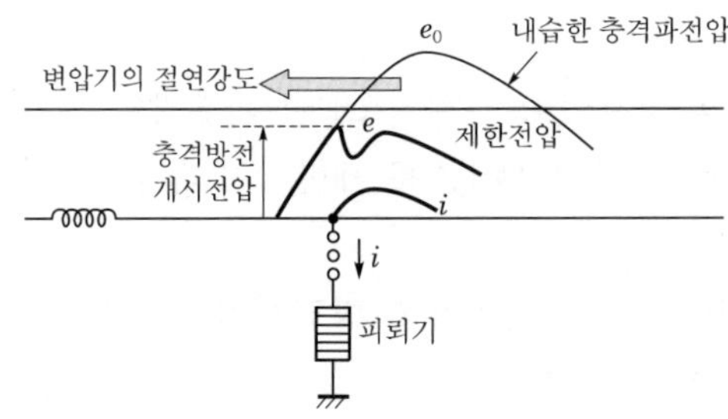

① 상용주파 허용단자전압

㉠ **계통의 상용주파수의 지속성 이상전압에 의한 방전개시전압의 실효값**이다.

㉡ 피뢰기 정격전압의 1.5배 이상이어야 한다.

② 충격방전 개시전압 : **피뢰기단자간에 충격파를 인가할 때 방전을 개시하는 전압(파고값)**이다.

③ 피뢰기제한전압

㉠ **방전으로 저하되어서 피뢰기단자간에 남게 되는 충격전압의 파고값**이다.

㉡ 방전 중에 피뢰기단자간에 걸리는 전압 아래와 같다.

$$\text{피뢰기의 제한전압 } e_3 = \frac{2Z_2}{Z_1+Z_2}e_1 - \frac{Z_1Z_2}{Z_1+Z_2}i_g$$

④ 피뢰기정격전압 : **속류를 끊을 수 있는 최고의 교류전압**을 피뢰기의 정격전압이라 한다.

(4) 피뢰기의 구비조건

① **충격방전 개시전압이 낮고, 상용주파 방전개시전압은 높아야 한다.**

② **방전내량은 크면서 제한전압은 낮아야 한다.**

③ **속류차단능력이 충분해야 한다.**

④ **반복동작이 가능해야 한다.**

⑤ **구조가 견고하고 특성이 변화하지 않아야 한다.**

(5) 피뢰기의 설치장소

① 발·변전소나 개폐소의 인입구 및 인출구

② 가공선에 접속되는 배전용 변압기의 고압측 및 특고압측

③ 특고압 및 고압 가공선으로부터 공급받는 수용가의 인입구

④ 가공선과 지중 케이블의 접속점

(6) 공칭방전전류에 따른 정격전압

공칭방전전류	설치장소	적용조건
10[kA]	변전소	• 154[kV] 이상의 계통 • 66[kV] 및 그 이하의 계통에서 Bank 용량이 3000[kVA]를 초과하거나 특히 중요한 곳 • 장거리 송전 케이블 • 배전선로 인출측

공칭방전전류	설치장소	적용조건
5[kA]	변전소	66[kV] 및 그 이하 계통에서 Bank 용량이 3000[kVA] 이하인 곳
2.5[kA]	선로	배전선로

단원 확인기출문제

★★★★★ 기사 94년 3회, 16년 1회

07 피뢰기가 그 역할을 잘 하기 위하여 구비되어야 할 조건으로 틀린 것은?

① 속류를 차단할 것
② 내구력이 높을 것
③ 충격방전 개시전압이 낮을 것
④ 제한전압은 피뢰기의 정격전압과 같게 할 것

해설 **피뢰기의 구비조건**
㉠ 이상전압내습 시 충격방전 개시전압이 낮을 것
㉡ 상용주파 방전개시전압이 높을 것
㉢ 피뢰기제한전압이 낮고 방전내량이 클 것
㉣ 피뢰기정격전압(속류차단전압)이 높을 것

답 ④

★★ 기사 96년 7회, 00년 6회

08 피뢰기의 정격을 나타내는 단위는?

① [A] ② [Ω]
③ [V] ④ [W]

답 ①

2 가공지선

① 가공지선은 지지물 상부에 시설한 지선으로, 직격뢰로부터 선로 및 기기를 차폐한다.
② 차폐각(θ)
㉠ **30° ~ 45° 정도**(30° 이하 : 100[%], 45° 정도 : 97[%])
㉡ **차폐각은 작을수록 보호효율이 크고 시설비가 비싸다.**
③ 가공지선의 효과
㉠ 유도뢰에 의한 정전차폐효과
㉡ 통신선의 전자유도장해를 경감시킬 수 있는 전자차폐효과
④ 가공지선의 종류 : 강심 알루미늄연선, 아연도금철선, 광복합 가공지선(OPGW)

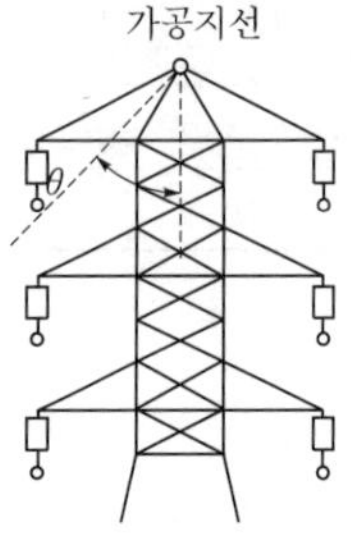

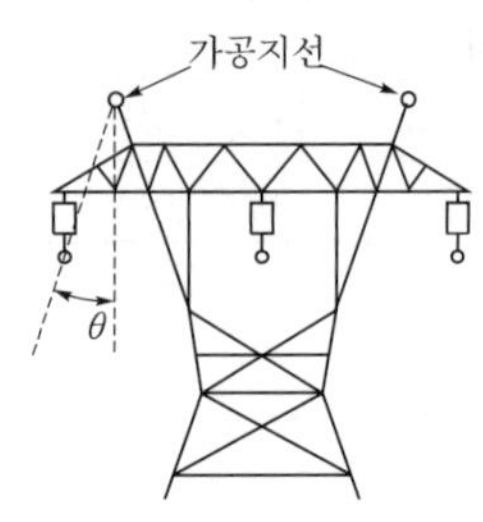

3 매설지선

① 대지의 접지저항이 300[Ω]을 초과하면 매설지선을 설치한다.
② **철탑의 저항값(탑각접지저항)을 줄인다. 이는 역섬락을 방지**한다.
③ 종류 : 아연도금철선(단선 : 4[mm] 이상, 연선 : 38[mm^2](7/2.6[mm]))
④ 매설길이 : 20 ~ 80[m] 정도로 방사상으로 포설한다.
⑤ 접지저항 : 10[Ω] 이하
⑥ 매설깊이 : 30 ~ 50[cm] 이상

단원확인기출문제

★★★★ 기사 94년 6회, 17년 2회(유사)

09 선로지지물 상부에 선로와 평행하게 가설되는 가공지선의 효과가 아닌 것은?

① 정전차폐효과 ② 코로나 저감효과
③ 직격차폐효과 ④ 전자차폐효과

해설 가공지선의 설치효과
㉠ 직격뢰로부터 선로 및 기기 차폐
㉡ 유도뢰에 의한 정전차폐효과
㉢ 통신선의 전자유도장해를 경감시킬 수 있는 전자차폐효과

답 ②

★★★★★ 기사 02년 3회 / 산업 93년 3회, 03년 4회, 06년 2회, 11년 1회

10 가공지선과 전력선 간의 역섬락이 생기기 쉬운 때는?

① 선로손실이 클 때 ② 철탑의 접지저항이 클 때
③ 선로정수가 균일하지 않을 때 ④ 코로나 현상이 발생할 때

해설 탑각접지저항이 크면 철탑 또는 가공지선에 뇌가 유입하는 경우 뇌전류가 방류하여 철탑 자체에 전압이 상승하여 애자의 절연이 파괴되고 가공전선에 섬락이 발생한다. 이를 역섬락이라 한다. 이를 방지하기 위해 탑각접지(매설지선설치)를 실시한다.

 ②

기사 2.92% 출제 | 산업 1.70% 출제

출제 04 유도장해

유도장해를 발생원인에 따라 구분하고 유도장해의 방지 및 억제대책에 대해 정리하고 숙지한다.

1 유도장해의 의미

유도장해란 전력선으로 인해 통신선에 통신조작원 위해, 통신설비의 파손, 통신업무방해 등을 주는 것을 말하며 정전유도장해, 전자유도장해, 고조파 유도장해가 있다.

2 유도장해의 종류 및 특성

(1) 정전유도장해

① 전력선과 통신선의 상호정전용량에 의해 발생한다.

② **주파수나 전력선과 통신선 간의 병행길이에 무관**하며 평상시 통신선에 장해가 발생한다.

(2) 전자유도장해

① 1선 지락사고 시 영상전류에 의한 자속이 통신선과 쇄교하여 나타나는 상호 인덕턴스에 의해 발생한다.

② 지락사고 시에 문제가 되는데 **전력선과 통신선 간의 병행길이에 비례**한다.

(3) 고조파 유도장해

배전선로의 경우 상시불평형에 의한 중성선의 영상분 고조파전류에 의해 전자유도장해가 발생한다.

3 정전유도전압

(1) 정전유도전압의 의미

전력선과 통신선과의 상호정전용량에 의해 발생하는 것으로, 송전선로 대지전압의 잔류전압에 의하여 유도되는 전압이다.

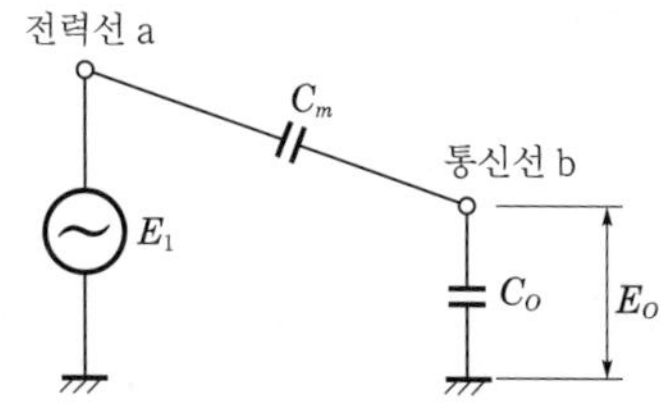

(2) 단상 2선식의 경우

$$E_o = \frac{C_m}{C_o + C_m} E_1 [\mathrm{V}]$$

여기서, C_m : 상호정전용량, C_o : 대지정전용량

(2) 3상 3선식의 경우

$$V_n = \frac{\sqrt{C_a(C_a - C_b) + C_b(C_b - C_c) + C_c(C_c - C_a)}}{C_a + C_b + C_c + C_s} \times \frac{V}{\sqrt{3}} [\mathrm{V}]$$

4 전자유도전압

(1) 전자유도전압의 의미

전력선과 통신선 사이의 상호 인덕턴스에 의하여 발생하는 것으로, 송전선에 흐르는 영상전류에 의하여 약전선에 유도장해를 주게 된다.

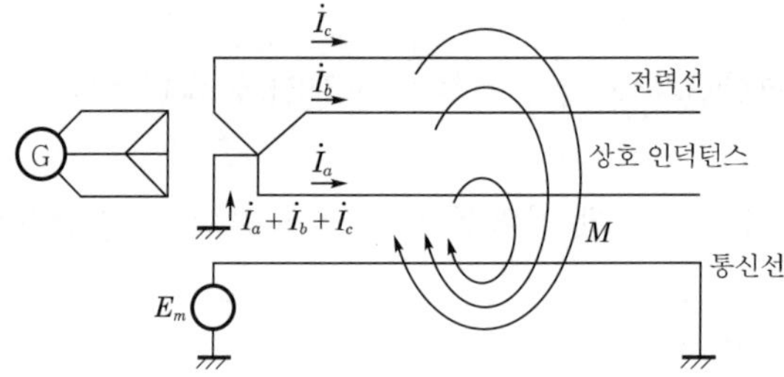

(2) 전자유도전압

$$E_n = 2\pi f M l(\dot{I}_a + \dot{I}_b + \dot{I}_c) \times 10^{-3} = 2\pi f M l \times 3\dot{I}_o \times 10^{-3} [\mathrm{V}]$$

여기서, M : 상호 인덕턴스[mH/km], $\dot{I}_a + \dot{I}_b + \dot{I}_c = 3\dot{I}_o$[A]

전력선에 지락사고 발생 시 $3I_o$의 지락전류가 흘러 상호 인덕턴스 M, 병행길이 l 및 주파수에 비례하여 통신선에 유도전압을 일으키게 된다.

(3) 카슨–폴라젝 방정식(Carson Pollaczek)

대지귀로전류에 기초를 둔 자기 및 상호 인덕턴스를 구하는 식으로, 유도전압예측 계산의 기본식이다.

$$M = 0.2\log\frac{2}{\gamma d\sqrt{4\pi\omega\sigma}} + 0.1 - j\frac{\pi}{20} [\mathrm{mH/km}]$$

여기서, γ : 1.7811(Bessel의 정수), d : 전력선과 통신선과의 이격거리[cm]

σ : 대지의 도전율

단원 확인기출문제

★★★★★ 기사 14년 2회 / 산업 94년 6회, 06년 2회, 07년 2회

11 지락고장 시 문제가 되는 유도장해로서 전력선과 통신선의 상호 인덕턴스에 의해 발생되는 장해현상은?

① 정전유도장해 ② 전자유도장해
③ 고조파유도장해 ④ 전력유도장해

해설 **전력선과 통신선 간의 유도장해**
㉠ 전자유도장해 : 전력선과 통신선과의 상호 인덕턴스에 의해 발생한다.
㉡ 정전유도장해 : 전력선과 통신선과의 상호정전용량에 의해 발생한다.

답 ②

★★★ 산업 04년 2회, 06년 1회

12 송전선로에 근접한 통신선에서 발생하는 유도장해에 관한 설명으로 옳지 않은 것은?

① 정전유도는 전력선의 영상전압에 의해 발생한다.
② 전자유도는 전력선의 영상전류에 의해 발생한다.
③ 유도장해를 억제하기 위하여 송전선에 충분한 연가를 한다.
④ 유도되는 전압은 통신선의 길이에 비례한다.

해설 정전유도전압 $E_n = \dfrac{3C_m}{C_o+3C_m}E_o$[V]으로 전력선의 영상전압에 의해 발생하므로 선로길이와 무관하다.

답 ④

5 유도장해의 경감대책

(1) 정전유도의 경감대책

① 전력선 및 통신선을 완전히 **연가**한다.
② 전력선과 통신선의 **이격거리를 크게 한다**(C의 경감).
③ **전력선 및 통신선을 케이블화**해서 차폐효과를 높인다.
④ 통신선을 접지한다.
⑤ 차폐선이나 차폐울타리를 설치한다.

(2) 전자유도의 경감대책

① 전력선측 대책
㉠ 전력선을 될 수 있는 한 통신선에서 멀리 이격시킨다(M의 저감).
㉡ **지락전류가 작은 접지방식을 채택**한다(소호 리액터 접지).
㉢ 직접접지방식의 경우 **지락사고 시 고속도차단으로 빠른 시간에 고장을 제거**한다.
㉣ 전력선과 통신선 간에 차폐선을 설치한다(M의 저감).
㉤ 양 선로가 교차할 경우에는 가능한 한 직각으로 교차한다(M의 저감).
㉥ **전력선의 연가를 충분히 시행**한다.

② 통신선측 대책

㉠ **연피 케이블을 사용**한다(상호 인덕턴스(M)의 저감).

㉡ 통신선로의 도중에 **중계 코일(절연변압기)을 설치하여 병행구간을 줄인다.**

㉢ 통신선에 **통신선용 피뢰기를 설치**한다.

㉣ 통신선을 배류 코일 등으로 접지하여 저주파성 유도전류를 대지로 방류한다.

㉤ 통신선에 필터를 설치한다.

단원 확인 기출문제

★★★ 기사 00년 2회

13 **송전선의 통신선에 대한 유도장해 방지대책이 아닌 것은?**

① 전력선과 통신선과의 상호 인덕턴스를 크게 한다.
② 전력선의 연가를 충분히 한다.
③ 고장발생 시 지락전류를 억제하고, 고장구간을 빨리 차단한다.
④ 차폐선을 설치한다.

해설 **유도장해 방지대책**

㉠ 전력선측 대책
- 중성점접지에 고저항을 넣어 지락전류를 줄인다.
- 연가를 시설한다.
- 소호 리액터를 설치한다.
- 고장구간 고속도를 차단한다.
- 차폐선을 설치한다.
- 지중 Cable화한다.

㉡ 통신선측 대책
- 통신선로를 교차실시한다.
- 단선식을 복선식으로 바꾼다.
- 나선을 연피 케이블화한다.
- 배류 코일을 채택한다.
- 통신선용 피뢰기를 설치한다.
- 차폐선을 설치한다.

답 ①

단원 자주 출제되는 기출문제

★★ 기사 91년 6회, 15년 2회

01 송 · 배전 선로에 발생되는 이상전압의 내부적 원인이 아닌 것은?

① 선로의 개폐
② 아크 접지
③ 선로의 이상상태
④ 유도뢰

해설 **이상전압의 종류**

㉠ 외부적 원인 : 직격뢰, 유도뢰, 다른 선로와의 혼촉사고 또는 유도현상
㉡ 내부적 원인 : 개폐 서지, 지락사고 시 전위상승, 무부하 시 전위상승, 잔류전압으로 인한 전위상승

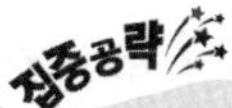

★★★★ 산업 93년 6회, 03년 1회, 15년 3회

02 뇌 서지와 개폐 서지의 파두장과 파미장에 대한 설명으로 옳은 것은?

① 파두장은 같고, 파미장이 다르다.
② 파두장은 다르고, 파미장은 같다.
③ 파두장과 파미장이 모두 다르다.
④ 파두장과 파미장이 모두 같다.

해설 **표준충격파**

㉠ 뇌 서지의 크기 : 1.2×50[μsec]
뇌 서지는 파두장(1.2[μsec])과 파미장(50[μsec])으로 구분된다.
㉡ 개폐 서지의 크기 : 250×2500[μsec]

★★★ 기사 90년 6회, 94년 3회, 96년 2회, 00년 4회

03 기기의 충격전압시험을 할 때 채용하는 우리나라의 표준충격전압파의 파두장 및 파미장을 표시한 것은?

① 1.5×40[μsec]　② 2×40[μsec]
③ 1.2×50[μsec]　④ 2.3×50[μsec]

해설

우리나라에서는 충격전압시험으로 적용하고 있는 표준충격파는 1.2×50[μsec]으로, 파두장 T_f =1.2[μsec], 파미장 T_t =50[μsec]로 한다.

★★★★★ 기사 16년 1회 / 산업 90년 2회, 94년 6회, 00년 1회, 04년 4회

04 송전선로의 개폐조작 시 발생하는 이상전압에 관한 상황에서 옳은 것은?

① 개폐이상전압은 회로를 개방할 때 보다 폐로할 때 더 크다.
② 개폐이상전압은 무부하 시 보다 전부하일 때 더 크다.
③ 가장 높은 이상전압은 무부하송전선의 충전전류를 차단할 때이다.
④ 개폐이상전압은 상규대지전압의 6배, 시간은 2 ~ 3초이다.

해설 **개폐 서지**

송전선로의 개폐조작에 따른 과도현상 때문에 발생하는 이상전압으로, 송전선로 개폐조작 시 이상전압이 가장 큰 경우는 무부하송전선로의 충전전류를 차단할 때 발생한다.

★★★★ 기사 92년 3회

05 인덕턴스 1.345[mH/km], 정전용량 0.00785[μF/km]인 가공선의 서지 임피던스는 몇 [Ω]인가?

① 320　② 370
③ 414　④ 483

해설

서지 임피던스(특성 임피던스)

$$Z_o = \sqrt{\frac{L}{C}} = \sqrt{\frac{1.345\times10^{-3}}{0.00785\times10^{-6}}} = 414[\Omega]$$

정답 01. ④ 02. ③ 03. ③ 04. ③ 05. ③

★ 기사 98년 4회, 03년 3회

06 전력손실이 없는 송전선로에서 서지파(진행파)가 진행하는 속도는 어떻게 표시되는가? (단, L : 단위선로길이당 인덕턴스, C : 단위선로길이당 커패시턴스)

① $\sqrt{\dfrac{L}{C}}$

② $\sqrt{\dfrac{C}{L}}$

③ $\dfrac{1}{\sqrt{LC}}$

④ $\sqrt{LC}$

해설

전파속도 $V = \dfrac{1}{\sqrt{LC}}$

특성 임피던스 $Z_o = \sqrt{\dfrac{Z}{Y}}$

$= \sqrt{\dfrac{R+j\omega L}{g+j\omega C}}$

$\Rightarrow \sqrt{\dfrac{L}{C}} \quad (R=g=0)$

전파정수 $\gamma = \sqrt{ZY}$

$= \sqrt{(R+j\omega L)(g+j\omega C)}$

$= j\omega\sqrt{LC} \fallingdotseq \sqrt{LC}$

★★ 기사 93년 3회, 01년 2회

07 가공선의 서지 임피던스를 Z_a, 지중선(cable)의 서지 임피던스를 Z_c라 할 때 일반적으로 다음 어떤 관계가 성립하는가?

① $Z_a = Z_c$

② $Z_a > Z_c$

③ $Z_a < Z_c$

④ $Z_a \leq Z_c$

해설

서지 임피던스(특성 임피던스) $Z_o = \sqrt{\dfrac{L}{C}}$[Ω]

지중선이 케이블을 사용하므로 가공선에 비해 L이 작고 C가 커서 서지 임피던스가 작다.

★★★ 산업 96년 6회, 99년 4회, 19년 1회

08 송전선이 파동 임피던스를 Z_o[Ω], 전파속도를 V라 할 때 이 송전선의 단위길이에 대한 인덕턴스는 몇 [H]인가?

① $L = \dfrac{V}{Z_o}$　　② $L = \dfrac{Z_o}{V}$

③ $L = \sqrt{Z_o}\,V$　　④ $L = \dfrac{Z_o^2}{V}$

해설

파동 임피던스 $Z_o = \sqrt{\dfrac{L}{C}}$[Ω]

전파속도 $V = \dfrac{1}{\sqrt{LC}}$이므로

인덕턴스 $\dfrac{Z_o}{V} = \dfrac{\sqrt{\dfrac{L}{C}}}{\dfrac{1}{\sqrt{LC}}} = L$[H/m]

★★★★ 기사 14년 2회 / 산업 93년 2회, 00년 5회, 17년 3회

09 파동 임피던스가 300[Ω]인 가공송전선 1[km]당 인덕턴스는 몇 [mH/km]인가? (단, 저항과 누설 컨덕턴스는 무시한다)

① 0.5　　② 1

③ 1.5　　④ 2

해설

파동 임피던스 $Z_o = \sqrt{\dfrac{L}{C}}$[Ω]

여기서, 파동 임피던스=특성 임피던스

전파속도 $V = \dfrac{1}{\sqrt{LC}}$[m/sec]에서 양 식을 서로 나누면 L을 구할 수 있다.

1[km]당 인덕턴스 $L = \dfrac{Z_o}{V} = \dfrac{300}{3\times10^8}$

$= 1\times10^{-6}$[H/m]

$= 1$[mH/km]

★★ 기사 98년 5회, 02년 4회

10 파동 임피던스가 500[Ω]인 가공송전선의 1[km]당 인덕턴스는 몇 [mH/km]인가?

① 1.67　　② 2.67

③ 3.67　　④ 4.67

정답 06. ③ 07. ② 08. ② 09. ② 10. ①

해설

1[km]당 인덕턴스

$$L = \frac{Z_o}{V} = \frac{500}{3\times 10^8} = 1.67[\text{mH/km}]$$

여기서, 파동 임피던스=특성 임피던스

★★ 기사 97년 7회, 15년 2회

11 서지파(진행파)가 서지 임피던스 Z_1의 선로측에서 서지 임피던스 Z_2 선로측으로 입사할 때 반사계수(반사파전압÷입사파전압) a를 나타내는 식은?

① $a = \frac{Z_2 - Z_1}{Z_1 + Z_2}$

② $a = \frac{2Z_2}{Z_1 + Z_2}$

③ $a = \frac{Z_1 - Z_2}{Z_1 + Z_2}$

④ $a = \frac{2Z_1}{Z_1 + Z_2}$

해설

반사계수 $a = \frac{Z_2 - Z_1}{Z_1 + Z_2}$

집중공략

★★★★ 기사 91년 2회, 94년 4회, 18년 3회

12 서지파(진행파)가 서지 임피던스 Z_1의 선로측에서 서지 임피던스 Z_2의 선로측으로 입사할 때 투과계수(투과(침입)파전압÷입사파전압) ν를 나타내는 식은?

① $\nu = \frac{Z_2 - Z_1}{Z_1 + Z_2}$

② $\nu = \frac{2Z_2}{Z_1 + Z_2}$

③ $\nu = \frac{Z_1 - Z_2}{Z_1 + Z_2}$

④ $\nu = \frac{2Z_1}{Z_1 + Z_2}$

해설

투과계수 $\nu = \frac{2Z_2}{Z_1 + Z_2}$

★★★ 산업 91년 5회, 98년 6회

13 가공선의 임피던스가 Z_1, 케이블의 임피던스가 Z_2인 선로의 접속점에 피뢰기를 설치하였더니 가공선쪽에서 파고값 e[V]의 진행파가 진행되어 이상전류를 i[A] 방전시켰다면 피뢰기의 제한전압식은?

① $\frac{2Z_2}{Z_1 + Z_2}e - \frac{Z_1 Z_2}{Z_1 + Z_2}i$

② $\frac{2Z_2}{Z_1 + Z_2}e + \frac{Z_1 Z_2}{Z_1 + Z_2}i$

③ $\frac{2Z_2}{Z_1 + Z_2}e - \frac{Z_1 + Z_2}{Z_1 Z_2}i$

④ $\frac{2Z_2}{Z_1 + Z_2}e + \frac{Z_1 + Z_2}{Z_1 Z_2}i$

해설

피뢰기 제한전압 $E = \frac{2Z_2}{Z_1 + Z_2}e - \frac{Z_1 Z_2}{Z_1 + Z_2}i[\text{V}]$

★ 기사 93년 4회

14 파동 임피던스 Z_1 =600[Ω]의 선로종단에 파동 임피던스 Z_2 =1300[Ω]의 변압기가 접속되어 있다. 지금 선로에 파고 e_1 = 900[kV]의 전압이 입사되었다면 접속점에서 전압반사파는 약 얼마인가?

① 530[kV]

② 430[kV]

③ 331.5[kV]

④ 230[kV]

해설

반사파전압 $E_1 = \frac{Z_2 - Z_1}{Z_1 + Z_2}e_1 = \frac{1300 - 600}{600 + 1300}\times 900 = 331.5[\text{kV}]$

정답 11. ① 12. ② 13. ① 14. ③

★★★★ 기사 93년 6회, 99년 3회, 01년 3회, 14년 1회

15 파동 임피던스 $Z_1=500[\Omega]$, $Z_2=300[\Omega]$인 두 무손실선로 사이에 그림과 같이 저항 R을 접속하였다. 제1선로에서 구형파가 진행해 왔을 때 무반사로 하기 위한 R의 값은 몇 $[\Omega]$인가?

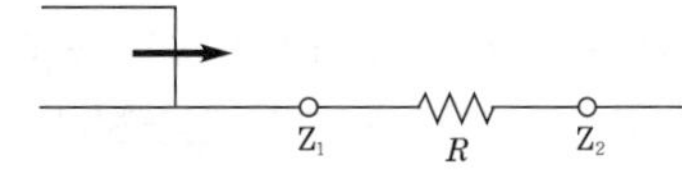

① 100 ② 200
③ 300 ④ 500

해설

Z_1 점에서 입사파가 진행되었을 때 반사파전압 E_λ

$E_\lambda=\dfrac{(Z_2+R)-Z_1}{Z_1+(Z_2+R)}\times E$이므로 무반사조건은

$E=0$ 이므로

$(Z_2+R)-Z_1=0$

$R=Z_1-Z_2=500-300=200[\Omega]$

★★★★★ 기사 94년 3·5회, 02년 2회 / 산업 92년 3회, 15년 1회, 19년 1회

16 임피던스 Z_1, Z_2 및 Z_3를 그림과 같이 접속한 선로의 A쪽에서 전압파 E가 진행해 왔을 때 접속점 B에서 무반사로 되기 위한 조건은?

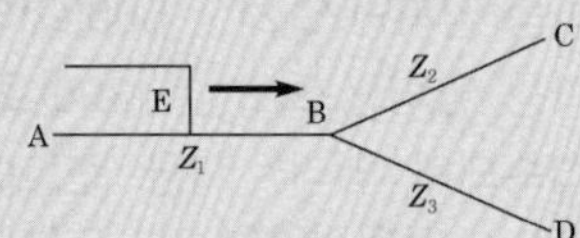

① $Z_1=Z_2+Z_3$ ② $\dfrac{1}{Z_3}=\dfrac{1}{Z_1}+\dfrac{1}{Z_2}$

③ $\dfrac{1}{Z_1}=\dfrac{1}{Z_2}+\dfrac{1}{Z_3}$ ④ $\dfrac{1}{Z_1}=\dfrac{1}{Z_2}-\dfrac{1}{Z_3}$

해설

반사파 $\lambda=\dfrac{Z_b-Z_a}{Z_a+Z_b}=0$이 되기 위한 조건은 $Z_a=Z_b$

$\dfrac{1}{Z_a}=\dfrac{1}{Z_1}$, $\dfrac{1}{Z_b}=\dfrac{1}{Z_2}+\dfrac{1}{Z_3}$이므로

$\dfrac{1}{Z_1}=\dfrac{1}{Z_2}+\dfrac{1}{Z_3}$ 된다.

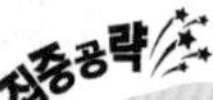

★★★★★ 기사 93년 2·3회, 01년 3회, 05년 1회, 11년 1회, 16년 2회

17 이상전압에 대한 방호장치가 아닌 것은?

① 방전 코일 ② 가공지선
③ 피뢰기 ④ 서지 흡수기

해설

이상전압에 대한 방호장치에는 피뢰기, 서지 흡수기, 가공지선, 매설지선, 아킹혼, 아킹링 등이 있다.
① 방전 코일은 콘덴서에 축적된 잔류전하를 방전시켜 인체의 감전사고를 방지한다.

★★★ 산업 05년 3회, 14년 1회

18 계통 내 각 기기, 기구 및 애자 등의 상호간에 적정한 절연강도를 지니게 함으로서 계통 설계를 합리적으로 할 수 있게 한 것을 무엇이라 하는가?

① 기준충격절연강도
② 보호계전방식
③ 절연계급선정
④ 절연협조

해설 절연협조의 정의

발·변전소의 기기나 송·배전 선로 등의 전력계통 전체의 절연설계를 보호장치와 관련시켜서 합리화를 도모하고 안전성과 경제성을 유지하는 것이다.

★★★★★ 기사 96년 6회, 98년 3회, 00년 2회 / 산업 92년 7회, 04년 1회, 15년 3회

19 송전계통의 절연협조에서 절연 레벨을 가장 낮게 선정하는 기기는?

① 차단기 ② 단로기
③ 변압기 ④ 피뢰기

해설 송전계통의 절연 레벨(BIL)

공칭전압	현수애자	단로기	변압기	피뢰기
154[kV]	750[kV]	750[kV]	650[kV]	460[kV]
345[kV]	1370[kV]	1175[kV]	1050[kV]	735[kV]

정답 15. ② 16. ③ 17. ① 18. ④ 19. ④

★★★★ 산업 91년 3회, 96년 2회, 00년 6회, 04년 1회, 17년 2회, 19년 2회

20 외뢰에 대한 주보호장치로서 송전계통의 절연협조의 기본이 되는 것은?

① 선로 ② 변압기
③ 피뢰기 ④ 변압기 부싱

해설

피뢰기는 절연협조의 기본이므로 절연 레벨이 가장 작다. 그 관계는 아래 그래프와 같다.

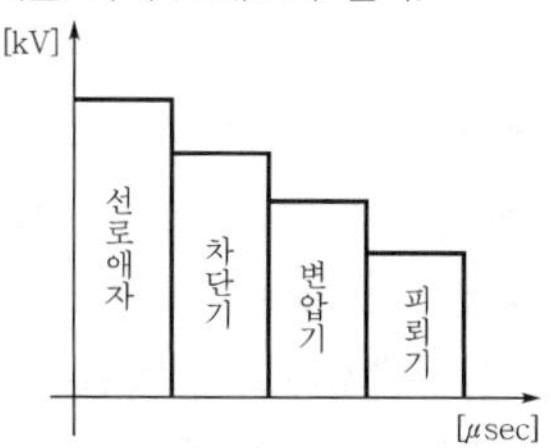

★★★ 기사 93년 4회, 05년 2회

21 전력계통의 절연협조계획에서 채택되어야 하는 모선피뢰기와 변압기의 관계에 대한 그래프로 옳은 것은?

①
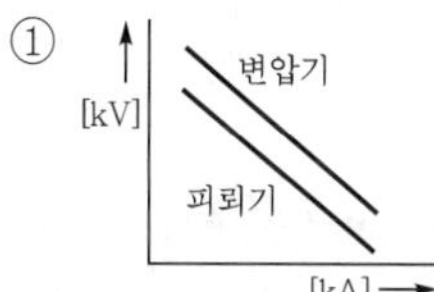

②
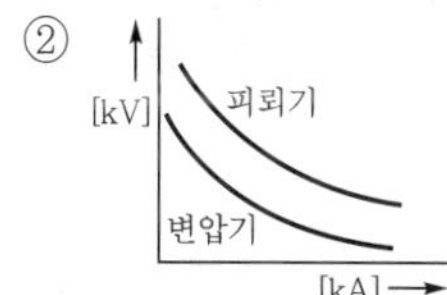

③
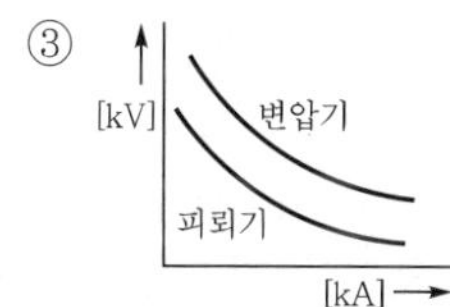

④
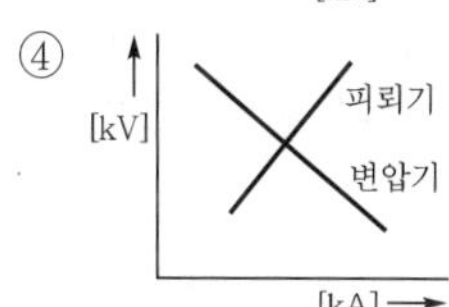

해설

절연협조는 피뢰기의 제한전압을 기준하여 설계하므로 피뢰기의 절연 레벨이 가장 낮다.

★ 산업 04년 2회

22 피뢰기의 구조에서 전·자기적인 충격으로부터 보호하는 구성요소는?

① 실드링 ② 특성요소
③ 직렬 갭 ④ 소호 리액터

해설

실드링은 전·자기적 충격으로부터 피뢰기의 파손을 방지하고 대지정전용량의 불균형 완화 및 피뢰기 방전개시시간의 저하를 방지하기 위해 사용한다.

★★ 기사 91년 2회, 14년 1회

23 154[kV] 송전계통의 뇌에 대한 보호에서 절연강도의 순서가 가장 경제적이고 합리적인 것은?

① 피뢰기 – 변압기 코일 – 기기 – 결합 콘덴서 – 선로애자
② 변압기 코일 – 결합 콘덴서 – 피뢰기 – 선로애자 – 기기
③ 결합 콘덴서 – 기기 – 선로애자 – 변압기 코일 – 피뢰기
④ 기기 – 결합 콘덴서 – 변압기 코일 – 피뢰기 – 선로애자

해설 송전계통의 절연 레벨(BIL)

공칭전압	현수애자	단로기	변압기	피뢰기
154[kV]	750[kV]	750[kV]	650[kV]	460[kV]
345[kV]	1370[kV]	1175[kV]	1050[kV]	735[kV]

★★★★★ 산업 93년 5회, 94년 2회, 96년 7회, 98년 2회, 02년 1·4회, 03년 3회

24 피뢰기의 구조는?

① 특성요소와 소호 리액터
② 특성요소와 콘덴서
③ 소호 리액터와 콘덴서
④ 특성요소와 직렬 갭(gap)

해설

피뢰기의 구조는 특성요소와 직렬 갭으로 구성되어 있으며 그 기능은 다음과 같다.

㉠ 직렬 갭 : 특성요소를 선로에서 절연시켜 상용주파 방전전류의 통과를 방지하고 이상전압이 내습되면 즉시 방전하여 뇌전류를 대지에 방류하고 그 속류를 차단시킨다.

정답 20. ③ 21. ③ 22. ① 23. ① 24. ④

㉡ 특성요소 : 탄화규소를 주체로 하고 그 결착재료와 같이 구성된 특성요소는 피뢰기의 주체이고 그 동작에 의해 방전전류를 흘리며 진행파의 파고값을 저감시켜 다른 기기를 보호하고 속류를 억제한다.

★★ 기사 02년 3회

25 피뢰기의 구조에 해당되지 않는 것은?

① 특성요소 ② 직렬 갭(gap)
③ 콘덴서 ④ 실드링

해설
콘덴서 설비는 조상설비로 지상무효전력을 감소시켜 역률개선에 사용한다.

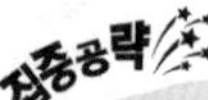

★★★★★ 기사 96년 7회, 03년 2회, 04년 3회, 15년 1회

26 전력용 피뢰기에서 직렬 갭(gap)의 주된 사용목적은?

① 방전내량을 크게 하고 장시간 사용하여도 열화를 작게 하기 위함
② 충격방전개시전압을 높게 하기 위함
③ 상시는 누설전류를 방지하고 충격파방전 종료 후에는 속류를 즉시 차단하기 위함
④ 충격파가 침입할 때 대지에 흐르는 방전전류를 크게 하여 제한전압을 낮게 하기 위함

해설
특성요소를 선로에서 절연시켜 상용주파 방전전류의 통과를 방지하고 이상전압이 내습하면 즉시 방전하여 뇌전류를 대지에 방류하고 방전종료 후 속류를 차단시키게 된다.

★★★★ 기사 05년 1회 / 산업 98년 5회, 00년 5·6회, 07년 1회, 12년 3회

27 피뢰기의 정격전압이란?

① 상용주파수의 방전개시전압
② 속류차단이 되는 최고의 교류전압
③ 방전을 개시할 때 단자전압의 순시값
④ 충격방전전류를 통하고 있을 때 단자전압

해설 피뢰기의 정격전압
㉠ 속류를 차단하는 최고의 교류전압
㉡ 선로단자와 접지단자 간에 인가할 수 있는 상용주파 최대 허용전압
㉢ 피뢰기 정격전압 $V_n = \alpha\beta V_m$[V]
여기서, α : 접지계수
β : 유도계수
V_m : 공칭전압

★★★ 기사 93년 6회, 99년 3회, 02년 2회, 14년 1회

28 유효접지계통에서 피뢰기의 정격전압을 결정하는 데 가장 중요한 요소는?

① 선로애자련의 충격섬락전압
② 내부이상전압 중 과도이상전압의 크기
③ 유도뢰의 전압크기
④ 1선 지락고장 시 건전상의 대지전위, 즉 지속성 이상전압

해설
피뢰기 정격전압이란 선로단자와 접지단자 간에 인가할 수 있는 상용주파 최대 허용전압이다.

★★★ 기사 92년 7회, 98년 5회, 99년 7회, 00년 4회, 01년 3회

29 송·변전 계통에 사용되는 피뢰기의 정격전압은 선로공칭전압보다 보통 몇 배로 선정하는가?

① 직접접지계 : 0.8 ~ 1.0배 저항 또는 소호 리액터 접지 : 0.7 ~ 0.9배
② 직접접지계 : 1.0 ~ 1.3배 저항 또는 소호 리액터 접지 : 1.4 ~ 1.6배
③ 직접접지계 : 0.8 ~ 1.0배 저항 또는 소호 리액터 접지 : 1.4 ~ 1.6배
④ 직접접지계 : 1.0 ~ 1.3배 저항 또는 소호 리액터 접지 : 0.7 ~ 0.9배

해설
계통의 1선 지락사고가 발생하는 경우 건전상의 대지전압이 상승하게 되므로 이때 건전상의 피뢰기손상을 방지하기 위해 피뢰기의 정격전압은 건전상의 대지전압상승에 견디어야 하므로 다음과 같이 선정한다.
㉠ 직접접지계통 : 선로공칭전압에 0.8~1.0배
㉡ 저항 또는 소호 리액터 접지 : 선로공칭전압에 1.4 ~ 1.6배

정답 25. ③ 26. ③ 27. ② 28. ④ 29. ③

★★★★★ 기사 05년 3회, 13년 3회, 17년 1회 / 산업 04년 3회, 06년 4회, 18년 1회

30 피뢰기가 구비하여야 할 조건으로 거리가 먼 것은?

① 충격방전개시전압이 낮을 것
② 상용주파 방전개시전압이 낮을 것
③ 제한전압이 낮을 것
④ 속류차단능력이 클 것

해설 **피뢰기의 구비조건**

㉠ 상용주파 허용단자전압(방전개시전압)이 높을 것
㉡ 충격방전개시전압이 낮을 것
㉢ 방전내량은 크면서 제한전압은 낮을 것
㉣ 속류차단능력이 충분할 것

★★ 산업 92년 2회, 05년 3회

31 피뢰기를 가장 적절하게 설명한 것은?

① 동요전압의 파두, 파미의 파형의 준도를 저감하는 것
② 이상전압이 내습하였을 때 방전에 의한 기류를 차단하는 것
③ 뇌동요전압의 파고를 저감하는 것
④ 1선이 지락할 때 아크를 소멸시키는 것

해설

피뢰기는 이상전압이 선로에 내습하였을 때 이상전압의 파고값을 저감시켜 선로 및 기기를 보호하는 역할을 한다.

★★ 산업 95년 5회

32 피뢰기에 대한 다음 설명 중 옳지 않은 것은 무엇인가?

① 제한전압이란 피뢰기가 동작 중일 때 단자전압의 파고값을 말한다.
② 직렬 갭은 속류를 차단하는 역할을 한다.
③ 정격전압이란 속류를 차단하는 최고 교류전압의 최대값을 말한다.
④ 송전계통의 절연 레벨 중 가장 높게 잡는다.

해설

피뢰기는 송전계통의 설비 중에서 절연 레벨을 가장 낮게 설정한다.

공칭전압	현수애자	단로기	변압기	피뢰기
154[kV]	750[kV]	750[kV]	650[kV]	460[kV]
345[kV]	1370[kV]	1175[kV]	1050[kV]	735[kV]

★★★ 기사 03년 1회, 14년 2회, 19년 2회

33 변전소, 발전소 등에 설치하는 피뢰기에 대한 설명 중 옳지 않은 것은?

① 피뢰기의 직렬 갭은 일반적으로 저항으로 되어 있다.
② 정격전압은 상용주파 정현파전압의 최고 한도를 규정한 순시값이다.
③ 방전전류는 뇌충격전류의 파고값으로 표시한다.
④ 속류란 방전현상이 실질적으로 끝난 후에도 전력계통에서 피뢰기에 공급되어 흐르는 전류를 말한다.

해설

피뢰기정격전압이란 선로단자와 접지단자 간에 인가할 수 있는 상용주파 최대 허용전압으로, 그 크기는 다음과 같이 구해진다.

피뢰기정격전압 $V_n = \alpha\beta V_m$ [V]

여기서, α : 접지계수
β : 유도계수
V_m : 공칭전압

★★★★★ 산업 92년 6회, 95년 6회, 98년 6회, 99년 7회

34 피뢰기의 상용주파 허용단자전압이란?

① 피뢰기가 동작하여도 변압기가 파괴되는 전압
② 피뢰기가 받을 수 있는 뇌전압
③ 피뢰기 동작 중 단자전압의 파고값
④ 속류를 차단할 수 있는 최대의 교류전압

해설 **상용주파 허용단자전압(속류를 차단할 수 있는 최고의 교류전압)**

㉠ 계통의 상용주파수의 지속성 이상전압에 의한 방전개시전압의 실효값
㉡ 피뢰기정격전압의 1.5배 이상일 것

정답 30. ② 31. ③ 32. ④ 33. ② 34. ④

★★★★★ 기사 93년 4회, 98년 5회, 04년 4회, 11년 3회, 18년 1회

35 피뢰기의 충격방전 개시전압은 무엇으로 표시하는가?

① 직류전압의 크기 ② 충격파의 평균값
③ 충격파의 최대값 ④ 충격파의 실효값

해설
충격방전 개시전압이란 파형과 극성의 충격파를 피뢰기의 선로단자와 접지단자 간에 인가했을 때 방전전류가 흐르기 이전에 도달할 수 있는 최고 전압을 말한다.

★★★★ 기사 98년 5회, 04년 4회, 16년 1회 / 산업 14년 3회, 16년 2회, 17년 1회

36 피뢰기의 제한전압이란?

① 상용주파전압에 대한 피뢰기의 충격방전 개시전압
② 충격파 침입 시 피뢰기의 충격방전 개시 전압
③ 피뢰기가 충격파방전 종료 후 언제나 속류를 확실히 차단할 수 있는 상용주파 허용단자전압
④ 충격파전류가 흐르고 있을 때 피뢰기단자전압의 파고값

해설 피뢰기의 제한전압
㉠ 방전으로 저하되어서 피뢰기단자간에 남게 되는 충격전압의 파고값
㉡ 방전 중에 피뢰기단자간에 걸리는 전압의 최대값(파고값)

★★★ 기사 94년 4회 / 산업 15년 2회

37 피뢰기가 방전을 개시할 때 단자전압의 순시값을 방전개시전압이라 한다. 이때, 방전 중의 단자전압의 파고값을 어떤 전압이라고 하는가?

① 속류
② 제한전압
③ 기준충격 절연강도
④ 상용주파 허용단자전압

해설 용어정의
㉠ 속류 : 방전이 끝난 후에도 계속하여 전력계통에서 공급되어 피뢰기에 흐르는 전류
㉡ 피뢰기제한전압 : 방전 중에 피뢰기단자간에 걸리는 전압의 최대값
㉢ 기준충격 절연강도 : 전력계통에서 절연협조를 구성하기 위한 기준이 되는 절연강도
㉣ 상용주파 허용단자전압 : 계통의 상용주파수의 지속성 이상전압에 의한 방전개시전압의 실효값

★ 기사 04년 1회

38 피뢰기의 제한전압이 728[kV]이고 변압기의 기준충격 절연강도가 1030[kV]라고 하면 보호여유도는 약 몇 [%] 정도 되는가?

① 29 ② 35
③ 40 ④ 47

해설

보호여유도 $K = \dfrac{V_{TR} - V_{LA}}{V_{LA}} \times 100$

$= \dfrac{1030 - 728}{728} \times 100$

$= 41.48[\%]$

여기서, V_{TR} : 변압기의 기준충격 절연강도
V_{LA} : 피뢰기제한전압

★ 산업 16년 1회

39 우리나라 22.9[kV-Y] 배전선로에 적용하는 피뢰기의 공칭방전전류[A]는?

① 1500
② 2500
③ 5000
④ 10000

해설 피뢰기 공칭방전전류
㉠ 이상전압에 의한 방전전류가 반복해서 흐르더라도 손상을 입지 않는 최대 허용값의 전류를 방전내량이라 한다.
㉡ 방전내량
- 22.9[kV-Y] 이하 및 배전선로 : 2500[A] 이상
- 66[kV] 및 그 이하 계통에서 뱅크 용량이 3000[kVA] 이하인 곳 : 5000[A] 이상
- 154[kV] 이상의 계통 뱅크 용량이 3000[kVA]를 초과하거나 중요한 곳 : 10000[A] 이상

정답 35. ③ 36. ④ 37. ② 38. ③ 39. ②

★★★★ 기사 94년 2회, 18년 2회 / 산업 19년 2회

40 직격뢰에 대한 방호설비로써 가장 적당한 것은?

① 가공지선
② 서지 흡수기
③ 복도체
④ 정전방전기

해설

가공지선은 직격뢰(뇌해)로부터 전선로 및 기기를 보호하기 위한 차폐선으로 지지물의 상부에 시설한다.

★★★★★ 산업 91년 2회, 97년 2회, 03년 3회, 15년 1회, 18년 2회, 19년 1회

41 뇌해방지와 관계가 없는 것은?

① 댐퍼
② 소호각
③ 가공지선
④ 매설지선

해설 **뇌해방지를 위한 시설물**

㉠ 소호각, 소호환 : 애자련 보호
㉡ 가공지선 : 직격뢰로부터 선로 및 기기보호
㉢ 매설지선 : 탑각접지저항으로 인한 역섬락 방지
① 댐퍼는 전선의 진동을 방지하여 단선 및 단락사고를 방지하는 금구류이다.

★★★ 기사 04년 2회

42 가공송전선로에서 이상전압의 내습에 대한 대책으로 틀린 것은?

① 철탑의 탑각접지저항을 작게 한다.
② 기기보호용으로서의 피뢰기를 설치한다.
③ 가공지선을 설치한다.
④ 차폐각을 크게 한다.

해설

가공지선의 차폐각(θ)은 30° ~ 45° 정도가 효과적인데 차폐각은 작을수록 보호효율이 크고 가공지선의 높이가 높아져 시설비가 비싸다.

★★ 기사 19년 3회 / 산업 04년 1회

43 다음 가공지선에 대한 설명 중 옳지 않은 것은?

① 직격뢰에 대해서는 특히 유효하며 탑 상부에 시설하므로 뇌는 주로 가공지선에 내습한다.
② 가공지선 때문에 송전선로의 대지용량이 감소하므로 대지와의 사이에 방전할 때 유도전압이 특히 커서 차폐효과가 좋다.
③ 송전선지락 시 지락전류의 일부가 가공지선에 흘러 차폐작용을 하므로 전자유도장해를 작게 할 수도 있다.
④ 가공지선은 아연도철선, ACSR 등을 사용하며 보통 300[m], 때로는 50[m]마다 접지하기도 한다.

해설

송전선로의 대지정전용량은 가공지선에 의해 감소되지 않고 직격뢰의 가공지선으로 유입 시 대지로 방전 중 유도전압의 차폐와도 관련이 없다.

★★ 기사 12년 3회

44 전선로에서 가공지선을 설치하는 목적이 아닌 것은?

① 뇌(雷)의 직격을 받을 경우 송전선보호
② 유도에 의한 송전선의 고전위방지
③ 통신선에 대한 차폐효과증진
④ 철탑의 접지저항경감

해설 **가공지선의 설치효과**

㉠ 직격뢰로부터 선로 및 기기 차폐
㉡ 유도뢰에 의한 정전차폐효과
㉢ 통신선의 전자유도장해를 경감시킬 수 있는 전자차폐효과

★★★ 산업 93년 1회, 00년 2회, 11년 2회

45 철탑에서의 차폐각에 대한 설명 중 옳은 것은?

① 차폐각이 클수록 차폐효율이 크다.
② 차폐각이 클수록 정전유도가 커진다.
③ 차폐각이 10°인 경우 차폐효율은 10[%] 정도이다.
④ 차폐각은 보통 90° 이상으로 설계한다.

정답 40. ① 41. ① 42. ④ 43. ② 44. ② 45. ②

해설

㉠ 가공지선은 지지물 상부에 시설한 지선으로, 강심 알루미늄 연선(ACSR) 또는 아연도철선을 사용하였으나 최근에는 광복합 가공지선(OPGW)을 사용하고 있다.
㉡ 가공지선의 차폐각(θ)은 30° ~ 45° 정도가 효과적인데 차폐각은 작을수록 보호효율이 크고 가공지선의 높이가 높아져 시설비가 비싸다.
㉢ 차폐각은 가공지선과 전력선과의 설치각을 말하며 차폐각이 클수록 차폐효율이 작아지며 정전유도가 커지므로 보통 45° 이하로 설계한다.

★ 산업 17년 1회

46 유도뢰에 대한 차폐에서 가공지선이 있을 경우 전선상에 유기되는 전하를 q_1, 가공지선이 없을 때 유기되는 전하를 q_0라 할 때 가공지선의 보호율을 구하면?

① $\dfrac{q_0}{q_1}$　② $\dfrac{q_1}{q_0}$
③ $q_1 \times q_0$　④ $q_1 - \mu_s q_0$

해설

가공지선설치 시 유도뢰에 의한 정전유도로 전선에 유기되는 이상전압은 감소한다.

가공지선의 보호율$=\dfrac{q_1}{q_0}\times 100[\%]$

[참고] **가공지선수에 따른 보호율**
- 3상 1회선－가공지선 1선 : 0.5
- 가공지선 2선 : 0.3 ~ 0.4

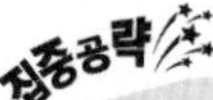

★★★★★ 기사 93년 5회, 01년 2회, 05년 4회, 12년 3회, 17년 3회 / 산업 14년 3회

47 송전선로에 매설지선을 설치하는 목적으로 알맞은 것은?

① 직격뢰로부터 송전선을 차폐보호하기 위함
② 철탑기초의 강도를 보강하기 위함
③ 현수애자 1연의 전압분담을 균일화하기 위함
④ 철탑으로부터 송전선로의 역섬락을 방지하기 위함

해설

매설지선은 철탑의 탑각접지저항을 작게 하기 위한 지선으로, 역섬락을 방지하기 위해 사용한다.

★★★★ 기사 98년 3회, 99년 7회, 02년 2회, 04년 4회, 11년 2회, 15년 1회

48 접지봉을 사용하여 희망하는 접지저항값까지 줄일 수 없을 때 사용하는 선은?

① 차폐선　② 가공지선
③ 크로스본드선　④ 매설지선

해설 **매설지선**

탑각접지저항이 300[Ω]을 초과하면 철탑 각각에 동복강연선을 지하 50[cm] 이상의 깊이에 20 ~ 80[m] 정도로 방사상으로 포설하여 역섬락을 방지한다.

★★★ 산업 94년 6회, 04년 2회, 07년 4회, 12년 2회

49 송전선로 매설지선의 설치목적은?

① 코로나 전압감소
② 뇌해방지
③ 기계적 강도증가
④ 절연강도증가

해설

역섬락으로 선로에 가해지는 뇌해를 방지하기 위해 30 ~ 50[cm] 이상의 지면 아래에 설치한다.

★★★★ 기사 99년 4회, 00년 3회, 05년 1·3회 / 산업 13년 1·3회, 15년 1·2회

50 송전선로에서 역섬락을 방지하는 유효한 방법은?

① 피뢰기설치
② 소호각설치
③ 가공지선설치
④ 탑각접지저항 감소

해설

역섬락을 방지하기 위해서는 매설지선을 설치하여 탑각접지저항을 작게 한다.

★★ 산업 92년 7회, 01년 2회

51 154[kV] 송전선로의 철탑에 90[kA]의 직격전류가 흐를 때 역섬락을 일으키지 않을 탑각접지저항은 몇 [Ω]인가? (단, 154[kV]의 송전선에서 1연의 애자수는 9개를 사용하였고, 이때 애자의 섬락전압은 860[kV]이다)

① 9.6　② 14.6
③ 17.2　④ 21.2

정답 46. ② 47. ④ 48. ④ 49. ② 50. ④ 51. ①

해설

탑각접지저항 $R = \frac{V}{I} = \frac{860}{90} = 9.6[\Omega]$

★ 기사 92년 5회, 98년 5회, 00년 4회

52 변전소 구내에서 보폭전압을 저감하기 위한 방법으로 잘못된 것은?

① 접지선을 얕게 매설한다.
② Mesh식 접지방법을 채용하고 Mesh 간격을 좁게 한다.
③ 자갈 또는 콘크리트를 타설한다.
④ 철구, 가대 등의 보조접지를 한다.

해설

보폭전압을 저감시키기 위해서는 접지선을 깊게 매설하여야 한다.

★★★★ 기사 03년 4회, 13년 3회

53 전력선과 통신선 간의 상호정전용량 및 상호 인덕턴스에 의해 발생되는 유도장해로 옳은 것은?

① 정전유도장해 및 전자유도장해
② 전력유도장해 및 정전유도장해
③ 정전유도장해 및 고조파유도장해
④ 전자유도장해 및 고조파유도장해

해설 전력선과 통신선 간의 유도장해

㉠ 정전유도장해 : 전력선과 통신선과의 상호정전용량에 의해 발생한다.
㉡ 전자유도장해 : 전력선과 통신선과의 상호 인덕턴스에 의해 발생한다.

★★★★ 산업 93년 6회, 94년 3회, 13년 3회

54 송전선로에 근접한 통신선에 유도장해가 발생한다. 정전유도의 원인은?

① 영상전압
② 역상전압
③ 역상전류
④ 정상전류

해설

전력선과 통신선 사이에 발생하는 상호정전용량의 불평형으로, 통신선에 유도되는 정전유도전압으로 인해 정상일 때에도 유도장해가 발생한다.

정전유도전압 $E_n = \frac{C_m}{C_s + C_m} E_o[\text{V}]$

★★★★★ 기사 11년 1회, 15년 1회, 16년 3회 / 산업 16년 3회, 17년 2회, 19년 3회(유사)

55 전력선에 의한 통신선의 전자유도장해의 주된 원인은?

① 전력선과 통신선 사이의 차폐효과 불충분
② 전력선의 연가 불충분
③ 영상전류가 흘러서
④ 전력선의 전압이 통신선보다 높기 때문

해설 전자유도장해

㉠ 전력선과 통신선 사이의 상호 인덕턴스에 의해 발생하는 것으로, 지락사고 시 영상전류가 흐르면 통신선에 전자유도전압을 유기하여 유도장해가 발생한다.
㉡ 전자유도전압 $E_n = 2\pi f Ml \times 3I_0[\text{V}]$이므로 영상전류 $I_0[\text{A}]$ 및 선로길이(l)에 비례한다.

★★★★★ 기사 92년 2회, 00년 3회, 02년 1회

56 3상 송전선로와 통신선이 병행되어 있는 경우에 통신유도장해로서 통신선에 유도되는 정전유도전압은?

① 통신선길이에 비례한다.
② 통신선길이의 자승에 비례한다.
③ 통신선길이에 반비례한다.
④ 통신선길이와는 관계 없다.

해설

통신선에 유도되는 정전유도전압

$E_n = \frac{3C_m}{C_o + 3C_m} E_o[\text{V}]$

정전유도전압은 선로길이와 관계없고 이격거리와 영상전압의 크기에 따라 변화된다.

정답 52. ① 53. ① 54. ① 55. ③ 56. ④

★★★★ 기사 90년 2회, 95년 7회, 13년 3회, 16년 3회

57 통신선과 평행인 주파수 60[Hz]의 3상 1회선 송전선이 있다. 1선 지락 때문에 영상전류가 100[A] 흐르고 있다. 통신선에 유도되는 전자유도전압은 몇 [V]인가? (단, 영상전류는 전 전선에 걸쳐서 같으며, 송전선과 통신선과의 상호 인덕턴스는 0.06[mH/km], 평행길이는 40[km]이다)

① 156.6 ② 162.8
③ 230.2 ④ 271.4

해설

통신선에 유도되는 전자유도전압

$E_n = 2\pi fMl \times 3I_0 \times 10^{-3}$[V]

$= 2\pi \times 60 \times 0.06 \times 10^{-3} \times 40 \times 3 \times 100$

$= 271.4$[V]

여기서, M : 상호 인덕턴스

l : 선로평행길이

I_0 : 영상전류

$\dot{I}_a + \dot{I}_b + \dot{I}_c = 3\dot{I}_0$[A]

★ 산업 92년 2회, 02년 1회

58 3상 송전선의 각 선의 전류가 $i_a = 220 + j50$[A], $i_b = -150 - j300$[A], $i_c = -50 + j150$[A]일 때 이것과 병행으로 가선된 통신선에 유도되는 전자유도전압의 크기는 약 몇 [V]인가? (단, 송전선과 통신선 사이의 상호 임피던스는 15[Ω]이다)

① 510 ② 1020
③ 1530 ④ 2040

해설

전자유도전압 $E_m = 2\pi f Ml \times 3I_0$[V]에서

$3\dot{I}_0 = \dot{I}_a + \dot{I}_b + \dot{I}_c$

$= (220 + j50) + (-150 - j300) + (-50 + j150)$

$= 20 - j100$

영상전류 $|3I_0| = \sqrt{20^2 + 100^2} = 101.98$[A]

$V_n = 15 \times 101.98 = 1529.7$[V]

★★★ 기사 98년 3회, 99년 7회

59 그림에서 전선 m에 유도되는 전압은?

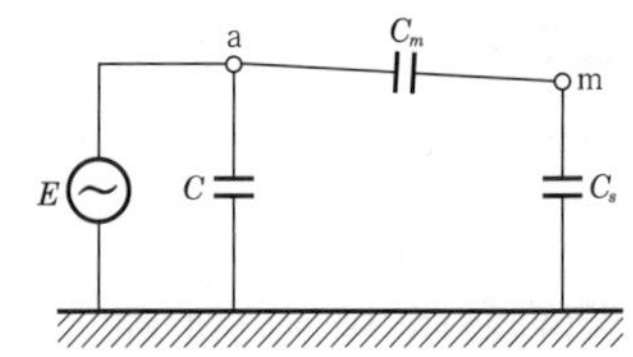

① $\dfrac{C \cdot C_s \cdot C_m}{C + C_s + C_m}E$ ② $\dfrac{E}{C_s + C_m}$

③ $\dfrac{C_m}{C_s + C_m}E$ ④ $\dfrac{C_0}{C + C_m}E$

해설

통신선 m에 유도되는 정전유도전압

$$E_s = \frac{E}{\frac{1}{\omega C} + \frac{1}{\omega C_m}} \times \frac{1}{\omega C_m} = \frac{C_m}{C_s + C_m}E$$

★★★★ 기사 12년 3회 / 산업 95년 2회, 06년 4회, 12년 3회

60 전력선 1의 대지전압 E, 통신선의 대지정전용량을 C_b, 전력선과 통신선 사이의 상호정전용량을 C_{ab}라고 하면 통신선의 정전유도전압은?

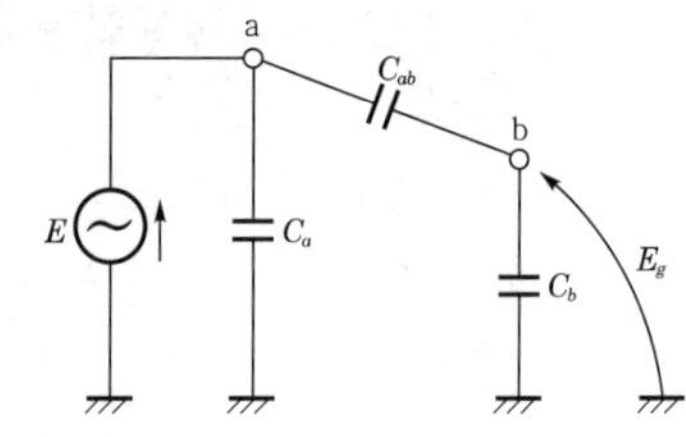

① $\dfrac{C_{ab} + C_b}{C_b}E$ ② $\dfrac{C_{ab} + C_b}{C_{ab}}E$

③ $\dfrac{C_b}{C_{ab} + C_b}E$ ④ $\dfrac{C_{ab}}{C_{ab} + C_b}E$

해설

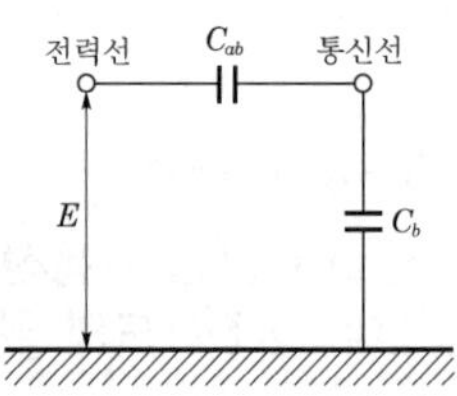

등가회로는 그림과 같으므로 통신선에 유도되는 정전유도전압은 다음과 같다.

$$E_n = \frac{E}{\frac{1}{\omega C_{ab}} + \frac{1}{\omega C_b}} \times \frac{1}{\omega C_b} = \frac{C_{ab}}{C_{ab} + C_b}E$$

정답 57. ④ 58. ③ 59. ③ 60. ④

★ 산업 98년 4회

61 66[kV], 송전선에서 연가불충분으로 각 선의 대지용량이 $C_a = 1.1[\mu F]$, $C_b = 1[\mu F]$, $C_c = 0.9[\mu F]$가 되었다. 이때, 잔류전압은 몇 [V]인가?

① 1500　② 1800
③ 2200　④ 2500

해설

중성점에 나타나는 잔류전압

$$E_n = \frac{\sqrt{C_a(C_a - C_b) + C_b(C_b - C_c) + C_c(C_c - C_a)}}{C_a + C_b + C_c + C_s} \times \frac{V_n}{\sqrt{3}}[V]$$

$$= \frac{\sqrt{1.1(1.1-1) + 1(1-0.9) + 0.9(0.9-1.1)}}{1.1+1+0.9} \times \frac{66000}{\sqrt{3}} = 2200[V]$$

★ 기사 96년 4회

62 그림에서 B 및 C상의 대지정전용량을 $C[\mu F]$, A상의 정전용량을 0, 선간전압을 V[V]라 할 때 중성점과 대지 사이의 잔류전압 E_n은 몇 [V]인가? (단, 선로의 직렬 임피던스는 무시한다)

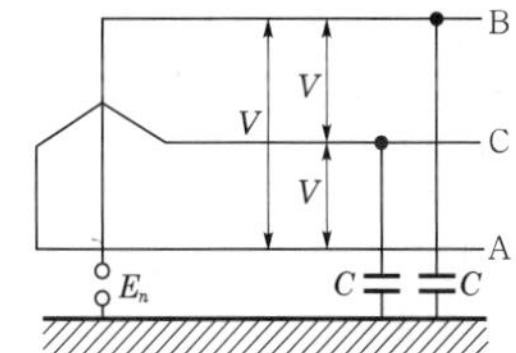

① $\frac{V}{2}$　② $\frac{V}{\sqrt{3}}$
③ $\frac{V}{2\sqrt{3}}$　④ $2V$

해설

중성점에 나타나는 잔류전압

$$E_n = \frac{\sqrt{C_a(C_a - C_b) + C_b(C_b - C_c) + C_c(C_c - C_a)}}{C_a + C_b + C_c + C_s} \times \frac{V_n}{\sqrt{3}}$$ 이므로

$C_a = 0$, $C_b = C_c = C$라면

$$E_n = \frac{\sqrt{0(0-C) + C(C-C) + C(C-0)}}{0 + C + C + 0} \times \frac{V}{\sqrt{3}}$$

$$= \frac{V}{2\sqrt{3}}$$

★★★ 산업 93년 2회

63 선로정수를 전체적으로 평형되게 하고 근접통신선에 대한 유도장해를 줄일 수 있는 방법은?

① 딥(dip)을 준다.
② 연가를 한다.
③ 복도체를 사용한다.
④ 소호 리액터 접지를 한다.

해설

선로의 불평형을 방지하기 위해 연가를 충분히 한다(중성점의 잔류전압을 작게 한다).

★★★★ 기사 94년 3회, 01년 2회

64 전력선측의 유도장해 방지대책이 아닌 것은?

① 전력선과 통신선의 이격거리를 증대한다.
② 전력선이 연가를 충분히 한다.
③ 배류 코일을 사용한다.
④ 차폐선을 설치한다.

해설

유도장해 방지대책으로 배류 코일을 사용하는 것은 통신선측 대책이다.

★★★ 기사 90년 7회, 95년 5회

65 송전선의 통신선에 미치는 유도장해를 억제제거하는 방법이 아닌 것은?

① 송전선에 충분한 연가를 실시한다.
② 송전계통의 중성점 접지개소를 택하여 중성점을 리액터 접지한다.
③ 송전선과 통신선의 상호접근거리를 크게 한다.
④ 송전선측에 특성이 양호한 피뢰기를 설치 한다.

정답 61. ③ 62. ③ 63. ② 64. ③ 65. ④

해설 유도장해 억제대책

㉠ 연가를 충분히 한다(중성점의 잔류전압을 작게 한다).
㉡ 소호 리액터를 채용한다(지락전류를 제한한다).
㉢ 고장의 고속도를 차단한다(154[kV]나 345[kV]계에서는 3[Hz] 정도로, 0.1[sec]에서 고장을 제거한다).
㉣ 차폐선을 시설하면 유도전압을 30 ~ 50[%] 정도 감소시킨다.
㉤ 전력선을 케이블로 하며 통신선과의 교차를 직각으로 한다.
㉥ 전력선과 통신선과의 상호거리를 크게 하여 인덕턴스를 줄인다.

★★ 기사 04년 4회, 14년 3회, 17년 3회

66 유도장해를 방지하기 위한 전력선측의 대책으로 옳지 않은 것은?

① 소호 리액터를 채용한다.
② 차폐선을 설치한다.
③ 중성점전압을 가능한 높게 한다.
④ 중성점접지에 고저항을 넣어서 지락전류를 줄인다.

해설 유도장해 방지대책

㉠ 전력선측 대책
- 중성점접지에 고저항을 넣어 지락전류를 줄인다.
- 연가를 시설한다.
- 소호 리액터를 설치한다.
- 고장구간을 고속도를 차단한다.
- 차폐선을 설치한다.
- 지중 Cable화 한다.

㉡ 통신선측
- 통신선로를 교차실시한다.
- 단선식을 복선식으로 바꾼다.
- 나선을 연피 케이블화 한다.
- 배류 코일을 채택한다.
- 통신선용 피뢰기를 설치한다.
- 차폐선을 설치한다.

★★★ 기사 97년 7회, 03년 1회

67 송전선로의 1선 지락고장 시 인접통신선에 대한 전자유도장해의 방지대책이 아닌 것은?

① 전력선과 통신선과의 병행거리 단축
② 전력선과 통신선과의 이격거리 단축
③ 고속도계전기 및 차단기를 채용
④ 도전율이 높은 도체로 가공지선 설치

해설 유도장해 방지대책

㉠ 전력선측 대책
- 전력선과 통신선의 이격거리를 충분히 한다.
- 전력선과 통신선을 직각교차한다.
- 전력선과 통신선 간에 차폐선을 설치한다(M의 저감).
- 지락전류를 작게 한다.
- 전력선의 연가를 충분히 시행한다.

㉡ 통신선측 대책
- 연피 케이블을 사용한다(M의 저감).
- 통신선에 통신선용 피뢰기를 설치한다.
- 통신선을 배류 코일 등으로 접지하여 저주파성 유도전류를 대지로 방류한다.

★★★ 기사 92년 6회, 98년 7회, 00년 5회 / 산업 94년 4회, 06년 3회

68 유도장해의 방지책으로 차폐선을 사용하면 유도전압은 얼마 정도 줄일 수 있는가?

① 10 ~ 20[%]
② 30 ~ 50[%]
③ 70 ~ 80[%]
④ 80 ~ 90[%]

해설

유도장해를 방지하기 위해 차폐선을 설치할 경우 유도전압은 약 30~50[%] 정도 감소된다.

★★ 기사 91년 5회

69 통신유도장해 방지대책의 일환으로 전자유도전압을 계산하는 데 이용되는 인덕턴스 계산식은?

① Peek식
② Peterson식
③ Carson − Pollaczek식
④ Still식

해설 카슨-폴라젝 방정식(Carson Pollaczek)

대지귀로전류에 기초를 둔 자기 및 상호 인덕턴스를 구하는 식으로, 유도전압 예측계산의 기본식이다.

$$M = 0.2\log\frac{2}{\gamma d\sqrt{4\pi\omega\sigma}} + 0.1 - j\frac{\pi}{20}\,[\text{mH/km}]$$

여기서, γ : 1.7811(Bessel의 정수)
d : 전력선과 통신선과의 이격거리[cm]
σ : 대지의 도전율

정답 66. ③ 67. ② 68. ② 69. ③

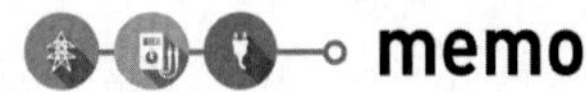

CHAPTER

08

송전선로 보호방식

기사 15.83% 출제
산업 16.70% 출제

이렇게 공부하세요!!

출제경향분석

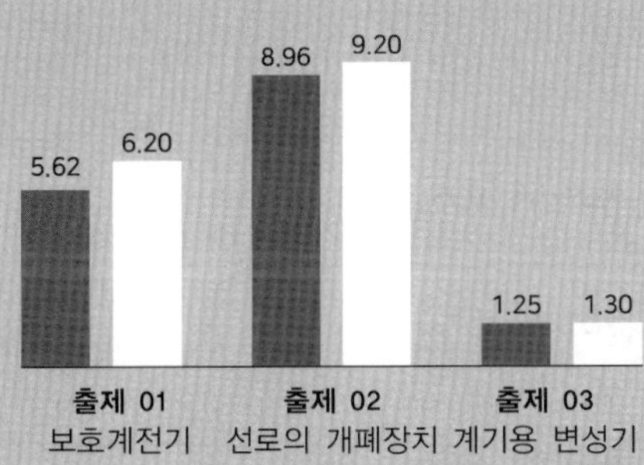

출제포인트

- ☑ 보호계전기의 동작특성 및 보호요소에 따라 적용되는 명칭과 운영 시 주의사항에 대해 이해할 수 있다.
- ☑ 개폐기의 종류를 파악하고 각각의 설비 특성과 장단점에 대해 이해할 수 있다.
- ☑ 계기용 변성기의 종류와 설치 및 운영 시 주의하여야 할 사항에 대해 이해할 수 있다.

CHAPTER

08 송전선로 보호방식

기사 15.83% 출제 | 산업 16.70% 출제

기사 5.62% 출제 | 산업 6.20% 출제

출제 01 보호계전기

보호계전기의 종류 및 동작특성을 구분하여 고장에 대한 적절한 보호방식과 계전기를 선정할 수 있도록 각 계전기의 전기적 특성을 파악한다.

1 송전선로의 보호계전기

송전선로의 보호는 전기적 고장이나 비정상 운전상태를 검출하여 보호계전기를 통해 관련 차단기를 개방하여 고장부분을 제거시키므로 설비의 고장을 최소화하고 다른 발전계통이나 전력계통의 운전을 안정되게 할 수 있도록 해준다.

보호계전기는 전력설비에 발생한 고장과 이상상태에서 동작하여 피해를 감소시키고, 그 사고의 확대를 방지하기 위하여 적절한 명령을 주는 것을 목적으로 하는 설비이다.

2 보호계전기의 관련 용어

(1) 한시(限時)특성에 따른 구분

① 순한시계전기 : **최소 동작전류 이상의 전류가 흐르면 즉시 동작하는 계전기**이다.

② 반한시계전기 : **동작전류가 커질수록 동작시간이 짧게 되는 특성을 가진 계전기**이다.

③ 정한시계전기 : **동작전류의 크기에 관계없이 일정한 시간에서 동작하는 계전기**이다.

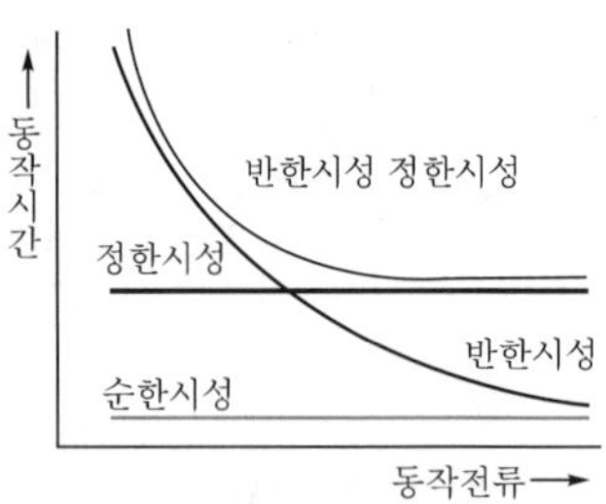

④ 정한시 반한시 계전기 : **동작전류가 작은 동안에는 반한시 특성으로 되고 그 이상에서는 정한시특성이 되는 계전기**이다.

⑤ 계단식 계전기 : 한시값이 다른 계전기와 조합하여 계단적인 한시특성을 가진 계전기이다.

단원확인기출문제

★★★★★ 기사 15년 3회, 19년 3회 / 산업 93년 2회, 07년 3회, 15년 1회

01 **보호계전기에서 동작전류가 작은 동안에는 동작전류가 커질수록 동작시간이 짧게 되고, 어떤 전류 이상이면 동작전류의 크기에 관계없이 일정한 시간에서 동작하는 특성은?**

① 정한시성 특성 ② 반한시성 특성
③ 순한시성 특성 ④ 반한시 정한시성 특성

해설 **정한시 반한시 계전기**
동작전류가 작은 동안에는 반한시특성으로 되고 그 이상에는 정한시특성이 되는 것이다.

답 ④

(2) 주보호와 후비보호

① 주보호 : 보호대상의 이상상태를 제거함에 있어 고장부분 제거가 최소한으로 되며, 우선적으로 동작한다.

② 후비보호 : **주보호가 오동작하였을 경우 Back-up 동작**이다.

3 보호계전장치의 구비조건

(1) 신뢰성
피보호설비의 고장 시 확실하게 동작하되 부동작 또는 오동작하지 않아야 한다.

(2) 선택성
고장구간차단 시에 최소한의 범위를 차단하도록 하여 정상적인 구간이 정지되지 않아야 한다.

(3) 중첩성과 협조성
무보호구간이 발생하지 않도록 인접보호방식과 중첩되어야 하며, 협조가 이상적으로 이루어져서 자기보호구간 이외의 고장에는 영향을 받지 않아야 한다.

(4) 적절한 동작시간
동작시간은 가능한 빠를수록 좋지만 선택성 및 관련기기특성을 고려하여 적절한 시간에 동작되어야 한다.

(5) 양호한 감도
계통상태가 계전기가 동작될 조건이면 확실히 동작해야 한다.

(6) 자동재폐로의 실시
송·배전선 보호방식에는 자동재폐로장치를 구비해야 한다.

(7) 경제성 및 단순성
가격이 저렴하고 취급 및 점검정비가 용이하도록 구성해야 한다.

단원확인기출문제

★★★ 산업 07년 4회, 19년 2회

02 **보호계전기의 필요한 특성으로 옳지 않은 것은?**

① 소비전력이 작고 내구성이 있을 것
② 고장구간의 선택차단을 정확히 행할 것
③ 적당한 후비보호능력을 가질 것
④ 동작은 느리지만 강도가 확실할 것

해설 보호계전기가 갖추어야 할 조건
㉠ 동작이 정확하고 감도가 예민할 것
㉡ 고장상태를 신속하게 선택할 것
㉢ 소비전력이 작을 것
㉣ 내구성이 있고 오차가 작을 것

답 ④

4 보호계전기의 기능별 분류

(1) 전류계전기

① 과전류계전기 : 과전류계전기, 지락 과전류계전기
② 부족전류계전기

(2) 전압계전기

① 과전압계전기 : 과전압계전기, 지락 과전압계전기
② 부족전압계전기

(3) 비율차동계전기

발전기보호, 변압기보호, 모선(bus)보호

(4) 방향계전기

① 방향단락계전기
② 방향지락계전기

(5) 거리계전기

옴(ohm) 계전기, 모(Mho) 계전기, 임피던스 계전기, 리액턴스 계전기

5 보호계전기의 동작기능별 분류

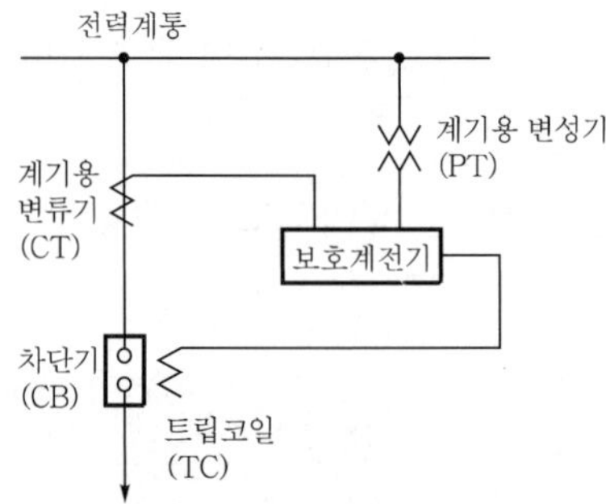

(1) 과전류계전기(OCR)

① 전류의 크기가 일정값 이상으로 되었을 때 동작하는 계전기이다.
② 지락 과전류계전기(OCGR) : 지락사고 시 지락전류의 크기에 따라 동작하는 계전기이다.

(2) 과전압계전기(OVR)

① 전압의 크기가 일정값 이상으로 되었을 때 동작하는 계전기이다.

② 지락 과전압계전기(OVGR) : 지락사고 시 영상전압의 크기에 따라 동작하는 계전기이다.

(3) 부족전압계전기(UVR)

전압의 크기가 일정값 이하로 되었을 때 동작하는 계전기

(4) 방향 과전류계전기(DOCR)

선간전압을 기준으로 전류의 방향이 일정범위 안에 있을 때 응동하는 것으로, Loof 계통의 단락사고보호용으로 사용한다.

(5) 차동계전기(DCR)

피보호설비(또는 구간)에 유입하는 어떤 입력의 크기와 유출되는 출력의 크기간의 차이가 일정값 이상이 되면 동작하는 계전기이다.

(6) 비율차동계전기(RDR)

총입력전류와 총출력전류 간의 차이가 총입력전류에 대하여 일정비율 이상으로 되었을 때 동작하는 계전기이다.

(7) 전압차동계전기(DVR)

여러 전압들 간의 차전압이 일정값 이상으로 되었을 때 동작하는 계전기이다.

(8) 거리계전기(distance realy)

① 전압과 전류의 비가 일정값 이하인 경우에 동작하는 계전기이다.

② 전압과 전류의 비는 전기적인 거리, 즉 임피던스를 나타내므로 거리계전기라는 명칭을 사용하며 송전선의 경우는 선로의 길이가 전기적인 길이에 비례한다.

③ 거리계전기에는 동작특성에 따라 임피던스형, 모(Mho)형, 리액턴스형, 옴(ohm)형이 있다.

(9) 방향지락계전기(DGR)

방향성을 갖는 과전류지락계전기이다.

(10) 선택지락계전기(SGR)

병행 2회선 송전선로에서 지락사고 시 고장회선만을 선택차단할 수 있게 하는 계전기이다.

(11) 역상계전기

① 역상분 전압 또는 전류의 크기에 따라 응동하는 계전기로, 역상분만을 통과시키는 필터를 가진다.

② 동작부분은 일반의 전압 또는 전류계전기와 같은 것으로, 각각 역상 과전압계전기 및 역상 과전류계전기라 하며 전력설비의 불평형운전을 방지하기 위한 계전기이다.

(12) 주파수계전기

교류의 주파수에 따라 동작하는 계전기로, 전력계통의 보호용 또는 회전기기의 과속도운전에 대한 보호용으로 사용한다.

(13) 전력선 반송계전기

파일럿 와이어의 일종으로, 전력선에 15 ~ 25[kHz]의 반송파를 전력선으로 보내 고장이 발생하면 양단을 고속도로 차단하는 송전선로 보호계전기이다.

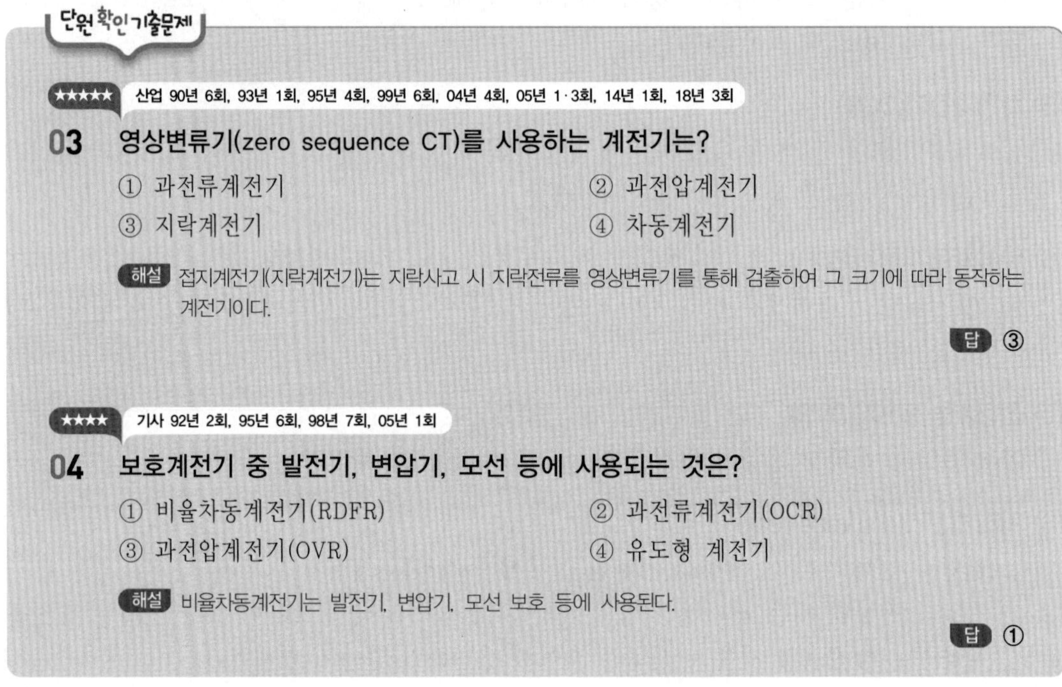

단원 확인기출문제

★★★★★ 산업 90년 6회, 93년 1회, 95년 4회, 99년 6회, 04년 4회, 05년 1·3회, 14년 1회, 18년 3회

03 영상변류기(zero sequence CT)를 사용하는 계전기는?

① 과전류계전기 ② 과전압계전기
③ 지락계전기 ④ 차동계전기

해설 접지계전기(지락계전기)는 지락사고 시 지락전류를 영상변류기를 통해 검출하여 그 크기에 따라 동작하는 계전기이다.

답 ③

★★★★ 기사 92년 2회, 95년 6회, 98년 7회, 05년 1회

04 보호계전기 중 발전기, 변압기, 모선 등에 사용되는 것은?

① 비율차동계전기(RDFR) ② 과전류계전기(OCR)
③ 과전압계전기(OVR) ④ 유도형 계전기

해설 비율차동계전기는 발전기, 변압기, 모선 보호 등에 사용된다.

답 ①

6 송전선로 보호계전방식

(1) 과전류계전방식(overcurrent relaying system)

① 선로의 고장을 부하전류와 고장전류와의 차이를 이용하여 검출하는 방식이다.
② 보호장치가 간단하고 가격이 저렴하지만 고장점의 차단에 시간이 길어진다.
③ 발전소 및 변전소의 소내 회로의 주보호장치로 이용한다.
④ 거리계전방식의 오동작방지용으로 사용한다.

(2) 거리계전방식(distance relaying system)

① 고장 시 전압·전류 값을 이용하여 고장점까지의 선로 임피던스를 측정하여 측정값이 미리 정정한 값 이하가 되도록 동작하는 방식이다.

② 특 징

㉠ 고장점 배후전원에 따른 고장전류의 크기변화에도 동작범위의 변동이 거의 없다.

㉡ 과전류계전방식보다 선택성이 우수하다.

㉢ 고장검출을 송전선로의 임피던스에 의존하므로 전원단으로 갈수록 동작시간이 짧아져 고속차단이 가능하다.

(3) 표시선계전방식(pilot relaying system)

① 개념 : 선로의 구간 내 고장을 고속도로 완전제거하는 보호방식이다.

㉠ 선로 고장 및 계전기의 동작상태를 상호연락하여 고장제거상태를 연락하는 통신수단을 파일럿(pilot)이라 한다.

㉡ 가장 성능이 좋은 보호방식으로 고속도 자동재폐로 방식과의 병용이 가능하다.

② 표시선계전방식

㉠ 송·수전단의 통신수단으로 표시선(wire pilot)을 사용하는 방식이다.

㉡ 선로 고장 및 계전기의 동작상태를 상호연락하여 고장제거상태를 연락하는 통신수단을 파일럿(pilot)이라 한다.

㉢ **표시선으로 유도현상의 방지를 위해 제어용 케이블 또는 연피 케이블을 사용**해야 한다.

㉣ 15 ~ 20[km] 정도의 단거리 송전선로에 사용하는 방식으로, **보호구간의 양단을 연결하는 표시선이 필요**하다.

㉤ 종류 : 전류순환식, 전압반향식

③ 반송계전방식

㉠ **교류, 직류 또는 펄스 신호를 고주파의 반송파(carrier)로 변조시켜서 전송하는 방식**이다.

㉡ **송전선로에 단락이나 지락사고 시 고장점의 양끝에서 선로의 길이에 관계없이 고속으로 양단을 동시에 차단이 가능**하다.

㉢ 중·장거리 선로의 기본 보호계전방식으로써 널리 적용한다.

㉣ **초기 설비투자비가 크다.**

㉤ 종류 : 방향비교방식, 위상비교방식, 전송차단방식

단원 확인 기출문제

★★ 산업 99년 4회

05 임피던스 계전기라고도 하며 선로의 단락보호 또는 계통탈조사고의 검출용으로 사용되는 계전기는?

① 변압폭계전기 ② 거리계전기
③ 차동계전기 ④ 방향계전기

해설 임피던스 계전기는 거리계전기로서, 송전선로 단락 및 지락사고 보호에 이용되고 있다.

답 ②

★★★ 산업 03년 1회

06 송전선보호에 있어서 주로 교류표시선방식의 표시선계전방식(pilot wire relaying)에 해당되는 것은?

① 전송차단방식(transfer trip relaying)
② 주파수비교방식(frequence comparision relaying)
③ 위상비교방식(phase comparision relaying)
④ 전압반향방식(opposed voltage method)

해설 **표시선계전방식**
㉠ 송·수전단의 통신수단으로 표시선(wire pilot)을 사용하는 방식이다.
㉡ 표시선으로 유도현상의 방지를 위해 제어용 케이블 또는 연피 케이블을 사용해야 된다.
㉢ 종류 : 전류순환식, 전압반향식 등이 있다.

답 ④

7 모선보호계전방식

모선에 보호되는 모선보호방식에는 전류차동방식, 전압차동방식, 위상비교방식이 있다.

(1) 전류차동방식

① 각 회선변류기 2차 회로의 차동전류에 의해 동작하므로 내부고장 시 동작하며 외부고장에는 동작하지 않는다.
② 변류기의 오차전류에 의한 오동작 우려가 있기 때문에 억제 코일을 사용하는 것이 보통이다.

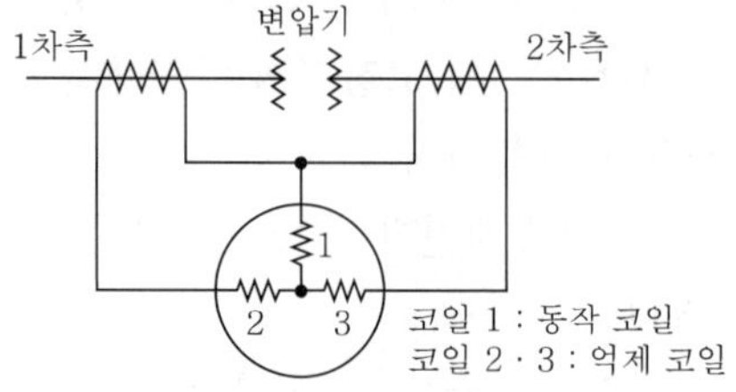

▌전류차동방식▐

③ **종류** : 과전류차동방식과 비율차동방식이 있다.
④ **발전기의 보호** : 발전기 내부단락고장에 대한 보호는 차동계전기 또는 비율차동계전기가 널리 사용되고 있다.
⑤ **변압기의 보호** : 변압기의 내부사고 시 전기적으로 비율차동계전방식을 주보호로 하고 단락사고와 과부하보호는 과전류방식을 적용한다. 기계적 보호장치로는 부흐홀츠 계전기, 충격압력계전기, 온도계전기 등이 사용된다.

(2) 전압차동방식

전 회선의 변류기를 병렬접속하고 그 차동회로에 전압차동계전기를 접속하여 외부고장이나 내부고장 시 모선을 보호하는 방식이다.

(3) 위상비교방식

외부고장 시 각 회선의 위상이 다른 점을 이용하여 모선을 보호하는 방식이다. 종류로는 위상비교방식, 방향비교방식이 있다.

8 모 선

(1) 모선의 의미

여러 발전기에서 발생된 전력을 모아 여러 개의 송전선로로 송전 또는 수전을 하도록 설치된 설비이고 모선구성방식에 따라 전력계통의 효율적인 운용과 신뢰성이 달라진다.
모선의 종류에는 단모선, 이중 모선, 환상 모선 등이 있다.

(2) 단모선방식

① 모선 하나로 구성되는데 송전선로가 적고 중요하지 않은 계통에 채용된다.
② 건설비가 최소이고, 운용융통성이 없어 신뢰도가 낮다.

(3) 이중 모선방식

① 개 념
　㉠ 모선고장으로 송·수전이 불가능하게 될 경우를 대비하여 예비 모선을 하나 더 설치하여 구성한다.
　㉡ 2개의 모선을 효율적으로 운용하기 위해 여러 개의 모선연락용 차단기가 필요하다.
　㉢ 2개의 모선 사이에 설치된 차단기수에 따라 1차단기방식, 1.5차단기방식, 2차단기방식이 있다.

② 1차단기방식(표준 2중 모선방식)
　㉠ 2중 모선방식 중 차단기를 가장 적게 소요하는 방식으로, 기기점검 및 계통운용상 유리하다.
　㉡ 단모선방식에 비하여 건설비가 많이 소요된다.

③ 2차단기방식
　㉠ 2중 모선방식 중 차단기를 가장 많이 소요하고 높은 신뢰도가 요구되는 경우에 사용한다.
　㉡ 차단기 및 단로기 설치대수가 1차단방식에 비해 2배가 필요하고 모선운용 및 모선보호용 제어회로가 복잡하다.

④ 1.5차단기방식
　㉠ **모선연락용 차단기수가 1차단기방식의 1.5배가 필요**하다.
　㉡ **1차단방식보다 신뢰성이 높고 2차단방식보다 건설비가 저렴**하다.

9 재폐로방식

① 송전선로의 사고는 대부분 뇌에 의한 아크 사고로서, 영구적인 사고로의 확대는 전체사고의 10[%] 미만으로 나타나므로 **사고제거 후에 아크의 자연적인 소멸 후 다시 송전하는 방식**이다.

② 특 징

㉠ **계통의 과도안정도를 향상시킬 수 있어서 송전용량이 증대**된다.

㉡ 기기나 선로의 과부하를 감소시킨다.

㉢ 계통의 자동복구로 운전원의 조작에 의한 복구보다 신속하고 정확하다.

㉣ 후비보호계전기의 동작에 의한 차단 시에는 재폐로를 하지 않으며, 전 구간이 고속으로 차단되는 Pilot 계전방식에서만 적용한다.

기사 8.96% 출제 | 산업 9.20% 출제

출제 02 선로의 개폐장치

선로에 사용하는 개폐장치의 종류 및 특성을 파악하고 사고 시 선로와 기기를 보호하기 위한 안전한 개폐조작이 되어야 한다. 따라서, 개폐장치의 적절한 설치위치와 조작순서를 고려하여 운전하는 것을 반드시 숙지해야 한다.

1 차단기

(1) 차단기의 정의

차단기는 전력계통에서 보호계전장치와 같이 회로를 개방하거나 투입하는 기능을 가진 설비로, 계통의 단락·지락 사고가 일어났을 때 계통안정을 확보하기 위하여 신속히 고장계통을 분리하는 역할을 한다.

(2) 차단기의 기능

① 선로 및 회로가 정상상태 또는 단락상태와 같은 이상조건 하에서도 열적·구조적으로 견디어야 한다.

② 개방상태에서는 상간 또는 상과 대지 간 절연이 유지되어야 한다.

③ 차단기투입 시에는 이상전압의 발생 없이 정격 또는 그 이하의 발생전류를 차단하여야 한다.

④ 차단기개방 시에는 접촉자손상 없이 신속하고 안전하게 회로를 분리하여야 한다.

(3) 차단기의 용어정리

① 정격전압 : 차단기의 정격전압은 차단기에 인가될 수 있는 계통 최고 전압을 말하며, 계통의 공칭전압에 따라 다음과 같이 적용한다.

공칭전압[kV]	6.6	22	22.9	66	154	345
정격전압[kV]	7.2	24	25.8	72.5	170	362

② 정격전류 : 정격전류는 정격전압, 정격주파수에서 규정된 온도상승한도를 초과하지 않고 그 회로에 연속적으로 흘릴 수 있는 전류의 한도를 말한다.

③ **정격차단전류** : 정격차단전류는 차단기의 정격전압에 해당되는 회복전압 및 정격재기전압을 갖는 회로조건에서 규정된 동작책무를 수행할 수 있는 차단전류의 최대 한도로, 교류분 실효값으로 표시한다.

④ **정격차단용량** : 차단기의 용량은 차단기가 설치된 차단기정격전압과 정격차단전류에 의해 계산한다.

$$\text{차단기차단용량 } P_s = \sqrt{3} \times \text{정격전압} \times \text{정격차단전류[MVA]}$$

⑤ 차단기의 정격차단시간(트립코일 여자부터 아크 소호까지의 시간)

㉠ 개극시간 : 폐로상태에서 차단기의 트립 제어장치(트립코일)가 개리할 때까지의 시간을 개극시간이라 한다.

㉡ 아크 시간 : 아크 접촉자의 개리순간부터 접촉자간의 아크가 소호되는 순간까지의 시간을 아크 시간이라 한다.

㉢ 차단시간 : 개극시간과 아크 시간의 합을 차단시간이라 한다.

정격전압[kV]	7.2	25.8	72.5	170	362
정격차단시간(cycle) 이내	5 ~ 8	5	5	3	3

⑥ **차단기의 표준동작책무** : 정격전압에서 1 ~ 2회 이상의 투입, 차단 또는 투입차단을 정해진 시간간격으로 행하는 일련의 동작을 나타낸다.

항 목	등 급	동작책무
특고압 이상	A	O – 3분 – CO – 3분 – CO
7.2[kV] 고압 콘덴서 및 분로용 리액터	B	CO – 15초 – CO
고속도 재투입용	R	O – t – CO – 1분 – CO

여기서, O : 차단기개방, CO : 투입 후 즉시 개방, t = 0.3초

단원 확인 기출문제

★★★ 산업 93년 2회, 00년 4회, 19년 3회

07 차단기의 정격차단시간의 표준이 아닌 것은?

① 3[cycle/sec] ② 5[cycle/sec]
③ 8[cycle/sec] ④ 10[cycle/sec]

해설 차단기의 차단시간은 3 ~ 8[cycle/sec]로, 전압에 따라 다르다.
㉠ 7.2[kV] 이하 : 8[cycle/sec]
㉡ 72.5[kV] 이하 : 5[cycle/sec]
㉢ 170[kV] 이상 : 3[cycle/sec]

답 ④

★★★★ 기사 92년 7회, 94년 7회, 97년 5회, 05년 1회

08 고속도 재투입용 차단기의 표준동작책무는? (단, t는 임의의 시간간격으로 재투입하는 시간을 말하며, O는 차단동작, C는 투입동작, CO는 투입동작을 계속하여 차단동작을 하는 것을 말함)

① O − 1분 − CO　　② CO − 15초 − CO
③ CO − 1분 − CO − t초 − CO　　④ O − t초 − CO − 1분 − CO

해설 차단기 동작책무

항 목	등 급	동작책무
특고압 이상	A	O−3분−CO−3분−CO
7.2[kV] 고압 콘덴서 및 분로용 리액터	B	CO−15초−CO
고속도 재투입용	R	O−t−CO−1분−CO

답 ④

★★★★ 기사 98년 5회, 00년 6회, 01년 2회, 14년 2회 / 산업 93년 5회, 02년 2회

09 3상용 차단기의 용량은 그 차단기의 정격전압과 정격차단전류와의 곱을 몇 배한 것인가?

① $\dfrac{1}{\sqrt{3}}$　　② $\dfrac{1}{\sqrt{2}}$
③ $\sqrt{2}$　　④ $\sqrt{3}$

해설 차단기의 용량은 차단기가 설치된 차단기 정격전압과 정격차단전류에 의해 계산한다.
차단기 차단용량 $P_s = \sqrt{3}\times$정격전압$\times$정격차단전류[MVA]

답 ④

★★ 기사 18년 3회

10 3상용 차단기의 정격전압은 170[kV]이고 정격차단전류가 50[kA]일 때 차단기의 정격차단용량은 약 몇 [MVA]인가?

① 5000　　② 10000
③ 15000　　④ 20000

해설 차단기 차단용량 $P_s = \sqrt{3}\times$정격전압$\times$정격차단전류
$= \sqrt{3}\times 170\times 50 = 14722 ≒ 15000$[MVA]

(4) 차단기의 종류 및 특성

차단기는 선로차단 시 아크 소호 매질에 따라 다음과 같이 분류된다.

- 기중차단기(ACB : Air Circuit Breaker)
- 유입차단기(OCB : Oil Circuit Breaker)
- 진공차단기(VCB : Vacuum Circuit Breaker)
- 자기차단기(MBB : Magnetic Blast Circuit Breaker)

- 공기차단기(ABB : Air Blast Circuit Breaker)
- 가스 차단기(GCB : Gas Circuit Breaker)

① 기중차단기(ACB : Air Circuit Breaker)

㉠ **저압용 차단기**로 사용한다.

㉡ 다른 저압 차단기에 비해 차단용량이 크다.

② 유입차단기(OCB : Oil Circuit Breaker)

㉠ **절연유를 아크소호 매질**로 하는 것으로, 개폐장치절연 유속에서 전로의 개극 시 발생하는 **수소 가스가 냉각작용을 하여 아크를 소호**한다.

㉡ 장 점

ⓐ 기계적으로 견고하고 충격에 강하다.

ⓑ 구조상 뇌섬락에 대한 신뢰성이 높다.

ⓒ 차단 시 폭발음이 없어 방음설비가 필요 없다.

㉢ 단 점

ⓐ **절연유가 열화되기 쉬워 화재의 위험이 크다.**

ⓑ 유지 · 보수 주기가 짧고 어렵다.

ⓒ 기계 · 전기적 원인에 의한 차단기폭발의 위험이 있다.

ⓓ 기준충격절연강도(BIL)가 커서 건식 변압기나 몰드 변압기설비에 서지 흡수기를 설치할 필요가 없다.

③ 진공차단기(VCB : Vacuum Circuit Breaker)

㉠ **고진공**으로 유지된 밀폐용기 내에서 접점을 개리시켜 발생하는 아크를 확산소호하는 차단기이다.

㉡ 장 점

ⓐ **소형 · 경량으로 콤팩트화가 가능하다.**

ⓑ **밀폐구조로, 아크나 가스의 외부방출이 없어 동작 시 소음이 작다.**

ⓒ **화재나 폭발의 염려가 없어 안전하다.**

ⓓ 차단기동작 시 신뢰성과 안전성이 높고 **유지 · 보수 점검이 거의 필요 없다.**

ⓔ 차단 시 소호특성이 우수하고, 고속개폐가 가능하다.

㉢ 단 점

ⓐ 고진공을 만들고, 고진공을 유지하기가 곤란하다.

ⓑ **높은 개폐 서지 발생이 쉽다.**

ⓒ 누설, 방출 가스 및 가스의 투과에 의해 진공도가 저하한다.

④ 자기차단기(MBB : Magnetic Blast Circuit Breaker)

㉠ 소호실에 흡수 코일을 갖추고 차단전류를 코일에 흘려주므로 만들어지는 자계를 이용해서 아크를 특수내열자기판에 밀어 넣어 아크를 냉각시켜 소호하는 차단기이다.

㉡ 특 징

ⓐ 기름을 쓰지 않아 화재의 위험이 없다.

ⓑ 소호실의 수명이 길고 분해점검이 간단하므로 보수점검의 수고를 줄일 수 있다.

ⓒ 전류절단에 의한 와전압이 발생하는 일이 없고 회로고유주파수에 차단성능이 좌우되는 일이 없다.

ⓓ 공기차단기와 같은 압축공기설비가 필요 없다.

⑤ 공기차단기(ABB : Air Blast Circuit Breaker)

㉠ **압축공기**를 이용한 단열팽창에 의한 냉각작용를 이용한 차단기이다.

㉡ 장 점

ⓐ 고전압, 대용량에 적합하다.

ⓑ 화재의 위험성이 없다.

ⓒ 원료가 무한하며, 높은 절연내력과 차단 후 절연회복속도가 빠르다.

ⓓ 압축공기를 조작기구의 동력원 및 소호매체로 이용한다.

㉢ 단 점

ⓐ 재기전압에 의한 차단성능이 영향을 주기 쉽다.

ⓑ **차단 시 소음이 크다.**

ⓒ 고전압용에는 내진강도의 문제가 있다.

ⓓ 염진해를 받기 쉽다.

⑥ 가스 차단기(GCB : Gas Circuit Breaker)

㉠ **아크 소호특성과 절연특성이 뛰어난 SF_6가스를 이용**하여 절연유지 및 아크 소호를 시키는 원리를 이용하고 고전압, 대용량으로 사용된다.

㉡ SF_6가스 성질

ⓐ 보통상태에서 **불활성 · 불연성, 무색 · 무취 · 무독 기체**이다.

ⓑ 열전도율이 공기의 1.6배이다.

ⓒ **아크 소호능력이 공기에 비해 100 ~ 200배**이다.

ⓓ **절연내력이 공기에 비해 2 ~ 3배 이상**이다.

㉢ 장 점

ⓐ 차단성능이 뛰어나고 개폐 서지가 낮다.

ⓑ 완전밀폐형으로, 조작 시 가스를 대기 중에 방출하지 않아 **조작소음이 작다.**

ⓒ **보수점검주기가 길다.**

㉣ 단 점

ⓐ 가스 기밀구조가 필요하다.

ⓑ 전계가 고르지 못한 경우 절연내력의 급격한 저하로 불순물, 수분의 철저한 관리가 필요하다.

ⓒ SF_6가스는 액화되기 쉬운 가스로, 기체로 사용이 가능하여야 한다.

단원 확인 기출문제

★★★ 기사 94년 5회, 00년 2회 / 산업 94년 7회

11 수십(數十) 기압의 압축공기를 소호실 내 아크에 흡부하여 아크 흔적을 급속히 치환하며, 차단정격전압이 가장 높은 차단기는?

① MBB ② ABB

③ VCB ④ ACB

해설 공기차단기(ABB)는 개폐 시 발생하는 아크를 압축공기를 이용한 단열팽창에 의한 냉각작용으로 소호하는 차단기이다.

답 ②

★★★★ 기사 98년 7회, 02년 1회, 05년 2회, 17년 2회

12 현재 널리 쓰이고 있는 GCB(Gas Circuit Breaker)용 가스는?

① SF_6가스 ② 아르곤가스

③ 네온가스 ④ N_2가스

해설 가스 차단기(GCB)
아크 소호특성과 절연특성이 뛰어난 SF_6가스를 이용해 절연유지 및 아크 소호를 시키는 원리를 이용하는 차단기로, 고전압, 대용량으로 사용된다.

답 ①

★★★★★ 기사 92년 5회, 93년 5회, 99년 3회, 11년 1회, 18년 1회

13 SF_6가스 차단기에 대한 설명으로 옳지 않은 것은?

① 공기에 비하여 소호능력이 약 100배 정도이다.
② 절연거리를 짧게 할 수 있어 차단기 전체를 소형 · 경량화할 수 있다.
③ SF_6가스를 이용한 것으로서, 독성이 있으므로 취급에 유의하여야 한다.
④ SF_6가스 자체는 불활성 기체이다.

해설 SF_6가스 성질
㉠ 보통상태에서 불활성 · 불연성, 무색 · 무취 · 무독 기체이다.
㉡ 열전도율이 공기의 1.6배이다.
㉢ 아크 소호능력이 공기에 비해 100 ~ 200배이다.
㉣ 절연내력이 공기에 비해 2 ~ 3배 이상이다.

답 ③

(5) 차단기의 트립 방식

① 직류전압 트립 방식 : 축전지 등의 직류전원을 이용하여 트립되는 방식이다.
② 과전류 트립 방식 : 차단기의 주회로에 접속된 변류기의 2차 전류에 의해 차단기가 트립되는 방식이다.

③ 부족전압 트립 방식 : 부족전압 트립 장치에 인가되어 있는 전압의 저하에 의해 차단기가 트립되는 방식이다.

④ 콘덴서 트립 방식 : **상시에 콘덴서를 충전하여 충전된 에너지로 차단기를 제어하는 방식**이다.

2 가스 절연개폐장치(GIS)

(1) 개 념

철제용기 내 모선 및 개폐장치, 기타 장치를 내장시키고 절연특성이 우수한 SF_6가스로 충진, 밀폐하여 절연을 유지시키는 종합개폐장치이다.

(2) 장 점

① **절연거리의 축소로 설치면적이 작아진다.**

② 전기적 충격 및 화재의 위험이 작다.

③ 주위환경과의 조화를 이룰 수 있다.

④ 조작 중 소음이 작고 라디오 방해전파를 줄여 공해문제를 해결해 준다.

⑤ 설치공기가 짧다.

⑥ **절연물, 접촉자 등이 SF_6가스 내에 설치되어 보수·점검 주기가 길어진다.**

(3) 단 점

① 단로기 등 개폐기조작에 동반하여 발생하는 급준파 서지에 의한 절연파괴현상이 나타난다.

② GIS 내 혼입금속입자에 의한 절연성능의 저하로 대책이 필요하다.

③ 기밀구조유지 및 수분관리가 필요하다.

④ 구성기기의 고장파급이 광범위하다.

단원 확인 기출문제

★★★ 기사 05년 1회, 12년 1회

14 GIS(Gas Insulated Switch Gear)를 채용할 때 다음 중 틀린 것은?

① 대기절연을 이용한 것에 비하면 현저하게 소형화할 수 있다.
② 신뢰성이 향상되고, 안전성이 높다.
③ 소음이 작고 환경조화를 기할 수 있다.
④ 시설공사방법은 복잡하나 장비비가 저렴하다.

해설 GIS는 SF_6가스를 충만시킨 밀폐형 가스 절연개폐장치이며 전력용 변압기와 피뢰기 모든 전력기기를 내장시킨 장치로, 충전부가 노출되어 있지 않아 신뢰도가 높고 비싸다.

 ④

3 단로기(DS)

(1) 의 미

단로기는 단지충전선로를 개폐하기 위하여 사용하는 것으로, 부하전류를 개폐하지 않는 것을 말한다.

(2) 단로기의 목적

① 설비의 점검 및 수리 시 전원에서 분리하여 작업자의 안전을 확보한다.

② 송전단 및 수전단 계통의 절체 및 회로를 구분한다.

③ **변압기의 여자전류와 선로의 무부하충전전류의 개폐가 가능**하다.

④ 전원투입(급전) : DS ON → CB ON

⑤ 전원차단(정전) : CB OFF → DS OFF

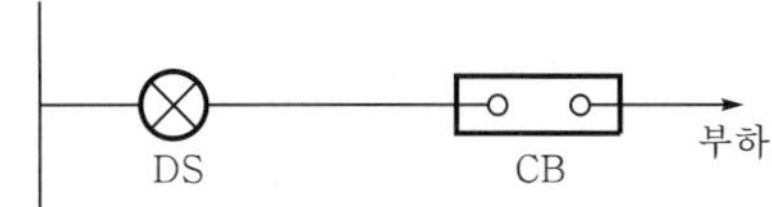

단원 확인 기출문제

★★★★ 기사 91년 2회, 95년 7회

15 단로기(disconnecting switch)의 사용목적은?

① 과전류의 차단　　② 단락사고의 차단

③ 부하의 차단　　④ 회로의 개폐

해설 단로기는 무부하상태에서 회로의 구분 및 분리를 목적으로 사용하는 개폐장치로, 변압기의 여자전류와 선로의 무부하충전전류의 개폐가 가능하다.

답 ④

4 전력용 퓨즈

(1) 퓨즈의 역할과 기능

① 퓨즈는 부하전류를 안전하게 통전한다. 즉, 과도전류나 일시적인 과부하전류로는 용단되지 않는다.

② 일정값 이상의 과전류가 흐르면 차단하여 전로와 기기를 보호한다.

③ 퓨즈는 **단락전류를 차단하는 목적으로 사용**된다.

(2) 퓨즈의 종류

구 분	한류형	비한류형
외 형	퓨즈엘리먼트, 동작표시기, 동작표시선, 규사, 절연자기관	

① 한류형 퓨즈

㉠ 높은 아크 저항을 발생시켜 고장전류를 강제로 차단하는 것이다.

㉡ 큰 고장전류는 처음 반파에서 차단하므로 기기보호에 이상적이기는 하나 과전류영역에서는 퓨즈가 용단되어도 차단하지 못하는 영역이 있기 때문에 과부하보호보다는 후비보호(back up)용으로 사용된다.

② 비한류형 퓨즈

㉠ 소호 가스를 뿜어내어 전류 0점 부근에서 퓨즈 구간의 절연내력을 재기전압 이상으로 높여서 전류를 차단하는 것이다.

㉡ 한류형에 비해 차단시간은 길지만 퓨즈 엘레멘트가 녹으면 반드시 차단되므로 용량을 적절하게 선정하면 과부하보호용으로도 사용될 수 있다.

(3) 전력용 퓨즈의 특성

① **소형 · 경량이며 경제적**이다.

② **재투입되지 않는다.**

③ 소전류에서 동작이 함께 이루어지지 않아 **결상되기 쉽다.**

④ **변압기 여자전류나 전동기 기동전류 등의 과도전류로 인해 용단되기 쉽다.**

⑤ 소전류나 부하전류 개폐에 쓸 수 없고 계전기나 차단기와의 조합에 의한 임의의 특성을 얻기 어렵다. 따라서, 비교적 중요도가 낮고 고장발생의 빈도가 작은 개소에 사용한다.

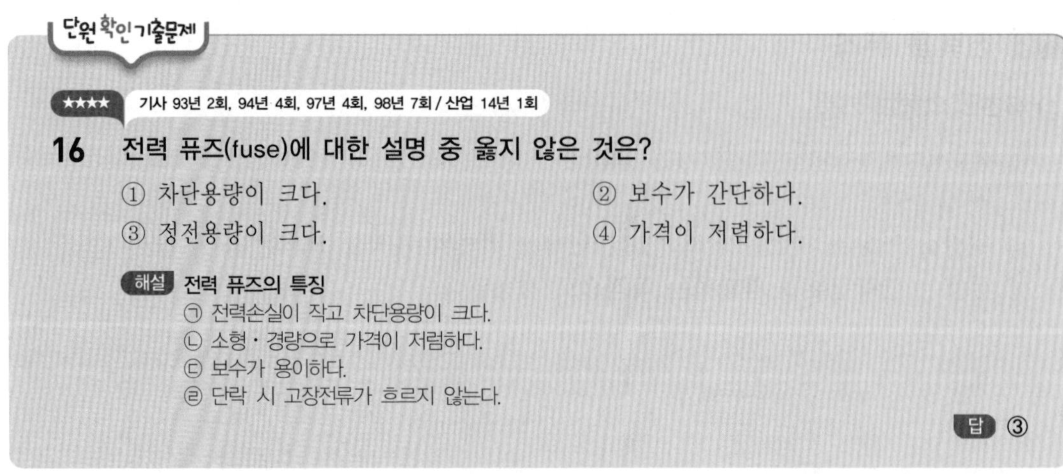
단원 확인 기출문제

★★★★ 기사 93년 2회, 94년 4회, 97년 4회, 98년 7회 / 산업 14년 1회

16 전력 퓨즈(fuse)에 대한 설명 중 옳지 않은 것은?

① 차단용량이 크다. ② 보수가 간단하다.
③ 정전용량이 크다. ④ 가격이 저렴하다.

해설 **전력 퓨즈의 특징**
㉠ 전력손실이 작고 차단용량이 크다.
㉡ 소형 · 경량으로 가격이 저렴하다.
㉢ 보수가 용이하다.
㉣ 단락 시 고장전류가 흐르지 않는다.

답 ③

기사 1.25% 출제 | 산업 1.30% 출제

출제 03 계기용 변성기

계기용 변성기의 필요한 목적과 운용상의 주의할 부분을 반드시 숙지하여야 한다. 시험문제에서도 다수 출제되고 실무에서도 사고가 많이 발생할 수 있다는 것을 고려한다.

1 전력수급용 계기용 변성기(MOF : Metering Out Fit)

(1) 설치목적

하나의 함 내에 계기용 변압기(PT)와 계기용 변류기(CT)를 조합하여 고압을 110[V]의 저압으로, 대전류를 5[A]의 저전류로 변압·변류하여 한전에서 수용가의 전력을 적산하기 위해 설치한 기기를 말한다.

(2) 구 성

전력수급용 계기용 변성기는 전력량계, 무효전력량계 또는 최대 수요전력량계와 조합하여 사용한다.

2 계기용 변압기(PT : Potential Transformer, VT)

(1) 의 미

계기용 변압기는 **고압 및 특고압을 110[V]의 저압으로 변압**하여 계기나 계전기에 공급하는 기기이다.

(2) 계기용 변압기(PT)의 보호

PT 1차측 및 2차측에는 사고파급을 방지하기 위하여 보통 퓨즈를 설치한다.

① PT 1차측 : PT의 고장이 선로에 파급되는 것을 방지하는 것이 목적으로, 차단용량이 있는 통형 퓨즈, 방출형 퓨즈가 많이 사용된다.

② PT 2차측 : PT의 오접속, 부하의 고장 등으로 인한 2차측 단락발생 시 PT로 사고가 파급되는 것을 방지한다.

(3) 계기용 변압기(PT)의 2차 정격부담[VA]

① 정격전압 : 권수비는 $a=\dfrac{V_1}{V_2}$ 이고 2차 정격전압은 일반적으로 110[V]이다.

② 정격부담 : $\mathrm{VA}=\dfrac{V^2}{Z}$ (부담은 병렬로 접속)

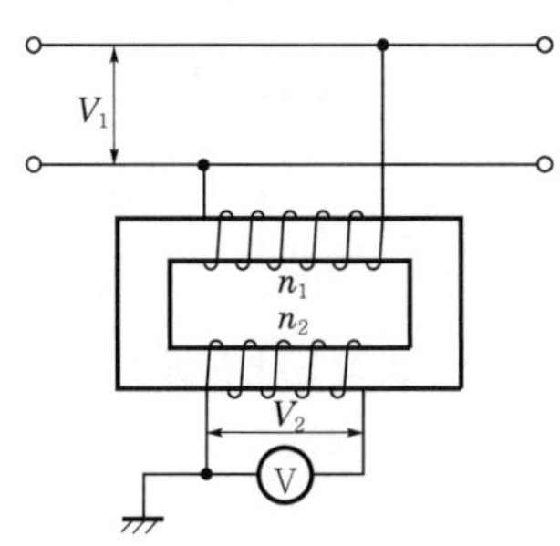

(4) 3상 선로의 계기용 변압기의 접속방법

① V결선

㉠ 비접지선로에 단상용 PT 2개를 이용하여 결선함으로써 3상 각 선간의 전압을 계측할 수 있다.

㉡ 비접지형 3상 계기용 변압기의 기본적인 결선이다.

② Y결선

㉠ PT 3대를 이용한 Y결선은 PT 회로의 결선이다.

㉡ 선간전압을 계측할 수 있고 1차와 2차 사이에 위상차가 없다.

3 계기용 변류기(CT : Current Transformer)

(1) 의 미

변류기는 대전류를 소전류로 변성하여 측정계기나 보호계전기로 공급해주는 기기이다.

(2) CT 점검 시 주의사항

① **변류기의 절연파괴를 방지하기 위해 2차에 접속된 계전기, 전류계 등을 교체할 때에는 반드시 2차측을 단락**시켜야 한다.

② 변류기의 2차 회로는 사용 중 개로되면 과전압이 발생되어 CT의 소손이 발생될 수 있으므로 **퓨즈를 사용하지 않는다.**

(3) 변류기의 정격

① 정격 1차 전류

㉠ 변류기의 정격 1차 전류값은 그 회로의 부하전류를 계산하여 그 값에 여유를 주어서 결정한다.

㉡ 일반적으로 수용가의 인입회로나 전력용 변압기의 1차측에 설치하는 것은 최대 부하전류의 125 ~ 150[%] 정도로 한다.

㉢ 전동기부하 등 기동전류가 큰 부하는 기동전류를 고려하여야 하므로 전동기의 정격입력값의 200 ~ 250[%] 정도로 선정한다.

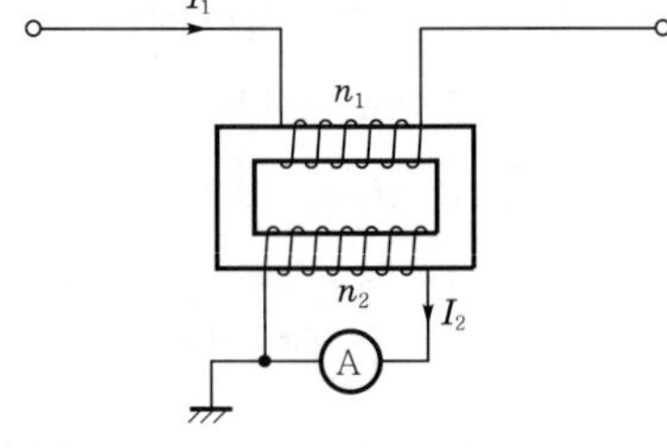

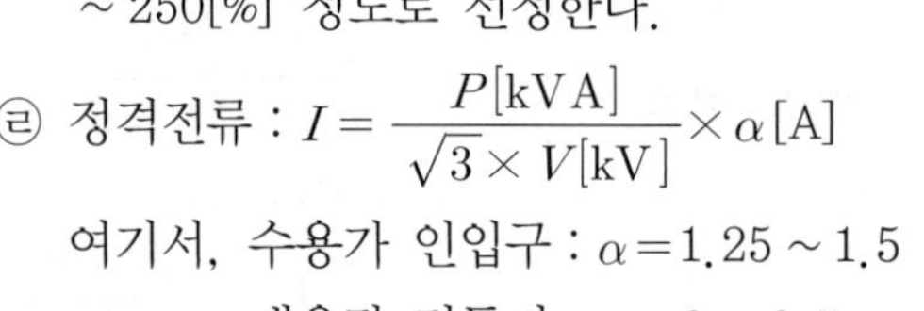

㉣ 정격전류 : $I = \dfrac{P[\text{kVA}]}{\sqrt{3} \times V[\text{kV}]} \times \alpha[\text{A}]$

여기서, 수용가 인입구 : $\alpha = 1.25 \sim 1.5$

대용량 전동기 : $\alpha = 2 \sim 2.5$

② 정격 2차 전류 : 일반적으로 사용하는 보통의 계기, 보호계전기 등의 정격 **2차 전류는** 5[A]로 한다.

(4) CT의 정격부담

변류기의 2차 혹은 3차측에 걸리는 외부부하는 모두 직렬로 접속된다. 이때, 2차에 정격주파수의 전류가 흘렀을 때 부하 임피던스가 소비하는 피상전력을 부담(burden)이라 하며, VA로 표시하며 역률과 함께 나타낸다.

$$P = VI = I^2 Z[\mathrm{VA}]$$

여기서, I : 변류기 2차측 정격전류 5[A]

Z : 변류기 2차측의 부하 임피던스[Ω]

4 접지형 계기용 변압기(GPT : Ground Potential Transformer)

계통의 영상전압을 검출하는 기기로, 3상용과 단상용이 있으며 일반적으로 단상용 PT 3개로 3상용을 구성한다.

구 성	결선방법	특 징
1차 권선	중성점 접지 Y결선	계기 및 계전기에 필요한 전압으로 강하
2차 권선	Y결선	선로의 과전압, 저전압을 검출
3차 권선	오픈 델타(open delta)	영상전압 검출

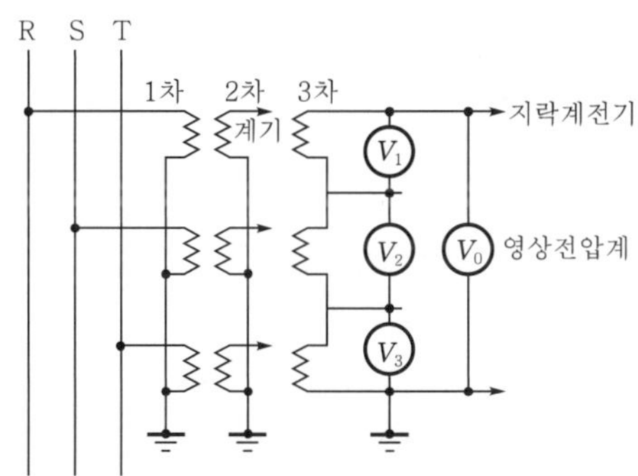

▌접지형 계기용 변압기▐

단원 확인기출문제

★★★★★ 기사 93년 6회, 00년 6회, 19년 1회

17 **배전반에 접속되어 운전 중인 계기용 변압기(PT) 및 변류기(CT)의 2차측 회로를 점검할 때 조치사항으로 옳은 것은?**

① CT만 단락시킨다.
② PT만 단락시킨다.
③ CT와 PT 모두를 단락시킨다.
④ CT와 PT 모두를 개방시킨다.

해설 계기용 변성기 사용 중 유의사항
㉠ 변류기(CT)의 경우 개방방지 → 퓨즈 설치금지
㉡ 계기용 변압기(PT)의 경우 단락방지 → PT 1차 및 2차측에 퓨즈 설치

답 ①

★★ 기사 96년 6회, 01년 2회

18 그림과 같은 3권선 변압기의 2차측에서 1선 지락사고가 발생하였을 경우 영상전류가 흐르는 권선은?

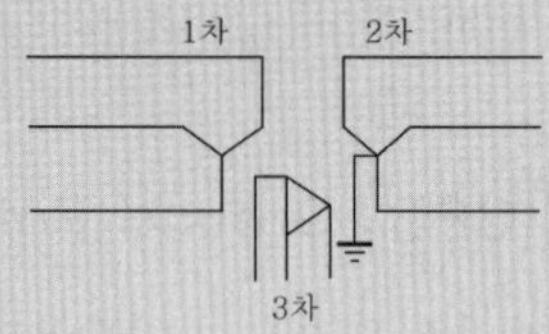

① 1·2·3차 권선　　② 1·2차 권선
③ 2·3차 권선　　④ 1·3차 권선

해설 1차 권선의 중성점에 접지가 되지 않았으므로 영상전류는 흐르지 않는다.

답 ③

단원 자주 출제되는 기출문제

★★★★ 산업 90년 6회, 97년 7회, 17년 3회

01 다음 중 보호계전기가 구비하여야 할 조건이 아닌 것은?

① 보호동작이 정확・확실하고 감도가 예민해야 한다.
② 열・기계적으로 견고해야 한다.
③ 가격이 싸고, 계전기의 소비전력이 커야 한다.
④ 오래 사용하여도 특성의 변화가 없어야 한다.

해설 **보호계전기가 갖추어야 할 조건**
㉠ 동작이 정확하고 감도가 예민할 것
㉡ 고장상태를 신속하게 선택할 것
㉢ 소비전력이 작을 것
㉣ 내구성이 있고 오차가 작을 것

★ 산업 16년 3회

02 보호계전기의 기본기능이 아닌 것은?

① 확실성 ② 선택성
③ 유동성 ④ 신속성

해설 **보호계전기의 기본기능**
㉠ 보호계전기의 확실성 : 사고 및 이상상태를 정확하게 판별
㉡ 보호계전기의 신속성 및 선택성 : 사고 및 이상상태의 확대 제한, 정전범위의 제한

★★★★ 기사 18년 2회 / 산업 92년 2회, 00년 6회

03 그림과 같은 특성을 갖는 계전기의 동작시간특성은?

(그래프: 세로축 동작시간, 가로축 동작전류)

① 반한시특성
② 정한시특성
③ 비례한시특성
④ 반한시 – 정한시 특성

해설 **계전기의 한시특성에 의한 분류**
㉠ 순한시계전기 : 최소 동작전류 이상의 전류가 흐르면 즉시 동작하는 것
㉡ 반한시계전기 : 동작전류가 커질수록 동작시간이 짧게 되는 특성을 가진 것
㉢ 정한시계전기 : 동작전류의 크기에 관계없이 일정한 시간에서 동작하는 것
㉣ 정한시 – 반한시 계전기 : 동작전류가 작은 동안에는 반한시특성으로 되고 그 이상에서는 정한시특성이 되는 것
㉤ 계단식 계전기 : 한시값이 다른 계전기와 조합하여 계단적인 한시특성을 가진 것

★★★★★ 기사 97년 6회, 05년 3회, 15년 2회, 18년 3회

04 최소 동작전류 이상의 전류가 흐르면 즉시 동작하는 계전기는?

① 반한시계전기
② 정한시계전기
③ 순한시계전기
④ Notting 한시계전기

해설
문제 3번 해설 참조

★★★★★ 기사 96년 2회, 99년 7회, 18년 2회 / 산업 11년 3회, 15년 3회, 17년 1회

05 동작전류가 커질수록 동작시간이 짧게 되는 특성을 가진 계전기는?

① 반한시계전기
② 정한시계전기
③ 순한시계전기
④ Notting 한시계전기

해설
문제 3번 해설 참조

정답 01. ③ 02. ③ 03. ① 04. ③ 05. ①

★★★★ 기사 03년 2회, 12년 3회, 18년 2회 / 산업 91년 3회, 97년 2회

06 동작전류의 크기에 관계없이 일정한 시간에 동작하는 한시특성을 갖는 계전기는?

① 순한시계전기
② 정한시계전기
③ 반한시계전기
④ 반한시성 – 정한시 계전기

해설
문제 3번 해설 참조

★ 기사 95년 4회

07 그림과 같은 계전기의 한시특성은?

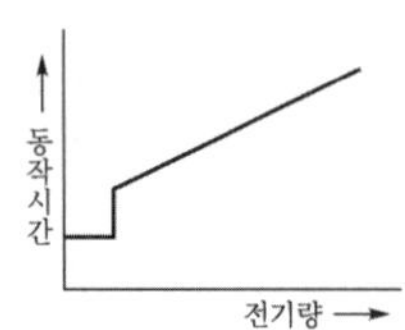

① 정한시특성
② 반한시 – 정한시 특성
③ 비례한시특성
④ 순시–비례한시 특성

해설 **순시 – 비례한시 특성**
구동전기량이 어떤 범위에서는 순시이고 그 외의 범위에서는 구동전기량에 비례하는 특성을 가진 것이다.

★★★ 산업 93년 4회, 02년 1회, 06년 2회, 12년 2회

08 과전류계전기(OCR)의 탭 값을 옳게 설명한 것은?

① 계전기의 최대 부하전류
② 계전기의 최소 동작전류
③ 계전기의 동작시한
④ 변류기의 권수비

해설
과전류계전기의 탭(tap) 값은 선로 및 기기의 단락 시 보호되는 최소 동작전류이다.

★★ 기사 16년 2회 / 산업 92년 5회

09 방향성을 갖지 않는 계전기는?

① 전력계전기
② 지락계전기
③ MHO 계전기
④ 비율차동계전기

해설
방향성을 갖지 않은 계전기는 과전류계전기, 차동계전기, 지락계전기, 임피던스 계전기 등이 있다.

★ 산업 93년 3회, 01년 3회, 02년 1회

10 수전설비와 병렬로 자가용 발전기가 설치된 회로에서 발전기쪽으로 전류가 흐를 경우 동작하는 계전기를 자동제어 기구번호로 나타내면 어느 것인가?

① 51　② 67
③ 80　④ 90

해설 **계전기의 기구번호**
㉠ 51 : 교류 과전류계전기
㉡ 67 : 전력방향계전기 및 지락방향계전기
㉢ 80 : 직류 과전압계전기
㉣ 90 : 자동전압조정기

★★★★ 기사 93년 5회, 99년 7회, 00년 5회 / 산업 13년 1회, 14년 2회, 16년 2회

11 인입되는 전압이 정정값 이하로 되었을 때 동작하는 것으로서, 단락고장검출 등에 사용되는 계전기는?

① 부족전압계전기
② 비율차동계전기
③ 재폐로계전기
④ 선택계전기

해설 **보호계전기의 동작기능별 분류**
㉠ 부족전압계전기 : 전압이 일정값 이하로 떨어졌을 경우 동작되고 단락 시 고장검출도 가능한 계전기
㉡ 비율차동계전기 : 총입력전류와 총출력전류 간의 차이가 총입력전류에 대하여 일정비율 이상으로 되었을 때 동작하는 계전기
㉢ 재폐로계전기 : 차단기에 동작책무를 부여하기 위해 차단기를 재폐로시키기 위한 계전기
㉣ 선택계전기 : 고장회선을 선택 차단할 수 있게 하는 계전기

정답 06. ② 07. ④ 08. ② 09. ② 10. ② 11. ①

★★★ 기사 91년 5회, 19년 3회

12 변성기의 정격부담을 표시하는 기호는?

① W ② S
③ dyne ④ VA

해설

계기용 변성기의 2차 단자간에 접속되는 부하가 정격 2차 전류에서 소비하는 피상전력으로 단위를 [VA]를 사용한다.

★★★★★ 기사 98년 5회, 00년 2회, 18년 3회 / 산업 15년 2회, 18년 2회, 19년 3회

13 다음 중 변류기수리 시(개방 시) 2차측을 단락시키는 이유는?

① 2차측 절연보호 ② 2차측 과전류보호
③ 측정오차방지 ④ 1차측 과전류방지

해설

변류기 2차측을 개방하면 1차 부하전류가 모두 여자전류로 변화하여 2차 코일에 큰 고전압이 유기하여 절연이 파괴되고, 권선이 소손될 위험이 있다.

★★★★ 산업 95년 2회, 98년 6회, 03년 1회

14 그림과 같이 200/5(CT) 1차측에 150[A]의 3상 평형전류가 흐를 때 전류계 A_3에 흐르는 전류는 몇 [A]인가?

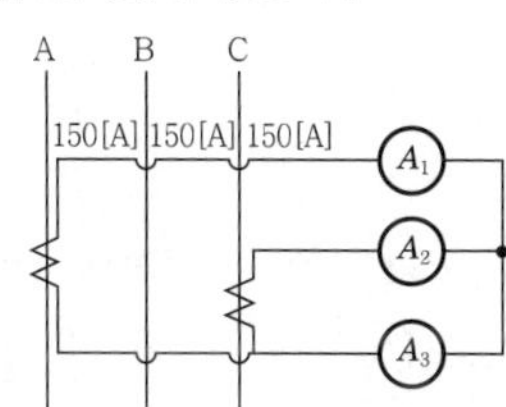

① 3.75 ② 5.25
③ 6.25 ④ 7.25

해설

A_3에 흐르는 전류는 3상 평형일 경우 벡터합에 의해 A_1, A_2에 흐르는 전류와 같으므로 전류계 A_3에 흐르는 전류는 다음과 같다.

$A_3 = A_1 = A_2 = 150 \times \frac{5}{200} = 3.75$[A]

★★★ 산업 92년 3회, 94년 3회, 98년 4회, 17년 2회

15 3상으로 표준전압 3[kV], 600[kW]를 역률 0.85로 수전하는 공장의 수전회로에 시설할 계기용 변류기의 변류비로 정하려고 한다. 가장 적당한 것은? (단, 변류기의 2차 전류는 5[A]임)

① 5 ② 10
③ 20 ④ 40

해설

부하전류 $I_2 = \frac{600}{\sqrt{3} \times 3 \times 0.85} = 135.85$[A]

CT의 적당한 변류비는 정격부하전류의 150[%]이므로

CT의 변류비$= \frac{135.85 \times 1.5}{5} = 40.7 ≒ 40$

★★★ 산업 92년 6회, 15년 2회, 19년 2회

16 다음 그림에서 *표시부분에 흐르는 전류는?

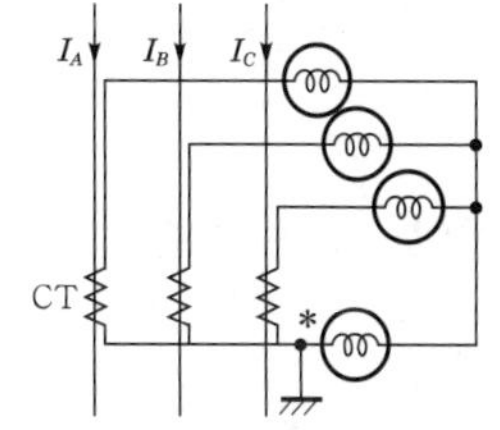

① B상 전류 ② 정상전류
③ 역상전류 ④ 영상전류

해설

부분에 흐르는 전류 $I_* = I_A + I_B + I_C = 3I_0$

여기서, I_0 : 영상전류

★ 산업 96년 4회, 12년 3회, 15년 3회

17 콘덴서형 계기용 변압기의 특징에 속하지 않는 것은?

① 고압 회로용의 경우는 권선형에 비해 소형·경량이다.
② 절연의 신뢰도가 권선형에 비해 크다.
③ 전력선 반송용 절연 콘덴서와 공용할 수 있다.
④ 전자형에 비해 오차가 작고 신뢰성이 좋다.

해설

콘덴서형 계기용 변압기는 권선형에 비해 절연에 대한 신뢰성은 좋으나 비오차가 크다.

정답 12. ④ 13. ① 14. ① 15. ④ 16. ④ 17. ④

★★ 기사 97년 6회, 99년 5회, 02년 1회

18 영상전류를 검출하는 방법이 아닌 것은?

①

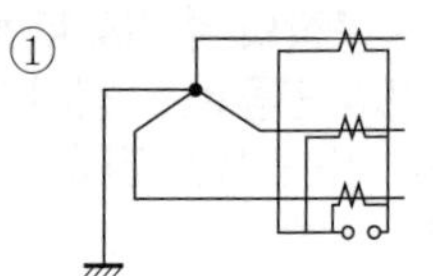

②

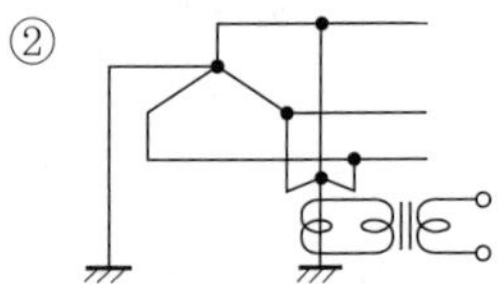

③

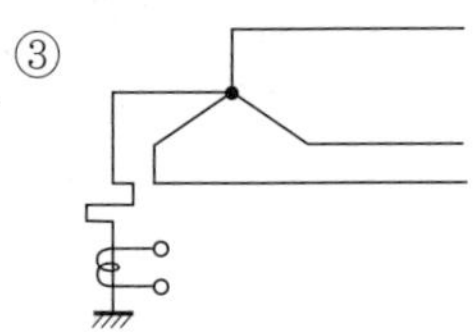

④

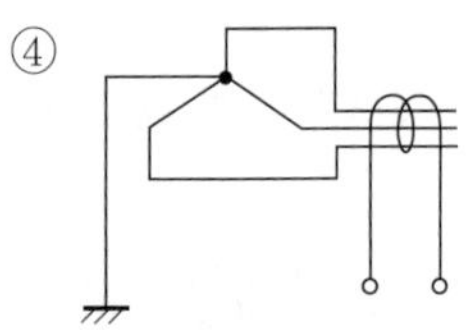

해설 지락사고 검출방법

①, ④는 선로에 평형 3상 전류가 흐르면 전류는 검출되지 않고, 불평형전류가 흐르면 영상전류가 검출된다.
② GPT를 설치한 것으로, 영상전압이 검출된다.
③ ZCT와 GR을 이용하여 검출한다.

★★★★ 산업 90년 2회, 94년 2·7회, 98년 3·5회

19 그림에서 계기 Ⓜ이 지시하는 것은?

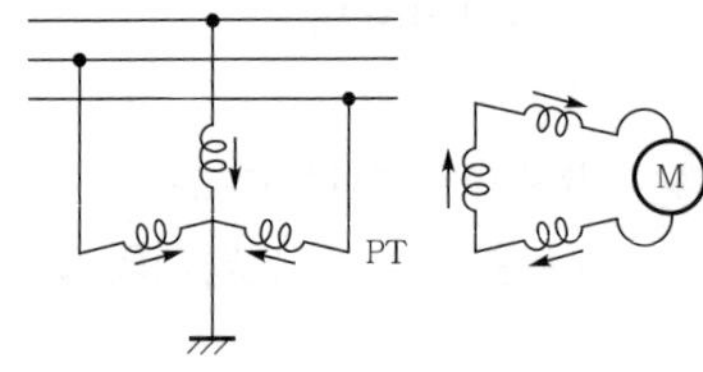

① 정상전류
② 영상전압
③ 역상전압
④ 정상전압

해설 접지형 계기용 변압기(GPT)와 지락과전압계전기(OVGR)

㉠ 접지형 계기용 변압기(GPT)를 이용하여 지락사고를 검출한다.
㉡ 비접지방식에서 1선 지락사고 시 건전상의 전압이 상승하는 특성을 이용하여 영상전압을 검출한다.

★★ 기사 93년 6회, 98년 7회, 03년 3회

20 송전계통의 한 부분이 그림에서와 같이 Y-Y로 3상 변압기가 결선되고 1차측은 비접지로, 그리고 2차측은 접지로 되어 있을 경우 영상전류(zero sequence current)는?

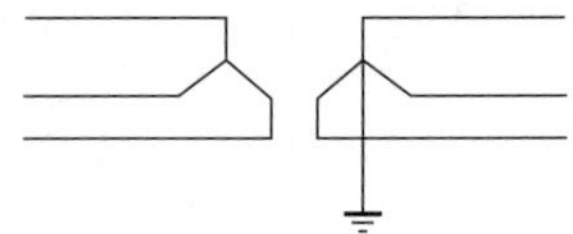

① 1차측 선로에만 흐를 수 있다.
② 2차측 선로에만 흐를 수 있다.
③ 1차 및 2차측 선로에 모두 다 흐를 수 있다.
④ 1차 및 2차측 선로에 모두 다 흐를 수 없다.

해설

1차 권선의 중성점에 접지가 되지 않았으므로 영상전류는 흐르지 않는다.

★★★★ 기사 91년 7회, 97년 4회, 02년 3회, 13년 2회, 17년 2회

21 송전계통의 부분이 그림에서와 같이 3상 변압기로, 1차측은 △로, 2차측은 Y로 중성점이 접지되어 있을 때 1차측에 흐르는 영상전류는?

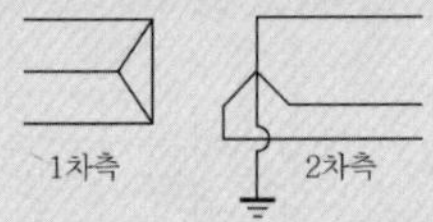

① 1차측 변압기 내부와 1차측 선로에서 반드시 0(Zero)이다.
② 1차측 선로에서는 반드시 0이다.
③ 1차측 변압기 내부에서는 반드시 0이다.
④ 1차측 선로에서 0이 아닌 경우가 있다.

해설

변압기의 저압측 접속이 △결선의 내부를 흐를 뿐 외부로는 흘러나가지 않는다.

정답 18. ② 19. ② 20. ② 21. ②

★★★ 기사 94년 7회, 05년 4회

22 3상 송전선로에 변압기그림과 같이 Y-△로 결선되어 있고, 1차측에는 중성점이 접지되어 있다. 이 경우 영상전류가 흐르는 곳은 어디인가?

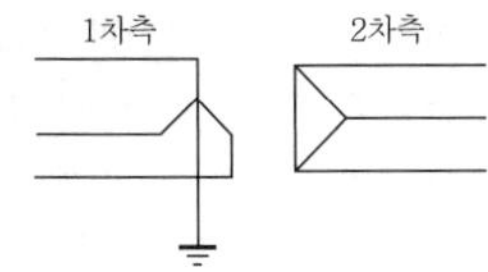

① 2차측 선로
② 2차측 선로 및 접지선
③ 1차측 선로, 접지선 및 △회로 내부
④ 1차측 선로, 접지선, △회로 내부 및 2차측 선로

해설 1선 지락사고 시 1차측 선로 및 Y결선

변압기의 2차측 △결선 내부에만 영상전류가 흐를 뿐 2차측 선로에는 영상전류가 흐르지 않는다.

★★ 기사 90년 2·7회, 97년 4회, 98년 4회

23 66[kV] 비접지 송전계통에서 영상전압을 얻기 위하여 변압비 66000/110[V]인 PT 3개를 그림과 같이 접속하였다. 66[kV] 선로측에서 1선 지락고장 시 PT 2차 개방단에 나타나는 전압[V]은?

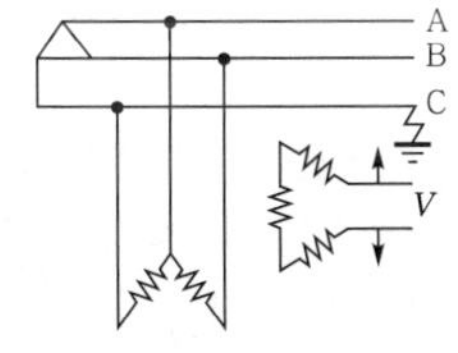

① 약 110　② 약 190
③ 약 220　④ 약 330

해설

1선 지락고장 시 PT 2차에 나타나는 전압은 영상전압이므로

$$V = 3V_g = 3 \times \frac{66000}{\sqrt{3}} \times \frac{110}{66000} = 190.52 ≒ 190[V]$$

★★★★★ 기사 98년 4회, 04년 1회, 05년 2회, 12년 1회, 14년 2회, 19년 1회

24 변전소에서 비접지선로의 접지보호용으로 사용되는 계전기에 영상전류를 공급하는 것은?

① CT　② GPT
③ ZCT　④ PT

해설

ZCT(영상변류기)는 지락사고 시 영상전류를 검출하여 GR(지락계전기)에 공급한다.

① CT는 대전류를 소전류로 변성한다.
② 지락사고 시 영상전압을 검출하여 OVGR(지락과전압계전기)에 공급한다.
④ PT는 고전압을 저전압으로 변성한다.

★★ 산업 95년 7회, 99년 3회

25 여러 회선인 비접지 3상 3선식 배전선로에 방향지락계전기를 사용하여 선택지락보호를 하려고 한다. 필요한 것은?

① CT와 OCR
② CT와 PT
③ 접지변압기와 ZCT
④ 접지변압기와 ZPT

해설

방향지락계전기(DGR)는 방향성을 갖는 과전류지락계전기로, 영상전압과 영상전류를 얻어 선택지락보호를 한다.

★★★★ 기사 97년 6회, 04년 2회, 12년 2회

26 6.6[kV] 고압 배전선로(비접지선로)에서 지락보호를 위하여 특별히 필요하지 않은 것은?

① 과전류계전기(OCR)
② 선택접지계전기(SGR)
③ 영상변류기(ZCT)
④ 접지변압기(GPT)

해설

과전류계전기는 과부하 또는 단락 시 고장전류로 인해 배전선이 손상되지 않도록 차단기를 동작시키는 것이다.

② 지락계전기(ground relay) : 지락이 발생되었을 때 동작시킨다.
- 선택접지계전기(selective ground relay) : 평행 2회선 지락사고
- 방향성 지락계전기(directional ground relay)

정답 22. ③ 23. ② 24. ③ 25. ③ 26. ①

③ 영상변류기(zero phase sequence current transformer) : 전로나 기기에 지락사고가 발생할 경우 영상전류를 검출하여 지락계전기를 동작시킨다.
④ 접지형 계기용 전압기(ground potential transformer) : 비접지계통에서 지락사고 시 영상전압을 검출하여 지락과전압계전기(ovgr)를 동작시킨다.

★★ 기사 93년 3회, 14년 2회

27 **그림과 같은 66[kV] 선로의 송전전력이 20000[kW], 역률이 0.8[lag]일 때 a상에 완전지락사고가 발생하였다. 지락계전기 DG에 흐르는 전류는 얼마인가? (단, 부하의 정상 · 역상 임피던스, 기타 정수는 무시한다)**

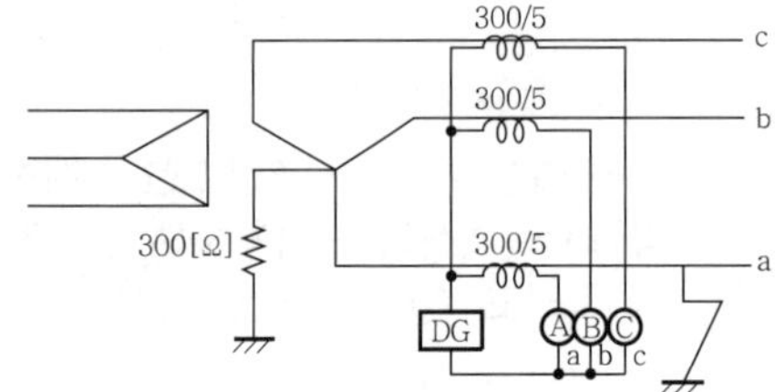

① 2.1[A] ② 2.9[A]
③ 3.7[A] ④ 5.5[A]

해설
지락계전기 DG에 흐르는 전류

$$I_{DG} = \frac{\frac{66000}{\sqrt{3}}}{300} \times \frac{5}{300} = 2.1[\text{A}]$$

★★★★★ 산업 95년 4회, 99년 6회, 04년 4회, 05년 1·3회, 14년 1회, 18년 3회

28 **영상변류기(zero sequence CT)를 사용하는 계전기는?**

① 과전류계전기 ② 과전압계전기
③ 지락계전기 ④ 차동계전기

해설
접지계전기(지락계전기)는 지락사고 시 지락전류를 영상변류기를 통해 검출하여 그 크기에 따라 동작하는 계전기이다.

★★★★ 기사 92년 3회, 04년 4회

29 **영상변류기를 사용하는 계전기는?**

① 과전류계전기 ② 저전압 계전기
③ 지락과전류계전기 ④ 과전압 계전기

해설
지락과전류계전기(OCGR)는 선로에 지락사고발생 시 지락전류의 크기에 따라 동작하는 계전기이다.

★★ 기사 93년 2회

30 **고압의 차폐 케이블에 지기가 발생할 때 자동적으로 전로를 차단하기 위하여 지락차단장치에 케이블 관통형 영상변류기를 설치할 때 설명으로 다음 중 옳은 것은?**

① 부하측에 설치할 때 차폐 케이블의 접지선과 일괄하여 관통할 것
② 전원측에 설치할 때 차폐 케이블의 접지선을 일괄하여 관통할 것
③ 전원측에 설치할 때 차폐 케이블의 접지선을 제외하고 관통할 것
④ 부하측에 설치할 때 차폐선과 접지선은 생략

해설 **차폐 케이블의 지락보호**
㉠ 영상변류기를 전원측에 설치 : 차폐 케이블의 접지선을 일괄하여 영상변류기에 관통
㉡ 영상변류기를 부하측에 설치 : 차폐 케이블의 접지선을 영상변류기에 관통시키지 말 것

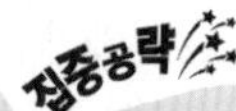

★★★★★ 기사 11년 1회, 14년 3회, 18년 3회 / 산업 00년 2회, 05년 4회, 17년 2회

31 **발전기 또는 주변압기의 내부고장보호용으로 가장 널리 쓰이는 것은?**

① 비율차동계전기 ② 역상계전기
③ 과전류계전기 ④ 과전압 계전기

해설
비율차동계전기는 고장에 의해 생긴 불평형의 전류차가 평형전류의 설정값 이상 되었을 때 동작하는 계전기로, 기기 및 선로 보호에 쓰인다.
② 역상계전기 : 전력설비의 불평형운전 또는 결상운전 방지를 위해 설치한다.
③ 과전류계전기 : 전류의 크기가 일정값 이상으로 되었을 때 동작하는 계전기
④ 과전압 계전기 : 전압의 크기가 일정값 이상으로 되었을 때 동작하는 계전기

정답 27. ① 28. ③ 29. ③ 30. ② 31. ①

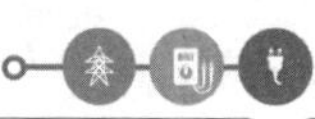

★★★ 기사 94년 5회 / 산업 90년 7회, 91년 2회, 96년 4회

32 다음 중 변압기보호에 쓰이지 않는 것은?

① 부흐홀츠 계전기 ② 임피던스 계전기
③ 차동전류계전기 ④ 비율차동계전기

해설
임피던스 계전기는 거리계전기로서, 송전선로 단락 및 지락사고 보호에 이용되고 있다.

★★★★ 기사 94년 6회, 99년 6회

33 과부하 또는 외부의 단락사고에 동작하는 계전기는?

① 차동계전기 ② 과전압 계전기
③ 과전류 계전기 ④ 부족전압 계전기

해설
과전류계전기는 발전기, 변압기, 선로 등의 단락보호, 과부하보호에 사용된다.

★★★ 기사 96년 4회

34 발전기, 변압기, 선로 등의 단락보호용으로 사용되는 것으로, 보호할 회로의 전류가 정정값보다 커질 때 동작하는 계전기는?

① OCR ② OVR
③ SGR ④ UCR

해설 계전기의 약호
㉠ OCR : 과전류계전기
㉡ OVR : 과전압 계전기
㉢ SGR : 선택접지계전기
㉣ UCR : 부족전류계전기

★★★★ 기사 97년 4회, 98년 6회, 01년 1회, 16년 1회(유사), 18년 1회

35 3상 결선변압기의 단상 운전에 의한 소손 방지목적으로 설치하는 계전기는?

① 차동계전기 ② 역상계전기
③ 과전류계전기 ④ 단락계전기

해설 역상계전기
㉠ 역상분전압 또는 역상분전류의 크기에 따라 동작하는 계전기이다.
㉡ 전력설비의 불평형운전 또는 결상운전방지를 위해 설치한다.

★★★ 산업 93년 3회, 01년 2회, 05년 3회, 06년 2회

36 모선보호에 사용되는 계전방식은?

① 전력평형보호방식
② 전류차동 보호방식
③ 표시선계전방식
④ 방향단락 계전방식

해설
모선보호용 차단기로는 차동계전기(전류차동, 전압차동, 위상비교), 방향비교계전방식, 차폐모선방식이 있다.

★★★★ 산업 90년 2회, 94년 5회

37 다음 2중 모선 중 1.5차단기방식(one and half breaker system)은 어느 것인가?

(단, 단로기 : [단로기 기호], 차단기 : [차단기 기호])

①
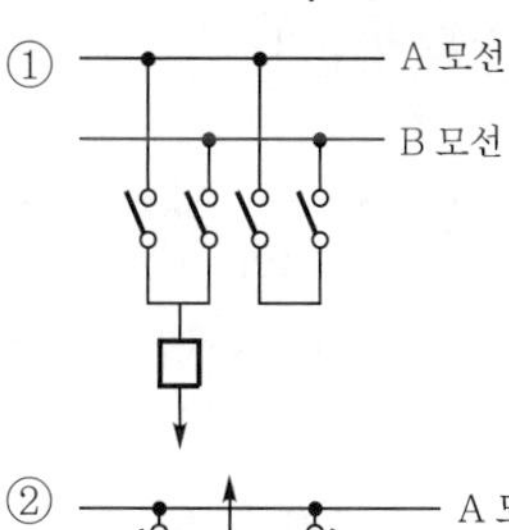

②
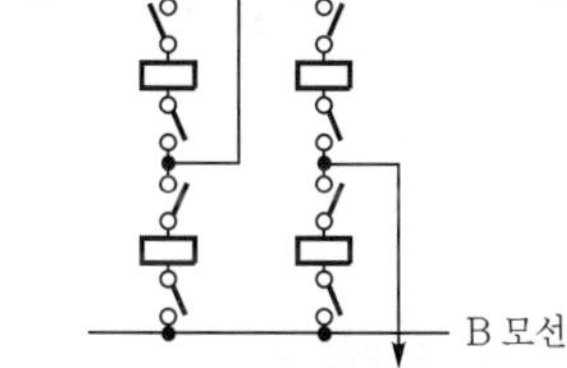

③
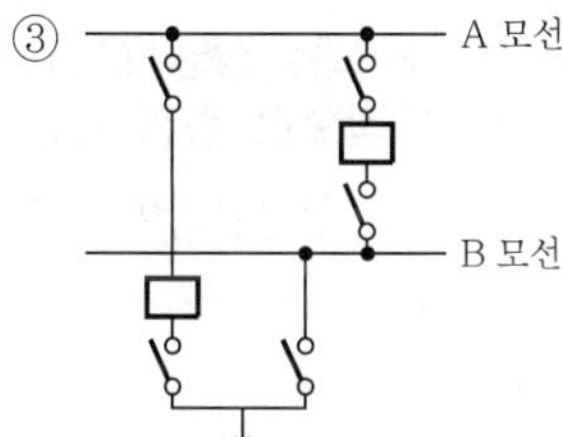

④
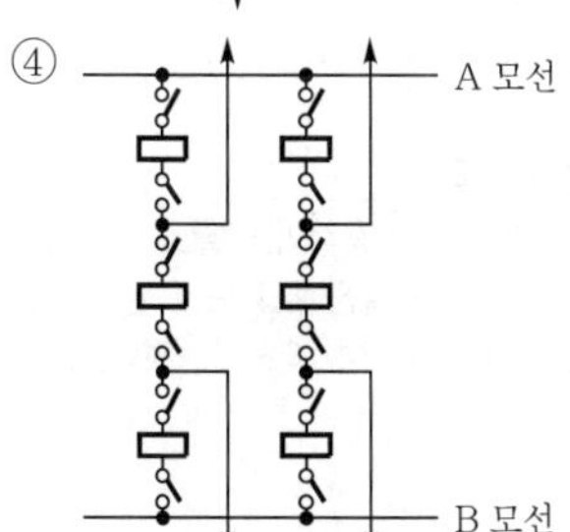

정답 32. ② 33. ③ 34. ① 35. ② 36. ② 37. ④

해설 2중 모선 1.5차단방식

2중 모선에 차단기를 3개 연결하여 사용하는 방식으로, 임의의 한 모선이 정전이 되어도 가운데 차단기의 조작으로 다른 모선을 이용하여 지속적으로 전력을 공급할 수 있다. 또한, 임의의 송전선로의 사고 시 차단기 3개 중 2개가 동작하여 사고를 제거할 수 있고 이때 가운데 차단기는 양 옆의 차단기와 조합하여 동작한다.

★ 기사 94년 4회

38 발전소 옥외 변전소의 모선방식 중 환상모선방식은?

① 1모선사고 시 타모선으로 절체할 수 있는 2중 모선방식이다.
② 1발전기마다 1모선으로 구분하여 모선사고 시 타발전기의 동시단락을 방지한다.
③ 다른 방식보다 차단기의 수가 적어도 된다.
④ 단모선방식을 말한다.

해설

환상모선이란 복모선의 일종으로, 모선의 형태는 그림과 같으며 이 모선의 특징은 소요면적이 작고 모선의 부분정전 및 차단기점검에 편리하다. 계통운용의 자유도가 없고, 각 기기의 전류용량이 커야 하는 단점이 있다.

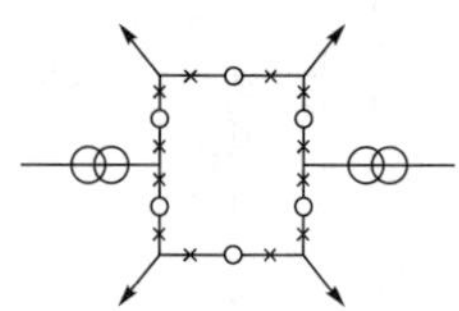

★ 기사 92년 7회, 95년 7회, 03년 2회

39 발·변전소에서 사용되는 상분리모선(Isolated phase bus)의 특징으로 틀린 것은?

① 절연열화가 적고 선간단락이 거의 없다.
② 다도체로서 대전류를 흘릴 수 있다.
③ 기계적 강도가 크고 보수가 용이하다.
④ 폐쇄되어 있으므로 안정도가 높고 외부로부터 손상을 받지 않는다.

해설 상분리모선

공기절연상태의 도체가 각각의 상별로 금속제외함에 포함되어 있는 구조이며 발전기의 모선 및 대용량 전력을 필요로 하는 수용가에 적용이 가능하다.

★★★ 산업 94년 5회, 96년 2회, 98년 6회, 17년 2회

40 송전선로의 보호방식으로 지락에 대한 보호는 영상전류를 이용하여 어떤 계전기를 동작시키는가?

① 전류차동계전기 ② 과전압 계전기
③ 거리계전기 ④ 선택지락계전기

해설 선택지락계전기

비접지계통의 지락사고 시 영상전압과 영상전류를 검출하여 선택차단한다.

① 전류차동계전기 : 보호기기 및 선로에 유입하는 어떤 입력의 크기와 유출되는 출력의 크기 간의 차이가 일정값 이상이 되면 동작하는 계전기
② 과전압 계전기 : 전압의 크기가 일정값 이상으로 되었을 때 동작하는 계전기
③ 거리계전기 : 전압과 전류의 비가 일정값 이하인 경우에 동작하는 계전기

★★ 산업 92년 6회, 06년 4회, 15년 1회

41 다음 중 송전선로의 단락보호를 위한 것이 아닌 것은?

① 과전류계전방식
② 방향단락 계전방식
③ 거리계전방식
④ 과전압 계전방식

해설

과전압 계전방식은 계통전압이 정정값보다 상승하였을 때 동작되는 계전방식이다.

★★★★★ 기사 96년 6회, 02년 1회, 05년 4회 / 산업 96년 4회, 98년 5회, 03년 4회

42 중성점 저항접지방식의 병행 2회선 송전선로의 지락사고차단에 사용되는 계전기는?

① 거리계전기 ② 선택접지계전기
③ 과전류계전기 ④ 역상계전기

해설

2회선 전로의 선택차단에는 선택접지계전기(SGR)를 사용한다.

정답 38. ① 39. ④ 40. ④ 41. ④ 42. ②

집중공략

★★★★★ 기사 18년 1회 / 산업 91년 2회, 97년 4회, 04년 3회, 19년 2회(유사)

43 전류차동계전기는 무엇에 의해 동작하는가?

① 정상전류와 영상전류의 차로 동작한다.
② 변류기에 유입하는 전류와 유출하는 전류의 차로 동작한다.
③ 전압과 전류의 배수의 차로 동작한다.
④ 정상전류와 역상전류의 차로 동작한다.

해설
전류차동계전기는 송전선 양단의 전류의 크기와 방향을 비교하고, 고장구간을 판단하는 계전기로, 신뢰성이 우수하고 보호성능이 높아 많이 사용되고 있다.

★★ 기사 13년 2회

44 변압기보호용 비율차동계전기를 사용하여 Δ-Y 결선의 변압기를 보호하려고 한다. 이때, 변압기 1·2차측에 설치하는 변류기의 결선방식은? (단, 위상보정기능이 없는 경우이다)

① Δ-Δ ② Δ-Y
③ Y-Δ ④ Y-Y

해설
변압기의 결선이 Δ-Y 결선일 경우 1차와 2차 사이에 30°의 위상차가 발생하여 전압 및 전류에 $\sqrt{3}$ 배의 크기의 차가 발생하므로 변압기보호용 비율차동계전기를 설치할 때 변압기의 1·2차에 3대의 CT결선은 역으로 Y-Δ로 하여 위상차를 보정한다.

★★★★★ 기사 95년 2회, 98년 6회, 02년 3회, 15년 2회, 17년 1회, 19년 2회

45 선택접지계전기의 용도는?

① 단일회선에서 접지전류의 대소 선택
② 단일회선에서 접지전류의 방향 선택
③ 단일회선에서 접지사고의 지속시간 선택
④ 다회선에서 접지고장회선의 선택

해설 **선택지락계전기(SGR)**
병행 2회선 송전선로에서 지락사고 시 고장회선만을 선택·차단할 수 있게 하는 계전기이다.

★★★ 기사 91년 7회, 97년 7회, 16년 3회

46 동일모선에 2개 이상의 피더(feeder)를 가진 비접지배전계통에서 지락사고에 대한 선택지락보호계전기는?

① OCR ② OVR
③ GR ④ SGR

해설
① 과전류계전기(OCR) : 일정한 크기 이상의 전류가 흐를 경우 동작하는 계전기
② 과전압 계전기(OVR) : 일정한 크기 이상의 전압이 걸렸을 경우 동작하는 계전기
③ 지락계전기(GR) : 지락사고 시 지락전류가 흘렀을 경우 동작하는 계전기
④ 선택지락계전기(SGR) : 병행 2회선 송전선로에서 지락고장 시 고장회선을 선택차단할 수 있는 계전기

★★★ 산업 91년 5회, 96년 2회

47 다음은 어떤 계전기의 동작특성을 나타낸 것이다. 계전기의 종류는?

> 전압 및 전류를 입력량으로 하여, 전압과 전류와 비의 함수가 예정값 이하로 되었을 때 동작한다.

① 변화폭계전기
② 거리계전기
③ 차동계전기
④ 방향계전기

해설
전압과 전류의 입력량이므로 $Z=\frac{V}{I}$, 즉 임피던스가 예정값 이하로 되면 동작되는 것이 거리계전기의 동작원리이다.

★★ 기사 92년 2회, 04년 4회

48 거리계전기의 기억작용이란?

① 고장 후에도 건전전압을 잠시 유지하는 작용
② 고장위치를 기억하는 작용
③ 거리와 시간을 판별하는 작용
④ 전압·전류의 고장 전 값을 기억하는 작용

정답 43. ② 44. ③ 45. ④ 46. ④ 47. ② 48. ①

해설

거리계전기의 기억작용은 고장 후에도 고장 전의 전압을 잠시동안 유지하는 작용이다.

★ 산업 17년 1회

49 거리계전기의 종류가 아닌 것은?

① 모(mho)형
② 임피던스(impedance)형
③ 리액턴스(reactance)형
④ 정전용량(capacitance)형

해설 **거리계전기(distance relay)**

㉠ 전압과 전류의 비가 일정값 이하인 경우에 동작하는 계전기이다.
㉡ 전압과 전류의 비는 전기적인 거리, 즉 임피던스를 나타내므로 거리계전기라는 명칭을 사용하며 송전선의 경우는 선로의 길이가 전기적인 길이에 비례한다.
㉢ 거리계전기의 종류 : 동작특성에 따라 임피던스형, 모(mho)형, 리액턴스형, 옴(ohm)형

★★★ 기사 97년 6회, 99년 7회, 12년 1회

50 전원이 양단에 있는 환상선로의 단락보호에 사용되는 계전기는?

① 과전류계전방식
② 선택계전방식
③ 방향단락계전방식
④ 방향거리계전방식

해설

㉠ 방향단락계전방식 : 선로에 전원이 일단에 있는 경우
㉡ 방향거리계전방식 : 선로에 전원이 두 군데 이상 있는 경우

★★★★★ 산업 01년 3회, 04년 2회, 07년 3회, 12년 1회, 15년 2회

51 전원이 양단에 있는 방사상 송전선로의 단락보호에 사용되는 계전기는?

① 방향거리계전기(DZ) – 과전압 계전기(OVR)의 조합
② 방향단락계전기(DS) – 과전류계전기(OCR)의 조합
③ 선택접지계전기(DZ) – 과전류계전기(OCR)의 조합
④ 부족전류계전기(UCR) – 과전압 계전기(OVR)의 조합

해설 **방사상 송전선로의 단락보호방식**

㉠ 전원이 일단에 있는 경우 고장지점의 가까운 차단기가 동작하되 차단에 실패할 경우 그 후단에 있는 차단기가 동작하여 보호하는 후비보호방식이다.
㉡ 전원이 양단에 있는 경우 과전류계전기로는 고장구간의 선택차단이 불가능하므로 방향단락계전기와 과전류계전기를 조합하여 사용한다.

★★★ 기사 94년 3회, 97년 2회, 00년 2·4회, 01년 2회, 05년 1회, 14년 1회

52 다음 중 환상선로의 단락보호에 사용하는 계전방식은?

① 선택접지계전방식
② 과전류계전방식
③ 방향단락계전방식
④ 비율차동계전방식

해설

환상선로의 단락보호에는 방향단락계전방식, 방향거리계전방식이 있다.

★★ 기사 16년 3회

53 다음 중 표시선계전방식이 아닌 것은?

① 전압반향방식 ② 방향비교방식
③ 전류순환방식 ④ 위상비교방식

해설 **파일럿 계전방식**

㉠ 보호구간 내의 고장을 신속하게 검출하여 고장점 양단을 동시차단을 하기 위한 방식
㉡ 표시선계전방식 : 전류순환방식, 방향비교방식, 전압반향방식
㉢ 반송계전방식 : 방향비교방식, 위상비교방식, 전류비교방식

★★ 산업 91년 5회

54 아래의 송전선보호방식 중 가장 뛰어난 방식으로, 고속도 차단 재폐로방식을 쉽고, 확실하게 적용할 수 있는 것은?

① 표시계전방식 ② 과전류계전방식
③ 방향거리계전방식 ④ 회로선택계전방식

정답 49. ④ 50. ④ 51. ② 52. ③ 53. ④ 54. ①

해설

표시선계전방식은 선로의 구간 내 고장을 고속도로 완전제거하는 보호방식이다.

★★★★★ 기사 91년 2회, 11년 2회 / 산업 96년 7회, 98년 4회, 00년 2회, 03년 4회

55 파일럿 와이어(pilot wire) 계전방식에 해당되지 않는 것은?

① 고장점위치에 관계없이 양단을 동시에 고속차단할 수 있다.
② 송전선에 평행하도록 양단을 연락한다.
③ 고장 시 장해를 받지 않게 하기 위하여 연피 케이블을 사용한다.
④ 고장점위치에 관계없이 부하측 고장을 고속차단한다.

해설

파일럿 와이어 계전방식은 거리계전기의 맹점을 보완하기 위해 시한차를 두지 않는 고속도계전기로, 고장 시 선로 양단을 동시에 차단한다.

★★★★★ 기사 93년 3회, 01년 1회, 03년 2회 / 산업 96년 5회, 98년 6회, 00년 5회

56 전력선 반송보호계전방식에서 고장의 선택방법이 아닌 것은?

① 방향비교방식
② 순환전류방식
③ 위상비교방식
④ 고속도거리계전기와 조합하는 방식

해설

반송계전방식은 전력선에 반송파를 사용하거나 별도의 통신수단을 이용한 것이다. 원리상으로 다음의 3종류로 구분된다.

㉠ 방향비교방식
㉡ 위상비교방식
㉢ 전송차단방식

★★★ 기사 90년 7회, 95년 5회, 00년 5회 / 산업 94년 4회, 01년 1회

57 전력선 반송보호계전방식이 아닌 것은?

① 방향비교방식
② 고속도거리계전기와 조합하는 방식
③ 영상전류비교방식
④ 위상비교방식

해설

전력선 반송보호계전방식에는 방향비교방식, 위상비교방식, 전송차단방식이 있다.

★★★★★ 산업 94년 5회, 00년 3회, 02년 2회, 03년 2회, 13년 3회, 19년 3회

58 전력선 반송보호계전방식의 장점이 아닌 것은?

① 장치가 간단하고 고장이 없으며 계전기의 성능저하가 없다.
② 고장의 선택성이 우수하다.
③ 동작이 예민하다.
④ 고장점이나 계통의 여하에 불구하고 선택차단개소를 동시에 고속도차단할 수 있다.

해설 **전력선 반송보호계전방식의 특성**

㉠ 송전선로에 단락이나 지락사고 시 고장점의 양끝에서 선로의 길이에 관계없이 고속으로 양단을 동시에 차단이 가능하다.
㉡ 중·장거리 선로의 기본보호계전방식으로 널리 적용한다.
㉢ 설비가 복잡하여 초기 설비투자비가 크고 차단동작이 예민하다.

★★★★★ 산업 06년 1회, 19년 2회

59 후비보호계전방식의 설명으로 틀린 것은?

① 주보호계전기가 보호할 수 없을 경우 동작하며, 주보호계전기와 정정값은 동일하다.
② 주보호계전기가 그 어떤 이유로 정지해 있는 구간의 사고를 보호한다.
③ 주보호계전기에 결함이 있어 정상동작할 수 없는 상태에 있는 구간사고를 보호한다.
④ 송전선로에서 거리계전기의 후비보호 계전기로 고장선택계산기를 많이 사용한다.

정답 55. ④ 56. ② 57. ③ 58. ① 59. ①

해설 주보호방식과 후비보호방식

㉠ 주보호 : 보호범위 내에서 발생한 고장에 대하여 다른 계전기보다 신속하게 제거함으로써 정전범위를 최소화 한다.

㉡ 후비보호 : 주보호가 차단에 실패하였을 경우 주보호계전기와 다른 크기의 정정값으로 그 사고를 검출하여 차단기를 개방하여 사고의 확대를 방지한다.

★★★★ 산업 03년 3회, 05년 3회, 13년 2회, 17년 3회

60 충전된 콘덴서의 에너지에 의해 트립되는 방식으로, 정류기, 콘덴서 등으로 구성되어 있는 차단기의 트립 방식은?

① 콘덴서 트립 방식
② 직류전압 트립 방식
③ 과전류 트립 방식
④ 부족전압 트립 방식

해설

콘덴서 트립 방식은 상시에 콘덴서를 충전하여 충전된 에너지로 차단기를 제어하는 방식이다.

★★★★★ 기사 93년 2회, 95년 4회, 99년 5회 / 산업 93년 3회, 97년 2회, 98년 6회

61 과부하전류는 물론 사고 때 대전류를 개폐할 수 있는 것은?

① 단로기
② 선로개폐기
③ 차단기
④ 부하개폐기

해설

차단기는 계통의 단락·지락 사고가 일어났을 때 계통 안정을 확보하기 위하여 신속히 고장계통을 분리하는 역할을 한다.

개폐기에 따른 개폐 가능 전류

㉠ 단로기 : 무부하충전전류 및 변압기여자전류 개폐 가능
㉡ 차단기 : 부하전류 및 고장전류(과부하전류 및 단락전류)의 개폐 가능
㉢ 선로개폐기 : 부하전류의 개폐 가능
㉣ 전력 퓨즈 : 단락전류차단 가능

집중공략

★★★★ 기사 03년 4회, 16년 1회, 18년 2회 / 산업 11년 1회, 16년 3회, 19년 2회

62 차단기의 정격차단시간은?

① 가동접촉자의 동작시간부터 소호까지의 시간
② 고장발생부터 소호까지의 시간
③ 가동접촉자의 개극부터 소호까지의 시간
④ 트립코일 여자부터 소호까지의 시간

해설 차단기의 정격차단시간

정격전압 하에서 규정된 표준 동작책무 및 동작상태에 따라 차단할 때 차단시간한도로서, 트립코일 여자로부터 아크의 소호까지의 시간(개극시간 + 아크 시간)

정격전압[kV]	7.2	25.8	72.5	170	362
정격차단시간 [cycle]	5 ~ 8	5	5	3	3

★★★ 기사 03년 1회

63 차단기에서 차단시간을 옳게 설명한 것은?

① 고장발생에서부터 완전소호시간까지의 합이다.
② 개극되는 시간을 말한다.
③ 아크 시간을 말한다.
④ 개극과 아크 시간을 합한 것을 말하며 약 3 ~ 8사이클이다.

해설 차단기 차단시간

트립코일 여자(개극시간)부터 아크소호까지의 시간으로 3~8[cycle] 이내에 차단되어야 한다.

★★★★ 산업 94년 4회, 96년 4회, 99년 3회, 01년 3회, 05년 2회, 18년 1회

64 차단기의 정격투입전류란 투입되는 전류의 최초 주파의 어느 값을 말하는가?

① 평균값　② 최대값
③ 실효값　④ 순시값

해설

투입전류란 차단기의 투입순간에 각 극에 흐르는 전류를 말하며 최초 주파수에 있어서의 최대값으로 표시하고 3상 시험에 있어서 각 상의 최대값이 된다.

정답 60. ① 61. ③ 62. ④ 63. ④ 64. ②

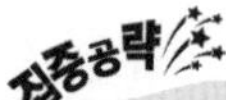

★★★★ 산업 90년 6회, 95년 6회, 02년 2회, 13년 3회, 19년 1회

65 차단기의 개방 시 재점호를 일으키기 가장 쉬운 경우는?

① 1선 지락전류인 경우
② 무부하충전전류인 경우
③ 무부하변압기의 여자전류인 경우
④ 3상 단락전류인 경우

해설
송전선로 개폐조작 시 이상전압(재점호)이 가장 큰 경우는 무부하송전선로의 충전전류(진상전류)를 차단했을 때 발생한다.

★★ 기사 11년 3회 / 산업 15년 3회

66 차단은 쉽게 가능하나 재점호가 발생하기 쉬운 차단은 어느 것인가?

① $R-L$회로 차단
② 단락전류차단
③ L회로 차단
④ C회로 차단

해설
전류가 차단되는 차단점이 전류 0점에서 차단된다고 했을 때 콘덴서에 흐르는 충전전류는 90° 앞선 전류가 흐르므로 충전전류가 0인 점에서 전압은 최대값(E_m)이 된다. 접점에 이온이 완전히 제거되지 않은 상태에서 반사이클 후에는 전압이 −최대값(E_m)이 되어 $2E_m$의 전압이 차단기접점 사이에 걸리게 되고 절연물이 $2E_m$값의 전압에 견디지 못하고 과도진동전류를 흘리게 되는데, 이 현상을 재점호라 한다.

★ 산업 92년 2회

67 차단기의 차단용량을 표시하는 단위는?

① [V] ② [A]
③ [kW] ④ [MVA]

해설
차단기 차단용량
$P_s = \sqrt{3} \times$정격전압$\times$정격차단전류[MVA]

★★★ 산업 13년 1회

68 차단기에서 O − 3분 − CO − 3분 − CO 부호인 것의 의미는? (단, O : 차단동작, C : 투입동작, CO : 투입동작에 뒤따라서 곧 차단동작)

① 일반차단기의 표준동작책무
② 자동재폐로용
③ 정격차단용량 50[mA] 미만의 것
④ 무전압 시간

해설 **차단기의 표준동작책무**
정격전압에서 1 ~ 2회 이상의 투입, 차단 또는 투입차단을 정해진 시간간격으로 행하는 일련의 동작을 나타낸다.

항 목	등 급	동작책무
특고압 이상	A	O − 3분 − CO − 3분 − CO
7.2[kV] 고압 콘덴서 및 분로용 리액터	B	CO − 15초 − CO
고속도 재투입용	R	O − 0.3초 − CO − 1분 − CO

* IEC 규정으로 문제 수정함

★★ 기사 95년 2회

69 전력용 콘덴서용 차단기의 표준동작책무로 옳은 것은?

① O − 0.3초 − CO − 3분 − CO
② CO − 0.3초 − O − 3분 − O
③ O − 15초 − CO
④ CO − 15초 − CO

해설
차단기동작책무란 차단기가 전로를 차단한 후 일정시간 후 재폐로동작기능을 부여하는 것으로, 표준동작책무에는 A형 : O − 3분 − CO − 3분, B형 : CO − 15초 − CO 중 고압용 차단기와 전력용 콘덴서용 차단기는 B형을 사용하고 특고압용 차단기는 A형과 고속도 재폐로 R형과 응용하여 사용하고 있다.

★★ 기사 93년 1회, 97년 7회, 16년 3회

70 다음 중 차단기의 차단책무가 가장 가벼운 것은?

① 중성점 저항접지계통의 지락전류차단
② 중성점 직접접지계통의 지락전류차단
③ 중성점 소호 리액터로 접지한 장거리송전선로의 충전전류차단
④ 송전선로의 단락사고 시 차단

정답 65. ② 66. ④ 67. ④ 68. ① 69. ④ 70. ③

해설

차단기의 차단능력이 가벼운 것은 사고 시 사고전류가 가장 작을 때이므로 접지방식 중 소호 리액터 접지계통에 지락사고 발생 시 지락전류가 거의 흐르지 못하기 때문에 차단 시 이상전압이 거의 발생하지 않는다.

★ 기사 92년 5회

71 현재 우리나라의 154[kV] 계통에서 사용되는 최대 차단용량은 몇 [MVA]인가?

① 2500
② 5000
③ 10000
④ 15000

해설

각 전압급에 따른 계통의 단락용량은 다음과 같다.
㉠ 765[kV] : 67000[MVA]
㉡ 345[kV] : 25000[MVA]
㉢ 154[kV] : 15000[MVA]

★★★★★ 기사 13년 1회 / 산업 02년 1회, 03년 1회, 06년 1회, 13년 2회, 18년 2회

72 3상 교류에서 차단기의 정격차단용량을 계산하는 식은?

① 정격전압×정격전압×정격전류
② $\sqrt{3}$ ×정격전압×정격전류
③ 3×정격전압×정격차단전류
④ $\sqrt{3}$ ×정격전압×정격차단전류

해설

차단기의 정격차단용량
$P_s = \sqrt{3}$ ×정격전압×정격차단전류[MVA]

★★ 산업 93년 1회, 97년 2회

73 차단기의 차단용량을 [MVA]로 나타낼 때 고려해야 할 것은?

① 차단전류, 회복전압
② 차단전류, 회복전압, 상계수
③ 회복전압, 차단전류, 회로의 역률
④ 회복전압, 차단전류, 주파수

해설

차단기의 정격차단용량
$P_s = \sqrt{3}\, V_n I_s \times 10^{-6}$ [MVA]
여기서, V_n : 회복전압(정격전압)
I_s : 정격차단전류
$\sqrt{3}$: 상계수

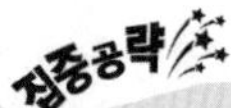

★★★★★ 기사 05년 1·3회, 11년 2회, 12년 3회 / 산업 04년 4회, 07년 4회, 11년 3회

74 수·변전 설비의 1차측에 설치하는 차단기의 용량은 주로 다음의 어느 것에 의하여 정하는가?

① 공급측의 전원단락용량
② 수전계약용량
③ 수전전력의 역률과 부하율
④ 부하설비의 용량

해설

차단기의 차단용량(단락용량) $P_s = \frac{100}{\%Z} \times P_n$[kVA]
여기서, $\%Z$: 전원에서 고장점까지의 퍼센트 임피던스
P_n : 공급측의 전원용량(기준용량 또는 변압기 용량)

★★★★ 기사 91년 6회, 96년 5회, 00년 5회, 03년 1회 / 산업 93년 4회, 98년 2회

75 전력회로에 사용되는 차단기의 차단용량(interrupting capacity)을 결정할 때 이용되는 것은?

① 예상 최대 단락전류
② 회로에 접속되는 전부하전류
③ 계통의 최고 전압
④ 회로를 구성하는 전선의 최대 허용전류

해설

차단용량 $P_s = \sqrt{3}$ ×정격전압×정격차단전류[MVA]

정답 71. ④ 72. ④ 73. ② 74. ① 75. ①

★★★ 산업 90년 7회, 91년 6회, 96년 7회, 04년 2회

76 다음에서 옳은 것은?

① 터빈 발전기의 %임피던스는 수차발전기의 %임피던스보다 작다.
② 전기기계의 %임피던스가 크면 차단기의 용량도 커진다.
③ %임피던스는 %리액턴스보다 크다.
④ 직렬 리액터는 %임피던스를 작게 하는 작용이 있다.

해설

$\%Z = \sqrt{p^2 + q^2}$

여기서, p : %저항강하
q : %리액턴스 강하

★★★ 기사 92년 3회, 95년 5회 / 산업 92년 7회, 03년 2회, 05년 1회

77 정격전압 7.2[kV]인 3상용 차단기의 차단용량이 100[MVA]이다. 정격차단전류는 몇 [kA]인가?

① 2 ② 4
③ 8 ④ 12

해설

정격차단전류 $I_s = \dfrac{P_s}{\sqrt{3}\,V_n}$

$= \dfrac{100}{\sqrt{3} \times 7.2} = 8[\text{kA}]$

여기서, P_s : 차단기의 차단용량
V_n : 차단기정격전압

★ 산업 94년 7회, 13년 1회

78 차단기의 소호재료가 아닌 것은?

① 기름 ② 공기
③ 수소 ④ SF_6

해설

차단기의 동작 시 아크 소호매질로 수소 가스는 사용하지 않는다.
아크 소호재료는 다음과 같다.
기름 → 유입차단기, 공기 → 공기차단기, SF_6 → 가스차단기

집중공략

★★★★★ 기사 17년 2회(유사) / 산업 94년 5회, 98년 6회, 05년 1회, 06년 2회, 11년 1·3회

79 다음 차단기들의 소호매질이 적합하지 않게 결합된 것은?

① 공기차단기 – 압축공기
② 가스 차단기 – SF_6가스
③ 자기차단기 – 진공
④ 유입차단기 – 절연유

해설

㉠ 자기차단기 – 전자력에 의한 냉각작용
㉡ 진공차단기 – 진공 속에서 아크 소호

★★ 산업 91년 2회, 97년 5회, 00년 5회

80 다음 자기차단기의 특징 중 틀린 것은?

① 화재의 위험이 작다.
② 보수·점검이 비교적 쉽다.
③ 전류절단에 의한 와전류가 발생하지 않는다.
④ 회로의 고유주파수에 차단성능이 좌우된다.

해설 자기차단기의 특징

㉠ 화재 및 폭발의 위험이 없다.
㉡ 열화가 없어 차단성능의 저하가 없고 보수 및 점검이 용이하다.
㉢ 전류절단에 의한 와전류의 발생이 없다.
㉣ 특고압에서 차단 시 아크소호가 어려워 고압에 적당하다.
㉤ 회로의 고유주파수에 따른 차단성능이 변화되지 않는다.

★★ 기사 94년 6회 / 산업 90년 2회, 95년 5회, 04년 1회, 06년 3회

81 유입차단기에 대한 설명으로 옳지 않은 것은?

① 기름이 분해하여 발생되는 가스의 주성분은 수소 가스이다.
② 부싱 변류기를 사용할 수 없다.
③ 기름이 분해하여 발생된 가스는 냉각작용을 한다.
④ 보통상태의 공기 중에서 보다 소호능력이 크다.

정답 76. ③ 77. ③ 78. ③ 79. ③ 80. ④ 81. ②

해설
유입차단기는 붓싱형 변류기를 사용할 수 있어 경제적이다.

★★ 산업 07년 3회, 15년 3회

82 소호원리에 따른 차단기의 종류 중 소호실에서 아크에 의한 절연유 분해 가스의 흡부력(吸付力)을 이용하여 차단하는 것은?

① 유입차단기 ② 기중차단기
③ 자기차단기 ④ 가스 차단기

해설 **유입차단기**
절연유를 아크 소호매질로 하는 것으로, 개폐장치절연유 속에서 전로의 개극 시 발생하는 수소 가스가 냉각작용을 하여 아크를 소호한다.

★★★ 산업 94년 7회, 00년 1회

83 변압기 운전 중에 절연유를 추출하여 가스 분석을 한 결과 어떤 가스 성분이 증가하는 현상이 발생되었다. 이 현상이 내부미소방전(유중 ARC 분해)이라면 그 가스는?

① CH_4 ② H_2
③ CO ④ CO_2

해설 **Gas 조정에 의한 이상종류**

Gas 종류	이상종류	이상현상	사고사례
수소 (H_2)	• 유중 ARC 분해 • 고체절연물 ARC 분해	• ARC 방전 • 코로나 방전	• 권선의 중간단락 권선용단 • TAP 절환기접점의 ARC 단락
메탄 (CH_4)	• 절연유 과열	• 과열, 접촉불량 • 누설전류에 의한 과열	• 체부부위 이완, 및 절연불량 • 절환기접점의 ARC 단락
아세틸렌 (C_2H_4)	• 유중 ARC 분해	• 고온 열분해 시 발생	• 권선의 층간단락
일산화탄소 (CO 및 CO_2)	• 고체절연물 과열 • 유중 ARC 분해 • 고체 과열	• 과열소손	• 절연지손상 • 베트라트 소손

★★ 기사 90년 7회, 96년 6회, 99년 4회, 01년 2회, 05년 4회

84 그림은 유입차단기의 구조도이다. A의 명칭은?

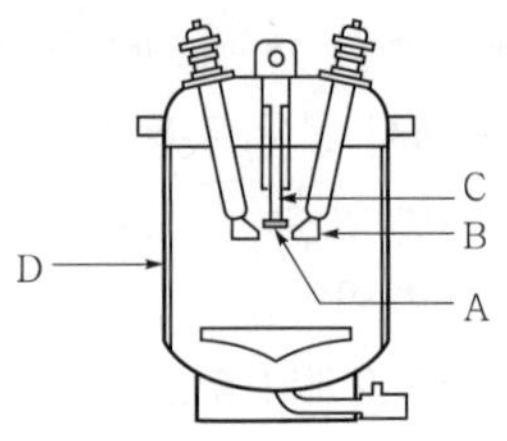

① 절연 liner
② 승강간
③ 가동접촉자
④ 고정접촉자

해설
㉠ A : 가동접촉자
㉡ B : 고정접촉자
㉢ C : 승강간
㉣ D : 절연 라이너

★ 기사 94년 6회, 04년 2회

85 차단기절연유를 여과한 후 절연내력을 시험하였을 때 절연내력은 최소 몇 [kV] 이상이면 양호한 것으로 판단하는가? (단, 절연유시험기기는 구 직경 12.5[mm]로 간격 2.5[mm]에서 내압시험을 하였을 경우임)

① 15 ② 30
③ 50 ④ 100

해설 **차단기절연유 상태시험**
㉠ 30[kV] 이상 : 양호
㉡ 20 ~ 30[kV] : 보통
㉢ 20[kV] 이하 : 불량(절연유를 여과한 후 절연내력시험을 통해 사용 여부 판단)

★★★★ 산업 94년 3회, 98년 7회, 16년 3회

86 차단기를 신규로 설치할 때 소내 전력공급용(6[kV]급)으로 현재 가장 많이 채용되고 있는 것은?

① OCB ② GCB
③ VCB ④ ABB

해설 **진공차단기(VCB)**
소형·경량이고 밀폐구조로 되어 있어 동작 시 소음이 작고 유지·보수 점검주기가 길어 소내 전원용으로 널리 사용되고 있다.

정답 82. ① 83. ② 84. ③ 85. ② 86. ③

★★★ 산업 16년 2회

87 접촉자가 외기(外氣)로부터 격리되어 있어 아크에 의한 화재의 염려가 없고 소형 · 경량으로 구조가 간단하며 보수가 용이하고 진공 중의 아크 소호능력을 이용하는 차단기는?

① 유입차단기 ② 진공차단기
③ 공기차단기 ④ 가스 차단기

해설 진공차단기

㉠ 소형 · 경량으로 제작이 가능하다.
㉡ 아크나 가스의 외부방출이 없어 소음이 작다.
㉢ 아크에 의한 화재나 폭발의 염려가 없다.
㉣ 소호특성이 우수하고, 고속개폐가 가능하다.

★★★★★ 기사 92년 6회, 95년 6회, 98년 4회

88 다음 중 진공차단기의 특징에 속하지 않는 것은?

① 화재위험이 거의 없다.
② 소형 · 경량이고 조작기구가 간편하다.
③ 동작 시 소음은 크지만 소호실의 보수가 거의 필요하지 않다.
④ 차단시간이 짧고 차단성능이 회로주파수의 영향을 받지 않는다.

해설 진공차단기의 특성

㉠ 소형 · 경량으로 콤팩트화가 가능하다.
㉡ 밀폐구조로 아크나 가스의 외부방출이 없어 동작 시 소음이 작다.
㉢ 화재나 폭발의 염려가 없어 안전하다.
㉣ 차단기동작 시 신뢰성과 안전성이 높고 유지 · 보수 점검이 거의 필요 없다.
㉤ 차단 시 소호특성이 우수하고, 고속개폐가 가능하다.

★ 산업 95년 7회

89 전류절단현상이 비교적 많이 발생하는 차단기는?

① 진공차단기 ② 유입차단기
③ 공기차단기 ④ 자기차단기

해설

전류절단(개폐서지)현상은 교류전류가 0이 되기 전에 차단 시 큰 과도전압이 발생하는 현상으로, 진공차단기가 다른 차단기에 비해 많이 발생한다.

집중공략

★★★★★ 기사 04년 1회, 15년 2회, 16년 2회 / 산업 03년 4회, 07년 4회, 18년 3회

90 초고압용 차단기에서 개폐저항을 사용하는 이유는?

① 차단전류 감소
② 개폐서지 이상전압 억제
③ 차단속도 증진
④ 차단전류의 역률 개선

해설

초고압용 차단기는 개폐 시 전류절단현상이 나타나서 높은 이상전압이 발생하므로 개폐 시 이상전압을 억제하기 위해 개폐저항기를 사용한다.

★★★ 기사 05년 3회, 12년 1회, 17년 3회

91 개폐서지이상전압의 발생을 억제할 목적으로 설치하는 것은?

① 단로기 ② 차단기
③ 리액터 ④ 개폐저항기

해설

초고압용 차단기는 개폐 시 전류절단현상이 나타나서 높은 이상전압이 발생하므로 개폐 시 이상전압을 억제하기 위해 개폐저항기를 사용한다.

★★ 기사 05년 2회, 13년 2회

92 공기차단기(ABB)의 공기압력은 일반적으로 몇 [kg/cm^2] 정도 되는가?

① 5 ~ 10 ② 15 ~ 30
③ 30 ~ 45 ④ 45 ~ 55

해설

공기차단기는 선로 및 기기에 고장전류가 흐를 경우 차단하여 보호하는 66[kV] 이상에서 사용하는 설비로서, 차단 시 발생하는 아크를 압축공기 탱크를 이용하여 15 ~ 30[kg/cm^2]의 압력으로 공기를 분사하여 소호한다.

★ 기사 01년 3회, 02년 1회

93 고압 폐쇄배전반에 수납할 수 없는 차단기는?

① 유입차단기(OCB) ② 자기차단기(MBB)
③ 공기차단기(ABB) ④ 진공차단기(VCB)

정답 87. ② 88. ③ 89. ① 90. ② 91. ④ 92. ② 93. ③

해설

공기차단기(ABB)는 개폐 시 대기압의 15 ~ 30배의 압력으로 공기가 분사되므로 고압 폐쇄배전반에 설치할 수 없다.

★ 산업 07년 4회, 11년 2회

94 다음 중 가스차단기(GCB)의 보호장치가 아닌 것은?

① 가스 압력계 ② 가스 밀도검출계
③ 조작압력계 ④ 가스 성분표시계

해설

가스 차단기는 SF_6가스를 아크 소호매질로 사용하는데 가스 성분표시계는 사용할 필요가 없다.

★★★ 기사 94년 2회, 00년 3회, 04년 3회 / 산업 98년 5회

95 최근 154[kV]급 변전소에 주로 설치되는 차단기는 어떤 것인가?

① 자기차단기(MBB)
② 유입차단기(OCB)
③ 기중차단기(ACB)
④ SF_6가스 차단기(GCB)

해설

가스 차단기(GCB)와 공기차단기(ABB)가 초고압용으로 사용된다.

★★★ 기사 02년 3회, 19년 1회

96 변전소의 가스 차단기에 대한 설명이 잘못된 것은?

① 불연성이므로 화재의 위험성이 작다.
② 자력소호가 가능하다.
③ 특고압 계통의 차단기로 많이 사용된다.
④ 근거리차단에 유리하지 못하다.

해설 가스 차단기(GCB)의 특징

㉠ 장 점
- 차단성능이 뛰어나고 개폐 서지가 낮다.
- 완전밀폐형으로, 조작 시 가스를 대기 중에 방출하지 않아 조작소음이 작다.
- 보수 · 점검 주기가 길다.

㉡ 단 점
- 가스 기밀구조가 필요하다.
- 전계가 고르지 못한 경우 절연내력의 급격한 저하로 불순물, 수분의 철저한 관리가 필요하다.
- SF_6가스는 액화되기 쉬운 가스로, 기체로 사용이 가능하여야 한다.

집중공략

★★★★★ 기사 04년 3회, 05년 1·2·4회, 06년 4회, 12년 1·2회 / 산업 15년 2회

97 SF_6 차단기에 관한 설명으로 틀린 것은?

① SF_6가스는 절연내력이 공기의 2 ~ 3배 정도이고 소호능력이 공기의 100 ~ 200배 정도이다.
② 밀폐구조이므로 소음이 없다.
③ 근거리고장 등 가혹한 재기전압에 대해서도 우수하다.
④ 아크에 의하여 SF_6가스는 분해되어 유독가스를 발생시킨다.

해설 가스 차단기의 특징

㉠ 아크 소호특성과 절연특성이 뛰어나고 불활성의 SF_6 가스를 이용한다.
㉡ 차단성능이 뛰어나고 개폐 서지가 낮다.
㉢ 완전밀폐형으로, 조작 시 가스를 대기 중에 방출하지 않아 조작소음이 작다.
㉣ 보수 · 점검 주기가 길다.

★★★★ 산업 91년 6회, 93년 2·3회, 95년 2회, 96년 2·7회, 98년 3회, 99년 7회

98 SF_6가스 차단기가 공기차단기와 다른 점은 무엇인가?

① 소음이 작다.
② 고속조작에 유리하다.
③ 압축공기로 투입한다.
④ 지지애자를 사용한다.

해설

SF_6가스 차단기는 밀폐된 SF_6가스 용기 내에서 차단하므로 소음이 없다.

★★★★ 기사 92년 2회, 95년 4회, 97년 2회, 98년 6회, 03년 2회

99 가스 절연개폐장치(GIS)의 특징이 아닌 것은?

① 감전사고 위험감소
② 밀폐형이므로 배기 및 소음이 없음
③ 신뢰도가 높음
④ 변성기와 변류기는 따로 설치

정답 94. ④ 95. ④ 96. ④ 97. ④ 98. ① 99. ④

해설

GIS는 SF_6가스를 충만시킨 밀폐형 가스 절연개폐장치로, 전력용 변압기와 피뢰기, 모든 전력기기를 내장시킨 장치로 충전부가 노출되어 있지 않아 신뢰도가 높다.

★★★★ 기사 18년 3회

100 최근에 우리나라에서 많이 채용되고 있는 가스 절연개폐설비(GIS)의 특징으로 틀린 것은?

① 대기절연을 이용한 것에 비해 현저하게 소형화할 수 있으나 비교적 고가이다.
② 소음이 작고 충전부가 완전한 밀폐형으로 되어 있기 때문에 안정성이 높다.
③ 가스 압력에 대한 엄중감시가 필요하며 내부점검 및 부품교환이 번거롭다.
④ 한랭지, 산악지방에서도 액화방지 및 산화방지 대책이 필요 없다.

해설 **가스 절연개폐설비의 특징**

㉠ 대기절연방식에 비해 설치공간의 축소가 가능하다.
㉡ 밀폐형 구조로, 동작 시 소음이 작고 안정성이 높다.
㉢ SF_6가스를 사용하므로 불연성이고 충전부가 노출되지 않아 염해, 오손에 영향이 없다.

★ 기사 91년 7회, 95년 2회 / 산업 93년 4회, 96년 2회, 00년 3회

101 투입과 차단을 다같이 압축공기의 힘으로 하는 것은?

① 유입차단기 ② 팽창차단기
③ 제호차단기 ④ 임펄스 차단기

해설

임펄스 차단기는 공기차단기의 일종으로, 대기압에 비해 15~30배에 압력을 나타내는 압축공기를 이용하여 차단 시 발생하는 아크를 소호한다.

★ 산업 94년 7회, 99년 6회

102 팽창차단기의 소호방식은?

① 자력형이다. ② 타력형이다.
③ 반타력형이다. ④ 혼합형이다.

해설

팽창차단기는 소유량 차단기의 일종으로, 차단 시 자신의 아크 에너지를 사용하여 아크를 소호한다.

★★★★★ 기사 98년 4회, 99년 6회, 00년 6회 / 산업 03년 2회, 16년 2회, 18년 2회

103 전력용 퓨즈는 주로 어떤 전류의 차단을 목적으로 사용하는가?

① 충전전류 ② 과부하전류
③ 단락전류 ④ 과도전류

해설

과전류차단기에는 차단기와 퓨즈가 있는데 퓨즈는 단락전류를 차단하기 위해 설치한다. 과부하전류나 과도전류 등에는 동작하지 않아야 한다.

★★★ 산업 06년 1회, 13년 1회, 17년 1회

104 전력용 퓨즈의 장점으로 틀린 것은?

① 소형으로 큰 차단용량을 갖는다.
② 밀폐형 퓨즈는 차단 시 소음이 없다.
③ 가격이 싸고 유지・보수가 간단하다.
④ 과도전류에 의해 쉽게 용단되지 않는다.

해설 **전력용 퓨즈의 특성**

㉠ 소형・경량이며 경제적이다.
㉡ 재투입되지 않는다.
㉢ 소전류에서 동작이 함께 이루어지지 않아 결상되기 쉽다.
㉣ 변압기 여자전류나 전동기 기동전류 등의 과도전류로 인해 용단되기 쉽다.

★★ 산업 94년 5회

105 절연통 속에 퓨즈를 넣은 다음 석영입자, 대리석입자, 붕산 등의 소호제를 채우고 양끝을 밀봉한 퓨즈는?

① 방출형 퓨즈 ② 인입형 퓨즈
③ 한류형 퓨즈 ④ 피스톤형 퓨즈

해설 **한류형 퓨즈**

밀폐된 절연통 안에 퓨즈(엘리먼트)를 넣고 규소, 석영 및 대리석 입자 등의 아크 소호제를 채우고 양끝을 밀폐한 구조로서, 퓨즈 용단 시 높은 아크 저항을 발생하여 사고전류를 제한하여 차단하는 퓨즈이다.

★★★ 기사 91년 5회, 13년 1회

106 다음 중 고장전류의 차단능력이 없는 것은?

① 진공차단기(VCB)
② 유입개폐기(OS)
③ 리클로저(recloser)
④ 전력 퓨즈(power fuse)

정답 100. ④ 101. ④ 102. ① 103. ③ 104. ④ 105. ③ 106. ②

해설

유입개폐기(OS)는 정격전류 및 부하전류의 개폐가 가능하다.

★★ 기사 90년 6회, 93년 5회, 94년 4회, 97년 5회, 01년 3회

107 배전선로의 고장 또는 보수점검 시 정전구간을 축소하기 위하여 사용되는 것은?

① 단로기 ② 컷아웃 스위치
③ 계자저항기 ④ 유입개폐기

해설 전압에 따른 개폐장치

㉠ 고압 선로 : 유입개폐기(OS), 기중개폐기(AS)
㉡ 특고압 선로 : 컷아웃스위치(COS), 인터럽터 스위치(Int. SW) 선로개폐기(LS) 등이 사용

★★ 기사 03년 2회

108 선로개폐기(LS)에 대한 설명으로 틀린 것은?

① 책임분계점에 전선로를 구분하기 위하여 설치한다.
② 3상 선로개폐기는 3개가 동시에 조작되게 되어 있다.
③ 부하상태에서도 개방이 가능하다.
④ 최근에는 기중부하개폐기나 LBS로 대체되어 사용하고 있다.

★★★ 산업 95년 2회, 02년 3회

109 이상전류가 흐르는 경우 투입과 차단을 모두 할 수 없는 것은?

① 차단기 ② 단로기
③ 퓨즈(fuse) ④ 접지 스위치

해설

단로기는 무부하상태에서 회로의 구분 및 분리를 목적으로 사용하는 개폐장치로, 변압기의 여자전류와 선로의 무부하충전전류의 개폐가 가능하다.

★★★★★ 기사 14년 1회, 18년 2회, 19년 3회 / 산업 03년 4회, 13년 3회, 14년 3회

110 부하전류의 차단능력이 없는 것은?

① NFB ② OCB
③ VCB ④ DS

해설 단로기의 특징

㉠ 부하전류를 개폐할 수 없다.
㉡ 무부하 시 회로의 개폐가 가능하다.
㉢ 무부하충전전류 및 변압기여자전류를 차단할 수 있다.

★★★★ 기사 94년 2회, 96년 7회, 17년 1회

111 변전소의 전력기기를 시험하기 위하여 회로를 분리하거나 계통의 접속을 바꾸거나 하는 경우에 사용되며 여기에는 차단장치가 없어 고장전류나 부하전류의 개폐에는 사용할 수 없는 것은?

① 차단기 ② 계전기
③ 단로기 ④ 전력용 퓨즈

해설

단로기는 무부하상태에서 회로를 개폐하거나 변경시키는 데 사용되며 부하전류나 고장전류는 차단할 수 없고 무부하충전전류나 변압기여자전류는 개폐가 가능하다.

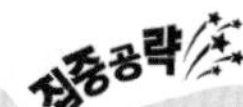

★★★★ 기사 90년 7회, 93년 5회, 97년 4회, 00년 6회, 11년 3회, 14년 3회

112 단로기에 대한 다음 설명 중 옳지 않은 것은 무엇인가?

① 소호장치가 있어서 아크를 소멸시킨다.
② 회로를 분리하거나 계통의 접속을 바꿀 때 사용한다.
③ 고장전류는 물론 부하전류의 개폐에도 사용할 수 없다.
④ 배전용의 단로기는 보통 디스커넥팅바로 개폐한다.

해설

단로기는 부하전류나 고장전류는 차단할 수 없고 변압기여자전류나 무부하충전전류 등 매우 작은 전류를 개폐할 수 있는 것으로, 주로 발·변전소에 회로변경, 보수·점검을 위해 설치하며 블레이드 접촉부, 지지애자 및 조작장치로 구성되어 있다.

정답 107. ④ 108. ③ 109. ② 110. ④ 111. ③ 112. ①

★★★ 산업 93년 6회, 98년 2회, 14년 1회, 15년 2회

113 그림과 같은 배전선이 있다. 부하에 급전 및 정전할 때 조작방법 중 옳은 것은?

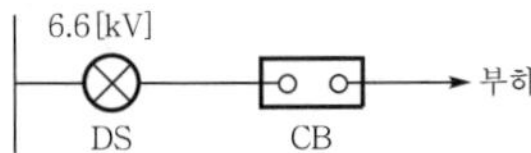

① 급전 및 정전할 때는 항상 DS, CB순으로 한다.
② 급전 및 정전할 때는 항상 CB, DS순으로 한다.
③ 급전 시는 DS, CB순이고 정전 시는 CB, DS순이다.
④ 급전 시는 CB, DS순이고 정전 시는 DS, CB순이다.

해설
점검 시에는 차단기로 부하회로를 끊고 난 다음 단로기(DS)를 열어야 하며 점검 후에는 단로기를 넣은 후 차단기(CB)를 넣어야 한다.
㉠ 전원투입(급전) : DS ON → CB ON
㉡ 전원차단(정전) : CB OFF → DS OFF

★★★★★ 기사 06년 4회, 13년 1회, 14년 2회, 16년 1회, 19년 1회 / 산업 11년 2회

114 다음 인터록(interlock)에 대한 설명 중 옳은 것은?

① 차단기가 열려 있어야만 단로기를 닫을 수 있다.
② 차단기와 단로기는 제각기 열리고 닫힌다.
③ 차단기가 닫혀 있어야만 단로기를 닫을 수 있다.
④ 차단기의 접점과 단로기의 접점이 기계적으로 연결되어 있다.

해설 **단로기 운용방법**
㉠ 차단기의 개방 유무를 확인한다.
㉡ 단로기와 차단기 사이에 인터록을 설정하여 차단기의 Open 시에만 단로기의 동작이 가능하도록 운용한다.
㉢ 66[kV] 이상의 차단기에는 의무적으로 시설한다.

★★★★ 산업 94년 4회, 00년 2회, 02년 2회, 03년 2회, 06년 3회, 19년 1회

115 변전소에서 수용가에 공급되는 전력을 끊고 소 내 기기를 점검할 필요가 있을 경우와 점검이 끝난 후 차단기와 단로기를 개폐시키는 동작을 설명한 것이다. 옳은 것은?

① 점검 시에는 차단기로 부하회로를 끊고 단로기를 열어야 하며, 점검한 후 차단기로 부하회로를 연결한 후 다음 단로기를 넣어야 한다.
② 점검 시에는 단로기를 열고 난 후 차단기를 열어야 하며 점검 후에는 단로기를 넣고 난 다음 차단기로 부하회로를 연결하여야 한다.
③ 점검 시에는 단로기를 열고 난 후 차단기를 열어야 하며 점검이 끝난 경우 차단기를 부하에 연결한 다음 단로기를 넣어야 한다.
④ 점검 시에는 차단기로 부하회로를 끊고 난 다음 단로기를 열여야 하며 점검 후에는 단로기를 넣은 후 차단기를 넣어야 한다.

해설 **단로기조작순서(차단기와 연계하여 동작)**
㉠ 전원투입(급전) : DS ON → CB ON
㉡ 전원차단(정전) : CB OFF → DS OFF

★★★ 산업 95년 6회, 99년 7회, 02년 1회, 04년 2회, 06년 2회, 12년 2회

116 재폐로차단기에 대한 설명 중 옳은 것은?

① 배전선로용 고장구간을 고속차단하여 제거한 후 다시 수동조작에 의해 배전이 되도록 설계된 것이다.
② 재폐로계전기와 같이 설치하여 계전기가 고장을 검출하여 이를 차단기에 통보차단하도록 된 것이다.
③ 송전선로의 고장구간을 고속차단하고 재송전하는 조작을 자동적으로 시행하는 재폐로차단기를 장비한 자동차단기이다.
④ 3상 재폐로차단기는 1상의 차단이 가능하고 무전압시간을 약 20 ~ 30초로 정하여 재폐로하도록 되어 있다.

해설
재폐로방식은 고장전류를 차단하고 차단기를 일정시간 후 자동적으로 재투입하는 방식으로, 3상 재폐로방식과 다상 재폐로방식이 있다.

정답 113. ③ 114. ① 115. ④ 116. ③

★★★★★ 기사 93년 3회, 96년 2회, 01년 1회, 04년 4회, 14년 3회

117 차단기의 고속도재폐로의 목적은?

① 고장의 신속한 제거
② 안정도 향상
③ 기기의 보호
④ 고장전류 억제

해설 재폐로방식의 특징

재폐로방식은 고장전류를 차단하고 차단기를 일정시간 후 자동적으로 재투입하는 방식으로, 3상 재폐로방식과 다상 재폐로방식이 있으며 재폐로방식을 적용하면 다음과 같다.

㉠ 송전계통의 안정도를 향상시킨다.
㉡ 송전용량을 증가시킬 수 있다.
㉢ 계통사고의 자동복구를 할 수 있다.

★★ 기사 91년 5회

118 송전선로의 고속도 재폐로계전방식의 목적으로 옳은 것은?

① 전압강하 방지
② 일선지락 순간사고 시 정전시간단축
③ 전선로의 보호
④ 단락사고 방지

해설 재폐로방식

㉠ 재폐로방식은 고장전류를 차단하고 차단기를 일정시간 후 자동적으로 재투입하는 방식이다.
㉡ 송전계통의 안정도를 향상시키고 송전용량을 증가시킬 수 있다.
㉢ 계통사고의 자동복구를 할 수 있다.

★★★ 기사 19년 1회

119 중접지계통에 사용되는 재폐로기능을 갖는 일종의 차단기로서, 과부하 또는 고장전류가 흐르면 순시동작하고, 일정시간 후에는 자동적으로 재폐로 하는 보호기기는?

① 라인퓨즈
② 리클로저
③ 섹셔널라이저
④ 고장구간 자동개폐기

해설 보호장치의 종류 및 특성

㉠ 리클로저 : 보호계전기와 차단기의 기능을 갖고 사고검출 및 자동차단과 재폐로가 가능한 차단기
㉡ 라인퓨즈 : 단상 분기점에만 설치하며 다른 보호장치와 협조가 가능해야 함
㉢ 섹셔널라이저 : 다중 접지 특고압 배전선로용 보호장치의 일종으로, 사고전류를 직접 차단할 수 없으므로 후비에 반드시 차단기나 리클로저를 설치해야 보호장치기능이 가능
㉣ 고장구간 자동개폐기 : 다중 접지배전선로에서 수용가의 책임분계점 또는 분기선로상에 설치하여 과부하 및 고장전류발생 시 선로상의 타보호기와 협조하여 무전압상태에서 고장구간만을 신속하게 구분하기 위하여 사용
㉤ 변전소차단기 – 리클로저 – 섹셔널라이저 – 라인퓨즈

★★ 산업 90년 2회, 97년 2회, 13년 1회

120 22.9[kV-Y] 배전선로 보호협조기기가 아닌 것은?

① 퓨즈 컷아웃 스위치
② 인터럽터 스위치
③ 리클로저
④ 섹셔널라이저

해설

배전선로를 보호하기 위하여 변전소 2차측 각 배전선로마다 교류차단기, Recloser, Sectionalizer 그리고 구분 Fuse를 설치하고 있다.

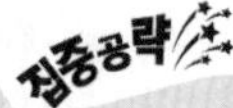

★★★★ 기사 95년 5회, 98년 5회, 04년 4회, 13년 3회, 19년 2회 / 산업 93년 3회

121 공통중성선 다중 접지방식의 배전선로에 있어서 Recloser(R), Sectionalizer(S), Line fuse(F)의 보호협조에서 보호협조가 가장 적합한 배열은? (단, 왼쪽은 후비보호역할이다)

① S – F – R　② S – R
③ F – S – R　④ R – S – F

해설

가장 합리적인 보호협조는 변전소차단기 – Recloser – Sectionalizer – Fuse이다.

정답 117. ② 118. ② 119. ② 120. ② 121. ④

★★★ 기사 15년 1회 / 산업 14년 2회

122 **선로고장발생 시 고장전류를 차단할 수 없어 리클로저와 같이 차단기능이 있는 후비보호 장치와 직렬로 설치되어야 하는 장치는?**

① 배선용 차단기　② 유입개폐기
③ 컷아웃스위치　④ 섹셔널라이저

해설

리클로저(recloser)로 섹셔널라이저(sectionalizer)는 직렬로 배열되어 22.9[kV] 배전선로에서 적용되고 있는 고속도 재폐로방식에서 이용되고 있다.

㉠ 리클로저 : 선로차단과 보호계전기능이 있고 재폐로가 가능하다.
㉡ 섹셔널라이저 : 고장 시 보호장치(리클로저)의 동작 횟수를 기억하고 정정된 횟수(3회)가 되면 무전압상태에서 선로를 완전히 개방(고장전류 차단기능 없음)한다.

★★ 기사 15년 3회

123 **22.9[kV], Y가공배전선로에서 주공급선로의 정전사고 시 예비전원선로로 자동전환되는 개폐장치는?**

① 기중부하개폐기
② 고장구간 자동개폐기
③ 자동선로 구분개폐기
④ 자동부하 전환개폐기

해설 **자동부하 전환개폐기(ALTS)**

중요성이 높은 수용가의 경우 이중전원을 확보하여 사고 및 점검 시 주전원에서 예비전원으로 자동으로 전환하여 무정전으로 부하에 전력을 공급하여 안정도를 높이는 데 사용하는 개폐기이다.

★ 기사 15년 1회

124 **폐쇄배전반을 사용하는 주된 이유는?**

① 보수의 편리
② 사람에 대한 안전
③ 기기의 안전
④ 사고파급 방지

해설 **폐쇄배전반(큐비클)**

㉠ 변압기, 계기용 변성기, 보호계전기 등을 금속판(철판)으로 수납한다.
㉡ 사용목적
  - 인축에 대한 접지사고방지를 통한 안정성 증대가 주사용목적이다.
  - 전기설비의 양호한 상태로 보전과 고장의 확대를 방지한다.

정답 122. ④　123. ④　124. ②

CHAPTER

09

배전방식

기사 7.06% 출제
산업 9.20% 출제

이렇게 공부하세요!!

출제경향분석

	기사 출제비율 %	산업 출제비율 %
출제 01 배전선 계통 구성과 운용	0.96	1.20
출제 02 배전방식의 특성	0.90	1.80
출제 03 저압 배전방식	2.50	1.80
출제 04 전력 수요와 공급	2.29	3.70
출제 05 손실계수와 분산손실계수	0.41	0.70

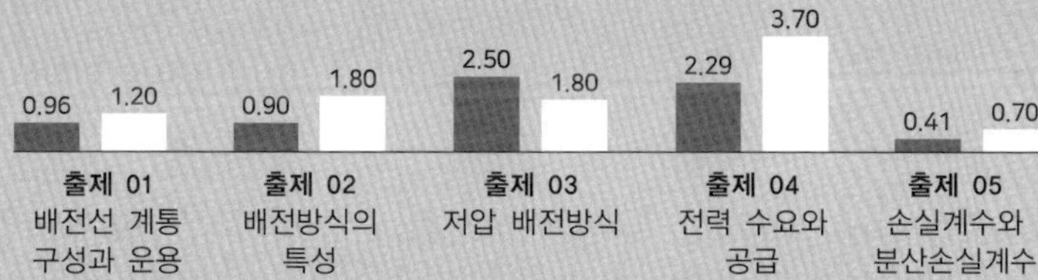

출제포인트

☑ 배전선로의 구성과 배전방식의 특성에 대한 내용을 이해할 수 있다.

☑ 수용률, 부하율, 부등률에 관한 정의를 구분할 수 있다.

☑ 손실계수의 의미와 이에 관련된 문제를 이해할 수 있다.

CHAPTER 09

배전방식

기사 7.06% 출제 | 산업 9.20% 출제

기사 0.96% 출제 | 산업 1.20% 출제

출제 01 배전선 계통구성과 운용

배전선로의 경우 용어의 의미를 먼저 파악하고 부하밀집 정도에 따른 배전방식의 변화를 공부하는 것이 보다 효과적인 방법이다. 또한, 배전방식별 운용 시 주의할 사항에 대해 꼭 숙지해야 한다.

1 고압 배전계통의 구성

(1) 급전선

배전변전소 또는 발전소로부터 배전간선에 이르기까지의 도중에 부하가 일체 접속되지 않은 선로이다.

(2) 간 선

급전선에 접속된 수용지역에서의 배전선로 가운데에서 부하의 분포상태에 따라 배전하거나 또는 분기선을 내어서 배전을 하는 부분을 말한다(발·변전소의 모선에 상당).

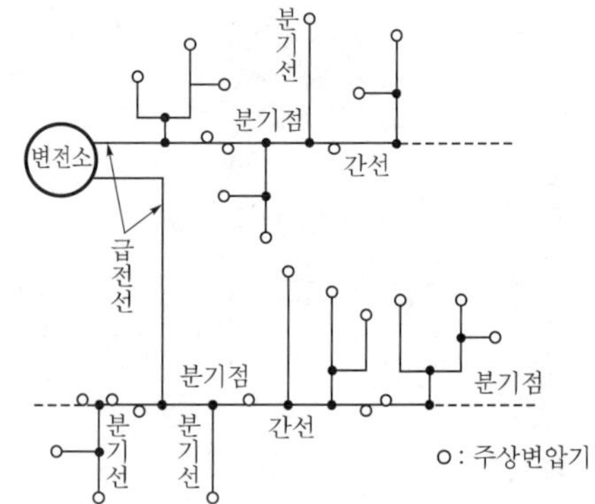

(3) 궤전점

급전선과 배전간선과의 접속점이다.

(4) 분기선

간선으로부터 분기해서 변압기에 이르기까지의 부분으로서, 지선이라고도 하며 다양한 말단 부하설비에 전력을 전송하는 역할을 한다.

2 배전전압

과거 고압선은 3300[V] 비접지 3상 3선식이, 저압선은 일반가정의 전등용으로 100[V]의 단상 2선식, 전동기용으로 200[V]를 운용해 왔다.

현재에는 부하증대에 따른 전압개선 및 전력손실경감을 위하여 22.9[kV-Y] 3상 4선식, 공통 중성선 다중 접지방식으로, 저압선은 220/380[V] 3상 4선식으로 승압해 사용하고 있다.

3 배전선로의 특징

① 전선로가 짧고 저전압 소전력이면서 회선수가 많다.

② 각 선로전류도 불평형을 이루는 경우가 많다.

단원 확인 기출문제

★★★ 산업 94년 3회, 00년 4회, 02년 3회, 16년 2회

01 서울과 같이 부하밀도가 큰 지역에서는 일반적으로 변전소의 수와 배전거리를 어떻게 결정하는 것이 옳은가?

① 변전소의 수는 감소하고 배전거리는 증가한다.
② 변전소의 수는 증가하고, 배전거리는 감소한다.
③ 변전소의 수는 감소하고, 배전거리도 감소한다.
④ 변전소의 수는 증가하고, 배전거리도 증가한다.

해설 루프식 또는 네트워크 배전방식 등을 적용하여 변전소의 수를 증가시키고 배전거리를 짧게 하여 전압강하 및 전력손실을 감소시켜야 한다.

 ②

기사 0.90% 출제 | 산업 1.80% 출제

출제 02 배전방식의 특성

각 배전방식의 특성을 과거부터 최근까지 변화되는 순서를 보며 특징을 숙지하고 다른 배전방식보다 저압 뱅킹 방식을 더 중요하게 정리해야 한다.

1 수지식(가지식, 방사상식) 배전방식

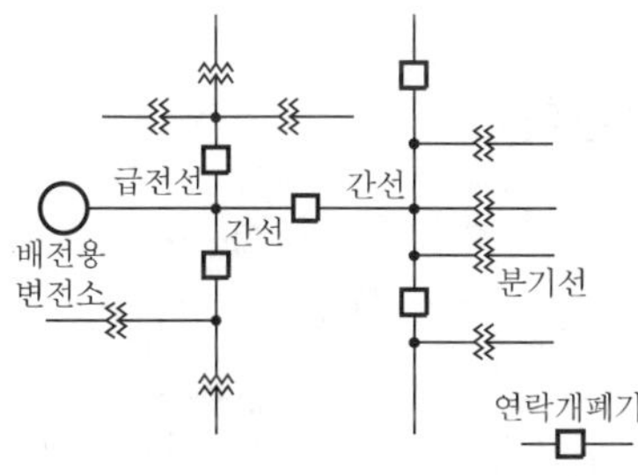

(1) 개 념

전원으로부터 인출된 배전선이 부하의 분포에 따라서 손바닥 또는 나뭇가지 모양으로 분기선이 나타나는 농·어촌 지역 등의 부하가 적은 지역에 주로 사용된다.

(2) 장 점

부하증가 시 선로의 증설 또는 연장이 용이하고 시설비가 낮다.

(3) 단 점

① 사고 시 다른 선로를 이용할 수 없으므로 정전범위가 넓고 신뢰도가 낮다.

② **전압강하 및 전력손실이 크다. → 플리커 현상이 발생**한다.

2 환상식(루프식) 배전방식

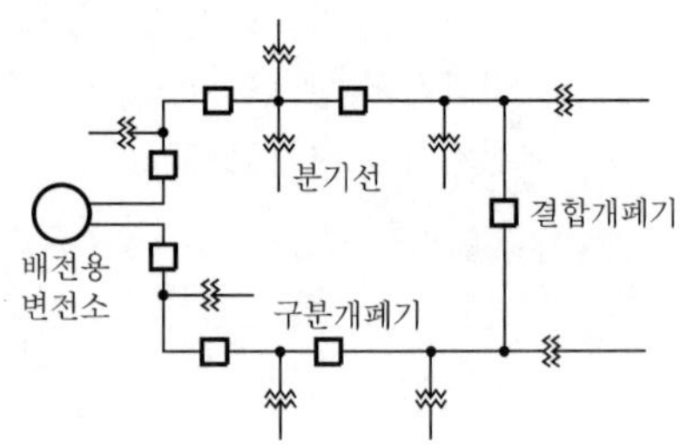

(1) 개 념

배전간선이 하나의 루프로 되어 수요분포에 따라 분기선을 이용하여 전력을 공급하는 방식이다.

(2) 장 점

① 선로의 고장 또는 보수를 위한 정전이 발생하더라도 다른 회선을 통하여 계속 공급이 가능하므로 수지식에 비하여 공급신뢰도가 높다.

② 수지식에 비해 전력손실 및 전압강하가 작다.

(3) 단 점

수지식에 비해 선로의 보호방식이 복잡해지고 설비비가 고가이다.

3 네트워크 배전방식(망상식)

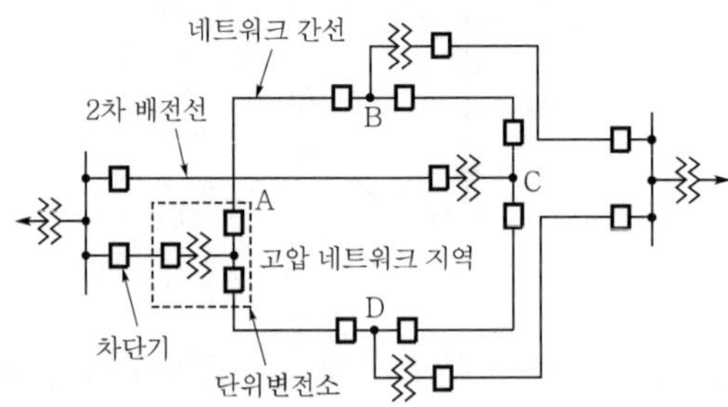

(1) 개 념

이 방식은 환상식 배전방식이 발달한 것으로, 배전선로를 망상으로 접속하고 이 계통 내 다수의 급전선을 연결하여 전력을 공급하는 방식이다. 또한, 2차측을 Network protector라 불리는 자동차단기를 설치하여 운전하는 방식이다.

(2) 특 징

① 무정전공급이 가능하므로 **공급의 신뢰도가 높다.**

② 전류공급이 2개소 이상에서 행해지므로 부하증가에 대해서 융통성이 좋다.

③ **전력손실이나 전압강하가 작다.**

④ 기기의 이용률이 향상된다.

⑤ **설비비가 비싸고 운전보수비가 크다.**

4 저압 뱅킹 방식

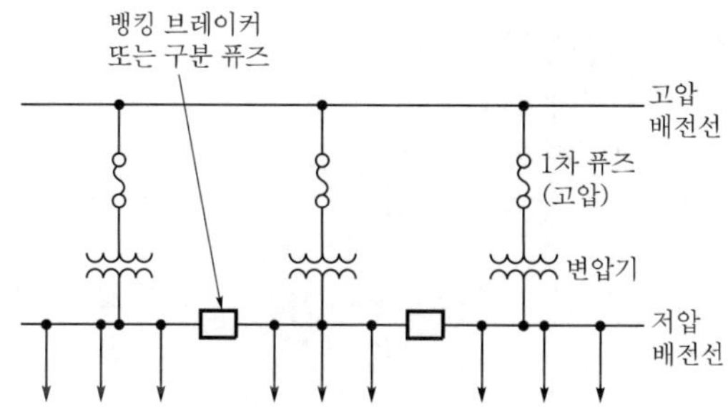

(1) 개 념

동일한 배전선로에 여러 대의 변압기를 저압측에 병렬로 접속하여 전력을 공급하는 배전방식이다.

(2) 특 징

① 부하변동에 대해 병렬로 접속된 변압기를 이용하여 효과적으로 전력의 공급이 가능하다.

② 충분한 전원용량을 확보할 수 있고 전압강하가 작아 플리커 현상이 감소한다.

③ 캐스케이딩 현상 : **저압 선로 일부구간에서 고장이 일어나면 이 고장으로 인하여 건전한 구간까지 고장이 확대되는 현상**으로, 캐스케이딩 현상을 방지하기 위하여 구분 퓨즈를 설치하여야 한다.

단원 확인 기출문제

★★★★ 기사 97년 7회, 15년 1회, 18년 3회

02 **망상(network)배전방식에 대한 설명으로 옳은 것은?**

① 부하증가에 대한 융통성이 작다.

② 전압변동이 대체로 크다.

③ 인축에 대한 감전사고가 작아서 농촌에 적합하다.

④ 무정전공급에 가능하다.

해설 **망상식의 특징**

㉠ 공급신뢰도가 높다.
㉡ 무정전수전이 가능하다.
㉢ 가장 우수한 배전방식이다.
㉣ 인축의 접지사고가 많다.

답 ④

★★★★ 산업 96년 5회, 00년 3회

03 다음과 같은 특징이 있는 배전방식은?

- 전압강하 및 전력손실이 경감된다.
- 변압기용량 및 저압선동량이 절감된다.
- 부하증가에 대한 탄력성이 향상된다.
- 고장보호방법이 적당할 때 공급신뢰도가 향상되며 플리커 현상이 경감된다.

① 저압 네트워크 방식
② 고압 네트워크 방식
③ 저압 뱅킹 방식
④ 수지상 배전방식

기사 2.50% 출제 I 산업 1.80% 출제

출제 03 저압 배전방식

단상 2선식을 기준으로 다른 배전방식이 적용되므로 단상 2선식의 특성을 꼭 파악해야 하고 단상 3선식은 필기 및 실기시험에 자주 출제되므로 다른 배전방식보다 자세하게 공부하여야 한다.

1 단상 2선식 배전방식

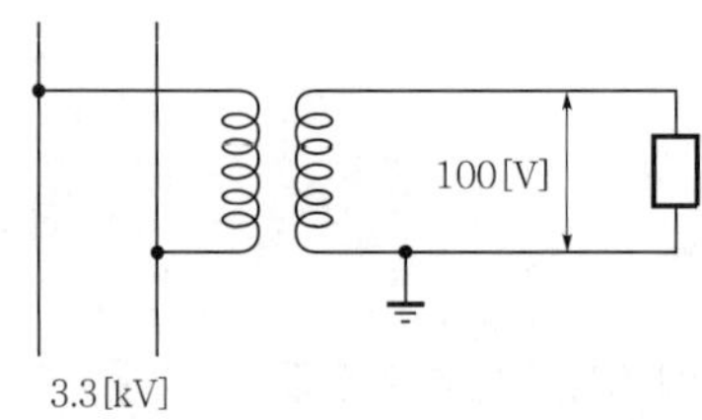

① 전압강하나 전력손실이 크므로 소용량의 부하공급에 사용된다.
② 옥내 배선의 전등회로에 가장 널리 사용되고 있다.
③ 표준전압은 220[V]이나 일부지역에서 110[V]가 아직도 사용되고 있으나 1999년 이후 모두 220[V]로 승압되었다.

2 단상 3선식 배전방식

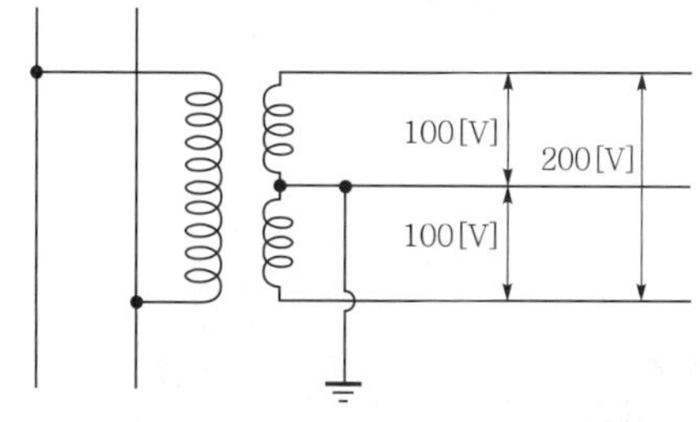

(1) 개 념

① 변압기 2차측 중성선에 2종 접지공사를 한다.

② **중성선에 과전류차단기를 설치하지 않는다.**

③ 동시동작형 개폐기를 설치한다.

(2) 장 점

① **2종의 전압을 얻을 수 있다.**

② **단상 2선식에 비해 전력손실, 전압강하가 경감된다.**

③ **단상 2선식에 비해 1선당 공급전력이 크다(1.33배).**

④ **단상 2선식과 동일전력공급 시 전선의 소요량이 적다(37.5[%]).**

(3) 단 점

① 부하불평형 시 전압불평형이 발생하고 전력손실이 증가한다.

② **중성선 단선 시 전압의 불평형으로 인해 부하가 소손될 수 있다(경부하측의 전위상승).**

참고

$R = \dfrac{V^2}{P}$ 에서

$R_A = \dfrac{100^2}{100} = 100[\Omega]$, $R_B = \dfrac{100^2}{400} = 25[\Omega]$

$I = \dfrac{V}{R_A + R_B}[A]$

$R_A I = V_A = V\dfrac{R_A}{R_A + R_B}$

$= 200 \times \dfrac{100}{100+25} = 160[V]$

$R_B I = V_B = V\dfrac{R_B}{R_A + R_B}$

$= 200 \times \dfrac{25}{100+25} = 40[V]$

100[V] 200[V] A 100[W]
P
100[V] B 400[W]

(4) 불평형 방지대책

저압 밸런서(권수비가 1 : 1인 단권변압기)를 설치하면 중성선 단선 시 전압의 불평형을 방지한다.

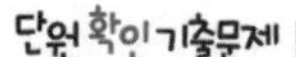

★★★ 기사 91년 6회, 97년 7회

04 단상 3선식에 대한 설명으로 틀린 것은?

① 불평형부하 시 중성선 단선사고가 나면 전압상승이 일어난다.
② 불평형부하 시 중성선에 전류가 흐르므로 중성선에 퓨즈를 삽입한다.
③ 선간전압 및 선로전류가 같을 때 1선당 공급전력은 단상 2선식의 133[%]이다.
④ 전력손실이 동일하고 바깥선에 대한 중성선의 단면적이 같을 경우 전선 총중량은 단상 2선식의 37.5[%]이다.

해설 중성선에는 과전류차단기를 설치해서는 안 된다.

답 ②

★★ 기사 91년 7회, 95년 7회

05 그림과 같은 단상 3선식에서 중성선의 점 P에서 단선사고가 생겼다면 V_2는 V_1의 몇 배로 되는가?

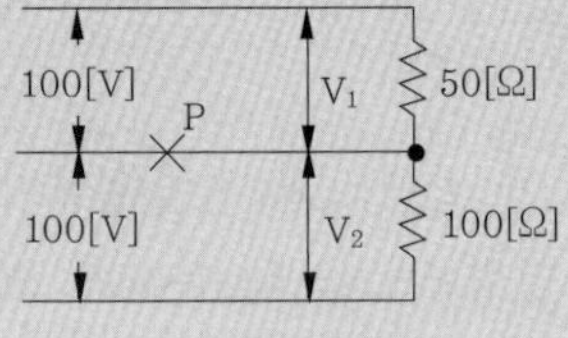

① 0.5배
② 1.5배
③ 2배
④ 3배

해설 단상 3선식에서 중성선의 단선 시 전압불평형이 발생한다.

$$V_1 = \frac{200}{50+100} \times 50 = 66.67[\text{V}]$$

$$V_2 = \frac{200}{50+100} \times 100 = 133.3[\text{V}]$$

$$\frac{V_2}{V_1} = \frac{133.3}{66.67} = 2\text{배}$$

답 ③

3 3상 3선식 200[V] – V결선 배전방식

단상 변압기 2대를 V결선하여 3상 전력을 공급하는 방식으로, 이용률은 86.6[%]이다.

4 3상 3선식 200[V] – △결선 배전방식

① 3상 변압기 1대 또는 단상 변압기 3대에 의해 3상 200[V] 배전하는 방식이다.
② 공장이나 빌딩 등의 구내 일반배전용에 널리 사용되고 있다.

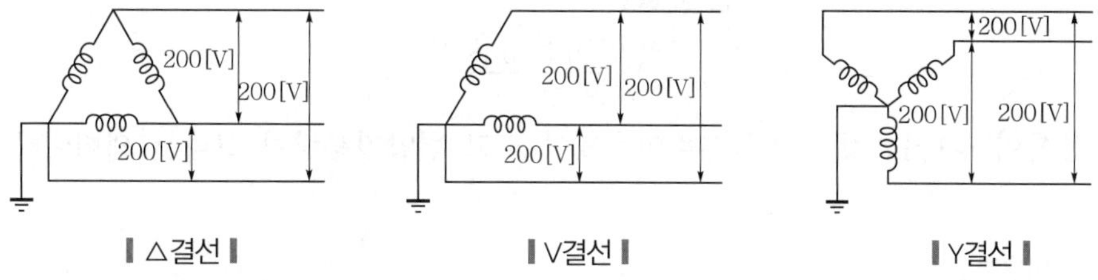

❙△결선❙ ❙V결선❙ ❙Y결선❙

5 3상 4선식 220/380[V] 배전방식

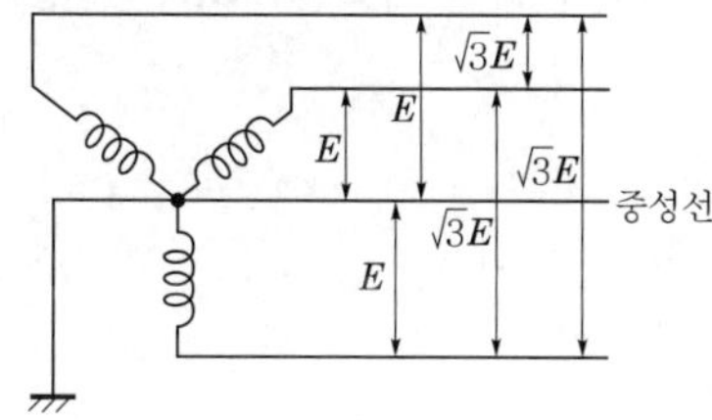

① 현재 우리나라의 대표적인 배전방식이다.
② 배전선로에서 가장 널리 쓰이고 있는 배전방식으로, 전압선과 중성선 사이에 단상 부하를 사용하고 전압선 상호간에는 동력부하를 사용한다.
③ 배전전압이 높아 수백[kW]의 부하까지 사용할 수 있고 부하의 크기에 대해 탄력성있는 배전을 할 수 있다.
④ 전압강하가 경감되고 배전거리를 증대시킬 수 있다.

기사 2.29% 출제 ❙ 산업 3.70% 출제

출제 04 전력 수요와 공급

변압기 및 발전기의 용량을 적정하게 선정할 때 고려할 사항으로, 필기 및 실기 시험에서도 반드시 언급되고 실무에도 꼭 필요한 내용이라는 것을 기억하고 정리해야 한다.

1 수용률

① 임의기간 중 수용가의 최대 수요전력과 사용전기설비의 정격용량의 합계와의 비를 수용률이라 한다.

$$수용률 = \frac{최대\ 수용전력[kW]}{수용설비용량[kW]} \times 100[\%]$$

② 변압기용량[kVA]$= \dfrac{최대\ 수용전력[kW]}{역률 \times 효율}$

$$= \frac{수용률 \times 수용설비용량[kW]}{역률 \times 효율}$$

③ **수용률이 높다는 것은 공급설비이용률이 크고 변압기용량이 크다는 의미**이다.

단원확인기출문제

★★★★ 산업 91년 2회, 97년 2회, 02년 2·3회

06 설비용량이 3[kW]인 주택에서 최대 사용전력이 1.8[kW]일 때 수용률은 몇 [%]인가?

① 40　　② 50

③ 60　　④ 70

해설 $수용률 = \dfrac{최대\ 수용전력}{설비용량} \times 100 = \dfrac{1.8}{3} \times 100 = 60[\%]$

답 ③

2 부하율

① 전력의 사용은 시각 또는 계절에 따라서 상당히 변화한다. 수용가 또는 변전소 등에서 어느 기간 중 평균수요전력과 최대 수용전력과의 비를 백분율로 표시하여 부하율이라 한다.

$$부하율 = \frac{평균수용전력}{최대\ 수용전력} \times 100[\%] = \frac{평균전력}{설비용량} \times \frac{부등률}{수용률}$$

② **부하율이 크다는 것은 공급설비에 대한 설비이용률이 크고 부하변동이 작다는 의미**이다.

단원확인기출문제

★★★ 기사 99년 5회

07 총설비용량 80[kW], 수용률 75[%], 부하율 80[%]인 수용가의 평균전력[kW]은?

① 36　　② 42

③ 48　　④ 54

해설 최대 수용전력 P_m =설비용량(P_s)×수용률(F_{de})
$=80\times0.75=60$[kW]
수용가의 평균전력 P =최대 수용전력×부하율
$=60\times0.8=48$[kW]

답 ③

3 부등률

하나의 계통에 속하는 수용가 상호간, 배전변압기 상호간 및 급전선 상호간 등 같은 종류의 수요를 동일군으로 한 경우 각 개의 최대 부하는 같은 시각에 일어나는 것이 아니고, 그 발생시각에 약간씩의 시간차가 있기 마련이다. 따라서, 각 개의 최대 수요전력의 합계는 그 군의 종합 최대 수용(또는 합성 최대 부하)보다는 큰 것이 보통이다. 이 **최대 전력발생시각 또는 시기의 분산을 나타내는 지표가 부등률이며 일반적으로 이 값은 1보다 크다.**

$$\text{부등률}=\frac{\text{각각의 최대 수용전력의 합}}{\text{합성 최대 수용전력}}$$

① 변압기용량[kVA] $=\dfrac{\text{합성 최대 수용전력[kW]}}{\text{역률}\times\text{효율}}$

$$=\frac{\sum[\text{수용률}\times\text{부하설비용량}]}{\text{부등률}\times\text{역률}\times\text{효율}}$$

② **부등률이 높다는 것은 공급설비이용률이 높고 변압기용량이 감소한다는 의미**이다.

단원 확인 기출문제

★★★★ 산업 97년 4회, 99년 5회, 04년 1회, 07년 3회

08 **연간 최대 수용전력이 70[kW], 75[kW], 85[kW], 100[kW]인 4개의 수용가를 합성한 연간 최대 수용전력이 250[kW]이다. 이 수용가의 부등률은 얼마인가?**

① 1.11 ② 1.32
③ 1.38 ④ 1.43

해설 부등률 $=\dfrac{\text{각각의 최대 수용전력의 합}}{\text{합성 최대 수용전력}}$
$=\dfrac{70+75+85+100}{250}=1.32$

답 ②

기사 0.41% 출제 | 산업 0.70% 출제

출제 05 손실계수와 분산손실계수

기출문제를 분석하면 결과에 해당되는 내용이 간단하게 언급되므로 결과값을 기억하고 다수의 기출문제를 풀어보는 것이 효과적이다.

1 손실계수(H)

① 손실계수는 말단집중부하에 대해서 어느 기간 중 평균손실과 최대 손실 간의 비이다.

$$\text{손실계수 } H = \frac{\text{어느 기간 중 평균손실}}{\text{같은 기간 중 최대 손실}}$$

② 손실계수와 부하율 사이에는 다음과 같은 관계가 성립한다.

$$1 \geqq F \geqq H \geqq F^2 \geqq 0$$

㉠ 부하율이 높을 때 : 손실계수는 부하율에 가까운 값($H \fallingdotseq F$)

㉡ 부하율이 낮을 때 : 손실계수는 부하율의 제곱에 가까운 값($H \fallingdotseq F^2$)

③ 손실계수 구하는 식

$$H = \alpha F + (1-\alpha)F^2$$

여기서, $\alpha = 0.1 \sim 0.4$

2 분산손실계수

$$h = \frac{\text{분산부하에 의한 선로의 손실}}{\text{말단 집중부하의 선로손실}}$$

단원 자주 출제되는 기출문제

★★★ 기사 11년 2회

01 다음 중 고압 배전계통의 구성순서로 알맞은 것은?

① 배전변전소 → 간선 → 분기선 → 급전선
② 배전변전소 → 급전선 → 간선 → 분기선
③ 배전변전소 → 간선 → 급전선 → 분기선
④ 배전변전소 → 급전선 → 분기선 → 간선

해설 **고압 배전계통의 구성**

㉠ 변전소(substation) : 발전소에서 생산한 전력을 송전선로나 배전선로를 통하여 수요지에게 보내는 과정에서 전압이나 전류의 성질을 바꾸기 위하여 설치한 시설
㉡ 급전선(feeder) : 변전소 또는 발전소로부터 수용가에 이르는 배전선로 중 분기선 및 배전변압기가 없는 부분
㉢ 간선(main line feeder) : 인입개폐기와 변전실의 저압 배전반에서 분기보안장치에 이르는 선로
㉣ 분기선(branch line) : 간선에서 분기되어 부하에 이르는 선로

★★ 기사 91년 6회, 96년 5회

02 배전선을 구성하는 방식으로 방사상식에 대한 설명으로 옳은 것은?

① 부하의 분포에 따라 수지상으로 분기선을 내는 방식이다.
② 선로의 전류분포가 가장 좋고 전압강하가 좋다.
③ 수용증가에 따른 선로연장이 어렵다.
④ 사고 시 무정전공급으로 도시배전선에 적합하다.

해설 **방사상식(가지식)의 특징**

㉠ 배전설비가 간단하고 사고 시 정전범위가 넓다.
㉡ 배선선로의 전압강하와 전력손실이 크다.
㉢ 부하밀도가 낮은 농어촌지역에 적합하다.

★ 기사 97년 6회, 00년 2회

03 그림과 같은 형태의 배전방식은?

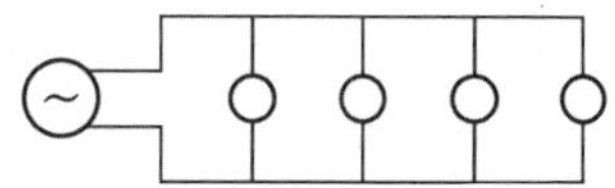

① 정전압병렬식
② 정전압직렬식
③ 정전류병렬식
④ 정전류직렬식

해설

직렬식(정전류)식과 병렬식(정전압)이 있으며 이 그림은 정전압병렬식이다.

★★★★ 기사 90년 2회, 96년 2회, 03년 2회 / 산업 97년 6회, 05년 1회, 07년 4회

04 루프(loop) 배전방식에 대한 설명으로 옳은 것은?

① 전압강하가 작은 이점이 있다.
② 시설비가 적게 드는 반면에 전력손실이 크다.
③ 부하밀도가 작은 농·어촌에 적당하다.
④ 고장 시 정전범위가 넓은 결점이 있다.

해설

방사상(가지식)식 배전에 비해 루프 배전은 전압변동 및 전력손실이 작아지는 것이 장점이지만 시설비가 많이 들어 부하밀도가 높은 도심지의 번화가나 상가지역에 적당하다.

★★★★★ 기사 14년 3회, 15년 1회, 17년 2회 / 산업 00년 4회, 03년 3회, 06년 3회

05 저압 네트워크 배전방식의 장점이 아닌 것은?

① 사고 시 정전범위를 축소시킬 수 있다.
② 전압변동이 작다.
③ 인축의 접지사고가 작아진다.
④ 부하의 증가에 대한 적응성이 양호하다.

정답 01. ② 02. ① 03. ① 04. ① 05. ③

해설 네트워크 배전방식의 특징

㉠ 무정전공급이 가능하고 공급의 신뢰도가 높다.
㉡ 부하증가에 대해 융통성이 좋다.
㉢ 전력손실이나 전압강하가 작고 기기의 이용률이 향상된다.
㉣ 인축에 대한 접지사고가 증가한다.
㉤ 네트워크 변압기나 네트워크 프로텍터 설치에 따른 설비비가 비싸다.
㉥ 대형 빌딩가와 같은 고밀도 부하밀집지역에 적합하다.

★★ 기사 93년 2회, 98년 7회, 05년 4회

06 저압 네트워크 배전방식에 사용되는 네트워크 프로텍터의 구성요소가 아닌 것은?

① 계기용 변압기　② 전력방향계전기
③ 저압용 차단기　④ 퓨즈

해설

네트워크 프로텍터란 고장이 발생하면 고장구간을 자동으로 구분차단시킬 수 있어야 하며 고장이 회복되면 자동으로 복구될 수 있는 자동차단기를 구비한 설비를 말한다.

★★★★ 기사 91년 5회

07 저압 배전계통의 구성에 있어서 공급신뢰도가 가장 우수한 계통구성방식은?

① 방사상방식
② 저압 네트워크 방식
③ 망상식 방식
④ 뱅킹 방식

해설 저압 네트워크 방식의 특징

㉠ 장점
- 사고 및 점검 시 무정전공급이 가능하여 다른 배전방식에 비해 공급신뢰도가 높다.
- 전압변동률이 작고 플리커 현상이 작다.
- 전력손실이 적고 부하증가에 대한 응대가 용이하다.

㉡ 단점
- 건설비용이 많고 인축의 접지사고가 증가한다.
- 고장전류가 역류할 수 있다.

★★★ 기사 04년 1회, 11년 1회

08 저압 뱅킹 방식의 장점이 아닌 것은?

① 전압강하 및 전력손실이 경감된다.
② 변압기용량 및 저압선 용량이 절감된다.
③ 부하변동에 대한 탄력성이 좋다.
④ 경부하 시 변압기 이용효율이 좋다.

해설 저압 뱅킹 방식

㉠ 부하밀집도가 높은 지역의 배전선에 2대 이상의 변압기를 저압측에 병렬접속하여 공급하는 배전방식이다.
㉡ 부하증가에 대해 많은 변압기전력을 공급할 수 있으므로 탄력성이 있다.
㉢ 전압동요(flicker)현상이 감소된다.
㉣ 단점으로는 건전한 변압기 일부가 고장나면 고장이 확대되는 현상이 일어나는데 이것을 캐스케이딩(cascading) 현상이라 하며 이를 방지하기 위하여 구분 퓨즈를 설치하여야 한다. 현재는 사용하고 있지 않는 배전방식이다.

★★★★★ 기사 13년 2회 / 산업 90년 2회, 93년 3회, 95년 4회, 99년 6·7회, 02년 2회

09 저압 뱅킹(banking) 배전방식에서 캐스케이딩(cascading)이란 무엇인가?

① 전압동요가 작은 현상
② 변압기의 부하배분이 불균일한 현상
③ 저압선이나 변압기에 고장이 생기면 자동적으로 고장이 제거되는 현상
④ 저압선의 고장에 의하여 건전한 변압기의 일부 또는 전부가 차단되는 현상

해설

캐스케이딩 현상이란 Banking 배전방식으로, 운전 중 건전한 변압기 일부가 고장이 발생하면 부하가 다른 건전한 변압기에 걸려서 고장이 확대되는 현상을 말한다.

★★★★ 기사 19년 1회

10 저압 뱅킹 방식에서 저전압의 고장에 의하여 건전한 변압기의 일부 또는 전부가 차단되는 현상은?

① 아킹(arcing)
② 플리커(flicker)
③ 밸런스(balance)
④ 캐스케이딩(cascading)

정답 06. ① 07. ② 08. ④ 09. ④ 10. ④

해설 저압 뱅킹 방식

㉠ 부하밀집도가 높은 지역의 배전선에 2대 이상의 변압기를 저압측에 병렬접속하여 공급하는 배전방식이다.

㉡ 특 징
- 부하증가에 대해 많은 변압기전력을 공급할 수 있으므로 탄력성이 있다.
- 전압동요(flicker)현상이 감소된다.
- 캐스케이딩 현상 : 저압 뱅킹 배전방식으로, 운전 중 건전한 변압기 일부가 고장이 발생하면 부하가 다른 건전한 변압기에 걸려서 고장이 확대되는 현상이다.

★★★ 기사 04년 2회

11 저압 배전선로의 플리커(fliker) 전압의 억제대책으로 볼 수 없는 것은?

① 내부 임피던스가 작은 대용량의 변압기를 선정한다.
② 배전선은 굵은 선으로 한다.
③ 저압 뱅킹 방식 또는 네트워크 방식으로 한다.
④ 배전선로에 누전차단기를 설치한다.

해설

누전차단기는 간접접촉에 의한 감전사고를 방지하기 위하여 설치한다.

★★★ 기사 16년 1회, 19년 3회

12 플리커 경감을 위한 전력공급측의 방안이 아닌 것은?

① 공급전압을 낮춘다.
② 전용 변압기로 공급한다.
③ 단독공급계통을 구성한다.
④ 단락용량이 큰 계통에서 공급한다.

해설 플리커 현상

㉠ 순간적인 전압변동 및 용량부족으로 인해 조명이 깜박거리거나 TV 화면이 일그러지는 현상으로, 사람에게 불쾌감을 일으킨다.

㉡ 플리커 경감을 위한 전력공급측에서 실시하는 방법
- 전용 공급계통을 구성한다.
- 단락용량이 큰 계통을 이용해서 전력을 공급한다.
- 부하설비에 전용 변압기를 이용해 전력을 공급한다.
- 전력공급 시 공급전압을 승압시켜 전압강하를 감소시킨다.

★★★ 산업 93년 6회, 98년 2회, 05년 1회

13 단상 3선식 110/220[V]에 대한 설명으로 옳은 것은?

① 전압불평형이 우려되므로 콘덴서를 설치한다.
② 중성선과 외선 사이에만 부하를 사용하여야 한다.
③ 중성선에는 반드시 퓨즈를 끼워야 한다.
④ 2종의 전압을 얻을 수 있고 전선량이 절약되는 이점이 있다.

해설

단상 3선식의 경우 단상 2선식에 비해 동일전력공급 시 전선량이 37.5[%]로 감소하고 2종의 전압을 이용할 수 있다.

★★★★★ 기사 93년 2회, 99년 4회, 14년 3회 / 산업 97년 6회, 99년 5회, 00년 3회

14 저압 단상 3선식 배전방식의 가장 큰 단점이 될 수 있는 것은?

① 절연이 곤란하다.
② 설비이용률이 나쁘다.
③ 2종류의 전압을 얻을 수 있다.
④ 전압불평형이 생길 우려가 있다.

해설

부하가 불평형되면 전압불평형이 발생하고 중성선이 단선되면 이상전압이 나타난다.

★★★★ 산업 98년 7회, 06년 2회, 12년 2회, 14년 1회, 18년 2회

15 저압 밸런스를 필요로 하는 방식은?

① 3상 3선식
② 3상 4선식
③ 단상 2선식
④ 단상 3선식

해설

밸런스는 단상 3선식 선로의 말단에 전압불평형을 방지하기 위하여 설치하는 권선비 1 : 1인 단권변압기이다.

정답 11. ④ 12. ① 13. ④ 14. ④ 15. ④

★★★ 기사 13년 2회

16 부하의 불평형으로 인하여 발생하는 각 상별 불평형 전압을 평형되게 하고 선로손실을 경감시킬 목적으로 밸런서가 사용된다. 다음 중 이 밸런서의 가장 필요한 배전방식은?

① 단상 2선식
② 3상 3선식
③ 단상 3선식
④ 3상 4선식

해설

밸런서는 권선비가 1 : 1인 단권변압기로, 단상 3선식 배전선로 말단에 시설한다.

★★★ 산업 94년 3회, 99년 3회, 11년 3회(유사)

17 그림과 같은 단상 3선식 회로의 중성선 P점에서 단선되었다면 백열등 A[100W]와 B[400W]에 걸리는 단자전압은 각각 몇 [V]인가?

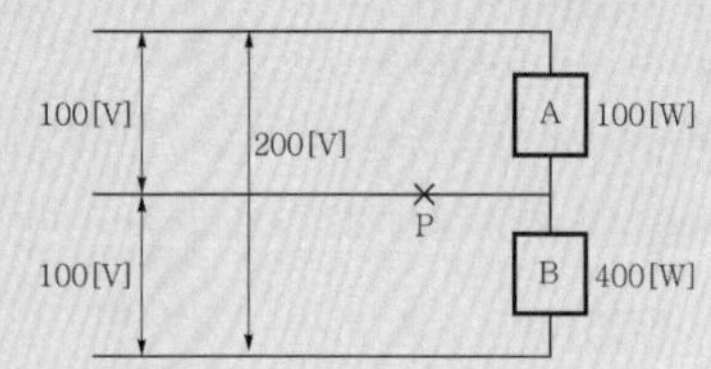

① $V_A=160[V]$, $V_B=40[V]$
② $V_A=120[V]$, $V_B=80[V]$
③ $V_A=40[V]$, $V_B=160[V]$
④ $V_A=80[V]$, $V_B=120[V]$

해설

100[W] 백열전구 저항 : $R_A=\dfrac{V^2}{P}=\dfrac{100^2}{100}=100[\Omega]$

400[W] 백열전구 저항 : $R_B=\dfrac{V^2}{P}=\dfrac{100^2}{400}=25[\Omega]$

중성선 단선 시 각 부하에 걸리는 전압

A부하전압 $V_A=I\times R_A=\dfrac{200}{100+25}\times 100=160[V]$

B부하전압 $V_B=I\times R_B=\dfrac{200}{100+25}\times 25=40[V]$

★★★★ 기사 95년 2회, 00년 4회, 05년 3회, 15년 2회, 19년 3회

18 교류 단상 3선식 배전방식을 교류 단상 2선식에 비교하면?

① 전압강하가 작고 효율이 높다.
② 전압강하가 크고 효율이 높다.
③ 전압강하가 작고 효율이 낮다.
④ 전압강하가 크고 효율이 낮다.

해설

동일선로 및 동일부하에 전력공급 시 단상 3선식은 단상 2선식에 비해 전력손실 및 전압강하가 감소되고 1선당 공급전력이 크다.

★★★★ 산업 93년 1회, 96년 6회, 98년 2회, 00년 3회, 06년 1회, 13년 2회

19 불평형부하에서 역률은?

① $\dfrac{\text{유효전력}}{\text{각 상의 피상전력의 산술합}}$
② $\dfrac{\text{유효전력}}{\text{각 상의 피상전력의 벡터합}}$
③ $\dfrac{\text{무효전력}}{\text{각 상의 피상전력의 산술합}}$
④ $\dfrac{\text{무효전력}}{\text{각 상의 피상전력의 벡터합}}$

해설

불평형부하 시 역률 $\cos\theta=\dfrac{P}{S}=\dfrac{P}{\sqrt{P^2+Q^2+H^2}}$

여기서, S : 피상전력
P : 유효전력
Q : 무효전력
H : 고조파전력

정답 16. ③ 17. ① 18. ① 19. ②

집중공략

★★★★★ 기사 96년 7회, 98년 7회, 01년 1회 / 산업 00년 5회, 02년 3회, 14년 2회

20 전력설비의 수용률을 나타낸 것으로 옳은 것은?

① 수용률 $= \dfrac{\text{평균전력[kW]}}{\text{최대 수용전력[kW]}} \times 100$

② 수용률 $= \dfrac{\text{개개의 최대 수용전력의 합[kW]}}{\text{합성 최대 수용전력[kW]}} \times 100$

③ 수용률 $= \dfrac{\text{최대 수용전력[kW]}}{\text{수용설비용량[kW]}} \times 100$

④ 수용률 $= \dfrac{\text{설비전력[kW]}}{\text{합성 최대 수용전력[kW]}} \times 100$

해설 **수용률**

임의기간 중 수용가의 최대 수요전력과 사용전기설비의 정격용량의 합계와의 비를 수용률이라 한다.

수용률 $= \dfrac{\text{최대 수용전력[kW]}}{\text{수용설비용량[kW]}} \times 100[\%]$

★★ 기사 92년 7회, 93년 5회 / 산업 91년 5회

21 250[kW]의 동력설비를 가진 수용가의 수용률이 90[%]라면 최대 수용전력은 몇 [kW]인가?

① 225 ② 250
③ 280 ④ 310

해설

최대 수용전력 = 설비용량 × 수용률
= 250 × 0.9
= 225[kW]

★★★ 기사 19년 3회

22 어느 수용가의 부하설비는 전등설비 500[W], 전열설비가 600[W], 전동기설비가 400[W], 기타 설비가 100[W]이다. 이 수용가의 최대 수용전력이 1200[W]이면 수용률은 몇 [%]인가?

① 55 ② 65
③ 75 ④ 85

해설

수용률 $= \dfrac{\text{최대 수용전력}}{\text{설비용량}} \times 100[\%]$

$= \dfrac{1200}{500+600+400+100} \times 100$

$= \dfrac{1200}{1600} \times 100 = 75[\%]$

★★★ 산업 96년 5회, 99년 6회, 04년 3회

23 부하율이란?

① $\dfrac{\text{피상전력}}{\text{부하설비용량}} \times 100[\%]$

② $\dfrac{\text{부하설비용량}}{\text{피상전력}} \times 100[\%]$

③ $\dfrac{\text{최대 수용전력}}{\text{평균수용전력}} \times 100[\%]$

④ $\dfrac{\text{평균수용전력}}{\text{최대 수용전력}} \times 100[\%]$

해설

어느 기간 중 평균수요전력과 최대 수용전력과의 비를 백분율로 표시하여 부하율이라 한다.

부하율 $= \dfrac{\text{평균수용전력}}{\text{최대 수용전력}} \times 100$

$= \dfrac{\text{평균전력}}{\text{설비용량}} \times \dfrac{\text{부등률}}{\text{수용률}} [\%]$

★★★ 산업 04년 4회

24 전력사용의 변동상태를 알아보기 위한 것으로 가장 적당한 것은?

① 수용률 ② 부등률
③ 부하율 ④ 역률

해설

부하의 전력사용은 시간 또는 계절에 따라 변화되는데 이를 알아보기 위해 부하율을 사용한다. 부하율이 크다면 부하변동이 작고 부하율이 작다면 부하변동이 크다는 것을 의미한다.

★★★★ 산업 91년 7회, 96년 7회, 02년 3회, 12년 1·3회

25 수전용량에 비해 첨두부하가 커지면 부하율은 그에 따라 어떻게 되는가?

① 낮아진다.
② 높아진다.
③ 변하지 않고 일정하다.
④ 부하의 종류에 따라 달라진다.

해설

부하율은 평균전력과 최대 수용전력의 비이므로 첨두부하가 커지면 부하율이 낮아진다.

정답 20. ③ 21. ① 22. ③ 23. ④ 24. ③ 25. ①

★★★★★ 기사 95년 5회, 99년 3회, 05년 1회, 13년 1회, 16년 1회 / 산업 03년 3회

26 연간 전력량이 E[kWh]이고 연간 최대 전력이 W[kW]인 연부하율은 몇 [%]인가?

① $\frac{E}{W}\times 100$

② $\frac{W}{E}\times 100$

③ $\frac{8760W}{E}\times 100$

④ $\frac{E}{8760W}\times 100$

해설 **부하율**

전기설비의 유효하게 이용되고 있는 정도를 나타내는 수치로서, 부하율이 클수록 설비가 잘 이용되고 있음을 나타낸다.

$$부하율=\frac{평균수요전력}{최대\ 수용전력}\times 100=\frac{평균부하전력}{최대\ 부하전력}\times 100[\%]$$

평균전력은 연간 전력량을 1시간 기준으로 나타내야 되므로

$$연부하율=\frac{\frac{E}{365\times 24}}{W}\times 100=\frac{E}{8760W}\times 100[\%]$$

★★★ 산업 93년 2회, 11년 1회

27 200[V], 10[kVA]인 3상 유도전동기가 있다. 어느 날의 부하실적은 1일의 사용전력량 72[kWh], 1일의 최대 전력이 9[kW], 최대 부하일 때 전류가 35[A]이었다. 1일의 부하율과 최대 공급전력일 때 역률은 몇 [%]인가?

① 부하율 : 31.3, 역률 : 74.2
② 부하율 : 33.3, 역률 : 74.2
③ 부하율 : 31.3, 역률 : 82.5
④ 부하율 : 33.3, 역률 : 82.2

해설

$$1일의\ 부하율\ F=\frac{P}{P_m}\times 100=\frac{\frac{72}{24}}{9}\times 100=33.3[\%]$$

최대 공급전력일 때 역률

$$\cos\theta=\frac{P_m}{\sqrt{3}VI}\times 100=\frac{9000}{\sqrt{3}\times 200\times 35}\times 100=74.2[\%]$$

★★★★ 기사 95년 7회, 00년 4회, 02년 2회, 03년 2회

28 정격 10[kVA]의 주상변압기가 있다. 이것의 2차측 일부하곡선이 다음 그림과 같을 때 1일의 부하율은 몇 [%]인가?

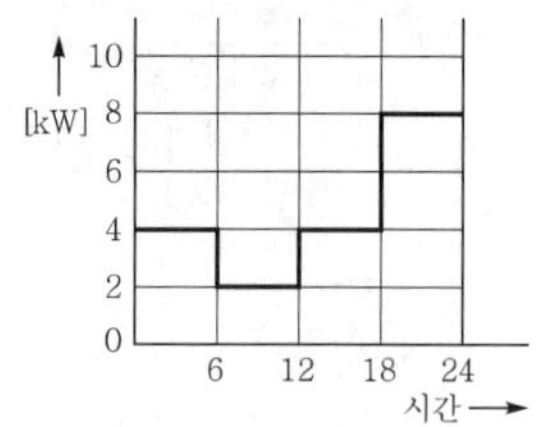

① 52.3　② 54.3
③ 56.3　④ 58.3

해설

$$1시간당\ 평균전력\ P=\frac{4\times 6+2\times 6+4\times 6+8\times 6}{24}=4.5[kW]$$

$$1일의\ 부하율\ F=\frac{P}{P_m}\times 100=\frac{4.5}{8}\times 100=56.25[\%]$$

★★ 기사 92년 6회, 00년 2회

29 어떤 수용가의 1년간 소비전력량은 100만[kWh]이고 1년 중 최대 전력은 130[kW]라면 부하율은 약 몇 [%]인가?

① 74.2　② 78.6
③ 82.4　④ 87.8

해설

$$1시간당\ 평균전력\ P=\frac{100\times 10^4}{365\times 24}=114.15[kW]$$

$$부하율\ F=\frac{P}{P_m}\times 100=\frac{114.5}{130}\times 100=87.8[\%]$$

정답 26. ④ 27. ② 28. ③ 29. ④

집중공략

★★★★ 기사 93년 6회, 12년 2회, 15년 3회 / 산업 93년 3회, 16년 3회

30 수용가군 총합의 부하율은 각 수용가의 수용률 및 수용가 사이의 부등률이 변화할 때 다음 중 옳은 것은?

① 수용률에 비례하고 부등률에 반비례한다.
② 부등률에 비례하고 수용률에 반비례한다.
③ 부등률에 비례하고 수용률에 비례한다.
④ 부등률에 반비례하고 수용률에 반비례한다.

해설 부하율, 수용률, 부등률의 관계

$$부하율=\frac{평균전력}{최대\ 수용전력}=\frac{평균전력}{\frac{최대\ 수용전력합}{부등률}}$$

$$=\frac{평균전력\times부등률}{설비용량\times수용률}\propto\frac{부등률}{수용률}$$

★★★★★ 기사 93년 3회, 99년 6회, 14년 1회 / 산업 19년 2회

31 배전계통에서 부등률이란?

① $\frac{최대\ 수용전력}{설비용량}$
② $\frac{부하의\ 평균전력의\ 합}{부하설비의\ 최대\ 전력}$
③ $\frac{각\ 부하의\ 최대\ 수용전력의\ 합}{각\ 부하를\ 종합했을\ 때\ 최대\ 수용전력}$
④ $\frac{최대\ 부하\ 시\ 설비용량}{정격용량}$

해설

최대 전력발생시각 또는 시기의 분산을 나타내는 지표가 부등률이며 일반적으로 이 값은 1보다 크다.

$$부등률=\frac{각\ 부하의\ 최대\ 수용전력의\ 합}{각\ 부하를\ 종합했을\ 때\ 최대\ 수용전력}>1$$

★★★★★ 기사 98년 3회, 02년 4회, 11년 3회 / 산업 13년 2회, 17년 2회, 18년 1회

32 일반적인 경우 그 값이 1 이상인 것은?

① 수용률 ② 전압강하율
③ 부하율 ④ 부등률

해설

$$부등률=\frac{각\ 부하의\ 최대\ 수용전력의\ 합}{각\ 부하를\ 종합했을\ 때\ 최대\ 수용전력}$$

최대 전력발생시각 또는 시기의 분산을 나타내는 지표가 부등률이며 일반적으로 이 값은 1보다 크다.

★★★ 산업 93년 5회, 00년 5회

33 전력소비기기가 동시에 사용되는 정도를 나타낸 것은?

① 부하율 ② 수용률
③ 부등률 ④ 보상률

해설

부등률이 작아지면 전력소비기기는 동시에 사용될 확률이 높아지게 된다.

★★ 산업 98년 7회

34 평균수용전력을 A, 합성 최대 수용전력을 M, 부등률을 D, 부하율을 L, 수용률을 C라 할 때 옳은 것은?

① $A=\frac{M}{D}$
② $A=D\cdot M$
③ $A=C\cdot M$
④ $A=L\cdot M$

해설

부하율 $L=\frac{평균수용전력(A)}{최대\ 수용전력(M)}$이므로

$A=ML$이 된다.

★ 기사 95년 6회

35 1대의 주상변압기로 수용가에 공급할 때 각 수용가의 최대 부하의 합이 15[kW], 변압기의 최대 부하가 7.5[kW]라고 하면 부등률(不等率)은?

① 1 ② 2
③ 3 ④ 4

해설

$$부등률=\frac{각각의\ 최대\ 수용전력의\ 합}{합성\ 최대\ 수용전력}=\frac{15}{7.5}=2$$

정답 30. ② 31. ③ 32. ④ 33. ③ 34. ④ 35. ②

★★★★ 기사 93년 1회, 95년 6회, 04년 1회 / 산업 06년 3회, 11년 3회, 14년 3회

36 설비 A의 설비용량이 150[kW], 설비 B의 설비용량이 350[kW]일 때 수용률이 각각 0.6 및 0.7일 경우 합성 최대 전력이 279[kW]이면 부등률은 약 얼마인가?

① 1.2 ② 1.3
③ 1.4 ④ 1.5

해설

$$부등률 = \frac{각각의\ 최대\ 수용전력의\ 합}{합성\ 최대\ 수용전력} = \frac{150 \times 0.6 + 350 \times 0.7}{279} = 1.2$$

★★★★★ 기사 14년 3회, 18년 1회 / 산업 05년 1회, 19년 1회

37 다음 중 설비용량 360[kW], 수용률이 0.8, 부등률이 1.2일 때 최대 수용전력은 몇 [kW]인가?

① 120 ② 240
③ 360 ④ 480

해설

$$합성\ 최대\ 수용전력\ P_T = \frac{설비용량 \times 수용률}{부등률} = \frac{360 \times 0.8}{1.2} = 240[\text{kW}]$$

★★★ 산업 96년 6회, 00년 2회, 06년 4회, 15년 1회

38 어떤 건물에서 총설비부하용량 850[kW], 수용률 60[%]라면 변압기용량은 최소 몇 [kVA]로 하여야 하는가? (단, 설비부하의 종합역률은 0.75이다)

① 500
② 650
③ 680
④ 740

해설

수전설비 $P_T = \frac{설비용량 \times 수용률}{부등률 \times 부하역률}$에서 특별히 부등률을 명시하지 않았으므로 최악의 경우로 1.0으로 보면

$$P_T = \frac{850 \times 0.6}{1.0 \times 0.75} = 680[\text{kVA}]$$

★★★★★ 기사 91년 6회, 96년 6회 / 산업 02년 4회, 07년 3회, 16년 1회, 17년 1회

39 총설비부하가 120[kW], 수용률이 65[%], 부하역률이 80[%]인 수용가에 공급하기 위한 변압기의 최소 용량은 약 몇 [kVA]인가?

① 40 ② 60
③ 80 ④ 100

해설

$$변압기용량 = \frac{수용률 \times 수용설비용량[\text{kW}]}{역률 \times 효율}[\text{kVA}]$$

$$변압기의\ 최소\ 용량\ P_T = \frac{120 \times 0.65}{0.8} = 97.5 \fallingdotseq 100[\text{kVA}]$$

★★★ 기사 91년 6회, 96년 6회 / 산업 16년 2회

40 설비용량 800[kW], 부등률 1.2, 수용률 60[%]일 때 변전시설용량은 최저 몇 [kVA] 이상이어야 하는가? (단, 역률은 90[%] 이상 유지되어야 한다)

① 450 ② 500
③ 550 ④ 600

해설

부등률이 주어졌을 경우 합성 최대 수용전력과 변전시설용량의 크기는 같다.

$$변전시설용량\ P_T = \frac{설비용량 \times 수용률}{부등률 \times 역률} = \frac{800 \times 0.6}{1.2 \times 0.9} = 450[\text{kVA}]$$

★★ 산업 92년 2회

41 어느 발전소의 공급설비 부하용량은 전등 600[kW], 동력 800[kW]이다. 각 수용가의 수용률을 전등 60[%], 동력 80[%], 각 수용가간 부등률을 전등 1.2, 동력 1.6 발전소에 있어서의 전등과 동력부하 간의 부등률을 1.4라고 하면 이 발전소에서 공급하는 최대 전력은 몇 [kW]인가? (단, 부하나 선로의 전력손실은 10[%]로 한다)

① 600 ② 550
③ 500 ④ 450

정답 36. ① 37. ② 38. ③ 39. ④ 40. ① 41. ②

해설

전등용 변압기 $P_1 = \frac{600 \times 0.6}{1.2} \times (1+0.1) = 330$[kW]

동력용 변압기 $P_2 = \frac{800 \times 0.8}{1.6} \times (1+0.1) = 440$[kW]

변전소용 변압기 $P_T = \frac{330+440}{1.4} = 550$[kW]

★★★ 기사 03년 1회, 12년 1회, 16년 2회

42 각 수용가의 수용설비용량이 50[kW], 100[kW], 80[kW], 60[kW], 150[kW]이며 각각의 수용률이 0.6, 0.6, 0.5, 0.5, 0.4일 때 부하의 부등률이 1.3이라면 변압기용량은 약 몇 [kVA]가 필요한가? (단, 평균부하역률은 80[%]라고 한다)

① 142 ② 165
③ 83 ④ 212

해설

$\text{부등률} = \frac{\text{각각의 최대 수용전력의 합}}{\text{합성 최대 수용전력}}$

$\text{변압기용량} = \frac{\Sigma(\text{수용전력} \times \text{수용률})}{\text{부등률} \times \text{역률}}$

변압기용량

$P_{Tr} = \frac{(50+100) \times 0.6 + (80+60) \times 0.5 + 150 \times 0.4}{1.3 \times 0.8}$

$= 212$[kVA]

★★ 산업 90년 7회, 96년 4회

43 전력수요설비에 있어서 그 값이 높게 되면 경제적으로 불리하게 되는 것은?

① 부하율 ② 수용률
③ 부등률 ④ 부하밀도

해설

수용률이 높아지면 설비용량이 커져서 변압기 등의 가격이 비싸져 비경제적이 된다.

★ 기사 98년 4회

44 154/6.6[kV], 5000[kVA]의 3상 변압기 1대를 시설한 변전소가 있다. 이 변전소의 6.6[kV] 각 배전선에 접속한 부하설비 및 수용률이 표와 같고 각 배전선간의 부등률을 1.17로 하였을 때 변전소에 걸리는 최대 전력은 약 몇 [kW]인가?

배전선	부하설비[kW]	수용률[%]
a	4716	24
b	1635	74
c	3600	48
d	4094	32

① 4186 ② 4356
③ 4598 ④ 4728

해설

최대 전력(합성 최대 수용전력)

$P = \frac{\text{각각의 최대 수용전력의 합}}{\text{부등률}}$

$= \frac{4716 \times 0.24 + 1635 \times 0.74 + 3600 \times 0.48 + 4094 \times 0.32}{1.17}$

$= 4598$[kW]

★ 기사 05년 1회

45 스포트 네트워크 시스템을 채용하여 계약전력 9000[kW], 역률 0.9, 수전회선수 3회선, 네트워크 변압기의 부하율 130[%], 변압비 22/3.3[kV]일 경우 변압기의 용량은 약 몇 [kVA]인가?

① 3846 ② 5254
③ 6154 ④ 6923

해설

변압기용량 $P = \frac{\text{최대 수요전력}}{\text{수전회선수} - 1} \times \frac{1}{1.3}$

$= \frac{9000}{3-1} \times \frac{1}{1.3} \times \frac{1}{0.9}$

$= 3846$[kVA]

★★ 산업 04년 2회

46 배전선로에서 부하율이 F일 때 손실계수 H는?

① F와 F^2의 힘
② F와 같은 값
③ F와 F^2의 중간값
④ F^2와 같은 값

정답 42. ④ 43. ② 44. ③ 45. ① 46. ③

해설 손실계수(H)

㉠ 손실계수는 말단집중부하에 대해서 어느 기간 중 평균손실과 최대 손실 간의 비이다.

$$H = \frac{\text{어느 기간 중 평균손실}}{\text{같은 기간 중 최대 손실}}$$

㉡ 손실계수(H)와 부하율(F)의 관계
$0 \leq F^2 \leq H \leq F \leq 1$

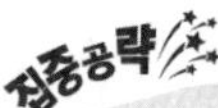

★★★★★ 기사 94년 2회, 99년 6회 / 산업 00년 6회, 01년 1회, 11년 1회, 17년 3회

47 배전선의 손실계수 H와 부하율 F와의 관계는?

① $0 \leq F^2 \leq H \leq F \leq 1$
② $0 \leq H^2 \leq F \leq H \leq 1$
③ $0 \leq H \leq F^2 \leq F \leq 1$
④ $0 \leq F \leq H^2 \leq H \leq 1$

해설

손실계수 $H = \frac{1}{I_m^2 RT}\int_0^T I^2 R dt$

부하율 $F = \frac{1}{I_m RT}\int_0^T I R dt$

$I_m \geq 1$의 관계가 있으므로 부하율 F와 손실계수H와의 관계는 다음과 같다.
$0 \leq F^2 \leq H \leq F \leq 1$

★ 산업 05년 2회

48 단일부하선로에서 부하율 50[%], $\alpha = 0.2$인 배전선의 손실계수는?

① 0.05 ② 0.15
③ 0.25 ④ 0.30

해설

손실계수 $H = \alpha F + (1-\alpha)F^2$
$= 0.2 \times 0.5 + (1-0.2) \times 0.5^2 = 0.3$

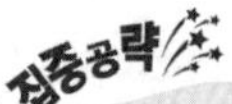

★★★★★ 기사 91년 2회, 97년 2회, 99년 3회, 04년 2회, 17년 2회

49 다음 설명 중 옳지 않은 것은?

① 저압 뱅킹 방식은 전압동요를 경감할 수 있다.
② 밸런스는 단상 2선식에 필요하다.
③ 수용률이란 최대 수용전력을 설비용량으로 나눈 값을 퍼센트로 나타낸다.
④ 배전선로의 부하율이 F일 때 손실계수는 F와 F^2의 중간값이다.

해설

밸런스는 단상 3선식 선로의 말단에 전압불평형을 방지하기 위하여 설치하는 권선비 1 : 1인 단권변압기이다.

★ 산업 98년 5회, 14년 2회

50 옥내 배선의 보호방법이 아닌 것은?

① 과전류보호 ② 지락보호
③ 전압강하보호 ④ 절연접지보호

해설

옥내 배선의 경우 연동선을 사용하고 선로의 길이가 짧아 전압강하가 작게 나타나므로 고려할 필요성이 작다.

★ 산업 96년 4회, 06년 2회

51 절연내력을 시험하기 위해 시험용 변압기를 사용하였다. 이때, 전압조정을 하기 위하여 일반적으로 가장 많이 사용되는 것은?

① 수저항 전압조정기
② 유도전압조정기
③ 소형 발전기의 변속장치
④ 다단식 저항전압조정기

해설

수저항 전압조정기는 이동이 간편하여 절연내력시험용 전압조정기로 가장 많이 사용되고 있다.

★★★ 산업 96년 4회, 99년 3회

52 일반적으로 부하의 역률을 저하시키는 원인이 되는 것은?

① 전등의 과부하
② 선로의 충전전류
③ 유도전동기의 경부하운전
④ 동기조상기의 중부하운전

해설

설비운용 시 경부하 또는 무부하운전 시 역률이 저하된다.

정답 47. ① 48. ④ 49. ② 50. ③ 51. ① 52. ③

★ 산업 99년 3회

53 그림과 같이 강제전선관 (a)측의 전선심선이 X점에서 접촉했을 때 누설전류는 몇 [A]인가? (단, 전원전압은 100[V]이며 접지저항 외에 다른 저항은 생각하지 않는다)

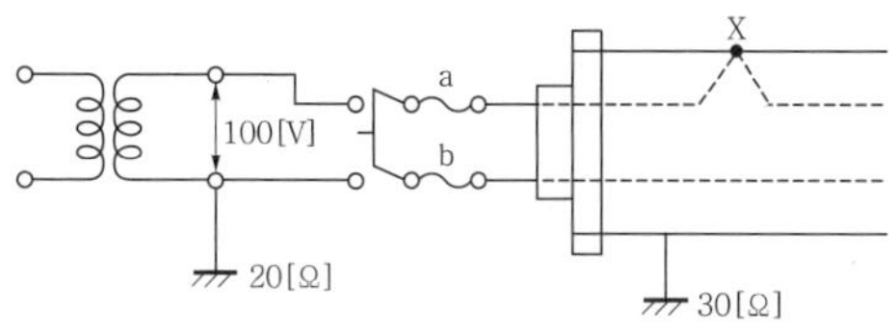

① 2 ② 3.3
③ 5 ④ 8.3

해설

누설전류 $i = \frac{V}{R}$

$= \frac{100}{20+30} = 2[\text{A}]$

★★ 기사 95년 5회, 03년 1회

54 축전지용량(단위 : [AH]) 계산에 고려되지 않는 사항은?

① 충전율
② 방전전류
③ 보수율
④ 용량환산시간

해설

축전지용량 $C = K\frac{I}{L}[\text{AH}]$

여기서, K : 용량환산계수
I : 방전전류
L : 보수율

★ 산업 01년 1회

55 충전기에서 자기방전만을 항상 충전하는 충전방식은?

① 보통충전방식
② 세류충전방식
③ 균등충전방식
④ 급속충전방식

해설 충전방식의 종류

충전방식의 종류	적 요
부동충전방식	축전지의 자기방전을 보충함과 동시에 상용부하에 대한 전력공급은 충전기가 부담하도록 하되 충전기가 부담하기 어려운 일시적인 대전류부하는 축전지로 부담하게 하는 충전방식
초충전방식	미충전 축전지의 최초의 충전을 뜻한다. 전해액주입 후 비교적 소전류로 장시간 충전하여 활성물질을 충분히 활성화할 것
회복충전방식	방전한 축전지를 다음 방전에 대비해 용량이 충분히 회복할 때까지 충전하는 것
보충전방식	주로 자기방전을 보충하기 위하여 충전, 연축전지로는 장시간보전할 경우, 여름에는 1개월에 1회, 겨울철에는 2~3개월에 1회 정도 하는 충전
균등충전방식	여러 개의 축전지를 1조로 하여 장시간사용하는 경우 자기방전 등으로 생기는 축전상태의 불균일한 것을 없애고 충전상태를 균일하게 하기 위해서 실시하는 충전
과충전방식	완전충전상태에 도달한 후의 충전을 말한다. 가스 발생에 의해 전해액이 급속히 감소한다. 연축전지에는 과충전이 계속되면 수명이 짧아진다.
급속충전방식	응급적으로 용량을 약간 회복시키기 위해 대전류로 단시간에 충전하는 방식

★ 기사 95년 2회, 98년 6회

56 직류제어전원용으로 설치된 연축전지가 55조가 있다. 부동충전방식으로 운전 중 충전기 고장으로 연축전지가 부하에 공급되고 있을 경우 최종 공급전압은 몇 [V]인가?

① 113.3 ② 110.0
③ 106.5 ④ 99.0

해설 연축전지의 충 · 방전에 따른 전압

㉠ 충전종지전압은 2.18[V/cell]이고 방전종지전압은 1.86[V/cell]이다.
㉡ 연축전지의 최종 공급전압 $V = 1.8 \times 55 = 99$ [V]

★ 산업 90년 6회, 95년 7회

57 3상 1회선의 송전선로에 3상 전압을 가해 충전할 때 1선에 흐르는 충전전류는 32[A], 또 3선을 일괄하여 이것과 대지 사이에 상전압을 가하여 충전시켰을 때 전 충전전류는 60[A]가 되었다. 이 선로의 대지정전용량과 선간정전용량의 비는 얼마이겠는가?

① 5 : 1 ② 15 : 8
③ 3 : 1 ④ $\sqrt{3}$

정답 53. ① 54. ① 55. ② 56. ④ 57. ①

해설

1선에 흐르는 충전전류

$I_c = 2\pi f(C_S + 3C_m)\frac{V}{\sqrt{3}} l \times 10^{-6}$[A]

$I_{c1} = 2\pi f(C_S + 3C_m)\frac{V}{\sqrt{3}} l \times 10^{-6} = 32$[A]

$I_{c2} = 2\pi f \cdot 3C_S \times \frac{V}{\sqrt{3}} l \times 10^{-6} = 60$[A]

$$\frac{I_{c1}}{I_{c2}} = \frac{2\pi f(C_S + 3C_m) \times \frac{V}{\sqrt{3}} l \times 10^{-6}}{2\pi f \cdot 3C_S \times \frac{V}{\sqrt{3}} l \times 10^{-6}} = \frac{32}{60}$$

위 식을 정리하면 $\frac{C_S + 3C_m}{3C_S} = \frac{32}{60}$

$\therefore \frac{C_m}{C_S} = \frac{1}{5}$

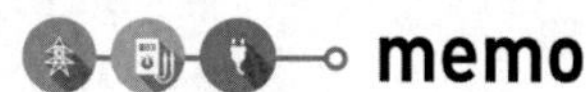

CHAPTER

10

배전선로 설비 및 운용

기사 13.70% 출제
산업 12.70% 출제

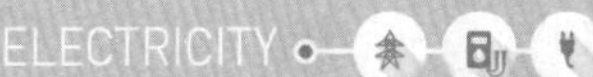

이렇게 공부하세요!!

출제경향분석

기사 출제비율 % / 산업 출제비율 %

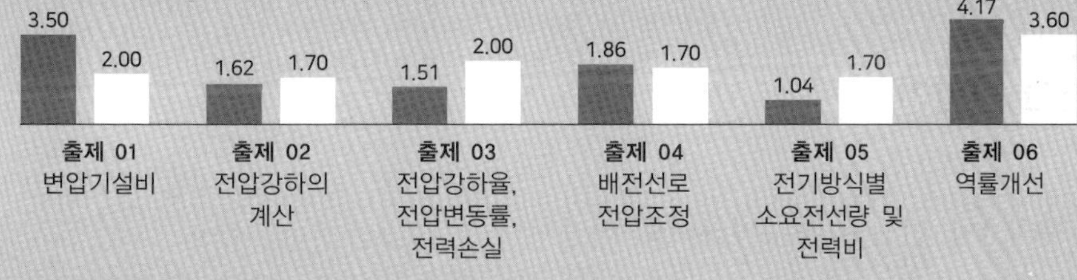

	기사 출제비율 %	산업 출제비율 %
출제 01 변압기설비	3.50	2.00
출제 02 전압강하의 계산	1.62	1.70
출제 03 전압강하율, 전압변동률, 전력손실	1.51	2.00
출제 04 배전선로 전압조정	1.86	1.70
출제 05 전기방식별 소요전선량 및 전력비	1.04	1.70
출제 06 역률개선	4.17	3.60

출제포인트

☑ 변압기의 종류에 따른 특성을 알고 결선 시 적용되는 용량을 계산할 수 있다.

☑ 배전선로에서 발생하는 전압강하 및 전력손실 계산문제와 이를 감소시키기 위한 방법들에 대해 이해할 수 있다.

☑ 배전선로 전압조정방법의 종류와 각각의 특성에 대해 이해할 수 있다.

☑ 전기방식별 특성과 역률개선의 목적 및 방법, 계산문제 등을 이해할 수 있다.

CHAPTER

10 배전선로 설비 및 운용

기사 13.70% 출제 | 산업 12.70% 출제

기사 3.50% 출제 | 산업 2.00% 출제

출제 01 변압기설비

각 변압기의 특성에 따라 어디에 왜 설치되는 지를 파악하고 운용상 필요한 보호장치와 용량계산 시 필요한 수식을 정리해야 한다.

1 배전용 변압기(주상변압기)

(1) 개 념

배전선로 중 전주 위에 설치되는 변압기로, 특고압을 고압 및 저압으로 변성하기 위해 사용되는 설비이다.

(2) 주상변압기의 보호

① **cos가 1차측을 보호하고 캐치홀더가 2차측을 보호**한다.

② 컷아웃스위치는 변압기의 1차측에 과부하전류 및 단락전류가 흐르면 동작하고 퓨즈링크가 끊어져서 변압기를 보호한다.

③ 캐치홀더는 변압기 2차측(저압 배선)의 인출구나 인입선의 분기점 등에 시설하는 변압기 보호장치이다.

2 3권선 변압기

(1) 개 념

전력계통의 1차 변전소의 주변압기로 사용한다.

(2) 3권선 변압기의 구조

1개의 철심에 3개의 권선을 감은 변압기로, 각 권선은 1차(primary), 2차(secondly) 및 3차(tertiary) 권선이라 한다.

(3) 3권선 변압기의 용도

① 변압기의 3차 권선을 △결선으로 하여 변압기에서 발생하는 제3고조파를 제거한다.

② 3차 권선에 조상설비를 접속하여 무효전력을 조정한다.

③ 3차 권선을 통해 발전소나 변전소 내 전력을 공급한다.

3 변압기의 V결선

단상 변압기 3대를 △-△결선해서 운전 중인 3상 변압기에서 변압기 1대가 고장 또는 필요에 의해 제거되면 V-V결선으로 되어 3상 전력을 계속 공급할 수 있다.

① 단상 변압기 1대 용량 : $P = VI\,[\text{kVA}]$

② △결선의 용량 : $P_\triangle = 3P = 3VI\,[\text{kVA}]$

③ V결선의 용량 : $P_\text{V} = \sqrt{3}\,VI[\text{kVA}]$

④ 이용률 : $\dfrac{\text{V결선출력}}{\text{변압기 2대 용량}} = \dfrac{\sqrt{3}\,VI}{2VI} = 0.866 = 86.6[\%]$

⑤ 출력비 : $\dfrac{\text{V결선출력}}{\triangle\text{결선출력}} = \dfrac{P_\text{V}}{P_\triangle} = \dfrac{\sqrt{3}\,VI}{3VI} = \dfrac{1}{\sqrt{3}} = 0.577 = 57.7[\%]$

기사 1.62% 출제 I 산업 1.70% 출제

출제 02 전압강하의 계산

배전선로에서 전력공급 시 부하의 배열형태에 따라 전압강하 및 전력손실을 계산할 수 있도록 수식을 정확하게 정리하고 적용할 수 있는 능력을 키운다.

1 직류배전선의 전압강하

(1) 부하가 말단에 집중된 경우

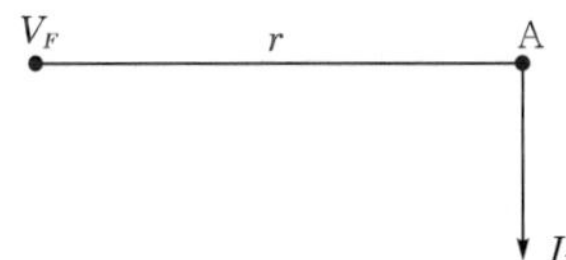

① 전압강하 : $e = 2Ir\,[\text{V}]$

② A점의 전압 : $V_A = V_F - 2Ir$

(2) 양단에서 급전하는 경우

① 급전점 A에서 P_1에 흐르는 전류 I는 다음과 같다.

$$I = i_1 \frac{r_2 + r_3}{r_1 + r_2 + r_3} + i_2 \times \frac{r_3}{r_1 + r_2 + r_3}[\text{A}]$$

② 급전점 A의 전압을 E_A라 하면

$$E_{p_1} = E_A - Ir_1$$

$$E_{p_2} = E_A - Ir_1 - (I - i_1)r_2$$

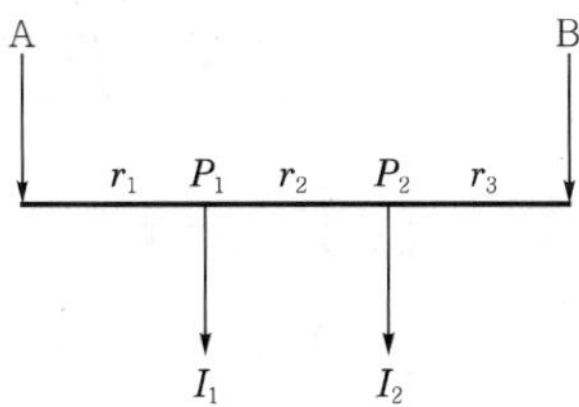

2 교류식 배전선로의 전압강하

① 단상 2선식 : $E_S = E_R + 2I_n(r\cos\theta + x\sin\theta)$ [V]

② 단상 3선식 및 3상 4선식 : $E_S = E_R + I_n(r\cos\theta + x\sin\theta)$ [V]

③ 3상 3선식 : $V_S = V_R + \sqrt{3}\,I_n(r\cos\theta + x\sin\theta)$ [V]

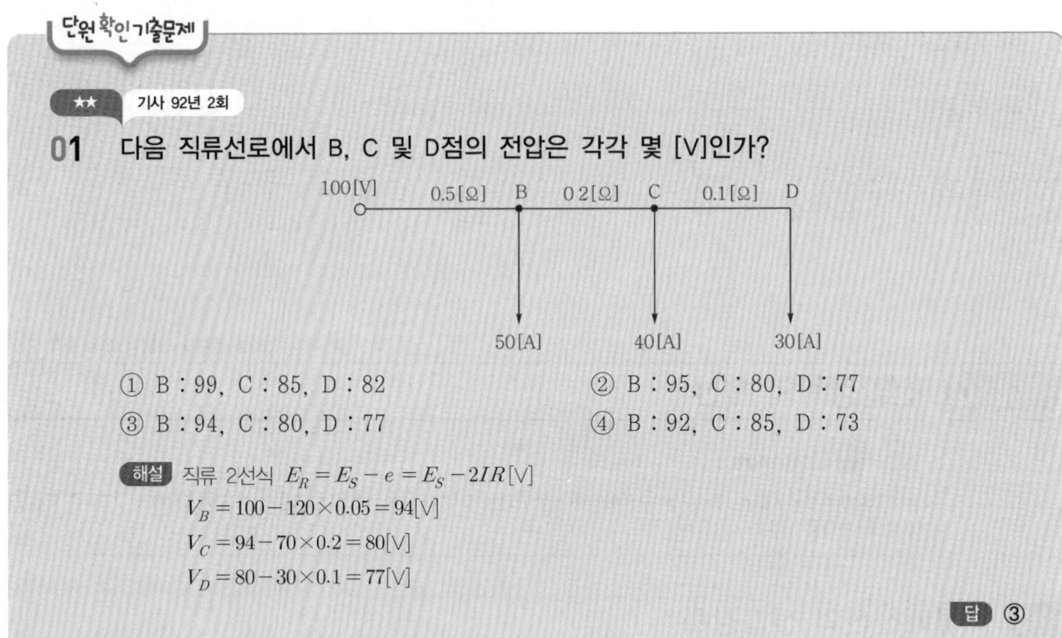

단원 확인 기출문제

★★ 기사 92년 2회

01 다음 직류선로에서 B, C 및 D점의 전압은 각각 몇 [V]인가?

① B : 99, C : 85, D : 82　　② B : 95, C : 80, D : 77

③ B : 94, C : 80, D : 77　　④ B : 92, C : 85, D : 73

해설 직류 2선식 $E_R = E_S - e = E_S - 2IR$[V]

$V_B = 100 - 120 \times 0.05 = 94$[V]

$V_C = 94 - 70 \times 0.2 = 80$[V]

$V_D = 80 - 30 \times 0.1 = 77$[V]

답 ③

기사 1.51% 출제 | 산업 2.00% 출제

출제 03 전압강하율, 전압변동률, 전력손실

전압강하 및 전압변동률을 계산할 수 있어야 하고 전력손실의 수식을 자세하게 정리하고 숙지하여 전력손실 방지대책을 통해 개선할 수 있는 방법을 선정할 수 있어야 한다.

1 전압강하율

송전단과 수전단 간의 전압 차이, 즉 선로전압강하(e)를 수전단전압으로 나누어 %로 나타낸 것을 이른다.

$$\%\text{전압강하율} = \frac{\text{송전단전압}(E_S) - \text{수전단전압}(E_R)}{\text{수전단전압}(E_R)} \times 100 = \frac{e}{E_R} \times 100[\%]$$

2 전압변동률

전압변동률은 무부하단자전압과 전부하단자전압에 대한 전압변동의 비로 다음과 같이 나타낼 수 있다.

$$\%\text{전압변동률} = \frac{\text{무부하단자전압}(V_0) - \text{전부하단자전압}(V_n)}{\text{전부하단자전압}(V_n)} \times 100[\%]$$

3 전력손실

(1) 각 상에서의 전력손실

① 단상 2선식 전력손실 : $P_c = 2I_n^2 \cdot r = \dfrac{P^2}{V_n^2 \cos^2\theta} \cdot r$

② 3상 3선식 전력손실 : $P_c = 3I_n^2 \cdot r = \dfrac{P^2}{V_n^2 \cos^2\theta} \cdot r$

③ 전력손실률 : $\%P_l = \dfrac{\text{전력손실}(P_c)}{\text{수전단전력}(P_R)} \times 100[\%]$

(2) 전력손실 방지대책

① 승압
② 역률 개선
③ 전선 교체
④ 배전선로 단축
⑤ 불평형부하 개선
⑥ 단위기기용량 감소

단원 확인기출문제

★★★★ 기사 91년 2회, 92년 2회, 95년 4회, 15년 1회, 16년 2회

02 송전단전압 66[kV], 수전단전압 61[kV]인 송전선에서 수전단의 부하를 끊을 경우 수전단전압이 63[kV]라면 전압강하율[%]은?

① 3.3　　② 4.8
③ 7.9　　④ 8.2

해설 전압강하율 $\%e = \dfrac{\text{송전단전압}(E_S) - \text{수전단전압}(E_R)}{\text{수전단 전압}(E_R)} \times 100[\%]$

$= \dfrac{66-61}{61} \times 100 = 8.19[\%]$

답 ④

★★★ 기사 94년 5회, 99년 4회, 05년 1회 / 산업 16년 3회

03 **배전선로의 손실경감과 관계없는 것은?**

① 승압 ② 다중 접지방식 채용
③ 부하의 불평형 방지 ④ 역률 개선

해설 **배전선로**

㉠ 배선전로의 전력손실 $P_c = 3I^2 r = \dfrac{\rho W^2 L}{A V^2 \cos^2\theta}$[W]

여기서, ρ : 고유저항, W : 부하전력, L : 배전거리, A : 전선의 단면적, V : 수전전압, $\cos\theta$: 부하역률

㉡ 배전선로의 전력손실 경감대책
- 전선교체 및 배전전압의 승압
- 전력용 콘덴서를 이용하여 역률 개선
- 부하불평형 개선

답 ②

기사 1.86% 출제 | 산업 1.70% 출제

출제 04 배전선로 전압조정

배전선로운용 중 전압강하로 인한 부하의 오동작을 방지하기 위한 효과적인 전압조정방법을 선정하고 운용 시 문제점을 파악하여 시험문제에 적용할 수 있어야 한다.

1 변전소의 경우

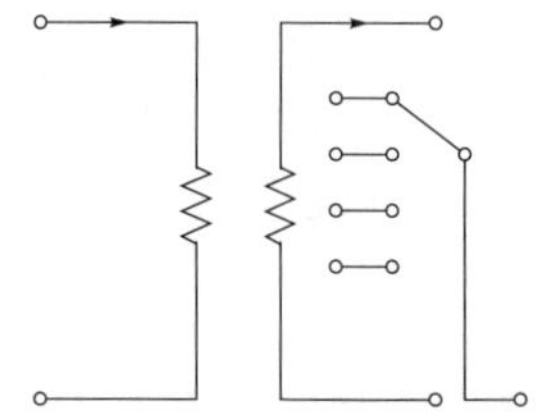

① 변전소는 주변압기의 1차측에 무부하 시 Tap 변경장치(NLTC) 또는 LDC(Line Drop Compensator : 전압강하보상장치)를 사용하여 전압을 조정한다.
② 부하사용 시 Tap 절환장치(OLTC)를 사용하여 전압을 조절한다.

2 송전선로의 경우

동기조상기를 사용한 정전압송전방식을 채용하고 있으며 Shunt reactor(분로 리액터)를 사용하여 페란티 효과에 의한 전압상승을 방지한다.

3 배전선로의 경우

① **주상변압기 TAP 조절장치로 전압을 조정**한다.

② 승압기설치 : $E_2 = E_1 + \dfrac{e_2}{e_1} E_1$[V]

$$w = e_2 I_2 \times 10^{-3} = \frac{e_2}{E_2} W_0 \,[\text{kVA}]$$

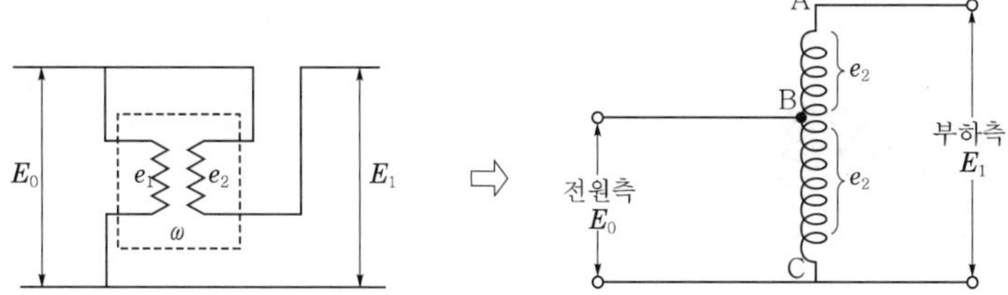

③ 단권변압기 설치용량 : $w = (V_2 - V_1) \times I_2 \times 10^{-3}$

④ 직렬 콘덴서 : 선로에 직렬로 접속하여 유도성 리액턴스를 감소시켜 전압을 조정한다.

⑤ 유도전압조정기 : 선로의 전압변동 시 승압 및 강압을 하여 전압을 조정한다.

단원 확인 기출문제

★★★ 기사 91년 5회, 02년 2회 / 산업 16년 1회

04 부하에 따라 전압변동이 심한 급전선을 가진 배전변전소의 전압조정장치는 어느 것인가?

① 유도전압조정기 ② 직렬 리액터

③ 계기용 변압기 ④ 전력용 콘덴서

해설 **배전선로전압의 조정장치**

주상변압기 Tap 조절장치, 승압기설치(단권변압기), 유도전압조정기, 직렬 콘덴서

① 유도전압조정기는 부하에 따라 전압변동이 심한 급전선에 전압조정장치로 사용한다.

답 ①

기사 1.04% 출제 | 산업 1.70% 출제

출제 05 전기방식별 소요전선량 및 전력비

각각의 전기방식별 공급전력, 전력손실, 1선당 공급전력, 소요전선량을 비교하여 효율적인 방법을 선택할 수 있어야 하는데 수식유도과정이 필요 이상으로 길게 나타나므로 기출문제를 다수 풀이하여 실제시험문제에서 올바른 답을 선정할 수 있어야 한다.

전기방식	결선도	공급전력	전력손실	1선당 공급전력	소요전선량 비교
단상 2선식	I, V	$VI\cos\theta$	$2I^2R$	$\frac{VI\cos\theta}{2}$	100[%]
단상 3선식	I, $2V$, V, V, I	$2VI\cos\theta$	$2I^2R$	$\frac{2VI\cos\theta}{3}$	37.5[%]

전기방식	결선도	공급전력	전력손실	1선당 공급전력	소요전선량 비교
3상 3선식		$\sqrt{3}\,VI\cos\theta$	$3I^2R$	$\dfrac{\sqrt{3}\,VI\cos\theta}{3}$	75[%]
3상 4선식		$3VI\cos\theta$	$3I^2R$	$\dfrac{3VI\cos\theta}{4}$	33.3[%]

1 전기방식별 1선당 공급전력 비교

(1) 단상 2선식

① $P = VI\cos\theta$[W]

② 1선당 전력 : $P = \dfrac{VI\cos\theta}{2} = \dfrac{1}{2}VI = 0.5\,VI$

(2) 1상 3선식

① $P = 2\,VI\cos\theta$[W]

② 1선당 전력 : $P = \dfrac{2\,VI\cos\theta}{3} = \dfrac{2}{3}VI$

③ 단상 2선식과 1상 3선식 비교 : $\dfrac{\text{단상 3선식}}{\text{단상 2선식}} = \dfrac{\frac{2}{3}VI}{\frac{1}{2}VI} = 1.33$배

(3) 3상 3선식

① $P = \sqrt{3}\,VI\cos\theta$[W]

② 1선당 전력 : $P = \dfrac{\sqrt{3}\,VI\cos\theta}{3} = \dfrac{\sqrt{3}}{3}VI$

③ 단상 2선식과 3상 3선식 비교 : $\dfrac{\text{3상 3선식}}{\text{단상 2선식}} = \dfrac{\frac{\sqrt{3}}{3}VI}{\frac{1}{2}VI} = 1.15$배

(4) 3상 4선식

① $P = 3\,VI\cos\theta$[W]

② 1선당 전력 : $P = \dfrac{3\,VI\cos\theta}{4} = \dfrac{3}{4}VI$

③ 단상 2선식과 3상 4선식 비교 : $\dfrac{\text{3상 4선식}}{\text{단상 2선식}} = \dfrac{\frac{3}{4}VI}{\frac{1}{2}VI} = 1.5$배

2 전기방식별 소요전선량의 비교

(1) 단상 2선식

① 전력 : $P = VI_1$[W]

② 2선당 전선중량 : $W = 2W_1$

여기서, W_1 : 1선당 중량

③ 2선의 선로손실 : $P_l = 2I_1^2 R_1$

④ 전선의 중량과 저항과의 관계 : 저항 $R = \rho \dfrac{l}{A}$ → 전선의 중량 $W \propto \dfrac{1}{R}$

(2) 단상 3선식

① 전력 : $P = 2VI_2$[W]

② 3선당 전선중량 : $W = 3W_2$

③ 2선의 선로손실 : $P_l = 2I_2^2 R_2$ (중성선전류 = 0[A])

참고 단상 2선식과 단상 3선식의 비교

- 부하전력이 동일한 조건에서
  $VI_1 = 2VI_2 \rightarrow I_1 = 2I_2$
- 배전거리, 선로손실이 동일한 조건에서
  $2I_1^2 R_1 = 2I_2^2 R_2 \rightarrow \dfrac{R_1}{R_2} = \dfrac{I_2^2}{I_1^2} = \dfrac{I_2^2}{(2I_2)^2} = \dfrac{1}{4}$
- 단상 3선식 중성선의 굵기가 전압선의 굵기와 같은 경우
  $\dfrac{\text{단상 3선식 전선중량}}{\text{단상 2선식 전선중량}} = \dfrac{3W_2}{2W_1} = \dfrac{3}{2} \times \dfrac{R_1}{R_2} = \dfrac{3}{2} \times \dfrac{1}{4} = \dfrac{3}{8} = 0.375$

(3) 3상 3선식

① 전력 : $P_3 = \sqrt{3}\, VI_3$[W]

② 3선당 전선중량 : $W = 3W_3$

③ 3선의 선로손실 : $P_l = 3I_3^2 R_3$

참고 단상 2선식과 3상 3선식의 비교

- 부하전력이 동일한 조건에서
  $VI_1 = \sqrt{3}\, VI_3 \rightarrow I_1 = \sqrt{3}\, I_2$
- 배전거리, 선로손실이 동일한 조건에서
  $2I_1^2 R_1 = 3I_3^2 R_3 \rightarrow \dfrac{R_1}{R_3} = \dfrac{3I_3^2}{2I_1^2} = \dfrac{3}{2} \dfrac{I_3^2}{(\sqrt{3}\, I_3)^2} = \dfrac{1}{2}$

$$\frac{\text{3상 3선식 전선중량}}{\text{단상 2선식 전선중량}} = \frac{3W_3}{2W_1} = \frac{3}{2} \times \frac{R_1}{R_3} = \frac{3}{2} \times \frac{1}{2} = \frac{3}{4} = 0.75$$

(4) 3상 4선식

① 전력 : $P_4 = 3VI_4$[W]

② 3선당 전선중량 : $W = 4W_4$

③ 3선의 선로손실 : $P_l = 3I_4^2 R_4$

참고 단상 2선식과 3상 4선식의 비교

- 부하전력이 동일한 조건에서
  $VI_1 = 3VI_4 \rightarrow I_1 = 3I_4$
- 배전거리, 선로손실이 동일한 조건에서
  $2I_1^2 R_1 = 3I_4^2 R_4 \rightarrow \frac{R_1}{R_4} = \frac{3I_4^2}{2I_1^2} = \frac{3}{2}\frac{I_4^2}{(3I_4)^2} = \frac{1}{6}$

  $\frac{\text{3상 4선식 전선중량}}{\text{단상 2선식 전선중량}} = \frac{4W_3}{2W_1} = \frac{4}{2} \times \frac{R_1}{R_4} = \frac{4}{2} \times \frac{1}{6} = \frac{1}{3} = 0.33$

3 부하모양에 따른 전압강하계수

부하의 형태		전압강하	전력손실	부하율	분산손실계수
말단에 집중된 경우		1.0	1.0	1.0	1.0
평등부하분포		$\frac{1}{2}$	$\frac{1}{3}$	$\frac{1}{2}$	$\frac{1}{3}$
중앙일수록 큰 부하분포		$\frac{1}{2}$	0.38	$\frac{1}{2}$	0.38
말단일수록 큰 부하분포		$\frac{2}{3}$	0.58	$\frac{2}{3}$	0.58
송전단일수록 큰 부하분포		$\frac{1}{3}$	$\frac{1}{5}$	$\frac{1}{3}$	$\frac{1}{5}$

기사 4.17% 출제 | 산업 3.60% 출제

출제 06 역률개선

필기 및 실기 시험에 반드시 출제되고 실무에서도 중요한 부분이다. 역률의 정의를 먼저 파악하고 역률을 개선해야 할 이유를 정리하며 역률개선에 관한 계산문제가 꼭 풀이가 가능해야 한다. 또한, 부속설비의 특성도 고려한다.

1 전력용 콘덴서의 역률개선

전력용 콘덴서는 계통의 역률을 높은 지상역률로 유지하여 설비의 이용률 및 계통의 안정도를 향상시키는 장치이다.

콘덴서를 설치하여 역률을 개선하면 변압기 및 배전선로의 손실경감, 전압강하경감, 설비용량의 여유도 증가 및 전기요금의 절감 등 효과가 있다.

2 역률개선원리

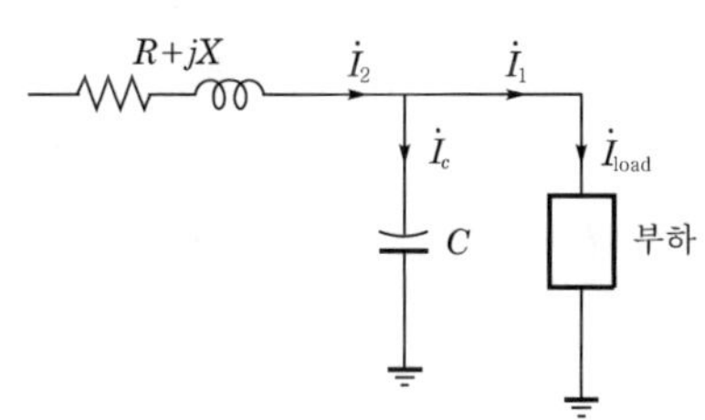

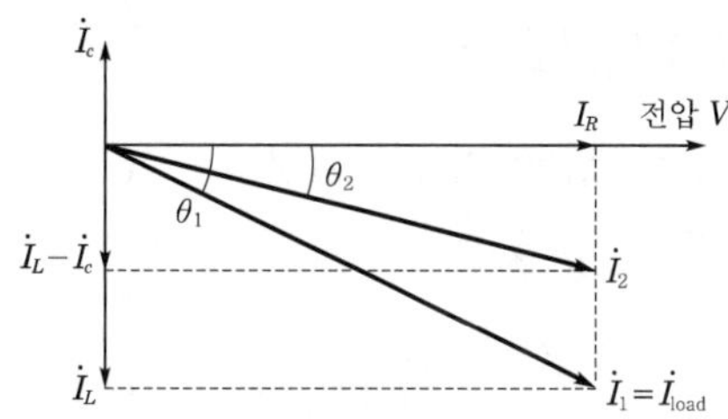

① 변전소 또는 수용가에서 콘덴서를 계통에 병렬로 접속하여 진상전류에 의해서 선로의 지상분 전류를 보상함으로써 전류의 합성값을 감소시키는 원리이다.

② 역률개선목표는 90 ~ 95[%]로 한다.

3 전력용 콘덴서 용량계산

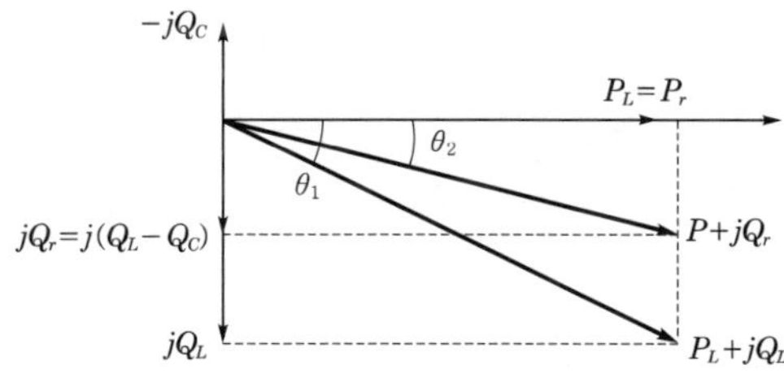

① 개선 전 무효전력 : $Q_L = P_L \tan\theta_1 = P_L \times \dfrac{\sin\theta_1}{\cos\theta_1} = P_L \times \dfrac{\sqrt{1-\cos^2\theta_1}}{\cos\theta_1}$

② 개선 후 무효전력 : $Q_r = P_r \tan\theta_2 = P_r \times \dfrac{\sin\theta_2}{\cos\theta_2} = P_r \times \dfrac{\sqrt{1-\cos^2\theta_2}}{\cos\theta_2}$

③ 필요한 콘덴서 용량 : $Q_C = Q_L - Q_r = P_L(\tan\theta_1 - \tan\theta_2)$

$$= P_L\left(\frac{\sqrt{1-\cos^2\theta_1}}{\cos\theta_1} - \frac{\sqrt{1-\cos^2\theta_2}}{\cos\theta_2}\right)[\text{kVA}]$$

$$= P_L\left(\sqrt{\frac{1}{\cos^2\theta_1}-1} - \sqrt{\frac{1}{\cos^2\theta_2}-1}\right)[\text{kVA}]$$

④ $Q_C = 2\pi f CV^2 \times 10^{-9}$[kVA]에서

$$C = \frac{Q_C \times 10^9}{2\pi f V^2}[\mu\text{F}]$$

여기서, Q_C : 전력용 콘덴서 용량[kVA]

V : 정격전압[V]

4 역률개선효과

(1) 변압기 및 배전선의 손실경감

① 역률이 $\cos\theta_1$에서 $\cos\theta_2$로 개선하면 부하전류가 I_1에서 I_2로 감소한다.

부하전류 $I = \dfrac{P}{\sqrt{3}\, V\cos\theta} \propto \dfrac{1}{\cos\theta}$

② 부하전류가 감소하거나 역률이 증가하면 전력손실$\left(P_{\text{loss}} = I^2R \propto \dfrac{1}{\cos^2\theta}\right)$은 감소한다.

③ 손실경감률 : $\alpha = \dfrac{I_1^2R - I_2^2R}{I_1^2R} \times 100 = 1 - \dfrac{I_2^2R}{I_1^2R} = 1 - \left(\dfrac{\cos\theta_1}{\cos\theta_2}\right)^2 \times 100[\%]$

(2) 설비용량 여유도 증가(설비이용률 향상)

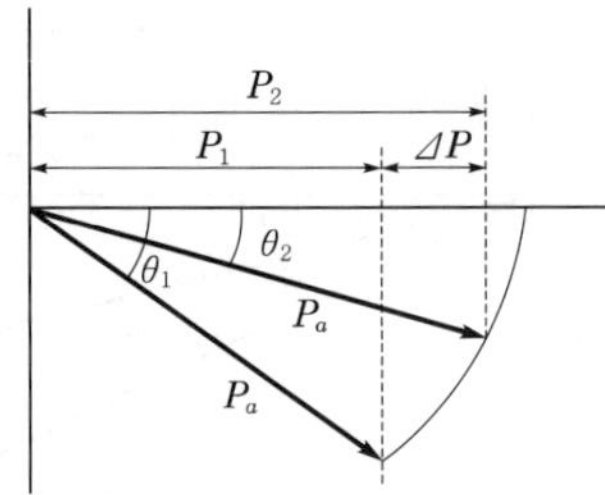

① 동일 수전설비용량(P_a)에서 역률을 $\cos\theta_1$에서 $\cos\theta_2$로 개선하면 유효전력이 P_1에서 P_2로 증가하게 된다.

② 유효전력증가분 : $\Delta P = P_2 - P_1 = P_a(\cos\theta_2 - \cos\theta_1)$

$$= \frac{P_1}{\cos\theta_1}(\cos\theta_2 - \cos\theta_1) = P_1\left(\frac{\cos\theta_2}{\cos\theta_1} - 1\right)$$

③ $\cos\theta_1 = 0.8$, $\cos\theta_2 = 0.9$일 때 설비이용률은 12.5[%] 향상된다.

$$\Delta P = P_1\left(\frac{0.9}{0.8} - 1\right) = 12.5[\%]\ P_1$$

(3) 전압강하감소

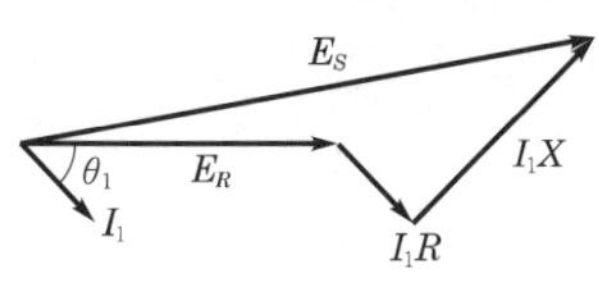

‖ 개선 전 벡터도 ‖

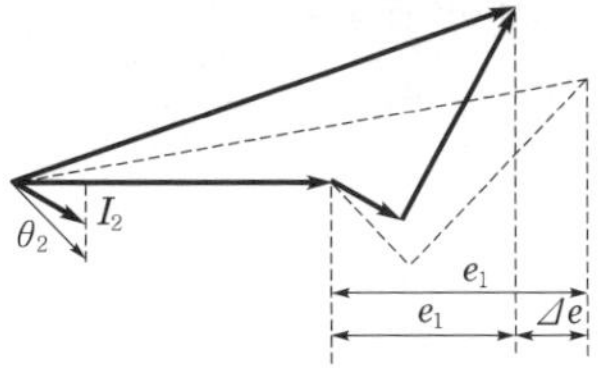

‖ 개선 후 벡터도 ‖

① 개선 전 전압강하 : $e_1 = kI_1(R\cos\theta_1 + X\sin\theta_1)$

$$= \frac{P}{V\cos\theta_1}(R\cos\theta_1 + X\sin\theta_1) = \frac{P}{V}(R + X\tan\theta_1)$$

② 개선 후 전압강하 : $e = \frac{P}{V}(R + X\tan\theta_2)$

③ 전압강하감소량 : $\Delta e = e_1 - e_2 = \frac{PX}{V}(\tan\theta_1 - \tan\theta_2)$

(4) 전력요금경감

사용하는 부하설비의 역률을 90[%](기준역률) 이상으로 유지하면 계약전력의 요금을 인하하고 기준역률이 미치지 못할 경우 요금을 추가하여 지불하여야 한다.

단원 확인 기출문제

★★★ 기사 96년 5회

05 역률 80[%]인 5000[kVA]의 3상 유도부하가 있다. 여기서, 병렬로 동기조상기를 접속시켜 합성역률을 95[%]로 개선하려고 한다. 조상기의 소요용량은 몇 [kVA]인가? (단, 조상기의 소요용량은 무시한다)

① 1500　　② 1700
③ 1900　　④ 2000

해설 조상기용량 $Q_c = P(\tan\theta_1 - \tan\theta_2)$[kVA]

$$= (5000 \times 0.8)\left(\frac{0.6}{0.8} - \frac{\sqrt{1-0.95^2}}{0.95}\right) = 1685 \fallingdotseq 1700[\text{kVA}]$$

답 ②

★★★★ 산업 18년 3회

06 역률개선에 의한 배전계통의 효과가 아닌 것은?

① 전력손실감소 ② 전압강하감소
③ 변압기용량감소 ④ 전선의 표피효과감소

해설 **역률개선의 효과**
㉠ 변압기 및 배전선의 손실경감
㉡ 전압강하감소
㉢ 설비이용률 향상(동일부하 시 변압기용량감소)
㉣ 전력요금경감

답 ④

단원 자주 출제되는 기출문제

★★★★ 기사 93년 1회, 98년 5회, 01년 1회, 03년 3회, 05년 4회, 12년 3회

01 배전용 변전소의 주변압기로 주로 사용되는 것은?

① 단권변압기 ② 3권선변압기
③ 체강변압기 ④ 체승변압기

해설
배전용 변전소에서는 초고압에서 배전전압으로 강압시켜 배전선로를 이용하여 수용가에 공급해야 하므로 체강 변압기를 사용한다.

★★ 기사 03년 1회, 04년 1회, 16년 2회 / 산업 91년 5회, 92년 3회, 97년 5회

02 주상변압기의 2차측 접지공사는 어느 것에 의한 보호를 목적으로 하는가?

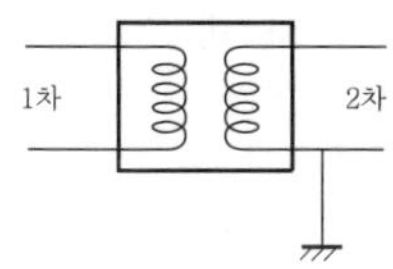

① 2차측 단락
② 1차측 접지
③ 2차측 접지
④ 1차측과 2차측의 혼촉

해설 2차 접지공사의 목적
변압기의 1 · 2차 권선의 혼촉사고로 인한 2차측(저압측)의 전위상승 및 기기의 절연파괴를 방지하기 위해 설치한다.

★★★ 기사 94년 2회, 99년 4회, 00년 6회, 14년 2회, 15년 1회 / 산업 16년 3회

03 다중 접지 3상 4선식 배전선로에서 고압측(1차측) 중성선과 저압측(2차측) 중성선을 전기적으로 연결하는 목적은?

① 고압측의 단락사고를 검출하기 위함
② 저압측의 단락사고를 검출하기 위함
③ 주상변압기의 중성선측 부싱(bushing)을 생략하기 위함
④ 고 · 저압 혼촉 시 수용가에 침입하는 수용전압을 억제하기 위함

해설
변압기에서 고 · 저압 혼촉 시 저압측의 전위상승으로 수용가(선로 및 설비)에 절연파괴가 발생할 수 있는데 중성선을 전기적으로 연결하면 이를 억제할 수 있다.

★ 기사 13년 2회

04 전선로의 주상변압기에서 고압측 – 저압측에 주로 사용되는 보호장치의 조합으로 적합한 것은?

① 고압측 : 프라이머리 컷아웃스위치, 저압측 : 캐치홀더
② 고압측 : 캐치홀더, 저압측 : 프라이머리컷아웃스위치
③ 고압측 : 리클로저, 저압측 : 라인퓨즈
④ 고압측 : 라인퓨즈, 저압측 : 리클로저

해설
주상변압기의 고장보호를 위해 1차측이 고압 및 특고압일 경우 컷아웃스위치(COS)를, 2차측에 캐치홀더(catch holder)를 설치한다.

★★ 산업 91년 5회, 96년 7회, 98년 4회, 19년 1회

05 주상변압기의 고장이 배전선로에 파급되는 것을 방지하고 변압기의 과부하소손을 예방하기 위하여 사용되는 개폐기는?

① 리클로저 ② 부하개폐기
③ 컷아웃스위치 ④ 섹셔널라이저

해설
주상변압기의 고장보호를 위해 1차측이 고압 및 특고압일 경우 컷아웃스위치(COS)를, 2차측에 캐치홀더(catch holder)를 설치한다.

정답 01. ③ 02. ④ 03. ④ 04. ① 05. ③

★ 산업 92년 5회, 03년 3회

06 주상변압기에 시설하는 캐치홀더는 어느 부분에 직렬로 삽입하는가?

① 1차측 양선
② 1차측 1선
③ 2차측 비접지측선
④ 2차측 접지된 선

해설
캐치홀더(catch holder)는 주상변압기의 2차측의 비접지측 전선에 설치한다.

★★ 산업 91년 2회, 97년 4회

07 제3종접지를 실시하지 않는 곳은?

① 고압 계기용 변성기의 2차측 전로
② 저압 전로에 시설하는 기계기구의 철대 및 금속제 외함
③ 고압 전선로에 결합되는 변압기 저압측의 중성점 또는 1단자
④ 특고압 가공전선이 삭도의 하방에 접근하는 경우 상호간에 설치하는 방호장치의 금속부분

해설
고압 전로와 결합되는 변압기 저압측 중성점에 제2종 접지공사를 실시해야 한다.

★★★★ 산업 90년 6회, 97년 7회, 11년 2회, 13년 2회, 16년 3회

08 주상변압기의 1차측 전압이 일정할 경우 2차측 부하가 변동하면, 주상변압기의 동손과 철손은 어떻게 되는가?

① 동손과 철손이 모두 변동한다.
② 동손과 철손이 모두 일정하다.
③ 동손은 변동하고 철손은 일정하다.
④ 동손은 일정하고 철손은 변동한다.

해설
㉠ 동손($P_c = I_n^{\ 2} r$) : 2차측 부하의 크기가 변화되면 부하 전류(I_n)가 변화하여 동손은 변화된다.
㉡ 철손$\left(P_i \propto \dfrac{V_1^{\ 2}}{f}\right)$: 1차측 전압이 일정하므로 철손은 변화되지 않는다.

★★ 산업 94년 3회, 04년 1회

09 아래 그림과 같이 6300/210[V]인 단상 변압기 3대를 △-△결선하여 수전단전압이 6000[V]인 배전선로에 접속하였다. 이중 2대의 변압기는 감극성이고 CA상에 연결된 변압기 1대가 가극성이었다고 한다. 이 때, 아래 그림과 같이 접속된 전압계에는 몇 [V]의 전압이 유기되는가?

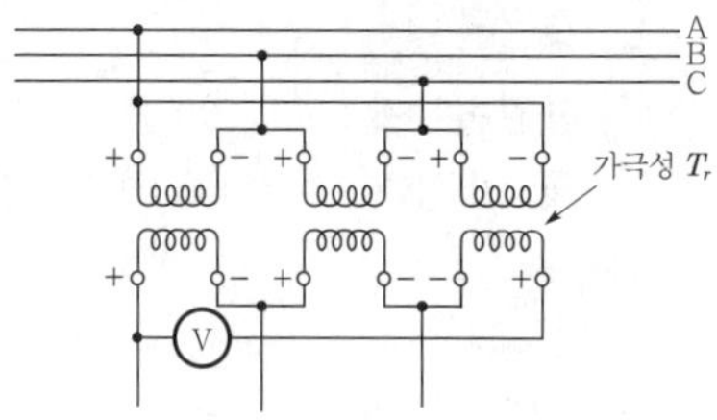

① 400　　② 200
③ 100　　④ 0

해설
변압기 2차측 전압

$$V_1 = V_2 = V_3 = 6000 \times \frac{210}{6300} = 200[\mathrm{V}]$$

3상 Vector에서 변압기 1대가 가극성이므로 V_3 의 위상이 반대가 되어

$$V = V_1 + V_2 + V_3$$
$$= 200\angle 0° + 200\angle -120° + (-200\angle -240°)$$
$$= 200 - j200\sqrt{3}$$

전압계의 지시값$= \sqrt{200^2 + (200\sqrt{3})^2} = 400[\mathrm{V}]$

★★ 기사 97년 6회

10 우리나라의 345[kV] 초고압에서 사용되는 변압기결선방식은?

① △-△　　② △-Y
③ Y-Y-△　　④ Y-△-Y

해설
345[kV] 1차 변전소의 MTr(Main Tr)의 결선은 Y-Y-△결선방식을 사용한다.

★★★ 기사 96년 4회, 98년 6회, 14년 1회

11 1차 변전소에서 가장 유리한 3권선 변압기 결선은?

① △-Y-Y　　② Y-△-△
③ Y-Y-△　　④ △-Y-△

정답 06. ③ 07. ③ 08. ③ 09. ① 10. ③ 11. ③

해설

1차 변전소의 변압기결선은 Y−Y−△결선을 사용하여 중성점 직접접지방식을 적용해 절연비용을 감소시키고 3차 권선을 △결선으로 하여 3고조파를 제거한다.

★★★ 기사 04년 2회, 05년 3회, 16년 3회

12 제3고조파의 전류가 흘러서 일반적으로 사용되지 않는 변압기의 결선방식은?

① △−Y
② Y−△
③ Y−Y
④ △−△

해설

㉠ △결선 : 제3고조파 전류가 △결선 내부에서 순환하며 제거(소멸)한다.
㉡ Y결선 : 제3고조파 전류가 중성점접지가 가능하다.
③ Y−Y결선은 제3고조파 환류통로가 없고 중성점을 접지하므로 대지로 흘러 통신선에 유도장해를 일으킨다.

★★★★ 기사 97년 2회, 00년 4회, 17년 2회

13 송전선로에서 사용하는 변압기결선에서 △결선이 포함되어 있는 이유는 무엇인가?

① sin파의 제거
② 제3고조파의 제거
③ 제5고조파의 제거
④ 제7고조파의 제거

해설

변압기결선에 △결선을 사용하면 제3고조파(영상분)를 제거하여 근접통신선에 대한 유도장해를 억제할 수 있다.

★★★★★ 기사 16년 1회(유사) / 산업 93년 1회, 98년 3회, 14년 1회, 16년 1회, 19년 3회

14 정격용량 100[kVA]인 단상 변압기 2대로 V결선을 했을 경우 최대 출력은 몇 [kVA]인가?

① 86.6 ② 150
③ 173 ④ 200

해설

변압기 V결선 $P_V = \sqrt{3}P_1$[kVA]

변압기 △결선 $P_\triangle = 3P_1 = \sqrt{3}P_V$[kVA]

V결선 시 최대 출력 $P_V = \sqrt{3} \cdot P_1 = \sqrt{3} \times 100 = 173$[kVA]

★★★ 기사 94년 2회, 02년 1회, 16년 3회

15 단상 변압기 3대를 △결선으로 운전하던 중 1대의 고장으로 V결선할 경우 V결선과 △결선의 출력비는 몇 [%]인가?

① 52.2
② 57.7
③ 66.6
④ 86.6

해설 변압기 V결선

㉠ 이용률 : $\dfrac{\text{V결선출력}}{\text{변압기 2대 용량}} = \dfrac{\sqrt{3}VI}{2VI} = 0.866 = 86.6[\%]$

㉡ 출력비 : $\dfrac{\text{사고 후 출력}}{\text{사고 전 출력}} = \dfrac{\text{V결선출력}}{\text{△결선출력}} = \dfrac{P_V}{P_\triangle} = \dfrac{\sqrt{3}VI}{3VI} = \dfrac{1}{\sqrt{3}} = 0.577 = 57.7[\%]$

★★★ 산업 93년 5회, 00년 2회, 04년 2회

16 동일한 2대의 단상 변압기를 V결선하여 3상 전력을 100[kVA]까지 배전할 수 있다면 똑같은 단상 변압기 1대를 더 추가하여 △결선하면 3상 전력을 약 몇 [kVA]까지 배전할 수 있겠는가?

① 57.7
② 70.5
③ 141.4
④ 173.2

해설

변압기 1대의 출력은 P_1라 하면 V결선 시 출력

$P_V = \sqrt{3} \cdot P_1 = 100$[kVA]

변압기 1대를 추가하여 △결선으로 운전하면

$P_\triangle = \sqrt{3} \cdot P_V = \sqrt{3} \times 100 = 173.1$[kVA]

정답 12. ③ 13. ② 14. ③ 15. ② 16. ④

★★★★ 기사 98년 3회, 12년 3회, 13년 2회 / 산업 00년 2회, 04년 2회, 17년 2회

17 500[kVA] 변압기 3대를 Δ-Δ결선운전하는 변전소에서 부하의 증가로 500[kVA] 변압기 1대를 증설하여 2뱅크로 하였다. 최대 몇 [kVA]의 부하에 응할 수 있는가?

① $\frac{1000}{\sqrt{3}}$　② $1000\sqrt{3}$

③ $\frac{2000\sqrt{3}}{3}$　④ $\frac{3000\sqrt{3}}{3}$

해설

변압기 2대 V결선으로 3상 전력을 공급할 경우 $P_V = \sqrt{3} \cdot P_1$[kVA]

V결선의 2뱅크 운전을 하면 $P = 2P_V$이므로

$P = 2P_V = 2\times\sqrt{3}\times 500 = 1000\sqrt{3} = 1732$[kVA]

★★ 기사 92년 3회, 04년 3회 / 산업 16년 2회

18 200[kVA] 단상 변압기 3대를 Δ결선에 의하여 급전하고 있는 경우 1대의 변압기가 소손되어 V결선으로 사용하였다. 이때의 부하가 516[kVA]라고 하면 변압기는 약 몇 [%]의 과부하가 되는가?

① 119　② 129

③ 139　④ 149

해설

변압기 V결선 시 용량 $P_V = \sqrt{3} \cdot P_1$[kVA]

변압기 200[kVA]의 V결선 시 용량

$P_V = \sqrt{3}\times 200 = 346.4$[kVA]

변압기과부하율 $= \frac{\text{부하용량}}{\text{변압기용량}} = \frac{P_n}{P_V}$

$= \frac{516}{346.4}\times 100 = 148.9$[%]

★ 산업 90년 2회, 97년 5회

19 직류 2선식에서 배전선로의 끝에 부하가 집중되어 있는 경우 전선 1가닥의 저항을 R [Ω], 선로전류를 I[A]라 하면 이 배전선로의 전압강하 e는 몇 [V]인가?

① $e = \frac{1}{2}RI$　② $e = RI$

③ $e = 2RI$　④ $e = 3RI$

해설

부하가 말단에 집중된 경우의 전압강하 $e = 2IR$[V]

왜냐하면 전압강하 $e = I(R\cos\theta + X\sin\theta)$[V]에서 직류전력에서 리액턴스($X$)=0, 역률($\cos\theta$)=1이고 2선을 고려하면 $e = 2IR$이다.

★★★ 기사 95년 6회, 12년 1회 / 산업 96년 5회

20 전압강하율이 10[%]인 단거리배전선로가 있다. 송전단의 전압이 100[V]일 때 수전단의 전압은 약 몇 [V]인가?

① 82　② 91

③ 98　④ 108

해설

전압강하율 $\%e = \frac{V_S - V_R}{V_R}\times 100[\%]$

여기서, V_S : 송전단전압

V_R : 수전단전압

수전단전압 $V_R = \frac{V_S}{\frac{\%e}{100}+1}$

$= \frac{100}{\frac{10}{100}+1} = 90.9 ≒ 91$

★★★★ 기사 13년 2회 / 산업 99년 3회, 11년 2회, 16년 1회

21 송전선의 전압변동률식인 $\frac{V_{R_1} - V_{R_2}}{V_{R_2}}\times$ 100[%]에서 V_{R_1}은 무엇에 해당되는가?

① 무부하 시 송전단전압

② 부하 시 송전단전압

③ 무부하 시 수전단전압

④ 전부하 시 수전단전압

해설

전압변동률은 선로에 접속해 있는 부하가 갑자기 변화되었을 때 단자전압의 변화 정도를 나타낸 것이다.

$\varepsilon = \frac{V_{R_1} - V_{R_2}}{V_{R_2}}\times 100[\%]$

여기서, V_{R_1} : 무부하 시 수전단전압[V]

V_{R_2} : 전부하 시 수전단전압[V]

정답 17. ② 18. ④ 19. ③ 20. ② 21. ③

★★★★ 기사 94년 3회, 98년 4회, 01년 2회 / 산업 92년 6회, 05년 4회, 17년 1회(유사)

22 송전단전압이 6600[V], 수전단전압은 6100[V]이다. 수전단의 부하를 끊는 경우 수전단전압이 6300[V]라면 이 회로의 전압강하율과 전압변동률은 각각 몇 [%]인가?

① 3.28, 8.2
② 8.2, 3.28
③ 4.14, 6.8
④ 6.8, 4.14

해설

전압강하율 $\%e = \dfrac{V_S - V_R}{V_R} \times 100$

$= \dfrac{6600-6100}{6100} \times 100$

$= 8.26[\%]$

여기서, V_S : 송전단전압
V_R : 수전단전압

전압변동률 $\varepsilon = \dfrac{V_0 - V_n}{V_n} \times 100$

$= \dfrac{6300-6100}{6100} \times 100$

$= 3.28[\%]$

여기서, V_0 : 무부하단자전압
V_n : 전부하단자전압

★★★★ 산업 92년 6회

23 변전소로부터 특고압 3상 3선식의 가공전선로로 수전하고 있는 공장이 있다. 이 공장의 부하는 40000[kW]이고 뒤진 역률 90[%], 수전전압은 70000[V]라고 한다. 부하전류는 몇 [A]인가?

① 322.6 ② 366.6
③ 396.6 ④ 422.6

해설

부하전류 $I_n = \dfrac{P}{\sqrt{3}\,V_n \cos\theta}$

$= \dfrac{40000}{\sqrt{3} \times 70 \times 0.9} = 366.6[A]$

★★★ 산업 95년 6회, 98년 3회, 13년 1회, 17년 2회

24 3상 배전선로의 전압강하율[%]을 나타내는 식이 아닌 것은? (단, V_s : 송전단전압, V_r : 수전단전압, I : 전부하전류, P : 부하전력, Q : 무효전력)

① $\dfrac{PR+QX}{V_r^{\,2}} \times 100$

② $\dfrac{V_s - V_r}{V_r} \times 100$

③ $\dfrac{V_s(PR+QX)}{V_r} \times 100$

④ $\dfrac{\sqrt{3}\,I}{V_r}(R\cos\theta + X\sin\theta) \times 100$

해설

전압강하율 $\%e = \dfrac{V_s - V_r}{V_r} \times 100$

$= \dfrac{PR+QX}{V_r^{\,2}} \times 100$

$= \dfrac{\sqrt{3}\,I(R\cos\theta + X\sin\theta)}{V_r} \times 100[\%]$

여기서, V_s : 송전단전압
V_r : 수전단전압

★★★★★ 산업 90년 6·7회, 95년 5회, 00년 2회

25 지상부하를 가진 3상 3선식 배전선 또는 단거리송전선에서 선간전압강하를 나타낸 식은? (단, I : 수전단전류, R : 선로저항, X : 리액턴스, θ : 수전단전류의 위상각)

① $I(R\cos\theta + X\sin\theta)$
② $2I(R\cos\theta + X\sin\theta)$
③ $\sqrt{3}\,I(R\cos\theta + X\sin\theta)$
④ $3I(R\cos\theta + X\sin\theta)$

해설

전압강하 $e = kI_n(R\cos\theta + X\sin\theta)[V]$

여기서, k : 상계수
$k=2$: 단상 2선식, 직류 2선식
$k=1$: 3상 4선식, 단상 3선식
$k=\sqrt{3}$: 3상 3선식

정답 22. ② 23. ② 24. ③ 25. ③

집중공략

★★★★★ 기사 96년 4회, 05년 1회 / 산업 01년 2회, 03년 4회, 05년 2회

26 지상부하를 갖는 단거리송전선로의 전압강하근사식은? (단, P는 3상 부하전력[kW], E는 선간전압[kV], R은 선로저항[Ω], X는 리액턴스[Ω], θ는 부하의 역률각이다)

① $\dfrac{P}{\sqrt{3}E}(R\cos\theta + X\sin\theta)$

② $\dfrac{P}{E}(R + X\tan\theta)$

③ $\dfrac{P}{\sqrt{3}E}(R + X\tan\theta)$

④ $\dfrac{\sqrt{3}P}{E}(R + \tan\theta)$

해설

부하전류 $I = \dfrac{P}{\sqrt{3}E\cos\theta}$[A]

$e = \sqrt{3}I(R\cos\theta + X\sin\theta)$

$= \sqrt{3} \times \left(\dfrac{P}{\sqrt{3}E\cos\theta}\right)(R\cos\theta + X\sin\theta)$

$= \dfrac{P}{E}(R + X\tan\theta)$[V]

★★ 기사 94년 3회, 00년 5회, 05년 1회

27 단일부하배전선에서 부하역률 $\cos\theta$, 부하전류 I, 선로저항 r, 리액턴스를 x라 하면 배전선에서 최대 전압강하가 생기는 조건은 무엇인가?

① $\cos\theta \fallingdotseq \dfrac{r}{x}$ ② $\sin\theta \fallingdotseq \dfrac{x}{r}$

③ $\tan\theta \fallingdotseq \dfrac{x}{r}$ ④ $\tan\theta \fallingdotseq \dfrac{r}{x}$

해설

전압강하 $e = \sqrt{3}I(r\cos\theta + x\sin\theta)$에서 최대 전압강하가 일어나는 조건은 $\dfrac{de}{d\theta} = 0$이므로

$\dfrac{de}{d\theta} = \sqrt{3}I(r\sin\theta + x\cos\theta) = 0$

$r\sin\theta = x\cos\theta$

$\therefore \dfrac{x}{r} = \dfrac{\sin\theta}{\cos\theta} = \tan\theta$

★ 기사 98년 3회

28 수전단전압 60000[V], 전류 100[A], 선로저항 8[Ω], 리액턴스 12[Ω]일 때 전압강하율은 약 몇 [%]인가? (단, 수전단역률은 0.8이다)

① 2.91

② 3.46

③ 3.93

④ 4.27

해설

전압강하 $e = \sqrt{3}I(r\cos\theta + X\sin\theta)$

$= \sqrt{3} \times 100 \times (8 \times 0.8 + 12 \times 0.6)$

$= 2355.59$[V]

전압강하율 $\%e = \dfrac{V_S - V_R}{V_R} \times 100$

$= \dfrac{e}{V_R} \times 100$

$= \dfrac{e}{60000} \times 100$

$= \dfrac{2355.59}{60000} \times 100 = 3.93$[%]

★★ 산업 92년 3회, 01년 3회, 17년 3회

29 그림과 같은 단상 2선식 배전에서 인입구 A점의 전압이 100[V]라면 C점의 전압은 몇 [V]인가? (단, 저항값은 1선의 값으로 AB 간 0.05[Ω], BC 간 0.1[Ω]이다)

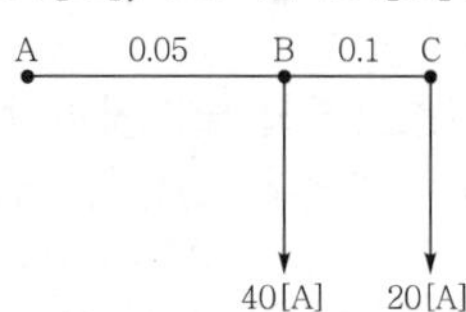

① 90 ② 94

③ 96 ④ 97

해설

단상 2선식 $E_R = E_S - e$

$= E_S - 2IR$[V]

여기서, X는 무시

$V_B = 100 - 2 \times (40 + 20) \times 0.05 = 94$[V]

$V_C = 94 - 2 \times 20 \times 0.1 = 90$[V]

정답 26. ② 27. ③ 28. ③ 29. ①

★★ 산업 96년 2회, 07년 2회

30 3상 3선식의 배전선로가 있다. 이것에 역률이 0.8인 3상 평형부하 20[kW]를 걸었을 때 배전선로의 전압강하는? (단, 부하의 전압은 200[V], 전선 1조의 저항은 0.02[Ω]이고 리액턴스는 무시한다)

① 1[V] ② 2[V]
③ 3[V] ④ 4[V]

해설

부하전류 $I = \dfrac{P}{\sqrt{3}\,V\cos\theta} = \dfrac{20}{\sqrt{3}\times 0.2\times 0.8} = 72.17[A]$

전압강하 $e = \sqrt{3}\,I(R\cos\theta + X\sin\theta) = \sqrt{3}\times 72.17\times(0.02\times 0.8 + 0\times 0.6) = 2[V]$

★★★ 기사 90년 7회, 91년 2회, 97년 4회, 99년 5회, 02년 4회, 17년 3회

31 수전단전압 3.3[kV], 역률 0.85[lag]인 부하 300[kW]에 공급하는 선로가 있다. 이때, 송전단전압은 약 몇 [V]인가?

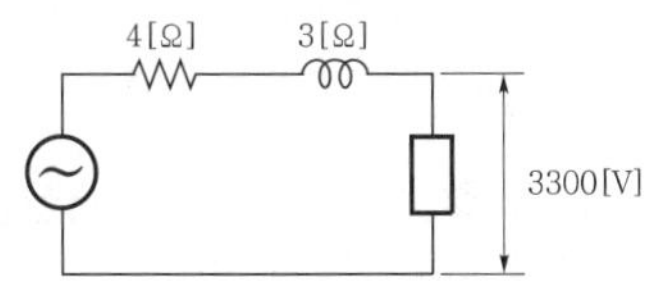

① 약 3420 ② 약 3560
③ 약 3680 ④ 약 3830

해설

부하전류 $I = \dfrac{P}{V\cos\theta} = \dfrac{300}{3.3\times 0.85} = 106.95[A]$

송전단전압 $V_S = V_R + I(R\cos\theta + X\sin\theta)[V]$

$V_S = 3300 + 106.95(4\times 0.85 + 3\times\sqrt{1-0.85^2}) = 3833[V]$

★ 산업 92년 3회, 06년 4회

32 부하가 말단에만 집중되어 있는 3상 배전선로의 선간전압강하가 866[V], 1선당의 저항이 10[Ω], 리액턴스가 20[Ω], 부하역률이 80[%](지상)인 경우 부하전류(또는 선로전류)의 근사값은?

① 25[A] ② 50[A]
③ 75[A] ④ 125[A]

해설

전압강하 $e = \sqrt{3}\,I(R\cos\theta + X\sin\theta)[V]$

부하전류 $I = \dfrac{e}{\sqrt{3}(R\cos\theta + X\sin\theta)} = \dfrac{866}{\sqrt{3}\times(10\times 0.8 + 20\times 0.6)} = 25[A]$

집중공략

★★★★ 기사 98년 5회, 03년 4회, 13년 3회

33 3상 3선식 선로에서 수전단전압 6.6[kV], 역률 80[%](지상), 600[kVA]의 3상 평형부하가 연결되어 있다. 선로 임피던스 R=3[Ω], X=4[Ω]인 경우 송전단전압은 약 몇 [V]인가?

① 6957 ② 7037
③ 6852 ④ 7547

해설

부하전류 $I = \dfrac{P}{\sqrt{3}\,V} = \dfrac{600}{\sqrt{3}\times 6.6} = 52.49[A]$

송전단전압

$V_S = V_R + \sqrt{3}\,I(R\cos\theta + X\sin\theta) = 6600 + \sqrt{3}\times 52.49\times(3\times 0.8 + 4\times 0.6) = 7037[V]$

★★ 기사 97년 6회 / 산업 94년 4회, 13년 2회

34 역률 0.8, 출력 360[kW]인 3상 평형유도부하가 3상 배전선로에 접속되어 있다. 부하단의 수전전압이 6000[V], 배전선 1조의 저항 및 리액턴스가 각각 5[Ω], 4[Ω]라고 하면 송전단전압은 몇 [V]인가?

① 6120 ② 6277
③ 6300 ④ 6480

해설

부하전류 $I = \dfrac{P}{\sqrt{3}\,V\cos\theta} = \dfrac{360}{\sqrt{3}\times 6.0\times 0.8} = 43.3[A]$

정답 30. ② 31. ④ 32. ① 33. ② 34. ④

송전단전압

$V_S = V_R + \sqrt{3}I(R\cos\theta + X\sin\theta)$[V]

$= 6000 + \sqrt{3} \times 43.3 \times (5 \times 0.8 + 4 \times 0.6)$

$= 6480$[V]

★ 기사 92년 7회

35 왕복선의 저항 2[Ω], 유도 리액턴스 8[Ω]인 단상 2선식 배전선로의 전압강하를 보상하기 위하여 용량 리액턴스가 6[Ω]인 콘덴서를 선로에 직렬로 삽입하였을 때 부하단전압은 몇 [V]인가? (단, 전원은 6900[V], 부하전류는 200[A], 역률은 80[%](뒤짐)라 한다)

① 6340 ② 6000
③ 5430 ④ 5050

해설

송전단전압

$V_S = V_R + I[R\cos\theta + (X_L - X_c)\sin\theta]$[V]

$= V_R + 200[2 \times 0.8 + (8-6) \times 0.6]$

$= 6900$[V]

부하단전압

$V_R = 6900 - 200[(2 \times 0.8 + (8-6) \times 0.6)]$

$= 6340$[V]

★★ 기사 91년 6회, 02년 3회 / 산업 12년 2회

36 3상 3선식 송전선에서 한 선의 저항이 15[Ω], 리액턴스 20[Ω]이고 수전단의 선간전압은 30[kV], 부하역률이 0.8인 경우 전압강하율을 10[%]라 하면 이 송전선로는 얼마까지 수전할 수 있는가?

① 23500[kW]
② 2700[kW]
③ 3000[kW]
④ 3400[kW]

해설

부하전류 $I_n = \dfrac{e}{\sqrt{3}(r\cos\theta + x\sin\theta)}$

$= \dfrac{30000 \times 0.1}{\sqrt{3}(15 \times 0.8 + 20 \times 0.6)} = 72.17$[A]

수전전력 $P = \sqrt{3}\, V_n I_n \cos\theta$

$= \sqrt{3} \times 30 \times 72.17 \times 0.8 = 3000$[kW]

★★★ 기사 93년 5회

37 수전단 3상 부하 P_r[W], 부하역률 $\cos\theta_r$(소수), 수전단 선간전압 V_r[V], 선로저항 R[Ω/선]이라 할 때 송전단 3상 전력 P_s[W]는?

① $P_s = P_r\left(1 + \dfrac{P_r R}{V_r^2 \cos^2\theta_r}\right)$

② $P_s = P_r\left(1 + \dfrac{P_r R}{V_r \cos\theta_r}\right)$

③ $P_s = P_r(1 + P_r R\cos\theta_r)$

④ $P_s = P_r\left(1 + \dfrac{P_r R\cos^2\theta_r}{V_r^2}\right)$

해설

부하전류 $I = \dfrac{P_r}{\sqrt{3}\, V_r \cos\theta_r}$이므로

송전단전력 $P_s = P_r + 3I^2R$

송전단 3상 전력 $P_s = P_r + 3 \times \left(\dfrac{P_r}{\sqrt{3}\, V_r\cos\theta_r}\right)^2 R$

$= P_r\left(1 + \dfrac{P_r R}{V_r^2\cos^2\theta_r}\right)$[W]

★★ 산업 93년 1회, 02년 3회

38 그림과 같은 단상 2선식 배전선로에서 부하단자전압 V_{R_2}[V]는?

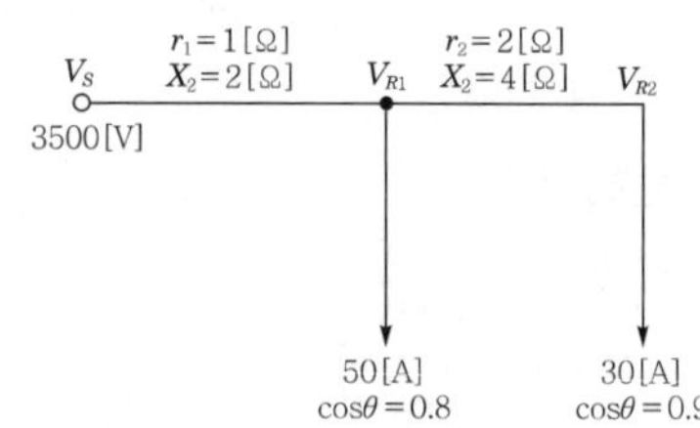

① 3241 ② 3254
③ 3347 ④ 3360

해설

전압강하 $e = I(R\cos\theta + X\sin\theta)$

$= (RI\cos\theta + XI\sin\theta)$

$I_1\cos\theta = 50 \times 0.8 + 30 \times 0.9 = 67$[A]

$I_1\sin\theta = 50 \times 0.6 + 30\sqrt{1-0.9^2} = 43$[A]

$I_2\cos\theta = 30 \times 0.9 = 27$[A]

$I_2\sin\theta = 30\sqrt{1-0.9^2} = 13$[A]

정답 35. ① 36. ③ 37. ① 38. ①

$e=(67\times1+43\times2)+(27\times2+13\times4)=259[V]$
부하단자전압 $V_{R_2}=3500-259=3241[V]$

★ 산업 96년 7회

39 송전단전압 6600[V], 길이 4.5[km]인 3상 3선식 배전식 배전선로에 의해 용량 2500[kW], 역률 0.8(지상)의 부하에 전기를 공급할 경우 전압강하를 600[V] 이내로 하기 위한 전선의 최소 굵기는 몇 [mm²]인가? $\left(\text{단, 전선은 경동선저항률 } \frac{1}{55}[\Omega\cdot m/mm^2] \text{를 사용한다}\right)$

① 38 ② 50
③ 60 ④ 80

해설

부하전류 $I=\frac{2500}{\sqrt{3}\times6\times0.8}=300[A]$

전압강하 $e=\sqrt{3}I(R\cos\theta+X\sin\theta)$에서 X를 무시하면 $e=\sqrt{3}Ir\cos\theta$에서

$$r=\frac{e}{\sqrt{3}I\cos\theta}=\frac{600}{\sqrt{3}\times300\times0.8}=1.44[\Omega]$$

따라서, 전선의 저항 r은 $\rho\frac{l}{A}$이므로

전선의 굵기 $A=\rho\frac{l}{r}$

$$=\frac{4500}{1.44}\times\frac{1}{55}=56.8 ≒ 60[mm^2]$$

★ 산업 93년 1회, 98년 2회

40 그림의 환상 직류배전선로에서 각 구간의 왕복저항은 0.1[Ω], 급전점 A의 전압은 100[V], 부하점 B 및 D의 부하전류는 각각 25[A] 및 50[A]이다. 점 C를 개방하였을 경우 점 B의 전압은 몇 [V]인가?

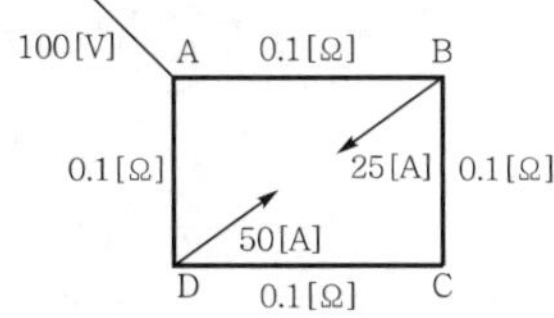

① 92.5 ② 95
③ 97.5 ④ 102.5

해설

$V_B=100-25\times0.1=97.5[V]$

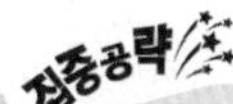

★★★★★ 기사 90년 2회, 98년 3회, 05년 2회, 17년 1회

41 최근에 초고압 송전계통에서 단권변압기가 사용되고 있는데 그 이유로 볼 수 없는 것은?

① 중량이 가볍다.
② 전압변동률이 작다.
③ 효율이 높다.
④ 단락전류가 작다.

해설 단권변압기의 특성

㉠ 장 점
- 소형 · 경량화가 가능하다.
- 철손, 동손이 작아 효율이 양호하다.
- 누설자속이 작아 전압변동률이 작다.
- 등가용량에 비해 부하용량이 크다.

㉡ 단 점
- 누설 리액턴스가 작아 단락사고 시 단락전류가 크다.
- 고압측에 이상전압발생 시 저압측에 영향을 줄 수 있다.

★★★ 기사 93년 3회, 99년 4회

42 단권변압기를 초고압계통의 연계용으로 이용할 때 장점에 해당되지 않는 것은?

① 동량이 경감된다.
② 2차측의 절연강도를 낮출 수 있다.
③ 분로권선에는 누설자속이 없어 전압변동률이 작다.
④ 부하용량은 변압기 고유용량보다 크다.

해설

단권변압기의 2차측 권선은 공통권선이므로 절연강도를 낮출 수 없다.

정답 39. ③ 40. ③ 41. ④ 42. ②

★★★ 기사 92년 7회, 12년 1회

43 고압 배전선로의 중간에 승압기를 설치하는 주목적은?

① 부하의 불평형 방지
② 말단의 전압강하 방지
③ 전력손실의 감소
④ 역률개선

해설
승압의 목적으로는 송전전력의 증가, 전력손실 및 전압강하율의 경감, 단면적을 작게 함으로써 재료절감의 효과 등이 있다.

★★★★★ 기사 18년 3회 / 산업 93년 1회, 98년 7회, 02년 2회, 06년 1회, 19년 1회

44 배전선로에서 사용하는 전압조정방법이 아닌 것은?

① 승압기 사용
② 유도전압조정기 사용
③ 주상변압기 탭 전환
④ 병렬 콘덴서 사용

해설 **배전선로전압의 조정장치**
㉠ 주상변압기 Tap 조절장치, 승압기설치(단권변압기), 유도전압조정기, 직렬 콘덴서
㉡ 유도전압조정기는 부하에 따라 전압변동이 심한 급전선에 전압조정장치로 사용한다.
④ 병렬 콘덴서는 부하와 병렬로 접속하여 역률을 개선한다.
[참고] 병렬 콘덴서의 경우 배전선로 전압조정방법에 속하지 않지만 문제의 경향에 따라 다른 보기의 내용이 부적합할 경우 답으로 될 수 있다.

★★ 산업 90년 2회, 94년 6회, 07년 3회

45 단상 승압기 1대를 사용하여 승압할 경우 승압 전의 전압을 E_1이라 하면, 승압 후의 전압 E_2는 어떻게 되는가? $\left(\text{단, 승압기의 변압비는 } \dfrac{e_1}{e_2} \text{이다}\right)$

① $E_2 = E_1 + \dfrac{e_1}{e_2}E_1$ ② $E_2 = E_1 + e_2$
③ $E_2 = E_1 + \dfrac{e_2}{e_1}E_1$ ④ $E_2 = E_1 + e_1$

해설
$E_2 = E_1 + \text{조정전압}$
$= E_1 + E_1 \times \dfrac{1}{a}$
$= E_1\left(1 + \dfrac{1}{a}\right)$
여기서, E_1 : 승압 전 전압
E_2 : 승압 후 전압

★★★ 기사 91년 6회, 96년 6회, 11년 1회, 17년 2회

46 승압기에 의하여 전압 V_e에서 V_h로 승압할 때 2차 정격전압 e, 자기용량 W인 단상 승압기가 공급할 수 있는 부하용량은 어떻게 표현되는가?

① $\dfrac{V_e}{e} \times W$ ② $\dfrac{V_h}{e} \times W$
③ $\dfrac{V_e}{V_h - V_e} \times W$ ④ $\dfrac{V_h - V_e}{V_e} \times W$

해설
승압기용량 $W = \dfrac{e}{V_h} \times W_o$이므로
승압기가 공급하는 전력 $W_o = \dfrac{V_h}{e} W$[kVA]

★★ 산업 01년 1회

47 단상 교류회로로서 3300/220[V]의 변압기를 그림과 같이 접속하여 60[kW], 역률 0.85의 부하에 공급하는 전압을 상승시킬 경우 몇 [kVA]의 변압기를 택하면 좋겠는가? (단, AB점 사이의 전압은 3000[V]로 한다)

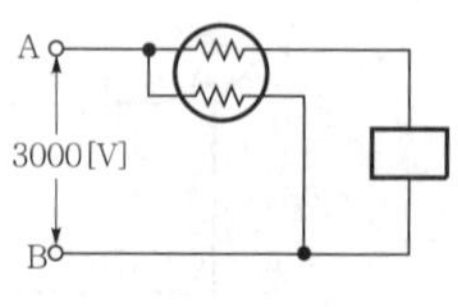

① 약 5 ② 약 7.5
③ 약 10 ④ 약 15

정답 43. ② 44. ④ 45. ③ 46. ② 47. ①

해설

승압기 2차 전압 $V_2 = V_1\left(1+\frac{e_2}{e_1}\right)$

$= 3000\left(1+\frac{220}{3300}\right)$

$= 3200[V]$

승압기용량 $W = \frac{e_2}{V_2} W_o$

$= \frac{220}{3200} \times \frac{60}{0.85}$

$= 4.95 ≒ 5[kVA]$

★★★ 기사 99년 5회 / 산업 96년 7회, 04년 2회, 11년 1회

48 단상 교류에 3150/210[V]의 승압기를 80[kW], 역률 0.8인 부하에 접속하여 전압을 상승시키는 경우 다음 중 몇 [kVA]의 승압기를 사용해야 적당한가? (단, 전원전압은 2900[V]이다)

① 3 ② 5

③ 7.5 ④ 10

해설

승압기 2차 전압 $V_2 = V_1\left(1+\frac{e_2}{e_1}\right)$

$= 2900 \times \left(1+\frac{210}{3150}\right)$

$= 3093.3[V]$

승압기용량 $P = \frac{e}{V_2} \times P_o$

$= \frac{210}{3093.3} \times \frac{80}{0.8}$

$= 6.78 ≒ 7.5[kVA]$

★★★ 산업 90년 2회, 97년 5회, 03년 1·4회, 06년 2회

49 정격전압 1차 6600[V], 2차 220[V]의 단상 변압기 2대를 승압기로 V결선하여 6300[V]의 3상 전원에 접속하면 승압된 전압은 약 몇 [V]인가?

① 6410 ② 6460

③ 6510 ④ 6560

해설

승압기 2차 전압 $V_2 = V_1\left(1+\frac{e_2}{e_1}\right)[V]$

$= 6300 \times \left(1+\frac{220}{6600}\right)$

$= 6510[V]$

★★★★ 산업 94년 6회

50 그림과 같은 회로에서 A, B, C, D의 어느 곳에 전원을 접속하면 간선 A-D 간의 전력손실이 최소가 되는가?

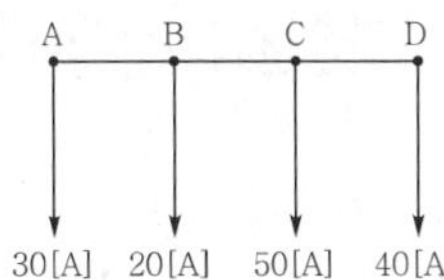

① A ② B

③ C ④ D

해설

각 구간당 저항이 동일하다고 하며 각 구간당 저항을 r이라 하면

㉠ A점에서 하는 급전의 경우

$P_{CA} = 110^2r + 90^2r + 40^2r = 21800r$

㉡ B점에서 하는 급전의 경우

$P_{CB} = 30^2r + 90^2r + 40^2r = 10600r$

㉢ C점에서 하는 급전의 경우

$P_{CC} = 30^2r + 50^2r + 40^2r = 5000r$

㉣ D점에서 하는 급전의 경우

$P_{CD} = 30^2r + 50^2r + 100^2r = 13400r$

따라서, C점에서 급전하는 경우 전력손실은 최소가 된다.

★★★★ 산업 95년 4회, 19년 1회

51 다음 ( )에 알맞은 내용으로 옳은 것은? (단, 공급전력과 선로손실률은 동일하다)

> 선로의 전압을 2배로 승압할 경우 공급전력은 승압 전의 (㉠)로 되고, 선로손실은 승압 전의 (㉡)로 된다.

① ㉠ $\frac{1}{4}$배 ㉡ 2배

② ㉠ $\frac{1}{4}$배 ㉡ 4배

③ ㉠ 2배 ㉡ $\frac{1}{4}$배

④ ㉠ 4배 ㉡ $\frac{1}{4}$배

해설

공급전압의 2배 상승 시

㉠ 공급전력 $P \propto V^2$이므로 송전전력은 4배로 된다.

㉡ 선로손실 $P_c \propto \frac{1}{V^2}$이므로 전력손실은 $\frac{1}{4}$배로 된다.

정답 48. ③ 49. ③ 50. ③ 51. ④

★★★★ 기사 96년 5회, 98년 6회, 04년 2회

52 배전선의 전력손실 경감대책이 아닌 것은?

① 피더(feeder)수를 줄인다.
② 역률을 개선한다.
③ 배전전압을 높인다.
④ 부하의 불평형을 방지한다.

해설 전력손실 경감대책

㉠ 배전전압의 승압
㉡ 역률 개선
㉢ 전선 교체
㉣ 배전선로 단축
㉤ 불평형부하 개선
㉥ 단위기기용량 감소

★★★★★ 기사 94년 5회, 99년 6회 / 산업 99년 5회, 04년 2회, 07년 2회, 16년 2회

53 고압 배전선로의 선간전압을 3300[V]에서 5700[V]로 높이는 경우에 같은 전선으로 전력손실을 같게 한다면 몇 배의 전력을 공급할 수 있겠는가?

① 1배 ② 2배
③ 3배 ④ 4배

해설

송전전력은 선간전압의 제곱에 비례($P \propto V_n^{\ 2}$)한다.
선간전압을 3300[V]에서 5700[V]로 $\sqrt{3}$ 배 승압하는 경우는 다음과 같다.

$P_{3300} : P_{5700} = 3300^2 : 5700^2$

$P_{5700} = 5700^2 \times P_{3300} \times \dfrac{1}{3300^2} \fallingdotseq 3P_{3300}$

★★★★ 기사 19년 1회 / 산업 92년 2회, 05년 4회, 15년 1회

54 동일전력을 동일선간전압, 동일역률로 동일거리에 보낼 때 사용하는 전선의 총중량이 같으면 3상 3선식일 때와 단상 2선식일 때 전력손실의 비는? (단, 3상 3선식/단상 2선식)

① 1 ② $\dfrac{3}{4}$
③ $\dfrac{1}{3}$ ④ $\dfrac{1}{2}$

해설

전선의 총량 $V_0 = 2A_1L = 3A_3L$

$\therefore \dfrac{A_3}{A_1} = \dfrac{2}{3}$

전선의 저항 $R = \rho\dfrac{L}{A}$ 이므로 전선의 단면적에 반비례하여 $\dfrac{A_3}{A_1} = \dfrac{R_1}{R_3} = \dfrac{2}{3}$

또한, 동일전력, 동일선간전압이면

$P = V_1I_1 = \sqrt{3}\,VI_3$ 에서 $\dfrac{I_1}{I_3} = \sqrt{3}$

전력손실 $\dfrac{P_{C_3}}{P_{C_2}} = \dfrac{3I_3^{\ 2}R_3}{2I_1^{\ 2}R_1} = \dfrac{3}{2} \times \left(\dfrac{1}{3}\right)^2 \times \dfrac{3}{2} = \dfrac{3}{4}$

★★★ 기사 11년 1회

55 직류 2선식 대비 전선 1가닥당 송전전력이 최대가 되는 전송방식은? (단, 선간전압, 전송전류, 역률 및 전송거리가 같고 중성선은 전력선과 동일한 굵기이며 전선은 같은 재료를 사용하고, 교류방식에서 $\cos\theta = 1$로 한다)

① 단상 2선식 ② 단상 3선식
③ 3상 3선식 ④ 3상 4선식

해설 전압 · 전류가 일정한 경우 1선당 전력공급비
(역률 $\cos\theta = 1$, 선간전압기준)

종 별	공급전력	1선당 공급전력
단상 2선식	$P_1 = VI$	$\dfrac{1}{2}VI$
	단상 2선식 기준으로 한 1선당 공급전력비[%]	
	기준 = 100[%]	
종 별	공급전력	1선당 공급전력
단상 3선식	$P_2 = 2VI$	$\dfrac{2}{3}VI = 0.67VI$
	단상 2선식 기준으로 한 1선당 공급전력비[%]	
	단상 2선식에 비해 중선선을 포함하여 3선을 이용해 부하를 2배 증가하여 공급 $\dfrac{2}{3}VI = 0.67$배(67[%])	

정답 52. ① 53. ③ 54. ② 55. ③

종 별	공급전력	1선당 공급전력
3상 3선식	$P_3 = \sqrt{3}\,VI$	$\frac{\sqrt{3}}{3}VI = 0.57\,VI$
	단상 2선식 기준으로 한 1선당 공급전력비[%]	
	$\frac{\frac{\sqrt{3}}{3}VI}{\frac{1}{2}VI} = \frac{2\sqrt{3}}{3} = 1.15$배(115[%])	
종 별	공급전력	1선당 공급전력
3상 4선식 (선간 전압 기준)	$P_4 = \sqrt{3}\,VI$	$\frac{\sqrt{3}}{4}VI = 0.43\,VI$
	단상 2선식 기준으로 한 1선당 공급전력비[%]	
	$\frac{\frac{\sqrt{3}}{4}VI}{\frac{1}{2}VI} = \frac{\sqrt{3}}{2} = 0.866$배(87[%])	

★★★ 산업 98년 4회, 01년 1회

56 송전전력, 송전거리, 전선로의 전력손실이 일정하고 같은 재료의 전선을 사용한 경우에 전선 한 가닥 마다의 송전전력을 비교하려고 한다. 3상 3선식을 100이라 하면 3상 4선식은 얼마가 되는가?

① 50 ② 75
③ 87 ④ 115

해설

$$\frac{3상\ 4선식}{3상\ 3선식} = \frac{\frac{\sqrt{3}\,VI\cos\theta}{4}}{\frac{\sqrt{3}\,VI\cos\theta}{3}} = 0.75$$

★★★★ 기사 93년 6회, 96년 4회, 12년 3회 / 산업 16년 2회

57 송전전력, 송전거리, 전선로의 전력손실이 일정하고 같은 재료의 전선을 사용한 경우 단상 2선식에서 전선 한 가닥 마다의 전력을 100[%]라 하면, 단상 3선식에서는 133[%]이다. 3상 3선식에서는 몇 [%]인가?

① 57 ② 87
③ 100 ④ 115

해설

$$전선\ 1선당\ 전력비 = \frac{3상\ 3선식}{단상\ 2선식} = \frac{\frac{\sqrt{3}}{3}VI}{\frac{1}{2}VI}$$

$$= \frac{2\sqrt{3}}{3} = 1.15(115[\%])$$

★★★★ 기사 17년 3회 / 산업 17년 2회

58 동일전압, 동일부하, 동일전력손실의 조건에서 단상 2선식의 소요전선총량을 100이라 할 때 3상 3선식의 소요전선총량은 얼마인가?

① 33 ② 66
③ 70 ④ 75

해설

전선의 소요전선량은 단상 2선식을 100[%]로 하였을 때

㉠ 단상 3선식 : 37.5[%]
㉡ 3상 3선식 : 75[%]
㉢ 3상 4선식 : 33.3[%]

★★ 산업 91년 3회

59 단상 2선식 배전선의 소요전선총량을 100[%]라 할 때 3상 3선식과 단상 3선식(중선선의 굵기는 외선과 같다)과의 소요전선의 총량은 각각 몇 [%]인가?

① 75[%], 37.5[%]
② 50[%], 75[%]
③ 100[%], 37.5[%]
④ 37.5[%], 75[%]

해설 송전전력, 송전전압, 송전거리, 송전손실이 같을 때 소요전선량

㉠ 단상 2선식 : $\frac{4W_2(1-P)L^2}{E^2KP}$

㉡ 단상 3선식 : $\frac{3W_2(1-P)L^2}{2E^2KP}$

㉢ 3상 3선식 : $\frac{3W_2(1-P)L^2}{E^2KP}$

㉣ 3상 4선식 : $\frac{4W_2(1-P)L^2}{3E^2KP}$

정답 56. ② 57. ④ 58. ④ 59. ①

여기서, W_2 : 부하전력
P : 전력손실률
L : 배전거리
K : 도전도

전기방식	단상 2선식	단상 3선식	3상 3선식	3상 4선식
소요되는 전선량	100[%]	37.5[%]	75[%]	33.3[%]

★★ 산업 18년 1회

60 선간전압, 부하역률, 선로손실, 전선중량 및 배선거리가 같다고 할 경우 단상 2선식과 3상 3선식의 공급전력의 비율(단상/3상)은 무엇인가?

① $\frac{3}{2}$ ② $1\sqrt{3}$

③ $\sqrt{3}$ ④ $\frac{\sqrt{3}}{2}$

해설

전선의 중량이 같다면 $V_0 = 2A_1L = 3A_3L$

$\frac{A_3}{A_1} = \frac{2}{3} = \frac{R_1}{R_3}$

전력손실이 같으면 $P_c = 2I_1^2R_1 = 3I_3^2R_3$

$\left(\frac{I_1}{I_3}\right)^2 = \frac{3R_3}{2R_1} = \frac{3}{2} \times \frac{3}{2}$ 에서

$\frac{I_1}{I_3} = \frac{3}{2}$

공급전력의 비$= \frac{\text{단상 전력}}{\text{3상 전력}} = \frac{VI_1}{\sqrt{3}\,VI_3}$

$= \frac{1}{\sqrt{3}} \times \frac{3}{2} = \frac{\sqrt{3}}{2}$

★★★★★ 기사 13년 1회 / 산업 96년 4회, 02년 3회, 03년 4회, 11년 1회

61 배전선로의 전기방식 중 전선의 중량(전선비용)이 가장 적게 소요되는 전기방식은? (단, 배전전압, 거리, 전력 및 선로손실 등을 같다고 한다)

① 단상 2선식
② 단상 3선식
③ 3상 3선식
④ 3상 4선식

해설

송전전력, 송전전압, 송전거리, 송전손실이 같을 때 소요전선량은 다음과 같다.

전기방식	단상 2선식	단상 3선식	3상 3선식	3상 4선식
소요되는 전선량	100[%]	37.5[%]	75[%]	33.3[%]

★ 기사 99년 7회

62 송전전력, 부하역률, 송전거리, 전력손실 및 선간전압을 동일하게 하였을 경우 3상 3선식에 요하는 전선 총량은 단상 2선식에 필요로 하는 전선량의 몇 배인가?

① $\frac{1}{2}$ ② $\frac{2}{3}$

③ $\frac{3}{4}$ ④ 1

해설

전선의 총량 $V_0 = 2A_1L = 3A_3L$

$\therefore \frac{A_3}{A_1} = \frac{2}{3}$

전선의 저항 $R = \rho\frac{L}{A}$ 이므로 전선의 단면적에 반비례하여 $\frac{A_3}{A_1} = \frac{R_1}{R_3} = \frac{2}{3}$

또한, 동일전력, 동일선간전압이면

$W_0 = V_1I_1 = \sqrt{3}\,VI_3$ 에서 $\frac{I_1}{I_3} = \sqrt{3}$

전력손실 $= \frac{P_{C_3}}{P_{C_2}} = \frac{3I_3^2R_3}{2I_1^2R_1}$

$= \frac{3}{2} \times \left(\frac{1}{\sqrt{3}}\right)^2 \times \frac{3}{2} = \frac{3}{4}$

★★★★ 기사 96년 7회, 04년 1회, 05년 2회, 16년 3회

63 동일한 조건하에서 3상 4선식 배전선로의 총소요전선량은 3상 3선식의 것에 비해 몇 배 정도로 되는가? (단, 중성선의 굵기는 전력선의 굵기와 같다고 한다)

① $\frac{1}{3}$ ② $\frac{3}{4}$

③ $\frac{3}{8}$ ④ $\frac{4}{9}$

정답 60. ④ 61. ④ 62. ③ 63. ④

해설

㉠ 단상 2선식 기준에 비교한 배전방식의 전선소요량의 비

전기방식	단상 2선식	단상 3선식	3상 3선식	3상 4선식
소요되는 전선량	100[%]	37.5[%]	75[%]	33.3[%]

㉡ 전선소용량의 비 $= \dfrac{3상\ 4선식}{3상\ 3선식} = \dfrac{33.3[\%]}{75[\%]} = \dfrac{4}{9}$

★★ 기사 93년 1·4회, 99년 3회

64 부하단의 선간전압(단상 3선식의 경우는 중선선과 다른 2선과의 사이의 전압으로 한다) 및 선로전류를 같게 한 경우 단상 3선식과 단상 2선식과의 1선당의 공급전력의 비는 약 몇 [%] 정도인가? (단, 송전전력, 송전거리, 전선로의 전력손실이 일정하고 같은 재료의 전선을 사용한 경우임)

① 70　② 133
③ 141　④ 150

해설

$$\frac{W_2}{W_1} = \frac{\frac{2VI}{3}}{\frac{VI}{2}} = \frac{4}{3} = 1.33$$

★★★ 기사 04년 2회 / 산업 13년 2회

65 송전전력, 부하역률, 송전거리, 전력손실 및 선간전압이 같을 경우 3상 3선식에서 전선 한 가닥에 흐르는 전류는 단상 2선식에서 전선 한 가닥에 흐르는 경우의 몇 배가 되는가?

① $\dfrac{1}{\sqrt{3}}$　② $\dfrac{2}{3}$
③ $\dfrac{3}{4}$　④ $\dfrac{4}{9}$

해설

$$\frac{I_{3\phi 3W}}{I_{1\phi 2W}} = \frac{\frac{P_3}{\sqrt{3}\,V\cos\theta}}{\frac{P_1}{V\cos\theta}} = \frac{1}{\sqrt{3}}$$

★★★★ 기사 13년 3회

66 저압 배전선의 배전방식 중 배전설비가 단순하고 공급능력이 최대인 경제적 배전방식이며, 국내에서 220/380[V] 승압방식으로 채택된 방식은?

① 단상 2선식
② 단상 3선식
③ 3상 3선식
④ 3상 4선식

해설 3상 4선식 배전방식의 특성

㉠ 다른 배전방식에 비해 큰 전력을 공급할 수 있다.
㉡ 선로사고 시 사고검출이 용이하다.
㉢ 3상 부하(380[V]) 및 단상 부하(220[V])에 동시 전력을 공급할 수 있다.

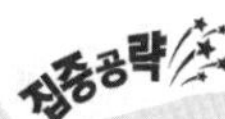

★★★★ 기사 93년 4회, 02년 4회, 12년 3회

67 부하전력 및 역률이 같을 때 전압을 n 배 승압하면 전압강하와 전력손실은 어떻게 되는가?

① 전압강하 : $\dfrac{1}{n}$, 전력손실 : $\dfrac{1}{n^2}$

② 전압강하 : $\dfrac{1}{n^2}$, 전력손실 : $\dfrac{1}{n}$

③ 전압강하 : $\dfrac{1}{n}$, 전력손실 : $\dfrac{1}{n}$

④ 전압강하 : $\dfrac{1}{n^2}$, 전력손실 : $\dfrac{1}{n^2}$

해설

전압강하 $e = \sqrt{3}\,I(r\cos\theta + x\sin\theta)$

$$= \sqrt{3} \times \frac{P}{\sqrt{3}\,V\cos\theta}(r\cos\theta + x\sin\theta)$$

$$= \frac{P}{V}(r + x\tan\theta) \propto \frac{1}{V}$$

전력손실 $P_c = 3I^2 r = 3 \times \left(\dfrac{P}{\sqrt{3}\,V\cos\theta}\right)^2 \times \rho\dfrac{l}{A}$

$$= \frac{P^2}{V^2\cos^2\theta}\rho\frac{l}{A} \propto \frac{1}{V^2}$$

정답 64. ② 65. ① 66. ④ 67. ①

★★ 기사 13년 2회

68 **공장이나 빌딩에 200[V], 전압을 400[V] 승압하여 배전할 때 400[V] 배전과 관계없는 것은?**

① 전선 등 재료의 절감
② 전압변동률의 감소
③ 배선의 전력손실 경감
④ 변압기용량의 절감

해설

배전전압을 200[V]에서 400[V]로 2배 상승하는 경우 배전전압을 상승하면 아래와 같은 특성이 나타나지만 변압기의 용량은 부하의 용량과 관계가 있으므로 변화되지 않는다.
배전전압의 2배 상승 시

㉠ 전선굵기 등 재료는 $A \propto \frac{1}{V^2}$ 이므로 $\frac{1}{4}$배로 된다.

㉡ 전압변동률 $\varepsilon \propto \frac{1}{V^2}$ 이므로 $\frac{1}{4}$배로 된다.

㉢ 전력손실 $P_c \propto \frac{1}{V^2}$ 이므로 $\frac{1}{4}$배로 된다.

★★★★★ 기사 93년 2회, 05년 1회 / 산업 13년 1회, 19년 3회

69 **배전전압을 3000[V]에서 6000[V]로 높이는 이점이 아닌 것은?**

① 배전손실이 같다고 하면 수송전력을 증가시킬 수 있다.
② 수송전력이 같다면 전력손실을 줄일 수 있다.
③ 전압강하를 줄일 수 있다.
④ 주파수를 감소시킨다.

해설

배전전압의 2배 상승 시
㉠ 송전전력 $P \propto V^2$ 이므로 송전전력은 4배로 된다.
㉡ 전력손실 $P_c \propto \frac{1}{V^2}$ 이므로 전력손실은 $\frac{1}{4}$배로 된다.
㉢ 전압강하 $e \propto \frac{1}{V}$ 이므로 전압강하는 $\frac{1}{2}$배로 된다.

★★★★ 기사 92년 7회, 98년 5회, 16년 2회 / 산업 17년 2회

70 **154[kV] 송전선로의 전압을 345[kV]로 승압하고 같은 손실률로 송전한다고 가정하면 송전전력은 승압 전의 약 몇 배 정도인가?**

① 2　② 3
③ 4　④ 5

해설

전력손실 $P_c = \frac{P^2}{V^2\cos^2\theta}\rho\frac{l}{A}$

154[kV] 송전선로의 전압을 345[kV]로 승압할 경우 송전전력은 $P \propto V^2$ 이므로

$P_{154} : P_{345} = 154^2 : 345^2$

$P_{345} = \left(\frac{345^2}{154^2}\right)P_{154} = 5.02P_{154}$

∴ 5배로 증가한다.

★ 산업 96년 6회

71 **배전선로의 손실경감과 관계없는 것은?**

① 승압
② 역률개선
③ 대용량 변압기 채용
④ 동량의 증가

해설

전력손실은 $P_c = \frac{\rho l P^2}{A V^2 \cos^2\theta}$ 의 관계가 있으므로 대용량 변압기를 채용하면 부하전력이 커져 전력손실은 2승에 비례하여 증가한다.

★★★ 산업 07년 4회, 16년 3회

72 **다음 중 배전선로의 손실경감책이 아닌 것은 무엇인가?**

① 전류밀도의 감소와 평형
② 전력용 콘덴서의 설치
③ 배전전압의 승압
④ 누전차단기의 설치

해설 **배전선로의 전력손실 경감대책**

㉠ 전선교체 및 배전전압의 승압(단권변압기 사용)
㉡ 전력용 콘덴서를 이용하여 역률 개선
㉢ 부하불평형의 개선

정답 68. ④ 69. ④ 70. ④ 71. ③ 72. ④

★★ 산업 97년 5회, 99년 7회, 02년 1·4회, 12년 1회

73 3상 3선식 선로에서 일정한 거리에 일정한 전력을 송전할 경우 선로에서의 저항손은?

① 선간전압에 비례한다.
② 선간전압에 반비례한다.
③ 선간전압의 2승에 비례한다.
④ 선간전압의 2승에 반비례한다.

해설

송전선로의 저항손 $P_c = \dfrac{P^2}{V^2\cos^2\theta}\rho\dfrac{l}{A}$[W]에서

$P_c \propto \dfrac{1}{V^2}$

★★★★★ 기사 90년 2회, 98년 3회 / 산업 90년 6회, 96년 5회, 05년 1회

74 3상 3선식 송전선로에서 송전전력 P[kW], 송전전압 V[kV], 전선의 단면적 A[mm²], 송전거리 l[km], 전선의 고유저항 ρ[Ω·m/mm²], 역률 $\cos\theta$일 때 선로손실 P_c는 몇 [kW]인가?

① $\dfrac{\rho l P^2}{AV^2\cos^2\theta}$　② $\dfrac{\rho l P^2}{A^2V\cos^2\theta}$
③ $\dfrac{\rho l P}{AV^2\cos^2\theta}$　④ $\dfrac{\rho l P}{A^2V\cos^2\theta}$

해설

선로에 흐르는 전류 $I = \dfrac{P}{\sqrt{3}\,V\cos\theta}$[A]

선로손실 $P_c = 3I^2r$[kW]

$= 3\left(\dfrac{P}{\sqrt{3}\,V\cos\theta}\right)^2 r\times10^{-3}$

$= \dfrac{P^2}{V^2\cos^2\theta}\times\dfrac{1000\rho l}{A}\times10^{-3}$

$= \dfrac{\rho l P^2}{AV^2\cos^2\theta}$

★★★ 산업 91년 2회, 97년 4회, 99년 5회, 05년 2회, 16년 3회

75 전압과 역률이 일정할 때 전력을 몇 [%] 증가시키면 전력손실이 2배로 되는가?

① 31　② 41
③ 51　④ 61

해설

전력손실 $P_c = I_n^{\ 2}R = \dfrac{P^2}{V^2\cos^2\theta}R$에서

$P_c \propto P^2$

$P_c : 2P_c = P^2 : (xP)^2$

$x = \sqrt{2} = 1.414$

전력을 41[%] 증가시키면 전력손실이 2배로 증가된다.

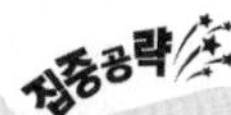

★★★★★ 기사 11년 3회, 19년 2회 / 산업 94년 2회, 00년 5회, 01년 1회, 14년 1회

76 부하역률 $\cos\theta$인 배전선로의 저항손실과 같은 크기의 부하전력에서 역률 1일 때의 저항손실과 비교하면? (단, 수전단의 전압은 일정하다)

① $\sin\theta$
② $\cos\theta$
③ $\dfrac{1}{\sin^2\theta}$
④ $\dfrac{1}{\cos^2\theta}$

해설

선로에 흐르는 전류 $I = \dfrac{P}{\sqrt{3}\,V\cos\theta}$[A]

선로손실 $P_c = 3I^2r$

$= 3\left(\dfrac{P}{\sqrt{3}\,V\cos\theta}\right)^2 r$

$= \dfrac{P^2}{V^2\cos^2\theta}\times\dfrac{\rho l}{A}$

$= \dfrac{\rho l P^2}{AV^2\cos^2\theta}$[kW]

정답 73. ④ 74. ① 75. ② 76. ④

★ 기사 97년 1회

77 배전전압을 $\sqrt{3}$ 배로 하면 동일한 전력손실률로 보낼 수 있는 전력은 몇 배인가?

① $\sqrt{3}$　② $\frac{3}{2}$
③ 3　④ $2\sqrt{3}$

해설

전력 $P \propto V^2 = (\sqrt{3})^2 = 3$
∴ 전력은 3배 증가한다.

★★★ 기사 13년 1회 / 산업 15년 3회

78 부하역률이 0.6인 경우 전력용 콘덴서를 병렬로 접속하여 합성역률을 0.9로 개선하면 전원측 선로의 전력손실은 처음 것의 약 몇 [%]로 감소되는가?

① 38.5　② 44.4
③ 56.6　④ 62.8

해설

전력손실 $P_c \propto \frac{1}{\cos^2\theta}$ 이므로 역률을 0.6에서 0.9로 개선하면

$P_c \propto \frac{1}{\left(\frac{0.9}{0.6}\right)^2} = 0.444 \times 100 = 44.4[\%]$

★★ 산업 95년 6회, 99년 5회, 03년 3회

79 동일한 전압에서 동일한 전력을 송전할 때 역률을 0.8에서 0.9로 개선하면 전력손실은 몇 [%] 정도 감소하는가?

① 5　② 10
③ 20　④ 40

해설

전력손실 $P_c \propto \frac{1}{\cos^2\theta}$ 이므로 역률을 0.8에서 0.9로 개선하면

$P_c \propto \frac{1}{\left(\frac{0.9}{0.8}\right)^2} = 0.79$

손실감소율 $P_c' = 1 - 0.79 = 0.21$
즉, 21[%] 감소한다.

★ 산업 92년 5회, 00년 2회, 02년 1회

80 전력손실을 감소시키기 위한 직접적인 노력으로 볼 수 없는 것은?

① 승압공사 조기준공
② 노후설비 교체
③ 선로등가저항 계산
④ 설비운전역률 개선

해설

3상 3선식 전력손실 $P_c = 3I^2r = \frac{P^2r}{V^2\cos^2\theta}$ 에서 손실 방지대책은 다음과 같다.
㉠ 승압
㉡ 역률 개선
㉢ 전선 교체
㉣ 배전선로 단축
㉤ 불평형부하 개선
㉥ 단위기기용량 감소

★★★ 기사 97년 6회, 98년 4회 / 산업 13년 1회

81 전선의 굵기가 균일하고 부하가 균등하게 분포되어 있는 배전선로의 전력손실은 전체부하가 송전단으로부터 전체 전선로길이의 어느 지점에 집중되어 있는 손실과 같은가?

① $\frac{3}{4}$　② $\frac{2}{3}$
③ $\frac{1}{3}$　④ $\frac{1}{2}$

해설

부하가 말단에 집중된 경우 전력손실 $P_c = I_n^2 r$[W]
부하가 균등하게 분산분포된 경우 전력손실
$P_c = \frac{1}{3} I_n^2 r$[W]

★★★★ 산업 19년 1회

82 전선에 부하가 균등하게 분포되었을 때 배전선말단에서의 전압강하는 전부하가 집중적으로 배전선 말단에 연결되어 있을 때의 몇 [%]인가?

① 25　② 50
③ 75　④ 100

정답 77. ③ 78. ② 79. ③ 80. ③ 81. ③ 82. ②

해설 부하위치에 따른 전압강하 및 전력손실의 비교

부하의 형태	전압강하	전력손실
말단에 집중된 경우	1.0	1.0
평등부하분포	$\frac{1}{2}$	$\frac{1}{3}$
중앙일수록 큰 부하분포	$\frac{1}{2}$	0.38
말단일수록 큰 부하분포	$\frac{2}{3}$	0.58
송전단일수록 큰 부하분포	$\frac{1}{3}$	$\frac{1}{5}$

집중공략

★★★★★ 기사 93년 5회, 16년 3회, 18년 2회 / 산업 16년 1회

83 그림과 같이 부하가 균일한 밀도로 도중에서 분기되어 선로전류가 송전단에 이를수록 직선적으로 증가할 경우 선로의 전압강하는 이 송전단전류와 같은 전류의 부하가 선로의 말단에만 집중되어 있을 경우의 전압강하보다 어떻게 되는가? (단, 부하역률은 모두 같다고 한다)

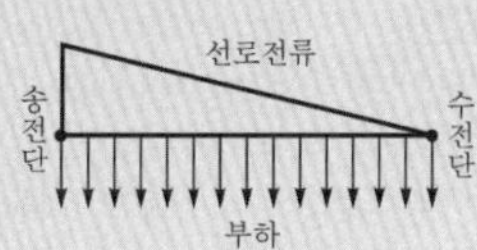

① $\frac{1}{3}$ ② $\frac{1}{2}$

③ 1 ④ 2

해설

문제 82번 해설 참조

★★ 산업 99년 4회, 07년 4회

84 송전단에서 전류가 동일하고 배전선에 리액턴스를 무시하면 배전선말단에 단일부하가 있을 때의 전력손실은 배전선에 따라 균등한 부하가 분포되어 있는 경우의 전력손실에 비하여 몇 배나 되는가?

① $\frac{1}{2}$ ② 2

③ $\frac{1}{3}$ ④ 3

해설 부하모양에 따른 부하계수

부하의 형태		전압강하	전력손실
말단에 집중된 경우		1.0	1.0
평등부하분포		$\frac{1}{2}$	$\frac{1}{3}$
중앙일수록 큰 부하분포		$\frac{1}{2}$	0.38
말단일수록 큰 부하분포		$\frac{2}{3}$	0.58
송전단일수록 큰 부하분포		$\frac{1}{3}$	$\frac{1}{5}$
부하의 형태		**부하율**	**분산손실계수**
말단에 집중된 경우		1.0	1.0
평등부하분포		$\frac{1}{2}$	$\frac{1}{3}$
중앙일수록 큰 부하분포		$\frac{1}{2}$	0.38
말단일수록 큰 부하분포		$\frac{2}{3}$	0.58
송전단일수록 큰 부하분포		$\frac{1}{3}$	$\frac{1}{5}$

★★★★★ 기사 94년 7회, 95년 5회, 96년 7회, 99년 4회, 15년 2회, 18년 3회

85 선로에 따라 균일하게 부하가 분포된 선로의 전력손실은 부하가 선로의 말단에 집중 접속되어 있을 때보다 어떻게 되는가?

① 3배

② 2배

③ $\frac{1}{2}$배

④ $\frac{1}{3}$배

해설

㉠ 부하가 말단에 집중된 경우 전력손실

$P_c = I_n^2 \cdot r$[W]

㉡ 부하가 균등하게 분산분포된 경우 전력손실

$P_c = \frac{1}{3} I_n^2 \cdot r$[W]

정답 83. ② 84. ④ 85. ④

★★★★ 산업 95년 2회, 11년 3회

86 전력용 콘덴서를 설치하는 주된 목적은?

① 역률 개선
② 전압강하 보상
③ 기기의 보호
④ 송전용량 증가

해설

전력용 콘덴서를 병렬로 접속하여 진상전류에 의해서 선로의 지상분전류를 보상함으로써 역률을 개선한다.

[참고] **역률개선의 효과**
㉠ 변압기 및 배전선로의 손실 경감
㉡ 전압강하 감소
㉢ 설비이용률 향상
㉣ 전력요금 경감

★★★★★ 기사 19년 1회 / 산업 15년 1회, 17년 1회

87 전선로의 역률 개선에 따른 효과로 적합하지 않은 것은?

① 전원측 설비의 이용률 향상
② 선로절연에 요하는 비용 절감
③ 전압강하의 감소
④ 선로의 전력손실 경감

해설

부하와 병렬로 전력용 콘덴서를 설치하여 역률을 개선하므로 전기요금 절감, 설비이용률 증가, 전력손실 저감, 전압강하를 감소시킬 수 있다. 하지만 선로절연비용과는 무관하다.

★★★ 기사 98년 7회, 00년 2·4회, 17년 3회

88 전력용 콘덴서에 의하여 얻을 수 있는 전류는?

① 지상전류 ② 진상전류
③ 동상전류 ④ 영상전류

해설

전력용 콘덴서를 선로에 병렬로 접속하여 진상무효전력을 공급해 선로의 지상무효전력을 보상하여 역률을 개선한다.

★★★★ 기사 02년 4회

89 전력용 콘덴서 회로의 전원개방 시 잔류전하에 의한 인체의 위험방지를 목적으로 설치하는 것은?

① 직렬 리액터 ② 방전 코일
③ 아킹혼 ④ 직렬저항

해설

콘덴서 개방 시 잔류전하를 방전시켜서 충전에 따른 위험을 방지하기 위해서는 방전 코일을 설치한다.

★★★★★ 기사 96년 4회, 02년 2회, 03년 4회, 13년 3회

90 주변압기 등에서 발생하는 제5고조파를 줄이는 방법으로 옳은 것은?

① 콘덴서에 직렬 리액터 삽입
② 변압기 2차측에 분로 리액터 연결
③ 모선에 방전 코일 연결
④ 모선에 공심 리액터 연결

해설

직렬 리액터는 전력용 콘덴서에 의해 발생된 제5고조파를 제거하기 위해 사용한다.
직렬 리액터의 용량 $X_L = 0.04\,X_C$
(이론상 4[%], 실제로는 5 ~ 6[%]를 적용)

★★★ 산업 04년 4회, 12년 2회

91 정격용량 P[kVA]의 변압기에서 늦은 역률 $\cos\theta_1$의 부하에 P[kVA]를 공급하고 있다. 합성역률을 $\cos\theta_2$로 개선하여 이 변압기의 전용량까지 전력을 공급하려고 한다. 소요 콘덴서의 용량은 몇 [kVA]인가?

① $P\cos\theta_1(\tan\theta_1 - \tan\theta_2)$
② $P\cos\theta_2(\cos\theta_1 - \cos\theta_2)$
③ $P(\tan\theta_1 - \tan\theta_2)$
④ $P(\cos\theta_1 - \cos\theta_2)$

해설

전력용 콘덴서 용량

$$Q_c = P(\tan\theta_1 - \tan\theta_2)$$
$$= P\left(\frac{\sqrt{1-\cos^2\theta_1}}{\cos\theta_1} - \frac{\sqrt{1-\cos^2\theta_2}}{\cos\theta_2}\right)\text{[kVA]}$$

정답 86. ① 87. ② 88. ② 89. ② 90. ① 91. ①

★★ 기사 92년 5회, 19년 2회

92 1대의 주상변압기에 역률(뒤짐) $\cos\theta_1$, 유효전력 P_1[kW]의 부하와 역률(뒤짐) $\cos\theta_2$, 유효전력 P_2[kW]의 부하가 병렬로 접속되어 있을 때 주상변압기 2차측에서 본 부하의 종합역률은?

① $\dfrac{P_1+P_2}{\sqrt{(P_1+P_2)^2+(P_1\tan\theta_1+P_2\tan\theta_2)^2}}$

② $\dfrac{P_1+P_2}{\sqrt{(P_1+P_2)^2+(P_1\sin\theta_1+P_2\sin\theta_2)^2}}$

③ $\dfrac{P_1+P_2}{\dfrac{P_1}{\cos\theta_1}+\dfrac{P_2}{\cos\theta_2}}$

④ $\dfrac{P_1+P_2}{\dfrac{P_1}{\sin\theta_1}+\dfrac{P_2}{\sin\theta_2}}$

해설

유효전력 $P=P_1+P_2$[kW]

무효전력 $Q=Q_1+Q_2$

$=P_1\tan\theta_1+P_2\tan\theta_2$[kVA]

종합역률$=\dfrac{\text{유효전력}}{\text{피상전력}}$

$=\dfrac{\text{유효전력}}{\sqrt{\text{유효전력}^2+\text{무효전력}^2}}$

$=\dfrac{P_1+P_2}{\sqrt{(P_1+P_2)^2+(P_1\tan\theta_1+P_2\tan\theta_2)^2}}$

★★★ 산업 94년 7회

93 P[kW], 역률 $\cos\theta_1$인 부하역률을 $\cos\theta_2$로 개선하기 위하여 필요한 전력용 콘덴서의 용량[kVA]은?

① $P\left(\dfrac{\cos\theta_1}{\sqrt{1-\cos^2\theta_1}}-\dfrac{\cos\theta_2}{\sqrt{1-\cos^2\theta_2}}\right)$

② $P\left(\dfrac{\sqrt{1-\cos^2\theta_1}}{\cos\theta_1}-\dfrac{\sqrt{1-\cos^2\theta_2}}{\cos\theta_2}\right)$

③ $P(\cos\theta_1-\cos\theta_2)$

④ $P(\sin\theta_1-\sin\theta_2)$

해설 전력용 콘덴서의 용량

$Q_C=P(\tan\theta_1-\tan\theta_2)$

$=P\left(\dfrac{\sqrt{1-\cos^2\theta_1}}{\cos\theta_1}-\dfrac{\sqrt{1-\cos^2\theta_2}}{\cos\theta_2}\right)$[kVA]

★★★★ 기사 96년 7회, 01년 2회, 04년 3회, 14년 3회

94 1대의 주상변압기에 역률(늦음) $\cos\theta_1$, 유효전력 P_1[kW]의 부하와 역률(늦음) $\cos\theta_2$, 유효전력 P_2[kW]의 부하가 병렬로 접속되어 있을 경우 주상변압기에 걸리는 피상전력은 몇 [kVA]인가?

① $\dfrac{P_1}{\cos\theta_1}+\dfrac{P_2}{\cos\theta_2}$

② $\sqrt{\left(\dfrac{P_1}{\cos\theta_1}\right)^2+\left(\dfrac{P_2}{\cos\theta_2}\right)^2}$

③ $\sqrt{(P_1+P_2)^2+(P_1\tan\theta_1+P_2\tan\theta_2)^2}$

④ $\sqrt{\left(\dfrac{P_1}{\cos\theta_1}\right)^2+\left(\dfrac{P_2}{\cos\theta_2}\right)^2}$

해설 병렬부하계산

㉠ 합성유효전력 $P=P_1+P_2$

㉡ 합성무효전력 $P_r=P_1\tan\theta_1+P_2\tan\theta_2$

㉢ 합성피상전력

$P_a=\sqrt{P^2+P_r^2}$

$=\sqrt{(P_1+P_2)^2+(P_1\tan\theta_1+P_2\tan\theta_2)^2}$

★★★ 기사 92년 2회, 96년 2회, 00년 5회, 03년 4회, 11년 1회

95 피상전력 P[kVA], 역률 $\cos\theta$인 부하를 역률 100[%]로 개선하기 위한 전력용 콘덴서의 용량은 몇 [kVA]가 되겠는가?

① $P\sqrt{1-\cos^2\theta}$

② $P\tan\theta$

③ $P\cos\theta$

④ $P\dfrac{\sqrt{1-\cos^2\theta}}{\cos\theta}$

해설

전력용 콘덴서 용량 $Q_c=P\cos\theta\times\dfrac{\sin\theta}{\cos\theta}$

$=P\sin\theta$

$=P\sqrt{1-\cos^2\theta}$

정답 92. ① 93. ② 94. ③ 95. ①

★★★★ 기사 95년 6회, 01년 3회, 05년 1회, 14년 3회

96 3상 배전선로의 말단에 역률 80[%](늦음), 160[kW]의 평형 3상 부하가 있다. 부하점에 부하와 병렬로 부하용 콘덴서를 접속하여 선로손실을 최소로 하기 위해 필요한 콘덴서 용량[kVA]은? (단, 부하단전압은 변하지 않는 것으로 한다)

① 100　② 120
③ 180　④ 200

해설

선로손실이 최소가 되는 조건은 역률이 100[%]일 때이므로

콘덴서 용량 $Q_c = P\tan\theta_1 = 160 \times \frac{0.6}{0.8} = 120$[kVA]

★★★★★ 기사 12년 2회, 15년 1회, 17년 2회 / 산업 13년 1회, 14년 1회, 17년 1·3회

97 뒤진 역률 80[%], 1000[kW]의 3상 부하가 있다. 이것에 콘덴서를 설치하여 역률을 95[%]로 개선하는 데 필요한 콘덴서의 용량은 몇 [kVA]가 되겠는가?

① 376　② 398
③ 422　④ 464

해설

콘덴서 용량 $Q_c = P(\tan\theta_1 - \tan\theta_2)$[kVA]

여기서, P : 수전전력[kW]

θ_1 : 개선 전 역률

θ_2 : 개선 후 역률

전력용 콘덴서 용량

$$Q_c = 1000\left(\frac{\sqrt{1-0.8^2}}{0.8} - \frac{\sqrt{1-0.95^2}}{0.95}\right) = 421.32[\text{kVA}]$$

★★★ 기사 91년 7회, 97년 7회 / 산업 19년 2회

98 지상역률 80[%], 10000[kVA]의 부하를 가진 변전소에 6000[kVA]의 전력용 콘덴서를 설치하여 역률을 개선하면 변압기에 걸리는 부하는 역률개선 전의 몇 [%]로 되는가?

① 60　② 75
③ 80　④ 85

해설

유효전력 $P = 10000 \times 0.8 = 8000$[kW]

무효전력 $Q = 10000 \times 0.6 - 6000 = 0$[kVA]

이때, 변압기에 걸리는 부하는 피상전력이므로

$S = \sqrt{P^2 + Q^2} = \sqrt{8000^2 + 0^2} = 8000$[kVA]

따라서, 변압기에 걸리는 부하는 개선 전의 80[%]가 된다.

★★★★ 산업 90년 2회, 94년 6회, 07년 2회, 11년 3회

99 부하의 선간전압 3300[V], 피상전력 330[kVA], 역률 0.7인 3상 부하가 있다. 부하가 역률을 0.85로 개선하는 데 필요한 콘덴서의 용량은 몇 [kVA]인가?

① 63　② 73
③ 83　④ 93

해설

콘덴서 용량 $Q_c = P(\tan\theta_1 - \tan\theta_2)$[kVA]

여기서, P : 수전전력[kW]

θ_1 : 개선 전 역률

θ_2 : 개선 후 역률

$$Q_c = 330 \times 0.7\left(\frac{\sqrt{1-0.7^2}}{0.7} - \frac{\sqrt{1-0.85^2}}{0.85^2}\right) = 92.5[\text{kVA}]$$

★★★★★ 기사 90년 2회, 94년 7회, 97년 4회, 99년 3회, 19년 3회 / 산업 19년 3회(유사)

100 역률 80[%], 10000[kVA]의 부하를 갖는 변전소에 2000[kVA]의 콘덴서를 설치해서 역률을 개선하면 변압기에 걸리는 부하는 몇 [kVA] 정도 되는가?

① 8000　② 8500
③ 9000　④ 9500

해설

유효전력 $P = 10000 \times 0.8 = 8000$[kW]

무효전력 $Q = 10000 \times 0.6 - 2000 = 4000$[kVar]

변압기에 걸리는 부하

$P = \sqrt{P^2 + Q^2} = \sqrt{8000^2 + 4000^2} = 8944$[kVA]

정답 96. ② 97. ③ 98. ③ 99. ④ 100. ③

★★★ 기사 93년 4회 / 산업 91년 7회, 99년 6회, 05년 1회, 17년 2회

101 역률 0.8인 부하 480[kW]를 공급하는 변전소에 전력용 콘덴서 220[kVA]를 설치하면 역률은 몇 [%]로 개선할 수 있는가?

① 94　② 96
③ 98　④ 99

해설

부하역률 $\cos\theta = \dfrac{P}{\sqrt{P^2+Q^2}} \times 100$

$= \dfrac{480}{\sqrt{480^2 + \left(\dfrac{480}{0.8}\times 0.6 - 220\right)^2}} \times 100$

$= 96[\%]$

★★ 기사 03년 1회

102 어느 수용가가 당초에 지상역률 80[%]로 60[kW]의 부하를 사용하고 있었는데 새로이 지상역률 60[%], 40[kW]의 부하를 증가해서 사용하게 되었다. 이때, 전력용 콘덴서로 합성역률을 90[%]로 개선하려고 한다면 전력용 콘덴서의 소요용량은 몇 [kVA]가 필요한가?

① 40　② 50
③ 60　④ 70

해설

유효전력 $P = 60 + 40 = 100[\text{kW}]$

무효전력 $Q = 60 \times \dfrac{0.6}{0.8} + 40 \times \dfrac{0.8}{0.6} = 98.33[\text{kVA}]$

콘덴서 용량 $Q_c = P(\tan\theta_1 - \tan\theta_2)$

$= 100\left(\dfrac{98.33}{100} - \dfrac{\sqrt{1-0.9^2}}{0.9}\right)$

$= 50[\text{kVA}]$

★★★★ 기사 04년 2회, 15년 1회, 18년 2회

103 역률개선용 콘덴서를 부하와 병렬로 연결하고자 한다. △결선방식과 Y결선방식을 비교하면 콘덴서의 정전용량(단위 : μF)의 크기는 어떠한가?

① △결선방식과 Y결선방식은 동일하다.

② Y결선방식이 △결선방식의 $\dfrac{1}{2}$ 용량이다.

③ △결선방식이 Y결선방식의 $\dfrac{1}{3}$ 용량이다.

④ Y결선방식이 △결선방식의 $\dfrac{1}{\sqrt{3}}$ 용량이다.

해설

△결선 시 콘덴서 용량 $Q_\triangle = 6\pi f CV^2 \times 10^{-9}[\text{kVA}]$

Y결선 시 콘덴서 용량 $Q_Y = 2\pi f CV^2 \times 10^{-9}[\text{kVA}]$

$\dfrac{C_\triangle}{C_Y} = \dfrac{\dfrac{Q}{6\pi f V^2 \times 10^{-9}}}{\dfrac{Q}{2\pi f V^2 \times 10^{-9}}} = \dfrac{1}{3}$

$C_\triangle = \dfrac{1}{3} C_Y$

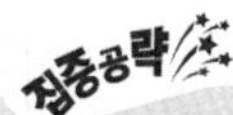

★★★★★ 기사 96년 5회, 05년 3회, 11년 2회 / 산업 01년 2회, 03년 2회, 13년 1회

104 3상의 전원에 접속된 △결선의 콘덴서를 Y결선으로 바꾸면 진상용량은 몇 배가 되는가?

① $\sqrt{3}$　② 3
③ $\dfrac{1}{\sqrt{3}}$　④ $\dfrac{1}{3}$

해설

△결선 시 콘덴서 용량 $Q_\triangle = 6\pi f CV^2 \times 10^{-9}[\text{kVA}]$

Y결선 시 콘덴서 용량 $Q_Y = 2\pi f CV^2 \times 10^{-9}[\text{kVA}]$

$\dfrac{Q_Y}{Q_\triangle} = \dfrac{1}{3}$ 에서

$Q_Y = \dfrac{1}{3} Q_\triangle$

★★★ 산업 92년 6회, 96년 5회, 97년 6회, 98년 4회, 06년 2회

105 정전용량 C[F]의 콘덴서를 △결선해서 3상 전압 V[V]를 가했을 때 충전용량과 같은 전원을 Y결선으로 했을 때의 충전용량비(△결선/Y결선)는?

① $\dfrac{1}{\sqrt{3}}$　② $\dfrac{1}{3}$
③ $\sqrt{3}$　④ 3

정답 101. ② 102. ② 103. ③ 104. ④ 105. ④

해설

$Q_{\triangle} = 6\pi f CV^2 \times 10^{-9}$[kVA]

$Q_{Y} = 2\pi f CV^2 \times 10^{-9}$[kVA]

$\frac{Q_{\triangle}}{Q_{Y}} = 3$

★★★ 산업 06년 1회

106 역률개선용 콘덴서를 부하와 병렬로 연결할 때 △결선방법을 채택하는 이유로 가장 타당한 것은?

① 부하저항을 일정하게 유지할 수 있기 때문이다.
② 콘덴서의 정전용량[μF]의 소요가 적기 때문이다.
③ 콘덴서의 관리가 용이하기 때문이다.
④ 부하의 안정도가 높기 때문이다.

해설

역률개선용 콘덴서를 △결선으로 채택할 경우 Y결선에 비해 3배의 용량이득을 볼 수 있다. 이때, 동일용량으로 두 결선의 정전용량을 비교할 경우 △결선 시 정전용량은 Y결선 시에 비해 $\frac{1}{3}$로 감소하여 비용을 절감할 수 있다.

집중공략

★★ 기사 91년 2회, 00년 6회 / 산업 03년 3회, 05년 2·3회, 13년 3회

107 어떤 콘덴서 3개를 선간전압 3300[V], 주파수 60[Hz]의 선로에 △로 접속하여 60[kVA]가 되도록 하려면 콘덴서 1개의 정전용량은 약 몇 [μF]인가?

① 0.5 ② 5
③ 50 ④ 500

해설

콘덴서 용량 $Q_{\triangle} = 6\pi f CV^2 \times 10^{-9}$
$= 6\pi \times 60C \times 3300^2 \times 10^{-9}$
$= 60$[kVA]

정전용량 $C = \frac{60}{6\pi \times 60 \times 3300^2 \times 10^{-9}} = 5[\mu\text{F}]$

★ 기사 97년 2회, 05년 2회, 16년 2회

108 선로전압강하 보상기(LDC)는?

① 분로 리액터로 전압상승을 억제하는 것
② 선로의 전압강하를 고려하여 모선전압을 조정하는 것
③ 승압기로 저하된 전압을 보상하는 것
④ 직렬 콘덴서로 선로 리액턴스를 보상하는 것

해설 **전압강하 보상장치(line drop compensator)**

부하증감에 따른 선로의 전압강하를 보상하여 송전전압을 조정하는 장치이다.

정답 106. ② 107. ② 108. ②

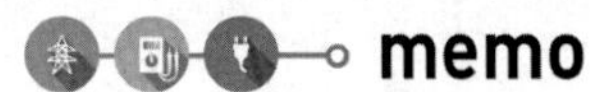

CHAPTER

11

발 전

기사 13.36% 출제

산업 12.30% 출제

이렇게 공부하세요!!

출제경향분석

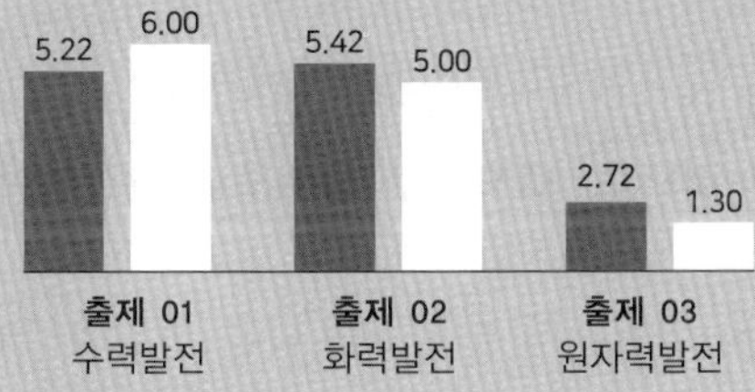

출제포인트

- ☑ 수력발전의 종류와 설비운영 시 주의할 사항에 대해 이해할 수 있다.
- ☑ 수차의 종류별 특성과 수력학 및 수력발전의 출력에 대해 이해할 수 있다.
- ☑ 화력발전의 종류를 구분하고 열효율을 높이는 방법에 대해 이해할 수 있다.
- ☑ 화력발전 기본식을 이해할 수 있다.
- ☑ 원자력발전의 종류를 구분하고 각 구성부분의 역할과 주의할 사항에 대해 이해할 수 있다.

CHAPTER

11 발 전

기사 13.36% 출제 | 산업 12.30% 출제

기사 5.22% 출제 | 산업 6.00% 출제

출제 01 수력발전

발전부분에서 가장 문제출제가 많이 되는 부분이지만 내용이 너무 넓게 나타나므로 기출문제를 분석하여 주로 출제되는 난이도 중 또는 하에 관한 문제를 집중공략하는 것이 점수를 얻는 데 효과적인 방법이다.

1 수력발전의 의미

수력발전이란 1차 에너지인 물을 하천이나 호수 또는 저수지 등으로부터 여러 가지 방법으로 취수하여 저수댐에 모아 이 물이 가지고 있는 위치 에너지를 운동 에너지로 바꿔 발전기를 회전시켜 전기 에너지를 발생시키는 발전방식이다.

2 수력발전의 구분

(1) 낙차에 의한 구분

낙차를 얻는 방법으로는 수로식, 댐식, 댐수로식, 유역변경식이 있다.

① 수로식 발전 : 하천 상류의 물을 취수댐으로부터 수로를 통하여 수차에 유입시켜 낙차를 얻어 발전하는 방식이다.

② 댐식 발전 : 하천의 중·하류 지역에서 하천을 댐으로 막아 낙차를 얻어 발전하는 방식이다.

③ 댐수로식 발전 : 댐식과 수로식의 기능을 합한 것으로, **댐으로부터 수로를 연결하여 큰 낙차를 만들어 발전하는 방식**이다.

④ 유역변경식 발전 : 댐수로식과 같은 시설로 만들어지는데 발전소를 다른 하천유역에 건설하여 큰 낙차를 얻어 발전하는 방식이다.

(2) 발전소운용방법에 따른 구분

① 자류식 발전 : 발전소의 최대 사용수량범위 내에서 하천의 자연유량을 아무런 조절을 하지 않고 그대로 발전에 이용하는 방식이다.

② 저수지식 발전 : 큰 댐을 건설하여 많은 저수용량을 확보하여 하천의 유량이 계절적으로 변동되어도 연중 매일 필요한 양의 물을 사용할 수 있는 발전방식이다.

③ 조정지식 발전 : 하천 규모에 비해 저수용량이 불충분해 계절적인 유량조정이나 홍수조절능력은 없지만 매일 또는 단기간의 유량조절기능을 활용하여 수요변동에 대응하는 운전으로 편리하게 사용한다.

④ 양수식 발전 : **전력소비가 적은 심야에 잉여전력을 이용하여 하부 저수지의 물을 상부 저수지에 양수하였다가 전력사용량이 많은 주간에 다시 하부 저수지로 흘려 보내 발전하는 방식**이다.

㉠ **첨두부하 시 발전 가능**
㉡ 전력계통상에 발전효율 향상
㉢ **경제적인 전력계통의 운용 가능**

단원 확인 기출문제

★★★ 산업 19년 3회

01 수력발전소의 분류 중 낙차를 얻는 방법에 의한 분류방법이 아닌 것은?

① 댐식 발전소　② 수로식 발전소
③ 양수식 발전소　④ 유역변경식 발전소

해설 **수력발전소의 분류**
㉠ 낙차를 얻는 방법으로 분류
- 수로식 발전
- 댐식 발전
- 댐수로식 발전
- 유역변경식 발전

㉡ 유량을 사용하는 방법으로 분류
- 유입식 발전
- 조정지식 발전
- 저수지식 발전
- 양수식 발전
- 조력발전

답 ③

★★★★ 기사 94년 5회, 00년 4회

02 첨두부하용으로 사용에 적합한 발전방식은?

① 조력발전소　② 양수식 발전소
③ 조정지식 발전소　④ 자연유입식 발전소

해설 발전설비에서 부하측에 전력공급 시 원자력발전, 화력발전, 수력발전을 운용하는 상황에서 작은 전력이 필요한 첨두부하의 경우 건설비가 상대적으로 저렴하고 잉여전력을 이용하는 양수식 발전소가 적합하다.

답 ②

3 수력발전소의 출력

수력발전소의 출력은 유량과 낙차에 의해 결정된다.

① 수력발전의 이론상 출력 : $P = 9.8QH$[kW]

② 수력발전의 실제출력 : $P = 9.8QH\eta_t\eta_g = 9.8QH\eta$[kW]

여기서, H : 유효낙차[m], Q : 유량[m^3/sec]

η_t : 수차의 효율, η_g : 발전기의 효율

단원 확인 기출문제

★★★★★ 산업 93년 3회, 95년 5회, 99년 3회, 16년 1회

03 어떤 발전소의 유효낙차가 100[m]이고, 최대 사용수량이 10[m^3/sec]일 경우 이 발전소의 이론적인 출력은 몇 [kW]인가?

① 4900 ② 9800
③ 10000 ④ 14700

해설 수력발전출력 $P=9.8HQ=9.8\times100\times10=9800$[kW]

답 ②

4 수력학

(1) 물의 압력

① 순수한 물은 4[℃]에서 최대 밀도를 가지며, 단위체적당 중량 $w=1000$[kg]이다.

② 단위면적당 압력 : $P=wH$ [kg/m^2]

(2) 수 두

물이 갖는 에너지는 위치 에너지, 속도 에너지 및 압력 에너지의 합으로 표시할 수 있다.

① 위치수두 H[m] : 물의 위치 에너지를 수두로 표시한 값

② 속도수두 $\frac{v^2}{2g}$[m] : 물의 속도 에너지를 수두로 나타낸 값 → $H_v=\frac{v^2}{2g}$[m]

③ 압력수두 $\frac{P}{w}$[m] : 물의 압력 에너지를 수두로 나타낸 값 → $H_P=\frac{P}{w}=\frac{P}{1000}$[m]

④ 물의 분출속도 : $v=\sqrt{2gH_v}$ [m/sec]

(3) 베르누이의 정리

① 비압축성, 정상상태의 유체가 관 내의 한 유선을 따라서 연속적으로 흐를 때 (에너지 보존 법칙)물이 흘러가는 임의의 한 점에서 위치수두, 속도수두, 압력수두의 합은 일정하다.

② $H_1+\frac{{v_1}^2}{2g}+\frac{P_1}{w}=H_2+\frac{{v_2}^2}{2g}+\frac{P_2}{w}$

(4) 연속의 정리

단면적 A[m^2]인 관로나 수로를 흐르는 유속을 v[m/sec]라고 하면 단위시간당 물의 양 Q[m^3/sec]는 다음과 같다.

$$Q=A\cdot v\,[\text{m}^3/\text{sec}]$$

관로 내의 두 점 a와 b의 단면적을 각각 A_1과 A_2라 두고, 또한 평균유속을 v_1및 v_2라 둘 때 단위시간에 a점으로 유입하는 수량은 $Q_1=A_1v_1$[m^3/sec]이고, b점으로부터 유출하는 수량은

$Q_2 = A_2 v_2[\text{m}^3/\text{sec}]$이다. 그런데 물은 비압축성이기 때문에 두 수량 간에는 질량불변의 법칙이 성립되어야 하므로 $Q_1 = Q_2$로 같다. 이를 연속의 정리라 하며 다음의 관계가 성립된다.

$$A_1 v_1 = A_2 v_2 = Q[\text{m}^3/\text{sec}]$$

연속의 정리에서 유속과 단면적은 서로 반비례관계가 성립한다. 따라서, **단면적이 좁은 곳에서는 유속이 커지고 반대로 단면적이 넓은 곳에서는 유속이 작아진다.**

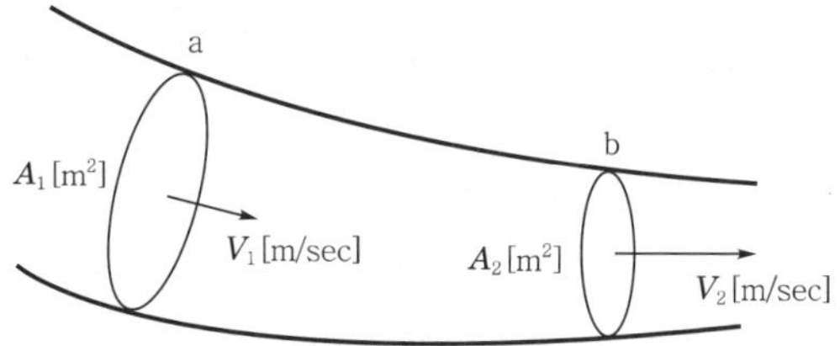

단원 확인 기출문제

★★★ 산업 96년 5회

04 수압철관의 안지름이 4[m]인 곳에서의 유속이 4[m/sec]이었다. 안지름이 3.5[m]인 곳에서의 유속은 약 몇 [m/sec]인가?

① 4.2　　② 5.2
③ 6.2　　④ 7.2

해설 연속의 정리에 의해 $Q = A_1 V_1 = A_2 V_2$이므로

유량 $Q = \dfrac{\pi \times 4^2}{4} \times 4 = \dfrac{\pi \times 3.5^2}{4} \times V_2$

유속 $V_2 = \dfrac{4^2}{3.5^2} \times 4 = 5.22[\text{m/sec}]$

답 ②

5 하천유량의 정의와 측정

(1) 하천의 유량

① 강수량(강우량) : 하천유수의 근원이 되는 것으로서, 그 유역에 내린 비와 눈의 양을 수심 [mm]단위로 나타내는 것을 말한다. 강수량을 1년간 적산한 것을 연강수량이라 한다.

② 유출률(유출계수) K : 강수량 중에서 대기로 증발하거나 지하로 스며드는 것 등을 제외하고 하천으로 유입되는 비율을 의미한다.

(2) 유량도

① 가로축에 1년 365일을 날짜순으로 하고 세로축에 매일의 하천의 유량의 크기를 나타낸다.

② 유량도에 기온, 수온, 강수량 등을 함께 표시하면 기상과 유량의 관계를 알 수 있다.
③ **매일의 측정유량을 표에 기입하여 연결하여 나타낸다.**

(3) 유황곡선

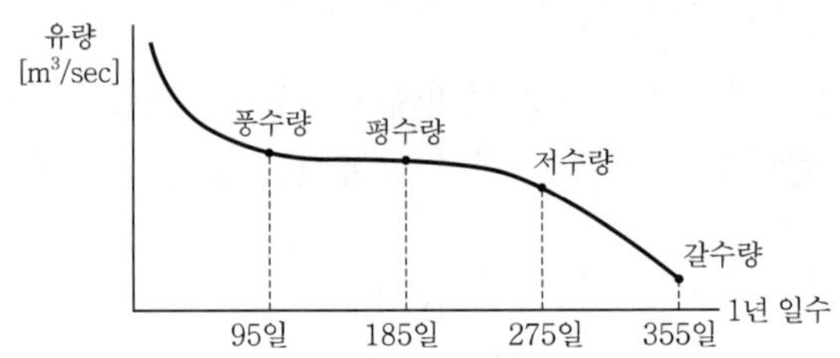

① 가로축에 일년의 일수를, 세로축에는 매일의 유량 중에서 큰 것부터 순서대로 기록한 것으로서, 수십 년간의 기록으로부터 평균유황곡선을 그린다.
② 유량의 크기구분 : 유량의 크기는 **1년 365일 동안 매일 측정한 하천의 수위자료를 기준**으로 하여 다음과 같이 나타낸다.
　㉠ 갈수량(갈수위) : 1년 365일 중 **355일**은 이 양 이하로 내려가지 않는 유량 또는 수위로, 한 겨울에 주로 나타난다.
　㉡ 저수량(저수위) : 1년 365일 중 **275일**은 이 양 이하로 내려가지 않는 유량 또는 수위
　㉢ 평수량(평수위) : 1년 365일 중 **185일**은 이 양 이하로 내려가지 않는 유량 또는 수위
　㉣ 풍수량(풍수위) : 1년 365일 중 **95일**은 이 양 이하로 내려가지 않는 유량 또는 수위

(4) 적산유량곡선

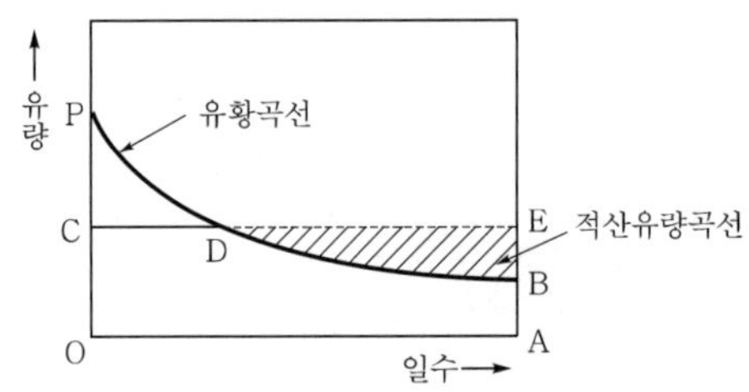

① 가로축은 날짜순으로 하고, 세로축에는 매일 유량의 적산곡선 및 사용수량을 적산한 곡선을 함께 나타낸 것이다.
② 연중 저수지의 수위가 최소 또는 최대가 되는 시기를 알 수 있으며, 최저 수위와 최대 수위 간의 저수용량도 알 수 있다.
③ 적산유량곡선은 **댐과 저수지 건설계획 또는 기존저수지의 저수계획을 수립하는 자료로 사용할 수 있다.**

(5) 하천 유량 및 유속측정

① 하천의 유량 Q는 수로의 단면적 S와 유속 v의 곱, 즉 $Q=Sv$[m^3/sec]이다.
② 유속측정법 : 유속계법, 부자법, 염수속도법, 깁슨법, 피토관법

(6) 연평균유량

$$Q = \frac{\frac{a}{1000} \times b \times 10^6 \times k}{365 \times 24 \times 3600}[\mathrm{m^3/sec}]$$

여기서, b : 유역면적[$\mathrm{km^2}$], a : 강수량[mm], k : 유량계수$= \frac{유출량}{강수량}$

단원 확인 기출문제

★★★★ 기사 93년 5회, 18년 3회

05 1년 365일 중 185일은 이 양 이하로 내려가지 않는 유량은?

① 저수량　　② 고수량
③ 평수량　　④ 풍수량

해설 하천의 유량은 계절에 따라 변하므로 유량과 수위는 다음과 같이 구분한다.
㉠ 갈수량 : 1년 365일 중 355일은 이 양 이하로 내려가지 않는 유량
㉡ 저수량 : 1년 365일 중 275일은 이 양 이하로 내려가지 않는 유량
㉢ 평수량 : 1년 365일 중 185일은 이 양 이하로 내려가지 않는 유량
㉣ 풍수량 : 1년 365일 중 95일은 이 양 이하로 내려가지 않는 유량

답 ③

★★ 산업 92년 7회

06 유역면적 550[$\mathrm{km^2}$]인 어떤 하천의 1년간 강수량이 1500[mm]이다. 증발, 침투 등의 손실을 30[%]라고 하면 1년을 통하여 평균적으로 흐른 유량은 약 몇 [$\mathrm{m^3/sec}$]이겠는가?

① 18.3　　② 21.3
③ 24.2　　④ 26.2

해설 연평균유량 $q = KQ = K \times \frac{\frac{a}{1000} \times b \times 10^6}{365 \times 24 \times 3600} = (1-0.3) \times \frac{\frac{1500}{1000} \times 550 \times 10^6}{365 \times 24 \times 3600} = 18.31[\mathrm{m^3/sec}]$
여기서, K : 유출계수, a : 강수량[mm], b : 유역면적[$\mathrm{km^2}$]

답 ①

6 수력발전소의 계통도

(1) 취수구의 설비

① 제수문 : **취수량을 조절하기 위해 설치된 수문**이다.
② 취수댐 : 하천의 유수를 취수하기 위하여 하천의 흐름에 거의 직각방향으로 물을 막아주는 설비로서, 유량조절기능은 없다.
③ 취수구 : 취수댐 바로 상류측 하안에 설치하여 물을 취수하는 설비이다.

④ **침사지** : 취수댐에서 취수된 물에는 토사가 많이 포함되어 있으므로 수로의 취수구 가까운 곳에 침사지를 두어서 유수 중의 토사를 침전시킨다.

⑤ **스크린 : 수로에 유입하는 불순물을 제거**한다.

(2) 수 로

취수구로부터 수조 또는 발전기의 수차까지 물이 흐르게 하는 통로이다.

(3) 조압수조(surge tank)

① 조압수조의 목적

㉠ 부하의 급격한 변동으로 사용수량이 급변할 때 압력수로와 수압관 내에 직접적인 피해를 줄이도록 압력수로과 수압관 사이에 설치하는 설비를 조압수조라 한다.

㉡ **조압수조는 부하급변 시 생기는 수격작용을 방지하고 수차의 사용유량변동에 따른 서징 작용을 흡수**한다.

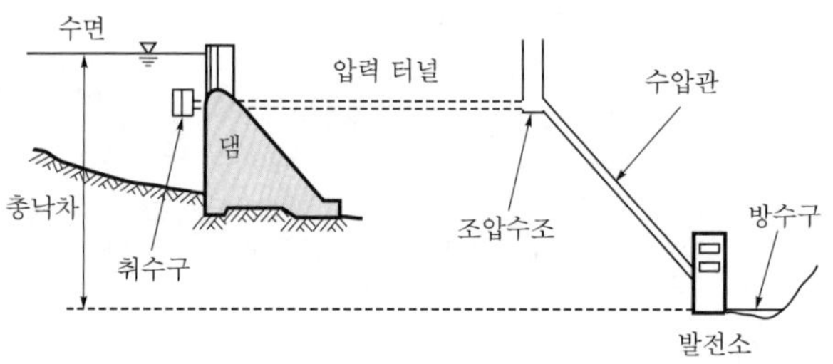

② 조압수조의 종류 및 특성

㉠ 단동 서지탱크

ⓐ 수조와 수로를 연결해준 가장 간단한 구조이다.

ⓑ 수로의 유속변화에 대한 움직임이 둔하여 큰 용량의 수조가 필요하다.

ⓒ 수격흡수가 확실하고, 수면의 승강이 완만하여 발전소운전이 안정적이다.

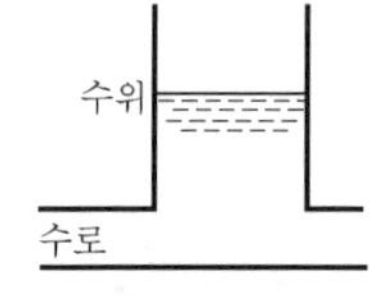

▎단동 서지탱크▕

㉡ 차동 서지탱크

ⓐ 실제 사용이 가장 많은 것으로, 수조 내부에 수로단면적의 10 ~ 70[%]의 단면을 갖는 라이저를 세워서 이것과 수로를 직결함과 동시에 수로와 수조를 작은 구멍(포트)으로 연결한 구조이다.

ⓑ **부하가 급증하면 라이저 내의 수위가 응동하여 수로 내 유수의 속도가 신속하게 부하의 변동에 적응한다.**

→ 수로의 과부족은 포트를 통해서 행해지고 진동은 1~2회 정도에서 평형된다.

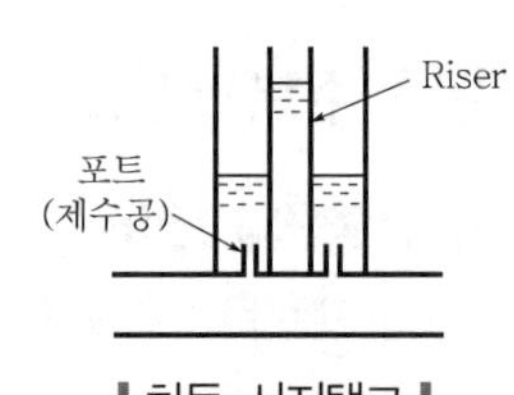

▎차동 서지탱크▕

ⓒ 구조가 복잡한 대신 수격의 감쇠가 빠르고 수조용량도 단동식의 50[%]이다.

ⓓ 주파수조정용 발전소에 적합하다.

㉢ 수실 서지탱크

ⓐ 수조의 상·하단에 수실을 설치한 구조이다.

ⓑ 수조부분은 단면적을 작게 하여 차동 서지탱크의 라이저에 상당하는 역할을 한다.

ⓒ 수조는 부하변동에 의한 서징을 억제하고 수량의 과부족은 수실로서 조정한다.

ⓓ **저수지의 이용수심이 크고** 지형에 따라 직립원통형 수조를 설치할 수 없는 수실의 모양을 적당히 맞추어서 시공한다.

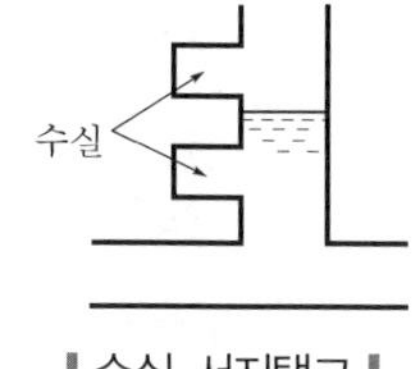

▌수실 서지탱크▐

㉣ 제수공 서지탱크

ⓐ 차동 서지탱크의 라이저를 제거하고 수조와 수로를 제수공으로 결합한 것이다.

ⓑ 수격작용을 충분히 흡수할 수는 없다.

ⓒ 부하변동으로 생긴 수량이 수조에 들어갈 때 제수공에 의해서 마찰손실을 생기게 함으로써 손실수두가 크게 되고 수조용량을 작게 할 수 있으며 간단하고 경제적이다.

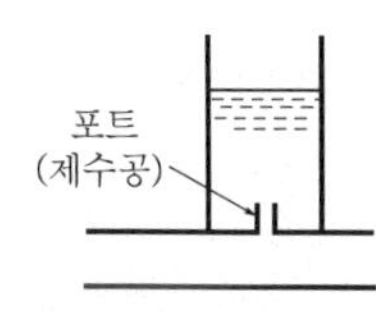

▌제수공 서지탱크▐

단원 확인기출문제

★★★★★ 기사 15년 1회 / 산업 06년 2회

07 **수력발전소에서 조압수조를 설치하는 목적은?**

① 부유물의 제거　　② 수격작용의 완화

③ 유량의 조절　　④ 토사의 제거

해설 조압수조는 부하급변 시에 생기는 수격작용을 방지하고 수차의 사용유량변동에 따른 서징 작용을 흡수한다.

답 ②

7 수차 및 부속설비

(1) 수차의 구분

수차는 물이 가지고 있는 에너지를 회전하는 운동 에너지(기계 에너지)로 변환시켜준다. 즉, 물이 가지는 위치수두, 압력수두 및 속도수두 이 3가지의 에너지를 운동 에너지로 바꾸는 것으로, 충동수차와 반동수차가 있다.

① 충동수차

㉠ **위치 에너지를 운동 에너지로 변환**시키는 수차이다.

㉡ **펠턴 수차(고낙차용)**

② 반동수차

㉠ 물의 위치 에너지를 압력 에너지로 바꾸고 이것을 런너에 유입시켜 여기서부터 빠져나갈 때 발생하는 **반동력을 이용하여 수차를 회전**시키는 구조이다.

㉡ **프란시스 수차(중낙차용)**

㉢ **프로펠러 수차, 카플란 수차(저낙차용)**

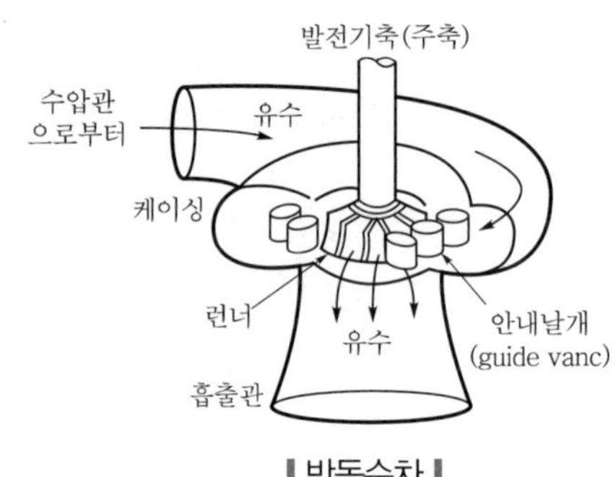

‖ 반동수차 ‖

(2) 수차의 종류 및 특징

① **펠턴 수차** : 펠턴 수차는 압력수두를 속도수두로 바꾸어 이것을 수차의 버킷에 충동시키는 수차로, 노즐(nozzle), 니들(needle), 버킷, 디스크, 디플렉터(deflector)로 구성되어 있다.

② **프란시스 수차**

㉠ 물의 압력수두를 그대로 런너에 작용시켜 그 반동력을 이용한 것으로, 케이싱(casing), 스피드링(speed-ring), 가이드베인(guidevane), 런너, 흡출관(draff tube) 등으로 구성되어 있다.

㉡ **흡출관**은 발전기와 방수면 사이의 낙차를 유효하게 이용하기 위해서 설치(**낙차를 늘리기 위해**)한 것이다.

③ **프로펠러 수차** : 프로펠러 수차는 런너 날개가 고정날개형이므로 구조가 간단하고 가격이 싸며 낙차 및 부하가 일정한 경우나 대수가 많은 발전소의 기저부하용으로 사용한다. 또한, 특유속도가 크다.

④ **카플란 수차** : 낙차가 작고 유량이 많은 경우에는 프란시스 수차를 사용하면 런너의 속도가 빨라지므로 런너의 수를 감소시켜 만든 수차로, 그 모양이 선박의 프로펠러와 유사하여 프로펠러 수차라 하며 런너의 각도를 조절할 수 있도록 만든 것을 카플란 수차라 한다.

⑤ **사류수차** : 반동수차의 일종으로, 유수는 런너를 통과할 때 주축방향과 경사진 방향으로 흐른다. 런너는 카플란 수차와 같은 각도로 변화된다. 그 구조는 카플란 수차와 비슷하다.

⑥ **튜블러 수차** : **조력발전에서 사용하는 15[m] 이하의 저낙차용으로 사용**한다.

단원 확인기출문제

★★★ 산업 98년 6회

08 **압력수두를 속도수두로 바꾸어서 적용시키는 수차는?**

① 프란시스 수차　　② 카플란 수차
③ 펠턴 수차　　④ 사류수차

해설 수차는 회전력을 얻는 방법에 따라 충동수치와 반동수차로 나뉘고 펠턴 수차만이 압력수두를 속도수두로 변화시키는 충동수차이다.

답 ③

(3) 수차의 특유속도

단위낙차의 위치에서 운전시켜 단위출력 1[kW]를 발생시키기 위한 1분당 필요한 회전수이다.

$$N_s = N\frac{P^{\frac{1}{2}}}{H^{\frac{5}{4}}} = N\frac{\sqrt{P}}{H\sqrt{\sqrt{H}}}[\text{rpm}]$$

여기서, N : 수차의 정격회전속도[rpm], H : 유효낙차[m]
P : 낙차 H[m]에서의 수차의 정격출력[kW]

① 펠턴 수차 : $12 \leq N_s \leq 23$

② 프란시스 수차 : $N_s = \dfrac{20000}{H+20} + 30$ $\left(N_s = \dfrac{13000}{H+20} + 50\right)$

③ 사류수차 : $N_s = \dfrac{20000}{H+20} + 40$

④ 프로펠러 수차 : $N_s = \dfrac{20000}{H+20} + 50$

단원 확인 기출문제

★★★ 기사 90년 2회, 98년 7회, 00년 5회

09 수력발전소에서 특유속도가 가장 높은 수차는?

① Pelton 수차 ② Propeller 수차
③ Francis 수차 ④ 사류수차

해설

종 류	N_S의 한계값	
펠턴	$12 \leq N_S \leq 23$	
프란시스	$N_S \leq \dfrac{20000}{H+20}+30$	65 ~ 350
사류	$N_S \leq \dfrac{20000}{H+20}+40$	150 ~ 250
카플란, 프로펠러	$N_S \leq \dfrac{20000}{H+20}+50$	350 ~ 800

답 ②

★★★ 기사 91년 5회, 00년 4회

10 유효낙차 81[m], 출력 10000[kW], 특유속도 164[rpm]인 수차의 회전속도[rpm]는?

① 약 185 ② 약 215
③ 350 ④ 약 400

해설 특유속도 $N_s = \frac{NP^{\frac{1}{2}}}{H^{\frac{5}{4}}} = \frac{N \times 10000^{\frac{1}{2}}}{81^{\frac{5}{4}}} = 164[\text{rpm}]$

회전속도 $N = \frac{N_S H^{\frac{5}{4}}}{P^{\frac{1}{2}}} = \frac{164 \times 81^{\frac{5}{4}}}{10000^{\frac{1}{2}}} = 398[\text{rpm}]$

답 ④

(4) 무구속속도

수차를 무부하상태에서 정격유량을 공급하면 속도가 상승하여 대단히 높은 속도에 도달하여 위험속도까지 도달하게 된다. 이때의 속도를 무구속속도(runway speed)라 한다. 무구속속도는 수차의 종류와 특유속도에 따라 변하며 대체로 다음과 같다.

① 펠턴 수차 : 150 ~ 200[%]

② 프란시스 수차 : 160 ~ 220[%]

③ 프로펠러 수차 : 200 ~ 250[%]

④ 카플란 수차 : 270[%]

(5) 수차의 낙차변동에 대한 특성

① 회전수 : $\frac{N_2}{N_1} = \left(\frac{H_2}{H_1}\right)^{\frac{1}{2}}$

② 유량 : $\frac{Q_2}{Q_1} = \left(\frac{H_2}{H_1}\right)^{\frac{1}{2}}$

③ 출력 : $\frac{P_2}{P_1} = \left(\frac{H_2}{H_1}\right)^{\frac{3}{2}}$

(6) 조속기

부하변화에 따른 수차의 회전속도변화에 따라 수차에 유입되는 유량을 자동적으로 조절하여 수차의 회전속도를 일정하게 유지하기 위한 장치로, 다음 순서에 따라 동작된다.

평속기 → 배압 밸브 → 서보모터 → 복원기구

① 평속기(스피더) : 회전속도가 변화하면 원심력 때문에 원심추가 상하로 이동하여 회전속도 편차검출

② 배압 밸브 : 검출된 속도변화를 부동(floating) 레버로 받아서 적당한 방향의 압유를 서보모터에 공급

③ 서보모터 : 배압 밸브에 의한 압유로 동작하여 밸브 개폐 조정

④ 복원기구 : 관성으로 인한 시간지연 때문에 생기는 회전속도의 난조(hunting)방지기구

(7) 캐비테이션

공기의 흐름보다 유수의 흐름이 빠르면 유수 중에서 진공이 발생하게 된다. 이 발생하는 현상을 공동현상 또는 캐비테이션 현상이라 한다.

기사 5.42% 출제 | 산업 5.00% 출제

출제 02 화력발전

랭킨 사이클을 반드시 숙지해야 한다. 이때, 각각의 설비가 어떤 역할을 하는지 파악하면 화력발전학습 시 좀더 효율이 높아질 것이다.

1 화력발전의 의미

석유, 석탄 등의 화석연료가 가지고 있는 에너지를 보일러에서 열에너지로 변환하고 이것을 터빈에서 기계 에너지로 또다시 발전기를 이용하여 전기 에너지로 변환하는 것을 말한다.

2 열역학 개요

(1) 물의 열량 및 온도

① 열량의 단위 : [kcal] 또는 [cal]

② 1[kcal] : 대기압에서 물 1[kg]의 온도를 1[℃] 높이는 데 필요한 열량

③ 1[BTU] : **대기압에서 물 1[lb=pound]의 온도를 1[°F] 올리는 데 필요한 열량**

1[BTU]=0.252[kcal]

④ 비열 C[kcal/kg · ℃] : 어떤 물질 1[kg]의 온도를 1[℃] 만큼 높이는 데 필요한 열량을 말하며, 물의 비열이 1이다.

단원 확인기출문제

★★ 산업 90년 6회, 97년 7회

11 1[BTU]는 몇 [cal]인가?

① 262 ② 252

③ 242 ④ 232

해설 1[BTU]란 1[pound]의 물을 1[℉] 상승시키는 데 요하는 열량으로, 1[BUT]=252[cal]이다.

답 ②

(2) 물과 증기

① **포화온도** : 물이 증기로 변하는 한계온도

② **포화증기** : 물이 증발하기 시작하는 온도에서 발생하는 증기

㉠ 습증기 : 수분이 포함되어 있는 증기

㉡ 건조포화증기 : 수분이 없는 완전한 증기

③ **과열증기** : 건조포화증기를 계속 가열하여 그 온도와 체적만을 증가시킨 증기

(3) 엔탈피와 엔트로피

① **엔탈피** : 단위무게의 물이나 증기가 보유하고 있는 전체열량

② **엔트로피** : 임의의 절대온도 T[K]에서 증기나 물의 엔탈피 증가분 i[kcal]를 그 상태의 절대온도로 나눈 값

3 화력발전소의 열 사이클

(1) 카르노사이클

① 카르노사이클은 열역학적 사이클 가운데서 **가장 이상적인 열 사이클로서, 2개의 등온변화와 2개의 단열변화로 이루어져 있다.**

등온팽창 → 단열팽창 → 등온압축 → 단열압축

② 카르노사이클의 각 과정은 다음과 같다.

㉠ 1 → 2(등온팽창) : 온도 T_1의 고열원으로부터 열량 Q_1을 얻어서 온도 T_1을 유지하면서 팽창한다.

㉡ 2 → 3(단열팽창) : 열절연된 상태에서의 팽창이며, 온도는 T_1에서 T_2로 저하한다.

㉢ 3 → 4(등온압축) : 온도 T_2의 저열원에 열량 Q_2를 방출하여 온도를 T_2로 유지하면서 압축된다.

㉣ 4 → 1(단열압축) : 단열상태에서 압축되어 온도가 T_2에서 T_1으로 상승한다.

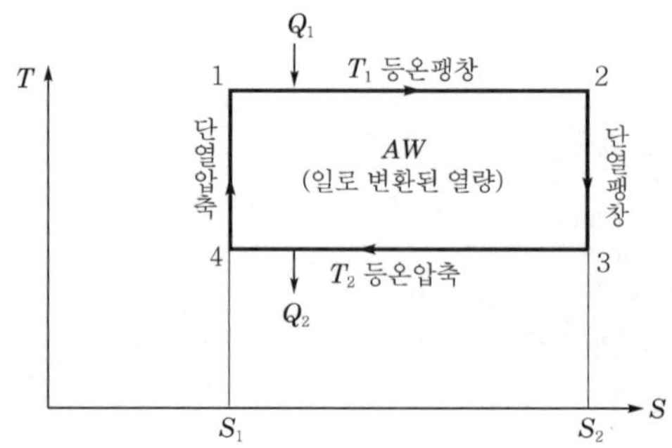

(2) 랭킨사이클

기력발전에서 가장 기본이 되는 사이클이다.

$$\text{랭킨사이클의 열효율 } \eta_R = \frac{i_3 - i_2}{i_3 - i_1}$$

여기서, i_1 : 보일러 급수 엔탈피, i_2 : 터빈 배기 엔탈피, i_3 : 과열증기 엔탈피

① 절탄기 : 배기가스의 남은 열을 이용하여 **보일러에 공급되는 급수를 예열하여 효율을 향상** 시키기 위한 설비이다.
② 보일러 : 화석연료를 이용하여 급수를 끓여주는 곳이다.
③ 과열기 : 보일러의 연도 또는 화로 내에 설치되어 보일러에서 발생하는 포화증기를 가열하여 **과열증기를 만들어 터빈에 공급하는 설비**이다.
④ 터빈 : 증기를 이용하여 운동 에너지를 발생시켜 터빈을 회전하여 전기 에너지를 생성한다.
⑤ 복수기 : **증기 에너지를 진공으로 된 복수기를 통해 급수로 변화한다(손실이 가장 크다).**
⑥ 순환 펌프 : 보일러로 다시 순환된다.

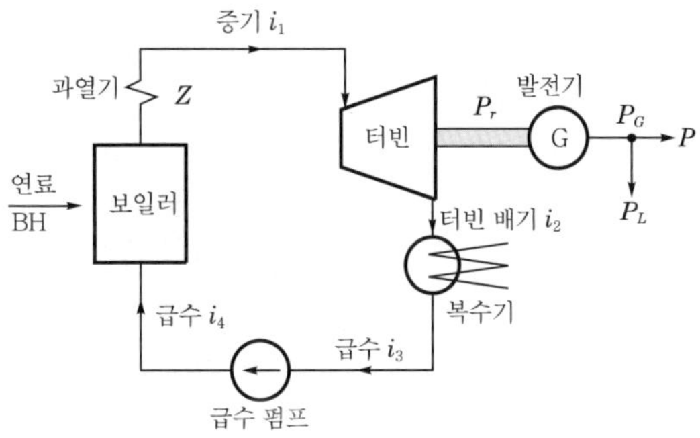

(3) 재열 사이클

터빈에서 임의의 온도까지 팽창한 증기를 추출하여 보일러로 되돌려 보내서 재열기로 적당한 온도까지 재가열시켜 다시 터빈으로 보내는 방식이다.

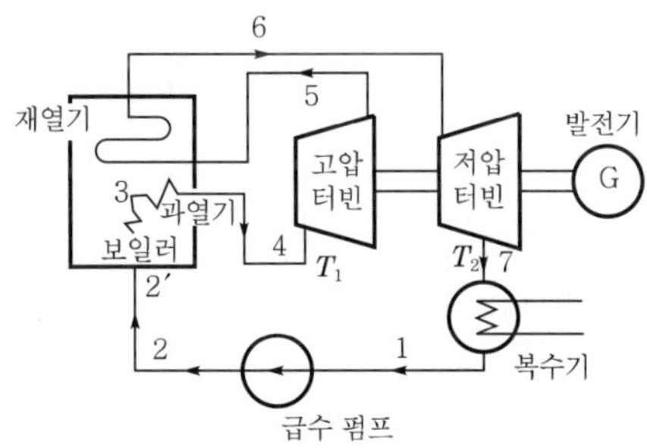

(4) 재생 사이클

고압 또는 저압 터빈에서 팽창하며 일을 하고 있는 증기 중의 일부를 추기, 그 추기증기가 가지고 있는 열 에너지로 복수기를 거친 물을 미리 가열하면 보일러에서 가해질 연료를 절약할 수 있는데 이때 그 추기증기로 터빈에서 일을 하는 것보다 열역학적으로 효율을 더 높일 수 있다는 점을 이용한 것이다. 또한, 복수기 및 저압 터빈의 소형화를 이룰 수 있다.

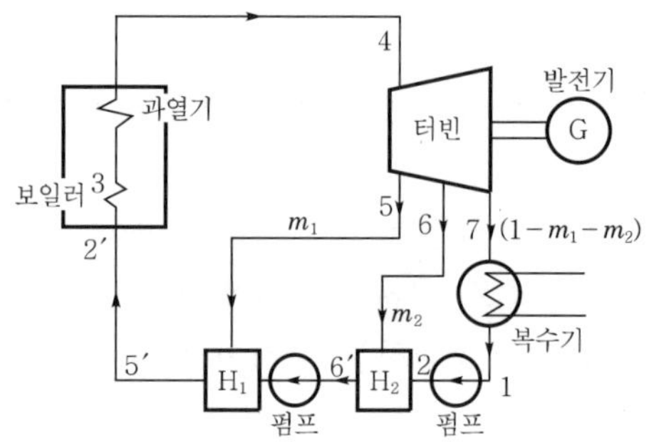

(5) 재생 · 재열 사이클

재열 사이클이 터빈 내부손실을 줄이는 방법에 의해서 효율을 높이는데 비하여 재생 사이클은 열역학적으로 효율을 증대시키는 방식이다. 재열 사이클과 재생 사이클은 서로 저촉되지 않으므로 양자를 모두 채택하여 열효율을 향상시키는 방식을 재열 · 재생 사이클이라 한다.

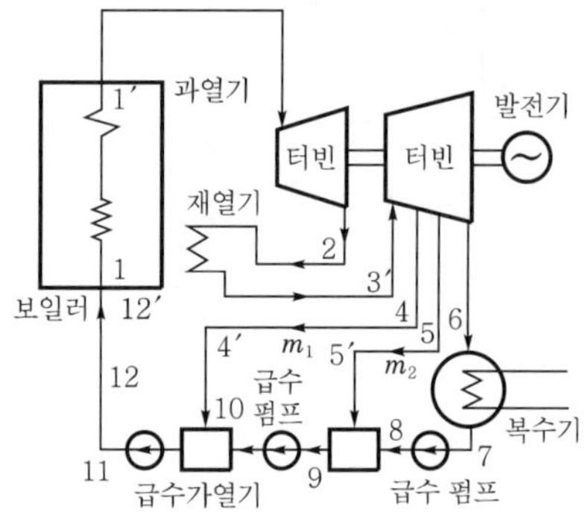

(6) 열 사이클 효율향상대책

① 터빈의 증기온도 및 압력을 향상시키기 위하여 과열증기를 사용한다.

② 터빈에서의 열낙차를 향상시키기 위하여 진공도를 높게 유지한다.

③ 터빈 출구의 배기압력을 낮게 유지한다.

④ 재생 · 재열 사이클을 채용한다.

단원 확인 기출문제

★★★★★ 기사 90년 7회, 98년 4회

12 그림과 같은 $T-S$선도를 갖는 열 사이클은?

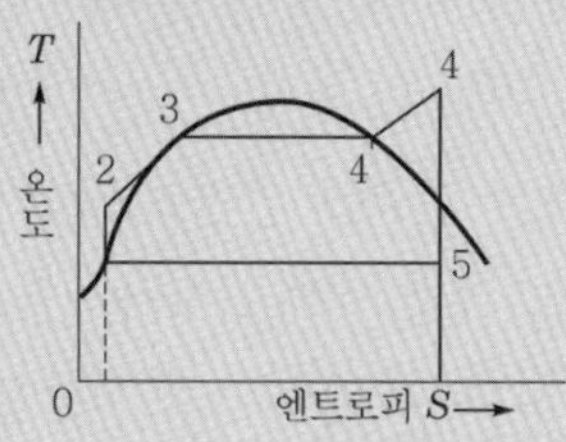

① 카르노사이클　　② 랭킨사이클
③ 재생 사이클　　④ 재열 사이클

해설 증기를 작업유체로서 사용하는 기력발전소의 가장 기본적인 사이클로, 2개의 등압변화와 2개의 단열변화로 구성된다.

답 ②

★★★ 기사 93년 5회

13 터빈 내에서 증기의 팽창 도중 증기의 일부를 추출(抽出)하여 이것을 급수가열에 이용하는 열 사이클은?

① 랭킨사이클　　② 카르노사이클
③ 재생 사이클　　④ 재열 사이클

해설 **재생 사이클**
터빈에서 팽창 도중 증기의 일부를 추출하여 급수가열에 이용하여 효율을 높이는 방식이다.

답 ③

4 보일러 및 부속설비

(1) 보일러의 종류

① **자연순환식 보일러** : 보일러 급수가 가열되어 발생한 증기와 물이 부력에 의한 순환력으로 자연순환이 일어난다.

② **강제순환식 보일러** : 보일러 급수가 순환하는 관에 순환 펌프를 설치하여 강제로 보일러 급수를 순환시키는 방식이다.

③ **관류형 보일러**

㉠ 보일러 급수를 한쪽 끝의 수관에서 흘려보내고 이를 가열하여 다른쪽 끝에서 증기가 나오게 하는 방식이다.

㉡ 드럼이 없고, 수냉관이 가늘어서 좋으므로 전체중량이 가볍고 경제적이다.

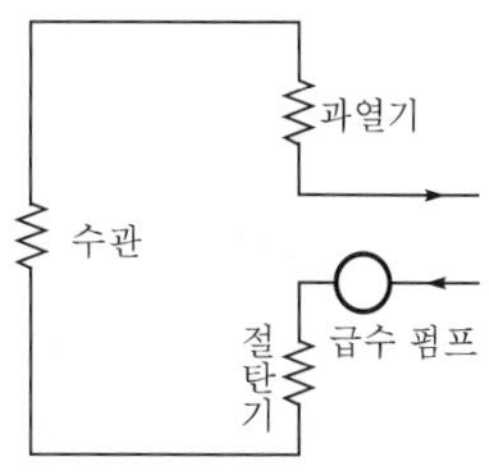

㉢ 보유수량이 작으므로 시동·정지 시간이 짧아 빠른 시동에 적합하다.
㉣ 부하변동에 대한 응답성이 높은 등의 이점이 있다.
㉤ 고성능의 보일러 자동제어장치가 필요하다.
㉥ 펌프 동력비가 크고 수처리 및 급수의 정화가 요구된다.

(2) 보일러의 부속설비

① **노** : 연료와 공기를 혼합하여 연료를 완전연소시키기 위한 장치이다.
② **과열기** : 보일러의 연도 또는 화로 내에 설치되어 보일러에서 발생하는 포화증기를 가열하여 과열증기를 만들어 터빈에 공급하는 설비이다.
③ **재열기** : 고압 터빈 내에서 팽창된 증기를 다시 추기하여 재가열하기 위한 설비이다.
④ **절탄기** : 배기가스에 남아 있는 열을 이용하여 보일러 급수를 예열하는 설비이다.
⑤ **공기예열기** : 절탄기를 거쳐 배출되는 연소 가스를 이용하여 연소에 필요한 연소용 공기를 예열하는 설비이다.

5 증기 터빈

(1) 배기가스 사용방법에 의한 분류

① **추기 터빈** : 증기 터빈에서 증기의 팽창 도중에 추기하여 다른 작업용으로 이용하는 방식이다.
② **배압 터빈** : 고압 증기를 배압 터빈으로 팽창시켜 터빈의 회전력을 발생시키고 그 배기증기를 다른 작업용으로 사용하는 방식으로, 연료사용을 감소시키고 열효율을 증대시킬 수 있으며 복수기가 필요없는 방식이다.

(2) 조속기

부하변동에 대해 공급증기량 및 압력를 조절하여 회전속도를 일정하게 유지하는 장치이다.

6 발전소효율

보일러 효율과 터빈 효율을 합한 전체의 효율을 발전소효율이라 하며, 소비된 연료량과 터빈의 출력량을 이용하여 계산한다.

발전소부하는 계속 변화하므로 열효율은 어떤 기간에 대한 평균값으로 표시할 수 밖에 없다. 따라서, 발전소부하는 열효율에 큰 영향을 끼치게 되며, 발전소 열효율을 다음 식으로 나타낸다.

① **발전소의 열효율** : $\eta = \dfrac{860 \cdot P}{W \cdot C} \times 100\,[\%]$

여기서, P : 전력량[W], W : 연료소비량[kg], C : 열량[kcal/kg]

1[kWh]=860[kcal], 1[J]=0.24[cal], 1[cal]=4.18[J]

② **화력발전의 기본식** : $860 \cdot P = W \cdot C \cdot \eta$

단원 확인 기출문제

★★★ 산업 99년 6회

14 최대 출력 5000[kW], 일부하율 60[%]로 운전하는 화력발전소가 있다. 5000[kcal/kg]의 석탄 4300[ton]을 사용하여 50일간 운전하면 발전소의 종합효율은 몇 [%]인가?

① 14.4 ② 20.4
③ 30.4 ④ 40.4

해설 열효율 $\eta = \frac{860P}{WC} \times 100 = \frac{860 \times 5000 \times 0.6 \times 50 \times 24}{4300 \times 10^3 \times 5000} \times 100 = 14.4[\%]$

여기서, P : 전력량[W], W : 연료소비량[kg], C : 열량[kcal/kg]

답 ①

7 복수기 및 급수장치

(1) 복수기

① 터빈에서 배기되는 증기를 용기 내부로 도입하여 물로 냉각시키면, 증기는 응결하고 용기 내부는 진공이 되므로 공기를 저압까지 팽창시킬 수 있다.

② 복수기의 종류 : 표면복수기, 증발복수기, 분사복수기, 방사복수기

③ **복수기에서 손실은 50 ~ 55[%] 정도**이다.

단원 확인 기출문제

★★★★ 기사 92년 6회

15 기력발전소에서 열손실이 가장 많은 곳은 (㉠)이며 그 손실량은 전 공급열량의 약 (㉡)[%]이다. ( )에 알맞은 말은?

① ㉠ 과열기, ㉡ 40 ② ㉠ 복수기, ㉡ 50
③ ㉠ 보일러, ㉡ 30 ④ ㉠ 터빈, ㉡ 20

해설 **복수기**
수력발전설비에서 사용되는 기기로, 터빈에서 배기되는 증기를 등온압축하여 물로 냉각시켜 열낙차를 크게 하기 위한 설비이다.

답 ②

(2) 급수설비

① **급수 펌프** : 보일러에 물을 공급하기 위한 장치이다.

② **급수가열기** : 증기 터빈에서 추기한 증기로 급수를 가열하여 보일러 효율을 향상시키기 위한 설비이다.

③ 탈기기(부식방지) : **급수 중에 포함되어 있는 산소 및 수소 등을 제거하는 설비**이다.

(3) 보일러 급수의 불순물에 의한 장해

① **스케일** : 보일러 급수 중에 포함되어 있는 염류가 보일러 물이 증발함에 따라 그 농도가 증가되어 용해도가 작은 것부터 차례로 침전하여 보일러의 내벽에 부착되는 현상이다.

② **캐리오버** : 보일러 급수 중에 포함된 불순물이 증기 속에 혼입되어 터빈까지 전달되는 현상이다.

③ **프라이밍** : 보일러 드럼에서 증기와 물의 분리가 잘 안 되어 증기 속에 수분이 섞여서 같이 끓는 현상이다.

④ **포밍** : 정상적인 물은 1기압 상태에서 100[℃]에 증발하여야 하는데 이보다 낮은 온도에서 물이 증발하는 현상이다.

(4) 보일러 급수의 불순물 제거

탈기기는 급수 중에 용해되서 존재하는 산소를 물리적으로 분리 · 제거하여 보일러 배관의 부식을 미연에 방지한다.

(5) 집진장치

① **원심력집진장치** : 배출 가스에 회전운동을 가해 분진입자에 원심력이 가해져 가스로부터 분리해주는 집진장치이다.

② **전기집진장치**

㉠ 석탄연소 화력발전소에서 사용되는 집진장치로, 효율이 가장 높다.

㉡ 전기 에너지를 인가하여 연도 내부공기를 이온화하여 미립자를 음으로 대전하여서 집진전극에 끌어당겨 집진하는 고성능의 집진장치이다.

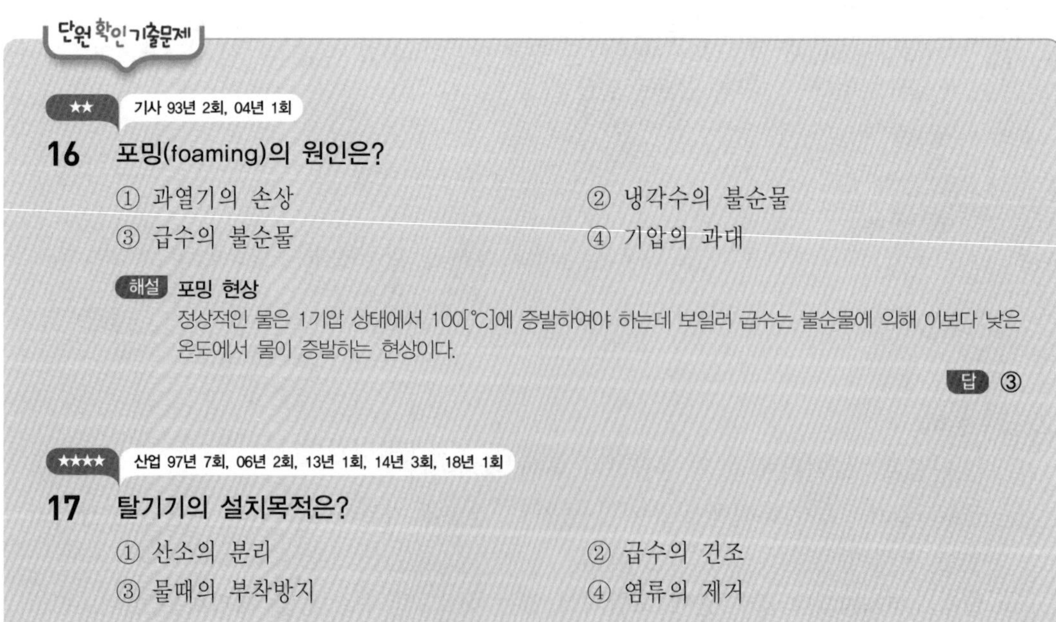

단원 확인 기출문제

★★ 기사 93년 2회, 04년 1회

16 포밍(foaming)의 원인은?

① 과열기의 손상
② 냉각수의 불순물
③ 급수의 불순물
④ 기압의 과대

해설 **포밍 현상**
정상적인 물은 1기압 상태에서 100[℃]에 증발하여야 하는데 보일러 급수는 불순물에 의해 이보다 낮은 온도에서 물이 증발하는 현상이다.

답 ③

★★★★ 산업 97년 7회, 06년 2회, 13년 1회, 14년 3회, 18년 1회

17 탈기기의 설치목적은?

① 산소의 분리
② 급수의 건조
③ 물때의 부착방지
④ 염류의 제거

해설 탈기기는 급수 중에 용해해서 존재하는 산소를 물리적으로 분리・제거하여 보일러 배관의 부식을 미연에 방지하는 장치이다.

답 ①

기사 2.72% 출제 | 산업 1.30% 출제

출제 03 원자력발전

원자력발전에서 어려운 내용은 개괄적으로 훑고 원자로의 구성에 속하는 부분의 명칭과 특성을 파악하는 것이 효과적이다. 그리고 비등수형과 가압수형 발전방식 정도의 내용을 암기하는 것이 필요하다.

1 원자력발전의 의미

원자력발전은 원자로 내에서 우라늄 등을 핵분열시켜 발생하는 열량을 이용해 증기로 만들고 터빈을 구동시켜 발전하는 방식이다.

2 원자력발전의 특성

① 화력발전소에 비해 건설비는 높지만 연료비가 훨씬 적게 들어 전체적인 발전원가면에서는 유리하다.

② 다른 연료와 달리 연기, 분진, 유황이나 질소산화물, 가스 등 대기나 수질, 토양 오염이 없는 깨끗한 에너지이다.

③ 핵연료는 부피가 작기 때문에 연료의 수송 및 저장이 용이하며 비용도 대폭 절감된다. 우라늄235 1[g]이 전부 핵분열을 일으키면 석탄 3톤, 석유 9드럼(150만[g]), 천연가스 1.4[m^3]에 상당하는 큰 에너지를 방출한다.

3 원자로의 구성

(1) 핵연료

① 우라늄 및 플루토늄 등의 물질을 이용하여 핵분열을 일으키는 물질을 말한다.

② 원자로의 연료 : U_{92}^{235}, U_{92}^{233}, U_{92}^{239}

③ 핵연료는 고온에 견딜 수 있어야 하고 **열전도도가 높고 밀도가 높아야 한다.**

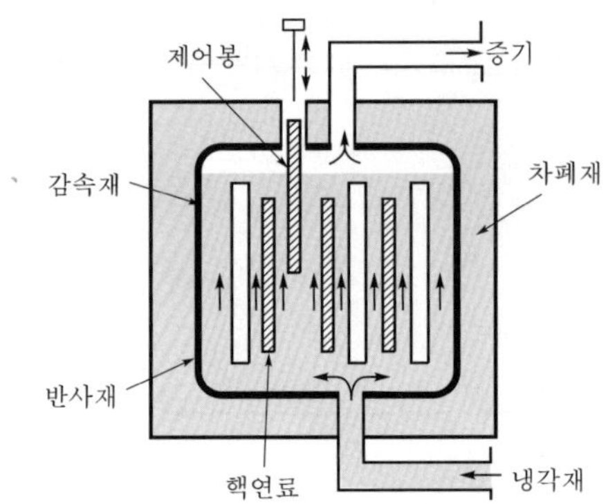

(2) 감속재

① **고속중성자의 에너지를 감소시켜서 열중성자로 감속되도록 하는 물질이다.**

② 종류 : **경수(H_2O), 중수(D_2O), 베릴륨, 흑연**

③ **중성자 흡수능력이 작아야 한다(흡수단면적이 작을 것).**

④ 중량이 가볍고 밀도가 큰 원소이어야 한다.

(3) 제어봉

① **중성자를 흡수하여 중성자의 수를 조절**함으로써 핵분열 연쇄반응을 제어하는 물질이다.

② 종류 : **카드뮴(Cd), 붕소(B), 은(Ag), 하프늄, 인듐(In)**

③ **중성자 흡수능력이 좋아야 한다.**

④ 냉각재, 방사선 등에 대해 안정해야 한다.

(4) 냉각재

① 원자로 내에서 발생한 열 에너지를 외부로 끄집어내기 위한 물질이다.

② 종류 : **경수, 중수, CO_2, He, Na**

③ **열용량이 크고 열전달특성이 좋아야 한다.**

④ **중성자의 흡수가 적어야 한다.**

(5) 반사재

① 원자로에서 핵분열 시 중성자가 원자로 밖으로 빠져나가지 않도록 원자로 내부로 되돌려 보내는 역할을 하는 물질이다.

② 종류 : **경수, 중수, 흑연, 산화베릴륨**

③ 구비조건은 감속재와 같다.

(6) 차폐재

① **원자로 내부의 방사선이 외부로 누출되는 것을 방지**하는 역할을 한다.

② 종류 : **콘크리트, 물, 납**

③ 밀도가 대단히 높고, 열전도도가 커야 한다.

단원 확인기출문제

★★★★ 기사 12년 2회, 13년 2회

18 원자로의 감속재가 구비하여야 할 성질 중 적합하지 않은 것은?

① 원자량이 큰 원소일 것
② 중성자의 흡수단면적이 작을 것
③ 중성자와의 충돌확률이 높을 것
④ 감속비가 클 것

해설 감속재란 핵분열에 의해 생긴 고속중성자를 열중성자로 감속하기 위하여 사용하는 것으로, 원자핵의 질량수가 적어야 한다. 중성자의 산란이 크고 흡수가 적을 것이 요구되므로 경수, 중수, 흑연, 베릴륨 등이 이용되고 있다.

답 ①

4 원자력발전소의 종류

(1) 비등수형(BWR) 원자로

원자로 내에서 핵분열로 발생한 열로 물을 가열하여 증기를 발생시켜 터빈에 공급하는 방식으로, 열교환기가 없고 **감속재, 냉각재로 경수를 사용**한다.

(2) 가압수형(PWR) 원자로

원자로 내에서의 압력을 매우 높여 물의 비등을 억제함으로써 2차측에 설치한 증기발생기를 통하여 증기를 발생시켜 터빈에 공급하는 방식이다.

① 가압경수로형(PWR) : **감속재, 냉각재로 경수를 사용**한다.
② 가압중수로형 : **감속재, 냉각재로 중수를 사용**한다.

단원 확인기출문제

★★ 기사 97년 6회, 05년 1회

19 비등수형 동력용 원자로에 대한 설명으로 틀린 것은?

① 노심 안에서 경수가 끓으면서 증기를 발생할 수 있게 설계된 것이다.
② 내부의 압력은 가압수형 원자로(PWR)보다 높다.
③ 발생된 증기로 직접 터빈을 회전시키는 방식을 직접 사이클이라 한다.
④ 직접 사이클의 노에서는 증기 속에 방사선물질이 섞이게 되므로 터빈 안에까지 방사능으로 오염될 우려가 있다.

해설 비등수형 원자력발전소의 원자로는 노심 안에서 증기가 발생하므로 가압수형의 경우보다 압력이 낮다.

답 ②

단원 자주 출제되는 기출문제

★★★ 기사 91년 6회, 95년 7회, 15년 2회 / 산업 18년 3회

01 수력발전소를 건설할 때 낙차를 취하는 방법으로 적합하지 않은 것은?

① 댐식
② 수로식
③ 역조정지식
④ 유역변경식

해설
역조정지식은 댐 하부에 설치하는 조정지로서, 하류의 유량을 조절한다.

★ 산업 98년 5회, 02년 1회

02 기초와 양안(兩岸)의 암반이 양호한 협곡에 적합한 댐은?

① 중력댐
② 중공댐
③ 사력댐
④ 아치댐

해설 아치댐
수압 등 하중의 대부분을 자중에 의한 중력과 아치작용에 의하여 양쪽 산의 암반에 전달되도록 댐의 수평단면형이 아치곡선으로 된 댐이다.

★★★★ 기사 95년 6회 / 산업 19년 3회

03 양수발전의 목적은?

① 연간 발전량[kWH]을 늘이기 위하여
② 연간 평균손실전력을 줄이기 위하여
③ 연간 발전비용을 줄이기 위하여
④ 연간 수력발전량을 늘이기 위하여

해설
양수발전소의 설치목적은 경부하 시 저렴한 발전전력으로 저수지의 물을 높은 곳의 저수지로 양수하여 첨두부하 시 발전에 이용함으로써 발전비용을 감소시키는 것이다.

집중공략

★★★★★ 기사 90년 2회, 92년 6회, 99년 5회, 02년 3회, 05년 1회

04 전력계통의 경부하 시나 또는 다른 발전소의 발전전력에 여유가 있을 때 이 잉여전력을 이용해서 물을 상부의 저수지에 옮겨 저장하였다가 필요에 따라 이 물을 이용해서 발전하는 발전소는?

① 조력발전소
② 양수식 발전소
③ 유역변경식 발전소
④ 수로식 발전소

해설
양수발전은 경부하 시 잉여전력을 이용하여 상부 저수지에 물을 저장하였다가 첨두부하 시 발전하는 방식을 말한다.

★ 산업 97년 2회, 04년 3회

05 그림에서와 같이 폭 B[m]인 수로를 막고 있는 구형 수문에 작용하는 전압력은 몇 [kg]인가? (단, 물의 단위체적당 무게를 W[kg/m^3]라 한다)

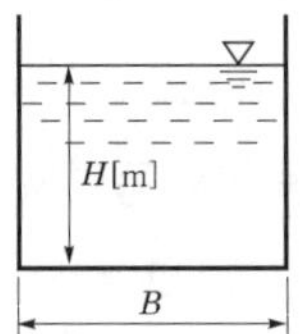

① $\frac{1}{2}HWB$　　② $\frac{1}{2}H^2WB$
③ H^2WB　　④ HWB

해설
전압력 $P_o = B\int_o^H Whdh = \frac{1}{2}WBH^2$[kg]

정답 01. ③ 02. ④ 03. ③ 04. ② 05. ②

★★★★ 산업 99년 6회

06 1[kg/cm²] 수압의 압력수두는 몇 [m]인가?

① 1 ② 10
③ 100 ④ 1000

해설

압력수두 $H=\frac{P}{W}=10P$[m]

$H=10\times1=10$[m]

★ 기사 91년 5회

07 그림같이 수심이 50[m]인 수조의 측면에 가해지는 수압은 몇 [ton/m²]인가?

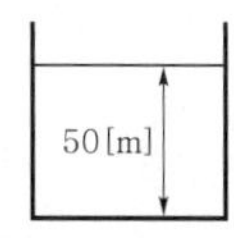

① 25 ② 50
③ 75 ④ 100

해설

압력수두 $H=\frac{P}{W}=10P$

수압 $P=WH=\frac{H}{10}$

$=\frac{50}{10}=5$[kg/cm²]$=50$[ton/m²]

★★ 산업 92년 5회, 93년 5회

08 수압관 안의 1점에서 흐르는 물의 압력을 측정한 결과 5[kg/cm²], 유속을 측정한 결과 3[m/sec]이었다. 그 점에서 속도수두는 몇 [m]인가?

① 49.5
② 95
③ 125
④ 175

해설

압력수두 $H=10P=10\times5=50$[m]

손실수두 $H=\frac{V^2}{2g}=\frac{3^2}{2\times9.8}=0.459$[m]

속도수두 $H=50-0.459=49.54$[m]

★★★ 산업 00년 4회, 92년 7회

09 유효낙차 200[m]인 펠턴 수차의 노즐에서 분사되는 물의 속도는 약 몇 [m/sec]인가?

① 44.2 ② 53.6
③ 62.6 ④ 76.2

해설

물의 분출속도 $V=\sqrt{2gH}$

$=\sqrt{2\times9.8\times200}=62.6$[m/sec]

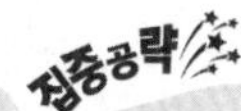

★★★★ 산업 93년 4회, 03년 3회, 15년 2회

10 유효낙차 400[m]의 수력발전소가 있다. 펠턴 수차의 노즐에서 분출하는 물의 속도를 이론값의 0.95배로 한다면 물의 분출속도는 몇 [m/sec]인가?

① 42 ② 59.5
③ 62.6 ④ 84.1

해설

물의 분출속도 $V=K\sqrt{2gH}$

$=0.95\sqrt{2\times9.8\times400}$

$=84.11$[m/sec]

★★★ 기사 91년 7회

11 횡축에 1년 365일을 역일순으로 취하고, 종축에 유량을 취하여 매일의 측정유량을 나타낸 곡선은?

① 유황곡선 ② 적산유량곡선
③ 유량도 ④ 수위유량곡선

해설 **하천의 유량측정**

㉠ 유황곡선 : 횡축에 일수를, 종축에 유량을 표시하고 유량이 많은 일수를 차례로 배열하여 이 점들을 연결한 곡선이다.
㉡ 적산유량곡선 : 횡축에 역일을, 종축에 유량을 기입하고 이들의 유량을 매일 적산하여 작성한 곡선으로, 저수지용량 등을 결정하는 데 이용할 수 있다.
㉢ 유량도 : 횡축에 역일을, 종축에 유량을 기입하고 매일의 유량을 표시한 것이다.
㉣ 수위유량곡선 : 횡축에 하천유량을, 종축에 하천의 수위 사이에는 일정한 관계가 있으므로 이들 관계를 곡선으로 표시한 것이다.

정답 06. ② 07. ② 08. ① 09. ③ 10. ④ 11. ③

★★★ 산업 92년 3회, 98년 5회

12 다음 그림 중 유황곡선모양을 표시하는 것은? (단, 단위는 유량 : [m^3/sec], 수량 : [m^3]임)

①
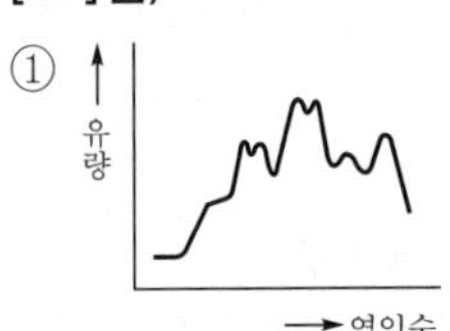

②
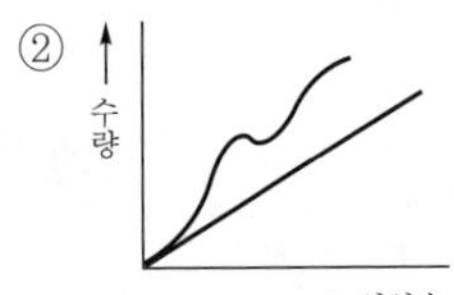

③
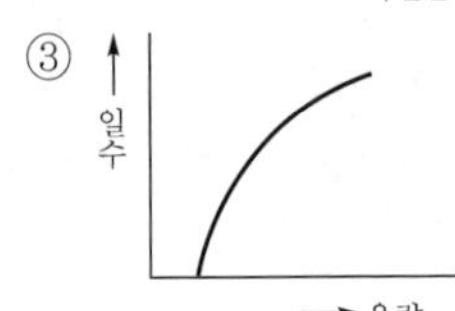

④
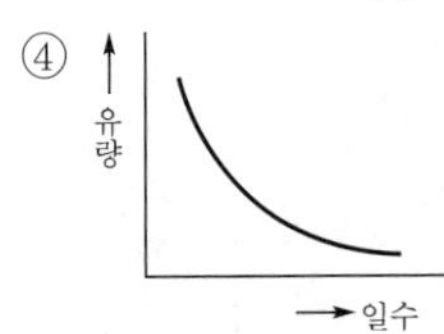

해설

㉠ 유황곡선 : 가로축에 일년의 일수를, 세로축에는 매일의 유량 중에서 큰 것부터 순서대로 기록한 것
㉡ 유량도 : 가로축에 1년 365일을 날짜순으로 하고 세로축에 매일의 하천유량의 크기를 나타낸 것

★★★★ 기사 90년 6회, 11년 3회

13 그림과 같은 유황곡선을 가진 수력지점에서 최대 사용수량 OC로 1년간 계속 발전하는 데 필요한 저수지의 용량은?

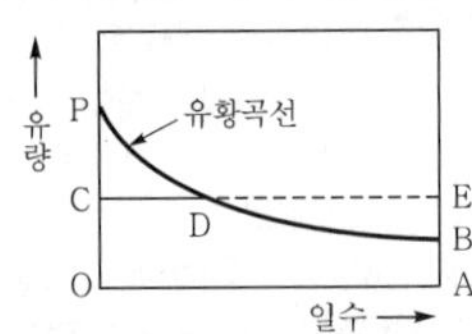

① 면적 OCDBA
② 면적 OCDA
③ 면적 DEB
④ 면적 PCD

해설

적산유량곡선은 댐과 저수지 건설계획 또는 기존 저수지의 저수계획을 수립하는 자료로 사용할 수 있다.
㉠ OC : 최대 사용수량
㉡ 면적 OPBA : 유량
㉢ 면적 DEB : 부족수량
∴ 저수지의 용량은 부족수량인 면적 DEB의 수량만큼 저수해 두면 된다.

★★★★★ 기사 96년 5회, 03년 1회, 04년 4회 / 산업 06년 1회, 07년 2회, 11년 3회

14 수력발전소의 댐을 설계하거나 저수지의 용량 등을 결정하는 데 가장 적당한 것은?

① 유량도
② 적산유량곡선
③ 유황곡선
④ 수위유량곡선

해설

적산유량곡선은 횡축에 역일을, 종축에 유량을 기입하고 이들의 유량을 매일 적산하여 작성한 곡선으로, 저수지용량 등을 결정하는 데 이용할 수 있다.

★ 기사 93년 3회

15 유황곡선으로부터 알 수 없는 것은?

① 연간 총유출량
② 갯벌 하천유량
③ 하천의 유량변동사태
④ 평수량

해설

하천의 유량은 계절에 따라 변하므로 유량도를 작성하여 매일의 유량변동을 알 수 있다.

★★★★ 기사 91년 6회, 15년 3회 / 산업 17년 1회

16 수력발전소에서 갈수량이란?

① 1년(365일간) 중 355일간은 이보다 낮아지지 않는 유량
② 1년(365일간) 중 275일간은 이보다 낮아지지 않는 유량
③ 1년(365일간) 중 185일간은 이보다 낮아지지 않는 유량
④ 1년(365일간) 중 95일간은 이보다 낮아지지 않는 유량

정답 12. ④ 13. ③ 14. ② 15. ② 16. ①

해설

하천의 유량은 계절에 따라 변하므로 유량과 수위는 다음과 같이 구분한다.

㉠ 갈수량 : 1년 365일 중 355일은 이 양 이하로 내려가지 않는 유량

㉡ 저수량 : 1년 365일 중 275일은 이 양 이하로 내려가지 않는 유량

㉢ 평수량 : 1년 365일 중 185일은 이 양 이하로 내려가지 않는 유량

㉣ 풍수량 : 1년 365일 중 95일은 이 양 이하로 내려가지 않는 유량

★★ 기사 92년 5회, 01년 3회, 05년 3회, 12년 2회

17 유역면적이 4000[km^2]인 어떤 발전지점이 있다. 유역 내의 연강우량이 1400[mm]이고 유출계수가 75[%]라고 하면, 그 지점을 통과하는 연평균유량은 약 몇 [m^3/sec]인가?

① 121 ② 133

③ 251 ④ 150

해설

연평균유량 $q = KQ = K \cdot \dfrac{\dfrac{a}{1000} \times b \times 10^6}{365 \times 24 \times 3600}$

$= 0.75 \times \dfrac{\dfrac{1400}{1000} \times 4000 \times 10^6}{365 \times 24 \times 3600}$

$= 133.1$[m^3/sec]

여기서, K : 유출계수

a : 강수량[mm]

b : 유역면적[km^2]

★★★★★ 산업 95년 6회, 07년 4회

18 그림에서 A, B 두 지점의 단면적을 각각 1.2[m^2], 0.4[m^2]라 하고 A에서의 유속 V_1을 0.3[m/sec]라 할 때 B에서의 유속 V_2는 몇 [m/sec]이겠는가?

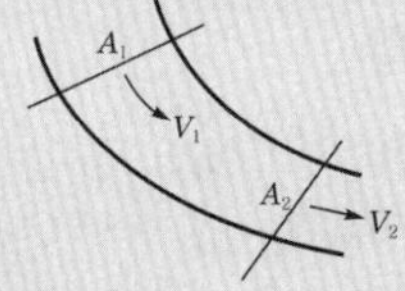

① 0.9 ② 1.2

③ 3.6 ④ 4.8

해설 연속의 정리

유량 $Q = A_1 V_1 = A_2 V_2$

여기서, A : 수관의 단면적

V : 유속

$Q = 1.2 \times 0.3 = 0.4 \times V_2$

B점에서의 유속 $V_2 = \dfrac{1.2 \times 0.3}{0.4} = 0.9$[m/sec]

★★★ 산업 07년 3회

19 다음 수압관 내의 평균유속을 V[m/sec], 사용유량을 Q[m^3/sec]라 하고, 관의 직경을 D[m]라고 하면 사용유량 Q를 구하는 식은 무엇인가?

① $\dfrac{\pi}{4} \cdot D^2 \cdot V$[m^3/sec]

② $\dfrac{4}{\pi} \cdot D^2 \cdot V$[m^3/sec]

③ $4\pi \cdot D^2$[m^3/sec]

④ $4\pi \cdot D \cdot V$[m^3/sec]

해설 연속의 정리

유량 $Q = A_1 V_1 = A_2 V_2$

여기서, A : 수관의 단면적

V : 유속

수압관에 임의의 한 지점을 통과하는 유량

$Q = AV = \pi r^2 V$

$= \pi\left(\dfrac{D}{2}\right)^2 V = \dfrac{\pi}{4} DV$ [m^3/sec]

★★ 산업 02년 4회

20 수차발전기의 출력 P, 수두 H, 수량 Q 및 회전수 N 사이에 성립하는 관계는?

① $P \propto QN$ ② $P \propto QH$

③ $P \propto QH^2$ ④ $P \propto QHN$

해설

수력발전출력 $P = 9.8HQ$[kW]

정답 17. ② 18. ① 19. ① 20. ②

집중공략

★★★★★ 기사 97년 4회, 16년 2회 / 산업 15년 3회, 16년 2회

21 유효낙차 100[m], 최대 사용유량 20[m^3/sec]인 발전소의 최대 출력은 몇 [kW]인가? (단, 발전소의 종합효율은 87[%]라고 한다)

① 15000 ② 17000
③ 19000 ④ 21000

해설

수력발전소출력 $P = 9.8HQ\eta$[kW]
여기서, H : 유효낙차[m]
Q : 유량[m^3/sec]
η : 효율
$P = 9.8\times 100\times 20\times 0.87 = 17052 = 17000$[kW]

★★★ 기사 04년 2회, 19년 1회

22 총낙차 300[m], 사용수량 20[m^3/sec]인 수력발전소의 발전기출력은 약 몇 [kW]인가? (단, 수차 및 발전기 효율은 각각 90[%], 98[%]라하고, 손실낙차는 총낙차의 6[%]라고 한다)

① 48750 ② 51860
③ 54170 ④ 54970

해설

수력발전소 발전기출력 $P = 9.8HQ\eta$[kW]
여기서, H : 유효낙차[m]
Q : 유량[m^3/sec]
η : 효율
$P = 9.8HQ\eta$
$= 9.8\times 300\times 20\times 0.9\times 0.98\times(1-0.06)$
$= 48750$[kW]

★★ 산업 05년 1회

23 유효낙차 50[m], 이론출력 4900[kW]일 때 수력발전소가 있다. 이 발전소의 최대 사용수량은 몇 [m^3/sec]인가?

① 10 ② 25
③ 50 ④ 75

해설

수력발전출력 $P = 9.8QH$[kW]
최대 사용수량 $Q = \dfrac{P}{9.8H}$
$= \dfrac{4900}{9.8\times 50} = 10$[$m^3$/sec]

★★ 기사 18년 2회

24 발전용량 9800[kW]의 수력발전소 최대 사용수량이 10[m^3/sec]일 때 유효낙차는 몇 [m]인가?

① 100 ② 125
③ 150 ④ 175

해설

수력발전소출력 $P = 9.8HQ\eta$[kW]
여기서, H : 유효낙차[m]
Q : 유량[m^3/sec]
η : 효율
유효낙차 $H = \dfrac{P}{9.8Q\eta}$
$= \dfrac{9800}{9.8\times 10} = 100$[m]
여기서, $\eta = 1.0$

★ 기사 92년 6회, 02년 2회

25 평균유효낙차 46[m], 평균수량 5.5[m^3/sec]이고, 유효저수량 43000[m^3]의 조정지를 가진 수력발전소가 그림과 같은 부하곡선으로 운전할 때 첨두출력발전량은 얼마인가? (단, 수차 및 발전기의 종합효율은 80[%]이다)

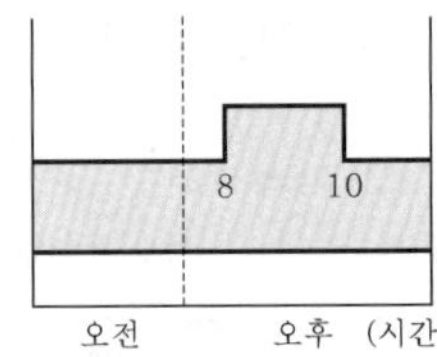

① 4523[kW]
② 4137[kW]
③ 4120[kW]
④ 4225[kW]

해설

유량 $Q = 5.5 + \dfrac{43000}{3600\times 2} = 11.47$[$m^3$/sec]
첨두출력발전량 $P = 9.8HQ\eta$
$= 9.8\times 46\times 11.47\times 0.8$
$= 4137$[kW]

정답 21. ② 22. ① 23. ① 24. ① 25. ②

★★★ 산업 96년 7회, 00년 5회, 15년 1회

26 유역면적 800[km^2], 유효낙차 30[m], 연간 강우량 1500[mm]의 수력발전소에서 그 강우량의 70[%]만 이용하면 연간 발전 전력량은 몇 [kWh]가 되는가? (단, 종합효율은 80[%]이다)

① 1.49×10^5 ② 1.49×10^6
③ 5.49×10^5 ④ 5.49×10^6

해설

비가 내린 양을 강우량이라 하며, 단위로서는 [mm]를 사용하고 지표면에 흐르는 물의 양을 유출량이라고 한다. 유출량크기를 살펴보면 다음과 같다.

사용유량 $q = KQ = 0.7\times\dfrac{\dfrac{1500}{1000}\times800\times10^6}{365\times24\times3600}$

$= 26.636[\text{m}^3/\text{sec}]$

연간 발전량 $P = 9.8HQ\eta_t$

$= 9.8\times30\times26.636\times0.8\times365\times24$

$= 5.49\times10^6[\text{kWh}]$

★★ 산업 94년 2회, 96년 6회, 12년 2회

27 유효저수량 200000[m^3], 평균유효낙차 100[m], 발전기출력 7500[kW]로 운전할 경우 몇 시간 정도 발전할 수 있는가? (단, 발전기 및 수차의 합성효율은 85[%]이다)

① 4 ② 5
③ 6 ④ 7

해설

발전기출력 $P = 9.8\times100\times\dfrac{200000}{t\times3600}\times0.85 = 7500$

발전가능시간 $t = \dfrac{9.8\times100\times200000\times0.85}{7500\times3600}$

$= 6.17$시간

★ 기사 01년 2회, 03년 2회

28 1일의 평균사용유량이 35[m^3/sec]인 수력지점에 조정지를 설치하여 첨두부하 시 5시간, 최대 65[m^3/sec] 물을 사용하려고 한다. 이에 필요한 조정지의 유효저수량은 몇 [m^3]인가?

① 90000 ② 540000
③ 648000 ④ 90000

해설

조정지의 유효저수량

$Q = (65-35)\times3600\times5 = 540000[\text{m}^3]$

★★ 기사 01년 2회

29 유수가 갖는 에너지가 아닌 것은?

① 위치 에너지
② 수력 에너지
③ 속도 에너지
④ 압력 에너지

해설

물이 갖는 에너지는 위치 에너지, 속도 에너지 및 압력 에너지의 합으로 나타낸다.

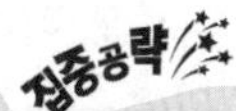

★★★★★ 기사 96년 4회, 97년 7회, 99년 3회 / 산업 14년 2회, 16년 3회, 17년 1회

30 저수지에서 취수구에 제수문을 설치하는 주된 목적은?

① 낙차를 높이기 위하여 설치
② 홍수위를 낮추기 위하여 설치
③ 모래를 배제하기 위하여 설치
④ 유량을 조정하기 위하여 설치

해설 **수력발전의 부속기구**

㉠ 취수구 : 댐에 저장한 물을 수로에 도입하기 위한 구조물
㉡ 제수문 : 수로에 유입하는 유량을 조절하기 위한 구조물
㉢ 흡출관 : 반동수차의 유효낙차를 증가시키기 위한 구조물

★★★ 기사 92년 7회, 14년 3회

31 수조에 대한 다음 설명 중 옳지 않은 것은?

① 수로 내 수위의 이상상승을 방지한다.
② 수로식 발전소의 수로의 처음부분과 수압관의 아래부분에 설치한다.
③ 수로에서 유입하는 물속의 토사를 침전시켜서 배사문으로 배사하고 부유물을 제거한다.
④ 용량을 크게 하는 것이 바람직하나 지형적 조건에 따라서 최소한 최대 사용유량을 1 ~ 2분 동안 저장할 수 있는 용적을 가져야 한다.

정답 26. ④ 27. ③ 28. ② 29. ② 30. ④ 31. ②

해설

수조는 수로와 수압철관 사이에 연결된 부속설비로서, 유수에 함유된 부유물을 최종적으로 제거시킴과 동시에 항상 상당량의 수량을 보유해서 부하의 급변에 따라 사용수량을 조절한다.

★★★★★ 기사 94년 7회, 01년 1회, 13년 3회, 15년 1회 / 산업 13년 1회

32 조압수조(surge tank)의 설치목적은?

① 조속기의 보호 ② 수차의 보호
③ 여수의 처리 ④ 수압관의 보호

해설 조압수조의 설치목적

㉠ 부하의 변동 시 생기는 수격작용 경감
㉡ 유량 조절
㉢ 수격작용에 의한 압력이 압력수로에 미치는 것을 방지(수압관보호)

★★★★★ 산업 93년 4회, 07년 1회

33 조압수조 중 서징의 주기가 가장 빠른 것은?

① 제수공조압수조 ② 수실조압수조
③ 차동조압수조 ④ 단동조압수조

해설

부하의 급변 시 수차를 회전시키는 유량의 변화가 커지게 되므로 수압관에 가해지는 압력을 고려해야 한다. 수압관의 압력이 짧은 시간에 크게 변화될 때 차동조압수조를 이용하여 압력을 완화시켜야 한다.

★★★ 산업 94년 6회, 00년 1회, 03년 2회

34 수조에 대한 설명으로 옳은 것은?

① 무압수로의 종단에 있으면 조압수조, 압력수로의 종단에 있으면 헤드탱크라 한다.
② 헤드탱크의 용량은 최대 사용수량의 1 ~ 2시간에 상당하는 크기로 설계된다.
③ 조압수조는 부하변동에 의하여 생긴 압력 터널 내의 수격조압이 압력 터널에 침입하는 것을 방지한다.
④ 헤드탱크는 수차의 부하가 급증할 때에는 물을 배제하는 기능을 가지고 있다.

해설 조압수조

부하의 급격한 변동으로 사용수량이 급변할 때 압력수로와 수압관 내에 직접적인 피해를 줄이도록 압력수로과 수압관 사이에 설치하는 설비이다.

★★ 기사 97년 2회 / 산업 11년 1회

35 저수지의 이용수심이 클 때 사용하면 유리한 조압수조는?

① 단동조압수조
② 차동조압수조
③ 소공조압수조
④ 수실조압수조

해설

수실조압수조는 수조의 상·하부 측면에 수실을 가진 수조로서, 저수지의 이용수심이 클 경우 사용한다.

★★★★ 산업 04년 4회

36 다음 중 수차의 특유속도에 대한 설명으로 옳은 것은?

① 특유속도가 크면 경부하 시의 효율저하는 거의 없다.
② 특유속도가 큰 수차는 런너의 주변속도가 일반적으로 작다.
③ 특유속도가 높다는 것은 수차의 실용속도가 높은 것을 의미한다.
④ 특유속도가 높다는 것은 수차 런너와 유수와의 상대속도가 빠르다는 것이다.

해설

단위낙차, 단위출력하에서 모형수차가 회전하는 속도를 특유속도라 한다.

★ 기사 93년 3회, 04년 1회

37 특유속도가 큰 수차일수록 발생되는 현상으로 옳은 것은?

① 회전자의 주변속도가 대단히 작아진다.
② 회전수가 커진다.
③ 저낙차에서는 사용할 수 없다.
④ 경부하에서 효율의 저하가 심하다.

정답 32. ④ 33. ③ 34. ③ 35. ④ 36. ④ 37. ④

해설

특유속도가 큰 수차는 부하변동에 따른 효율의 변화가 크고 경부하에서 효율의 저하가 심하다.

★★ 산업 01년 1·3회, 03년 1회

38 특유속도를 선정할 때 그 한계를 표시하는 식으로 $N_S \leq \dfrac{13000}{H+20}+50$이 사용되는 수차는?

① 펠턴 수차
② 프란시스 수차
③ 프로펠러 수차
④ 카플란 수차

해설 각 수차의 특유속도

㉠ 펠턴 수차 : $12 \leq N_S \leq 23$

㉡ 프란시스 수차 : $N_S \leq \dfrac{13000}{H+20}+50$

㉢ 프로펠러 수차 : $N_S \leq \dfrac{20000}{H+20}+50$

㉣ 카플란 수차 : $N_S \leq \dfrac{20000}{H+20}+50$

★★★★★ 산업 05년 1회, 13년 3회

39 다음 중 특유속도가 가장 작은 수차는?

① 프로펠러 수차
② 프란시스 수차
③ 펠턴 수차
④ 카플란 수차

해설 각 수차의 특유속도

㉠ 펠턴 수차 : $12 \leq N_S \leq 23$

㉡ 프란시스 수차 : $N_S \leq \dfrac{13000}{H+20}+50$

㉢ 프로펠러 수차 : $N_S \leq \dfrac{20000}{H+20}+50$

㉣ 카플란 수차 : $N_S \leq \dfrac{20000}{H+20}+50$

집중공략

★★★★★ 기사 04년 3회, 11년 2회 / 산업 95년 7회, 98년 2회, 07년 2회, 18년 1회

40 수차의 특유속도 N_s를 표시하는 식은? (단, N : 수차의 정격회전수, H : 유효낙차[m], P : 유효낙차 H에 있어서 최대 출력[kW])

① $\dfrac{NP^{\frac{1}{2}}}{H^{\frac{5}{4}}}$ ② $\dfrac{NP^{\frac{1}{2}}}{H^{\frac{2}{3}}}$

③ $\dfrac{NP^{\frac{3}{2}}}{H^{\frac{3}{4}}}$ ④ $\dfrac{NP}{H^{\frac{1}{2}}}$

해설

특유속도 $N_s = \dfrac{NP^{\frac{1}{2}}}{H^{\frac{5}{4}}} = N \times \dfrac{\sqrt{P}}{H^{\frac{5}{4}}}$[rpm]

★★ 기사 12년 3회

41 유효낙차 150[m], 출력 20000[kW], 회전수 375[rpm]인 수차의 특유속도는 약 몇 [rpm]인가?

① 100 ② 150
③ 200 ④ 250

해설 특유속도

수차의 기본특성을 비교하는 방법으로, 비속도라고도 한다. 이것은 어느 수차와 기하학적으로 닮은 수차를 가정하여 이를 1[m] 낙차에서 1[kW]의 출력을 발생하는 데 필요한 1분간의 회전수를 말한다.

특유속도 $N_s = \dfrac{NP^{\frac{1}{2}}}{H^{\frac{5}{4}}} = \dfrac{375 \times 20000^{\frac{1}{2}}}{150^{\frac{5}{4}}} \fallingdotseq 100$[rpm]

★ 기사 99년 4회

42 유효낙차 256[m], 출력 4000[kW], 주파수 60[Hz]인 수차발전기의 극수는 어느 정도가 적당한가? (단, 수차의 특유속도의 한도 $N_s = \dfrac{13000}{H+20}+50$으로 주어지고 H[m]는 유효낙차임)

① 6극 ② 10극
③ 14극 ④ 18극

정답 38. ② 39. ③ 40. ① 41. ① 42. ①

해설

특유속도 $N_s = \frac{13000}{256+20} + 50 = 97.1$[rpm]

특유속도 $N_s = \frac{NP^{\frac{1}{2}}}{H^{\frac{5}{4}}}$ 에서

회전속도 $N = \frac{N_s \times H^{\frac{5}{4}}}{P^{\frac{1}{2}}}$

$= \frac{97.1 \times 256^{\frac{5}{4}}}{4000^{\frac{1}{2}}} = 1572$ [rpm]

따라서, 동기속도 $N_s = \frac{120f}{P}$ 에서

극수 $P = \frac{120f}{N_s} = \frac{120 \times 60}{1572} = 4.5 ≒ 6$ 극

★★ 산업 04년 2회, 05년 3회, 15년 1회

43 낙차 350[m]에서 회전수 600[rpm]인 수차를 325[m]의 낙차에서 사용할 때 회전수는 약 몇 [rpm]인가?

① 500 ② 560
③ 578 ④ 600

해설

출력과 낙차와의 관계는 $\frac{N'}{N} = \left(\frac{H'}{H}\right)^{\frac{1}{2}}$ 이므로 낙차가 50[m]에서 2.5[m] 저하되면

$N' = N \times \sqrt{\frac{H'}{H}} = 600 \times \sqrt{\frac{325}{350}} = 578$[rpm]

★ 산업 96년 4회

44 유효낙차가 30[%] 저하되면 수차의 효율이 10[%] 저하된다고 할 경우 이때의 출력은 원래의 몇 [%]가 되는가? (단, 안내날개의 열림 및 기타는 불변인 것으로 한다)

① 52.7 ② 63.0
③ 72.7 ④ 83.0

해설

$\frac{P'}{P} = \left(\frac{H'}{H}\right)^{\frac{3}{2}} \times \frac{\eta'}{\eta}$

$= (1-0.3)^{\frac{3}{2}} \times 0.9 = 0.527 = 52.7$[%]

★ 기사 05년 2회

45 어떤 수력발전소의 안내날개의 열림 등 기타 조건은 불변으로 하여 유효낙차가 30[%] 저하되면 수차의 효율이 10[%] 저하된다면, 이런 경우에는 원래 출력의 약 몇 [%]가 되는가?

① 53 ② 58
③ 63 ④ 68

해설

출력 $P = 9.8HQ\eta \propto H^{\frac{3}{2}}\eta$

$= 0.7^{\frac{3}{2}} \times 0.9 = 0.53 = 53$[%]

★ 산업 90년 6회, 97년 7회

46 유효낙차가 20[%] 저하하고, 수차의 효율이 10[%] 저하되었을 때 출력은 약 몇 [%] 감소하는가? (단, 개도나 기타 사항 등은 변하지 않는다고 한다)

① 35 ② 46
③ 53 ④ 65

해설

수차출력 $P = 9.8HQ\eta$[kW]

낙차와 효율과의 관계는

$\frac{P'}{P} = (\frac{H'}{H})^{\frac{3}{2}} \times \frac{\eta'}{\eta}$ 이므로

$\frac{P'}{P} = (1-0.2)^{\frac{3}{2}} \times (1-0.1) = 0.6439$

출력은 35[%] 감소한다.

★★ 기사 97년 5회, 99년 7회

47 유효낙차 100[m], 최대 유량 20[m^3/sec]의 수차에서 낙차가 80[m]로 감소하면 유량은 몇 [m^3/sec]가 되겠는가? (단, 수차 안내날개의 열림은 불변이라고 한다)

① 15 ② 18
③ 24 ④ 30

해설

유량과 낙차와의 관계는 $\frac{Q'}{Q} = \left(\frac{H'}{H}\right)^{\frac{1}{2}}$ 의 관계가 있으므로 낙차가 100[m]에서 감소하면 이때의 유량은

정답 43. ③ 44. ① 45. ① 46. ① 47. ②

$$Q' = Q \times \left(\frac{H'}{H}\right)^{\frac{1}{2}}$$

$$= 20 \times \left(\frac{80}{100}\right)^{\frac{1}{2}} = 18[\text{m}^3/\text{sec}]$$

★★ 기사 94년 3회

48 **프란시스(francis) 수차의 수차조립 시 제일 먼저 설치해서 수차의 기준을 잡아 주는 것은?**

① 런너 ② 안내날개
③ 속도관 ④ 흡출관

해설
프란시스 수차의 조립 시 주축에 런너를 먼저 설치하여 기준을 잡고 안내날개, 흡출관 등을 설치한다.

★★★★ 산업 93년 3회

49 **반동수차의 일종으로, 주요 부분은 런너, 안내날개, 스피드링, 차실 및 흡출관 등으로 되어 있으며 50~500[m] 정도와 중낙차발전소에 사용되는 수차는?**

① 카플란 ② 프란시스
③ 펠턴 ④ 튜블러

해설
프란시스 수차는 반동수차로서, 50~500[m] 정도의 중낙차에 적용하고 런너, 안내날개, 스피드링, 흡출관 등으로 구성된다.

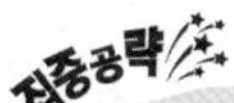

★★★★ 기사 92년 7회, 00년 6회, 11년 2회, 17년 2회

50 **수력발전소에서 사용되는 수차(水車) 중 15[m] 이하의 저낙차에 적합하여 조력발전용으로 알맞은 수차는 어느 것인가?**

① 카플란 수차 ② 펠턴 수차
③ 프란시스 수차 ④ 튜블러 수차

해설 튜블러 수차
일반반동수차에서 발생하는 유수에서의 손실을 줄이기 위해 수차와 발전기를 연결한 것으로, 초저낙차(15[m] 이하 조력발전용)에 적용이 가능하다.

★★★★★ 기사 93년 6회, 01년 1회

51 **수차의 종류를 적용낙차가 높은 것으로부터 낮은 순서로 나열한 것은?**

① 프란시스 – 펠턴 – 프로펠러
② 펠턴 – 프란시스 – 프로펠러
③ 프란시스 – 프로펠러 – 펠턴
④ 프로펠러 – 펠턴 – 프란시스

해설
㉠ 펠턴 수차 : 500[m] 이상의 고낙차
㉡ 프란시스 수차 : 50 ~ 500[m] 정도의 중낙차
㉢ 프로펠러 수차 : 50[m] 이하의 저낙차

★★★ 산업 92년 6회, 98년 4회, 99년 7회

52 **흡출관이 필요하지 않은 수차는?**

① 펠턴 수차 ② 프란시스 수차
③ 카플란 수차 ④ 사류수차

해설
펠턴 수차는 고낙차 소수량에 적합하므로 펠턴 수차에는 필요 없다.

★★★★★ 기사 95년 5회, 16년 2회, 19년 3회

53 **흡출관을 사용하는 목적은?**

① 압력을 줄이기 위하여
② 물의 유량을 일정하게 하기 위하여
③ 속도변동률을 작게 하기 위하여
④ 낙차를 늘리기 위하여

해설
흡출관은 런너 출구로부터 방수면까지의 사이를 관으로 연결한 것으로, 유효낙차를 늘리기 위한 장치이다. 충동수차인 펠턴 수차에는 사용되지 않는다.

★★★ 기사 92년 3회, 96년 6회, 98년 4회, 11년 1회

54 **회전속도의 변화에 따라서 자동적으로 유량을 가감하는 장치를 무엇이라 하는가?**

① 예열기 ② 급수기
③ 여자기 ④ 조속기

정답 48. ① 49. ② 50. ④ 51. ② 52. ① 53. ④ 54. ④

해설

출력의 증감에 관계없이 수차의 회전수를 일정하게 유지하기 위해서 출력의 변화에 따라 수차의 유량을 자동적으로 조정하는 장치를 조속기라 한다.

★★★ 기사 94년 6회, 00년 3회, 05년 3회, 13년 1회 / 산업 19년 1회

55 **수차의 조속기가 너무 예민하면 어떤 현상이 발생되는가?**

① 탈조를 일으키게 된다.
② 수압상승률이 크게 된다.
③ 속도변동률이 작게 된다.
④ 전압변동이 작게 된다.

해설

수차의 조속기가 예민하다는 것은 발전기의 운전 시 난조 및 탈조 현상의 우려가 높아지므로 부하변동 시 분담을 많이 하는 발전소의 경우 속도조정률을 작게 해 운전한다.

★ 기사 96년 6회

56 **다음 중 수차조속기의 주요 부분을 나타내는 것이 아닌 것은?**

① 평속기　② 복원장치
③ 자동수위조정기　④ 서보모터

해설

조속기는 전기식과 기계식이 있으며 주요 부분은 평속기, 배압 밸브, 서보모터, 복원기구로 구성된다.

㉠ 평속기(speeder) : 수차의 회전수편차를 검출하는 장치
㉡ 배압 밸브(distributing valve) : 평속기의 동작변화에 의하여 배압 밸브를 조작하여 서보모터에 통하는 압유의 방향을 좌우로 바꾸는 작용을 하는 장치
㉢ 서보모터(serve motor) : 배압 밸브를 통해서 압유를 공급받아 안내날개 또는 니들밸브를 개폐시키는 작용을 하는 장치
㉣ 복원기구(feedback mechanism) : 수차의 속도변동 시 생기는 안내날개 또는 니들밸브의 과동을 막고 배압 밸브가 속히 정위치에 복귀되도록 하는 장치

★ 기사 90년 7회, 03년 4회

57 **수차의 유효낙차와 안내날개 그리고 노즐의 열린 정도를 일정하게 하여 놓은 상태에서 조속기가 동작하지 않게 하고 전부하 정격 속도로 운전 중에 무부하로 하였을 경우에 도달하는 최고 속도를 무엇이라 하는가?**

① 특유속도(specific speed)
② 동기속도(synchronous speed)
③ 무구속속도(runaway speed)
④ 임펄스 속도(impulse speed)

★★ 기사 97년 2회

58 **수력발전소의 수차에 있어서 N_l을 어떤 부하 시의 회전속도, N_0를 조속기를 조절하지 않고 무부하로 했을 때의 회전속도, N을 규정회전속도라고 할 때 수차의 속도조정률은 몇 [%]인가?**

① $\dfrac{N-N_l}{N}\times 100$　② $\dfrac{N_0-N}{N}\times 100$
③ $\dfrac{N_0-N_l}{N}\times 100$　④ $\dfrac{N-N_l}{N_0}\times 100$

해설

속도조정률 $\varepsilon_N = \dfrac{N_0 - N_l}{N}\times 100[\%]$

여기서, N : 규정회전속도
N_0 : 무부하 시 회전속도
N_l : 부하 시 회전속도

★★ 기사 01년 1·3회

59 **부하변동이 있을 경우 수차(또는 증기 터빈)입구의 밸브를 조작하는 기계식 조속기의 각 부의 동작순서는?**

① 평속기 → 복원기구 → 배압 밸브 → 서보모터
② 배압 밸브 → 평속기 → 서보모터 → 복원기구
③ 평속기 → 배압 밸브 → 서보모터 → 복원기구
④ 평속기 → 배압 밸브 → 복원기구 → 서보모터

해설

조속기는 출력의 증감에 관계없이 수차의 회전수를 일정하게 유지하기 위해서 출력의 변화에 따라 수차유량을 조절하는 설비이다.
평속기 → 배압 밸브 → 서보모터 → 복원기구

정답 55. ① 56. ③ 57. ③ 58. ③ 59. ③

★★ 기사 96년 7회, 99년 3회, 17년 2회

60 수차발전기에 제동권선을 설치하는 주된 목적은?

① 정지시간 단축
② 발전기안정도의 증진
③ 회전력의 증가
④ 과부하내량의 증대

해설
발전기에 제동권선을 설치하여 난조를 방지하여 안정도의 증진을 가져온다.

★ 산업 96년 5회

61 발전소의 출력 중 연간 355일 이상 발생할 수 있는 출력은?

① 최대 출력 ② 평균출력
③ 상시출력 ④ 상시첨두출력

해설
㉠ 상시출력 : 1년을 통하여 355일 이상 발생할 수 있는 출력
㉡ 상시첨두출력 : 1년을 통하여 355일 이상 매일 첨두부하 시에 일정시간에 한해서 발생할 수 있는 출력
㉢ 최대 출력 : 발생할 수 있는 최대의 출력
㉣ 특수출력 : 매일의 시간적 조정을 하지 않고 발생할 수 있는 출력
㉤ 보급출력 : 갈수기에 저수지를 써서 항상 발생할 수 있는 출력
㉥ 예비출력 : 고장・사고의 경우 부족한 전력을 보충할 목적으로 시설된 설비에 의해 발생되는 출력

★ 기사 96년 2회, 99년 6회

62 수차발전기의 운전주파수를 상승시키면?

① 기계적 불평형에 의하여 진동을 일으키는 힘은 회전속도의 2승에 반비례한다.
② 같은 출력에 대하여 온도상승이 약간 커진다.
③ 전압변동률이 크게 된다.
④ 단락비가 커진다.

해설
수차발전기의 운전주파수를 상승시키면 리액턴스 전압강하가 증가하여 전압변동률이 크게 된다.

★★★ 기사 95년 6회, 99년 3회, 01년 3회

63 화력발전소의 위치를 선정할 때 고려하지 않아도 좋은 것은?

① 전력수요지에 가까울 것
② 값 싸고 풍부한 용수와 냉각수가 얻어질 것
③ 연료의 운반과 저장이 편리하며 지반이 견고할 것
④ 바람이 불지 않도록 산으로 둘러싸여 있을 것

해설
화력발전소 설치장소의 선정은 용지, 용수, 연료수송, 공해 등의 관계로 제약을 받게 되는데 일반적으로 해안지역에 많이 건설되고 있다.

★★★★ 기사 98년 3회, 05년 4회, 17년 3회 / 산업 90년 7회, 97년 2회, 19년 2회

64 증기의 엔탈피란?

① 증기 1[kg]의 잠열
② 증기 1[kg]의 보유열량
③ 증기 1[kg]의 감열
④ 증기 1[kg]의 증발열을 그 온도로 나눈 것

해설 엔탈피
1[kg]의 물 또는 증기의 보유열량[kcal/kg]

★★★★★ 기사 96년 5회, 99년 5회

65 가장 효율이 높은 이상적인 열 사이클은?

① 재생 사이클
② 카르노사이클
③ 재생・재열 사이클
④ 랭킨사이클

해설
카르노사이클은 이상적인 사이클로서, 효율이 가장 높다.

정답 60. ② 61. ③ 62. ③ 63. ④ 64. ② 65. ②

★★★ 기사 91년 7회, 95년 7회

66 그림은 어떤 열 사이클을 $T-S$ 선도로 나타낸 것인가?

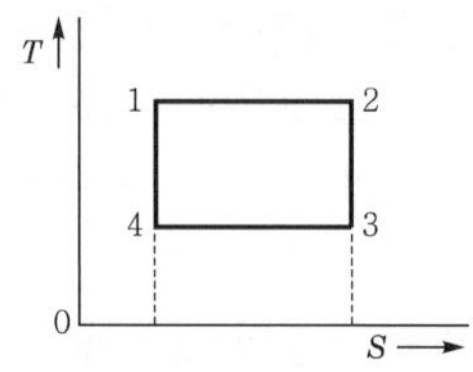

① 랭킨사이클
② 재열 사이클
③ 재생 사이클
④ 카르노사이클

해설
카르노사이클은 이상적인 사이클로서, 열동작은 다음과 같다.
㉠ 1－2 : 등온팽창과정
㉡ 2－3 : 단열팽창과정
㉢ 3－4 : 등온압축과정
㉣ 4－1 : 단열압축과정

★★ 기사 93년 4회, 00년 6회

67 랭킨사이클이 취하는 급수 및 증기의 올바른 순환과정은?

① 등압가열 → 단열팽창 → 등압냉각 → 단열압축
② 단열팽창 → 등압가열 → 단열압축 → 등압냉각
③ 등압가열 → 단열압축 → 단열팽창 → 등압냉각
④ 등온가열 → 단열팽창 → 등온압축 → 단열압축

해설
랭킨사이클은 증기를 작업유체로서 사용하는 기력발전소의 기본 사이클로서, 2개의 등압변화와 단열변화로 구성된다.

★★★ 기사 98년 6회, 00년 2회

68 아래 그림은 랭킨사이클의 $T-S$ 선도이다. 이중 보일러 내의 등온팽창을 나타내는 부분은?

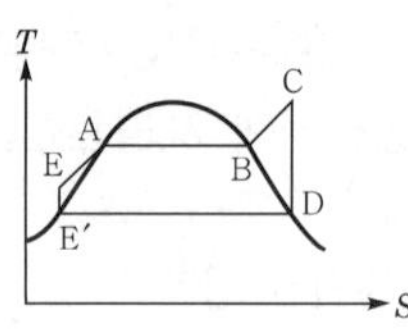

① A－B ② B－C
③ C－D ④ D－E

해설
㉠ A－B 과정 : 보일러에서 일어나는 잠열과정으로, 등온가열과정이다.
㉡ B－C 과정 : 과열기에서 일어나는 등적가열로, 온도와 압력이 증가한다.
㉢ C－D 과정 : 터빈에서 일어나는 단열팽창과정이다.
㉣ E－E′ 과정 : 급수 펌프에서 일어나는 단열수축과정이다.

★★★ 기사 95년 6회, 03년 2회

69 종축에 절대온도 T, 횡축에 엔트로피(entropy) S를 취할 때 $T-S$ 선도에 있어서 단열변화를 나타내는 것은?

①
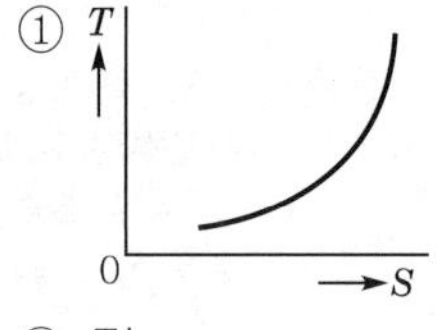

②
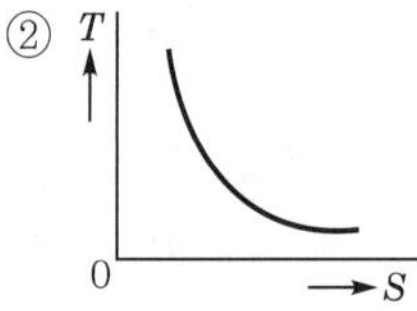

③
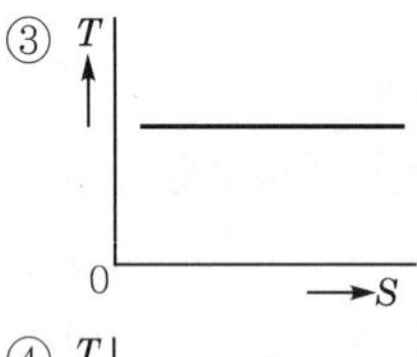

④
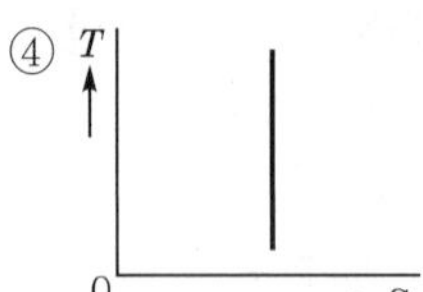

해설
$T-S$ 선도에서 횡으로 변화는 등온, 종으로 변화는 단열을 나타낸다.

정답 66. ④ 67. ① 68. ① 69. ④

★★ 기사 95년 5회, 99년 3회, 03년 4회, 12년 3회

70 기력발전소의 열 사이클 중 가장 기본적인 것으로서 두 등압변화와 두 단열변화로 되는 열 사이클은?

① 랭킨사이클　② 재생 사이클
③ 재열 사이클　④ 재생·재열 사이클

해설
랭킨사이클은 증기를 작업유체로 사용하는 기력발전소의 기본 사이클로서, 2개의 등압변화와 단열변화로 구성된다.

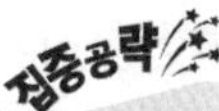

★★★★ 산업 92년 5회, 99년 4회, 06년 3회, 07년 1회, 11년 1회, 16년 2회

71 그림과 같은 열 사이클은 무슨 사이클인가?

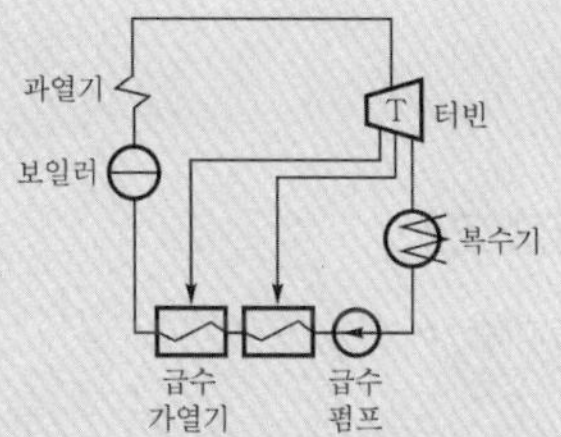

① 랭킨사이클　② 재생 사이클
③ 재열 사이클　④ 재생·재열 사이클

해설 재생 사이클
터빈에서 팽창 도중의 증기의 일부를 추출하여 급수가열에 이용하여 효율을 높이는 방식이다.

★★★ 기사 12년 2회

72 고압·고온을 채용한 기력발전소에서 채용되는 열 사이클로, 그림과 같은 장치선도의 열 사이클은?

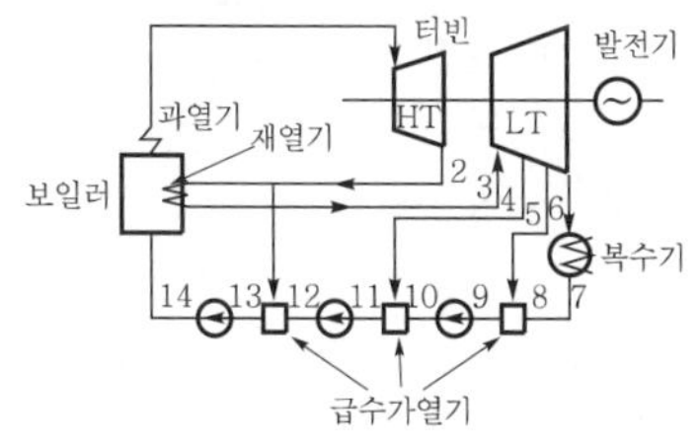

① 랭킨사이클　② 재생 사이클
③ 재열 사이클　④ 재생·재열 사이클

해설
㉠ 재생·재열 사이클 : 대용량 기력발전소에서 가장 많이 사용하는 방식으로, 재생 사이클과 재열 사이클의 장점을 겸비
㉡ 재열 사이클 : 터빈에서 임의의 온도까지 팽창한 증기를 추출하여 보일러로 되돌려 보내서 재열기로 적당한 온도까지 재가열시켜 다시 터빈으로 보내는 방식
㉢ 재생 사이클 : 터빈에서 팽창 도중의 증기의 일부를 추출하여 급수가열에 이용하여 효율을 높이는 방식

★★★ 기사 05년 1회

73 그림과 같은 열 사이클은 무슨 사이클인가?

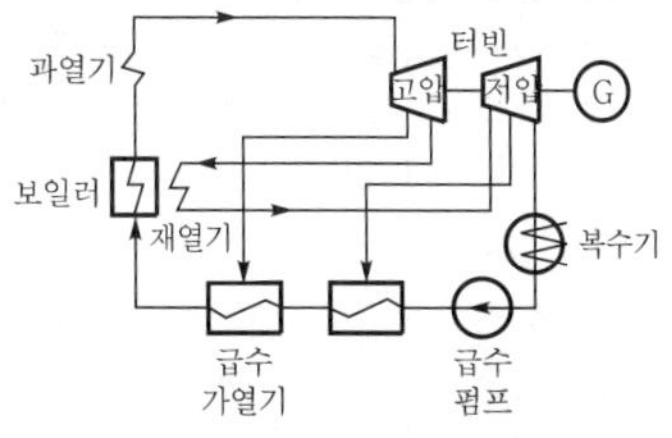

① 재열 사이클　② 재생 사이클
③ 재생·재열 사이클　④ 기본 열 사이클

★★★★ 기사 00년 5회

74 기력발전소의 열 사이클 과정 중에서 ㉠ 단열팽창과정이 행해지는 기기와 ㉡ 이때 급수 또는 증기의 변화상태로 옳은 것은?

① ㉠ 보일러, ㉡ 압축액 → 포화증기
② ㉠ 터빈, ㉡ 과열증기 → 습증기
③ ㉠ 복수기, ㉡ 습증기 → 포화액
④ ㉠ 급수 펌프, ㉡ 포화액 → 압축액(과냉액)

해설
단열팽창은 터빈에서 이루워지는 과정으로, 터빈에 들어간 과열증기가 습증기로 된다.

★★★★ 기사 96년 4회 / 산업 17년 2회

75 기력발전소의 열 사이클 과정 중 단열팽창 과정의 물 또는 증기의 상태변화는?

① 습증기 → 포화액
② 과열증기 → 습증기
③ 포화액 → 압축액
④ 압축액 → 포화액 → 포화증기

정답 70. ① 71. ② 72. ④ 73. ③ 74. ② 75. ②

해설

단열팽창은 터빈에서 이루워지는 과정으로, 터빈에 들어간 과열증기가 습증기로 된다.

★★★ 기사 93년 3회

76 터빈 내에서 공기가 팽창하는 도중에 습증기가 되기 전에 증기를 모두 추출하여 다시 가열하는 것은?

① 랭킨사이클 ② 재열 사이클
③ 재생 사이클 ④ 2유체 사이클

해설 **재열 사이클**

터빈에서 임의의 온도까지 팽창한 증기를 추출하여 보일러로 되돌려 보내서 재열기로 적당한 온도까지 재가열시켜 다시 터빈으로 보내는 방식

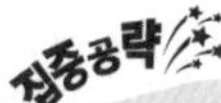

★★★★★ 기사 93년 6회, 04년 3회, 11년 1회

77 증기압, 증기온도 및 진공도가 일정하다면 추기할 때는 추기치 않을 때보다 단위발전량당 증기소비량과 연료소비량은 어떻게 변하는가?

① 증기소비량, 연료소비량보다 감소한다.
② 증기소비량은 증가하고 연료소비량은 감소한다.
③ 증기소비량은 감소하고 연료소비량은 증가한다.
④ 증기소비량, 연료소비량 모두 증가한다.

해설

증기를 추기하여 배기가스의 폐열을 이용하여 재가열하거나 급수가열을 하게 되면 증기소비량은 증가하게 되고 상대적으로 연료소비량은 감소하여 발전소의 발전효율은 증가한다.

★★★ 산업 00년 2회

78 대용량 기력발전소에서 터빈의 중도에서 추기하여 급수가열에 사용함으로서 발생되는 효과가 아닌 것은?

① 열효율 개선
② 터빈 저압부 및 복수기의 소형화
③ 보일러 보급수량의 감소
④ 복수기냉각수의 감소

해설

재생 사이클의 사항으로 터빈에서 추기된 고온의 증기로 급수를 가열하여 열효율을 개선하고 터빈과 복수기의 소형화가 가능해져서 비용을 절감할 수 있으며 복수기에 유입되는 증기량의 감소로 냉각수를 감소시킬 수 있다.

★ 산업 92년 7회

79 1일 발생전력량 720[MWH], 열부하율이 60[%]인 발전소의 하루 최대 출력은 몇 [MW]인가?

① 30 ② 50
③ 70 ④ 90

해설

부하율 $F = \frac{P}{P_m} \times 100[\%]$에서

하루 최대 전력 $P_m = \frac{P}{F} = \frac{720}{24 \times 0.6} = 50[\text{MW}]$

★★★ 산업 05년 1회, 13년 3회

80 다음 아래 빈칸에 알맞은 말은?

> 화력발전소의 (㉠)은 발생 (㉡)을 열량으로 환산한 값과 이것을 발생하기 위하여 소비된 (㉢)의 보유열량 (㉣)를 말한다.

① ㉠ 손실률 ㉡ 발열량
  ㉢ 물 ㉣ 차
② ㉠ 발전량 ㉡ 증기량
  ㉢ 연료 ㉣ 결과
③ ㉠ 열효율 ㉡ 전력량
  ㉢ 연료 ㉣ 비
④ ㉠ 연료소비율 ㉡ 증기량
  ㉢ 물 ㉣ 화

정답 76. ② 77. ② 78. ③ 79. ② 80. ③

★★ 기사 18년 2회

81 1[kWh]를 열량으로 환산하면 약 몇 [kcal]인가?

① 80　② 256
③ 539　④ 860

해설

1초에 1[W]의 출력을 발생시키기 위해 0.24[cal]의 열량이 필요하다.
(1[kW]의 출력 → 0.24[kcal]의 열량)
1시간 출력 1[kWh] 출력량을 발생시키기 위해서는
0.24[kcal]×3600=864≒860[kcal]

★★ 산업 16년 1회

82 화력발전소에서 석탄 1[kg]으로 발생할 수 있는 전력량은 약 몇 [kWh]인가? (단, 석탄의 발열량=5000[kcal/kg], 발전소의 효율=40[%])

① 2.0　② 2.3
③ 4.7　④ 5.8

해설

화력발전 기본식 $860P = WC\eta$
여기서, P : 발전전력[kW]
W : 연료소비량[kg]
C : 열량[kcal/kg]
η : 발전기효율[%]

발생전력량 $P = \dfrac{WC\eta}{860} = \dfrac{1\times5000\times0.4}{860}$
$= 2.33$[kWh]

★★★★★ 기사 03년 3회, 13년 1회, 15년 2회

83 발전전력량 E[kWh], 연료소비량 W[kg], 연료의 발열량 C[kcal/kg]인 화력발전소의 열효율 η[%]는?

① $\dfrac{860E}{WC}\times100$

② $\dfrac{E}{WC}\times100$

③ $\dfrac{E}{860\,WC}\times100$

④ $\dfrac{9.8E}{WC}\times100$

해설

화력발전소의 열효율 $\eta = \dfrac{860E}{WC}\times100$[%]
여기서, E : 전력량[W]
W : 연료소비량[kg]
C : 열량[kcal/kg]

★★★ 산업 92년 7회, 02년 3회, 03년 1회, 07년 4회

84 발열량 5500[kcal/kg]의 석탄 10[ton]을 사용하여 24000[kWh]의 전력을 발생하는 화력발전소의 열효율은 몇 [%]인가?

① 37.5　② 32.5
③ 34.4　④ 29.4

해설

열효율 $\eta = \dfrac{860P}{WC}\times100$
$= \dfrac{860\times24000}{10\times10^3\times5500}\times100$
$= 37.5$[%]
여기서, P : 전력량[W]
W : 연료소비량[kg]
C : 열량[kcal/kg]

★★★★ 기사 96년 7회 / 산업 94년 6회, 98년 5회, 16년 3회

85 최대 출력 350[MW], 평균부하율 80[%]로 운전되고 있는 기력발전소의 10일간 중유소비량이 1.6×10^4[kL]라고 하면 발전소에서 열효율은 몇 [%]인가? (단, 중유의 열량은 10000[kcal/L]이다)

① 35.3　② 36.1
③ 37.8　④ 39.2

해설

열효율 $\eta = \dfrac{860P}{WC}\times100$
$= \dfrac{860\times350\times10^3\times24\times10\times0.8}{1.6\times10^4\times10^3\times10000}$
$= 0.3612$
$= 36.12$[%]
여기서, P : 전력량[W]
W : 연료소비량[kg]
C : 열량[kcal/kg]

정답 81. ④ 82. ② 83. ① 84. ① 85. ②

★★★ 기사 90년 2회 / 산업 96년 2회, 97년 4회, 07년 1회

86 열효율 35[%]의 화력발전소의 평균발열량 6000[kcal/kg]의 석탄을 사용하면 1[kWh]를 발전하는 데 필요한 석탄량은 약 몇 [kg]인가?

① 0.41　② 0.62
③ 0.71　④ 0.82

해설

석탄의 양 $W = \frac{860P}{C\eta}$[kg]

$= \frac{860 \times 1}{6000 \times 0.35} = 0.4095 = 0.41$[kg]

여기서, P : 발전소출력[kW]
C : 연료의 발열량[kcal/kg]
η : 열효율

★ 기사 94년 2회, 01년 1회, 05년 3회

87 평균발열량 7200[kcal/kg]의 석탄이 있다. 탄소와 회분으로 되어 있다면 회분은 몇 [%]인가? (단, 탄소만인 경우에 발열량은 8100[kcal/kg]이다)

① 11　② 14
③ 17　④ 20

해설

회분 $= \frac{8100-7200}{8100} \times 100 = 11.1$[%]

회분은 화석연료가 다 연소된 뒤 남은 불연성의 물질이다.

★★★★★ 산업 00년 5회, 04년 4회

88 급수의 엔탈피 130[kcal/kg], 보일러 출구 과열증기 엔탈피 830[kcal/kg], 터빈 배기 엔탈피 550[kcal/kg]인 랭킨사이클의 열사이클 효율은?

① 0.2　② 0.4
③ 0.6　④ 0.8

해설

랭킨사이클의 열효율 $\eta_R = \frac{i_3 - i_2}{i_3 - i_1}$

$= \frac{830-550}{830-130} = 0.4$

여기서, i_1 : 보일러 급수 엔탈피
i_2 : 터빈 배기 엔탈피
i_3 : 과열증기 엔탈피

★★★ 기사 93년 4회

89 터빈 입구의 증기압력 40[kg/cm^2], 엔탈피 780[kcal/kg]이고 터빈에서 나오는 증기의 엔탈피 490[kcal/kg], 복수기의 압력 0.05[kg/cm^2], 보일러급수의 온도가 32[℃](엔탈피 32[kcal/kg])라고 하면 이 랭킨사이클의 효율은 몇 [%]인가?

① 29.3　② 31.6
③ 38.8　④ 59.2

해설

랭킨사이클 효율 $\eta = \frac{i_3 - i_2}{i_3 - i_1}$

$= \frac{780-490}{780-32} \times 100 = 38.77$[%]

여기서, i_1 : 보일러 급수 엔탈피
i_2 : 터빈 배기 엔탈피
i_3 : 과열증기 엔탈피

★★ 산업 98년 7회, 05년 3회, 07년 3회

90 중유연소 기력발전소의 공기과잉률은 대략 얼마인가?

① 0.05　② 1.22
③ 2.38　④ 3.45

해설

중유연소 기력발전소의 공기과잉률은 대략 1.22 ~ 1.28 정도이다.

★★ 산업 91년 7회, 14년 1회

91 공기예열기를 설치하는 효과로서 옳지 않은 것은?

① 화로온도가 높아져 보일러 증발량이 증가한다.
② 매연의 발생이 적어진다.
③ 보일러 효율이 높아진다.
④ 연소율이 감소한다.

정답 86. ① 87. ① 88. ② 89. ③ 90. ② 91. ④

해설

공기예열기는 연도 내 절탄기 뒤에 설치하여 폐기 가스를 이용하여 연소용 공기를 예열하는 장치로서, 공기예열기를 설치하게 되면, 다음과 같은 효과가 있다.

㉠ 폐기 가스의 열손실이 감소하고 보일러 효율을 높인다.
㉡ 예열공기에 의해 연료의 연소가 완전히 행해져 연소 효율이 높아진다.
㉢ 화로온도가 높아지기 때문에 보일러의 열흡수가 좋아지고 증발량이 증가한다.

★★★★★ 기사 00년 3회, 18년 2회 / 산업 93년 1회, 18년 1회

92 화력발전소에서 발전효율을 저하시키는 원인으로 가장 큰 손실은?

① 소내용 동력
② 터빈 및 발전기의 손실
③ 연돌 배출 가스
④ 복수기 냉각수 손실

해설

복수기는 진공상태를 만들어 증기 터빈에서 일을 한 증기를 배기단에서 냉각응축시킴과 동시에 복수로서 회수하는 장치로, 열손실이 가장 크게 나타난다.

★★ 산업 91년 3회

93 배압 터빈에 필요 없는 것은?

① 안전판
② 절탄기
③ 조속기
④ 복수기

해설

배압 터빈을 이용한 화력발전소는 터빈을 회전시키는데 사용한 고온의 증기를 산업체 및 공공주택에 공급하므로 복수기를 이용하여 급수로 변환시키는 과정이 불필요하다.

★ 산업 96년 6회

94 그림의 계통은 어떤 종류의 보일러인가?

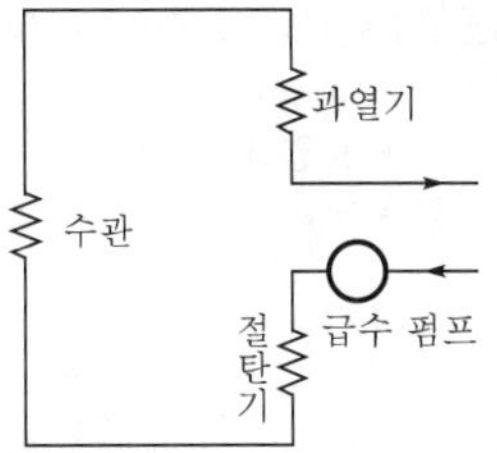

① 스토커 보일러 ② 강제순환 보일러
③ 자연순환 보일러 ④ 관류 보일러

해설

순환식 보일러는 상 · 하부에 드럼이 있다.

★ 기사 94년 7회

95 관류형 보일러의 장점이 아닌 것은?

① 구조가 비교적 간단하다.
② 급수의 불순물에 대한 적응력이 크다.
③ 전체의 중량이 가볍다.
④ 관의 배치가 비교적 자유롭다.

해설 **관류식 보일러의 특징**

㉠ 드럼이 없고, 수냉관이 가늘어서 좋으므로 전체중량이 가볍고 경제적이다.
㉡ 보유수량이 작으므로 시동, 정지시간이 짧아 빠른 시동에 적합하다.
㉢ 부하변동에 대한 응답성이 높은 등의 이점이 있다.
㉣ 고성능의 보일러 자동제어장치가 필요하다.
㉤ 펌프 동력비가 크고 수처리 및 급수의 정화가 요구된다.

★★★★ 산업 98년 3회, 05년 4회, 11년 3회

96 아래 표시한 것은 기력발전소의 기본 사이클이다. 순서가 맞는 것은 어느 것인가?

① 급수 펌프 – 보일러 – 터빈 – 과열기 – 복수기 – 다시 급수 펌프로
② 급수 펌프 – 보일러 – 과열기 – 터빈 – 복수기 – 다시 급수 펌프로
③ 과열기 – 보일러 – 복수기 – 터빈 – 급수 펌프 – 축열기 – 다시 과열기
④ 보일러 – 급수 펌프 – 복수기 – 급수 펌프 – 다시 보일러

정답 92. ④ 93. ④ 94. ④ 95. ② 96. ②

해설 화력발전소에서 급수 및 증기의 순환과정(랭킨 사이클)

절탄기 → 보일러 → 과열기 → 터빈 → 복수기 → 급수 펌프

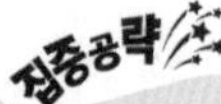

★★★★★ 기사 12년 1회 / 산업 01년 2회, 07년 4회, 12년 3회, 18년 3회, 19년 2회

97 화력발전소에서 증기 및 급수가 흐르는 순서는?

① 절탄기 – 보일러 – 과열기 – 터빈 – 복수기
② 보일러 – 절탄기 – 과열기 – 터빈 – 복수기
③ 보일러 – 과열기 – 절탄기 – 터빈 – 복수기
④ 절탄기 – 과열기 – 보일러 – 터빈 – 복수기

해설 화력발전소에서 급수 및 증기의 순환과정(랭킨사이클)

절탄기 → 보일러 → 과열기 → 터빈 → 복수기 → 급수 펌프

★ 산업 92년 6회

98 터빈 각 부의 침식을 방지할 목적으로 사용되는 장치는?

① 수위경보기
② 공기예열기
③ 기수분리기
④ 안전변

해설

기수분리기는 보일러의 관 속에 흐르는 증기의 수분을 분리하여 터빈의 침식을 방지하는 장치이다.

★★★★★ 기사 96년 7회, 13년 3회 / 산업 92년 3회

99 화력발전소에서 절탄기의 용도는?

① 보일러에 공급되는 급수를 예열한다.
② 포화증기를 가열한다.
③ 연소용 공기를 예열한다.
④ 석탄을 건조한다.

해설

절탄기는 배기가스의 여열을 이용해서 보일러에 공급되는 급수를 예열하는 장치이다.

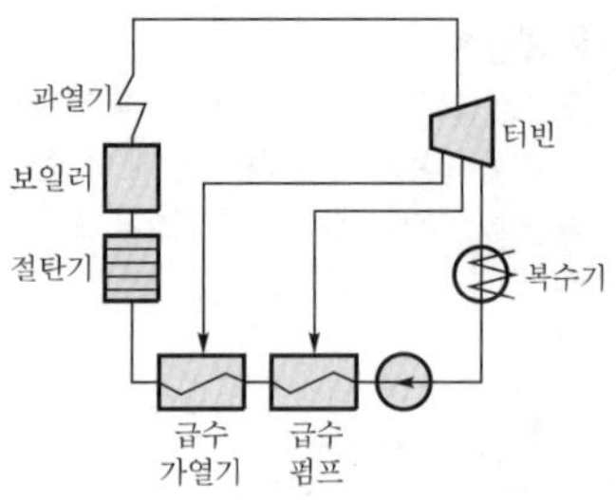

★★★★ 기사 14년 1·2회, 16년 1회, 18년 3회 / 산업 92년 6회, 07년 2회

100 화력발전소에서 재열기의 사용목적은?

① 석탄건조 ② 급수가열
③ 공기가열 ④ 증기가열

해설

고압 터빈 내에서 팽창되어 과열증기가 습증기로 되었을 때 추기하여 재가열하는 설비를 재열기라 한다.

㉠ 과열기 : 포화증기를 과열증기로 만들어 증기 터빈에 공급하기 위한 설비
㉡ 절탄기 : 배기가스의 여열을 이용하여 보일러 급수를 예열하기 위한 설비
㉢ 공기예열기 : 연도 가스의 여열을 이용하여 연소할 공기를 예열하는 설비

★★ 기사 92년 5회, 96년 6회

101 기력발전소에서 연도에 설치되는 것이 아닌 것은?

① 과열기 ② 복수기
③ 절탄기 ④ 재열기

해설

복수기는 터빈과 급수 펌프 사이에 위치한다.

★★ 산업 96년 4회, 01년 1회, 05년 2회

102 증기 터빈의 팽창 도중에서 증기를 추출하는 형태의 터빈은?

① 복수 터빈 ② 배압 터빈
③ 추기 터빈 ④ 배기 터빈

해설

증기팽창 도중에 증기를 뽑아내는 것을 추기라 하며 복수기가 없는 터빈은 배압 터빈이라 한다.

정답 97. ① 98. ③ 99. ① 100. ④ 101. ② 102. ③

★ 산업 06년 4회

103 터빈 발전기의 냉각방식에 있어서 수소냉각방식을 채택하는 이유가 아닌 것은?

① 코로나에 의한 손실이 작다.
② 수소압력의 변화로 출력을 변화시킬 수 있다.
③ 수소의 열전도율이 커서 발전기 내 온도 상승이 저하한다.
④ 수소부족 시 공기와 혼합사용이 가능하므로 경제적이다.

해설 수소냉각방식의 특성

㉠ 수소와 공기가 혼합되면 폭발하는 위험이 따르므로 방폭구조로 하고 수소 가스의 순도를 85[%] 이상으로 유지되도록 한다.
㉡ 수소의 열전도율이 높아 냉각효과가 크다.
㉢ 수소는 불활성 가스이므로 열화가 작아 수명이 길다.

★ 기사 90년 2회

104 증기 터빈 발전기의 극수는 보통 몇 극 정도인가?

① 16 또는 18 ② 2 또는 4
③ 10 또는 12 ④ 6 또는 8

해설

증기 터빈 발전기는 고속도로 회전하는 설비로, 2극 또는 4극을 사용한다.

★★★★ 기사 97년 2회, 98년 5회, 13년 2회 / 산업 97년 6회, 18년 2회

105 보일러에서 흡수열량이 가장 큰 곳은?

① 과열기 ② 수냉벽
③ 절탄기 ④ 공기예열기

해설

절탄기와 공기예열기는 각각 급수, 연소용 공기를 예열하는 설비이고, 과열기는 습증기를 과열증기로 만들어 주는 설비로서, 모두 열효율 향상을 위해서 설치된다.

★★★ 산업 93년 6회, 02년 4회, 05년 1회

106 고압 터빈 내에서 습증기가 되기 전에 증기를 모두 추출하여 한번 더 보일러의 연소 가스 또는 과열증기에 의하여 가열시키고, 다시 저압 터빈에 넣어선 팽창을 계속하여 열효율을 좋게 하는 사이클은?

① 랭킨사이클
② 재생 사이클
③ 2유체 사이클
④ 재열 사이클

해설 재열 사이클

고압 터빈에서 임의의 온도까지 팽창한 증기를 추출하여 보일러로 되돌려 보내서 재열기로 적당한 온도까지 재가열시켜 다시 저압 터빈으로 보내는 방식이다.

★★★ 기사 91년 6회, 98년 4회, 02년 3회

107 터빈에서 배기되는 증기를 용기 내로 도입하여 물로 냉각하면 증기는 응결하고 용기 내는 진공이 되며, 증기를 저압까지 팽창시킬 수 있다. 이렇게 하면 전체의 열낙차를 증가시키고 증기 터빈의 열효율을 높일 수 있는데 이러한 목적으로 사용되는 설비는?

① 조속기 ② 복수기
③ 과열기 ④ 재열기

해설

복수기는 진공상태를 만들어 증기 터빈에서 일을 한 증기를 배기단에서 냉각시킴과 동시에 복수로서 회수하는 장치이다.

★ 기사 19년 2회 / 산업 94년 2회

108 터빈(turbine)의 임계속도란?

① 비상조속기를 동작시키는 회전수
② 회전자의 고유진동수와 일치하는 위험 회전수
③ 부하를 급히 차단하였을 때의 순간 최대 회전수
④ 부하차단 후 자동적으로 정정된 회전수

★★ 산업 06년 2회

109 복수기에 냉각수를 보내는 펌프는?

① 순환 펌프 ② 급수 펌프
③ 배출 펌프 ④ 복수 펌프

해설

순환 펌프(순환수 펌프)는 복수기에 냉각수를 공급하는 펌프로, 유량이 매우 크므로 용량선정 및 수격현상을 고려하여 운용해야 한다.

정답 103. ④ 104. ② 105. ② 106. ④ 107. ② 108. ② 109. ①

★ 산업 90년 2회, 97년 5회

110 증기 터빈에서 속도변동률, 즉 무부하로 되었을 경우의 속도변화와 정격속도의 비는 보통 2.5 ~ 4[%] 정도가 되도록 조정한다. 무엇에 의하여 조정하는가?

① 조속기 ② 분사기
③ 복수기 ④ 다이아프램

해설
출력의 증감에 관계없이 수차의 회전수를 일정하게 유지하기 위해서 출력의 변화에 따라서 수차의 유량을 자동적으로 조정하는 장치를 조속기라 한다.

★★★ 산업 91년 3회, 97년 5회, 00년 1·3회, 12년 2·3회

111 전력계통 주파수가 기준값보다 증가하는 경우 어떻게 하는 것이 가장 타당한가?

① 발전출력[kW]을 증가시켜야 한다.
② 발전출력[kW]을 감소시켜야 한다.
③ 무효전력을 증가시켜야 한다.
④ 무효전력을 감소시켜야 한다.

해설
주파수가 상승한다는 것은 발전출력이 소비출력보다 많다는 것이므로 발전소의 발전출력을 감소시켜야 한다.

★★ 기사 15년 2회 / 산업 93년 4회, 00년 1회

112 보일러 급수 중에 포함되어 있는 염류가 보일러 물이 증발함에 따라 그 농도가 증가되어 용해도가 작은 것부터 차례로 침전하여 보일러의 내벽에 부착되는 것을 무엇이라 하는가?

① 프라이밍(priming)
② 포밍(forming)
③ 캐리오버(carry over)
④ 스케일(scale)

해설 **보일러 급수의 불순물에 의한 장해**
㉠ 프라이밍 현상 : 일명 기수공발이라고도 하며 보일러 드럼에서 증기와 물의 분리가 잘 안 되어 증기 속에 수분이 섞여서 같이 끓는 현상
㉡ 포밍 현상 : 정상적인 물은 1기압 상태에서 100[℃]에 증발하여야 하는데 이보다 낮은 온도에서 물이 증발하는 현상
㉢ 캐리오버 : 수증기 속에 포함한 물이 터빈까지 전달하는 현상

★ 기사 95년 5회, 02년 1회

113 석탄연소 화력발전소에서 사용되는 집진장치의 효율이 가장 큰 것은?

① 전기식 집진기
② 수세식 집진기
③ 원심력식 집진장치
④ 직렬결합식

해설 **전기집진장치**
㉠ 석탄연소 화력발전소에서 사용되는 집진장치로, 효율이 가장 높다.
㉡ 전기 에너지를 인가하여 연도 내부공기를 이온화하여, 미립자를 음으로 대전하여서 집진전극에 끌어당겨서 집진하는 고성능의 집진장치이다.

★★★ 산업 18년 3회

114 원자력발전의 특징이 아닌 것은?

① 건설비와 연료비가 높다.
② 설비는 국내 관련 사업을 발전시킨다.
③ 수송 및 저장이 용이하여 비용이 절감된다.
④ 방사선측정기, 폐기물처리장치 등이 필요하다.

해설 **원자력발전의 특성**
㉠ 화력발전소에 비해 건설비는 높지만 연료비가 훨씬 적게 들어 전체적인 발전원가면에서는 유리하다.
㉡ 다른 연료와 달리 연기, 분진, 유황이나 질소산화물, 가스 등 대기나 수질, 토양 오염이 없는 깨끗한 에너지이다.

★★★ 산업 03년 4회

115 다음 중 원자로는 화력발전소의 어느 부분과 같은가?

① 내열기
② 복수기
③ 보일러
④ 과열기

해설
원자로는 핵분열을 통해 냉각재를 증기로 변화시켜 터빈을 회전시키므로 화력발전의 보일러와 같은 역할을 한다.

정답 110. ① 111. ② 112. ④ 113. ① 114. ① 115. ③

★★ 산업 04년 3회

116 다음 중 농축 우라늄을 제조하는 방법이 아닌 것은?

① 물질확산법
② 열확산법
③ 기체확산법
④ 이온법

해설
농축 우라늄의 제조방법에는 열확산법, 기체확산법, 원심분리법(물질확산법), 노즐 분리법 등이 있는데 현재에는 원심분리법이 가장 많이 사용되고 있다.

★★★ 산업 95년 5회, 05년 4회

117 우라늄 235(U^{235}) 1[g]에서 얻을 수 있는 에너지는 석탄 몇 톤[ton] 정도에서 얻을 수 있는 에너지에 상당하는가?

① 0.3　② 0.5
③ 1　④ 3

해설
우라늄 1[g]으로 석탄 3[ton], 석유 9드럼에 해당하는 에너지를 얻을 수 있다.

★★★★ 산업 91년 3회, 96년 7회, 07년 3회

118 핵연료가 가져야 할 일반적인 특성이 아닌 것은?

① 낮은 열전도율을 가져야 한다.
② 높은 융점을 가져야 한다.
③ 방사선에 안정하여야 한다.
④ 부식에 강해야 한다.

해설
핵연료는 높은 열전도율을 가져야 한다.

★★ 기사 98년 6회, 17년 1회

119 증식비가 1보다 큰 원자로는?

① 경수로
② 고속증식로
③ 중수로
④ 흑연로

해설
전환비$\left(R=\dfrac{\text{생산된 새로운 연료의 양}}{\text{소비된 연료의 양}}\right)$가 보다 커지는 것을 증식이라 하고, $R \leq 1$일 경우에는 전환로, $R>1$인 것을 증식로라 한다. 경수로는 0.5 정도, 고온가스로에서는 0.6 ~ 0.8 정도이고 고속증식로에서는 1.2 ~ 1.3 정도이다.

집중공략

★★★★★ 기사 05년 4회 / 산업 90년 7회, 02년 4회, 03년 2회, 07년 1회

120 다음 중 감속재로 사용되지 않는 것은?

① 경수　② 중수
③ 흑연　④ 카드뮴

해설
감속재는 핵분열에 의해 생긴 고속중성자를 열중성자로 감속하기 위하여 사용하는 것으로, 원자핵의 질량수가 적고 중성자의 산란이 크며 흡수가 작을 것이 요구되므로 경수, 중수, 흑연, 베릴륨 등이 이용되고 있다.

★★★ 기사 17년 3회 / 산업 98년 6회

121 원자력발전소에서 감속재에 관한 설명으로 틀린 것은?

① 중성자 흡수단면적이 클 것
② 감속비가 클 것
③ 감속능력이 클 것
④ 경수, 중수, 흑연 등이 사용됨

해설
감속재란 핵분열에 의해 생긴 고속중성자를 열중성자로 감속하기 위하여 사용하는 것이다.
㉠ 원자핵의 질량수가 적을 것
㉡ 중성자의 산란이 크고 흡수가 작을 것

★★ 기사 97년 5회, 00년 2회, 13년 2회

122 감속재의 온도계수란?

① 감속재의 시간에 대한 온도상승률이다.
② 반응에 아무런 영향을 주지 않는 계수이다.
③ 열중성자로서 양(+)의 값을 갖는 계수이다.
④ 감속재의 온도 1[℃] 변화에 대한 반응도의 변화이다.

정답 116. ④ 117. ④ 118. ① 119. ② 120. ④ 121. ① 122. ④

해설

감속재 온도계수는 감속재의 온도 1[℃] 변화 시의 반응도의 변화를 나타낸다.

★ 산업 04년 1회

123 원자로의 보이드(void) 계수란?

① 연료의 온도가 1도 변화할 때의 반응도 변화
② 노심 내의 증기량이 1[%] 변화할 때의 반응도 변화
③ 냉각재의 온도가 1도 변화할 때의 반응도 변화
④ 연료 중의 독물질의 독작용을 나타내는 값

해설 **보이드 계수**

물을 감속재와 냉각재로 같이 사용하는 원자로에서 냉각재로 물을 끓일 때 발생하는 기포로 인해 감속재로서의 역할과 출력의 정도가 달라지는 비율

★ 산업 98년 4회

124 원자로에서 독작용이란?

① 열중성자가 독성을 받는 것을 말한다.
② $_{54}Xe^{135}$와 $_{62}Sn^{149}$가 인체에 독성을 주는 작용이다.
③ 열중성자 이용률이 저하되고 반응도가 감소되는 작용을 말한다.
④ 방사성물질이 생체에 유해작용을 하는 것을 말한다.

해설

독작용이란 원자로에서 제어제가 중성자를 필요 이상으로 흡수하여 반응도를 감소시키는 현상이다.

★★★★ 산업 98년 7회, 01년 3회, 07년 2회

125 원자로에서 카드뮴(cd) 막대가 하는 일을 옳게 설명한 것은?

① 원자로 내에 중성자를 공급한다.
② 원자로 내에 중성자운동을 느리게 한다.
③ 원자로 내의 핵분열을 일으킨다.
④ 원자로 내에 중성자수를 감소시켜 핵분열의 연쇄반응을 제어한다.

해설

중성자의 수를 감소시켜 핵분열 연쇄반응을 제어하는 것을 제어재라 하며 카드뮴(cd), 붕소(B), 하프늄(Hf) 등이 이용된다.

★★★ 산업 00년 3회

126 원자력발전에서 제어용 재료로 사용되는 것은?

① 하프늄
② 스테인레스강
③ 나트륨
④ 경수

해설

중성자의 수를 감소시켜 핵분열 연쇄반응을 제어하는 것으로 중성자흡수가 큰 것이 요구되므로 카드뮴(cd), 붕소(B), 하프늄(Hf) 등이 이용된다.

★★ 기사 96년 4회, 11년 1회

127 가스 냉각형 원자로에 사용하는 연료 및 냉각재는?

① 농축 우라늄, 헬륨
② 천연 우라늄, 이산화탄소
③ 농축 우라늄, 질소
④ 천연 우라늄, 수소 가스

해설 **가스 냉각형 원자로(GCR)**

㉠ 연료 : 천연 우라늄
㉡ 냉각재 : 이산화탄소

★★★★ 기사 95년 4회

128 원자로의 제어재가 구비하여야 할 조건으로 틀린 것은?

① 중성자 흡수단면적이 작을 것
② 높은 중성자 속에서 장시간 그 효과를 간직할 것
③ 열과 방사선에 대하여 안정할 것
④ 내식성이 크고 기계적 가공이 용이할 것

해설

제어재는 중성자의 수를 감소시켜 핵분열 연쇄반응을 제어하는 것으로, 중성자흡수가 큰 것이 요구된다.

정답 123. ① 124. ③ 125. ④ 126. ① 127. ② 128. ①

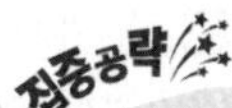

★★★★★ 기사 94년 2회, 99년 6회, 03년 3회, 15년 1회

129 원자로의 냉각재가 갖추어야 할 조건으로 틀린 것은?

① 열용량이 작을 것
② 중성자의 흡수단면적이 작을 것
③ 냉각재와 접촉하는 재료를 부식하지 않을 것
④ 중성자의 흡수단면적이 큰 불순물을 포함하지 않을 것

해설

냉각재란 원자로 내의 온도를 적당한 값으로 유지시키기 위하여 냉각재를 사용하게 된다.
냉각재의 구비조건은 다음과 같다.
㉠ 중성자흡수가 작을 것
㉡ 열전달 및 열운반 및 특성이 양호할 것
㉢ 방사능이 적을 것
㉣ 냉각재로는 경수, 중수, 탄산가스, 헬륨가스

★★★★ 기사 19년 3회

130 원자로에서 중성자가 원자로 외부로 유출되어 인체에 위험을 주는 것을 방지하고 방열의 효과를 주기 위한 것은?

① 제어재 ② 차폐재
③ 반사재 ④ 구조재

해설 **차폐재**

원자력발전소의 원자로 부근에서 사람을 방사선으로부터 보호하기 위해 노심 주위에 설치되는 것으로, 차폐재는 원자로 주변에 두꺼운 콘크리트와 납이나 강철 등의 금속으로 구성된다.

★★★★ 산업 93년 3회, 05년 1회, 07년 2회

131 PWR(Preasurized Water Reactor)형 발전용 원자로에서 감속재, 냉각재 및 반사재로서의 구실을 겸하여 주로 사용되고 있는 것은?

① 경수(H_2O) ② 중수(D_2O)
③ 흑연 ④ 액체금속(Na)

해설

가압수형(PWR) 발전용 원자로에서는 경수를 이용하여 감속재, 냉각재, 반사재로 사용한다.

★★★★ 산업 96년 4회, 11년 3회

132 경수형 원자로에 속하는 것은?

① 고속중식로
② 가압수형 원자로
③ 열중성자로
④ 흑연 속 가스 냉각로

해설

경수형 원자로는 열중성자로, 가압수형 원자로(PWR), 비등수형 원자로(BWR)가 있다.

★★★★★ 산업 96년 2회, 01년 2회

133 가압수형 원자력발전소(PWR)에 사용하는 연료, 감속재 및 냉각재로 적당한 것은?

① 연료 : 천연 우라늄, 감속재 : 흑연감속, 냉각재 : 이산화탄소 냉각
② 연료 : 농축 우라늄, 감속재 : 중수감속, 냉각재 : 경수냉각
③ 연료 : 저농축 우라늄, 감속재 : 경수감속, 냉각재 : 경수냉각
④ 연료 : 저농축 우라늄, 감속재 : 흑연감속, 냉각재 : 경수냉각

해설

우리나라의 원자로는 대부분 미국 Westinghouse사의 가압경수로(고리원자력, 영광원자력, 울진원자력)로서, 핵연료로는 저농축 우라늄 그리고 감속재와 냉각재로는 경수(H_2O)를 사용하고 있다.

원자로의 종류		연 료	감속재	냉각재
가스 냉각로 (GCR)		천연 우라늄	흑연	탄산 가스
경수로	비등수형 (BWR)	농축 우라늄	경수	경수
	가압수형 (PWR)	농축 우라늄	경수	경수
중수로 (CANDU)		천연 우라늄, 농축 우라늄	중수	중수
고속증식로 (FBR)		농축 우라늄, 플루토늄	—	나트륨, 나트륨·칼륨 합금

정답 129. ① 130. ② 131. ① 132. ② 133. ③

★★★ 기사 94년 3회, 04년 2회, 16년 1회

134 **비등수형 원자로의 특색 중 틀린 것은?**

① 열교환기가 필요하다.
② 기포에 의한 자기제어성이 있다.
③ 순환 펌프로서는 급수 펌프뿐이므로 펌프 동력이 작다.
④ 방사능 때문에 증기는 완전히 기수분리를 해야 한다.

해설

비등수형(BWR)의 경우 원자로 내에서 바로 증기를 발생시켜 직접 터빈에 공급하는 방식이므로, 열교환기가 필요 없다.

★★ 기사 99년 4회

135 **비등수형 경수로에 해당되는 것은?**

① HIGR
② PHWR
③ PWR
④ BWR

해설 **비등수형 원자로(BWR)**

경수를 이용하여 감속재 및 냉각재로 사용하고 핵분열 시 발생하는 열을 이용하여 직접 증기를 발생시켜 터빈을 구동하는 방식이다.

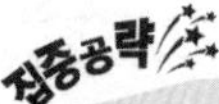

★★★ 기사 94년 7회, 00년 3회, 05년 2회, 14년 1회

136 **원자력발전소에서 비등수형 원자로에 대한 설명으로 틀린 것은 어느 것인가?**

① 연료로 농축 우라늄을 사용한다.
② 감속재로 헬륨 액체금속을 사용한다.
③ 냉각재로 경수를 사용한다.
④ 물을 노내에서 직접 비등시킨다.

해설

원자로의 종류		연 료	감속재	냉각재
경수로	비등수형 (BWR)	농축 우라늄	경수	경수
	가압수형 (PWR)	농축 우라늄	경수	경수

★ 기사 05년 2회

137 **고속중성자를 감속시키지 않고 냉각재로 액체 나트륨을 사용하는 원자로를 영문약어로 나타내면?**

① FBR ② CANDU
③ BWR ④ PWR

해설

원자로의 종류		연 료	감속재	냉각재
가스 냉각로 (GCR)		천연 우라늄	흑연	탄산 가스
경수로	비등수형 (BWR)	농축 우라늄	경수	경수
	가압수형 (PWR)	농축 우라늄	경수	경수
중수로 (CANDU)		천연 우라늄, 농축 우라늄	중수	중수
고속증식로 (FBR)		농축 우라늄, 플루토늄	—	나트륨, 나트륨·칼륨 합금

★★ 산업 01년 1회, 15년 1회

138 **원자력발전소와 화력발전소의 특징을 비교한 것 중 틀린 것은?**

① 원자력발전소는 화력발전소의 보일러 대신 원자로와 열교환기를 사용한다.
② 원자력발전소의 단위출력당 건설비는 화력발전소에 비하여 싸다.
③ 동일출력일 경우 원자력발전소의 터빈이나 복수기가 화력발전소에 비하여 대형이다.
④ 원자력발전소는 방사능에 대한 차폐시설물의 투자가 필요하다.

해설

원자력발전소의 단위출력당 건설비는 화력발전소에 비하여 비싸다.

정답 134. ① 135. ④ 136. ② 137. ① 138. ②

부 록

과년도 출제문제

전 기 기 사
/
전기산업기사

2022년 제1회 전기기사 기출문제

상 제6장 중성점 접지방식

01 소호리액터를 송전계통에 사용하면 리액터의 인덕턴스와 선로의 정전용량이 어떤 상태로 되어 지락전류를 소멸시키는가?

① 병렬공진 ② 직렬공진
③ 고임피던스 ④ 저임피던스

해설

소호리액터 접지방식은 리액터 용량과 대지정전용량의 병렬공진을 이용하여 지락전류를 소멸시킨다.

상 제11장 발전

02 어느 발전소에서 40000[kWh]를 발전하는데 발열량 5000[kcal/kg]의 석탄을 20톤 사용하였다. 이 화력발전소의 열효율[%]은 약 얼마인가?

① 27.5 ② 30.4
③ 34.4 ④ 38.5

해설

열효율 $\eta=\dfrac{860P}{WC}\times 100[\%]$

여기서, P : 전력량[W]
W: 연료소비량[kg]
C: 열량[kcal/kg]

$\eta=\dfrac{860\times 40000}{20\times 10^3\times 5000}\times 100=34.4[\%]$

중 제10장 배전선로 계산

03 송전전력, 선간전압, 부하역률, 전력손실 및 송전거리를 동일하게 하였을 경우 단상 2선식에 대한 3상 3선식의 총 전선량(중량)비는 얼마인가? (단, 전선은 동일한 전선이다.)

① 0.75 ② 0.94
③ 1.15 ④ 1.33

해설

전선의 소요전선량은 단상 2선식을 100[%]로 하였을 때 단상 3선식 : 37.5[%], 3상 3선식 : 75[%], 3상 4선식 : 33.3[%]이다.

상 제5장 고장 계산 및 안정도

04 3상 송전선로가 선간단락(2선 단락)이 되었을 때 나타나는 현상으로 옳은 것은?

① 역상전류만 흐른다.
② 정상전류와 역상전류가 흐른다.
③ 역상전류와 영상전류가 흐른다.
④ 정상전류와 영상전류가 흐른다.

해설 선로의 고장 시 대칭좌표법으로 해석할 경우 필요한 사항

㉠ 1선 지락 : 영상분, 정상분, 역상분
㉡ 선간단락 : 정상분, 역상분
㉢ 3선 단락 : 정상분
따라서 선간단락 시 정상전류와 역상전류가 흐르게 된다.

중 제4장 송전 특성 및 조상설비

05 중거리 송전선로의 4단자 정수가 $A=1.0$, $B=j190$, $D=1.0$일 때 C의 값은 얼마인가?

① 0
② $-j120$
③ j
④ $j190$

해설

$AD-BC=1$에서

$C=\dfrac{AD-1}{B}=\dfrac{1.0\times 1.0-1}{j190}=0$

중 제10장 배전선로 계산

06 배전전압을 $\sqrt{2}$ 배로 하였을 때 같은 손실률로 보낼 수 있는 전력은 몇 배가 되는가?

① $\sqrt{2}$ ② $\sqrt{3}$
③ 2 ④ 3

해설

송전전력 $P\propto V^2$
배전전압의 $\sqrt{2}$배 상승 시 송전전력은 2배로 된다.

정답 01. ① 02. ③ 03. ① 04. ② 05. ① 06. ③

중 제7장 이상전압 및 유도장해

07 다음 중 재점호가 가장 일어나기 쉬운 차단전류는?

① 동상전류 ② 지상전류
③ 진상전류 ④ 단락전류

해설

송전선로 개폐조작 시 이상전압(재점호)이 가장 큰 경우는 무부하 송전선로의 충전전류(진상전류) 차단 시 발생한다.

상 제2장 전선로

08 현수애자에 대한 설명이 아닌 것은?

① 애자를 연결하는 방법에 따라 클레비스(clevis)형과 볼소켓형이 있다.
② 애자를 표시하는 기호는 P이며 구조는 2~5층의 갓 모양의 자기편을 시멘트로 접착하고 그 자기를 주철재 base로 지지한다.
③ 애자의 연결개수를 가감함으로써 임의의 송전전압에 사용할 수 있다.
④ 큰 하중에 대하여는 2련 또는 3련으로 하여 사용할 수 있다.

해설 **현수애자의 특성**

㉠ 애자의 연결개수를 가감함으로써 임의의 송전전압에 사용할 수 있다.
㉡ 큰 하중에 대해서는 2연 또는 3연으로 하여 사용할 수 있다.
㉢ 현수애자를 접속하는 방법에 따라 클레비스형과 볼소켓형으로 나눌 수 있다.

하 제5장 고장 계산 및 안정도

09 교류발전기의 전압조정장치로 속응여자방식을 채택하는 이유로 틀린 것은?

① 전력계통에 고장이 발생할 때 발전기의 동기화력을 증가시킨다.
② 송전계통의 안정도를 높인다.
③ 여자기의 전압상승률을 크게 한다.
④ 전압조정용 탭의 수동변환을 원활히 하기 위함이다.

해설

속응여자방식을 사용하면 여자기의 전압상승률을 올릴 수 있고, 고장발생으로 발전기의 전압이 저하하더라도 즉각 응동해서 발전기 전압을 일정 수준까지 유지시킬 수 있으므로 안정도 증진에 기여한다.

상 제8장 송전선로 보호방식

10 차단기의 정격차단시간에 대한 설명으로 옳은 것은?

① 고장발생부터 소호까지의 시간
② 트립코일여자로부터 소호까지의 시간
③ 가동접촉자의 개극부터 소호까지의 시간
④ 가동접촉자의 동작시간부터 소호까지의 시간

해설 **차단기의 정격차단시간**

정격전압하에서 규정된 표준동작책무 및 동작상태에 따라 차단할 때의 차단시간 한도로서 트립코일여자로부터 아크의 소호까지의 시간(개극시간+아크시간)이다.

정격전압[kV]	7.2	25.8	72.5	170	362
정격차단시간[Cycle]	5~8	5	5	3	3

상 제3장 선로정수 및 코로나현상

11 3상 1회선 송전선을 정삼각형으로 배치한 3상 선로의 자기인덕턴스를 구하는 식은? (단, D는 전선의 선간거리[m], r은 전선의 반지름[m]이다.)

① $L=0.5+0.4605\log_{10}\frac{D}{r}$
② $L=0.5+0.4605\log_{10}\frac{D}{r^2}$
③ $L=0.05+0.4605\log_{10}\frac{D}{r}$
④ $L=0.05+0.4605\log_{10}\frac{D}{r^2}$

해설

정삼각형 배치인 경우의 등가선간거리
$D=\sqrt[3]{D\times D\times D}=D$[m]

작용인덕턴스 $L=0.05+0.4605\log_{10}\frac{D}{r}$[mH/km]

여기서, D : 등가선간거리
r : 전선의 반지름

정답 07. ③ 08. ② 09. ④ 10. ② 11. ③

상 제9장 배전방식

12 불평형 부하에서 역률[%]은?

① $\dfrac{\text{유효전력}}{\text{각 상의 피상전력의 산술합}}\times 100$

② $\dfrac{\text{무효전력}}{\text{각 상의 피상전력의 산술합}}\times 100$

③ $\dfrac{\text{무효전력}}{\text{각 상의 피상전력의 벡터합}}\times 100$

④ $\dfrac{\text{유효전력}}{\text{각 상의 피상전력의 벡터합}}\times 100$

해설

불평형 부하 시 역률

$$\cos\theta=\frac{P}{S}=\frac{P}{\sqrt{P^2+Q^2+H^2}}\times 100$$

여기서, S : 피상전력[kVA]
P : 유효전력[kW]
Q : 무효전력[kVar]
H : 고조파전력[kVAH]

하 제8장 송전선로 보호방식

13 다음 중 동작속도가 가장 느린 계전방식은?

① 전류차동보호계전방식
② 거리보호계전방식
③ 전류위상비교보호계전방식
④ 방향비교보호계전방식

해설

거리보호계전방식은 고장 후에도 고장 전의 전압을 잠시 동안 유지하는 특성이 있어 동작시간이 느린 계전방식이다.

중 제4장 송전 특성 및 조상설비

14 부하회로에서 공진현상으로 발생하는 고조파 장해가 있을 경우 공진현상을 회피하기 위하여 설치하는 것은?

① 진상용 콘덴서 ② 직렬리액터
③ 방전코일 ④ 진공차단기

해설

역률개선을 하기 위해 설치한 전력용 콘덴서와 배전계통의 임피던스가 공진현상이 발생할 수 있고 이로 인해 고조파의 확대현상이 발생할 수 있으므로 이를 억제하기 위해 직렬리액터를 설치해야 한다.

상 제2장 전선로

15 경간이 200[m]인 가공전선로가 있다. 사용전선의 길이는 경간보다 몇 [m] 더 길게 하면 되는가? (단, 사용전선의 1[m]당 무게는 2[kg], 인장하중은 4000[kg], 전선의 안전율은 2로 하고 풍압하중은 무시한다.)

① $\dfrac{1}{2}$ ② $\sqrt{2}$
③ $\dfrac{1}{3}$ ④ $\sqrt{3}$

해설

전선의 이도 $D=\dfrac{WS^2}{8T}=\dfrac{2\times 200^2}{8\times 4000/2.0}=5$[m]

전선의 실제 길이 $L=S+\dfrac{8D^2}{3S}$에서 전선의 경간보다 $\dfrac{8D^2}{3S}$만큼 더 길어지므로 $\dfrac{8D^2}{3S}=\dfrac{8\times 5^2}{200}=0.33$[m], 즉 $\dfrac{1}{3}$[m] 더 길게 하면 된다.

상 제4장 송전 특성 및 조상설비

16 송전단전압이 100[V], 수전단전압이 90[V]인 단거리 배전선로의 전압강하율[%]은 약 얼마인가?

① 5 ② 11
③ 15 ④ 20

해설

전압강하율 $\%e=\dfrac{V_S-V_R}{V_R}\times 100[\%]$

여기서, V_S : 송전단전압
V_R : 수전단전압

$$\%e=\frac{100-90}{90}\times 100=11.1[\%]$$

중 제9장 배전방식

17 다음 중 환상(루프)방식과 비교할 때 방사상 배전선로 구성방식에 해당되는 사항은?

① 전력수요 증가 시 간선이나 분기선을 연장하여 쉽게 공급이 가능하다.
② 전압변동 및 전력손실이 작다.
③ 사고발생 시 다른 간선으로의 전환이 쉽다.
④ 환상방식보다 신뢰도가 높은 방식이다.

정답 12. ④ 13. ② 14. ② 15. ③ 16. ② 17. ①

해설 **방사상 배전선로 특징**

㉠ 배전설비가 간단하고 사고 시 정전범위가 넓다.
㉡ 배선선로의 전압강하와 전력손실이 크다.
㉢ 부하밀도가 낮은 농어촌 지역에 적합하다.
㉣ 전력수요 증가 시 선로의 증설 또는 연장이 용이하다.

상 제2장 전선로

18 **초호각(arcing horn)의 역할은?**

① 풍압을 조절한다.
② 송전효율을 높인다.
③ 선로의 섬락 시 애자의 파손을 방지한다.
④ 고주파수의 섬락전압을 높인다.

해설 **초호각(아킹혼), 초호환(아킹링)의 사용목적**

㉠ 뇌격으로 인한 섬락사고 시 애자련을 보호
㉡ 애자련의 전압분담 균등화

하 제11장 발전

19 **유효낙차 90[m], 출력 104500[kW], 비속도(특유속도) 210[m · kW]인 수차의 회전속도는 약 몇 [rpm]인가?**

① 150　② 180
③ 210　④ 240

해설

특유속도 $N_s = \dfrac{NP^{\frac{1}{2}}}{H^{\frac{5}{4}}}$[rpm]

여기서, N : 회전속도[rpm]
H : 유효낙차[m]
P : 출력[kW]

회전속도 $N = \dfrac{N_s \cdot H^{\frac{5}{4}}}{P^{\frac{1}{2}}} = \dfrac{210 \times 90^{\frac{5}{4}}}{104500^{\frac{1}{2}}}$

$= 180.07 \fallingdotseq 180$[rpm]

상 제8장 송전선로 보호방식

20 **발전기 또는 주변압기의 내부고장보호용으로 가장 널리 쓰이는 것은?**

① 거리계전기
② 과전류계전기
③ 비율차동계전기
④ 방향단락계전기

해설

비율차동계전기는 고장에 의해 생긴 불평형의 전류차가 평형전류의 설정값 이상이 되었을 때 동작하는 계전기로 기기 및 선로보호에 쓰인다.

정답 18. ③ 19. ② 20. ③

2022년 제1회 전기산업기사 CBT 기출복원문제

중 제7장 이상전압 및 유도장해

01 접지봉을 사용하여 희망하는 접지저항치까지 줄일 수 없을 때 사용하는 선은?

① 차폐선　　② 가공지선
③ 크로스본드선　　④ 매설지선

해설 매설지선

탑각 접지저항이 300[Ω]을 초과하면 철탑 각각에 동복강 연선을 지하 50[cm] 이상의 깊이에 20～80[m] 정도 방사상으로 포설하여 역섬락을 방지한다.

상 제4장 송전 특성 및 조상설비

02 전력용 콘덴서를 변전소에 설치할 때 직렬리액터를 설치하고자 한다. 직렬리액터의 용량을 결정하는 식은? (단, f_0는 전원의 기본주파수, C는 역률개선용 콘덴서의 용량, L은 직렬리액터의 용량이다.)

① $2\pi f_0 L = \dfrac{1}{2\pi f_0 C}$　　② $6\pi f_0 L = \dfrac{1}{6\pi f_0 c}$

③ $10\pi f_0 L = \dfrac{1}{10\pi f_0 c}$　　④ $14\pi f_0 L = \dfrac{1}{14\pi f_0 c}$

해설

직렬리액터는 제5고조파 제거를 위해 사용

$5\omega_0 L = \dfrac{1}{5\omega_0 C} \rightarrow 10\pi f_0 L = \dfrac{1}{10\pi f_0 c}$

(여기서, $\omega_0 = 2\pi f_0$)

직렬리액터의 용량은 콘덴서용량의 이론상 4[%], 실제상 5～6[%]를 사용한다.

중 제10장 배전선로 계산

03 고압 배전선로의 중간에 승압기를 설치하는 주 목적은?

① 부하의 불평형 방지
② 말단의 전압강하 방지
③ 전력손실의 감소
④ 역률 개선

해설

승압의 목적으로는 송전전력의 증가, 전력손실 및 전압강하율의 경감, 단면적을 작게 함으로써 재료절감의 효과 등이 있다.

중 제2장 전선로

04 케이블을 부설한 후 현장에서 절연내력시험을 할 때 직류로 하는 이유는?

① 절연파괴 시까지의 피해가 적다.
② 절연내력은 직류가 크다.
③ 시험용 전원의 용량이 작다.
④ 케이블의 유전체손이 없다.

해설 직류로 시험하는 이유

케이블은 정전용량이 없고 유전체손이 없을 뿐만 아니라 충전용량도 없으므로 시험용 전원의 용량이 작아 이동이 간편하여 휴대하기 쉽기 때문이다.

상 제11장 발전

05 원자로에서 중성자가 원자로 외부로 유출되어 인체에 위험을 주는 것을 방지하고 방열의 효과를 주기 위한 것은?

① 제어재　　② 차폐재
③ 반사체　　④ 구조재

해설 차폐재

원자력발전소의 원자로 부근에서 사람을 방사선으로부터 보호하기 위해 노심 주위에 설치되는 것으로 차폐재는 원자로 주변에 두꺼운 콘크리트와 납이나 강철 등의 금속으로 구성된다.

상 제2장 전선로

06 송배전선로에서 전선의 장력을 2배로 하고 경간을 2배로 하면 전선의 이도는 몇 배가 되는가?

① $\dfrac{1}{4}$　　② $\dfrac{1}{2}$
③ 2　　④ 4

정답 01. ④ 02. ③ 03. ② 04. ③ 05. ② 06. ③

해설

경간과 장력을 2배로 하면 새로운 전선의 이도는 다음과 같다.

$D' = \frac{W(2S)^2}{8\times(2T)} = 2\times\frac{WS^2}{8T} = 2D$배

하 제3장 선로정수 및 코로나현상

07 현수애자 4개를 1련으로 한 66[kV] 송전선로가 있다. 현수애자 1개의 절연저항은 1500[MΩ]이고 선로의 경간이 200[m]라면 선로 1[km]당의 누설컨덕턴스는 몇 [℧]인가?

① 0.83×10^{-9} ② 0.83×10^{-4}
③ 0.83×10^{-3} ④ 0.83×10^{-2}

해설

1[km]당 지지물 경간이 200[m]이므로 철탑의 수는 5개가 된다. 애자련의 절연저항은 병렬로 환산해서 1[km]당 합성 저항 R[Ω]은

$R = \frac{4\times1500\times10^6}{5} = \frac{6}{5}\times10^9$[Ω]

누설컨덕턴스 $G = \frac{1}{R} = \frac{5}{6}\times10^{-9} = 0.83\times10^{-9}$[℧]

상 제3장 선로정수 및 코로나현상

08 3상 3선식 송전선로에서 코로나 임계전압 E_0[kV]는? (단, $d = 2r =$ 전선의 지름[cm], $D =$ 전선의 평균 선간거리[cm])

① $E_0 = 24.3d\log_{10}\frac{D}{r}$

② $E_0 = 24.3d\log_{10}\frac{r}{D}$

③ $E_0 = \frac{24.3}{d\log_{10}\frac{D}{r}}$

④ $E_0 = \frac{24.3}{d\log_{10}\frac{r}{D}}$

해설

코로나 임계전압 $E_0 = 24.3m_0m_1\delta d\log_{10}\frac{D}{r}$[kV]

m_0 : 전선 표면에 정해지는 계수 → 매끈한 전선(1.0), 거친 전선(0.8)

m_1 : 날씨에 관한 계수 → 맑은 날(1.0), 우천 시(0.8)

δ : 상대공기밀도 $\left(\frac{0.386b}{273+t}\right)$

b : 기압[mmHg]
d : 전선직경[cm]
t : 온도[℃]
D : 선간거리[cm]

상 제8장 송전선로 보호방식

09 최소동작전류 이상의 전류가 흐르면 즉시 동작하는 계전기는?

① 반한시계전기
② 정한시계전기
③ 순한시계전기
④ Notting 한시계전기

해설 **계전기의 한시 특성에 의한 분류**

㉠ 순한시계전기 : 최소동작전류 이상의 전류가 흐르면 즉시 동작하는 것
㉡ 반한시계전기 : 동작전류가 커질수록 동작시간이 짧게 되는 특성을 가진 것
㉢ 정한시계전기 : 동작전류의 크기에 관계없이 일정한 시간에서 동작하는 것
㉣ 정한시 반한시계전기 : 동작전류가 적은 동안에는 반한시 특성으로 되고 그 이상에서는 정한시 특성이 되는 것
㉤ 계단식 계전기 : 한시값이 다른 계전기와 조합하여 계단적인 한시 특성을 가진 것

상 제6장 중성점 접지방식

10 직접접지방식에 대한 설명 중 옳지 않은 것은?

① 이상전압 발생의 우려가 없다.
② 계통의 절연수준이 낮아지므로 경제적이다.
③ 변압기의 단절연이 가능하다.
④ 보호계전기가 신속히 동작하므로 과도안정도가 좋다.

해설 **직접접지방식**

㉠ 1선 지락 시 건전상의 전위는 평상시 같아 기기의 절연을 단절연할 수 있어 변압기 가격이 저렴하다.
㉡ 1선 지락 시 지락전류가 커서 지락계전기의 동작이 확실하다. 반면 지락전류가 크기 때문에 기기에 주는 충격과 유도장해가 크고 안정도가 나쁘다.

정답 07. ① 08. ① 09. ③ 10. ④

중 제10장 배전선로 계산

11 1대의 주상변압기에 역률(뒤짐) $\cos\theta_1$, 유효전력 P_1[kW]의 부하와 역률(뒤짐) $\cos\theta_2$, 유효전력 P_2[kW]의 부하가 병렬로 접속되어 있을 때 주상변압기 2차측에서 본 부하의 종합역률은?

① $\dfrac{P_1+P_2}{\sqrt{(P_1+P_2)^2+(P_1\tan\theta_1+P_2\tan\theta_2)^2}}$

② $\dfrac{P_1+P_2}{\sqrt{(P_1+P_2)^2+(P_1\sin\theta_1+P_2\sin\theta_2)^2}}$

③ $\dfrac{P_1+P_2}{\dfrac{P_1}{\cos\theta_1}+\dfrac{P_2}{\cos\theta_2}}$

④ $\dfrac{P_1+P_2}{\dfrac{P_1}{\sin\theta_1}+\dfrac{P_2}{\sin\theta_2}}$

해설

유효전력 $P=P_1+P_2$[kW], 무효전력 $Q=Q_1+Q_2=P_1\tan\theta_1+P_2\tan\theta_2$[kVA]

$$종합역률=\frac{유효전력}{피상전력}=\frac{유효전력}{\sqrt{유효전력^2+무효전력^2}}=\frac{P_1+P_2}{\sqrt{(P_1+P_2)^2+(P_1\tan\theta_1+P_2\tan\theta_2)^2}}$$

상 제8장 송전선로 보호방식

12 그림과 같이 200/5(CT) 1차측에 150[A]의 3상 평형전류가 흐를 때 전류계 A_3에 흐르는 전류는 몇 [A]인가?

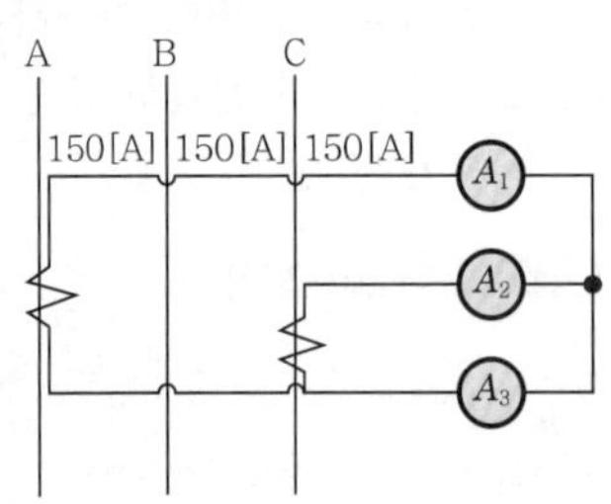

① 3.75 ② 5.25
③ 6.25 ④ 7.25

해설

A_3에 흐르는 전류는 3상 평형일 경우 벡터합에 의해 A_1, A_2에 흐르는 전류와 같으므로 전류계 A_3에 흐르는 전류

$A_3=A_1=A_2=150\times\dfrac{5}{200}=3.75$[A]

상 제10장 배전선로 계산

13 단상 2선식 배전선의 소요전선 총량을 100[%]라 할 때 3상 3선식과 단상 3선식(중선선의 굵기는 외선과 같다.)의 소요전선의 총량은 각각 몇 [%]인가?

① 75[%], 37.5[%]
② 50[%], 75[%]
③ 100[%], 37.5[%]
④ 37.5[%], 75[%]

해설

전선의 소요전선량은 단상 2선식을 100[%]로 하였을 때 단상 3선식은 37.5[%], 3상 3선식은 75[%], 3상 4선식은 33.3[%]이다.

상 제2장 전선로

14 옥내배선에 사용하는 전선의 굵기를 결정하는데 고려하지 않아도 되는 것은?

① 기계적 강도 ② 전압강하
③ 허용전류 ④ 절연저항

해설 전선굵기의 선정 시 고려사항

㉠ 허용전류
㉡ 전압강하
㉢ 기계적 강도

중 제11장 발전

15 저수지의 이용수심이 클 때 사용하면 유리한 조압수조는?

① 단동조압수조 ② 차동조압수조
③ 소공조압수조 ④ 수실조압수조

해설

수실조압수조는 수조의 상·하부 측면에 수실을 가진 수조로서 저수지의 이용수심이 클 경우 사용한다.

정답 11. ① 12. ① 13. ① 14. ④ 15. ④

하 제8장 송전선로 보호방식

16 공기차단기(ABB)의 공기 압력은 일반적으로 몇 [kg/cm²] 정도 되는가?

① 5~10
② 15~30
③ 30~45
④ 45~55

해설

공기차단기는 선로 및 기기에 고장전류가 흐를 경우 차단하여 보호하는 66[kV] 이상에서 사용하는 설비로서 차단 시 발생하는 아크를 압축공기탱크를 이용하여 15~30[kg/cm²]의 압력으로 공기를 분사하여 소호한다.

상 제7장 이상전압 및 유도장해

17 송전계통의 절연협조에서 절연레벨을 가장 낮게 선정하는 기기는?

① 차단기 ② 단로기
③ 변압기 ④ 피뢰기

해설

송전계통의 절연레벨(BIL)은 다음과 같다.

공칭전압	현수애자	단로기	변압기	피뢰기
154[kV]	750[kV]	750[kV]	650[kV]	460[kV]
345[kV]	1370[kV]	1175[kV]	1050[kV]	735[kV]

중 제8장 송전선로 보호방식

18 동일 모선에 2개 이상의 피더(Feeder)를 가진 비접지 배전계통에서 지락사고에 대한 선택 지락 보호계전기는?

① OCR ② OVR
③ GR ④ SGR

해설

㉠ 선택지락계전기(SGR) : 병행 2회선 송전선로에서 지락고장 시 고장회선의 선택 · 차단할 수 있는 계전기
㉡ 과전류계전기(OCR) : 일정한 크기 이상의 전류가 흐를 경우 동작하는 계전기
㉢ 과전압계전기(OVR) : 일정한 크기 이상의 전압이 걸렸을 경우 동작하는 계전기
㉣ 지락계전기(GR) : 지락사고 시 지락전류가 흐를 경우 동작하는 계전기

중 제8장 송전선로 보호방식

19 진공차단기의 특징에 속하지 않는 것은?

① 화재위험이 거의 없다.
② 소형 · 경량이고 조작기구가 간편하다.
③ 동작 시 소음은 크지만 소호실의 보수가 거의 필요치 않다.
④ 차단시간이 짧고 차단성능이 회로 주파수의 영향을 받지 않는다.

해설 진공차단기의 특성

㉠ 소형 · 경량으로 콤팩트화가 가능하다.
㉡ 밀폐구조로 아크나 가스의 외부 방출이 없어 동작 시 소음이 작다.
㉢ 화재나 폭발의 염려가 없어 안전하다.
㉣ 차단기 동작 시 신뢰성과 안전성이 높고 유지 보수점검이 거의 필요 없다.
㉤ 차단시 소호특성이 우수하고, 고속개폐가 가능하다.

상 제8장 송전선로 보호방식

20 우리나라의 대표적인 배전방식으로 다중접지방식인 22.9[kV] 계통으로 되어 있고 이 배전선에 사고가 생기면 그 배전선 전체가 정전이 되지 않도록 선로 도중이나 분기선에 다음의 보호장치를 설치하여 상호 협조를 기함으로서 사고구간을 국한하여 제거시킬 수 있다. 설치순서가 옳은 것은?

① 변전소차단기 – 섹셔널라이저 – 리클로저 – 라인퓨즈
② 변전소차단기 – 리클로저 – 섹셔널라이저 – 라인퓨즈
③ 변전소차단기 – 섹셔널라이저 – 라인퓨즈 – 리클로저
④ 변전소차단기 – 리클로저 – 라인퓨즈 – 섹셔널라이저

해설

리클로저(recloser) → 섹셔널라이저(sectionalizer) → 라인퓨즈(line fuse)는 방사상의 배전선로의 보호계전방식에 적용되는 기기로서 국내의 22.9[kV] 배전선로에서 적용되고 있는 고속도 재폐로방식에서 이용되고 있다.
㉠ 리클로저 : 선로 차단과 보호계전 기능이 있고 재폐로가 가능하다.
㉡ 섹셔널라이저 : 고장 시 보호장치(리클로저)의 동작횟수를 기억하고 정정된 횟수(3회)가 되면 무전압상태에서 선로를 완전히 개방(고장전류 차단기능이 없음)한다.
㉢ 라인퓨즈 : 단상 분기점에만 설치하며 다른 보호장치와 협조가 가능해야 한다.

정답 16. ② 17. ④ 18. ④ 19. ③ 20. ②

2022년 제2회 전기기사 기출문제

상 제7장 이상전압과 유도장해

01 피뢰기의 충격방전 개시전압은 무엇으로 표시하는가?

① 직류전압의 크기 ② 충격파의 평균치
③ 충격파의 최대치 ④ 충격파의 실효치

해설

충격방전 개시전압이란 파형과 극성의 충격파를 피뢰기의 선로단자와 접지단자 간에 인가했을 때 방전전류가 흐르기 이전에 도달할 수 있는 최고 전압을 말한다.

상 제4장 송전 특성 및 조상설비

02 전력용 콘덴서에 비해 동기조상기의 이점으로 옳은 것은?

① 소음이 적다.
② 진상전류 이외에 지상전류를 취할 수 있다.
③ 전력손실이 적다.
④ 유지보수가 쉽다.

해설 동기조상기와 전력용 콘덴서의 특성 비교

동기조상기	전력용 콘덴서
• 진상, 지상전류 모두 공급이 가능하다. • 전류조정이 연속적이다. • 대형, 중량으로 값이 비싸고 손실이 크다. • 선로의 시송전(=시충전)운전이 가능하다.	• 진상전류만 공급이 가능하다. • 전류조정이 계단적이다. • 소형, 경량으로 값이 싸고 전력손실이 적다. • 용량 변경이 쉽고 유지보수가 용이하다.

하 제8장 송전선로 보호방식

03 단락 보호방식에 관한 설명으로 틀린 것은?

① 방사상 선로의 단락 보호방식에서 전원이 양단에 있을 경우 방향단락계전기와 과전류계전기를 조합시켜서 사용한다.
② 전원이 1단에만 있는 방사상 송전선로에서의 고장전류는 모두 발전소로부터 방사상으로 흘러나간다.
③ 환상선로의 단락 보호방식에서 전원이 두 군데 이상 있는 경우에는 방향거리계전기를 사용한다.
④ 환상선로의 단락 보호방식에서 전원이 1단에만 있을 경우 선택단락계전기를 사용한다.

해설 환상선로의 단락 보호방식

㉠ 방향단락계전방식 : 선로에 전원이 1단에 있는 경우
㉡ 방향거리계전방식 : 선로에 전원이 두 군데 이상 있는 경우

상 제9장 배전방식

04 밸런서의 설치가 가장 필요한 배전방식은?

① 단상 2선식
② 단상 3선식
③ 3상 3선식
④ 3상 4선식

해설

밸런스는 단상 3선식 선로의 말단에 전압불평형을 방지하기 위하여 설치하는 설비로 권선비가 1:1인 단권변압기이다.

상 제8장 송전선로 보호방식

05 부하전류가 흐르는 전로는 개폐할 수 없으나 기기의 점검이나 수리를 위하여 회로를 분리하거나, 계통의 접속을 바꾸는데 사용하는 것은?

① 차단기
② 단로기
③ 전력용 퓨즈
④ 부하개폐기

해설

단로기는 부하전류나 고장전류는 차단할 수 없고 변압기 여자전류나 무부하 충전전류 등 매우 작은 전류를 개폐할 수 있는 것으로, 주로 발 · 변전소에 회로변경, 보수 · 점검을 위해 설치하며 블레이드 접촉부, 지지애자 및 조작장치로 구성되어 있다.

정답 01. ③ 02. ② 03. ④ 04. ② 05. ②

중 제4장 송전 특성 및 조상설비

06 정전용량 0.01[μF/km], 길이 173.2[km], 선간전압 60[kV], 주파수 60[Hz]인 3상 송전선로의 충전전류는 약 몇 [A]인가?

① 6.3　② 12.5
③ 22.6　④ 37.2

해설

송전선로의 충전전류 $I_c = 2\pi f C \frac{V_n}{\sqrt{3}} l \times 10^{-6}$[A]

$$I_c = 2\pi f C \frac{V_n}{\sqrt{3}} l \times 10^{-6}$$
$$= 2\pi \times 60 \times 0.01 \times \frac{60000}{\sqrt{3}} \times 173.2 \times 10^{-6}$$
$$= 22.6[\mathrm{A}]$$

상 제8장 송전선로 보호방식

07 보호계전기의 반한시 · 정한시 특성은?

① 동작전류가 커질수록 동작시간이 짧게 되는 특성
② 최소 동작전류 이상의 전류가 흐르면 즉시 동작하는 특성
③ 동작전류의 크기에 관계없이 일정한 시간에 동작하는 특성
④ 동작전류가 커질수록 동작시간이 짧아지며, 어떤 전류 이상이 되면 동작전류의 크기에 관계없이 일정한 시간에서 동작하는 특성

해설 **계전기의 한시특성에 의한 분류**

㉠ 순한시계전기 : 최소 동작전류 이상의 전류가 흐르면 즉시 동작하는 것
㉡ 반한시계전기 : 동작전류가 커질수록 동작시간이 짧게 되는 특성을 가진 것
㉢ 정한시계전기 : 동작전류의 크기에 관계없이 일정한 시간에서 동작하는 것
㉣ 정한시 반한시계전기 : 동작전류가 적은 동안에는 반한시 특성으로 되고 그 이상에서는 정한시 특성이 되는 것

상 제5장 고장 계산 및 안정도

08 전력계통의 안정도에서 안정도의 종류에 해당하지 않는 것은?

① 정태안정도　② 상태안정도
③ 과도안정도　④ 동태안정도

해설 **안정도의 종류 및 특성**

㉠ 정태안정도 : 정태안정도란 부하가 서서히 증가한 경우 계속해서 송전할 수 있는 능력으로 이때의 전력을 정태안정 극한전력이라 한다.
㉡ 과도안정도 : 계통에 갑자기 부하가 증가하여 급격한 교란상태가 발생하더라도 정전을 일으키지 않고 송전을 계속하기 위한 전력의 최대치를 과도안정도라 한다.
㉢ 동태안정도 : 차단기 또는 조상설비 등을 설치하여 안정도를 높인 것을 동태안정도라 한다.

상 제10장 배전선로 계산

09 배전선로의 역률개선에 따른 효과로 적합하지 않은 것은?

① 선로의 전력손실 경감
② 선로의 전압강하의 감소
③ 전원측 설비의 이용률 향상
④ 선로 절연의 비용 절감

해설 **역률개선의 효과**

㉠ 변압기 및 배전선의 손실 경감
㉡ 전압강하 감소
㉢ 설비이용률 향상(동일부하 시 변압기용량 감소)
㉣ 전력요금 경감

중 제9장 배전방식

10 저압뱅킹 배전방식에서 캐스케이딩현상을 방지하기 위하여 인접 변압기를 연락하는 저압선의 중간에 설치하는 것으로 알맞은 것은?

① 구분퓨즈　② 리클로저
③ 섹셔널라이저　④ 구분개폐기

해설

캐스케이딩현상이란 저압뱅킹방식을 적용하는 저압 선로의 일부 구간에서 고장이 일어나면 이 고장으로 인하여 건전한 구간까지 고장이 확대되는 것으로 이를 방지하기 위하여 변압기를 연락하는 저압선 중간에 구분퓨즈를 설치하여야 한다.

중 제10장 배전선로 계산

11 승압기에 의하여 전압 V_e에서 V_h로 승압할 때, 2차 정격전압 e, 자기용량 W인 단상 승압기가 공급할 수 있는 부하용량은?

① $\frac{V_h}{e} \times W$　② $\frac{V_e}{e} \times W$
③ $\frac{V_e}{V_h - V_e} \times W$　④ $\frac{V_h - V_e}{V_e} \times W$

정답 06. ③ 07. ④ 08. ② 09. ④ 10. ① 11. ①

해설

승압기 용량 $W=\frac{e}{V_h}\times W_o$이므로 승압기가 공급하는 부하용량 $W_o=\frac{V_h}{e}\times W$[kVA]

상 제11장 발전

12 배기가스의 여열을 이용해서 보일러에 공급되는 급수를 예열함으로써 연료소비량을 줄이거나 증발량을 증가시키기 위해서 설치하는 여열회수 장치는?

① 과열기 ② 공기예열기
③ 절탄기 ④ 재열기

해설

㉠ 절탄기 : 배기가스의 여열을 이용하여 보일러 급수를 예열하기 위한 설비
㉡ 과열기 : 포화증기를 과열증기로 만들어 증기터빈에 공급하기 위한 설비
㉢ 공기예열기 : 연도가스의 여열을 이용하여 연소할 공기를 예열하는 설비
㉣ 재열기 : 고압터빈 내에서 팽창되어 과열증기가 습증기로 되었을 때 추기하여 재가열하는 설비

상 제4장 송전 특성 및 조상설비

13 직렬콘덴서를 선로에 삽입할 때의 이점이 아닌 것은?

① 선로의 인덕턴스를 보상한다.
② 수전단의 전압강하를 줄인다.
③ 정태안정도를 증가한다.
④ 송전단의 역률을 개선한다.

해설 직렬콘덴서를 설치하였을 경우의 특징

㉠ 선로의 인덕턴스를 보상하여 전압강하 및 전압변동률을 줄인다.
㉡ 안정도가 증가하여 송전전력이 커진다.
㉢ 부하역률이 나쁜 선로일수록 설치효과가 좋다.

중 제10장 배전선로 계산

14 전선의 굵기가 균일하고 부하가 균등하게 분산되어 있는 배전선로의 전력손실은 전체 부하가 선로 말단에 집중되어 있는 경우에 비하여 어느 정도가 되는가?

① $\frac{1}{2}$ ② $\frac{1}{3}$
③ $\frac{2}{3}$ ④ $\frac{3}{4}$

해설 부하모양에 따른 부하계수

부하의 형태		전압강하	전력손실	부하율	분산손실계수
말단에 집중된 경우		1.0	1.0	1.0	1.0
균등 부하분포		$\frac{1}{2}$	$\frac{1}{3}$	$\frac{1}{2}$	$\frac{1}{3}$
중앙일수록 큰 부하 분포		$\frac{1}{2}$	0.38	$\frac{1}{2}$	0.38
말단일수록 큰 부하 분포		$\frac{2}{3}$	0.58	$\frac{2}{3}$	0.58
송전단일수록 큰 부하 분포		$\frac{1}{3}$	$\frac{1}{5}$	$\frac{1}{3}$	$\frac{1}{5}$

상 제4장 송전 특성 및 조상설비

15 송전단전압 161[kV], 수전단전압 154[kV], 상차각 35°, 리액턴스 60[Ω]일 때 선로손실을 무시하면 전송전력[MW]은 약 얼마인가?

① 356 ② 307
③ 237 ④ 161

해설

송전전력 $P=\frac{V_S V_R}{X}\sin\delta$[MW]

여기서, V_S : 송전단전압[kV]
V_R : 수전단전압[kV]
X : 선로의 유도리액턴스[Ω]

송전전력 $P=\frac{161\times 154}{60}\sin 35°=237.02$[MW]

상 제6장 중심점 접지방식

16 직접접지방식에 대한 설명으로 틀린 것은?

① 1선 지락사고 시 건전상의 대지전압이 거의 상승하지 않는다.
② 계통의 절연수준이 낮아지므로 경제적이다.
③ 변압기의 단절연이 가능하다.
④ 보호계전기가 신속히 동작하므로 과도안정도가 좋다.

정답 12. ③ 13. ④ 14. ② 15. ③ 16. ④

해설 직접접지방식의 특징

㉠ 1선 지락사고 시 건전상의 전위는 거의 상승하지 않는다.
㉡ 변압기에 단절연 및 저감절연이 가능하여 경제적이다.
㉢ 1선 지락 시 지락전류가 커서 지락보호계전기의 동작이 확실하다.
㉣ 지락전류가 크기 때문에 기기에 주는 충격과 유도장해가 크고 과도안정도가 나쁘다.

상 제2장 전선로

17 그림과 같이 지지점 A, B, C에는 고저차가 없으며, 경간 AB와 BC 사이에 전선이 가설되어 그 이도가 각각 12[cm]이다. 지지점 B에서 전선이 떨어져 전선의 이도가 D로 되었다면 D의 길이[cm]는? (단, 지지점 B는 A와 C의 중점이며 지지점 B에서 전선이 떨어지기 전, 후의 길이는 같다.)

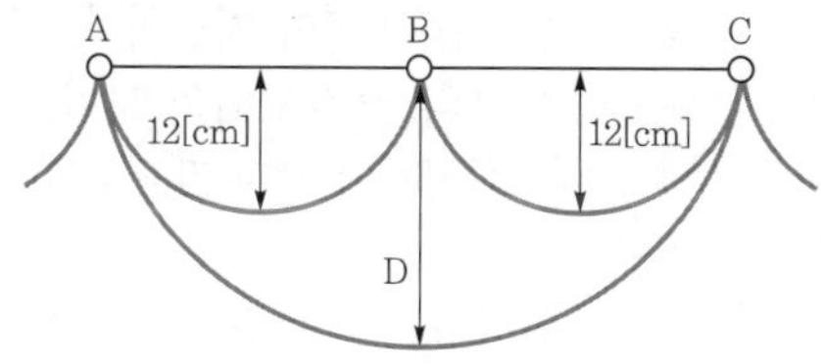

① 17　② 24
③ 30　④ 36

해설 새로운 전선의 이도 D

경간이 같고 전선의 지지점에 고저차가 없는 상태에서 전선이 떨어질 경우
$D = 2D_1 = 2 \times 12 = 24$[cm]

하 제11장 발전

18 수차의 캐비테이션 방지책으로 틀린 것은?

① 흡출수두를 증대시킨다.
② 과부하운전을 가능한 한 피한다.
③ 수차의 비속도를 너무 크게 잡지 않는다.
④ 침식에 강한 금속재료로 러너를 제작한다.

해설 공동현상(cavitation)

㉠ 공기의 흐름보다 유수의 흐름이 빠르면 유수 중에서 진공이 발생하게 된다. 이 현상을 공동현상 또는 캐비테이션현상이라 한다.
㉡ 영향
- 수차의 금속부분이 부식
- 진동과 소음발생
- 출력과 효율의 저하

㉢ 방지대책
- 수차의 특유속도(비속도)를 너무 높게 취하지 말 것
- 흡출관을 사용하지 말 것
- 침식에 강한 금속재료로 러너를 제작할 것
- 수차를 과도한 부분부하에서 운전하지 말 것

상 제7장 이상전압 및 유도장해

19 송전선로에 매설지선을 설치하는 목적은?

① 철탑 기초의 강도를 보강하기 위하여
② 직격뇌로부터 송전선을 차폐보호하기 위하여
③ 현수애자 1연의 전압분담을 균일화하기 위하여
④ 철탑으로부터 송전선로로의 역섬락을 방지하기 위하여

해설

매설지선은 철탑의 탑각 접지저항을 작게 하기 위한 지선으로, 역섬락을 방지하기 위해 사용한다.

하 제4장 송전 특성 및 조상설비

20 1회선 송전선과 변압기의 조합에서 변압기의 여자 어드미턴스를 무시하였을 경우 송수전단의 관계를 나타내는 4단자 정수 C_0는? (단, $A_0 = A + CZ_{ts}$, $B_0 = B + AZ_{tr} + DZ_{ts} + CZ_{tr}Z_{ts}$, $D_0 = D + CZ_{tr}$, 여기서, Z_{ts}는 송전단변압기의 임피던스이며, Z_{tr}은 수전단변압기의 임피던스이다.)

① C　② $C + DZ_{ts}$
③ $C + AZ_{ts}$　④ $CD + CA$

해설

송전선로의 양단에 송전단변압기 Z_{ts}, 수전단변압기 Z_{tr}의 변압기가 직렬로 접속하므로 다음과 같다.

$$\begin{bmatrix} A_0 & B_0 \\ C_0 & D_0 \end{bmatrix}$$
$$= \begin{bmatrix} 1 & Z_{ts} \\ 0 & 1 \end{bmatrix} \begin{bmatrix} A & B \\ C & D \end{bmatrix} \begin{bmatrix} 1 & Z_{tr} \\ 0 & 1 \end{bmatrix}$$
$$= \begin{bmatrix} A + CZ_{ts} & B + DZ_{ts} \\ C & D \end{bmatrix} \begin{bmatrix} 1 & Z_{tr} \\ 0 & 1 \end{bmatrix}$$
$$= \begin{bmatrix} A + CZ_{ts} & B + AZ_{tr} + DZ_{ts} + CZ_{tr}Z_{ts} \\ C & D + CZ_{tr} \end{bmatrix}$$

정답 17. ② 18. ① 19. ④ 20. ①

2022년 제2회 전기산업기사 CBT 기출복원문제

중 제8장 송전선로 보호방식

01 다음의 송전선 보호방식 중 가장 뛰어난 방식으로 고속도 차단 재폐로방식을 쉽고, 확실하게 적용할 수 있는 것은?

① 표시선계전방식 ② 과전류계전방식
③ 방향거리계전방식 ④ 회로선택계전방식

해설

표시선계전방식은 선로의 구간 내 고장을 고속도로 완전 제거하는 보호방식이다.

중 제5장 고장 계산 및 안정도

02 단락점까지의 전선 한 줄의 임피던스가 $Z=6+j8[\Omega]$, 단락 전의 단락점 전압이 $E=22.9$[kV]인 단상선로의 단락용량은 몇 [kVA]인가? (단, 부하전류는 무시한다.)

① 13110 ② 26220
③ 39330 ④ 52440

해설 전선로 왕복선의 임피던스

$Z=2(6+j8)=2\times\sqrt{6^2+8^2}=20[\Omega]$

단락전류 $I_s=\dfrac{E}{Z}=\dfrac{22900}{20}=1145[\text{A}]$

단락용량 $P_s=EI_s=22.9\times1145=26220[\text{kVA}]$

중 제7장 이상전압 및 유도장해

03 파동임피던스 $Z_1=500[\Omega]$, $Z_2=300[\Omega]$인 두 무손실 선로 사이에 그림과 같이 저항 R을 접속하였다. 제1선로에서 구형파가 진행하여 왔을 때 무반사로 하기 위한 R의 값은 몇 $[\Omega]$인가?

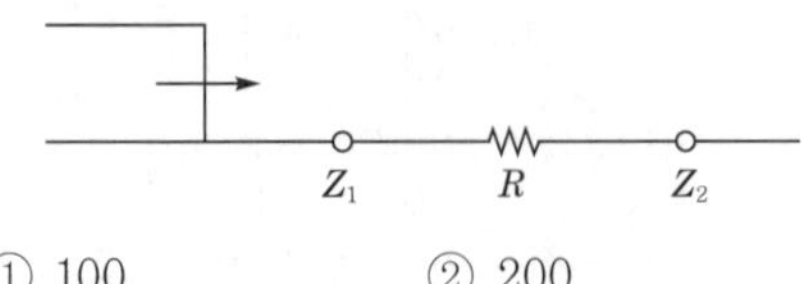

① 100 ② 200
③ 300 ④ 500

해설

Z_1점에서 입사파가 진행되었을 때 반사파 전압 E_λ은

$E_\lambda=\dfrac{(Z_2+R)-Z_1}{Z_1+(Z_2+R)}\times E$이다.

무반사 조건은 $E=0$이므로 $(Z_2+R)-Z_1=0$

$R=Z_1-Z_2=500-300=200[\Omega]$

상 제6장 중성점 접지방식

04 중성점 접지방식에서 직접접지방식을 다른 접지방식과 비교하였을 때 그 설명으로 틀린 것은?

① 변압기의 저감절연이 가능하다.
② 지락고장 시의 이상전압이 낮다.
③ 다중 접지사고로의 확대 가능성이 대단히 크다.
④ 보호계전기의 동작이 확실하여 신뢰도가 높다.

해설 직접접지방식의 특성

㉠ 계통에 접속된 변압기의 중성점을 금속선으로 직접접지하는 방식이다.
㉡ 1선 지락고장 시 이상전압이 낮다.
㉢ 절연레벨을 낮출 수 있다(저감절연으로 경제적).
㉣ 변압기의 단절연을 할 수 있다.

중 제10장 배전선로 계산

05 3상 3선식의 배전선로가 있다. 이것에 역률이 0.8인 3상 평형부하 20[kW]를 걸었을 때 배전선로의 전압강하는? (단, 부하의 전압은 200[V], 전선 1조의 저항은 0.02[Ω]이고 리액턴스는 무시한다.)

① 1[V] ② 2[V]
③ 3[V] ④ 4[V]

해설

부하전류 $I=\dfrac{P}{\sqrt{3}\,V\cos\theta}$

$=\dfrac{20}{\sqrt{3}\times0.2\times0.8}=72.17[\text{A}]$

정답 01. ① 02. ② 03. ② 04. ③ 05. ②

전압강하 $e=\sqrt{3}I(R\cos\theta+X\sin\theta)$
$=\sqrt{3}\times72.17\times(0.02\times0.8+0\times0.6)$
$=2[\text{V}]$

상 제8장 송전선로 보호방식

06 과부하전류는 물론 사고 때의 대전류를 개폐할 수 있는 것은?

① 단로기 ② 선로개폐기
③ 차단기 ④ 부하개폐기

해설

차단기는 계통의 단락, 지락사고가 일어났을 때 계통 안정을 확보하기 위하여 신속히 고장계통을 분리하는 역할을 한다.
※ 개폐기에 따른 개폐 가능 전류
㉠ 단로기 : 무부하 충전전류 및 변압기 여자전류 개폐 가능
㉡ 차단기 : 부하전류 및 고장전류(과부하전류 및 단락전류)의 개폐 가능
- 선로개폐기 : 부하전류의 개폐 가능
- 전력퓨즈 : 단락전류 차단가능

중 제4장 송전 특성 및 조상설비

07 조상설비라고 할 수 없는 것은?

① 분로리액터 ② 동기조상기
③ 비동기조상기 ④ 상순표시기

해설

상순표시기는 다상 회로에서 각 상의 최댓값에 이르는 순서를 표시하는 장치로 상회전 방향을 확인할 때 사용하는 장치이다.

상 제5장 고장 계산 및 안정도

08 과도안정 극한전력이란?

① 부하가 서서히 감소할 때의 극한전력
② 부하가 서서히 증가할 때의 극한전력
③ 부하가 갑자기 사고가 났을 때의 극한전력
④ 부하가 변하지 않을 때의 극한전력

해설 과도안정도

계통에 갑자기 부하가 증가하여 급격한 교란상태가 발생하더라도 정전을 일으키지 않고 송전을 계속하기 위한 전력의 최대치를 과도안정도라 한다.

상 제11장 발전

09 흡출관이 필요치 않은 수차는?

① 펠톤수차 ② 프란시스수차
③ 카플란수차 ④ 사류수차

해설

펠톤수차는 고낙차 소수량에 적합하므로 흡출관은 펠톤수차에는 필요 없다.

하 제11장 발전

10 탈기기의 설치 목적은?

① 산소의 분리
② 급수의 건조
③ 물때의 부착방지
④ 염류의 제거

해설

탈기기는 급수 중에 용해해서 존재하는 산소를 물리적으로 분리 · 제거하여 보일러 배관의 부식을 미연에 방지하는 장치이다.

하 제11장 발전

11 가스냉각형 원자로에 사용하는 연료 및 냉각재는?

① 농축우라늄, 헬륨
② 천연우라늄, 이산화탄소
③ 농축우라늄, 질소
④ 천연우라늄, 수소가스

해설

원자로의 종류		연료	감속재	냉각재
가스냉각로(GCR)		천연우라늄	흑연	탄산가스
경수로	비등수형(BWR)	농축우라늄	경수	경수
	가압수형(PWR)	농축우라늄	경수	탄산가스
중수로(CANDU)		천연우라늄, 농축우라늄	중수	탄산가스
고속 중식로(FBR)		농축우라늄, 플루토늄	–	나트륨, 나트륨 · 칼륨합금

정답 06. ③ 07. ④ 08. ③ 09. ① 10. ① 11. ②

상 제8장 송전선로 보호방식

12 그림과 같은 특성을 갖는 계전기의 동작시간 특성은?

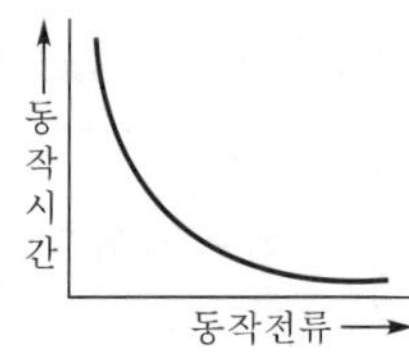

① 반한시 특성 ② 정한시 특성
③ 비례한시 특성 ④ 반한시 정한시 특성

해설 계전기의 한시 특성에 의한 분류

㉠ 순한시계전기 : 최소동작전류 이상의 전류가 흐르면 즉시 동작하는 것
㉡ 반한시계전기 : 동작전류가 커질수록 동작시간이 짧게 되는 특성을 가진 것
㉢ 정한시계전기 : 동작전류의 크기에 관계없이 일정한 시간에서 동작하는 것
㉣ 정한시 반한시계전기 : 동작전류가 적은 동안에는 반한시 특성으로 되고 그 이상에서는 정한시 특성이 되는 것
㉤ 계단식 계전기 : 한시치가 다른 계전기와 조합하여 계단적인 한시 특성을 가진 것

중 제8장 송전선로 보호방식

13 변압기 운전 중에 절연유를 추출하여 가스 분석을 한 결과 어떤 가스 성분이 증가하는 현상이 발생되었다. 이 현상이 내부 미소방전(유중 ARC분해)이라면 그 가스는?

① CH_4 ② H_2
③ CO ④ CO_2

해설 GAS 조정에 의한 이상종류

GAS 종류	이상종류	이상현상	사고사례
수소(H_2)	• 유중 ARC 분해 • 고체절연물 ARC분해	• ARC방전 • 코로나방전	• 권선의 중간 단락 권선 용단 • TAP절환기접점의 ARC단락
메탄(CH_4)	절연유 과열	• 과열, 접촉 불량 • 누설전류에 의한 과열	• 체부부위 이완 및 절연불량 • 절환기 접점의 ARC 단락
아세틸렌(C_2H_4)	유중 ARC분해	고온 열분해 시 발생	권선의 층간단락
일산화탄소(CO 및 CO_2)	• 고체절연물 과열 • 유중 ARC 분해 • 고체 과열	과열소손	• 절연지 손상 • 베트라트 소손

상 제10장 배전선로 계산

14 부하역률이 $\cos\theta$인 배전선로의 저항손실은 같은 크기의 부하전력에서 역률 1일 때의 저항손실에 비하여 어떻게 되는가? (단, 여기서 수전단의 전압은 일정하다.)

① $\sin\theta$ ② $\cos\theta$
③ $\dfrac{1}{\sin^2\theta}$ ④ $\dfrac{1}{\cos^2\theta}$

해설

선로에 흐르는 전류 $I=\dfrac{P}{\sqrt{3}\,V\cos\theta}$[A]

선로손실 $P_c=3I^2r=3\left(\dfrac{P}{\sqrt{3}\,V\cos\theta}\right)^2 r$

$=\dfrac{P^2}{V^2\cos^2\theta}\times\dfrac{\rho l}{A}=\dfrac{\rho l P^2}{AV^2\cos^2\theta}$[kW]

중 제2장 전선로

15 송전선 현수애자련의 연면섬락과 관계가 가장 작은 것은?

① 철탑 접지저항 ② 현수애자의 개수
③ 현수애자련의 오손 ④ 가공지선

해설

㉠ 연면섬락 : 초고압 송전선로에서 애자련의 표면에 전류가 흘러 생기는 섬락
㉡ 연면섬락 방지책
• 철탑의 접지저항을 작게 한다.
• 현수애자 개수를 늘려 애자련을 길게 한다.

상 제4장 송전 특성 및 조상설비

16 송전선로의 송전단전압을 E_S, 수전단전압을 E_R, 송·수전단전압 사이의 위상차를 δ, 선로의 리액턴스를 X라 하면, 선로저항을 무시할 때 송전전력 P는 어떤 식으로 표시되는가?

① $P=\dfrac{E_S-E_R}{X}$ ② $P=\dfrac{(E_S-E_R)^2}{X}$
③ $P=\dfrac{E_S E_R}{X}\sin\delta$ ④ $P=\dfrac{E_S E_R}{X}\tan\delta$

정답 12. ① 13. ② 14. ④ 15. ④ 16. ③

해설

송전전력 $P=\dfrac{E_S \cdot E_R}{X}\sin\delta$ [MW]이므로 유도리액턴스 X에 반비례하므로 송전거리가 멀어질수록 감소한다.

상 제3장 선로정수 및 코로나현상

17 단도체방식과 비교하여 복도체방식의 송전선로를 설명한 것으로 옳지 않은 것은?

① 전선의 인덕턴스는 감소되고, 정전용량은 증가한다.
② 선로의 송전용량이 증가된다.
③ 계통의 안정도를 증진시킨다.
④ 전선표면의 전위경도가 저감되어 코로나 임계전압을 낮출 수 있다.

해설 복도체나 다도체를 사용할 때 장점

- 인덕턴스는 감소하고 정전용량은 증가한다.
- 같은 단면적의 단도체에 비해 전류용량 및 송전용량이 증가한다.
- 코로나 임계전압의 상승으로 코로나 현상이 방지된다.

상 제4장 송전 특성 및 조상설비

18 정전압 송전방식에서 전력원선도를 그리려면 무엇이 주어져야 하는가?

① 송·수전단전압, 선로의 일반회로정수
② 송·수전단전류, 선로의 일반회로정수
③ 조상기 용량, 수전단전압
④ 송전단전압, 수전단전류

해설 전력원선도 작성 시 필요 요소

송·수전단전압의 크기 및 위상각, 선로정수

중 제8장 송전선로 보호방식

19 여러 회선인 비접지 3상 3선식 배전선로에 방향지락계전기를 사용하여 선택지락보호를 하려고 한다. 필요한 것은?

① CT와 OCR
② CT와 PT
③ 접지변압기와 ZCT
④ 접지변압기와 ZPT

해설

방향지락계전기(DGR)는 방향성을 갖는 과전류지락계전기로 영상전압과 영상전류를 얻어 선택지락보호를 한다.

하 제8장 송전선로 보호방식

20 66[kV] 비접지 송전계통에서 영상전압을 얻기 위하여 변압비 66000/110[V]인 PT 3개를 그림과 같이 접속하였다. 66[kV] 선로측에서 1선 지락고장 시 PT 2차 개방단에 나타나는 전압[V]은?

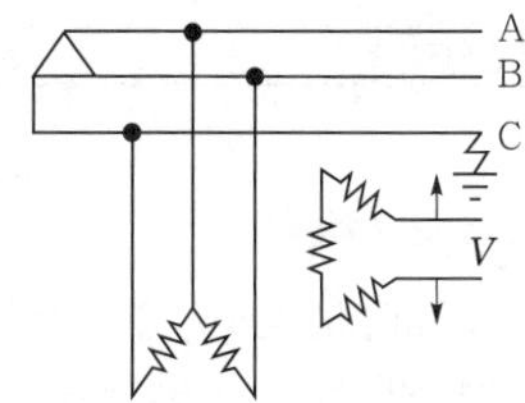

① 약 110　② 약 190
③ 약 220　④ 약 330

해설

1선 지락고장 시 PT 2차에 나타나는 전압은 영상전압이므로

$$V=3V_g=3\times\frac{66000}{\sqrt{3}}\times\frac{110}{66000}=190.52 ≒ 190[V]$$

정답　17. ④　18. ①　19. ③　20. ②

2022년 제3회 전기기사 CBT 기출복원문제

상 제6장 중성점 접지방식

01 다음 중 1선 지락전류가 큰 순서대로 배열된 것은?

㉠ 직접접지 3상 3선 방식
㉡ 저항접지 3상 3선 방식
㉢ 리액터(reactor)접지 3상 3선 방식
㉣ 비접지 3상 3선 방식

① ㉣ - ㉠ - ㉡ - ㉢
② ㉣ - ㉡ - ㉠ - ㉢
③ ㉠ - ㉡ - ㉣ - ㉢
④ ㉡ - ㉠ - ㉢ - ㉣

해설 송전계통의 접지방식별 지락사고 시 지락전류 크기 비교

중성점 접지방식	비접지	직접 접지	저항 접지	소호리액터 접지
지락전류의 크기	작음	최대	중간	최소

중 제6장 중성점 접지방식

02 선로의 길이 60[km]인 3상 3선식 66[kV] 1회선 송전에 적당한 소호리액터용량은 몇 [kVA]인가? (단, 대지정전용량은 1선당 0.0053[μF/km]이다)

① 322 ② 522
③ 1044 ④ 1566

해설

소호리액터용량 $Q_L = 2\pi fCV^2 l \times 10^{-9}$[kVA]

$Q_L = 2\pi \times 60 \times 0.0053 \times 66000^2 \times 60 \times 10^{-9}$
$= 522.2$[kVA]

하 제5장 고장 계산 및 안정도

03 그림과 같이 전압 11[kV], 용량 15[MVA]의 3상 교류발전기 2대와 용량 33[MVA]의 변압기 1대로 된 계통이 있다. 발전기 1대 및 변압기 %리액턴스가 20[%], 10[%]일 때 차단기 2의 차단용량[MVA]은?

① 80 ② 95
③ 103 ④ 125

해설

변압기용량 33[MVA]를 기준용량으로 발전기 및 변압기의 %리액턴스를 환산하여 합산하면

$\%X = 10 + \frac{20}{2} \times \frac{33}{15} = 32$[%]

차단기 2의 차단용량 $P_s = \frac{100}{32} \times 33 = 103$[MVA]

상 제4장 송전 특성 및 조상설비

04 전력원선도의 가로축과 세로축은 각각 어느 것을 나타내는가?

① 최대 전력 – 피상전력
② 유효전력 – 무효전력
③ 조상용량 – 송전효율
④ 송전효율 – 코로나손실

해설

전력원선도의 가로축은 유효전력, 세로축은 무효전력, 반경(반지름)은 $\frac{V_S V_R}{Z}$이다.

중 제4장 송전 특성 및 조상설비

05 동기조상기와 전력용 콘덴서를 비교할 때 전력용 콘덴서의 이점으로 옳은 것은?

① 진상과 지상의 전류 양용이다.
② 단락고장이 일어나도 고장전류가 흐르지 않는다.
③ 송전선의 시송전에 이용 가능하다.
④ 전압조정이 연속적이다.

정답 01. ③ 02. ② 03. ③ 04. ② 05. ②

해설 **전력용 콘덴서의 장점**

㉠ 정지기로 회전기인 동기조상기에 비해 전력손실이 작다.
㉡ 부하특성에 따라 콘덴서의 용량을 수시로 변경할 수 있다.
㉢ 단락고장이 일어나도 고장전류가 흐르지 않는다.

상 제5장 고장 계산 및 안정도

06 **전력계통의 안정도 향상대책으로 옳지 않은 것은?**

① 계통의 직렬리액턴스를 낮게 한다.
② 고속도 재폐로방식을 채용한다.
③ 지락전류를 크게 하기 위하여 직접접지 방식을 채용한다.
④ 고속도 차단방식을 채용한다.

해설

직접접지방식은 1선 지락사고 시 대지로 흐르는 지락전류가 다른 접지방식에 비해 너무 커서 안정도가 가장 낮은 접지방식이다.

중 제11장 발전

07 **횡축에 1년 365일을 역일 순으로 취하고, 종축에 유량을 취하여 매일의 측정유량을 나타낸 곡선은?**

① 유황곡선
② 적산유량곡선
③ 유량도
④ 수위유량곡선

해설 **하천의 유량측정**

㉠ 유황곡선 : 횡축에 일수를, 종축에 유량을 표시하고 유량이 많은 일수를 차례로 배열하여 이 점들을 연결한 곡선이다.
㉡ 적산유량곡선 : 횡축에 역일을, 종축에 유량을 기입하고 이들의 유량을 매일 적산하여 작성한 곡선으로, 저수지용량 등을 결정하는 데 이용할 수 있다.
㉢ 유량도 : 횡축에 역일을, 종축에 유량을 기입하고 매일의 유량을 표시한 것이다.
㉣ 수위유량곡선 : 횡축에 하천유량을, 종축에 하천의 수위 사이에는 일정한 관계가 있으므로 이들 관계를 곡선으로 표시한 것이다.

하 제10장 배전선로 계산

08 **전선의 굵기가 균일하고 부하가 균등하게 분포되어 있는 배전선로의 전력손실은 전체 부하가 송전단으로부터 전체 전선로 길이의 어느 지점에 집중되어 있는 손실과 같은가?**

① $\frac{3}{4}$
② $\frac{2}{3}$
③ $\frac{1}{3}$
④ $\frac{1}{2}$

해설

㉠ 부하가 말단에 집중된 경우 전력손실 $P_l = I_n^2 r$[W]
㉡ 부하가 균등하게 분산 분포된 경우 전력손실

$P_l = \frac{1}{3} I_n^2 r$[W]

중 제10장 배전선로 계산

09 **고압 배전선로의 중간에 승압기를 설치하는 주 목적은?**

① 부하의 불평형 방지
② 말단의 전압강하 방지
③ 전력손실의 감소
④ 역률개선

해설

승압의 목적으로는 송전전력의 증가, 전력손실 및 전압강하율의 경감, 단면적을 작게 함으로써 재료절감의 효과 등이 있다.

상 제5장 고장 계산 및 안정도

10 **선간단락 고장을 대칭좌표법으로 해석할 경우 필요한 것 모두를 나열한 것은?**

① 정상임피던스 및 역상임피던스
② 정상임피던스 및 영상임피던스
③ 역상임피던스 및 영상임피던스
④ 영상임피던스

해설 **선로고장 시 대칭좌표법으로 해석할 경우 필요사항**

㉠ 1선 지락 : 영상임피던스, 정상임피던스, 역상임피던스
㉡ 선간단락 : 정상임피던스, 역상임피던스
㉢ 3선 단락 : 정상임피던스

정답 06. ③ 07. ③ 08. ③ 09. ② 10. ①

상 제7장 이상전압 및 유도장해

11 전선로에서 가공지선을 설치하는 목적이 아닌 것은?

① 뇌(雷)의 직격을 받을 경우 송전선 보호
② 유도뢰에 의한 송전선의 고전위 방지
③ 통신선에 대한 차폐효과과 증진
④ 철탑의 접지저항 경감

해설 **가공지선의 설치효과**

㉠ 직격뢰로부터 선로 및 기기 차폐
㉡ 유도뢰에 의한 정전차폐효과
㉢ 통신선의 전자유도장해를 경감시킬 수 있는 전자차폐 효과

상 제1장 전력계통

12 전력계통의 전압을 조정하는 가장 보편적인 방법은?

① 발전기의 유효전력 조정
② 부하의 유효전력 조정
③ 계통의 주파수 조정
④ 계통의 무효전력 조정

해설

조상설비를 이용하여 무효전력을 조정하여 전압을 조정한다.

상 제7장 이상전압 및 유도장해

13 계통 내 각 기기, 기구 및 애자 등의 상호 간에 적정한 절연강도를 지니게 함으로서 계통설계를 합리적으로 할 수 있게 한 것을 무엇이라 하는가?

① 기준충격 절연강도
② 보호계전방식
③ 절연계급 선정
④ 절연협조

해설 **절연협조의 정의**

발 · 변전소의 기기나 송 · 배전선로 등의 전력계통 전체의 절연설계를 보호장치와 관련시켜서 합리화를 도모하고 안전성과 경제성을 유지하는 것이다.

상 제4장 송전 특성 및 조상설비

14 송전선로의 정상상태 극한(최대)송전전력은 선로리액턴스와 대략 어떤 관계가 성립하는가?

① 송 · 수전단 사이의 리액턴스에 반비례한다.
② 송 · 수전단 사이의 리액턴스에 비례한다.
③ 송 · 수전단 사이의 리액턴스의 자승에 비례한다.
④ 송 · 수전단 사이의 리액턴스의 자승에 반비례한다.

해설

송전전력 $P = \frac{V_S V_R}{X} \sin\delta$ [MW]에서 정상상태 극한(최대)송전전력은 송 · 수전단 사이 선로의 리액턴스에 반비례한다.

상 제7장 이상전압 및 유도장해

15 송전선로에 근접한 통신선에 유도장해가 발생한다. 정전유도의 원인은?

① 영상전압 ② 역상전압
③ 역상전류 ④ 정상전류

해설

전력선과 통신선 사이에 발생하는 상호정전용량의 불평형으로, 통신선에 유도되는 정전유도전압으로 인해 정상일 때에도 유도장해가 발생한다.

정전유도전압 $E_n = \frac{C_m}{C_s + C_m} E_0$[V]

하 제11장 발전

16 열효율 35[%]의 화력발전소의 평균발열량 6000[kcal/kg]의 석탄을 사용하면 1[kWh]를 발전하는 데 필요한 석탄량은 약 몇 [kg]인가?

① 0.41 ② 0.62
③ 0.71 ④ 0.82

해설

석탄의 양

$W = \frac{860P}{C\eta} = \frac{860 \times 1}{6000 \times 0.35} = 0.4095 = 0.41$[kg]

여기서, P : 발전소출력[kW]
C : 연료의 발열량[kcal/kg]
η : 열효율

정답 11. ② 12. ④ 13. ④ 14. ① 15. ① 16. ①

중 제10장 배전선로 계산

17 그림과 같은 회로에서 A, B, C, D의 어느 곳에 전원을 접속하면 간선 A–D 간의 전력손실이 최소가 되는가?

① A
② B
③ C
④ D

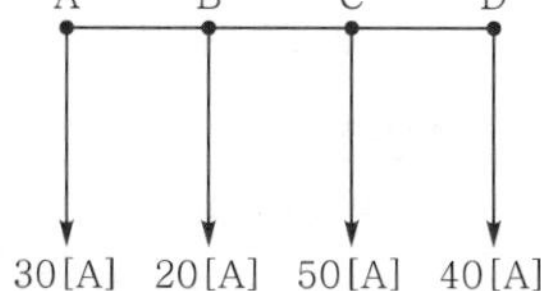

해설

각 구간당 저항이 동일하다고 가정하고 각 구간당 저항을 r이라 하면

- A점에서 하는 급전의 경우 :
  $P_{CA} = 110^2 r + 90^2 r + 40^2 r = 21800r$
- B점에서 하는 급전의 경우 :
  $P_{CB} = 30^2 r + 90^2 r + 40^2 r = 10600r$
- C점에서 하는 급전의 경우 :
  $P_{CC} = 30^2 r + 50^2 r + 40^2 r = 5000r$
- D점에서 하는 급전의 경우 :
  $P_{CD} = 30^2 r + 50^2 r + 100^2 r = 13400r$

따라서 C점에서 급전하는 경우 전력손실은 최소가 된다.

중 제8장 송전선로 보호방식

18 여러 회선인 비접지 3상 3선식 배전선로에 방향지락계전기를 사용하여 선택지락보호를 하려고 한다. 필요한 것은?

① CT와 OCR
② CT와 PT
③ 접지변압기와 ZCT
④ 접지변압기와 ZPT

해설

방향지락계전기(DGR)는 방향성을 갖는 과전류지락계전기로, 영상전압과 영상전류를 얻어 선택지락보호를 한다.

상 제8장 송전선로 보호방식

19 접촉자가 외기(外氣)로부터 격리되어 있어 아크에 의한 화재의 염려가 없고 소형·경량으로 구조가 간단하며 보수가 용이하고 진공 중의 아크소호능력을 이용하는 차단기는?

① 유입차단기
② 진공차단기
③ 공기차단기
④ 가스차단기

해설 진공차단기

㉠ 소형·경량으로 제작이 가능하다.
㉡ 아크나 가스의 외부방출이 없어 소음이 작다.
㉢ 아크에 의한 화재나 폭발의 염려가 없다.
㉣ 소호특성이 우수하고, 고속개폐가 가능하다.

중 제11장 발전

20 원자력발전소에서 사용하는 감속재에 관한 설명으로 틀린 것은?

① 중성자 흡수단면적이 클 것
② 감속비가 클 것
③ 감속능력이 클 것
④ 경수, 중수, 흑연 등이 사용됨

해설

감속재란 핵분열에 의해 생긴 고속중성자를 열중성자로 감속하기 위하여 사용하는 것이다.
㉠ 원자핵의 질량수가 적을 것
㉡ 중성자의 산란이 크고 흡수가 적을 것

정답 17. ③ 18. ③ 19. ② 20. ①

2022년 제3회 전기산업기사 CBT 기출복원문제

상 제9장 배전방식

01 저압 단상 3선식 배전방식의 가장 큰 단점이 될 수 있는 것은?

① 절연이 곤란하다.
② 설비이용률이 나쁘다.
③ 2종류의 전압을 얻을 수 있다.
④ 전압불평형이 생길 우려가 있다.

해설

부하가 불평형되면 전압불평형이 발생하고 중성선이 단선되면 이상전압이 나타난다.

중 제10장 배전선로 계산

02 송전단에서 전류가 동일하고 배전선에 리액턴스를 무시하면 배전선 말단에 단일부하가 있을 때의 전력손실은 배전선에 따라 균등한 부하가 분포되어 있는 경우의 전력손실에 비하여 몇 배나 되는가?

① $\frac{1}{2}$ ② 2
③ $\frac{1}{3}$ ④ 3

해설 부하 모양에 따른 부하 계수

부하의 형태		전압강하	전력손실
말단에 집중된 경우		1.0	1.0
평등 부하분포		$\frac{1}{2}$	$\frac{1}{3}$
중앙일수록 큰 부하분포		$\frac{1}{2}$	0.38
말단일수록 큰 부하분포		$\frac{2}{3}$	0.58
송전단 일수록 큰 부하분포		$\frac{1}{3}$	$\frac{1}{5}$

상 제2장 전선로

03 전선로의 지지물 양쪽의 경간 차가 큰 곳에 쓰이며 E철탑이라고도 하는 철탑은?

① 인류형 철탑 ② 보강형 철탑
③ 각도형 철탑 ④ 내장형 철탑

해설

사용목적에 따른 철탑의 종류는 전선로의 표준경간에 대하여 설계하는 것으로 다음의 5종류가 있다.
㉠ 직선형 철탑 : 수평각도 3° 이하의 개소에 사용하는 현수애자 장치 철탑을 말하며 그 철탑형의 기호를 A, F, SF로 한다.
㉡ 각도형 철탑 : 수평각도가 3°를 넘는 개소에 사용하는 철탑으로 기호를 B로 한다.
㉢ 인류형 철탑 : 가섭선을 인류하는 개소에 사용하는 철탑으로 그 철탑형의 기호를 D로 한다.
㉣ 내장형 철탑 : 수평각도가 30°를 초과하거나 양측 경간의 차가 커서 불평균 장력이 현저하게 발생하는 개소에 사용하는 철탑을 말하며 그 철탑형의 기호를 C, E로 한다.
㉤ 보강형 철탑 : 직선철탑이 연속하는 경우 전선로의 강도가 부족하며 10기 이하마다 1기씩 내장애자장치의 내장형 철탑으로 전선로를 보강하기 위하여 사용한다.

상 제8장 송전선로 보호방식

04 부하전류의 차단능력이 없는 것은?

① NFB ② OCB
③ VCB ④ DS

해설 단로기의 특징

㉠ 부하전류를 개폐할 수 없음
㉡ 무부하 시 회로의 개폐가능
㉢ 무부하 충전전류 및 변압기 여자전류 차단가능

중 제3장 선로정수 및 코로나현상

05 송전선로의 코로나손실을 나타내는 Peek식에서 E_0에 해당하는 것은?

$$P_c = \frac{241}{\delta}(f+25)\sqrt{\frac{d}{2D}}(E-E_0)^2 \times 10^{-5}$$
[kW/km/선]

① 코로나 임계전압
② 전선에 감하는 대지전압
③ 송전단전압
④ 기준 충격절연강도전압

정답 01. ④ 02. ④ 03. ④ 04. ④ 05. ①

해설 송전선로의 코로나 손실을 나타내는 Peek식

$$P_c = \frac{241}{\delta}(f+25)\sqrt{\frac{d}{2D}}(E-E_0)^2 \times 10^{-5}$$

[kW/km/선]

δ : 상대공기밀도
f : 주파수
d : 전선의 직경[cm]
D : 전선의 선간거리[cm]
E : 전선에 걸리는 대지전압[kV]
E_0 : 코로나 임계전압[kV]

상 제4장 송전 특성 및 조상설비

06 전력용 콘덴서를 설치하는 주된 목적은?

① 역률 개선 ② 전압강하 보상
③ 기기의 보호 ④ 송전용량 증가

해설 역률 개선의 효과

㉠ 변압기 및 배전선로의 손실 경감
㉡ 전압강하 감소
㉢ 설비이용률 향상
㉣ 전력요금 경감

상 제3장 선로정수 및 코로나현상

07 3상 3선식에서 전선의 선간거리가 각각 1[m], 2[m], 4[m]라고 할 때 등가선간거리는 몇 [m]인가?

① 1 ② 2
③ 3 ④ 4

해설

도체 간의 기하학적 평균 선간거리(=등가선간거리)

$D_n = \sqrt[3]{D_1 \cdot D_2 \cdot D_3}$ [m]

$D_n = \sqrt[3]{D_1 \cdot D_2 \cdot D_3} = \sqrt[3]{1\times2\times4} = 2$[m]

상 제3장 선로정수 및 코로나현상

08 다도체를 사용한 송전선로가 있다. 단도체를 사용했을 때와 비교할 때 옳은 것은? (단, L은 작용인덕턴스이고, C는 작용정전용량이다.)

① L과 C 모두 감소한다.
② L과 C 모두 증가한다.
③ L은 감소하고, C는 증가한다.
④ L은 증가하고, C는 감소한다.

해설 복도체나 다도체를 사용할 때 특성

㉠ 인덕턴스는 감소하고 정전용량은 증가한다.
㉡ 같은 단면적의 단도체에 비해 전류용량이 증대된다.
㉢ 안정도가 증가하여 송전용량이 증가한다.
㉣ 등가반경이 커져 코로나 임계전압의 상승으로 코로나 현상이 방지된다.

상 제8장 송전선로 보호방식

09 그림에서 계기 Ⓜ이 지시하는 것은?

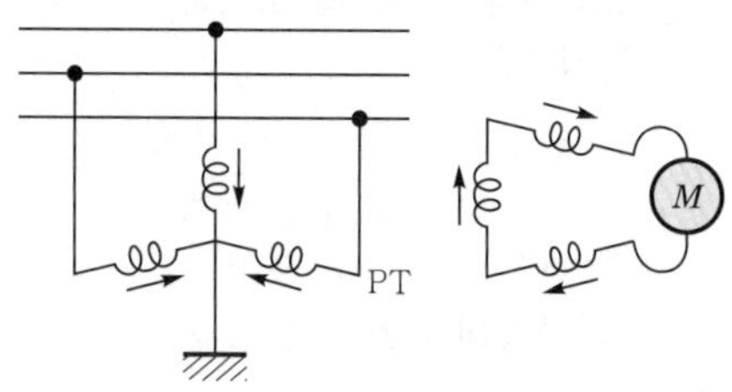

① 정상전류 ② 영상전압
③ 역상전압 ④ 정상전압

해설 접지형 계기용 변압기(GPT)와 지락과전압계전기(OVGR)

㉠ 접지형 계기용 변압기(GPT)를 이용하여 지락사고를 검출
㉡ 비접지방식에서 1선 지락사고 시 건전상의 전압이 상승하는 특성을 이용하여 영상전압을 검출

중 제9장 배전방식

10 저압 배전선로의 플리커(fliker)전압의 억제 대책으로 볼 수 없는 것은?

① 내부임피던스가 작은 대용량의 변압기를 선정한다.
② 배전선은 굵은 선으로 한다.
③ 저압뱅킹방식 또는 네트워크방식으로 한다.
④ 배전선로에 누전차단기를 설치한다.

해설

누전차단기는 간접 접촉에 의한 감전사고를 방지하기 위하여 설치한다.

상 제7장 이상전압 및 유도장해

11 송전선로에 근접한 통신선에 유도장해가 발생한다. 정전유도의 원인은?

① 영상전압 ② 역상전압
③ 역상전류 ④ 정상전류

정답 06. ① 07. ② 08. ③ 09. ② 10. ④ 11. ①

해설

전력선과 통신선의 사이에 발생하는 상호정전용량의 불평형으로 통신선에 유도되는 정전유도전압으로 인해 정상시에도 유도장해가 발생한다.

정전유도전압 $E_n = \dfrac{C_m}{C_s + C_m} E_0$[V]

상 제1장 전력계통

12 전력계통의 전압을 조정하는 가장 보편적인 방법은?

① 발전기의 유효전력 조정
② 부하의 유효전력 조정
③ 계통의 주파수 조정
④ 계통의 무효전력 조정

해설

조상설비를 이용하여 무효전력을 조정하여 전압을 조정한다.
㉠ 동기조상기 : 진상·지상무효전력을 조정하여 역률을 개선하여 전압강하를 감소시키거나 경부하 및 무부하 운전 시 페란티현상을 방지한다.
㉡ 전력용 콘덴서 및 분로리액터 : 무효전력을 조정하는 정지기로 전력용 콘덴서는 역률을 개선하고, 선로의 충전용량 및 부하 변동에 의한 수전단측의 전압조정을 한다.
㉢ 직렬콘덴서 : 선로에 직렬로 접속하여 전달임피던스를 감소시켜 전압강하를 방지한다.

중 제9장 배전방식

13 200[V], 10[kVA]인 3상 유도전동기가 있다. 어느 날의 부하실적은 1일의 사용전력량 72[kWh], 1일의 최대전력이 9[kW], 최대부하일 때 전류가 35[A]이었다. 1일의 부하율과 최대공급전력일 때의 역률은 몇 [%]인가?

① 부하율 : 31.3, 역률 : 74.2
② 부하율 : 33.3, 역률 : 74.2
③ 부하율 : 31.3, 역률 : 82.5
④ 부하율 : 33.3, 역률 : 82.2

해설

1일의 부하율

$F = \dfrac{P}{P_m} \times 100 = \dfrac{72/24}{9} \times 100 = 33.3$[%]

최대공급전력일 때의 역률

$\cos\theta = \dfrac{P_m}{\sqrt{3}\,VI} \times 100$

$= \dfrac{9000}{\sqrt{3} \times 200 \times 35} \times 100 = 74.2$[%]

상 제4장 송전 특성 및 조상설비

14 일반회로정수 A, B, C, D, 송수전단 상전압이 각각 E_S, E_R 일 때 수전단 전력원선도의 반지름은?

① $\dfrac{E_S \cdot E_R}{A}$　② $\dfrac{E_S \cdot E_R}{B}$
③ $\dfrac{E_S \cdot E_R}{C}$　④ $\dfrac{E_S \cdot E_R}{D}$

해설

전력원선도의 반지름 $r = \dfrac{E_S E_R}{B}$

상 제6장 중성점 접지방식

15 송전선의 중성점을 접지하는 이유가 아닌 것은?

① 고장전류 크기의 억제
② 이상전압 발생의 방지
③ 보호계전기의 신속 정확한 동작
④ 전선로 및 기기의 절연레벨을 경감

해설 **송전선의 중성점 접지의 목적**

㉠ 대지전압 상승 억제 : 지락고장 시 건전상 대지전압 상승 억제 및 전선로와 기기의 절연레벨 경감 목적
㉡ 이상전압 상승 억제 : 뇌, 아크지락, 기타에 의한 이상전압 경감 및 발생방지 목적
㉢ 계전기의 확실한 동작 확보 : 지락사고 시 지락계전기의 확실한 동작 확보
㉣ 아크지락 소멸 : 소호리액터 접지인 경우 1선 지락시 아크지락의 신속한 아크소멸로 송전선을 지속

상 제2장 전선로

16 송전거리, 전력, 손실률 및 역률이 일정하다면 전선의 굵기는?

① 전류에 비례한다.
② 전압의 제곱에 비례한다.
③ 전류에 역비례한다.
④ 전압의 제곱에 역비례한다.

해설

송전손실 $P_c = 3I^2 r = \dfrac{W^2 l}{A V^2 \cos^2\theta}$

$\therefore A \propto \dfrac{1}{V^2}$

정답 12. ④ 13. ② 14. ② 15. ① 16. ④

중 제11장 발전

17 유효낙차 100[m], 최대사용유량 20[m^3/s]인 발전소의 최대출력은 몇 [kW]인가? (단, 이 발전소의 종합효율은 87[%]라고 한다.)

① 15000　② 17000
③ 19000　④ 21000

해설

수력발전소 출력 $P=9.8HQ\eta$[kW]
(여기서, H : 유효낙차[m], Q : 유량[m^3/s], η : 효율)
$P=9.8\times100\times20\times0.87=17052\fallingdotseq17000$[kW]

상 제11장 발전

18 고압, 고온을 채용한 기력발전소에서 채용되는 열사이클로 그림과 같은 장치선도의 열사이클은?

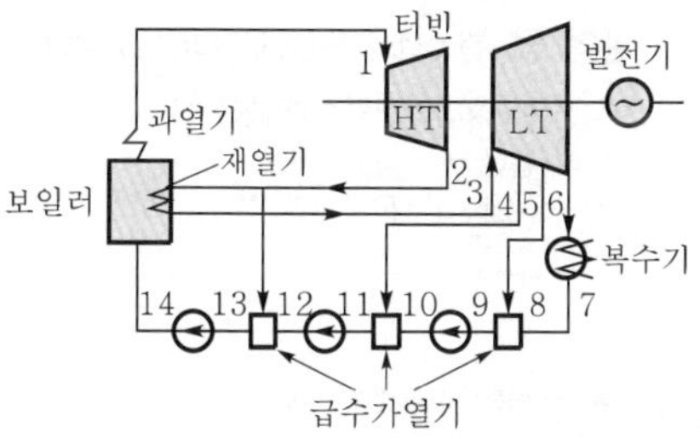

① 랭킨사이클　② 재생사이클
③ 재열사이클　④ 재열재생사이클

해설

㉠ 재생재열사이클 : 대용량 기력발전소에서 가장 많이 사용하는 방식으로 재생사이클과 재열사이클의 장점을 겸비
㉡ 재열사이클 : 터빈에서 임의의 온도까지 팽창한 증기를 추출하여 보일러로 되돌려 보내서 재열기로 적당한 온도까지 재가열시켜 다시 터빈으로 보내는 방식
㉢ 재생사이클 : 터빈에서 팽창 도중의 증기의 일부를 추출하여 급수가열에 이용하여 효율을 높이는 방식

상 제8장 송전선로 보호방식

19 차단기의 정격차단시간은?

① 가동접촉자의 동작시간부터 소호까지의 시간
② 고장발생부터 소호까지의 시간
③ 가동접촉자의 개극부터 소호까지의 시간
④ 트립코일여자부터 소호까지의 시간

해설 **차단기의 정격차단시간**

정격전압하에서 규정된 표준동작책무 및 동작상태에 따라 차단할 때의 차단시간 한도로서 트립코일여자로부터 아크의 소호까지의 시간(개극시간+아크시간)

정격전압[kV]	7.2	25.8	72.5	170	362
정격차단시간(Cycle)	5～8	5	5	3	3

중 제7장 이상전압 및 유도장해

20 피뢰기를 가장 적절하게 설명한 것은?

① 동요전압의 파두, 파미의 파형의 준도를 저감하는 것
② 이상전압이 내습하였을 때 방전에 의한 기류를 차단하는 것
③ 뇌동요전압의 파고를 저감하는 것
④ 1선이 지락할 때 아크를 소멸시키는 것

해설

피뢰기는 이상전압이 선로에 내습하였을 때 이상전압의 파고치를 저감시켜 선로 및 기기를 보호하는 역할을 한다.

정답 17. ② 18. ④ 19. ④ 20. ③

2023년 제1회 전기기사 CBT 기출복원문제

중 제4장 송전특성 및 조상설비

01 송배전선로의 도중에 직렬로 삽입하여 선로의 유도성 리액턴스를 보상함으로써 선로정수 그 자체를 변화시켜서 선로의 전압강하를 감소시키는 직렬콘덴서 방식의 득실에 대한 설명으로 옳은 것은?

① 최대송전전력이 감소하고 정태안정도가 감소된다.
② 부하의 변동에 따른 수전단의 전압변동률은 증대된다.
③ 선로의 유도리액턴스를 보상하고 전압강하를 감소한다.
④ 송수 양단의 전달임피던스가 증가하고 안정 극한전력이 감소한다.

해설

전압강하 $e = V_S - V_R$
$= \sqrt{3}\, I_n\{R\cos\theta + (X_L - X_C)\sin\theta\}$가
되어 감소된다.
직렬콘덴서는 송전선로와 직렬로 설치하는 전력용 콘덴서로 설치하게 되면 안정도를 증가시키고 선로의 유도성 리액턴스를 보상하여 선로의 전압강하를 감소시킨다. 또한 역률이 나쁜 선로일수록 효과가 양호하다.

상 제3장 선로정수 및 코로나 현상

02 직경이 5[mm]의 경동선의 전선간격이 1.00[m]로 정삼각형 배치를 한 가공전선의 1선에 1[km]당의 작용 인덕턴스는 몇 [mH/km]인가?

① 1.20 ② 1.25
③ 1.30 ④ 1.35

해설

작용인덕턴스 $L = 0.05 + 0.4605\log_{10}\dfrac{D}{r}$[mH/km]
정삼각형의 등가선간거리
$D = \sqrt[3]{D_1 \cdot D_2 \cdot D_3} = \sqrt[3]{1 \cdot 1 \cdot 1} = 1$[m]
전선의 반경이 2.5[mm]이므로 등가선간거리와 전선의 반지름을 [cm]로 환산한다.

$$L = 0.05 + 0.4605\log_{10}\frac{100}{\frac{0.5}{2}} = 1.25\text{[mH/km]}$$

상 제7장 이상전압 및 방호대책

03 전력선과 통신선 간의 상호정전용량 및 상호인덕턴스에 의해 발생되는 유도장해로 옳은 것은?

① 정전유도장해 및 전자유도장해
② 전력유도장해 및 정전유도장해
③ 정전유도장해 및 고조파유도장해
④ 전자유도장해 및 고조파유도장해

해설 **전력선과 통신선 간의 유도장해**

- 정전유도장해 : 전력선과 통신선과의 상호정전용량에 의해 발생
- 전자유도장해 : 전력선과 통신선과의 상호인덕턴스에 의해 발생

상 제10장 배전선로 설비 및 운용

04 부하가 말단에만 집중되어 있는 3상 배전선로의 선간 전압강하가 866[V], 1선당의 저항이 10[Ω], 리액턴스가 20[Ω], 부하역률이 80[%](지상)인 경우 부하전류(또는 선로전류)의 근사값은?

① 25[A]
② 50[A]
③ 75[A]
④ 125[A]

해설

전압강하 $e = \sqrt{3}I(R\cos\theta + X\sin\theta)$[V]

부하전류 $I = \dfrac{e}{\sqrt{3}(R\cos\theta + X\sin\theta)}$
$= \dfrac{866}{\sqrt{3}\times(10\times0.8 + 20\times0.6)}$
$= 25$[A]

정답 01. ③ 02. ② 03. ① 04. ①

중 제3장 선로정수 및 코로나 현상

05 22000[V], 60[Hz], 1회선의 3상 지중송전에 대한 무부하 송전용량은 약 몇 [kVA] 정도 되겠는가? (단, 송전선의 길이는 20[km], 1선 1[km]당의 정전용량은 0.5[μF]이다.)

① 1750
② 1825
③ 1900
④ 1925

해설 **무부하 송전용량(= 충전용량)**

$Q_c = 2\pi f C V_n^{\ 2} l \times 10^{-9}$[kVA]
$= 2\pi \times 60 \times 0.5 \times 22000^2 \times 20 \times 10^{-9}$
$= 1824.68$[kVA]

상 제11장 발전

06 원자로의 제어재가 구비하여야 할 조건으로 틀린 것은?

① 중성자 흡수 단면적이 적을 것
② 높은 중성자 속에서 장시간 그 효과를 간직할 것
③ 열과 방사선에 대하여 안정할 것
④ 내식성이 크고 기계적 가공이 용이할 것

해설

제어재는 중성자의 수를 감소시켜 핵분열 연쇄반응을 제어하는 것으로 중성자 흡수가 큰 것이 요구되므로 카드뮴(cd), 붕소(B), 하프늄(Hf) 등이 이용되고 있다.

상 제10장 배전선로 설비 및 운용

07 부하전력 및 역률이 같을 때 전압을 n배 승압하면 전압강하와 전력손실은 어떻게 되는가?

① 전압강하 : $\frac{1}{n}$, 전력손실 : $\frac{1}{n^2}$
② 전압강하 : $\frac{1}{n^2}$, 전력손실 : $\frac{1}{n}$
③ 전압강하 : $\frac{1}{n}$, 전력손실 : $\frac{1}{n}$
④ 전압강하 : $\frac{1}{n^2}$, 전력손실 : $\frac{1}{n^2}$

해설

전압강하 $e = \sqrt{3} I (r\cos\theta + x\sin\theta)$
$= \sqrt{3} \times \frac{P}{\sqrt{3}\, V\cos\theta}(r\cos\theta + x\sin\theta)$
$= \frac{P}{V}(r + x\tan\theta) \propto \frac{1}{V}$

전력손실 $P_c = 3I^2 r = 3 \times \left(\frac{P}{\sqrt{3}\, V\cos\theta}\right)^2 \times \rho\frac{L}{A}$
$= \frac{P^2}{V^2\cos^2\theta}\rho\frac{l}{A} \propto \frac{1}{V^2}$

하 제4장 송전특성 및 조상설비

08 수전단의 전력원방정식이 $P_r^{\ 2} + (Q_r + 400)^2 = 250000$으로 표현되는 전력계통에서 가능한 최대로 공급할 수 있는 부하전력(P_r)과 이때 전압을 일정하게 유지하는 데 필요한 무효전력(Q_r)은 각각 얼마인가?

① $P_r = 500$, $Q_r = -400$
② $P_r = 400$, $Q_r = 500$
③ $P_r = 300$, $Q_r = 100$
④ $P_r = 200$, $Q_r = -300$

해설

㉠ 전력원선도는 유효전력(가로축)과 무효전력(세로축)으로 표현한다.
㉡ 역률 1.0 → 전력계통 유지 시 최대 전력공급이 가능하다.
$\therefore\ P_r^{\ 2} + (Q_r + 400)^2$
$= 500^2 + (-400 + 400)^2 = 250000$

상 제3장 선로정수 및 코로나 현상

09 코로나 방지대책으로 적당하지 않은 것은?

① 전선의 외경을 크게 한다.
② 선간거리를 증가시킨다.
③ 복도체 방식을 채용한다.
④ 가선금구를 개량한다.

해설 **코로나 방지대책**

㉠ 굵은 전선(ACSR)을 사용하여 코로나 임계전압을 높인다.
㉡ 등가반경이 큰 복도체 및 다도체 방식을 채택한다.
㉢ 가선금구류를 개량한다.

정답 05. ② 06. ① 07. ① 08. ① 09. ②

상 제10장 배전선로 설비 및 운용

10 안정권선(△권선)을 가지고 있는 대용량 고전압의 변압기가 있다. 조상기 및 전력용 콘덴서는 주로 어디에 접속되는가?

① 주변압기의 1차
② 주변압기의 2차
③ 주변압기의 3차(안정권선)
④ 주변압기의 1차와 2차

해설 **1차 변전소에 설치되어 있는 3권선 변압기의 제3차 권선의 용도**

㉠ 제3고조파 제거를 위해 안정권선(△권선) 설치
㉡ 조상설비(동기조상기 및 전력용 콘덴서, 분로리액터) 설치
㉢ 변전소 내에 전원공급

중 제8장 송전선로 보호방식

11 다음 개폐장치 중에서 고장전류의 차단능력이 없는 것은?

① 진공차단기(VCB)
② 유입개폐기(OS)
③ 리클로저(recloser)
④ 전력퓨즈(power fuse)

해설

유입개폐기(OS)는 정격전류 및 부하전류의 개폐가 가능하다.

상 제7장 이상전압 및 방호대책

12 피뢰기의 제한전압이란?

① 상용주파 전압에 대한 피뢰기의 충격방전 개시전압
② 충격파 침입 시 피뢰기의 충격방전 개시전압
③ 피뢰기가 충격파 방전종료 후 언제나 속류를 확실히 차단할 수 있는 상용주파 허용단자전압
④ 충격파전류가 흐르고 있을 때의 피뢰기의 단자전압

해설 **피뢰기 제한전압**

㉠ 방전으로 저하되어서 피뢰기 단자 간에 남게 되는 충격전압의 파고치
㉡ 방전 중에 피뢰기 단자 간에 걸리는 전압의 최대치(파고값)

상 제8장 송전선로 보호방식

13 차단기의 소호재료가 아닌 것은?

① 기름
② 공기
③ 수소
④ SF_6

해설

㉠ 차단기의 동작 시 아크 소호 매질로 수소가스는 사용하지 않는다.
㉡ 아크 소호재료 : 기름 → 유입차단기, 공기 → 공기차단기, SF_6 → 가스차단기

상 제8장 송전선로 보호방식

14 그림과 같은 특성을 갖는 계전기의 동작시간 특성은?

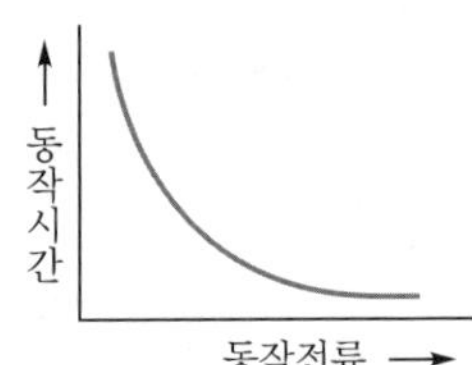

① 반한시 특성 ② 정한시 특성
③ 비례한시 특성 ④ 반한시 정한시 특성

해설 **계전기의 한시 특성에 의한 분류**

㉠ 순한시계전기 : 최소동작전류 이상의 전류가 흐르면 즉시 동작하는 것
㉡ 반한시계전기 : 동작전류가 커질수록 동작시간이 짧게 되는 특성을 가진 것
㉢ 정한시계전기 : 동작전류의 크기에 관계없이 일정한 시간에서 동작하는 것
㉣ 정한시 반한시계전기 : 동작전류가 적은 동안에는 반한시 특성으로 되고 그 이상에서는 정한시 특성이 되는 것
㉤ 계단식계전기 : 한시치가 다른 계전기와 조합하여 계단적인 한시 특성을 가진 것

정답 10. ③ 11. ② 12. ④ 13. ③ 14. ①

상 제4장 송전특성 및 조상설비

15 선로의 단위길이당의 분포인덕턴스, 저항, 정전용량 및 누설컨덕턴스를 각각 L, r, C 및 g라 할 때 전파정수는?

① $\sqrt{g+j\dfrac{\omega C}{r}}+j\omega L$

② $\sqrt{r+\dfrac{j\omega L}{g}}+j\omega C$

③ $\sqrt{(r+j\omega L)(g+j\omega C)}$

④ $(r+j\omega L)(g+j\omega C)$

해설

전파정수 $\gamma=\sqrt{ZY}=\sqrt{(r+j\omega L)(g+j\omega C)}$

중 제4장 송전특성 및 조상설비

16 154[kV], 300[km]의 3상 송전선에서 일반회로정수는 다음과 같다. $\dot{A}=0.930$, $\dot{B}=j150$, $\dot{C}=j0.90\times10^{-3}$, $\dot{D}=0.930$ 이 송전선에서 무부하시 송전단에 154[kV]를 가했을 때 수전단전압은 약 몇 [kV]인가?

① 143

② 154

③ 166

④ 171

해설

송전선의 무부하시 수전단전류 $I_R=0$이므로

송전단전압 $E_S=AE_R+BI_R$에서

$E_S=AE_R+B\times0=AE_R$

수전단전압 $E_R=\dfrac{E_S}{A}$

$=\dfrac{154}{0.93}=165.59=166$[kV]

하 제6장 중성점 접지방식

17 정격전압 13200[V]인 Y결선 발전기의 중성점을 80[Ω]의 저항으로 접지하였다. 발전기 단자에서 1선 지락전류는 약 몇 [A]인가? (단, 기타 정수는 무시한다.)

① 60

② 95

③ 120

④ 165

해설

1선 지락전류 $I_g=\dfrac{V}{R}$

$=\dfrac{13200}{80}=165$[A]

여기서, R은 접지저항

상 제9장 배전방식

18 어느 수용가의 부하설비는 전등설비가 500[W], 전열설비가 600[W], 전동기설비가 400[W], 기타 설비가 100[W]이다. 이 수용가의 최대수용전력이 1200[W]이면 수용률은 몇 [%]인가?

① 55 ② 65

③ 75 ④ 85

해설

수용률$=\dfrac{\text{최대수용전력}}{\text{설비용량}}\times100$[%]

$=\dfrac{1200}{500+600+400+100}\times100$

$=\dfrac{1200}{1600}\times100=75$[%]

상 제11장 발전

19 다음 중 특유속도가 가장 작은 수차는?

① 프로펠러수차

② 프란시스수차

③ 펠톤수차

④ 카플란수차

해설

각 수차의 특유속도는 다음과 같다.

㉠ 펠톤수차 : $12\leq N_S\leq23$

㉡ 프란시스수차 : $N_S\leq\dfrac{13000}{H+20}+50$

㉢ 프로펠러수차 : $N_S\leq\dfrac{20000}{H+20}+50$

㉣ 카플란수차 : $N_S\leq\dfrac{20000}{H+20}+50$

정답 15. ③ 16. ③ 17. ④ 18. ③ 19. ③

하 제1장 전력계통

20 전자계산기에 의한 전력 조류 계산에서 슬랙(slack)모선의 지정값은? (단, 슬랙모선을 기준모선으로 한다.)

① 유효전력과 무효전력
② 전압크기와 유효전력
③ 전압크기와 무효전력
④ 전압크기와 위상차

해설

계통의 조류를 계산하는 데 있어 발전기모선, 부하모선에서는 다같이 유효전력이 지정되어 있지만 송전손실이 미지이므로 이들을 모두 지정해 버리면 계산 후 이 송전손실 때문에 계통 전체에 유효전력에 과부족이 생기므로 발전기모선 중에서 유효전력용 모선으로 남겨서 여기서 유효전력과 전압의 크기를 지정하는 대신 전압의 크기와 그 위상각을 지정하는 모선을 슬랙모선 또는 스윙모선이라고 한다.

정답 20. ④

2023년 제1회 전기산업기사 CBT 기출복원문제

상 제8장 송전선로 보호방식

01 영상변류기(zero sequence C.T)를 사용하는 계전기는?

① 과전류계전기 ② 과전압계전기
③ 접지계전기 ④ 차동계전기

해설

접지계전기(= 지락계전기)는 지락사고 시 지락전류를 영상변류기를 통해 검출하여 그 크기에 따라 동작하는 계전기이다.

상 제4장 송전특성 및 조상설비

02 직렬콘덴서를 선로에 삽입할 때의 현상으로 옳은 것은?

① 부하의 역률을 개선한다.
② 선로의 리액턴스가 증가된다.
③ 선로의 전압강하를 줄일 수 없다.
④ 계통의 정태안정도를 증가시킨다.

해설

송전선로에 직렬로 콘덴서를 설치하게 되면 선로의 유도성 리액턴스를 보상하여 선로의 전압강하를 감소시키고 안정도가 증가된다. 또한 역률이 나쁜 선로일수록 효과가 양호하다. 전압강하는 다음과 같다.

전압강하 $e = V_S - V_R$
$= \sqrt{3} I_n \{R\cos\theta + (X_L - X_C)\sin\theta\}$

중 제5장 고장계산 및 안정도

03 154[kV] 송전선로에서 송전거리가 154[km]라 할 때 송전용량계수법에 의한 송전용량은 몇 [kW]인가? (단, 송전용량계수는 1200으로 한다.)

① 61600
② 92400
③ 123200
④ 184800

해설

송전용량 계수법의 송전용량 $P = K\dfrac{V_R^2}{L}$[kW]

여기서, K : 송전용량계수
V_R : 수전단전압[kV]
L : 송전거리[km]

송전용량 $P = 1200 \times \dfrac{154^2}{154} = 184800$[kW]

상 제3장 선로정수 및 코로나 현상

04 3상 3선식 송전선로에서 각 선의 대지정전용량이 0.5096[μF]이고, 선간정전용량이 0.1295[μF]일 때 1선의 작용정전용량은 몇 [μF]인가?

① 0.6391
② 0.7686
③ 0.8981
④ 1.5288

해설

3상 3선식의 1선의 작용정전용량 $C = C_s + 3C_m$[μF]

여기서, C_s : 대지정전용량[μF/km]
C_m : 선간정전용량[μF/km]

$C = C_s + 3C_m = 0.5096 + 3 \times 0.1295 = 0.8981$[μF]

하 제10장 배전선로 설비 및 운용

05 그림과 같은 회로에서 A, B, C, D의 어느 곳에 전원을 접속하면 간선 A-D 간의 전력손실이 최소가 되는가?

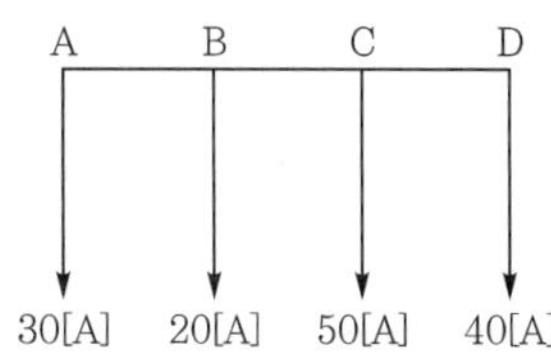

① A ② B
③ C ④ D

정답 01. ③ 02. ④ 03. ④ 04. ③ 05. ③

해설

각 구간당 저항이 동일하다고 하며 각 구간당 저항을 r이라 하면

- A점에서 하는 급전의 경우
  $P_{CA}=110^2r+90^2r+40^2r=21800r$
- B점에서 하는 급전의 경우
  $P_{CB}=30^2r+90^2r+40^2r=10600r$
- C점에서 하는 급전의 경우
  $P_{CC}=30^2r+50^2r+40^2r=5000r$
- D점에서 하는 급전의 경우
  $P_{CD}=30^2r+50^2r+100^2r=13400r$

따라서 C점에서 급전하는 경우 전력손실은 최소가 된다.

상 제4장 송전특성 및 조상설비

06 정전압 송전방식에서 전력원선도를 그리려면 무엇이 주어져야 하는가?

① 송수전단전압, 선로의 일반 회로정수
② 송수전단전류, 선로의 일반 회로정수
③ 조상기 용량, 수전단전압
④ 송전단전압, 수전단전류

해설 **전력원선도를 작성시 필요요소**

송수전단전압의 크기 및 위상각, 선로정수

상 제5장 고장계산 및 안정도

07 어느 변전소에서 합성임피던스 0.5[%](8000[kVA] 기준)인 곳에 시설한 차단기에 필요한 차단용량은 최저 몇 [MVA]인가?

① 1600
② 2000
③ 2400
④ 2800

해설

차단기용량 $P_s=\dfrac{100}{\%Z}\times P_n$[MVA]

여기서, P_n : 기준용량

$$P_s=\frac{100}{\%Z}\times P_n=\frac{100}{0.5}\times 8000\times 10^{-3}=1600\text{[MVA]}$$

중 제7장 이상전압 및 방호대책

08 가공 송전선로에서 이상전압의 내습에 대한 대책으로 틀린 것은?

① 철탑의 탑각접지저항을 작게 한다.
② 기기 보호용으로서의 피뢰기를 설치한다.
③ 가공지선을 설치한다.
④ 차폐각을 크게 한다.

해설

가공지선의 차폐각(θ)은 $30°\sim45°$ 정도가 효과적인데 차폐각은 적을수록 보호효율이 높다. 반면에 가공지선의 높이가 높아져 시설비가 비싸다.

상 제5장 고장계산 및 안정도

09 전력회로에 사용되는 차단기의 차단용량(Interrupting capacity)을 결정할 때 이용되는 것은?

① 예상 최대단락전류
② 회로에 접속되는 전부하전류
③ 계통의 최고전압
④ 회로를 구성하는 전선의 최대허용전류

해설

차단용량 $P_s=\sqrt{3}\times$정격전압$\times$정격차단전류[MVA]

중 제6장 중성점 접지방식

10 1상의 대지정전용량이 0.5[μF], 주파수가 60[Hz]인 3상 송전선이 있다. 이 선로에 소호리액터를 설치한다면, 소호리액터의 공진리액턴스는 약 몇 [Ω]이면 되는가?

① 970 ② 1370
③ 1770 ④ 3570

해설

소호리액터 $\omega L=\dfrac{1}{3\omega C}-\dfrac{X_t}{3}$[Ω]

여기서, X_t : 변압기 1상당 리액턴스

$$\omega L=\frac{1}{3\times2\pi\times60\times0.5\times10^{-6}}=1768\fallingdotseq1770[\Omega]$$

정답 06. ① 07. ① 08. ④ 09. ① 10. ③

상 제8장 송전선로 보호방식

11 차단기를 신규로 설치할 때 소내 전력공급용 (6[kV]급)으로 현재 가장 많이 채용되고 있는 것은?

① OCB ② GCB
③ VCB ④ ABB

해설 **진공차단기**

㉠ 소형 · 경량이고 밀폐구조로 되어 있어 동작 시 소음이 적고 유지보수 점검 주기가 길어 소내전원용으로 널리 사용되고 있다.
㉡ 진공차단기(VCB)의 특성
- 차단기가 소형 · 경량이고 불연성, 저소음으로서 수명이 길다.
- 동작 시 고속도 개폐가 가능하고 차단 시 아크소호능력이 우수하다.
- 전류재단현상, 고진공도 유지 등의 문제가 발생한다.

상 제8장 송전선로 보호방식

12 차단기의 정격차단시간을 설명한 것으로 옳은 것은?

① 계기용 변성기로부터 고장전류를 감지한 후 계전기가 동작할 때까지의 시간
② 차단기가 트립지령을 받고 트립장치가 동작하여 전류차단을 완료할 때까지의 시간
③ 차단기의 개극(발호)부터 이동행정 종료 시까지의 시간
④ 차단기 가동접촉자 시동부터 아크소호가 완료될 때까지의 시간

해설 **차단기의 정격차단시간**

㉠ 정격전압하에서 규정된 표준동작책무 및 동작상태에 따라 차단할 때의 차단시간한도로서 트립코일여자로부터 아크의 소호까지의 시간(개극시간+아크시간)

정격전압[kV]	정격차단시간(Cycle)
7.2	5~8
25.8	5
72.5	5
170	3
362	3

㉡ 선로 및 기기의 사고 시 보호장치의 사고검출 후 트립코일에 전류가 흘러 여자되어 차단기 접점을 동작시켜 아크가 완전히 소호되어 전류의 차단이 완료될 때까지의 시간이 차단기의 정격차단시간이다.

중 제7장 이상전압 및 방호대책

13 피뢰기의 충격방전개시전압은 무엇으로 표시하는가?

① 직류전압의 크기 ② 충격파의 평균치
③ 충격파의 최대치 ④ 충격파의 실효치

해설

충격방전개시전압이란 파형과 극성의 충격파를 피뢰기의 선로단자와 접지단자 간에 인가했을 때 방전전류가 흐르기 이전에 도달할 수 있는 최고전압을 말한다.

중 제10장 배전선로 설비 및 운용

14 부하에 따라 전압변동이 심한 급전선을 가진 배전 변전소의 전압조정장치는 어느 것인가?

① 유도전압조정기 ② 직렬리액터
③ 계기용 변압기 ④ 전력용 콘덴서

해설

유도전압조정기는 부하에 따라 전압변동이 심한 급전선의 전압조정장치로 사용한다.

상 제10장 배전선로 설비 및 운용

15 3상 3선식 송전선로에서 송전전력 P[kW], 송전전압 V[kV], 전선의 단면적 A[mm^2], 송전거리 l[km], 전선의 고유저항 ρ[Ω · m/mm^2], 역률 $\cos\theta$일 때, 선로손실 P_c은 몇 [kW]인가?

① $\dfrac{\rho l P^2}{A V^2 \cos^2\theta}$ ② $\dfrac{\rho l P^2}{A^2 V \cos^2\theta}$
③ $\dfrac{\rho l P}{A V^2 \cos^2\theta}$ ④ $\dfrac{\rho l P}{A^2 V \cos^2\theta}$

해설

선로에 흐르는 전류 $I = \dfrac{P}{\sqrt{3}\, V\cos\theta}$[A]이므로

선로손실 $P_l = 3I^2 r$[kW]

$$P_l = 3\left(\frac{P}{\sqrt{3}\, V\cos\theta}\right)^2 r \times 10^{-3}$$
$$= \frac{P^2}{V^2\cos^2\theta} \times \frac{1000\rho l}{A} \times 10^{-3}$$
$$= \frac{\rho l P^2}{A V^2 \cos^2\theta}\text{[kW]}$$

정답 11. ③ 12. ② 13. ③ 14. ① 15. ①

상 제11장 발전

16 보일러 절탄기(economizer)의 용도는?

① 증기를 과열한다.
② 공기를 예열한다.
③ 석탄을 건조한다.
④ 보일러급수를 예열한다.

해설

㉠ 절탄기 : 배기가스의 여열을 이용하여 보일러급수를 예열하기 위한 설비이다.
㉡ 과열기 : 포화증기를 과열증기로 만들어 증기터빈에 공급하기 위한 설비이다.
㉢ 공기예열기 : 연도가스의 여열을 이용하여 연소할 공기를 예열하는 설비이다.

하 제11장 발전

17 횡축에 1년 365일을 역일순으로 취하고, 종축에 유량을 취하여 매일의 측정유량을 나타낸 곡선은?

① 유황곡선　　② 적산유량곡선
③ 유량도　　④ 수위유량곡선

해설 **하천의 유량 측정**

㉠ 유황곡선 : 횡축에 일수를 종축에 유량을 표시하고 유량이 많은 일수를 차례로 배열하여 이 점들을 연결한 곡선이다.
㉡ 적산유량곡선 : 횡축에 역일을 종축에 유량을 기입하고 이들의 유량을 매일 적산하여 작성한 곡선으로 저수지 용량 등을 결정하는 데 이용할 수 있다.
㉢ 유량도 : 횡축에 역일을 종축에 유량을 기입하고 매일의 유량을 표시한 것이다.
㉣ 수위유량곡선 : 횡축의 하천의 유량과 종축의 하천의 수위 사이에는 일정한 관계가 있으므로 이들 관계를 곡선으로 표시한 것이다.

상 제10장 배전선로 설비 및 운용

18 전력용 콘덴서에 직렬로 콘덴서용량의 5[%] 정도의 유도리액턴스를 삽입하는 목적은?

① 제3고조파 전류의 억제
② 제5고조파 전류의 억제
③ 이상전압 발생 방지
④ 정전용량의 조절

해설

직렬리액터는 제5고조파 전류를 제거하기 위해 사용한다. 직렬리액터의 용량은 전력용 콘덴서용량의 이론상 4[%] 이상, 실제로는 5~6[%]의 용량을 사용한다.

상 제11장 발전

19 다음 중 감속재로 사용되지 않는 것은?

① 경수　　② 중수
③ 흑연　　④ 카드뮴

해설

감속재는 핵분열에 의해 생긴 고속중성자를 열중성자로 감속하기 위하여 사용하는 것으로 원자핵의 질량수가 적을 것, 중성자의 산란이 크고 흡수가 적을 것이 요구됨으로 경수, 중수, 흑연, 베릴륨 등이 이용되고 있다.

상 제3장 선로정수 및 코로나 현상

20 송전선로의 코로나손실을 나타내는 Peek식에서 E_0에 해당하는 것은?

① 코로나 임계전압
② 전선에 감하는 대지전압
③ 송전단전압
④ 기준 충격 절연강도전압

해설 **송전선로의 코로나손실을 나타내는 Peek식**

$$P_c = \frac{241}{\delta}(f+25)\sqrt{\frac{d}{2D}}(E-E_0)^2 \times 10^{-5}\text{[kW/km/선]}$$

여기서, δ : 상대공기밀도
f : 주파수
d : 전선의 직경[cm]
D : 전선의 선간거리[cm]
E : 전선에 걸리는 대지전압[kV]
E_0 : 코로나 임계전압[kV]

정답 16. ④ 17. ③ 18. ② 19. ④ 20. ①

2023년 제2회 전기기사 CBT 기출복원문제

상 | 제8장 송전선로 보호방식

01 전력용 퓨즈의 장점으로 틀린 것은?

① 소형으로 큰 차단용량을 갖는다.
② 밀폐형 퓨즈는 차단 시에 소음이 없다.
③ 가격이 싸고 유지·보수가 간단하다.
④ 과도전류에 의해 쉽게 용단되지 않는다.

해설 전력용 퓨즈의 특성

㉠ 소형 경량이며 경제적이다.
㉡ 재투입되지 않는다.
㉢ 소전류에서 동작이 함께 이루어지지 않아 결상되기 쉽다.
㉣ 변압기 여자전류나 전동기 기동전류 등의 과도전류로 인해 용단되기 쉽다.

중 | 제9장 배전방식

02 배전선의 말단에 단일부하가 있는 경우와, 배전선에 따라 균등한 부하가 분포되어 있는 경우에 배전선 내의 전력손실을 비교하면 전자는 후자의 몇 배인가? (단, 송전단에서의 전류는 동일하다고 가정한다.)

① 3 ② 2
③ $\frac{1}{3}$ ④ $\frac{2}{3}$

해설

부하의 형태	전압강하	전력손실	부하율	분산손실계수
말단에 집중된 경우	1.0	1.0	1.0	1.0
평등 부하 분포	$\frac{1}{2}$	$\frac{1}{3}$	$\frac{1}{2}$	$\frac{1}{3}$
중앙일수록 큰 부하 분포	$\frac{1}{2}$	0.38	$\frac{1}{2}$	0.38
말단일수록 큰 부하 분포	$\frac{2}{3}$	0.58	$\frac{2}{3}$	0.58
송전단일수록 큰 부하 분포	$\frac{1}{3}$	$\frac{1}{5}$	$\frac{1}{3}$	$\frac{1}{5}$

상 | 제8장 송전선로 보호방식

03 동일 모선에 2개 이상의 피더(Feeder)를 가진 비접지배전계통에서 지락사고에 대한 선택지락보호계전기는?

① OCR ② OVR
③ GR ④ SGR

해설

㉠ 선택지락계전기(SGR) : 병행 2회선 송전선로에서 지락고장 시 고장회선을 선택차단할 수 있는 계전기
㉡ 과전류계전기(OCR) : 일정한 크기 이상의 전류가 흐를 경우 동작하는 계전기
㉢ 과전압계전기(OVR) : 일정한 크기 이상의 전압이 걸렸을 경우 동작하는 계전기
㉣ 지락계전기(GR) : 지락사고 시 지락전류가 흘렀을 경우 동작하는 계전기

중 | 제11장 발전

04 유효낙차 100[m], 최대사용수량 20[m^3/s], 설비이용률 70[%]인 수력발전소의 연간 발전전력량은 약 몇 [kWh]가 되는가?

① 30×10^6 ② 60×10^6
③ 120×10^6 ④ 180×10^6

해설

연간 발전량 $P=9.8HQ\eta t$[kWh]에서
$P=9.8\times100\times20\times0.7\times365\times24$
$=120187200 \fallingdotseq 120\times10^6$[kWh]

정답 01. ④ 02. ① 03. ④ 04. ③

상 제5장 고장계산 및 안정도

05 3상 동기발전기 단자에서의 고장전류 계산 시 영상전류 I_0와 정상전류 I_1 및 역상전류 I_2가 같은 경우는?

① 1선 지락
② 2선 지락
③ 선간단락
④ 2상 단락

해설
1선 지락고장 시

$$I_0 = I_1 = I_2,\ I_g = 3I_0 = \frac{3E_a}{Z_0 + Z_1 + Z_2}[\text{A}]$$

상 제4장 송전특성 및 조상설비

06 동기조상기에 대한 설명으로 옳은 것은?

① 정지기의 일종이다.
② 연속적인 전압 조정이 불가능하다.
③ 계통의 안정도를 증진시키기가 어렵다.
④ 송전선의 시송전에 이용할 수 있다.

해설 동기조상기 특성
㉠ 진상전류 및 지상전류 이용할 수 있어 광범위로 연속적인 전압 조정을 할 수 있다.
㉡ 시동전동기를 갖는 경우에는 조상기를 발전기로 동작시켜 선로에 충전전류를 흘리고 시송전(=시충전)에 이용할 수 있다.
㉢ 계통의 안정도를 증진시켜 송전전력을 증가시킬 수 있다.

상 제11장 발전

07 유량의 크기를 구분할 때 갈수량이란?

① 하천의 수위 중에서 1년을 통하여 355일간 이보다 내려가지 않는 수위
② 하천의 수위 중에서 1년을 통하여 275일간 이보다 내려가지 않는 수위
③ 하천의 수위 중에서 1년을 통하여 185일간 이보다 내려가지 않는 수위
④ 하천의 수위 중에서 1년을 통하여 95일간 이보다 내려가지 않는 수위

해설
하천의 유량은 계절에 따라 변하므로 유량과 수위는 다음과 같이 구분한다.
㉠ 갈수량 : 1년 365일 중 355일은 이 양 이하로 내려가지 않는 유량
㉡ 저수량 : 1년 365일 중 275일은 이 양 이하로 내려가지 않는 유량
㉢ 평수량 : 1년 365일 중 185일은 이 양 이하로 내려가지 않는 유량
㉣ 풍수량 : 1년 365일 중 95일은 이 양 이하로 내려가지 않는 유량

중 제10장 배전선로 설비 및 운용

08 고압 배전선로의 중간에 승압기를 설치하는 주 목적은?

① 전압변동률의 감소
② 말단의 전압강하 방지
③ 전력손실의 감소
④ 역률 개선

해설
승압의 목적으로는 송전전력의 증가, 전력손실 및 전압강하율의 경감, 단면적을 작게 함으로써 재료절감의 효과 등이 있다.

상 제6장 중성점 접지방식

09 다음 표는 리액터의 종류와 그 목적을 나타낸 것이다. 바르게 짝지어진 것은?

종류	목적
㉠ 병렬리액터	ⓐ 지락 아크의 소멸
㉡ 한류리액터	ⓑ 송전손실 경감
㉢ 직렬리액터	ⓒ 차단기의 용량 경감
㉣ 소호리액터	ⓓ 제5고조파 제거

① ㉠-ⓑ ② ㉡-ⓓ
③ ㉢-ⓓ ④ ㉣-ⓒ

해설 리액터의 종류 및 특성
㉠ 병렬리액터(=분로리액터) : 페란티현상을 방지한다.
㉡ 한류리액터 : 계통의 사고 시 단락전류의 크기를 억제하여 차단기의 용량을 경감시킨다.
㉢ 직렬리액터 : 콘덴서설비에서 발생하는 제5고조파를 제거한다.
㉣ 소호리액터 : 1선 지락사고 시 지락전류를 억제하여 지락 시 발생하는 아크를 소멸한다.

정답 05. ① 06. ④ 07. ① 08. ② 09. ③

하 제7장 이상전압 및 방호대책

10 통신선과 평행인 주파수 60[Hz]의 3상 1회선 송전선이 있다. 1선 지락 때문에 영상전류가 100[A] 흐르고 있다. 통신선에 유도되는 전자유도전압은 몇 [V]인가? (단, 여기서 영상전류는 전전선에 걸쳐서 같으며, 송전선과 통신선과의 상호인덕턴스는 0.06[mH/km], 그 평행길이는 40[km]이다.)

① 156.6　　② 162.8
③ 230.2　　④ 271.4

해설 통신선에 유도되는 전자유도전압

$E_n = 2\pi fMl \times 3I_0 \times 10^{-3}$[V]

여기서, M : 상호인덕턴스
l : 선로평행길이
I_0 : 영상전류, $\dot{I}_a + \dot{I}_b + \dot{I}_c = 3\dot{I}_0$[A]

$E_n = 2\pi \times 60 \times 0.06 \times 10^{-3} \times 40 \times 3 \times 100 = 271.4$[V]

상 제5장 고장계산 및 안정도

11 교류 송전에서는 송전거리가 멀어질수록 동일 전압에서의 송전 가능전력이 적어진다. 그 이유는?

① 선로의 어드미턴스가 커지기 때문이다.
② 선로의 유도성 리액턴스가 커지기 때문이다.
③ 코로나손실이 증가하기 때문이다.
④ 저항손실이 커지기 때문이다.

해설

송전전력 $P = \dfrac{V_S V_R}{X}\sin\delta$[MW]

여기서 V_S : 송전단전압[kV]
V_R : 수전단전압[kV]
X : 선로의 유도리액턴스[Ω]

따라서 송전거리가 멀어질수록 유도리액턴스 X가 증가하여 송전전력이 감소한다.

상 제7장 이상전압 및 방호대책

12 3상 송전선로와 통신선이 병행되어 있는 경우에 통신유도장해로서 통신선에 유도되는 정전유도전압은?

① 통신선의 길이에 비례한다
② 통신선의 길이의 자승에 비례한다.
③ 통신선의 길이에 반비례한다.
④ 통신선의 길이와는 관계가 없다.

해설 통신선에 유도되는 정전유도전압

$E_n = \dfrac{3C_m}{C_0 + 3C_m}E_0$[V]

정전유도전압은 선로길이와 관계없고 이격거리와 영상전압의 크기에 따라 변화된다.

상 제10장 배전선로 설비 및 운용

13 역률개선용 콘덴서를 부하와 병렬로 연결하고자 한다. △결선방식과 Y결선방식을 비교하면 콘덴서의 정전용량(단위 : [μF])의 크기는 어떠한가?

① △결선방식과 Y결선방식은 동일하다.
② Y결선방식이 △결선방식의 $\dfrac{1}{2}$ 용량이다.
③ △결선방식이 Y결선방식의 $\dfrac{1}{3}$ 용량이다.
④ Y결선방식이 △결선방식의 $\dfrac{1}{\sqrt{3}}$ 용량이다.

해설

㉠ △결선 시 콘덴서 용량 $Q_\triangle = 6\pi fCV^2 \times 10^{-9}$[kVA]
㉡ Y결선 시 콘덴서 용량 $Q_Y = 2\pi fCV^2 \times 10^{-9}$[kVA]

$\dfrac{C_\triangle}{C_Y} = \dfrac{\dfrac{Q}{6\pi fV^2 \times 10^{-9}}}{\dfrac{Q}{2\pi fV^2 \times 10^{-9}}} = \dfrac{1}{3}$에서

$C_\triangle = \dfrac{1}{3}C_Y$

중 제5장 고장계산 및 안정도

14 송전계통의 안정도를 향상시키기 위한 방법이 아닌 것은?

① 계통의 직렬리액턴스를 감소시킨다.
② 속응여자방식을 채용한다.
③ 수 개의 계통으로 계통을 분리시킨다.
④ 중간 조상방식을 채택한다.

정답 10. ④ 11. ② 12. ④ 13. ③ 14. ③

해설 송전전력을 증가시키기 위한 안정도 증진대책

㉠ 직렬리액턴스를 작게 한다.
- 발전기나 변압기 리액턴스를 작게한다.
- 선로에 복도체를 사용하거나 병행 회선수를 늘린다.
- 선로에 직렬콘덴서를 설치한다.

㉡ 전압변동을 적게 한다.
- 단락비를 크게 한다.
- 속응여자방식을 채용한다.

㉢ 계통을 연계시킨다.
㉣ 중간 조상방식을 채용한다.
㉤ 고장구간을 신속히 차단시키고 재폐로방식을 채택한다.
㉥ 소호리액터 접지방식을 채용한다.
㉦ 고장 시에 발전기 입출력의 불평형을 작게 한다.

중 제4장 송전특성 및 조상설비

15 중거리 송전선로의 특성은 무슨 회로로 다루어야 하는가?

① RL 집중정수회로
② RLC 집중정수회로
③ 분포정수회로
④ 특성임피던스회로

해설 송전특성

㉠ 집중정수회로
- 단거리 송전선로 : R, L 적용
- 중거리 송전선로 : R, L, C 적용

㉡ 분포정수회로
- 장거리 송전선로 : R, L, C, g 적용

중 제9장 배전방식

16 전력 수요설비에 있어서 그 값이 높게 되면 경제적으로 불리하게 되는 것은?

① 부하율
② 수용률
③ 부등률
④ 부하밀도

해설

수용률이 높아지면 설비용량이 커져서 변압기 등의 가격이 비싸져서 비경제적이 된다.

상 제6장 중성점 접지방식

17 소호리액터 접지에 대하여 틀린 것은?

① 선택지락계전기의 동작이 용이하다.
② 지락전류가 적다.
③ 지락 중에도 송전이 계속 가능하다.
④ 전자유도장애가 경감한다.

해설

소호리액터 접지방식은 지락사고 시 소호리액터와 대지정전용량의 병렬공진으로 인해 지락전류가 거의 흐르지 않으므로 고장검출이 어려워 선택지락계전기의 동작이 불확실하다.

하 제7장 이상전압 및 방호대책

18 가공지선에 대한 다음 설명 중 옳은 것은?

① 차폐각은 보통 $15°\sim30°$ 정도로 하고 있다.
② 차폐각이 클수록 벼락에 대한 차폐효과가 크다.
③ 가공지선을 2선으로 하면 차폐각이 적어진다.
④ 가공지선으로는 연동선을 주로 사용한다.

해설 가공지선

㉠ 차폐각은 가공지선과 전력선과의 설치각을 말하며 차폐각이 작을수록 차폐효율이 높아지고 정전유도가 감소하므로 보통 $45°$ 이하로 설계한다.
㉡ 가공지선은 2선 이상으로 하면 차폐각이 작아져 차폐효율이 높아진다.

상 제2장 전선로

19 송전전력, 송전거리 전선의 비중 및 전력손실률이 일정하다고 하면 전선의 단면적 A[mm^2]는 다음 어느 것에 비례하는가? (단, 여기서 V는 송전전압이다.)

① V
② V^2
③ $\dfrac{1}{V^2}$
④ $\dfrac{1}{\sqrt{V}}$

정답 15. ② 16. ② 17. ① 18. ③ 19. ③

해설

부하전력 $P = V_n I_n \cos\theta$[W]

부하전류 $I_n = \dfrac{P}{V_n \cos\theta}$[A]

전력손실 $P_l = I_n^{\,2} R = \left(\dfrac{P}{V_n \cos\theta}\right)^2 \times R$

$= \dfrac{P^2}{V_n^{\,2}\cos^2\theta}\rho\dfrac{l}{A}$[W]

전선의 단면적과 전압 관계 $A \propto \dfrac{1}{V^2}$

여기서, P : 송전전력
V_n : 송전전압
R : 선로저항
$\cos\theta$: 역률
A : 전선굵기

상 제5장 고장계산 및 안정도

20 단락전류를 제한하기 위하여 사용되는 것은?

① 현수애자
② 사이리스터
③ 한류리액터
④ 직렬콘덴서

해설

한류리액터는 선로에 직렬로 설치한 리액터로 단락사고 시 발전기에 전기자 반작용이 일어나기 전 커다란 돌발 단락전류가 흐르므로 이를 제한하기 위해 설치하는 리액터이다.

정답 20. ③

2023년 제2회 전기산업기사 CBT 기출복원문제

중 제7장 이상전압 및 방호대책

01 가공지선에 관한 사항 중 틀린 것은?

① 직격뢰를 방지하는 효과
② 유도뢰를 저감하는 효과
③ 차폐각이 커지는 효과
④ 사고시 통신선에 전자유도장애 경감

해설 **가공지선의 설치 효과**

㉠ 직격뢰로부터 선로 및 기기 차폐
㉡ 유도뢰에 의한 정전차폐효과
㉢ 통신선의 전자유도장해를 경감시킬 수 있는 전자차폐효과

상 제2장 전선로

02 송전선에 복도체를 사용하는 주된 목적은 어느 것인가?

① 역률 개선
② 정전용량의 감소
③ 인덕턴스의 증가
④ 코로나 발생의 방지

해설 **복도체 및 다도체 사용목적**

㉠ 인덕턴스는 감소하고 정전용량은 증가한다.
㉡ 같은 단면적의 단도체에 비해 전류용량이 증대된다.
㉢ 송전용량이 증가한다.
㉣ 코로나 임계전압의 상승으로 코로나현상이 방지된다.

상 제6장 중성점 접지방식

03 중성점 저항접지방식의 병행 2회선 송전선로의 지락사고 차단에 사용되는 계전기는?

① 선택접지계전기 ② 과전류계전기
③ 거리계전기 ④ 역상계전기

해설

① 선택지락(접지)계전기(SGR) : 병행 2회선 송전선로에서 지락사고 시 고장회선만을 선택차단할 수 있게 하는 계전기
② 과전류계전기 : 전류의 크기가 일정치 이상으로 되었을 때 동작하는 계전기
③ 거리계전기 : 전압과 전류의 비가 일정치 이하인 경우에 동작하는 계전기로서 송전선로 단락 및 지락사고 보호에 이용
④ 역상계전기 : 역상분전압 또는 전류의 크기에 따라 동작하는 계전기로 전력설비의 불평형 운전 또는 결상운전 방지를 위해 설치

중 제8장 송전선로 보호방식

04 수전용 변전설비의 1차측에 설치하는 차단기의 용량은 어느 것에 의하여 정하는가?

① 수전전력과 부하율
② 수전계약용량
③ 공급측 전원의 단락용량
④ 부하설비용량

해설

차단기의 차단용량(=단락용량) $P_s = \frac{100}{\%Z} \times P_n$[kVA]

여기서 $\%Z$: 전원에서 고장점까지의 퍼센트임피던스
P_n : 공급측의 전원용량(=기준용량 또는 변압기용량)

중 제9장 배전방식

05 망상(network) 배전방식에 대한 설명으로 옳은 것은?

① 부하증가에 대한 융통성이 적다.
② 전압변동이 대체로 크다.
③ 인축에 대한 감전사고가 적어서 농촌에 적합하다.
④ 무정전 공급에 가능하다.

해설 **네트워크 배전방식의 특징**

㉠ 무정전 공급이 가능하고 공급의 신뢰도가 높다.
㉡ 부하 증가에 대해 융통성이 좋다.
㉢ 전력손실이나 전압강하가 적고 기기의 이용률이 향상된다.
㉣ 인축에 대한 접지사고가 증가한다.
㉤ 네트워크 변압기나 네트워크 프로텍터 설치에 따른 설비비가 비싸다.
㉥ 대형 빌딩가와 같은 고밀도 부하밀집지역에 적합하다.

정답 01. ③ 02. ④ 03. ① 04. ③ 05. ④

상 제3장 선로정수 및 코로나 현상

06 다도체를 사용한 송전선로가 있다. 단도체를 사용했을 때와 비교할 때 옳은 것은? (단, L은 작용인덕턴스이고, C는 작용정전용량이다.)

① L과 C 모두 감소한다.
② L과 C 모두 증가한다.
③ L은 감소하고, C는 증가한다.
④ L은 증가하고, C는 감소한다.

해설 **복도체나 다도체를 사용할 때 특성**

㉠ 인덕턴스는 감소하고, 정전용량은 증가한다.
㉡ 같은 단면적의 단도체에 비해 전류용량이 증대된다.
㉢ 안정도가 증가하여 송전용량이 증가한다.
㉣ 등가반경이 커져 코로나 임계전압의 상승으로 코로나 현상이 방지된다.

중 제11장 발전

07 유효낙차 100[m], 최대사용수량 20[m³/s], 설비이용률 70[%]의 수력발전소의 연간 발전전력량[kWh]은 대략 얼마인가? (단, 수차 발전기의 종합 효율은 80[%]임)

① 25×10^6 ② 50×10^5
③ 100×10^6 ④ 200×10^5

해설

수력발전소 출력 $P=9.8HQk\eta$[kW]
여기서, H : 유효낙차[m]
Q : 유량[m³/s]
k : 설비이용률
η : 효율

$$P=9.8\times100\times20\times0.7\times0.8\times365\times24$$
$$=96149760 \fallingdotseq 100\times10^6\text{[kWh]}$$

상 제2장 전선로

08 소호환(arcing ring)의 설치목적은?

① 애자련의 보호
② 클램프의 보호
③ 이상전압 발생의 방지
④ 코로나손의 방지

해설

㉠ 이상전압으로부터 애자련을 보호하기 위해 소호각, 소호환을 사용한다.
㉡ 소호각, 소호환의 설치 목적
- 이상전압으로 인한 섬락사고 시 애자련의 보호
- 애자련의 전압분담 균등화

중 제5장 고장계산 및 안정도

09 전력계통의 안정도 향상대책으로 볼 수 없는 것은?

① 직렬콘덴서 설치
② 병렬콘덴서 설치
③ 중간개폐소 설치
④ 고속차단, 재폐로방식 채용

해설 **안정도를 증진시키는 방법**

㉠ 직렬리액턴스를 작게 한다.
㉡ 선로에 복도체를 사용하거나 병행회선수를 늘린다.
㉢ 선로에 직렬콘덴서를 설치한다.
㉣ 단락비를 크게 한다.
㉤ 속응여자방식을 채용한다.
㉥ 고장구간을 신속히 차단시키고 재폐로방식을 채택한다.
㉦ 중간개폐소를 설치하여 사고 시 고장구간을 축소한다.

상 제11장 발전

10 연간 전력량 E[kWh], 연간 최대전력 W[kW]인 경우의 연부하율을 구하는 식은?

① $\dfrac{E}{W}$ ② $\dfrac{W}{E}$
③ $\dfrac{8760W}{E}$ ④ $\dfrac{E}{8760W}$

해설 **부하율**

전기설비의 유효하게 이용되고 있는 정도를 나타내는 수치로서 부하율이 클수록 설비가 잘 이용되고 있음을 나타낸다.

$$\text{부하율}=\frac{\text{평균수요전력}}{\text{최대수용전력}}\times100[\%]$$
$$=\frac{\text{평균부하전력}}{\text{최대부하전력}}\times100[\%]$$

평균전력은 연간 전력량을 1시간 기준으로 나타내야 하므로

$$\text{연부하율}=\frac{\frac{E}{365\times24}}{W}\times100=\frac{E}{8760W}\times100[\%]$$

정답 06. ③ 07. ③ 08. ① 09. ② 10. ④

상 제4장 송전특성 및 조상설비

11 초고압 장거리 송전선로에 접속되는 1차 변전소에 분로리액터를 설치하는 목적은?

① 송전용량을 증가
② 전력손실의 경감
③ 과도안정도의 증진
④ 페란티효과의 방지

해설

무부하 및 경부하 시 발생하는 페란티 현상은 1차 변전소의 3권선 변압기 3차측 권선에 분로리액터(Sh · R)를 설치하여 방지한다.

하 제11장 발전

12 수차의 특유속도 N_s를 표시하는 식은? (단, N은 수차의 정격회전수, H는 유효낙차[m], P는 유효낙차 H에 있어서의 최대출력[kW])

① $\dfrac{NP^{\frac{1}{2}}}{H^{\frac{5}{4}}}$

② $\dfrac{NP^{\frac{1}{2}}}{H^{\frac{2}{3}}}$

③ $\dfrac{NP^{\frac{3}{2}}}{H^{\frac{3}{4}}}$

④ $\dfrac{NP}{H^{\frac{1}{2}}}$

해설

특유속도 $N_s = \dfrac{NP^{\frac{1}{2}}}{H^{\frac{5}{4}}} = N \times \dfrac{\sqrt{P}}{H^{\frac{5}{4}}}$[rpm]

하 제11장 발전

13 보일러급수 중에 포함되어 있는 염류가 보일러 물이 증발함에 따라 그 농도가 증가되어 용해도가 작은 것부터 차례로 침전하여 보일러의 내벽에 부착되는 것을 무엇이라 하는가?

① 프라이밍(priming)
② 포밍(forming)
③ 캐리오버(carry over)
④ 스케일(scale)

해설 **보일러급수의 불순물에 의한 장해**

㉠ 프라이밍 : 일명 기수공발이라고도 하며 보일러 드럼에서 증기와 물의 분리가 잘 안되어 증기 속에 수분이 섞여서 같이 끓는 현상
㉡ 포밍 : 정상적인 물은 1기압 상태에서 100[℃]에 증발하여야 하는데 이보다 낮은 온도에서 물이 증발하는 현상
㉢ 캐리오버 : 수증기 속에 포함한 물이 터빈까지 전달되는 현상

상 제8장 송전선로 보호방식

14 동작전류의 크기에 관계없이 일정한 시간에 동작하는 한시특성을 갖는 계전기는?

① 순한시계전기
② 정한시계전기
③ 반한시계전기
④ 반한시성 정한시계전기

해설 **계전기의 한시 특성에 의한 분류**

㉠ 순한시계전기 : 최소동작전류 이상의 전류가 흐르면 즉시 동작하는 것
㉡ 반한시계전기 : 동작전류가 커질수록 동작시간이 짧게 되는 특성을 가진 것
㉢ 정한시계전기 : 동작전류의 크기에 관계없이 일정한 시간에서 동작하는 것
㉣ 정한시 반한시계전기 : 동작전류가 적은 동안에는 반한시 특성으로 되고 그 이상에서는 정한시 특성이 되는 것

상 제7장 이상전압 및 방호대책

15 송전선로에서 매설지선을 사용하는 주된 목적은?

① 코로나 전압을 저감시키기 위하여
② 뇌해를 방지하기 위하여
③ 유도장해를 줄이기 위하여
④ 인축의 감전사고를 막기 위하여

해설

매설지선은 철탑의 탑각 접지저항을 작게 하기 위한 지선으로 역섬락(= 뇌해)을 방지하기 위해 사용한다.

정답 11. ④ 12. ① 13. ④ 14. ② 15. ②

상 제8장 송전선로 보호방식

16 변전소에서 수용가로 공급되는 전력을 끊고 소내 기기를 점검할 필요가 있을 경우와 점검이 끝난 후 차단기와 단로기를 개폐시키는 동작을 설명한 것이다. 옳은 것은?

① 점검 시에는 차단기로 부하회로를 끊고 단로기를 열어야 하며, 점검한 후 차단기로 부하회로를 연결한 후 다음 단로기를 넣어야 한다.
② 점검 시에는 단로기를 열고 난 후 차단기를 열어야 하며, 점검 후에는 단로기를 넣고 난 다음 차단기로 부하회로를 연결하여야 한다.
③ 점검 시에는 단로기를 열고 난 후 차단기를 열어야 하며, 점검이 끝난 경우 차단기를 부하에 연결한 다음 단로기를 넣어야 한다.
④ 점검 시에는 차단기로 부하회로를 끊고 난 다음 단로기를 열어야 하며, 점검 후에는 단로기를 넣은 후 차단기를 넣어야 한다.

해설 단로기 조작순서(차단기와 연계하여 동작)

• 전원 투입(급전) : DS on → CB on
• 전원 차단(정전) : CB off → DS off

상 제6장 중성점 접지방식

17 송전계통의 중성점을 접지하는 목적으로 옳지 않은 것은?

① 전선로의 대지전위의 상승을 억제하고 전선로와 기기의 절연을 경감시킨다.
② 소호리액터 접지방식에서는 1선 지락 시 지락점 아크를 빨리 소멸시킨다.
③ 차단기의 차단용량의 절연을 경감시킨다.
④ 지락고장에 대한 계전기의 동작을 확실하게 하여 신속하게 사고 차단을 한다.

해설 송전선의 중성점 접지의 목적

㉠ 대지전압 상승억제 : 지락고장 시 건전상 대지전압 상승억제 및 전선로와 기기의 절연레벨 경감 목적
㉡ 이상전압 상승억제 : 뇌, 아크지락, 기타에 의한 이상전압 경감 및 발생방지 목적
㉢ 계전기의 확실한 동작 확보 : 지락사고 시 지락계전기의 확실한 동작 확보
㉣ 아크지락 소멸 : 소호리액터 접지인 경우 1선 지락 시 아크지락의 신속한 아크소멸로 송전선을 지속

하 제11장 발전

18 소수력발전의 장점이 아닌 것은?

① 국내 부존자원 활용
② 일단 건설 후에는 운영비가 저렴
③ 전력 생산 외에 농업용수 공급, 홍수조절에 기여
④ 양수발전과 같이 첨두부하에 대한 기여도가 많음

해설 소수력발전의 특성

㉠ 설비의 규모가 작아 환경에서 받는 영향이 작다.
㉡ 발전설비가 간단하여 건설기간이 짧고 유지·보수가 용이하다.
㉢ 신재생에너지에 비해 공급의 안정성이 우수하다.
㉣ 첨두부하에 대해 대응할 수 있는 큰 전력을 단시간에 발생시킬 수 없다.

상 제5장 고장계산 및 안정도

19 정격용량 3000[kVA], 정격 2차 전압 6[kV], %임피던스 5[%]인 3상 변압기의 2차 단락전류는 약 몇 [A]인가?

① 5770　② 6770
③ 7770　④ 8770

해설 2차측 단락전류

$$I_s = \frac{100}{\%Z} \times I_n = \frac{100}{5} \times \frac{3000}{\sqrt{3} \times 6} = 5773.6[\text{A}]$$

상 제7장 이상전압 및 방호대책

20 이상전압의 파고치를 저감시켜 기기를 보호하기 위하여 설치하는 것은?

① 피뢰기　② 소호환
③ 계전기　④ 접지봉

해설

피뢰기는 이상전압이 선로에 내습하였을 때 이상전압의 파고치를 저감시켜 선로 및 기기를 보호하는 역할을 한다.

정답 16. ④ 17. ③ 18. ④ 19. ① 20. ①

2023년 제3회 전기기사 CBT 기출복원문제

중 제10장 배전선로 설비 및 운용

01 정전용량 C[F]의 콘덴서를 △결선해서 3상 전압 V[V]를 가했을 때의 충전용량과 같은 전원을 Y결선으로 했을 때의 충전용량비(△결선/Y결선)는?

① $\frac{1}{\sqrt{3}}$

② $\frac{1}{3}$

③ $\sqrt{3}$

④ 3

해설

△결선 시 용량 $Q_{\triangle} = 6\pi f C V^2 \times 10^{-9}$[kVA],

Y결선 시 용량 $Q_Y = 2\pi f C V^2 \times 10^{-9}$[kVA]

$\frac{Q_{\triangle}}{Q_Y} = 3$

상 제10장 배전선로 설비 및 운용

02 송배전계통의 무효전력 조정으로 모선전압의 적정유지를 위하여 최근 전력용 콘덴서를 설치하고 있다. 이때 무슨 고조파를 제거하기 위해 직렬리액터를 삽입하는가?

① 제3고조파 ② 제5고조파

③ 제6고조파 ④ 제7고조파

해설

직렬리액터는 전력용 콘덴서에 의해 발생된 제5고조파를 제거하기 위해 사용한다.

직렬리액터의 용량 $X_L = 0.04\,X_C$(이론상 4[%], 실제로는 5~6[%]를 적용)

중 제10장 배전선로 설비 및 운용

03 부하단의 선간전압(단상 3선식의 경우에는 중성선과 기준선 사이의 전압) 및 선로전류가 같을 경우, 단상 2선식과 단상 3선식의 1선당의 공급전력의 비는?

① 100 : 115

② 100 : 133

③ 100 : 75

④ 100 : 87

해설

$\frac{\text{단상 3선식}}{\text{단상 2선식}} = \frac{2VI\cos\theta/3}{VI\cos\theta/2} = \frac{4}{3} = 1.33$

상 제8장 송전선로 보호방식

04 SF_6 가스차단기가 공기차단기와 다른 점은?

① 소음이 적다.

② 고속조작에 유리하다.

③ 압축공기로 투입한다.

④ 지지애자를 사용한다.

해설 가스차단기의 특징

㉠ 아크소호 특성과 절연 특성이 뛰어난 불활성의 SF_6 가스를 이용

㉡ 차단 성능이 뛰어나고 개폐서지가 낮다.

㉢ 완전 밀폐형으로 조작 시 가스를 대기 중에 방출하지 않아 조작 소음이 적다.

㉣ 보수점검주기가 길다.

상 제2장 전선로

05 장거리 경간을 갖는 송전선로에서 전선의 단선을 방지하기 위하여 사용하는 전선은?

① 경알루미늄선

② 경동선

③ 중공전선

④ ACSR

해설 강심알루미늄연선(ACSR)의 특징

㉠ 경동선에 비해 저항률이 높아서 동일 전력을 공급하기 위해서는 전선이 굵어져서 바깥지름이 더 커지게 된다.

㉡ 전선이 굵어져서 코로나현상 방지에 효과적이다.

㉢ 중량이 작아 장경간 선로에 적합하고 온천지역에 적용된다.

정답 01. ④ 02. ② 03. ② 04. ① 05. ④

중 제8장 송전선로 보호방식

06 다음 중 차단기의 차단능력이 가장 가벼운 것은?

① 중성점 직접접지계통의 지락전류차단
② 중성점 저항접지계통의 지락전류차단
③ 송전선로의 단락사고 시의 단락사고차단
④ 중성점을 소호리액터로 접지한 장거리 송전선로의 지락전류차단

해설 송전선로의 지락전류차단

차단기의 차단능력이 가벼운 것은 사고 시의 사고전류가 가장 작을 때이므로 접지방식 중에 소호리액터 접지계통에 지락사고 발생 시 지락전류가 거의 흐르지 못하기 때문에 차단 시 이상전압이 거의 발생하지 않는다.

하 제9장 배전방식

07 3상 4선식 고압선로의 보호에 있어서 중성선 다중접지방식의 특성 중 옳은 것은?

① 합성접지저항이 매우 높다.
② 건전상의 전위 상승이 매우 높다.
③ 통신선에 유도장해를 줄 우려가 있다.
④ 고장 시 고장전류가 매우 작다.

해설

3상 4선식 중성선 다중접지방식에서 1선 지락사고 시 지락전류(영상분 전류)가 매우 커서 근접 통신선에 유도장해가 크게 발생한다.

하 제10장 배전선로 설비 및 운용

08 송전전력, 송전거리, 전선로의 전력손실이 일정하고, 같은 재료의 전선을 사용한 경우 단상 2선식에 대한 3상 4선식의 1선당 전력비는 약 얼마인가? (단, 중성선은 외선과 같은 굵기이다.)

① 0.7
② 0.87
③ 0.94
④ 1.15

해설 전압 및 전류가 일정한 경우 1선당 전력비

㉠ 단상 2선식 1선당 공급전력 → $\frac{1}{2}VI$

㉡ 3상 4선식 1선당 공급전력 → $\frac{\sqrt{3}}{4}VI$

$$\therefore \text{전선 1선당 전력비} = \frac{\text{3상 4선식}}{\text{단상 2선식}} = \frac{\frac{\sqrt{3}}{4}VI}{\frac{1}{2}VI} = \frac{2\sqrt{3}}{4} = 0.866 \fallingdotseq 0.87$$

상 제5장 고장계산 및 안정도

09 송전선로의 안정도 향상대책과 관계가 없는 것은?

① 속응여자방식 채용
② 재폐로방식의 채용
③ 무효전력의 조정
④ 리액턴스 조정

해설 송전전력을 증가시키기 위한 안정도 증진대책

㉠ 직렬리액턴스를 작게 한다.
- 발전기나 변압기 리액턴스를 작게 한다.
- 선로에 복도체를 사용하거나 병행회선수를 늘린다.
- 선로에 직렬콘덴서를 설치한다.

㉡ 전압변동을 적게 한다.
- 단락비를 크게 한다.
- 속응여자방식을 채용한다.

㉢ 계통을 연계시킨다.
㉣ 중간조상방식을 채용한다.
㉤ 고장구간을 신속히 차단시키고 재폐로방식을 채택한다.
㉥ 소호리액터 접지방식을 채용한다.
㉦ 고장 시에 발전기 입·출력의 불평형을 작게 한다.

상 제1장 전력계통

10 직류송전에 대한 설명으로 틀린 것은?

① 직류송전에서는 유효전력과 무효전력을 동시에 보낼 수 있다.
② 역률이 항상 1로 되기 때문에 그 만큼 송전효율이 좋아진다.
③ 직류송전에서는 리액턴스라든지 위상각에 대해서 고려할 필요가 없기 때문에 안정도상의 난점이 없어진다.
④ 직류에 의한 계통연계는 단락용량이 증대하지 않기 때문에 교류계통의 차단용량이 적어도 된다.

정답 06. ④ 07. ③ 08. ② 09. ③ 10. ①

해설 직류송전방식(HVDC)의 장점

㉠ 비동기연계가 가능하다
㉡ 리액턴스가 없어서 역률을 1로 운전이 가능하고 안정도가 높다.
㉢ 절연비가 저감, 코로나에 유리하다.
㉣ 유전체손이나 연피손이 없다.
㉤ 고장전류가 적어 계통 확충이 가능하다.

중 제3장 선로정수 및 코로나 현상

11 선간거리가 $2D$[m]이고 선로 도선의 지름이 d[m]인 선로의 단위길이당 정전용량은 몇 [μF/km]인가?

① $\dfrac{0.02413}{\log_{10}\dfrac{4D}{d}}$

② $\dfrac{0.02413}{\log_{10}\dfrac{2D}{d}}$

③ $\dfrac{0.2413}{\log_{10}\dfrac{D}{d}}$

④ $\dfrac{0.2413}{\log_{10}\dfrac{4D}{d}}$

해설

정전용량 $C=\dfrac{0.02413}{\log_{10}\dfrac{D}{r}}=\dfrac{0.02413}{\log_{10}\dfrac{2D}{d/2}}$

$=\dfrac{0.02413}{\log_{10}\dfrac{4D}{d}}$[$\mu$F/km]

여기서, d : 도체의 반경[cm]
D : 선간거리[cm]

상 제11장 발전

12 기력발전소의 열사이클 중 가장 기본적인 것으로서 두 등압변화와 두 단열변화로 되는 열사이클은?

① 랭킨사이클 ② 재생사이클
③ 재열사이클 ④ 재생재열사이클

해설

랭킨사이클은 증기를 작업유체로 사용하는 기력발전소의 기본 사이클로서 2개의 등압변화와 단열변화로 구성된다.

상 제8장 송전선로 보호방식

13 다음 그림에서 *친 부분에 흐르는 전류는?

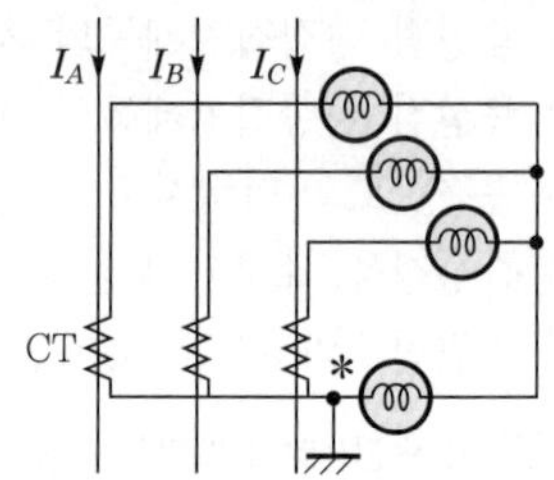

① B상전류
② 정상전류
③ 역상전류
④ 영상전류

해설

*부분에 흐르는 전류 $I_* = I_A + I_B + I_C = 3I_0$
여기서, I_0 : 영상전류

상 제8장 송전선로 보호방식

14 차단기의 고속도 재폐로의 목적은?

① 고장의 신속한 제거
② 안정도 향상
③ 기기의 보호
④ 고장전류 억제

해설 재폐로방식의 특징

재폐로방식은 고장전류를 차단하고 차단기를 일정시간 후 자동적으로 재투입하는 방식으로 3상 재폐로방식과 다상 재폐로방식이 있으며 재폐로방식을 적용하면 다음과 같다.
㉠ 송전계통의 안정도를 향상시킨다.
㉡ 송전용량을 증가시킬 수 있다.
㉢ 계통사고의 자동복구를 할 수 있다.

상 제8장 송전선로 보호방식

15 전압이 정정치 이하로 되었을 때 동작하는 것으로서 단락 고장 검출 등에 사용되는 계전기는?

① 부족전압계전기
② 비율차동계전기
③ 재폐로계전기
④ 선택계전기

정답 11. ① 12. ① 13. ④ 14. ② 15. ①

해설 **보호계전기의 동작기능별 분류**

㉠ 부족전압계전기 : 전압이 일정값 이하로 떨어졌을 경우 동작되고 단락 시에 고장검출도 가능한 계전기
㉡ 비율차동계전기 : 총 입력전류와 총 출력전류 간의 차이가 총 입력전류에 대하여 일정 비율 이상으로 되었을 때 동작하는 계전기
㉢ 재폐로계전기 : 차단기에 동작책무를 부여하기 위해 차단기를 재폐로시키기 위한 계전기
㉣ 선택계전기 : 고장회선을 선택 차단할 수 있게 하는 계전기

상 제6장 중성점 접지방식

16 송전계통의 중성점 접지방식에서 유효접지라 하는 것은?

① 소호리액터 접지방식
② 1선 접지 시에 건전상의 전압이 상규 대지전압의 1.3배 이하로 중성점 임피던스를 억제시키는 중성점 접지
③ 중성점에 고저항을 접지시켜 1선 지락 시에 이상전압의 상승을 억제시키는 중성점 접지
④ 송전선로에 사용되는 변압기의 중성점을 저리액턴스로 접지시키는 방식

해설 **유효접지**

1선 지락 고장 시 건전상 전압이 상규 대지전압의 1.3배를 넘지 않는 범위에 들어가도록 중성점 임피던스를 조절해서 접지하는 방식을 유효접지라고 한다.

중 제5장 고장계산 및 안정도

17 154[kV] 송전선로에서 송전거리가 154[km]라 할 때 송전용량계수법에 의한 송전용량은 몇 [kW]인가? (단, 송전용량계수는 1200으로 한다.)

① 61600
② 92400
③ 123200
④ 184800

해설

송전용량 $P = K\dfrac{V_R^{\ 2}}{L}$[kW]

여기서, K : 송전용량계수
V_R : 수전단전압[kV]
L : 송전거리[km]

$P = 1200 \times \dfrac{154^2}{154} = 184800$[kW]

상 제3장 선로정수 및 코로나 현상

18 선로정수를 전체적으로 평형되게 하고 근접 통신선에 대한 유도장해를 줄일 수 있는 방법은?

① 딥(dip)을 준다.
② 연가를 한다.
③ 복도체를 사용한다.
④ 소호리액터 접지를 한다.

해설 **연가의 목적**

㉠ 선로정수 평형
㉡ 근접 통신선에 대한 유도장해 감소
㉢ 소호리액터 접지계통에서 중성점의 잔류전압으로 인한 직렬공진의 방지

상 제5장 고장계산 및 안정도

19 그림과 같은 3상 3선식 전선로의 단락점에서 3상 단락전류를 제한하려고 %리액턴스 5[%]의 한류리액터를 시설하였다. 단락전류는 약 몇 [A] 정도 되는가? (단, 66[kV]에 대한 %리액턴스는 5[%] 저항분은 무시한다.)

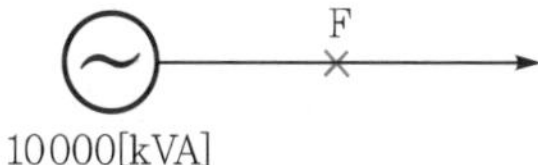

① 880 ② 1000
③ 1130 ④ 1250

해설

단락전류 $I_s = \dfrac{100}{\%X} \times I_n$[A]

합성 퍼센트 리액턴스 $\%X_T = \%X_{\text{한류리액터}} + \%X_{\text{전원}}$
$= 5 + 5 = 10$[%]

정격전류 $I_n = \dfrac{P}{\sqrt{3}\,V_n} = \dfrac{10000}{\sqrt{3} \times 66} = 87.48$[A]

단락전류 $I_s = \dfrac{100}{\%X} \times I_n = \dfrac{100}{10} \times 87.48$
$= 874.77 ≒ 880$[A]

정답 16. ② 17. ④ 18. ② 19. ①

상 제4장 송전특성 및 조상설비

20 페란티 현상이 발생하는 원인은?

① 선로의 과도한 저항 때문이다.
② 선로의 정전용량 때문이다.
③ 선로의 인덕턴스 때문이다.
④ 선로의 급격한 전압강하 때문이다.

해설

페란티 현상이란 선로에 충전전류가 흐르면 수전단전압이 송전단전압보다 높아지는 현상으로 그 원인은 선로의 정전용량 때문이다.

정답 20. ②

2023년 제3회 전기산업기사 CBT 기출복원문제

상 제2장 전선로

01 154[kV] 송전선로에 10개의 현수애자가 연결되어 있다. 다음 중 전압분담이 가장 적은 것은?

① 철탑에 가장 가까운 것
② 철탑에서 3번째
③ 전선에서 가장 가까운 것
④ 전선에서 3번째

해설

송전선로에서 현수애자의 전압분담은 전선에서 가까이 있는 것부터 1번째 애자 22[%], 2번째 애자 17[%], 3번째 애자 12[%], 4번째 애자 10[%], 그리고 8번째 애자가 약 6[%], 마지막 애자가 8[%] 정도의 전압을 분담하게 된다.

상 제8장 송전선로 보호방식

02 영상변류기와 관계가 가장 깊은 계전기는?

① 차동계전기 ② 과전류계전기
③ 과전압계전기 ④ 선택접지계전기

해설 선택접지(지락)계전기

비접지계통의 배전선 지락사고를 검출하여 사고 회선만을 선택 차단하는 방향성 계전기로서, 지락사고 시 계전기 설치점에 나타나는 영상전압(GPT로 검출)과 영상지락 고장전류(ZCT로 검출)를 검출하여 선택 차단한다.

상 제4장 송전특성 및 조상설비

03 일반 회로정수 A, B, C, D, 송수전단 상전압이 각각 E_S, E_R일 때 수전단 전력원선도의 반지름은?

① $\dfrac{E_S \cdot E_R}{A}$ ② $\dfrac{E_S \cdot E_R}{B}$
③ $\dfrac{E_S \cdot E_R}{C}$ ④ $\dfrac{E_S \cdot E_R}{D}$

해설 전력원선도의 반지름

$$R=\frac{E_S E_R}{Z}=\frac{E_S E_R}{B}$$

중 제5장 고장계산 및 안정도

04 3상 단락사고가 발생한 경우 옳지 않은 것은? (단, V_0 : 영상전압, V_1 : 정상전압, V_2 : 역상전압, I_0 : 영상전류, I_1 : 정상전류, I_2 : 역상전류)

① $V_2 = V_0 = 0$ ② $V_2 = I_2 = 0$
③ $I_2 = I_0 = 0$ ④ $I_1 = I_2 = 0$

해설

3상 단락사고가 일어나면 $V_a = V_b = V_c = 0$이므로
$I_0 = I_2 = V_0 = V_1 = V_2 = 0$
$\therefore\ I_1 = \dfrac{E_a}{Z_1} \neq 0$

상 제11장 발전

05 기력발전소의 열싸이클 과정 중 단열팽창과정의 물 또는 증기의 상태변화는?

① 습증기 → 포화액
② 과열증기 → 습증기
③ 포화액 → 압축액
④ 압축액 → 포화액 → 포화증기

해설

단열팽창은 터빈에서 이루워지는 과정이므로 터빈에 들어간 과열증기가 습증기로 된다.

중 제6장 중성점 접지방식

06 △결선의 3상 3선식 배전선로가 있다. 1선이 지락하는 경우 건전상의 전위상승은 지락 전의 몇 배가 되는가?

① $\dfrac{\sqrt{3}}{2}$ ② 1
③ $\sqrt{2}$ ④ $\sqrt{3}$

해설

비접지 방식에서 1선 지락사고 시 건전상의 대지전압이 $\sqrt{3}$ 배 상승하고 이상전압(4~6배)이 간헐적으로 발생한다.

정답 01. ② 02. ④ 03. ② 04. ④ 05. ② 06. ④

상 제4장 송전특성 및 조상설비

07 다음 중 페란티현상의 방지대책으로 적합하지 않은 것은?

① 선로전류를 지상이 되도록 한다.
② 수전단에 분로리액터를 설치한다.
③ 동기조상기를 부족여자로 운전한다.
④ 부하를 차단하여 무부하가 되도록 한다.

해설 페란티현상

㉠ 무부하 및 경부하 시 선로에 충전전류가 흐르면 수전단 전압이 송전단전압보다 높아지는 현상으로, 그 원인은 선로의 정전용량 때문에 발생한다.
㉡ 방지책 : 동기조상기, 분로리액터

상 제3장 선로정수 및 코로나 현상

08 연가를 하는 주된 목적은?

① 유도뢰를 방지하기 위하여
② 선로정수를 평형시키기 위하여
③ 직격뢰를 방지하기 위하여
④ 작용정전용량을 감소시키기 위하여

해설 연가의 목적

㉠ 선로정수 평형
㉡ 근접 통신선에 대한 유도장해 감소
㉢ 소호리액터 접지계통에서 중성점의 잔류전압으로 인한 직렬공진의 방지

하 제3장 선로정수 및 코로나 현상

09 3상 3선식 송전선에서 바깥지름 20[mm]의 경동연선을 그림과 같이 일직선 수평배치로 하여 연가를 했을 때, 1[km]마다의 인덕턴스는 약 몇 [mH/km]인가?

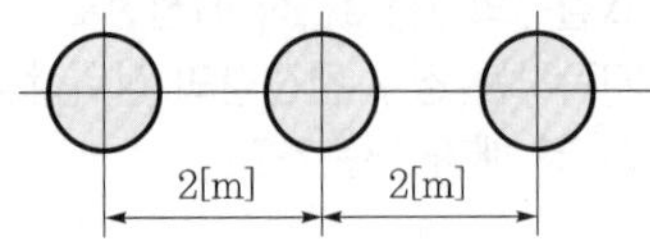

① 1.16
② 1.32
③ 1.48
④ 1.64

해설

작용인덕턴스 $L=0.05+0.4605\log_{10}\frac{\sqrt[3]{2}\,\mathrm{D}}{r}$[mH/km]

$L=0.05+0.4605\log_{10}\frac{\sqrt[3]{2}\times 200}{2/2}$

$=1.16$[mH/km]

(등가선간거리와 전선의 반지름을 [cm]으로 변환하여 단위를 같게 하여 계산한다.)

중 제11장 발전

10 조압수조 중 서징의 주기가 가장 빠른 것은?

① 제수공 조압수조
② 수실조압수조
③ 차동조압수조
④ 단동조압수조

해설

부하의 급변 시 수차를 회전시키는 유량의 변화가 커지게 되므로 수압관에 가해지는 압력을 고려해야 한다. 수압관의 압력이 짧은 시간에 크게 변화될 때 차동조압수조를 이용하여 압력을 완화시켜야 한다.

상 제4장 송전특성 및 조상설비

11 송전선의 전압변동률 $=\frac{V_{R1}-V_{R2}}{V_{R2}}\times 100$ [%]에서 V_{R1}은 무엇에 해당되는가?

① 무부하 시 송전단전압
② 부하 시 송전단전압
③ 무부하 시 수전단전압
④ 전부하 시 수전단전압

해설

전압변동률은 선로에 접속해 있는 부하가 갑자기 변화되었을 때 단자전압의 변화 정도를 나타낸 것이다.

$\varepsilon=\frac{V_{R1}-V_{R2}}{V_{R2}}\times 100[\%]$

여기서, V_{R1} : 무부하 시 수전단전압[V]
V_{R2} : 전부하 시 수전단전압[V]

정답 07. ④ 08. ② 09. ① 10. ③ 11. ③

상 제1장 전력계통

12 전송전력이 400[MW], 송전거리가 200[km]인 경우의 경제적인 송전전압은 약 몇 [kV]인가? (단, Still의 식에 의하여 산정한다.)

① 57 ② 173
③ 353 ④ 645

해설

경제적인 송전전압 $E=5.5\sqrt{0.6l+\frac{P}{100}}$ [kV]

여기서, l : 송전거리[km]
P : 송전전력[kW]

$$E=5.5\sqrt{0.6\ell+\frac{P}{100}}$$
$$=5.5\sqrt{0.6\times200+\frac{400000}{100}}=353[\text{kV}]$$

상 제4장 송전특성 및 조상설비

13 T형 회로에서 4단자 정수 $\dot{A}$는?

① $\dot{Z}\left(1+\frac{\dot{Z}\dot{Y}}{4}\right)$ ② $\dot{Y}$
③ $1+\frac{\dot{Z}\dot{Y}}{2}$ ④ $\dot{Z}$

해설 T형 회로

송전단전압 $E_S=\left(1+\frac{ZY}{2}\right)E_R+Z\left(1+\frac{ZY}{4}\right)I_R$

송전단전류 $I_S=YE_R+\left(1+\frac{ZY}{2}\right)I_R$

위의 식에서 4단자 정수 $A=1+\frac{ZY}{2}$가 된다.

하 제10장 배전선로 설비 및 운용

14 배전선의 전압 조정방법이 아닌 것은?

① 승압기 사용
② 유도전압조정기 사용
③ 주상변압기 탭전환
④ 병렬콘덴서 사용

해설

병렬콘덴서는 부하와 병렬로 접속하여 역률을 개선한다.
* 배전선로 전압의 조정장치 : 주상변압기 Tap 조절장치, 승압기(단권변압기) 설치, 유도전압 조정기, 직렬콘덴서

상 제3장 선로정수 및 코로나 현상

15 공기의 파열 극한 전위경도는 정현파교류의 실효치로 약 몇 [kV/cm]인가?

① 21 ② 25
③ 30 ④ 33

해설 공기의 파열 극한 전위경도

- 1[cm] 간격의 두 평면 전극의 사이의 공기 절연이 파괴되어 전극 간 아크가 발생되는 전압
- 직류 : 30[kV/cm], 교류 : 21.1[kV/cm]

중 제6장 중성점 접지방식

16 소호리액터 접지방식에서 사용되는 탭의 크기로 일반적인 것은?

① $\omega L>\frac{1}{3\omega C}$ ② $\omega L<\frac{1}{3\omega C}$
③ $\omega L>\frac{1}{3\omega^2 C}$ ④ $\omega L<\frac{1}{3\omega^2 C}$

해설 합조도

㉠ $\omega L>\frac{1}{3\omega C}$: 부족보상
㉡ $\omega L<\frac{1}{3\omega C}$: 과보상
㉢ $\omega L=\frac{1}{3\omega C}$: 완전보상

상 제7장 이상전압 및 방호대책

17 계통 내의 각 기기, 기구 및 애자 등의 상호간에 적정한 절연강도를 지니게 함으로서 계통 설계를 합리적으로 할 수 있게 한 것을 무엇이라 하는가?

① 기준충격절연강도
② 보호계전방식
③ 절연계급 선정
④ 절연협조

해설 절연협조의 정의

발・변전소의 기기나 송배전선로 등의 전력계통 전체의 절연설계를 보호장치와 관련시켜서 합리화를 도모하고 안전성과 경제성을 유지하는 것이다.

정답 12. ③ 13. ③ 14. ④ 15. ① 16. ② 17. ④

상 제9장 배전방식

18 배전선로에서 부하율이 F일 때 손실계수 H는?

① F와 F^2의 힘
② F와 같은 값
③ F와 F^2의 중간 값
④ F^2와 같은 값

해설 손실계수(H)

손실계수는 말단집중부하에 대해서 어느 기간 중의 평균손실과 최대손실 간의 비이다.

㉠ 손실계수

$$H=\frac{\text{어느 기간 중의 평균손실}}{\text{같은 기간 중의 최대손실}}$$

㉡ 손실계수(H)와 부하율(F)의 관계

$0 \le F^2 \le H \le F \le 1$

중 제10장 배전선로 설비 및 운용

19 배전선로의 전기방식 중 전선의 중량(전선비용)이 가장 적게 소요되는 전기방식은? (단, 배전전압, 거리, 전력 및 선로 손실 등은 같다고 한다.)

① 단상 2선식 ② 단상 3선식
③ 3상 3선식 ④ 3상 4선식

해설 송전전력, 송전전압, 송전거리, 송전손실이 같을 때 소요전선량

전기방식	단상 2선식	단상 3선식	3상 3선식	3상 4선식
소요되는 전선량	100[%]	37.5[%]	75[%]	33.3[%]

중 제10장 배전선로 설비 및 운용

20 3상 3선식 배전선로가 있다. 이것에 역률이 0.8인 3상 평형 부하 20[kW]를 걸었을 때 배전선로 등의 전압강하는? (단, 부하의 전압은 200[V], 전선 1조의 저항은 0.02[Ω]이고, 리액턴스는 무시한다.)

① 1[V] ② 2[V]
③ 3[V] ④ 4[V]

해설

부하전류 $I=\frac{P}{\sqrt{3}\,V\cos\theta}=\frac{20}{\sqrt{3}\times 0.2\times 0.8}$
$=72.17[\text{A}]$

전압강하 $e=\sqrt{3}\,I(r\cos\theta+x\sin\theta)$
$=\sqrt{3}\times 72.17\times(0.02\times 0.8+0\times 0.6)$
$=2[\text{V}]$

정답 18. ③ 19. ④ 20. ②

2024년 제1회 전기기사 CBT 기출복원문제

상 제4장 송전특성 및 조상설비

01 전력원선도의 가로축과 세로축을 나타내는 것은?

① 전압과 전류
② 전압과 전력
③ 전류와 전력
④ 유효전력과 무효전력

해설

전력원선도의 가로축은 유효전력, 세로축은 무효전력, 반경(=반지름)은 $\frac{V_S V_R}{Z}$ 이다.

중 제8장 송전선로 보호방식

02 전력회로에 사용되는 차단기의 차단용량(Interrupting capacity)을 결정할 때 이용되는 것은?

① 예상 최대단락전류
② 회로에 접속되는 전부하전류
③ 계통의 최고전압
④ 회로를 구성하는 전선의 최대허용전류

해설

차단용량 $P_s = \sqrt{3}$ ×정격전압×정격차단전류[MVA]

상 제8장 송전선로 보호방식

03 차단기의 정격차단시간은?

① 가동접촉자의 동작시간부터 소호까지의 시간
② 고장발생부터 소호까지의 시간
③ 가동접촉자의 개극부터 소호까지의 시간
④ 트립코일 여자부터 소호까지의 시간

해설 차단기의 정격차단시간

정격전압 하에서 규정된 표준 동작책무 및 동작상태에 따라 차단할 때의 차단시간한도로서, 트립코일 여자로부터 아크의 소호까지의 시간(개극 시간+아크 시간)

정격전압[kV]	7.2	25.8	72.5	170	362
정격차단시간[Cycle]	5～8	5	5	3	3

상 제6장 중성점 접지방식

04 전력계통의 중성점 다중접지방식의 특징으로 옳은 것은?

① 통신선의 유도장해가 적다.
② 합성접지저항이 매우 높다.
③ 건전상의 전위 상승이 매우 높다.
④ 지락보호계전기의 동작이 확실하다.

해설

중성점 다중접지방식의 경우 여러 개의 접지극이 병렬 접속으로 되어 있으므로 합성저항이 작아 지락사고 시 지락전류가 대단히 커서 통신선의 유도장해가 크게 나타나지만 지락보호계전기의 동작이 확실하다.

하 제9장 배전방식

05 고압 배전선로 구성방식 중 고장 시 자동적으로 고장개소의 분리 및 건전선로에 폐로하여 전력을 공급하는 개폐기를 가지며, 수요분포에 따라 임의의 분기선으로부터 전력을 공급하는 방식은?

① 환상식
② 망상식
③ 뱅킹식
④ 가지식(수지식)

해설

환상식(루프) 배전은 선로고장 시 자동적으로 고장구간을 구분하여 정전구간을 줄이고 전압변동 및 전력손실이 적어지는 것이 장점이지만 시설비가 많이 들어 부하밀도가 높은 도심지의 번화가나 상가지역에 적당하다.

중 제4장 송전특성 및 조상설비

06 송전선로의 수전단을 단락한 경우 송전단에서 본 임피던스는 300[Ω]이고, 수전단을 개방한 경우에는 1200[Ω]일 때 이 선로의 특성 임피던스는 몇 [Ω]인가?

① 600 ② 50
③ 1000 ④ 1200

정답 01. ④ 02. ① 03. ④ 04. ④ 05. ① 06. ①

해설

특성 임피던스 $Z_o = \sqrt{\frac{Z}{Y}} = \sqrt{\frac{Z_{SS}}{Y_{SO}}} = \sqrt{\frac{300}{1/1200}}$
$= \sqrt{300 \times 1200} = 600[\Omega]$

여기서, Z_{SS} : 수전단 단락 시 송전단에서 본 임피던스
Y_{SO} : 수전단 개방 시 송전단에서 본 어드미턴스

상 제5장 고장계산 및 안정도

07 송전선로에서의 고장 또는 발전기 탈락과 같은 큰 외란에 대하여 계통에 연결된 각 동기기가 동기를 유지하면서 계속 안정적으로 운전할 수 있는지를 판별하는 안정도는?

① 동태안정도(dynamic stability)
② 정태안정도(steady-state stability)
③ 전압안정도(voltage stability)
④ 과도안정도(transient stability)

해설 안정도의 종류 및 특성

㉠ 정태안정도 : 정태안정도란 부하가 서서히 증가한 경우 계속해서 송전할 수 있는 능력으로 이때의 전력을 정태안정 극한전력이라 한다.
㉡ 과도안정도 : 계통에 갑자기 부하가 증가하여 급격한 교란상태가 발생하더라도 정전을 일으키지 않고 송전을 계속하기 위한 전력의 최대치를 과도안정도라 한다.
㉢ 동태안정도 : 차단기 또는 조상설비 등을 설치하여 안정도를 높인 것을 동태안정도라 한다.

상 제7장 이상전압 및 방호대책

08 다음 중 송전선로의 역섬락을 방지하기 위한 대책으로 가장 알맞은 방법은?

① 가공지선 설치 ② 피뢰기 설치
③ 매설지선 설치 ④ 소호각 설치

해설

매설지선은 철탑의 탑각접지저항을 작게 하기 위한 지선으로, 역섬락을 방지하기 위해 사용한다.

상 제10장 배전선로 설비 및 운용

09 3000[kW], 역률 80[%](늦음)의 부하에 전력을 공급하고 있는 변전소의 역률을 90[%]로 향상시키는 데 필요한 전력용 콘덴서의 용량은 약 몇 [kVA]인가?

① 600 ② 700
③ 800 ④ 900

해설

콘덴서 용량 $Q_c = P(\tan\theta_1 - \tan\theta_2)$[kVA]

여기서, P : 수전전력[kW]
θ_1 : 개선 전 역률
θ_2 : 개선 후 역률

유효전력 $P = 3000$[kW]이므로
콘덴서 용량

$$Q_c = 3000\left(\frac{\sqrt{1-0.8^2}}{0.8} - \frac{\sqrt{1-0.9^2}}{0.9}\right) = 800\,[\text{kVA}]$$

상 제4장 송전특성 및 조상설비

10 중거리 송전선로의 T형 회로에서 송전단전류 I_S는? (단, Z, Y는 선로의 직렬 임피던스와 병렬 어드미턴스이고 E_R은 수전단전압, I_R은 수전단전류이다.)

① $I_R\left(1+\frac{ZY}{2}\right)+YE_R$

② $E_R\left(1+\frac{ZY}{2}\right)+ZI_R\left(1+\frac{ZY}{4}\right)$

③ $E_R\left(1+\frac{ZY}{2}\right)+ZI_R$

④ $I_R\left(\frac{1+ZY}{2}\right)+E_RY\left(1+\frac{ZY}{4}\right)$

해설

T형 회로는 아래 그림과 같으므로

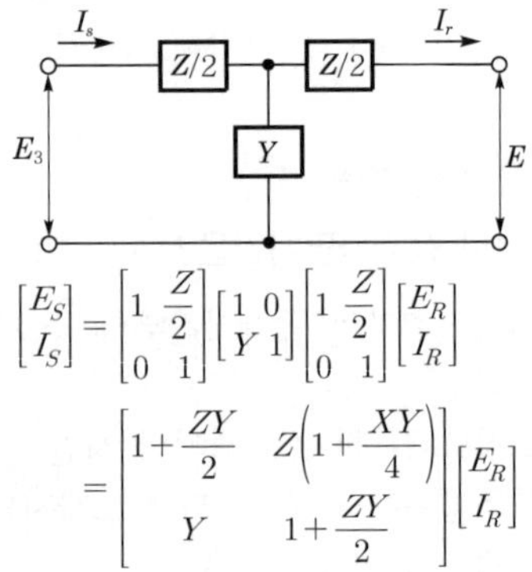

$$\begin{bmatrix} E_S \\ I_S \end{bmatrix} = \begin{bmatrix} 1 & \frac{Z}{2} \\ 0 & 1 \end{bmatrix} \begin{bmatrix} 1 & 0 \\ Y & 1 \end{bmatrix} \begin{bmatrix} 1 & \frac{Z}{2} \\ 0 & 1 \end{bmatrix} \begin{bmatrix} E_R \\ I_R \end{bmatrix}$$

$$= \begin{bmatrix} 1+\frac{ZY}{2} & Z\left(1+\frac{XY}{4}\right) \\ Y & 1+\frac{ZY}{2} \end{bmatrix} \begin{bmatrix} E_R \\ I_R \end{bmatrix}$$

송전단전압

$$E_S = \left(1+\frac{ZY}{2}\right)E_R + Z\left(1+\frac{ZY}{4}\right)I_R$$

송전단전류 $I_S = YE_R + \left(1+\frac{ZY}{2}\right)I_R$

정답 07. ④ 08. ③ 09. ③ 10. ①

중 제11장 발전

11 **유량의 크기를 구분할 때 갈수량이란?**

① 하천의 수위 중에서 1년을 통하여 355일간 이보다 내려가지 않는 수위
② 하천의 수위 중에서 1년을 통하여 275일간 이보다 내려가지 않는 수위
③ 하천의 수위 중에서 1년을 통하여 185일간 이보다 내려가지 않는 수위
④ 하천의 수위 중에서 1년을 통하여 95일간 이보다 내려가지 않는 수위

해설

하천의 유량은 계절에 따라 변하므로 유량과 수위는 다음과 같이 구분한다.
㉠ 갈수량 : 1년 365일 중 355일은 이 양 이하로 내려가지 않는 유량
㉡ 저수량 : 1년 365일 중 275일은 이 양 이하로 내려가지 않는 유량
㉢ 평수량 : 1년 365일 중 185일은 이 양 이하로 내려가지 않는 유량
㉣ 풍수량 : 1년 365일 중 95일은 이 양 이하로 내려가지 않는 유량

상 제8장 송전선로 보호방식

12 **변전소에서 비접지선로의 접지보호용으로 사용되는 계전기에 영상전류를 공급하는 것은?**

① CT ② GPT
③ ZCT ④ PT

해설

ZCT(영상변류기)는 지락사고 시 영상전류를 검출하여 GR(지락계전기)에 공급
① CT(변류기) : 대전류를 소전류로 변성
② GPT(접지형 계기용 변압기) : 지락사고 시 영상전압을 검출하여 OVGR(지락과전압계전기)에 공급
④ PT(계기용 변압기) : 고전압을 저전압으로 변성

상 제7장 이상전압 및 방호대책

13 **송전선로에서 가공지선을 설치하는 목적이 아닌 것은?**

① 뇌(雷)의 직격을 받을 경우 송전선 보호
② 유도뢰에 의한 송전선의 고전위 방지
③ 통신선에 대한 전자유도장해 경감
④ 철탑의 접지저항 경감

해설 가공지선의 설치효과

㉠ 직격뢰로부터 선로 및 기기 차폐
㉡ 유도뢰에 의한 정전차폐효과
㉢ 통신선의 전자유도장해를 경감시킬 수 있는 전자차폐효과

중 제11장 발전

14 **수력발전소의 형식을 취수방법, 운용방법에 따라 분류할 수 있다. 다음 중 취수방법에 따른 분류가 아닌 것은?**

① 댐식 ② 수로식
③ 조정지식 ④ 유역변경식

해설 수력발전소의 분류

㉠ 낙차를 얻는 방법으로 분류
- 수로식 발전
- 댐식 발전
- 댐수로식 발전
- 유역변경식 발전

㉡ 유량을 사용하는 방법으로 분류
- 유입식 발전
- 조정지식 발전
- 저수지식 발전
- 양수식 발전
- 조력발전

상 제4장 송전특성 및 조상설비

15 **송전선의 특성 임피던스의 특징으로 옳은 것은?**

① 선로의 길이가 길어질수록 값이 커진다.
② 선로의 길이가 길어질수록 값이 작아진다.
③ 선로의 길이에 따라 값이 변하지 않는다.
④ 부하용량에 따라 값이 변한다.

해설

특성 임피던스 $Z_o = \sqrt{\frac{Z}{Y}} = \sqrt{\frac{R+j\omega L}{g+j\omega C}} \Rightarrow \sqrt{\frac{L}{C}}$ 에서

L[mH/km]이고 C[μF/km]이므로 특성 임피던스는 선로의 길이에 관계없이 일정하다.

상 제8장 송전선로 보호방식

16 **송전선에서 재폐로방식을 사용하는 목적은 무엇인가?**

① 역률개선 ② 안정도 증진
③ 유도장해의 경감 ④ 코로나 발생방지

정답 11. ① 12. ③ 13. ④ 14. ③ 15. ③ 16. ②

해설 재폐로방식

㉠ 고장전류를 차단하고 차단기를 일정 시간 후 자동적으로 재투입하는 방식
㉡ 송전계통의 안정도를 향상시키고 송전용량을 증가
㉢ 계통사고의 자동복구 가능

상 제10장 배전선로 설비 및 운용

17 3상 3선식 선로에서 일정한 거리에 일정한 전력을 송전할 경우 선로에서의 저항손은?

① 선간전압에 비례한다.
② 선간전압에 반비례한다.
③ 선간전압의 2승에 비례한다.
④ 선간전압의 2승에 반비례한다.

해설

송전선로의 저항손 $P_c = \dfrac{P^2}{V^2\cos^2\theta}\rho\dfrac{L}{A}$[W]에서

$P_c \propto \dfrac{1}{V^2}$

중 제6장 중성점 접지방식

18 1상의 대지정전용량 0.5[μF], 주파수 60[Hz]인 3상 송전선이 있다. 이 선로에 소호리액터를 설치하려 한다. 소호리액터의 공진리액턴스는 약 몇 [Ω]인가?

① 970　② 1370
③ 1770　④ 3570

해설

소호리액터 $\omega L = \dfrac{1}{3\omega C} - \dfrac{X_t}{3}$[Ω]

(여기서, X_t : 변압기 1상당 리액턴스)

$\omega L = \dfrac{1}{3\omega C} - \dfrac{X_t}{3} = \dfrac{1}{3\times 2\pi\times 60\times 0.5\times 10^{-6}}$

$= 1768 \fallingdotseq 1770[\Omega]$

상 제8장 송전선로 보호방식

19 고장전류의 크기가 커질수록 동작시간이 짧게 되는 특성을 가진 계전기는?

① 순한시계전기
② 정한시계전기
③ 반한시계전기
④ 반한시 정한시계전기

해설 계전기의 한시특성에 의한 분류

㉠ 순한시계전기 : 최소 동작전류 이상의 전류가 흐르면 즉시 동작하는 것
㉡ 반한시계전기 : 동작전류가 커질수록 동작시간이 짧게 되는 특성을 가진 것
㉢ 정한시계전기 : 동작전류의 크기에 관계없이 일정한 시간에서 동작하는 것
㉣ 반한시 정한시계전기 : 동작전류가 적은 동안에는 반한시 특성으로 되고 그 이상에서는 정한시 특성이 되는 것

중 제11장 발전

20 열효율 35[%]의 화력발전소의 평균발열량 6000[kcal/kg]의 석탄을 사용하면 1[kWh]를 발전하는 데 필요한 석탄량은 약 몇 [kg]인가?

① 0.41　② 0.62
③ 0.71　④ 0.82

해설

석탄의 양 $W = \dfrac{860P}{W\eta}$[kg]

여기서 P : 발전소출력[kW]
C: 연료의 발열량[kcal/kg]
η: 열효율

석탄량 $W = \dfrac{860\times 1}{6000\times 0.35} = 0.4095 = 0.41$[kg]

정답 17. ④ 18. ③ 19. ③ 20. ①

2024년 제1회 전기산업기사 CBT 기출복원문제

하 제4장 송전특성 및 조상설비

01 송전선로에서 고조파 제거방법이 아닌 것은?

① 변압기를 △결선한다.
② 유도전압조정장치를 설치한다.
③ 무효전력보상장치를 설치한다.
④ 능동형 필터를 설치한다.

해설 고조파 제거방법(감소대책)

유도전압조정기는 배전선로의 변동이 클 경우 전압을 조정하는 기기이다.

㉠ 변압기의 △결선 : 제3고조파 제거
㉡ 능동형 필터, 수동형 필터의 사용
㉢ 무효전력보상장치 : 사이리스터를 이용하여 병렬 콘덴서와 리액터를 신속하게 제어하여 고조파 제거

상 제6장 중성점 접지방식

02 중성점 비접지방식을 이용하는 것이 적당한 것은?

① 고전압 장거리
② 고전압 단거리
③ 저전압 장거리
④ 저전압 단거리

해설

비접지방식은 선로의 길이가 짧거나 전압이 낮은 계통(20~30[kV] 정도)에 적용한다.

중 제6장 중성점 접지방식

03 1상의 대지정전용량 0.53[μF], 주파수 60[Hz]의 3상 송전선이 있다. 이 선로에 소호리액터를 설치하고자 한다. 소호리액터의 10[%] 과보상 탭의 리액턴스는 약 몇 [Ω]인가? (단, 소호리액터를 접지시키는 변압기 1상당의 리액턴스는 9[Ω]이다.)

① 505
② 806
③ 1498
④ 1514

해설

소호리액터 $\omega L = \frac{1}{3\omega C} - \frac{X_t}{3}$[Ω]

여기서, X_t : 변압기 1상당 리액턴스

$$\omega L = \frac{1}{3\omega C} - \frac{X_t}{3}$$
$$= \frac{1}{3\times 2\pi \times 60 \times 0.53 \times 10^{-6} \times 1.1} - \frac{9}{3}$$
$$= 1513.6\,[\Omega]$$

상 제7장 이상전압 및 방호대책

04 피뢰기에서 속류의 차단이 되는 교류의 최고 전압을 무엇이라 하는가?

① 정격전압
② 제한전압
③ 단자전압
④ 방전개시전압

해설 피뢰기 정격전압

㉠ 속류를 차단하는 최고의 교류전압
㉡ 선로단자와 접지단자 간에 인가할 수 있는 상용주파 최대 허용전압

상 제9장 배전방식

05 설비용량 800[kW], 부등률 1.2, 수용률 60[%]일 때의 합성 최대전력[kW]은?

① 666
② 960
③ 480
④ 400

해설 합성 최대전력

$$P_T = \frac{\text{설비용량} \times \text{수용률}}{\text{부등률}} = \frac{800 \times 0.6}{1.2} = 400\,[\text{kW}]$$

상 제4장 송전특성 및 조상설비

06 송전선의 특성 임피던스는 저항과 누설 컨덕턴스를 무시하면 어떻게 표현되는가? (단, L은 선로의 인덕턴스, C는 선로의 정전용량이다.)

① $\frac{L}{C}$
② $\frac{C}{L}$
③ $\sqrt{\frac{L}{C}}$
④ $\sqrt{\frac{C}{L}}$

정답 01. ② 02. ④ 03. ④ 04. ① 05. ④ 06. ③

해설

특성 임피던스 $Z_o = \sqrt{\frac{Z}{Y}} = \sqrt{\frac{R+j\omega L}{g+j\omega C}}$ 에서 $R=g=0$

즉, 무손실선로에서 특성 임피던스 $Z_o = \sqrt{\frac{L}{C}}[\Omega]$

중 제10장 배전선로 설비 및 운용

07 부하에 따라 전압변동이 심한 급전선을 가진 배전변전소에서 가장 많이 사용되는 전압조정장치는?

① 전력용 콘덴서
② 유도전압조정기
③ 계기용 변압기
④ 직렬리액터

해설 **배전선로 전압조정장치**

주상변압기 Tap 조절장치, 승압기 설치(단권변압기), 유도전압조정기, 직렬콘덴서
② 유도전압조정기는 부하에 따라 전압변동이 심한 급전선에 전압조정장치로 사용한다.

상 제3장 선로정수 및 코로나 현상

08 선간거리가 D[m]이고 전선의 반지름이 r[m]인 선로의 인덕턴스 L[mH/km]은?

① $L=0.5+0.4605\log_{10}\frac{D}{r}$

② $L=0.5+0.4605\log_{10}\frac{r}{D}$

③ $L=0.05+0.4605\log_{10}\frac{r}{D}$

④ $L=0.05+0.4605\log_{10}\frac{D}{r}$

해설

작용인덕턴스 $L=0.05+0.4605\log_{10}\frac{D}{r}$[mH/km]

여기서, D : 등가선간거리
r : 전선의 반지름

중 제3장 선로정수 및 코로나 현상

09 복도체에서 2본의 전선이 서로 충돌하는 것을 방지하기 위하여 2본의 전선 사이에 적당한 간격을 두어 설치하는 것은?

① 아머로드
② 댐퍼
③ 아킹혼
④ 스페이서

해설

복도체방식으로 전력공급 시 도체 간에 전선의 꼬임현상 및 충돌로 인한 불꽃발생이 일어날 수 있으므로 스페이서를 설치하여 도체 사이의 일정한 간격을 유지한다.

상 제3장 선로정수 및 코로나 현상

10 전선의 표피효과에 관한 기술 중 맞는 것은?

① 전선이 굵을수록, 또 주파수가 낮을수록 커진다.
② 전선이 굵을수록, 또 주파수가 높을수록 커진다.
③ 전선이 가늘수록, 또 주파수가 낮을수록 커진다.
④ 전선이 가늘수록, 또 주파수가 높을수록 커진다.

해설

주파수 f[Hz], 투자율 μ[H/m], 도전율 σ[℧/m] 및 전선의 지름이 클수록 표피효과는 커진다.

상 제8장 송전선로 보호방식

11 부하전류 및 단락전류를 모두 개폐할 수 있는 스위치는?

① 단로기
② 차단기
③ 선로개폐기
④ 전력퓨즈

해설

차단기는 선로개폐 시 발생하는 아크를 소호할 수 있으므로 부하전류 및 단락전류의 개폐가 가능하다.

정답 07. ② 08. ④ 09. ④ 10. ② 11. ②

중 제8장 송전선로 보호방식

12 다음 중 전력선 반송보호계전방식의 장점이 아닌 것은?

① 저주파 반송전류를 중첩시켜 사용하므로 계통의 신뢰도가 높아진다.
② 고장구간의 선택이 확실하다.
③ 동작이 예민하다.
④ 고장점이나 계통의 여하에 불구하고 선택차단개소를 동시에 고속도 차단할 수 있다.

해설 전력선 반송보호계전방식의 특성

㉠ 송전선로에 단락이나 지락사고 시 고장점의 양끝에서 선로의 길이에 관계없이 고속으로 양단을 동시에 차단이 가능하다.
㉡ 중·장거리 선로의 기본보호계전방식으로 널리 적용한다.
㉢ 설비가 복잡하여 초기 설비투자비가 크고 차단동작이 예민하다.
㉣ 선로사고 시 고장구간의 선택보호동작이 확실하다.

상 제5장 고장계산 및 안정도

13 선간단락 고장을 대칭좌표법으로 해석할 경우 필요한 것 모두를 나열한 것은?

① 정상임피던스
② 역상임피던스
③ 정상임피던스, 역상임피던스
④ 정상임피던스, 영상임피던스

해설 선로의 고장 시 대칭좌표법으로 해석할 경우 필요한 사항

㉠ 1선 지락 : 영상임피던스, 정상임피던스, 역상임피던스
㉡ 선간단락 : 정상임피던스, 역상임피던스
㉢ 3선 단락 : 정상임피던스

상 제5장 고장계산 및 안정도

14 전력계통의 안정도 향상대책으로 옳지 않은 것은?

① 계통의 직렬리액턴스를 낮게 한다.
② 고속도 재폐로방식을 채용한다.
③ 지락전류를 크게 하기 위하여 직접접지 방식을 채용한다.
④ 고속도 차단방식을 채용한다.

해설

직접접지방식은 1선 지락사고 시 대지로 흐르는 지락전류가 다른 접지방식에 비해 너무 커서 안정도가 가장 낮은 접지방식이다.

중 제11장 발전

15 유효낙차 50[m], 출력 4900[kW]인 수력발전소가 있다. 이 발전소의 최대사용수량은 몇 [m^3/sec]인가?

① 10 ② 25
③ 50 ④ 75

해설

수력발전출력 $P=9.8QH$[kW]

최대사용수량 $Q=\dfrac{P}{9.8H}=\dfrac{4900}{9.8\times50}=10$[m^3/sec]

상 제5장 고장계산 및 안정도

16 단락전류를 제한하기 위한 것은?

① 동기조상기 ② 분로리액터
③ 전력용 콘덴서 ④ 한류리액터

해설

한류리액터는 선로에 직렬로 설치한 리액터로 단락사고 시 발전기에 전기자 반작용이 일어나기 전 커다란 돌발 단락전류가 흐르므로 이를 제한하기 위해 설치하는 리액터이다.

상 제11장 발전

17 원자력발전소에서 감속재에 관한 설명으로 틀린 것은?

① 중성자 흡수단면적이 클 것
② 감속비가 클 것
③ 감속능력이 클 것
④ 경수, 중수, 흑연 등이 사용됨

해설

감속재란 핵분열에 의해 생긴 고속중성자를 열중성자로 감속하기 위하여 사용하는 것이다.
㉠ 원자핵의 질량수가 적을 것
㉡ 중성자의 산란이 크고 흡수가 적을 것

정답 12. ① 13. ③ 14. ③ 15. ① 16. ④ 17. ①

상 제10장 배전선로 설비 및 운용

18 다음 ( ) 안에 알맞은 내용으로 옳은 것은? (단, 공급전력과 선로손실률은 동일하다.)

> "선로의 전압을 2배로 승압할 경우, 공급전력은 승압 전의 (㉠)로 되고, 선로손실은 승압 전의 (㉡)로 된다."

① ㉠ $\frac{1}{4}$배 ㉡ 2배

② ㉠ $\frac{1}{4}$배 ㉡ 4배

③ ㉠ 2배 ㉡ $\frac{1}{4}$배

④ ㉠ 4배 ㉡ $\frac{1}{4}$배

해설 **공급전압의 2배 상승 시**

㉠ 공급전력 $P \propto V^2$이므로 송전전력은 4배로 된다.

㉡ 선로손실 $P_c \propto \frac{1}{V^2}$이므로 전력손실은 $\frac{1}{4}$배로 된다.

상 제11장 발전

19 수차의 종류를 적용낙차가 높은 것으로부터 낮은 순서로 나열한 것은?

① 프란시스－펠턴－프로펠러

② 펠턴－프란시스－프로펠러

③ 프란시스－프로펠러－펠턴

④ 프로펠러－펠턴－프란시스

해설 **낙차에 따른 수차의 구분**

㉠ 펠턴 수차 : 500[m] 이상의 고낙차

㉡ 프란시스 수차 : 50~500[m] 정도의 중낙차

㉢ 프로펠러 수차 : 50[m] 이하의 저낙차

상 제5장 고장계산 및 안정도

20 송전선로의 송전용량을 결정할 때 송전용량 계수법에 의한 수전전력을 나타낸 식은?

① 수전전력 $= \frac{\text{송전용량계수} \times (\text{수전단선간전압})^2}{\text{송전거리}}$

② 수전전력 $= \frac{\text{송전용량계수} \times \text{수전단선간전압}}{\text{송전거리}}$

③ 수전전력 $= \frac{\text{송전용량계수} \times (\text{송전거리})^2}{\text{수전단선간전압}}$

④ 수전전력 $= \frac{\text{송전용량계수} \times (\text{수전단전류})^2}{\text{송전거리}}$

해설

송전용량계수법 $P = K\frac{{E_r}^2}{l}$

여기서, P : 수전단전력[kW]

E_r : 수전단선간전압[kV]

l : 송전거리[km]

정답 18. ④ 19. ② 20. ①

2024년 제2회 전기기사 CBT 기출복원문제

상 제7장 이상전압 및 방호대책

01 전력계통에서 내부 이상전압의 크기가 가장 큰 경우는?

① 유도성 소전류 차단 시
② 수차발전기의 부하 차단 시
③ 무부하선로 충전전류 차단 시
④ 송전선로의 부하차단기 투입 시

해설 개폐서지

송전선로의 개폐조작에 따른 과도현상 때문에 발생하는 것이 이상전압이다. 송전선로 개폐조작 시 이상전압이 가장 큰 경우는 무부하 송전선로의 충전전류를 차단할 때이다.

상 제5장 고장계산 및 안정도

02 기준 선간전압 23[kV], 기준 3상 용량 5000[kVA], 1선의 유도리액턴스가 15[Ω]일 때 %리액턴스는?

① 28.36[%] ② 14.18[%]
③ 7.09[%] ④ 3.55[%]

해설

퍼센트 리액턴스 $\%X = \frac{I_n X}{V} \times 100 = \frac{P_n X}{10 V_n^2}[\%]$

여기서, V_n[kV] : 정격전압, P_n[kVA] : 정격용량

$\%X = \frac{P_n X}{10 V_n^2} = \frac{5000 \times 15}{10 \times 23^2} = 14.178 \fallingdotseq 14.18[\%]$

상 제3장 선로정수 및 코로나 현상

03 가공송전선로에서 총 단면적이 같은 경우 단도체와 비교하여 복도체의 장점이 아닌 것은?

① 안정도를 증대시킬 수 있다.
② 공사비가 저렴하고 시공이 간편하다.
③ 전선표면의 전위경도를 감소시켜 코로나 임계전압이 높아진다.
④ 선로의 인덕턴스가 감소되고 정전용량이 증가해서 송전용량이 증대된다.

해설 복도체나 다도체를 사용할 때 특성

㉠ 인덕턴스는 감소하고 정전용량은 증가한다.
㉡ 같은 단면적의 단도체에 비해 전류용량이 증대된다.
㉢ 안정도가 증가하여 송전용량이 증가한다.
㉣ 전선표면의 전위경도를 감소시켜 코로나 임계전압이 상승해 코로나 현상이 억제된다.

상 제5장 고장계산 및 안정도

04 합성 임피던스 0.25[%]의 개소에 시설해야 할 차단기의 차단용량으로 적당한 것은? (단, 합성 임피던스는 10[MVA]를 기준으로 환산한 값이다.)

① 2500[MVA]
② 3300[MVA]
③ 3700[MVA]
④ 4200[MVA]

해설

차단용량 $P = \frac{100}{\%Z} \times P = \frac{100}{0.25} \times 10 = 4000$[MVA]

차단용량은 4000[MVA]보다 큰 4200[MVA]가 적당하다.

중 제10장 배전선로 설비 및 운용

05 지상역률 80[%], 10000[kVA]의 부하를 가진 변전소에 6000[kVA]의 전력용 콘덴서를 설치하여 역률을 개선하면 변압기에 걸리는 부하는 역률 개선 전의 몇 [%]로 되는가?

① 60
② 75
③ 80
④ 85

해설

유효전력 $P = 10000 \times 0.8 = 8000$[kW]

무효전력 $Q = 10000 \times 0.6 - 6000 = 0$[kVA]

이때 변압기에 걸리는 부하는 피상전력이므로

$S = \sqrt{P^2 + Q^2} = \sqrt{8000^2 + 0^2} = 8000$[kVA]

따라서 변압기에 걸리는 부하는 개선 전의 80[%]가 된다.

정답 01. ③ 02. ② 03. ② 04. ④ 05. ③

하 제7장 이상전압 및 방호대책

06 파동 임피던스 $Z_1=500[\Omega]$인 선로에 파동 임피던스 $Z_2=1500[\Omega]$인 변압기가 접속되어 있다. 선로로부터 600[kV]의 전압파가 들어왔을 때, 접속점에서의 투과파전압[kV]은?

① 300 ② 600
③ 900 ④ 1200

해설

반사계수 $\lambda=\dfrac{Z_2-Z_1}{Z_1+Z_2}$

투과계수 $\nu=\dfrac{2Z_2}{Z_1+Z_2}$

투과파전압

$$E=\frac{2Z_2}{Z_1+Z_2}e_1=\frac{2\times1500}{500+1500}\times600=900[\text{kV}]$$

하 제9장 배전방식

07 저압배전선로에 대한 설명으로 틀린 것은?

① 저압뱅킹방식은 전압변동을 경감할 수 있다.
② 밸런서(balancer)는 단상 2선식에 필요하다.
③ 부하율(F)과 손실계수(H) 사이에는 $1\geq F\geq H\geq F^2\geq 0$의 관계가 있다.
④ 수용률이란 최대수용전력을 설비용량으로 나눈 값을 퍼센트로 나타낸 것이다.

해설

밸런서는 권선비가 1 : 1인 단권변압기로 단상 3선식 배전선로 말단에 시설하여 전압의 불평형을 방지하고 선로손실을 경감시킬 목적으로 사용한다.

상 제8장 송전선로 보호방식

08 단로기에 대한 설명으로 틀린 것은?

① 소호장치가 있어 아크를 소멸시킨다.
② 무부하 및 여자전류의 개폐에 사용된다.
③ 사용회로수에 의해 분류하면 단투형과 쌍투형이 있다.
④ 회로의 분리 또는 계통의 접속 변경 시 사용한다.

해설

단로기는 아크소호장치가 없어서 부하전류나 고장전류는 차단할 수 없고 변압기 여자전류나 무부하 충전전류 등 매우 적은 전류를 개폐할 수 있는 것으로, 주로 발·변전소에 회로변경, 보수점검을 위해 설치하며 블레이드 접촉부, 지지애자 및 조작장치로 구성되어 있다.

중 제8장 송전선로 보호방식

09 345[kV] 선로용 차단기로 가장 많이 사용되는 것은?

① 진공차단기 ② 기중차단기
③ 자기차단기 ④ 가스차단기

해설

가스차단기(GCB)와 공기차단기(ABB)가 초고압용으로 사용된다.

중 제8장 송전선로 보호방식

10 송전선로의 고속도 재폐로 계전방식의 목적으로 옳은 것은?

① 전압강하 방지
② 일선 지락 순간사고 시의 정전시간 단축
③ 전선로의 보호
④ 단락사고 방지

해설 **재폐로 방식**

㉠ 재폐로 방식은 고장전류를 차단하고 차단기를 일정 시간 후 자동적으로 재투입하는 방식이다.
㉡ 송전계통의 안정도를 향상시키고 송전용량을 증가시킬 수 있다.
㉢ 계통사고의 자동복구를 할 수 있다.

상 제7장 이상전압 및 방호대책

11 접지봉을 사용하여 희망하는 접지저항치까지 줄일 수 없을 때 사용하는 선은?

① 차폐선 ② 가공지선
③ 크로스본드선 ④ 매설지선

해설 **매설지선**

탑각 접지저항이 300[Ω]을 초과하면 철탑 각각에 동복강연선을 지하 50[cm] 이상의 깊이에 20~80[m] 정도 방사상으로 포설하여 역섬락을 방지한다.

정답 06. ③ 07. ② 08. ① 09. ④ 10. ② 11. ④

중 제11장 발전

12 횡축에 1년 365일을 역일 순으로 취하고, 종축에 유량을 취하여 매일의 측정유량을 나타낸 곡선은?

① 유황곡선 ② 적산유량곡선
③ 유량도 ④ 수위유량곡선

해설 하천의 유량측정

㉠ 유황곡선 : 횡축에 일수를, 종축에 유량을 표시하고 유량이 많은 일수를 차례로 배열하여 이 점들을 연결한 곡선이다.
㉡ 적산유량곡선 : 횡축에 역일을, 종축에 유량을 기입하고 이들의 유량을 매일 적산하여 작성한 곡선으로 저수지 용량 등을 결정하는데 이용할 수 있다.
㉢ 유량도 : 횡축에 역일을, 종축에 유량을 기입하고 매일의 유량을 표시한 것이다.
㉣ 수위유량곡선 : 횡축의 하천의 유량과 종축의 하천의 수위 사이에는 일정한 관계가 있으므로 이들 관계를 곡선으로 표시한 것이다.

상 제7장 이상전압 및 방호대책

13 선로정수를 평형되게 하고, 근접 통신선에 대한 유도장해를 줄일 수 있는 방법은?

① 연가를 시행한다.
② 전선으로 복도체를 사용한다.
③ 전선로의 이도를 충분하게 한다.
④ 소호리액터 접지를 하여 중성점 전위를 줄여준다.

해설 연가의 목적

㉠ 선로정수 평형
㉡ 근접 통신선에 대한 유도장해 감소
㉢ 소호리액터 접지계통에서 중성점의 잔류전압으로 인한 직렬공진의 방지

상 제2장 전선로

14 154[kV] 송전선로에 10개의 현수애자가 연결되어 있다. 다음 중 전압부담이 가장 적은 것은?

① 철탑에 가장 가까운 것
② 철탑에서 3번째
③ 전선에서 가장 가까운 것
④ 전선에서 3번째

해설

송전선로에서 현수애자의 전압부담은 전선에서 가까이 있는 것부터 1번째 애자 22[%], 2번째 애자 17[%], 3번째 애자 12[%], 4번째 애자 10[%], 그리고 8번째 애자가 약 6[%], 마지막 애자가 8[%] 정도의 전압을 부담하게 된다

중 제6장 중성점 접지방식

15 비접지식 3상 송배전계통에서 1선 지락고장 시 고장전류를 계산하는 데 사용되는 정전용량은?

① 작용정전용량 ② 대지정전용량
③ 합성정전용량 ④ 선간정전용량

해설

1선 지락고장 시 지락점에 흐르는 지락전류는 대지정전용량으로 흐른다.
비접지식 선로에서 1선 지락사고 시의 지락전류

$I_g = 2\pi f(3C_s)\dfrac{V}{\sqrt{3}}l\times 10^{-6}$[A]

상 제8장 송전선로 보호방식

16 단락전류를 제한하기 위한 것은?

① 동기조상기 ② 분로리액터
③ 전력용 콘덴서 ④ 한류리액터

해설

한류리액터는 선로에 직렬로 설치한 리액터로 단락사고 시 발전기에 전기자 반작용이 일어나기 전 커다란 돌발단락전류가 흐르므로 이를 제한하기 위해 설치하는 리액터이다.

상 제6장 중성점 접지방식

17 1선 지락 시에 지락전류가 가장 작은 송전계통은?

① 비접지식 ② 직접접지식
③ 저항접지식 ④ 소호리액터 접지식

해설

송전계통의 접지방식별 지락사고 시 지락전류의 크기 비교

중성점 접지방식	지락전류의 크기
비접지	적음
직접접지	최대
저항접지	중간 정도
소호리액터 접지	최소

정답 12. ③ 13. ① 14. ② 15. ② 16. ④ 17. ④

상 제6장 중성점 접지방식

18 유효접지는 1선 접지 시에 전선상의 전압이 상규 대지전압의 몇 배를 넘지 않도록 하는 중성점 접지를 말하는가?

① 0.8 ② 1.3
③ 3 ④ 4

해설

1선 지락고장 시 건전상 전압이 상규 대지전압의 1.3배를 넘지 않는 범위에 들어가도록 중성점 임피던스를 조절해서 접지하는 방식을 유효접지라고 한다.

상 제11장 발전

19 어느 화력발전소에서 40000[kWh]를 발전하는 데 발열량 860[kcal/kg]의 석탄이 60톤 사용된다. 이 발전소의 열효율[%]은 약 얼마인가?

① 56.7 ② 66.7
③ 76.7 ④ 86.7

해설 열효율

$$\eta = \frac{860P}{WC} \times 100 = \frac{860 \times 4000}{60 \times 10^3 \times 860} \times 100 = 66.7[\%]$$

여기서, P : 전력량[W]
W : 연료소비량[kg]
C : 열량[kcal/kg]

중 제9장 배전방식

20 고압 배전선로 구성방식 중 고장 시 자동적으로 고장개소의 분리 및 건전선로에 폐로하여 전력을 공급하는 개폐기를 가지며, 수요분포에 따라 임의의 분기선으로부터 전력을 공급하는 방식은?

① 환상식
② 망상식
③ 뱅킹식
④ 가지식(수지식)

해설

환상식(루프) 배전은 선로고장 시 자동적으로 고장구간을 구분하여 정전구간을 줄이고 전압변동 및 전력손실이 적어지는 것이 장점이지만 시설비가 많이 들어 부하밀도가 높은 도심지의 번화가나 상가지역에 적당하다.

정답 18. ② 19. ② 20. ①

2024년 제2회 전기산업기사 CBT 기출복원문제 

중 제11장 발전

01 유효낙차 200[m]인 펠턴 수차의 노즐에서 분사되는 물의 속도는 약 몇 [m/sec]인가?

① 44.2 ② 53.6
③ 62.6 ④ 76.2

해설 물의 분출속도

$V=\sqrt{2gH}=\sqrt{2\times9.8\times200}=62.6$[m/sec]

상 제3장 선로정수 및 코로나 현상

02 3상 3선식 3각형 배치의 송전선로에 있어서 각 선의 대지정전용량이 0.5038[μF]이고, 선간정전용량이 0.1237[μF]일 때 1선의 작용 정전용량은 약 몇 [μF]인가?

① 0.6275 ② 0.8749
③ 0.9164 ④ 0.9755

해설

3상 3선식의 1선의 작용정전용량 $C=C_s+3C_m[\mu F]$
여기서, C_s : 대지정전용량 $[\mu F/km]$
C_m : 선간정전용량 $[\mu F/km]$
$C=C_s+3C_m=0.5038+3\times0.1237=0.8749[\mu F]$

상 제2장 전선로

03 양 지지점의 높이가 같은 전선의 이도를 구하는 식은? (단, 이도 d[m], 수평장력 T[kg], 전선의 무게 W[kg/m], 경간 S[m])

① $d=\dfrac{WS^2}{8T}$ ② $d=\dfrac{SW^2}{8T}$
③ $d=\dfrac{8WT}{S^2}$ ④ $d=\dfrac{ST^2}{8W}$

해설

이도 $d=\dfrac{WS^2}{8T}$[m]
여기서, W : 단위길이당 전선의 중량[kg/m]
S : 경간[m]
T : 수평장력[kg]

상 제8장 송전선로 보호방식

04 변압기 등 전력설비 내부고장 시 변류기에 유입하는 전류와 유출하는 전류의 차로 동작하는 보호계전기는?

① 차동계전기 ② 지락계전기
③ 과전류계전기 ④ 역상전류계전기

해설 차동계전기(DCR)

피보호설비(또는 구간)에 유입하는 어떤 전류의 크기와 유출되는 전류의 크기 간의 차이가 일정치 이상이 되면 동작하는 계전기이다.

중 제1장 전력계통

05 우리나라에서 현재 사용되고 있는 송전전압에 해당되는 것은?

① 150[kV] ② 210[kV]
③ 345[kV] ④ 500[kV]

해설

현재 우리나라에서 사용되고 있는 표준전압은 다음과 같다.
㉠ 배전전압 : 110, 200, 220, 380, 440, 3300, 6600, 13200, 22900[V]
㉡ 송전전압 : 22000, 66000, 154000, 220000, 275000, 345000, 765000[V]

상 제11장 발전

06 다음은 화력발전소의 기본 사이클이다. 그 순서로 옳은 것은?

① 급수펌프 → 과열기 → 터빈 → 보일러 → 복수기 → 급수펌프
② 급수펌프 → 보일러 → 과열기 → 터빈 → 복수기 → 급수펌프
③ 보일러 → 급수펌프 → 과열기 → 복수기 → 급수펌프 → 보일러
④ 보일러 → 과열기 → 복수기 → 터빈 → 급수펌프 → 축열기 → 과열기

정답 01. ③ 02. ② 03. ① 04. ① 05. ③ 06. ②

해설 화력발전소에서 급수 및 증기의 순환과정 (랭킨 사이클)

급수펌프 → 절탄기 → 보일러 → 과열기 → 터빈 → 복수기 → 급수펌프

상 제4장 송전특성 및 조상설비

07 장거리 송전선로의 특성은 무슨 회로로 나누는 것이 가장 좋은가?

① 특성임피던스회로 ② 집중정수회로
③ 분포정수회로 ④ 분산회로

해설

㉠ 집중정수회로
- 단거리 송전선로 : R, L 적용
- 중거리 송전선로 : R, L, C 적용

㉡ 분포정수회로
- 장거리 송전선로 : R, L, C, g 적용

상 제3장 선로정수 및 코로나 현상

08 3상 3선식 송전선을 연가할 경우 일반적으로 전체 선로길이를 몇 등분해서 연가하는가?

① 5 ② 4
③ 3 ④ 2

해설

연가는 송전선로에 근접한 통신선에 대한 유도장해를 방지하기 위해 선로구간을 3등분하여 전선의 배치를 상호 변경하여 선로정수를 평형시키는 방법이다.

상 제9장 배전방식

09 저압 뱅킹(banking) 배전방식에서 캐스케이딩(cascading)이란 무엇인가?

① 전압 동요가 적은 현상
② 변압기의 부하배분이 불균일한 현상
③ 저압선이나 변압기에 고장이 생기면 자동적으로 고장이 제거되는 현상
④ 저압선의 고장에 의하여 건전한 변압기의 일부 또는 전부가 차단되는 현상

해설

캐스케이딩 현상이란 뱅킹배전방식으로 운전 중 건전한 변압기 일부에 고장이 발생하면 부하가 다른 건전한 변압기에 걸려서 고장이 확대되는 현상을 말한다.

상 제4장 송전특성 및 조상설비

10 T회로의 일반회로정수에서 C는 무엇을 의미하는가?

① 저항 ② 리액턴스
③ 임피던스 ④ 어드미턴스

해설 T형 회로의 4단자정수

$$\begin{bmatrix} A & B \\ C & D \end{bmatrix} = \begin{bmatrix} 1+\frac{ZY}{2} & Z\left(1+\frac{ZY}{4}\right) \\ Y & 1+\frac{ZY}{2} \end{bmatrix}$$

중 제10장 배전선로 설비 및 운용

11 3상의 전원에 접속된 △결선의 콘덴서를 Y결선으로 바꾸면 진상용량은 몇 배가 되는가?

① $\sqrt{3}$ ② 3
③ $\frac{1}{\sqrt{3}}$ ④ $\frac{1}{3}$

해설

△결선 시 콘덴서용량 $Q_\triangle = 6\pi f CV^2 \times 10^{-9}$[kVA]
Y결선 시 콘덴서용량 $Q_Y = 2\pi f CV^2 \times 10^{-9}$[kVA]
$\frac{Q_Y}{Q_\triangle} = \frac{1}{3}$에서 $Q_Y = \frac{1}{3} Q_\triangle$

하 제4장 송전특성 및 조상설비

12 전력원선도에서 구할 수 없는 것은?

① 송 · 수전할 수 있는 최대 전력
② 필요한 전력을 보내기 위한 송 · 수전단 전압 간의 상차각
③ 선로손실과 송전효율
④ 과도극한전력

해설 전력원선도

㉠ 전력원선도에서 알 수 있는 사항
- 필요한 전력을 보내기 위한 송 · 수전단전압 간의 위상차(상차각)
- 송 · 수전할 수 있는 최대전력
- 조상설비의 종류 및 조상용량
- 개선된 수전단 역률
- 송전효율 및 선로손실

㉡ 전력원선도에서 구할 수 없는 것
- 과도극한전력
- 코로나손실

정답 07. ② 08. ③ 09. ④ 10. ④ 11. ④ 12. ④

중 제10장 배전선로 설비 및 운용

13 배전선의 전압조정장치가 아닌 것은?

① 승압기
② 리클로저
③ 유도전압조정기
④ 주상변압기 탭절환장치

해설 **배전선로 전압의 조정장치**

㉠ 주상변압기 탭조절장치
㉡ 승압기 설치(단권변압기)
㉢ 유도전압조정기(부하급변 시에 사용)
㉣ 직렬콘덴서
② 리클로저는 선로 차단과 보호계전 기능이 있고 재폐로가 가능하다.

상 제7장 이상전압 및 방호대책

14 다음 중 직격뢰에 대한 방호설비로 가장 적당한 것은?

① 복도체
② 가공지선
③ 서지흡수기
④ 정전방전기

해설

가공지선은 직격뢰(뇌해)로부터 전선로 및 기기를 보호하기 위한 차폐선으로 지지물의 상부에 시설한다.

상 제8장 송전선로 보호방식

15 반한시성 과전류계전기의 전류－시간 특성에 대한 설명으로 옳은 것은?

① 계전기 동작시간은 전류의 크기와 비례한다.
② 계전기 동작시간은 전류의 크기와 관계없이 일정하다.
③ 계전기 동작시간은 전류의 크기와 반비례한다.
④ 계전기 동작시간은 전류의 크기의 제곱에 비례한다.

해설

반한시성 과전류계전기는 동작전류가 커질수록 동작시간이 짧게 되는 특성을 나타낸다.

중 제6장 중성점 접지방식

16 비접지식 3상 송배전계통에서 1선 지락고장 시 고장전류를 계산하는 데 사용되는 정전용량은?

① 작용정전용량
② 대지정전용량
③ 합성정전용량
④ 선간정전용량

해설

1선 지락고장 시 지락점에 흐르는 지락전류는 대지정전용량(C_s)으로 흐른다.
비접지식 선로에서 1선 지락사고 시
지락전류 $I_g = 2\pi f(3C_s)\dfrac{V}{\sqrt{3}}l \times 10^{-6}$[A]

하 제11장 발전

17 비등수형 원자로의 특색 중 틀린 것은?

① 열교환기가 필요하다
② 기포에 의한 자기제어성이 있다
③ 순환 펌프로서는 급수 펌프뿐이므로 펌프동력이 작다
④ 방사능 때문에 증기는 완전히 기수분리를 해야 한다

해설

비등수형(BWR)의 경우 원자로 내에서 바로 증기를 발생시켜 직접 터빈에 공급하는 방식이므로 열교환기가 필요 없다.

중 제9장 배전방식

18 수전용량에 비해 첨두부하가 커지면 부하율은 그에 따라 어떻게 되는가?

① 낮아진다.
② 높아진다.
③ 변하지 않고 일정하다.
④ 부하의 종류에 따라 달라진다.

해설

부하율은 평균전력과 최대수용전력의 비이므로 첨두부하가 커지면 부하율이 낮아진다.

정답 13. ② 14. ② 15. ③ 16. ② 17. ① 18. ①

상 제9장 배전방식

19 **단상 3선식 110/220[V]에 대한 설명으로 옳은 것은?**

① 전압불평형이 우려되므로 콘덴서를 설치한다.
② 중성선과 외선 사이에만 부하를 사용하여야 한다.
③ 중성선에는 반드시 휴즈를 끼워야 한다.
④ 2종의 전압을 얻을 수 있고 전선량이 절약되는 이점이 있다.

해설

단상 3선식의 경우 단상 2선식에 비해 동일전력의 공급 시 전선량이 37.5[%]로 감소하고 2종의 전압을 이용할 수 있다.

중 제10장 배전선로 설비 및 운용

20 **그림과 같은 회로에서 A, B, C, D의 어느 곳에 전원을 접속하면 간선 A-D 간의 전력손실이 최소가 되는가?**

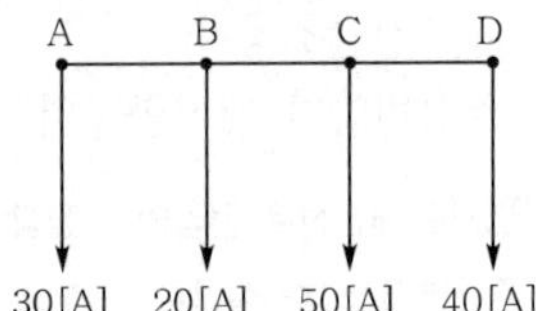

① A ② B
③ C ④ D

해설

각 구간당 저항이 동일하다고 가정하여 각 구간당 저항을 r이라 하면

㉠ A점에서 하는 급전의 경우
$P_{CA} = 110^2 r + 90^2 r + 40^2 r = 21800r$

㉡ B점에서 하는 급전의 경우
$P_{CB} = 30^2 r + 90^2 r + 40^2 r = 10600r$

㉢ C점에서 하는 급전의 경우
$P_{CC} = 30^2 r + 50^2 r + 40^2 r = 5000r$

㉣ D점에서 하는 급전의 경우
$P_{CD} = 30^2 r + 50^2 r + 100^2 r = 13400r$

따라서 C점에서 급전하는 경우 전력손실은 최소가 된다.

정답 19. ④ 20. ③

2024년 제3회 전기기사 CBT 기출복원문제

상 제10장 배전선로 설비 및 운용

01 송전선로에서 사용하는 변압기결선에 △결선이 포함되어 있는 이유는?

① 직류분의 제거
② 제3고조파의 제거
③ 제5고조파의 제거
④ 제7고조파의 제거

해설

변압기결선에 △결선을 사용하면 제3고조파(영상분)를 제거하여 근접 통신선에 대한 유도장해를 억제할 수 있다.

중 제6장 중성점 접지방식

02 중성점 저항접지방식에서 1선 지락 시의 영상전류를 I_0라고 할 때 저항을 통하는 전류는 어떻게 표현되는가?

① $\frac{1}{3}I_0$ ② $\sqrt{3}I_0$
③ $3I_0$ ④ $6I_0$

해설

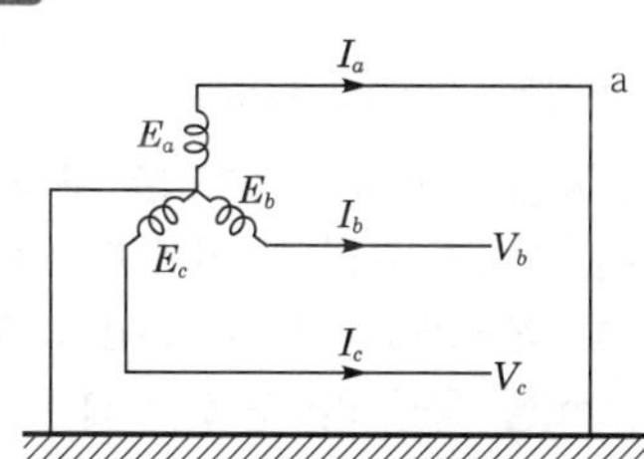

그림과 같이 a상에 지락사고가 발생하고 b와 c상이 개방되었다면

$V_a = 0$, $I_b = I_c = 0$ 이므로

$I_0 + a^2 I_1 + a I_2 = I_0 + a I_1 + a^2 I_2 = 0$

따라서, $I_0 = I_1 = I_2$

따라서 a상의 지락전류 I_g 는

$I_g = I_a = I_0 + I_1 + I_2 = 3I_0$

$= \frac{3E_a}{Z_0 + Z_1 + Z_2}$

상 제6장 중성점 접지방식

03 선로, 기기 등의 절연 수준 저감 및 전력용 변압기의 단절연을 모두 행할 수 있는 중성점 접지방식은?

① 직접접지방식 ② 소호리액터접지방식
③ 고저항접지방식 ④ 비접지방식

해설 직접접지방식의 특성

㉠ 계통에 접속된 변압기의 중성점을 금속선으로 직접접지하는 방식이다.
㉡ 1선 지락고장 시 이상전압이 낮다.
㉢ 절연레벨을 낮출 수 있다(저감절연으로 경제적).
㉣ 변압기의 단절연을 할 수 있다.
㉤ 보호계전기의 동작이 확실하다.

상 제7장 이상전압 및 방호대책

04 인덕턴스가 1.345[mH/km], 정전용량이 0.00785[μF/km]인 가공선의 서지 임피던스는 몇 [Ω]인가?

① 320 ② 370
③ 414 ④ 483

해설 서지 임피던스(=특성 임피던스)

$$Z_0 = \sqrt{\frac{L}{C}} = \sqrt{\frac{1.345 \times 10^{-3}}{0.00785 \times 10^{-6}}} = 414[\Omega]$$

중 제7장 이상전압 및 방호대책

05 변전소, 발전소 등에 설치하는 피뢰기에 대한 설명 중 옳지 않은 것은?

① 피뢰기의 직렬갭은 일반적으로 저항으로 되어 있다.
② 정격전압은 상용주파 정현파전압의 최고 한도를 규정한 순시값이다.
③ 방전전류는 뇌충격전류의 파고값으로 표시한다.
④ 속류란 방전현상이 실질적으로 끝난 후에도 전력계통에서 피뢰기에 공급되어 흐르는 전류를 말한다.

정답 01. ② 02. ③ 03. ① 04. ③ 05. ②

해설

피뢰기 정격전압이란 선로단자와 접지단자 간에 인가할 수 있는 상용주파 최대허용전압으로 그 크기는 다음과 같이 구해진다.
피뢰기 정격전압 $V_n = \alpha\beta V_m$[V]
(여기서, α : 접지계수, β : 유도계수, V_m : 공칭전압)

상 제7장 이상전압 및 방호대책

06 **단선식 송전선로와 단선식 통신선로가 근접하고 있는 경우에 두 선간의 정전용량을 C_m[μF], 통신선의 대지정전용량을 C_o[μF]라 하면 전선의 대지전압이 E[V]이고 통신선의 절연이 완전할 경우 통신선에 유도되는 전압은 몇 [V]인가?**

① $\dfrac{C_m}{C_m + C_o}E$　② $\dfrac{C_m + C_o}{C_m}E$

③ $\dfrac{C_o}{C_m}E$　④ $\dfrac{C_m}{C_o}E$

해설 통신선에 유도되는 전압(=정전유도전압)

$E_o = \dfrac{C_m}{C_o + C_m}E$[V]

상 제10장 배전선로 설비 및 운용

07 **500[kVA] 변압기 3대를 △-△결선 운전하는 변전소에서 부하의 증가로 500[kVA] 변압기 1대를 증설하여 2뱅크로 하였다. 최대 몇 [kVA]의 부하에 응할 수 있는가?**

① $\dfrac{1000}{\sqrt{3}}$　② $1000\sqrt{3}$

③ $\dfrac{2000\sqrt{3}}{3}$　④ $\dfrac{3000\sqrt{3}}{3}$

해설

변압기 2대 V결선으로 3상 전력을 공급할 경우
$P_V = \sqrt{3} \cdot P_1$[kVA]
V결선의 2뱅크 운전을 하면 $P = 2P_V$이므로
$P = 2P_V = 2 \times \sqrt{3} \times 500 = 1000\sqrt{3} = 1732$[kVA]

상 제8장 송전선로 보호방식

08 **초고압용 차단기에서 개폐저항을 사용하는 이유는?**

① 차단전류 감소
② 이상전압 감쇄
③ 차단속도 증진
④ 차단전류의 역률 개선

해설

초고압용 차단기는 개폐 시 전류절단현상이 나타나 높은 이상전압이 발생하므로 개폐 시 이상전압을 억제하기 위해 개폐저항기를 사용한다.

상 제9장 배전방식

09 **어떤 수용가의 1년간 소비전력량은 100만 [kWh]이고 1년 중 최대전력은 130[kW]라면 부하율은 약 몇 [%]인가?**

① 74.2　② 78.6
③ 82.4　④ 87.8

해설

1시간당 평균전력 $P = \dfrac{100 \times 10^4}{365 \times 24} = 114.15$[kW]

부하율 $F = \dfrac{P}{P_m} \times 100 = \dfrac{114.5}{130} \times 100 = 87.8$[%]

상 제3장 선로정수 및 코로나 현상

10 **반지름 14[mm]의 ACSR로 구성된 완전 연가된 3상 1회 송전선로가 있다. 각 상간의 등가선간거리가 2800[mm]라고 할 때 이 선로의 [km]당 작용 인덕턴스는 몇 [mH/km]인가?**

① 1.11　② 1.012
③ 0.83　④ 0.33

해설

작용 인덕턴스 $L = 0.05 + 0.4605\log_{10}\dfrac{280}{1.4}$

$= 1.11$[mH/km]

등가선간거리와 전선의 반지름을 [cm]으로 환산한다.
(2800[mm] → 280[cm], 14[mm] → 1.4[cm])

정답 06. ① 07. ② 08. ② 09. ④ 10. ①

상 제8장 송전선로 보호방식

11 전력퓨즈(power fuse)는 고압, 특고압기기의 주로 어떤 전류의 차단을 목적으로 설치하는가?

① 충전전류
② 부하전류
③ 단락전류
④ 영상전류

해설

과전류 차단기에는 차단기(CB)와 퓨즈(fuse)가 있는데 퓨즈는 단락전류를 차단하기 위해 설치한다. 과부하전류나 기동전류와 같은 과도전류 등에는 동작하지 않아야 한다.

하 제8장 송전선로 보호방식

12 모선보호용 계전기로 사용하면 가장 유리한 것은?

① 거리방향계전기
② 역상계전기
③ 재폐로계전기
④ 과전류계전기

해설

모선보호에 후비보호 계전방식으로서 거리방향계전기를 설치해서 신뢰도를 향상시킨다.

상 제5장 고장계산 및 안정도

13 3상 송전선로에서 선간단락이 발생하였을 때 다음 중 옳은 것은?

① 역상전류만 흐른다.
② 정상전류와 역상전류가 흐른다.
③ 역상전류와 영상전류가 흐른다.
④ 정상전류와 영상전류가 흐른다.

해설

선간단락고장 시 $I_0=0$, $I_1=-I_2$, $V_1=V_2$이므로 영상전류는 흐르지 않는다.
여기서, I_0 : 영상전류
I_1 : 정상전류
I_2 : 역상전류
V_1 : 정상전압
V_2 : 역상전압

상 제5장 고장계산 및 안정도

14 송전선로에서의 고장 또는 발전기 탈락과 같은 큰 외란에 대하여 계통에 연결된 각 동기기가 동기를 유지하면서 계속 안정적으로 운전할 수 있는지를 판별하는 안정도는?

① 동태안정도(dynamic stability)
② 정태안정도(steady-state stability)
③ 전압안정도(voltage stability)
④ 과도안정도(transient stability)

해설 안정도의 종류 및 특성

㉠ 정태안정도 : 정태안정도란 부하가 서서히 증가한 경우 계속해서 송전할 수 있는 능력으로 이때의 전력을 정태안정 극한전력이라 한다.
㉡ 과도안정도 : 계통에 갑자기 부하가 증가하여 급격한 교란상태가 발생하더라도 정전을 일으키지 않고 송전을 계속하기 위한 전력의 최대치를 과도안정도라 한다.
㉢ 동태안정도 : 차단기 또는 조상설비 등을 설치하여 안정도를 높인 것을 동태안정도라 한다.

중 제11장 발전

15 열효율 35[%]의 화력발전소의 평균 발열량 6000[kcal/kg]의 석탄을 사용하면 1[kWh]를 발전하는 데 필요한 석탄량은 약 몇 [kg]인가?

① 0.41 ② 0.62
③ 0.71 ④ 0.82

해설

석탄의 양 $W=\dfrac{860P}{C\eta}$[kg]
여기서 P : 발전소출력[kW]
C : 연료의 발열량[kcal/kg]
η : 열효율
석탄량 $W=\dfrac{860\times 1}{6000\times 0.35}=0.4095=0.41$[kg]

상 제5장 고장계산 및 안정도

16 단락전류를 제한하기 위한 것은?

① 동기조상기
② 분로리액터
③ 전력용 콘덴서
④ 한류리액터

정답 11. ③ 12. ① 13. ② 14. ④ 15. ① 16. ④

해설

한류리액터는 선로에 직렬로 설치한 리액터로, 단락사고 시 발전기에 전기자 반작용이 일어나기 전 커다란 돌발단락전류가 흐르므로 이를 제한하기 위해 설치하는 리액터이다.

중 제11장 발전

17 증기사이클에 대한 설명 중 틀린 것은?

① 랭킨사이클의 열효율은 초기 온도 및 초기 압력이 높을수록 효율이 크다.
② 재열사이클은 저압터빈에서 증기가 포화상태에 가까워졌을 때 증기를 다시 가열하여 고압터빈으로 보낸다.
③ 재생사이클은 증기원동기 내에서 증기의 팽창 도중에서 증기를 추출하여 급수를 예열한다.
④ 재열재생사이클은 재생사이클과 재열사이클을 조합하여 병용하는 방식이다.

해설 재열사이클

고압터빈에서 임의의 온도까지 팽창한 증기를 추출하여 보일러로 되돌려 보내 재열기로 적당한 온도까지 재가열시켜 다시 저압터빈으로 보내는 방식이다.

중 제9장 배전방식

18 공장이나 빌딩에 200[V] 전압을 400[V]로 승압하여 배전할 때, 400[V] 배전과 관계없는 것은?

① 전선 등 재료의 절감
② 전압변동률의 감소
③ 배선의 전력손실 경감
④ 변압기 용량의 절감

해설

배전전압이 200[V]에서 400[V]로 2배 상승하는 경우 배전전압이 상승하면 아래와 같은 특성이 나타나지만 변압기의 용량은 부하의 용량과 관계가 있으므로 변화되지 않는다.
※ 배전전압의 2배 상승 시

㉠ 전선굵기 등 재료는 $A \propto \frac{1}{V^2}$ 이므로 $\frac{1}{4}$ 배로 된다.

㉡ 전압변동률 $\varepsilon \propto \frac{1}{V^2}$ 이므로 $\frac{1}{4}$ 배로 된다.

㉢ 전력손실 $P_c \propto \frac{1}{V^2}$ 이므로 $\frac{1}{4}$ 배로 된다.

하 제11장 발전

19 유효낙차 100[m], 최대 유량 20[m^3/sec]의 수차에서 낙차가 80[m]로 감소하면 유량은 몇 [m^3/sec]가 되겠는가? (단, 수차 안내날개의 열림은 불변이라고 한다.)

① 15 ② 18
③ 24 ④ 30

해설

유량과 낙차와의 관계는 $\frac{Q'}{Q} = \left(\frac{H'}{H}\right)^{\frac{1}{2}}$ 의 관계가 있으므로

낙차가 100[m]에서 감소하면 이때의 유량 $Q' = Q \times \left(\frac{H'}{H}\right)^{\frac{1}{2}}$

이므로 $Q' = 20 \times \left(\frac{80}{100}\right)^{\frac{1}{2}} = 18$[m^3/sec]

상 제5장 고장계산 및 안정도

20 송전단전압이 160[kV], 수전단전압이 150[kV], 두 전압 사이의 위상차가 45°, 전체 리액턴스가 50[Ω]이고, 선로손실이 없다면 송전단에서 수전단으로 공급되는 전송전력은 몇 [MW]인가?

① 139.5
② 239.5
③ 339.5
④ 439.5

해설

송전전력 $P = \frac{V_S V_R}{X} \sin\delta$[MW]

여기서, V_S : 송전단전압[kV]
V_R : 수전단전압[kV]
X : 선로의 유도 리액턴스[Ω]

$$P = \frac{V_S V_R}{X} \sin\delta = \frac{160 \times 150}{50} \times \sin 45° = 339.411 ≒ 339.5\text{[MW]}$$

정답 17. ② 18. ④ 19. ② 20. ③

2024년 제3회 전기산업기사 CBT 기출복원문제

상 제11장 발전

01 원자로에서 핵분열로 발생한 고속중성자를 열중성자로 바꾸는 작용을 하는 것은?

① 냉각재 ② 제어재
③ 반사체 ④ 감속재

해설 **감속재**

감속재란 핵분열에 의해 생긴 고속중성자를 열중성자로 감속하기 위하여 사용하는 것
㉠ 원자핵의 질량수가 적을 것
㉡ 중성자의 산란이 크고 흡수가 적을 것

상 제3장 선로정수 및 코로나 현상

02 다음 중 선로정수에 영향을 가장 많이 주는 것은?

① 송전전압 ② 송전전류
③ 역률 ④ 전선의 배치

해설

선로정수는 전선의 종류, 굵기 및 배치에 따라 크기가 정해지고 전압, 전류, 역률의 영향은 받지 않는다.

상 제2장 전선로

03 고저차가 없는 가공송전선로에서 이도 및 전선 중량을 일정하게 하고 경간을 2배로 했을 때 전선의 수평장력은 몇 배가 되는가?

① 2배 ② 4배
③ $\frac{1}{2}$배 ④ $\frac{1}{4}$배

해설

이도 $D=\frac{WS^2}{8T}$

여기서, W : 단위길이당 전선의 중량[kg/m]
S : 경간[m]
T : 수평장력[kg]

전선의 수평장력 $T=\frac{WS^2}{8D}$에서 $T\propto S^2$이므로 경간(S)을 2배로 하면 수평장력(T)은 4배가 된다.

상 제8장 송전선로 보호방식

04 최소 동작전류값 이상이면 전류값의 크기와 상관없이 일정한 시간에 동작하는 특성을 갖는 계전기는?

① 반한시성 정한시계전기
② 정한시계전기
③ 반한시계전기
④ 순한시계전기

해설 **계전기의 한시특성에 의한 분류**

㉠ 순한시계전기 : 최소 동작전류 이상의 전류가 흐르면 즉시 동작하는 것
㉡ 반한시계전기 : 동작전류가 커질수록 동작시간이 짧게 되는 특성을 가진 것
㉢ 정한시계전기 : 동작전류의 크기에 관계없이 일정한 시간에서 동작하는 것
㉣ 정한시 반한시계전기 : 동작전류가 적은 동안에는 반한시 특성으로 되고 그 이상에서는 정한시 특성이 되는 것

상 제3장 선로정수 및 코로나 현상

05 3상 3선식 가공송전선로의 선간거리가 각각 D_1, D_2, D_3일 때 등가선간거리는?

① $\sqrt{D_1D_2+D_2D_3+D_3D_1}$
② $\sqrt[3]{D_1D_2D_3}$
③ $\sqrt{D_1^2+D_2^2+D_3^2}$
④ $\sqrt[3]{D_1^3+D_2^3+D_3^3}$

해설

기하학적 등가선간거리 $D=\sqrt[3]{D_1\times D_2\times D_3}$

상 제8장 송전선로 보호방식

06 변압기 등 전력설비 내부 고장 시 변류기에 유입하는 전류와 유출하는 전류의 차로 동작하는 보호계전기는?

① 역상전류계전기 ② 지락계전기
③ 과전류계전기 ④ 차동계전기

정답 01. ④ 02. ④ 03. ② 04. ② 05. ② 06. ④

해설 차동계전기

보호기기 및 선로에 유입하는 어떤 입력의 크기와 유출되는 출력의 크기 간의 차이가 일정치 이상이 되면 동작하는 계전기

- 역상 과전류계전기 : 부하의 불평형 시에 고조파가 발생하므로 역상분을 검출할 수 있고 기기 과열의 큰 원인인 과전류의 검출이 가능
- 지락계전기 : 선로에 지락이 발생되었을 때 동작
- 과전류계전기 : 전류가 일정값 이상으로 흘렀을 때 동작

상 | 제8장 송전선로 보호방식

07 선택지락계전기의 용도를 옳게 설명한 것은?

① 병행 2회선에서 지락고장의 지속시간 선택 차단
② 단일 회선에서 지락전류의 방향 선택 차단
③ 단일 회선에서 지락고장 회선의 선택 차단
④ 병행 2회선에서 지락고장 회선의 선택 차단

해설 선택지락(접지)계전기(SGR)

병행 2회선 송전선로에서 지락사고 시 고장회선만을 선택 · 차단할 수 있게 하는 계전기

중 | 제9장 배전방식

08 다음 중 고압 배전계통의 구성순서로 알맞은 것은?

① 배전변전소 → 간선 → 급전선 → 분기선
② 배전변전소 → 간선 → 분기선 → 급전선
③ 배전변전소 → 급전선 → 간선 → 분기선
④ 배전변전소 → 급전선 → 분기선 → 간선

해설 고압 배전계통의 구성

㉠ 변전소(substation) : 발전소에서 생산한 전력을 송전선로나 배전선로를 통하여 수요자에게 보내는 과정에서 전압이나 전류의 성질을 바꾸기 위하여 설치한 시설
㉡ 급전선(feeder) : 변전소 또는 발전소로부터 수용가에 이르는 배전선로 중 분기선 및 배전변압기가 없는 부분
㉢ 간선(main line feeder) : 인입개폐기와 변전실의 저압 배전반에서 분기보안장치에 이르는 선로
㉣ 분기선(branch line) : 간선에서 분기되어 부하에 이르는 선로

상 | 제5장 고장계산 및 안정도

09 3상 단락사고가 발생한 경우 옳지 않은 것은? (단, V_0 : 영상전압, V_1 : 정상전압, V_2 : 역상전압, I_0 : 영상전류, I_1 : 정상전류, I_2 : 역상전류)

① $V_2 = V_0 = 0$ ② $V_2 = I_2 = 0$
③ $I_2 = I_0 = 0$ ④ $I_1 = I_2 = 0$

해설

3상 단락사고가 일어나면 $V_a = V_b = V_c = 0$이므로

$I_0 = I_2 = V_0 = V_1 = V_2 = 0$

$\therefore I_1 = \dfrac{E_a}{Z_1} \neq 0$

상 | 제9장 배전방식

10 총 설비부하가 120[kW], 수용률이 65[%], 부하역률이 80[%]인 수용가에 공급하기 위한 변압기의 최소 용량은 약 몇 [kVA]인가?

① 40 ② 60
③ 80 ④ 100

해설

변압기 용량 $= \dfrac{\text{수용률} \times \text{수용설비용량[kW]}}{\text{역률} \times \text{효율}}$[kVA]

변압기의 최소 용량 $P_T = \dfrac{120 \times 0.65}{0.8} = 97.5 \fallingdotseq 100$[kVA]

하 | 제9장 배전방식

11 정전용량 C[F]의 콘덴서를 △결선해서 3상 전압 V[V]를 가했을 때의 충전용량과 같은 전원을 Y결선으로 했을 때의 충전용량비(△결선/Y결선)는?

① $\dfrac{1}{\sqrt{3}}$ ② $\dfrac{1}{3}$
③ $\sqrt{3}$ ④ 3

해설

△결선 시 $Q_\triangle = 6\pi f CV^2 \times 10^{-9}$[kVA]
Y결선 시 $Q_Y = 2\pi f CV^2 \times 10^{-9}$[kVA]
충전용량비(△결선/Y결선) $= \dfrac{Q_\triangle}{Q_Y} = 3$

정답 07. ④ 08. ③ 09. ④ 10. ④ 11. ④

상 제4장 송전특성 및 조상설비

12 전력원선도의 가로축과 세로축은 각각 어느 것을 나타내는가?

① 최대전력 – 피상전력
② 유효전력 – 무효전력
③ 조상용량 – 송전효율
④ 송전효율 – 코로나손실

해설

전력원선도의 가로축은 유효전력, 세로축은 무효전력, 반경(=반지름)은 $\dfrac{V_S V_R}{Z}$ 이다.

상 제11장 발전

13 화력발전소의 랭킨 사이클에서 단열팽창과정이 행하여지는 기기의 명칭(ⓐ)과, 이때의 급수 또는 증기의 변화상태(ⓑ)로 옳은 것은?

① ⓐ : 터빈, ⓑ : 과열증기 → 습증기
② ⓐ : 보일러, ⓑ : 압축액 → 포화증기
③ ⓐ : 복수기, ⓑ : 습증기 → 포화액
④ ⓐ : 급수펌프, ⓑ : 포화액 → 압축액(과냉액)

해설

단열팽창은 터빈에서 이루어지는 과정이므로, 터빈에 들어간 과열증기가 습증기로 된다.

하 제2장 전선로

14 단상 2선식 110[V] 저압 배전선로를 단상 3선식(110/220[V])으로 변경하였을 때 전선로의 전압강하율은 변경 전에 비하여 어떻게 되는가? (단, 부하용량은 변경 전후에 같고, 역률은 1.0이며 평형부하이다.)

① 1배로 된다. ② $\dfrac{1}{3}$배로 된다.
③ 변하지 않는다. ④ $\dfrac{1}{4}$배로 된다.

해설

전압강하율 $\%e \propto \dfrac{1}{V^2}$ 이므로 110[V]에서 220[V]로 승압 시 $\dfrac{1}{4}$배로 감소한다.

상 제11장 발전

15 수력발전설비에서 흡출관을 사용하는 목적으로 옳은 것은?

① 물의 유선을 일정하게 하기 위하여
② 속도변동률을 작게 하기 위하여
③ 유효낙차를 늘리기 위하여
④ 압력을 줄이기 위하여

해설

흡출관은 러너 출구로부터 방수면까지의 사이를 관으로 연결한 것으로 유효낙차를 늘리기 위한 장치이다. 충동수차인 펠턴 수차에는 사용되지 않는다.

중 제10장 배전선로 설비 및 운용

16 동일한 조건하에서 3상 4선식 배전선로의 총 소요전선량은 3상 3선식의 것에 비해 몇 배 정도로 되는가? (단, 중성선의 굵기는 전력선의 굵기와 같다고 한다.)

① $\dfrac{1}{3}$ ② $\dfrac{3}{8}$
③ $\dfrac{3}{4}$ ④ $\dfrac{4}{9}$

해설

㉠ 단상 2선식 기준에 비교한 배전방식의 전선소요량 비

전기방식	단상 2선식	단상 3선식	3상 3선식	3상 4선식
소요되는 전선량	100[%]	37.5[%]	75[%]	33.3[%]

㉡ 전선소요량의 비 $= \dfrac{3상\ 4선식}{3상\ 3선식} = \dfrac{33.3[\%]}{75[\%]} = \dfrac{4}{9}$

상 제8장 송전선로 보호방식

17 배전선로의 고장전류를 차단할 수 있는 것으로 가장 알맞은 전력개폐장치는?

① 선로개폐기 ② 차단기
③ 단로기 ④ 구분개폐기

해설

차단기는 계통의 단락, 지락사고가 일어났을 때 계통 안정을 확보하기 위하여 신속히 고장계통을 분리하는 역할을 한다.
① 선로개폐기 : 부하전류의 개폐 가능
③ 단로기 : 무부하 충전전류 및 변압기 여자전류 개폐 가능
④ 구분개폐기 : 보호장치와 협조하여 고장 시 자동으로 구분 · 분리하는 기능

정답 12. ② 13. ① 14. ④ 15. ③ 16. ④ 17. ②

상 제5장 고장계산 및 안정도

18 송전계통의 안정도를 향상시키기 위한 방법이 아닌 것은?

① 계통의 직렬리액턴스를 감소시킨다.
② 여러 개의 계통으로 계통을 분리시킨다.
③ 중간 조상방식을 채택한다.
④ 속응여자방식을 채용한다.

해설 안정도 향상대책

㉠ 송전계통의 전달리액턴스를 감소시킨다.
 – 기기리액턴스 감소 및 선로에 직렬콘덴서를 설치
㉡ 송전계통의 전압변동을 적게 한다.
 – 중간 조상방식을 채용하거나 속응여자방식을 채용
㉢ 계통을 연계하여 운전한다.
㉣ 제동저항기를 설치한다.
㉤ 직류송전방식의 이용검토로 안정도문제를 해결한다.

중 제10장 배전선로 설비 및 운용

19 배전선에 부하가 균등하게 분포되었을 때 배전선 말단에서의 전압강하는 전부하가 집중적으로 배전선 말단에 연결되어 있을 때의 몇 [%]인가?

① 25 ② 50
③ 75 ④ 100

해설

부하위치에 따른 전압강하 및 전력손실 비교

부하의 형태	전압강하	전력손실
말단에 집중된 경우	1.0	1.0
평등부하분포	$\frac{1}{2}$	$\frac{1}{3}$
중앙일수록 큰 부하분포	$\frac{1}{2}$	0.38
말단일수록 큰 부하분포	$\frac{2}{3}$	0.58
송전단일수록 큰 부하분포	$\frac{1}{3}$	$\frac{1}{5}$

상 제9장 배전방식

20 저압 뱅킹 방식의 장점이 아닌 것은?

① 전압강하 및 전력손실이 경감된다.
② 변압기용량 및 저압선 동량이 절감된다.
③ 부하변동에 대한 탄력성이 좋다.
④ 경부하 시의 변압기 이용효율이 좋다.

해설 저압 뱅킹 방식

㉠ 부하밀집도가 높은 지역의 배전선에 2대 이상의 변압기를 저압측에 병렬접속하여 공급하는 배전방식이다.
㉡ 부하증가에 대해 많은 변압기전력을 공급할 수 있으므로 탄력성이 있다.
㉢ 전압동요(flicker)현상이 감소된다.
㉣ 단점으로는 건전한 변압기 일부가 고장나면 고장이 확대되는 현상이 일어나는데, 이것을 캐스케이딩(cascading) 현상이라 하며 이를 방지하기 위하여 구분 퓨즈를 설치하여야 한다. 현재는 사용하고 있지 않는 배전방식이다.

정답 18. ② 19. ② 20. ④

먼저보고 이해하는

기초이론 및 용어해설

전력공학

기초 이론 해설

전력공학

테마 01 베르누이 정리와 연속 법칙

(1) 베르누이 정리

$$\underbrace{h}_{\text{위치 수두}} + \underbrace{\frac{p}{\rho g}}_{\text{압력 수두}} + \underbrace{\frac{v^2}{2g}}_{\text{속도 수두}} = H = \text{일정}$$

여기서, h : 기준면에서의 수위[m]

ρ : 물의 밀도로, 1000[kg/m^3]

g : 중력 가속도[m/sec^2], p : 압력[Pa]

v : 속도[m/sec], H : 전수두(정낙차)[m]

(2) 연속 법칙

$$Q = v_1 A_1 = v_2 A_2 \,[\text{m}^3/\text{sec}]$$

여기서, v_1, v_2 : 단면 ⓐ, ⓑ의 속도[m/sec]

A_1, A_2 : 단면 ⓐ, ⓑ의 관로 단면적[m^2]

학습 POINT

① 베르누이 정리

㉠ 에너지 보존에 관한 정리로, 취수면에서 방수면에 이르는 각 부분의 에너지 비율을 잘 설명할 수 있다.

㉡ 위치 수두(h), 압력 수두$\left(\frac{p}{\rho g}\right)$, 속도 수두$\left(\frac{v^2}{2g}\right)$의 합은 일정하다.

㉢ 〔그림〕의 단면 ⓐ와 단면 ⓑ에 베르누이 정리를 적용하면 〔그림〕에 표시한 식이 된다.

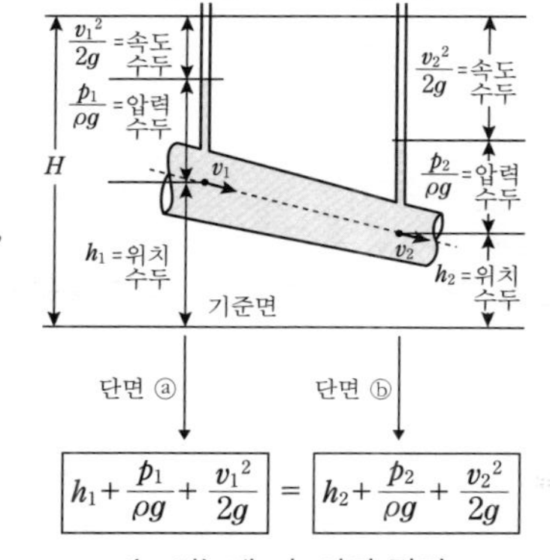

〔그림〕 베르누이의 정리

② 연속의 법칙

관로처럼 고체로 에워싸인 수류에서는 도중에 물의 출입이 없는 한, 임의의 단면에서 물의 유입량과 유출량은 같다.

테마 02 유량과 수력 발전소의 출력

(1) 유량 $Q = \dfrac{\frac{a}{1000} \times b \times 10^6 \times k}{365 \times 24 \times 3600}$ [m^3/sec]

(2) 발전소 출력 $P_g = 9.8QH\eta_t\eta_g$ [kW]

여기서, k : 유출 계수(평지에서 0.4, 산악지에서 0.7 정도)

a : 연간 강수량[mm], b : 유역 면적[km^2]

H : 유효 낙차[m], η_t : 수차 효율, η_g : 발전기 효율

학습 POINT

① 유량 : 하천의 연평균 유량 Q는 유입된 연강우량[m^3/sec]에 유출 계수를 곱한 값이다. 발전소 출력 계산에는 수압관의 유량 Q를 이용한다.

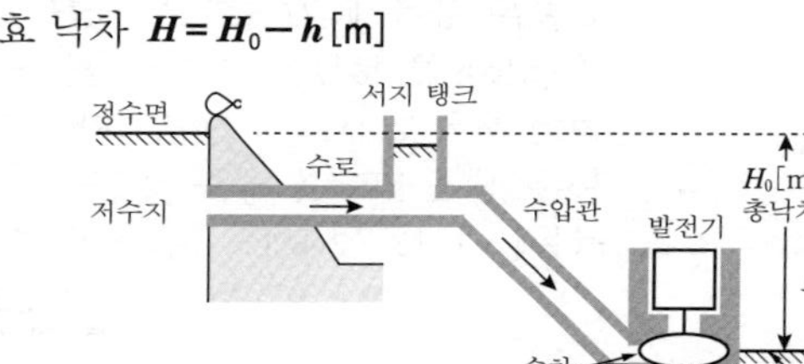

〔그림 1〕 유량

② 낙차 : 낙차에는 총낙차 H_0과 유효 낙차 H가 있다.

㉠ 총낙차 : 취수위의 정지면과 방수 지점 수면의 차이이다.

㉡ 유효 낙차 : 총낙차로부터 수로의 마찰 등에 의한 손실분(손실 수두)을 뺀 낙차이다.

유효 낙차 $H = H_0 - h$ [m]

〔그림 2〕 낙차

③ 이론 출력과 발전소 출력

㉠ 이론 출력 : $P_o = 9.8QH$ [kW]

㉡ 수차 출력 : $P_t = 9.8QH\eta_t$ [kW]

㉢ 발전기 출력 : $P_g = 9.8QH\eta_t\eta_g$ [kW]

작아진다.

테마 03 유효 낙차의 변동에 따른 특성 변화

(1) **회전 속도 변화** $N \propto H^{\frac{1}{2}}$

(2) **유량 변화** $Q \propto H^{\frac{1}{2}}$

(3) **출력 변화** $P \propto H^{\frac{3}{2}}$

여기서, H : 유효 낙차[m]

학습 POINT

유효 낙차가 변화하면, 그에 따라 수차의 회전 속도, 유량, 출력도 변동한다.

① 회전 속도 변화 : 회전 속도를 N, 유속을 v, 중력 가속도를 g, 유효 낙차를 H라고 하면

$$H = \frac{v^2}{2g} \rightarrow v = \sqrt{2gH}$$

이므로,

$$N \propto K_1 v = K_1\sqrt{2gH} = K_2 H^{\frac{1}{2}} \propto H^{\frac{1}{2}}$$

여기서, K_1, K_2 : 비례 상수

회전 속도는 유효 낙차의 $\frac{1}{2}$승에 비례해서 변화한다.

② 유량 변화 : 유량을 Q, 유속을 v, 관로의 단면적을 A, 중력 가속도를 g, 유효 낙차를 H라고 하면 다음과 같이 유량을 구할 수 있다.

$$Q = vA = A\sqrt{2gH} = K_3 H^{\frac{1}{2}} \propto H^{\frac{1}{2}}$$

여기서, K_3 : 비례 상수

유량은 유효 낙차의 $\frac{1}{2}$승에 비례해서 변화한다.

③ 출력 변화 : 출력을 P, 유량을 Q, 유효 낙차를 H, 효율을 η라고 하면,

$$P = 9.8QH\eta = 9.8K_3 H^{\frac{1}{2}} \cdot H = K_4 H^{\frac{3}{2}} \propto H^{\frac{3}{2}}$$

여기서, K_4 : 비례 상수

출력은 유효 낙차의 $\frac{3}{2}$승에 비례해서 변화한다.

테마 04 양수 소요 전력

양수 소요 전력(전동기 입력) $P_m = \frac{9.8QH}{\eta_p \eta_m}$[kW]

여기서, Q : 양수 유량[m³/sec], H : 전양정[m]

η_p : 펌프 효율, η_m : 전동기 효율

학습 POINT

① 양수 발전은 심야 전력 등 잉여 전력을 이용해 펌프로 높은 곳으로 물을 끌어올리고, 피크 부하 시 아래로 물을 내려보내 수차를 돌리는 방식의 발전이다.

② 전양정 H는 총낙차 H_0에 물을 끌어오는 도중의 마찰 등에 의한 손실분(손실수두 h)을 더한 것이다.

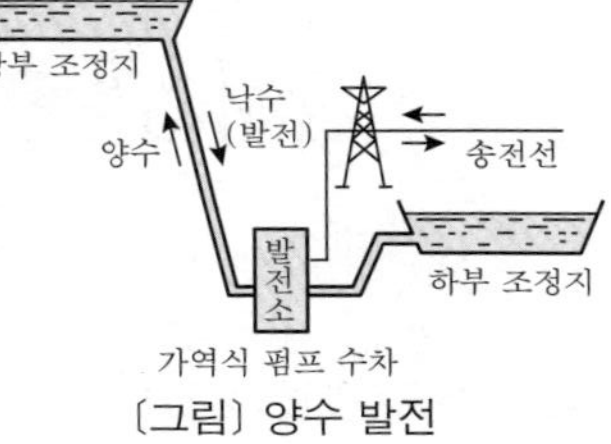

〔그림〕 양수 발전

전양정 $H = H_0 + h$[m]

③ 양수 발전소의 종합 효율 η는 양수량과 사용 수량이 같은 경우 수차 효율을 η_t, 발전기 효율을 η_g, 펌프 효율을 η_p, 전동기 효율을 η_m이라고 하면, 다음 식으로 구할 수 있다.

$$\eta = \frac{\text{발전 전력 } P_g}{\text{양수 소요 전력 } P_m} = \frac{H_0 - h}{H_0 + h}\eta_t \eta_g \eta_p \eta_m$$

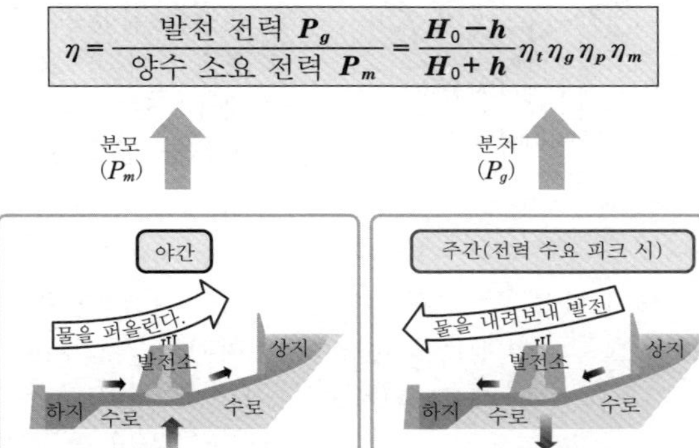

테마 05 비속도

비속도 $N_s = N\dfrac{\sqrt{P}}{H^{\frac{5}{4}}}$ [rpm] (편의적인 단위)

여기서, N : 수차의 회전 속도[rpm]

H : 유효 낙차[m], P : 수차의 정격 출력[kW]

학습 POINT

① 비속도의 정의 : 수차의 비속도란 '어떤 수차와 기하학적으로 유사한 형태를 유지한 채 크기를 변경해 낙차 1[m]에서 출력 1[kW]를 발생할 때 회전 속도'를 말한다.

② $H^{\frac{5}{4}}$ 계산 방법

$H^{\frac{5}{4}} = H \cdot H^{\frac{1}{4}} = H \cdot \sqrt{\sqrt{H}}$ (함수 계산기가 아니라도 계산할 수 있는 형태)

예 $81^{\frac{5}{4}} = 81 \cdot 81^{\frac{1}{4}} = 81 \cdot \sqrt{\sqrt{81}} = 81 \times 3 = 243$

③ 비속도 N_s의 식 중 수차의 정격 출력 P[kW]는 충동 수차에서는 노즐 1개당, 반동 수차에서는 런너 1개당 출력을 대입하므로 주의해야 한다.

충동 수차	반동 수차
분출수를 런너에 작용시킨다.	물의 반동력으로 수차를 돌린다.
노즐, 물, 버킷, 런너(날개바퀴)	물, 물, 런너

〔그림〕 충동 수차와 반동 수차

④ 수차의 비속도 순위 : 펠톤 수차 ⇨ 프란시스 수차 ⇨ 사류 수차 ⇨ 프로펠러 수차 순으로 커진다(충동 수차는 최소).

⑤ 비속도를 선택할 때 주의할 점 : 수차 종류에 따라 비속도의 적용 한도가 있어, 선택을 잘못하면 효율이 떨어질 뿐만 아니라 진동과 캐비테이션(공동 현상)의 원인이 된다.

테마 06 기력 발전소의 효율

(1) **보일러 효율** $\eta_b = \dfrac{Z(i_s - i_w)}{WC}$ [pu]

(2) **사이클 효율** $\eta_c = \dfrac{i_s - i_e}{i_s - i_w}$ [pu]

(3) **터빈 효율** $\eta_t = \dfrac{3600P_t}{Z(i_s - i_e)}$ [pu]

(4) **발전단 효율** $\eta_p = \dfrac{3600P_G}{WC}$ [pu]

(5) **송전단 효율** $\eta = \dfrac{3600P_G}{WC}(1-L) = \eta_p(1-L)$ [pu]

여기서, B : 연료 사용량[kg/h], C : 발열량[kJ/kg]

Z : 유량[kg/h], i_s, i_w, i_e : 엔탈피[kJ/kg]

P_t : 터빈 출력[kW], P_G : 발전기 출력[kW]

L : 소내 비율[pu]

학습 POINT

① 효율 계산에 사용하는 양의 기호는 〔그림〕과 같다.

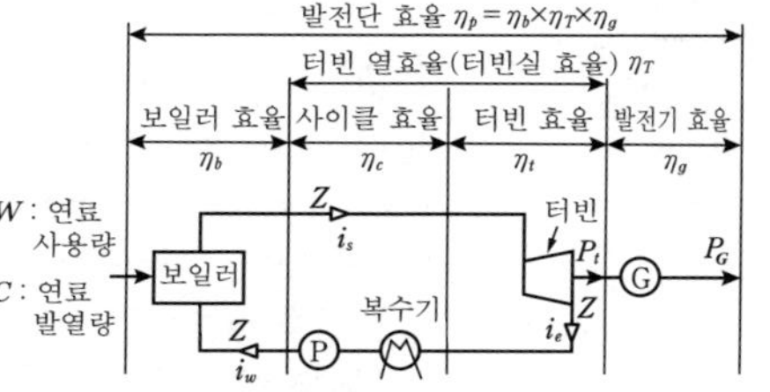

〔그림〕 효율 계산에 사용하는 기호들

② 발열률 계산에서는 1[kW · h]=3600[kJ]의 전력량↔열량의 환산율을 사용한다.

③ 터빈실 효율 η_T는 복수기를 포함하는 효율이고, 터빈 효율 η_t는 터빈 자체의 효율이다. 각각 다르므로 주의한다.

터빈실 효율 η_T = 사이클 효율×터빈 효율= $\eta_c \eta_t$

④ 송전단 전력량 = 발전단 전력량(1−소내 비율)

테마 07 기력 발전소의 소비율

(1) **연료 소비율** $f=\frac{B}{W_g}=\frac{3600}{H\eta_p}$[kg/(kW·h)]

(2) **증기 소비율** $S=\frac{Z}{W_g}$[kg/(kW·h)]

(3) **열소비율** $J=\frac{WC}{W_g}=\frac{3600}{\eta_p}$[kJ/(kW·h)]

여기서, W_g : 발전 전력량[kW·h], W : 연료 소비량[kg]
C : 연료 발열량[kJ/kg], η_p : 발전단 열효율[pu]
Z : 증기 유량[kg]

학습 POINT

① **열소비율** : 1[kW·h]를 발전하는 데 얼마만큼의 열량[kcal]을 소비했는지 나타내는 비율이다. 1[kW·h]=3600[kcal]는 이론값이고, 열소비율은 3600보다 큰 값이 된다.

② **기력 발전소에서의 손실** : 연료가 보유한 열에너지를 100[%]라고 하면, 발전기 출력으로 추출할 수 있는 것 이외에는 손실이 된다. 기력 발전소의 열손실은 복수기 손실이 가장 크고, 굴뚝으로 나가는 배기가스 손실, 발전기나 터빈의 기계 손실 등이 있다.

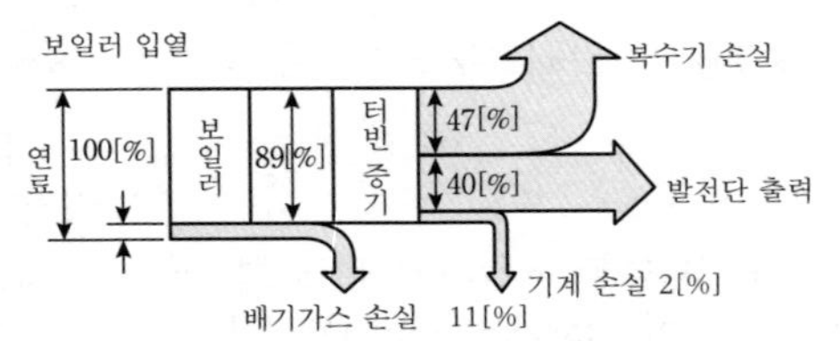

〔그림〕 기력 발전소의 열 감정도

③ **열효율 향상 대책**
㉠ 고온·고압 증기를 이용한다.
㉡ 재열·재생 사이클을 이용한다.
㉢ 복수기의 진공도를 높인다.
㉣ 절탄기, 공기 예열기를 설치해서 배기가스 열을 회수한다.
㉤ 복합 사이클을 채용한다.

테마 08 복합 사이클 발전의 열효율

열효율 $\eta=\eta_G+(1-\eta_G)\eta_S$[pu]

여기서, η_G : 가스 터빈의 열효율
η_S : 증기 터빈의 열효율

학습 POINT

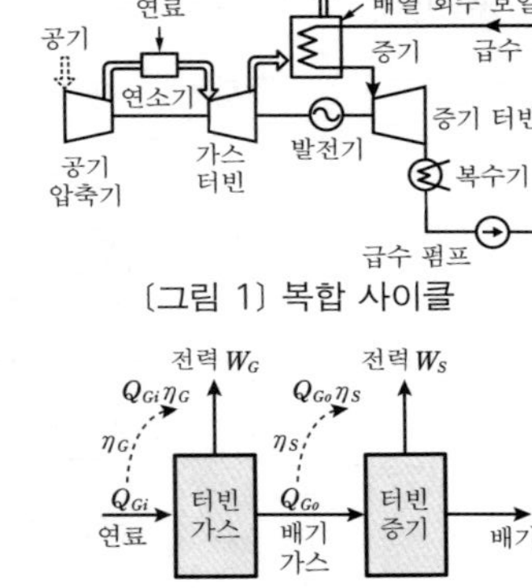

〔그림 1〕 복합 사이클

〔그림 2〕 터빈의 열효율

① 복합 사이클은 〔그림 1〕처럼 두 종류의 다른 작동 유체에 의한 사이클을 결합한 것으로, 고온역에 브레이튼 사이클(가스 터빈)을, 저온역에 랭킨 사이클(증기 터빈)을 채용해 열효율 향상을 노린다.

② **열효율 η의 공식 도출** : 가스 터빈의 입력 열량을 Q_{Gi}, 가스 터빈의 출력 열량을 Q_{Go}, 가스 터빈의 출력을 W_G, 증기 터빈의 출력을 W_S라고 하면, 복합 사이클의 열효율 η는 다음과 같다.

$$\eta=\frac{W_G+W_S}{Q_{Gi}}=\frac{W_G}{Q_{Gi}}+\frac{W_S}{Q_{Gi}}=\frac{W_G}{Q_{Gi}}+\frac{Q_{Go}}{Q_{Gi}}\times\frac{W_S}{Q_{Go}} \quad \cdots\cdots(a)$$

가스 터빈의 출력 열량 Q_{Go}는

$$Q_{Go}=Q_{Gi}-W_G \quad \cdots\cdots(b)$$

이므로, (a)식에 (b)식을 대입하면 다음과 같이 된다.

$$\eta=\frac{W_G}{Q_{Gi}}+\frac{Q_{Gi}-W_G}{Q_{Gi}}\times\frac{W_S}{Q_{Go}} \quad \cdots\cdots(c)$$

여기서, 가스 터빈의 열효율을 η_G, 증기 터빈의 열효율을 η_S라고 하면 각각 다음과 같이 구할 수 있다.

$$\eta_G=\frac{W_G}{Q_{Gi}},\quad \eta_S=\frac{W_S}{Q_{Go}} \quad \cdots\cdots(d)$$

(c)식에 (d)식을 대입하면 다음과 같이 열효율을 계산할 수 있다.

$\eta=\eta_G+(1-\eta_G)\eta_S$[pu]

테마 09 원자력 발전소의 에너지

발생 에너지 $E=\Delta mc^2$[J]

여기서, Δm : 질량 결손[kg], c : 광속(3×10^8[m/sec])

학습 POINT

① 원자의 구조 : 원자 번호 Z인 원자는 Z개의 양자와 N개의 중성자가 결합한 원자핵 주위를 Z개의 전자가 돈다고 생각한다. 질량수를 A가로 하면, 다음과 같은 관계가 성립한다.

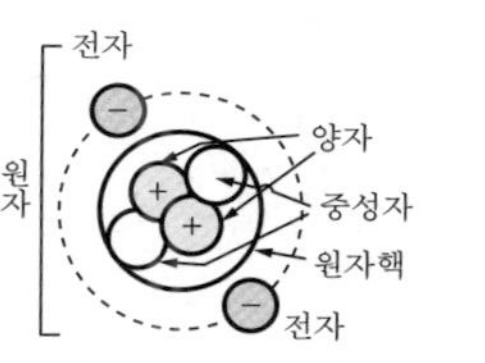

〔그림 1〕 원자의 구조

질량수 A=양자수 Z+중성자수 N

② 우라늄(U : 원자 번호 92) 235에 중성자(n) 1개가 충돌하면, 스트론튬(Sr : 원자 번호 38)과 제논(Xe : 원자 번호 54) 등으로 분열하고 중성자 2개를 방출한다. 이때, 우라늄 235와 핵분열 생성물의 질량차(질량 결손)에 상당하는 에너지가 방출된다. 이 질량 결손은 우라늄 235의 질량의 약 0.09[%]이다.

* 그 밖에 특정 확률에 따라 세슘과 루비디움, 중성자 4개와 같은 다양한 원소의 조합으로 분열한다.

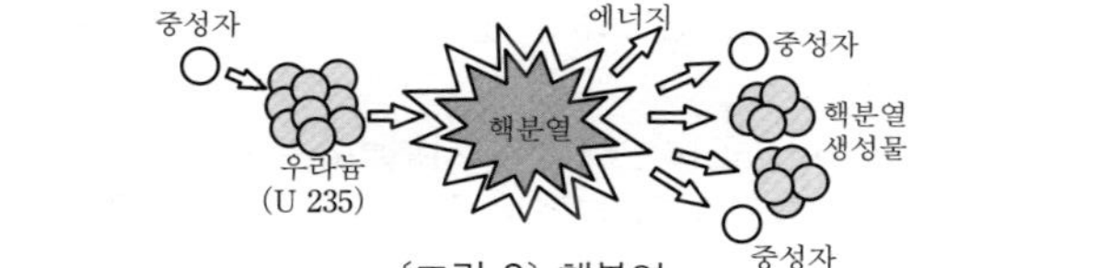

〔그림 2〕 핵분열

③ 질량 결손에 해당하는 에너지를 구하는 식($E=\Delta mc^2$)은 아인슈타인의 공식으로 불린다. 발생하는 에너지(방출되는 에너지)는 광속 c와 관계된다.

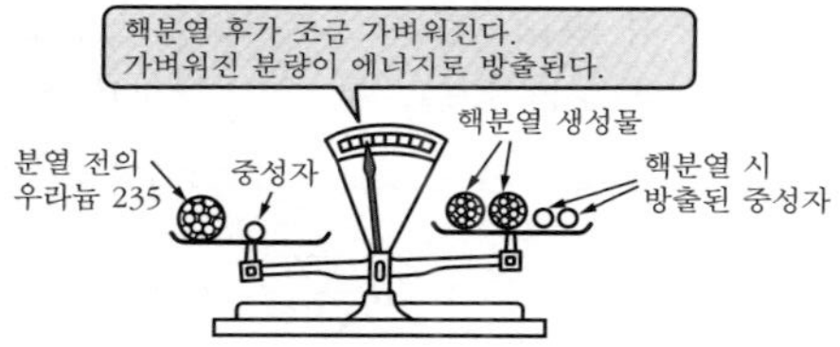

〔그림 3〕 질량 결손

테마 10 발전기의 속도 조정률

속도 조정률

$$R=-\frac{\dfrac{N_2-N_1}{N_n}}{\dfrac{P_2-P_1}{P_n}}\times100[\%]$$

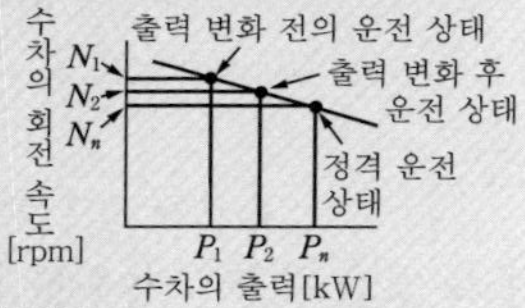

여기서, P_n : 정격 출력[kW], P_1 : 변화 전 부하[kW]

P_2 : 변화 후 부하[kW], N_n : 정격 회전 속도[rpm]

N_1 : 변화 전 회전 속도[rpm]

N_2 : 변화 후 회전 속도[rpm]

학습 POINT

① 속도 조정률의 의미 : 조속기의 설정을 바꾸지 않은 채 수차와 터빈의 부하를 변화시켰을 때 수차와 터빈의 회전 속도가 어느 정도 변화하는지 나타내는 비율이고, 일반적으로 2~4[%] 정도이다.

② 식에 '−'가 붙는 이유 : 수차와 터빈은 부하가 급격히 증가(또는 감소)하면, 회전 속도가 저하(또는 상승)한다. $P_2>P_1$인 경우에는 $N_2<N_1$이 되고 식 안의 분자가 '−'가 되지만, 속도 조정률을 '+'로 나타내고자 식 앞에 '−'를 붙인다. 단, 다음과 같이 기억하면 '−'가 필요 없다.

$$R=\frac{\dfrac{|N_2-N_1|}{N_n}}{\dfrac{|P_2-P_1|}{P_n}}\times100[\%] \text{ 또는 } R=\frac{\dfrac{N_1-N_2}{N_n}}{\dfrac{P_2-P_1}{P_n}}\times100[\%]$$

③ 동기 발전기에서는 회전 속도 N과 계통 주파수 f[Hz] 사이에는 $N=\dfrac{120f}{P}$ (P : 자극수)의 관계가 성립하므로, 속도 조정률 R은 주파수 변화를 이용해 다음과 같이 나타낼 수도 있다.

$$R=\frac{\dfrac{f_1-f_2}{f_n}}{\dfrac{P_2-P_1}{P_n}}\times100=\frac{\dfrac{|\Delta f|}{f_n}}{\dfrac{|\Delta P|}{P_n}}\times100[\%]$$

테마 11 단락 용량

(1) 3상 단락 용량 $P_s = \sqrt{3}\, V_n I_s = \dfrac{100}{\%Z} P_n$ [VA]

(2) 환산 방법 $\%Z = \dfrac{P_n}{P_A} \times \%Z_A$ [%]

여기서, V_n : 정격 전압[V], I_s : 3상 단락 전류[A]

$\%Z$: 퍼센트 임피던스[%], P_n : 기준 용량[VA]

$\%Z_A$: 용량 P_a[VA]일 때 퍼센트 임피던스[%]

학습 POINT

① 3상 단락 용량 계산에 사용하는 퍼센트 임피던스($\%Z$)는 단락점에서 전원쪽을 본 합성 퍼센트 임피던스로, 모두 기준 용량 P_n으로 환산한 값을 이용한다.

② $\%Z$는 용량이 다른 경우에는 기준 용량으로 환산한다.

③ 차단기의 차단 용량 $=\sqrt{3}\times$정격 전압$\times$정격 차단 전류
차단 용량$\geq$3상 단락 용량으로 선정한다.

④ **과전류 보호 협조** : 전로에 과부하와 단락이 발생했을 때 고장 회로의 보호 장치만 동작하고, 다른 회로에서는 수전을 계속해 보호 장치·배선·기기의 손상이 없도록 동작 특성을 조정한다.

예 전로 F점에서 단락 고장 시 동작(그림 1 · 2)
CB_2만 차단하고, CB_1은 차단하지 않은 상태에서 부하 B의 수전을 계속한다.

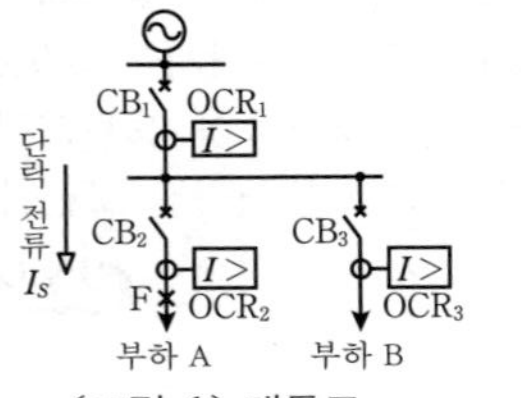

〔그림 1〕 계통도

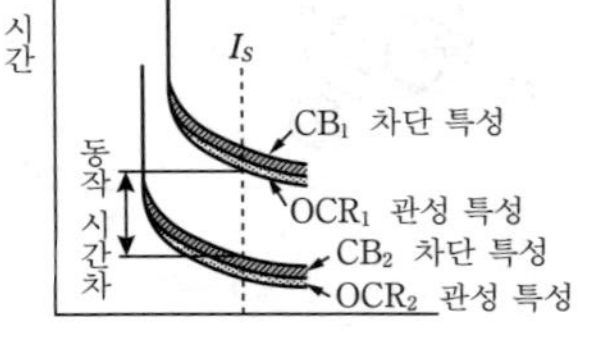

〔그림 2〕 보호 장치의 시한 협조

테마 12 소호 리액터의 인덕턴스

인덕턴스 $L = \dfrac{1}{3\omega^2 C}$[H] ($\dot{Z} = j\omega L$의 경우)

여기서, ω : 전원의 각주파수[rad/sec]

C : 1선의 대지 정전 용량[F]

학습 POINT

① 3상 3선식 중성점 접지의 목적은 이상 전압 발생을 방지하고 경감함으로써 선로와 기기에 요구되는 절연 성능을 경감시키고 보호 계전기를 신속하고 확실하게 동작시키는 것이 대표적이다.

② 중성점 접지 방식은 접지 임피던스의 종류에 따라 아래 표의 4종류가 있다.

〔표〕 중성점 접지 방식 비교

접지 방식	비접지	직접 접지	저항 접지	소호 리액터 접지
임피던스	∞	0	R	$j\omega L$
지락 전류	소	최대	중	최소
건전상 전위 상승	대	소	비접지보다 작다.	대
통신선의 유도 장해	소	최대	중	최소
이상 전압	대	소	중	중
적용	고압 배전선	초고압	66~154[kV]	66~110[kV]

③ 소호 리액터 접지 방식은 소호 리액터의 임피던스를 L[H], 각주파수를 ω[rad/sec], 1선의 대지 정전 용량을 C[F]라고 하면, 다음의 병렬 공진 조건 $\omega L = \dfrac{1}{3\omega C}$[Ω]이 성립할 때 지락 전류를 0으로 할 수 있다.

④ **보상 리액터** : 저항 접지 방식의 특고압 케이블 계통에 적용한다. 지락 전류의 앞선 위상각이 커지면, 보호 계전기 동작이 발생하므로, 중성점 저항과 병렬로 리액터를 연결해 보호 계전기의 동작을 안정화한다.

테마 13 정전 유도 전압과 전자 유도 전압

(1) **정전 유도 전압** $E_S = \dfrac{C_m}{C_m + C_s} E_0$[V]

(2) **전자 유도 전압** $\dot{E}_m = j\omega Ml(\dot{I}_a + \dot{I}_b + \dot{I}_c) = j\omega Ml3\dot{I}_0$[V]

여기서, C_m : 송전선과 통신선 간의 정전 용량[F]
C_s : 통신선의 대지 정전 용량[F]
E_0 : 송전선의 대지 전압[V], ω : 각주파수[rad/sec]
M : 송전선과 통신선과의 상호 인덕턴스[H/km]
l : 송전선과 통신선의 병행 길이[km]
I_0 : 영상 전류[A]

학습 POINT

① 송전선과 통신선 등이 근접 병행하는 경우 콘덴서 분압으로 통신선에 정전 유도 전압이 발생하고 유도 장해가 일어난다. 정전 유도 전압의 크기는 송전선 전압에 비례한다.

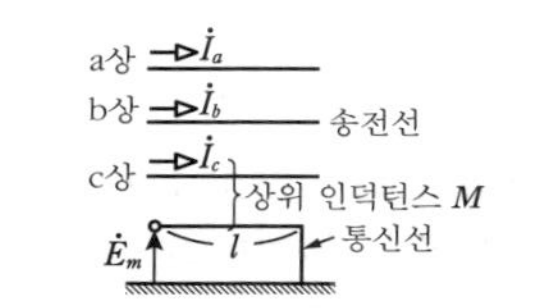

〔그림 1〕 정전 유도 전압 〔그림 2〕 전자 유도 전압

② 송전선과 통신선이 근접 병행하는 경우 지락 등으로 영상 전류가 흘러 통신선에 전자 유도 전압이 나타나고 유도 장해를 일으킨다(그림 2). 전자 유도 전압의 크기는 영상 전류에 비례한다.

③ 유도 장해 방지 대책
㉠ 두 전선의 이격 거리 증가
㉡ 송전선의 연가
㉢ 금속 차폐층이 있는 통신 케이블 사용
㉣ 고저항 접지 또는 비접지 채용
㉤ 지락 전류의 고속도 차폐
㉥ 통신선에 통신용 피뢰기 설치

(㉠~㉢: 정전 유도 대책, ㉠~㉥: 전자 유도 대책)

테마 14 전기 방식별 부하 전력과 전력 손실

전기 방식	부하 전력[W]	전력 손실[W]
단상 2선식	$P = VI\cos\theta$	$p = 2RI^2$
단상 3선식	$P = 2VI\cos\theta$	$p = 2RI^2$
3상 3선식	$P = \sqrt{3}VI\cos\theta$	$p = 3RI^2$

여기서, V : 부하의 선간 전압(단상 3선식에서는 전압선~중성선 간의 전압)[V], I : 부하 전류[A]
$\cos\theta$: 부하 역률, R : 1선당 선로 저항[Ω]

학습 POINT

① 저압 배전선에는 일반적으로 단상 2선식, 단상 3선식, 3상 3선식이 채용된다.

② 공장이나 빌딩에서는 중성점 직접 접지 3상 4선식에 의한 320/220[V]도 채용된다.

③ 20[kV] · 30[kV] 배전에서는 일반적으로 중성점 고저항 접지 3상 3선식이 채용된다.

④ 3상 3선식의 전력 손실
㉠ 전력 손실의 기본형은 $P_l = 3RI^2$[W]이다.
㉡ 부하 전력 $P = \sqrt{3}VI\cos\theta$ 를 $I = \dfrac{P}{\sqrt{3}V\cos\theta}$ 로 변형해서 대입하면, 전력 손실 P_l은 다음처럼 표현할 수 있다.

$$P_l = 3RI^2 = 3R\left(\frac{P}{\sqrt{3}V\cos\theta}\right)^2 = \frac{RP^2}{(V\cos\theta)^2}\text{[W]}$$

㉢ 전력 손실은 부하 전력의 제곱에 비례하고, 부하의 전압과 역률의 제곱에 반비례한다.

⑤ 부하 전력에 대한 전력 손실 비율을 전력 손실률이라고 한다.

$$\text{전압 손실률} = \frac{\text{전력 손실 } P_l}{\text{부하 전력 } P} \times 100[\%]$$

$$\text{전압 강하율} = \frac{\text{전압 강하 } e}{\text{수전단 전압 } V_r} \times 100[\%]$$

앞선의 경우 e가 '−'가 되어 송전단 전압 $V_S < V_R$의 관계가 되는 것을 페란티 효과라고 한다. 페란티 효과로 수전단 전압은 상승하게 된다.

테마 15 단상 2선식과 3상 3선식의 전압 강하

(1) 단상 2선식 $e=2I(R\cos\theta+X\sin\theta)$[V]

(2) 3상 3선식 $e=\sqrt{3}I(R\cos\theta+X\sin\theta)$[V]

여기서, I : 선로 전류[A], R : 1선당 저항[Ω]

X : 1선당 리액턴스[Ω], $\cos\theta$: 부하 역률

학습 POINT

① 전압 강하 e=송전단 전압 V_S −수전단 전압 V_R

② $(R\cos\theta+X\sin\theta)$[Ω]을 등가 저항이라고 한다.

③ 3상 3선식 전압 강하 : 송전단 선간 전압을 V_S, 수전단 선간 전압을 V_R, 송전단 상전압을 $E_S\left(=\dfrac{V_S}{\sqrt{3}}\right)$, 수전단 상전압을 $E_R\left(=\dfrac{V_R}{\sqrt{3}}\right)$ 이라고 하면, 단상 등가 회로는 〔그림 1〕처럼 되고, 전압과 전류 벡터는 〔그림 2〕처럼 된다. 여기서, E_S는 OC에 거의 같다고 하면, 전압 강하 e는 다음과 같아진다.

$$e \fallingdotseq \frac{V_S}{\sqrt{3}}-\frac{V_R}{\sqrt{3}}=I(R\cos\theta+X\sin\theta)\,[\mathrm{V}]$$

3상 3선식 전압 강하 e는 다음과 같이 적용한다.

$$e=\sqrt{3}I(R\cos\theta+X\sin\theta)\,[\mathrm{V}]$$

$$e=\sqrt{3}(R\cdot\underbrace{I\cos\theta}_{\text{유효 전류}}+X\cdot\underbrace{I\sin\theta}_{\text{무효 전류}})\,[\mathrm{V}]$$

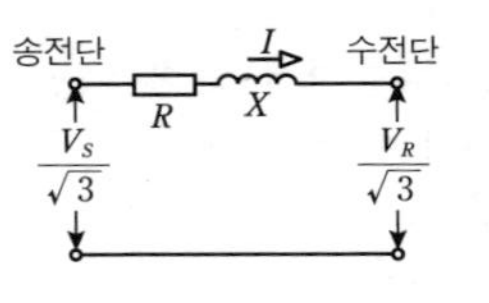

〔그림 1〕 단상 등가 회로

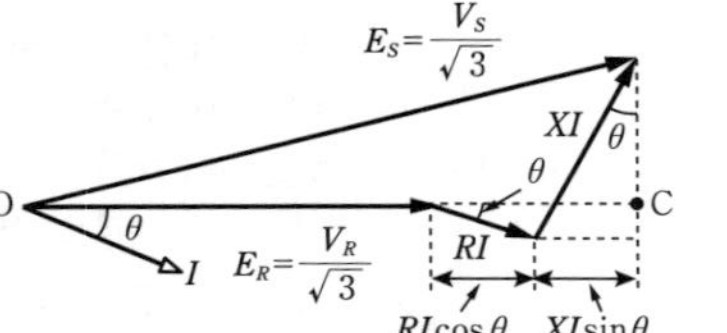

〔그림 2〕 전압 · 전류 벡터도

테마 16 단상 3선식의 전류와 전압

중성선의 전류 $|I_1-I_2|$[A]

부하의 단자 전압 $V_1=V_0-R_vI_1-R_N(I_1-I_2)$[V]

$V_2=V_0-R_vI_2+R_N(I_1-I_2)$[V]

여기서, I_1, I_2 : 전압선의 전류[A], V_0 : 전원 전압[V]

R_a : 전압선의 저항[Ω], R_N : 중성선의 저항[Ω]

학습 POINT

① 〔그림 1〕의 단상 3선식(100/200[V])은 단상 2선식(100[V])과 비교했을 때 100[V] 부하와 200[V] 부하 양쪽에 대응할 수 있다.

② 단상 3선식의 중성선 전류는 부하가 평형인 경우에는 0[A]이지만, 불평형일 때는 ≠0[A]이다.

〔그림 1〕 단상 3선식

③ 〔그림 1〕에서는 중성선에는 전압선에서의 차에 해당하는 전류가 흐르고, $I_1>I_2$라고 하면, (I_1-I_2)가 P에서 O로 향해 흐른다.

④ 밸런서가 있는 경우의 단자 전압

㉠ 밸런서는 권수비 1 : 1인 단권 변압기이다.

㉡ 부하가 불평형인 경우 〔그림 2〕처럼 밸런서를 선로 말단에 연결하면 중성선 전류는 0, 전압선 전류는 $\dfrac{I_1+I_2}{2}$가 된다.

㉢ 이 경우의 부하 단자 전압은 다음 식으로 표현되고, 전압의 불평형이 해소된다.

〔그림 2〕 밸런서 방식

$$V_1=V_2=V_0-R_v\frac{(I_1+I_2)}{2}\,[\mathrm{V}]$$

⑤ 단상 3선식에서는 중성선이 단선되면 이상 전압이 발생하는 일이 있으므로 중성선에 퓨즈를 넣어서는 안 된다.

⑥ 부하가 평형이면 단상 3선식의 양 외선의 전류는 단상 2선식의 $\dfrac{1}{2}$이 된다. 중성선의 전압 강하는 부하가 평형일 땐 0이지만, 전압선과 중성선 간의 전압 강하는 $\dfrac{1}{4}$이 된다.

(1) V결선의 이용률 $=\dfrac{\sqrt{3}}{2}=0.866$

(2) 출력비 $=\dfrac{1}{\sqrt{3}}$

학습 POINT

① 이용률과 출력비 : 〔그림 1〕의 V결선에서는 상전압 E=선간 전압, 상전류 I=선전류이다. 2개의 독립된 전원으로 공급할 수 있는 전력을 P_2[W], V결선으로 공급할 수 있는 전력을 P_V[W], 부하 역률을 $\cos\theta$라고 하면 V결선의 이용률은 다음과 같다.

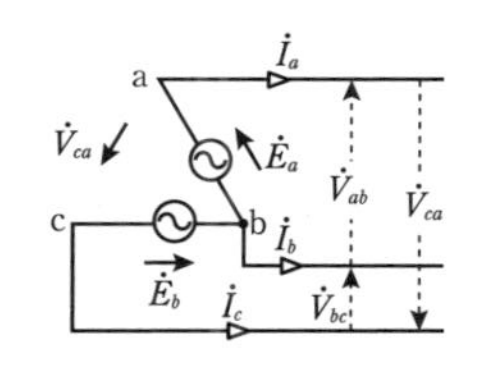

〔그림 1〕 V결선

$$\text{V결선의 이용률}=\frac{P_V}{P_2}=\frac{\sqrt{3}\,EI\cos\theta}{2EI\cos\theta}=\frac{\sqrt{3}}{2}$$

Δ결선의 전원으로부터 공급할 수 있는 전력을 P_Δ[W]라고 하면,

$$\text{출력비}=\frac{P_V}{P_\Delta}=\frac{\sqrt{3}\,EI\cos\theta}{3EI\cos\theta}=\frac{1}{\sqrt{3}}$$

② 다른 용량 V결선 변압기의 용량 : 〔그림 2〕의 다른 용량 V결선은 용량이 다른 단상 변압기를 V결선한 것으로, 앞선 접속과 지연 접속이 있다. 공용 변압기 용량 S는 다음과 같다.

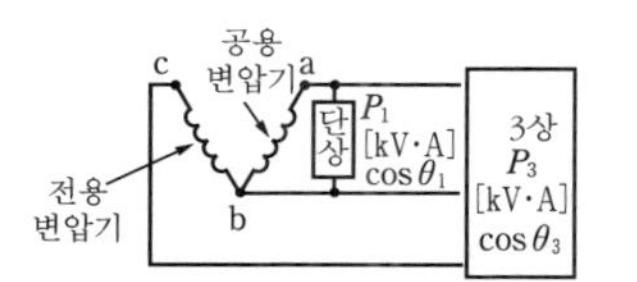

〔그림 2〕 다른 용량 V결선

㉠ 앞선 접속 : 단상 부하를 ab 사이에 접속한다.

$$S=\sqrt{P_1^2+\frac{1}{3}P_3^2+\frac{2}{\sqrt{3}}P_1P_3\cos(30^\circ+\theta_3-\theta_1)}\ \text{[kV·A]}$$

㉡ 지연 접속 : 단상 부하를 bc 사이에 접속한다.

$$S=\sqrt{P_1^2+\frac{1}{3}P_3^2+\frac{2}{\sqrt{3}}P_1P_3\cos(30^\circ+\theta_1-\theta_3)}\ \text{[kV·A]}$$

(1) 기준 용량 환산 합성 퍼센트 임피던스

$$\%Z=\frac{1}{\dfrac{1}{\%Z_1'}+\dfrac{1}{\%Z_2'}+\dfrac{1}{\%Z_3'}}\ [\%]$$

(2) 3상 단락 전류

$$I_s=\frac{100}{\%Z}\times I_n\,[\text{A}]$$

(3) 단상(선간) 단락 전류

$$I_s'=\frac{\sqrt{3}}{2}\times I_s\,[\text{A}]$$

〔그림 1〕 환산 전 (병렬 계산할 수 없다)

〔그림 2〕 환산 후 (병렬 계산할 수 있다)

여기서, $\%Z_1'\sim\%Z_3'$: 기준 용량 환산 퍼센트 임피던스[%]

I_n : 정격 전류(기준 용량 베이스)

학습 POINT

① 단락 전류 계산에는 옴법을 이용한 풀이와 퍼센트 임피던스법을 이용한 풀이가 있다.

참고 **옴법** : 권수비를 a라고 하면, 임피던스값[Ω]을 전원측으로 환산할 때에는 a^2배, 부하쪽으로 환산할 때에는 $\frac{1}{a^2}$배 해야만 한다.

② 변압기가 여러 단에 걸쳐 접속된 경우에는 임피던스 환산 시간이 크게 증가하므로, 퍼센트 임피던스법을 이용하는 편이 유리하다.

③ 발전기와 변압기에는 정격 용량이 있어, 그 정격 용량을 기준 용량으로 $\%Z$ 값이 표시된다.

④ 퍼센트 임피던스($\%Z$)

$$\%Z=\frac{ZI_n}{E_n}\times100=\frac{ZI_n}{\dfrac{V_n}{\sqrt{3}}}\times100=\frac{\sqrt{3}\,ZI_n}{V_n}\times100$$

$$=\frac{\sqrt{3}\,V_nI_nZ}{V_n^2}\times100=\frac{ZP_n}{V_n^2}\times100\,[\%]$$

여기서, E_n : 정격 상전압[V], Z : 임피던스[Ω]

I_n : 정격 전류[A], V_n : 정격 선간 전압[V]

P_n : 정격 용량[VA]

테마 19 지락 전류 계산

비접지 계통의 1선 지락 전류 $I_g = \dfrac{\dfrac{V}{\sqrt{3}}}{\sqrt{R_g^{\,2} + \left(\dfrac{1}{3\omega C}\right)^2}}$ [A]

여기서, V : 3상 비접지식 배전 선로의 선간 전압[V]
R_g : 지락 저항[Ω], ω : 각주파수[rad/sec]
C : 고압 배전선의 1선당 대지 정전 용량[F]

학습 POINT

① 비접지 계통 지락 전류 계산의 첫 걸음은 테브난의 정리를 이해하고, 지락 시 등가 회로를 그리는 것이다.

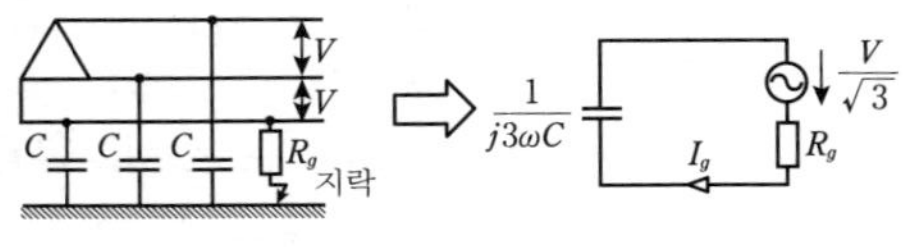

〔그림〕 테브난의 정리에 의한 등가 회로 변환

② 접지 방식별 지락 전류(비접지 방식 이외) : 상전압이 E[V]일 때 1선 지락 전류 I_g[A]는 〔표〕와 같다.

〔표〕 1선 지락 전류를 구하는 공식

접지 방식	회로	공식
직접 접지 $\dot{Z}_n = 0$		$\dot{I}_g = \dfrac{\dot{E}}{\dot{Z}_1}$ ($\dot{Z}_1$: 선로의 임피던스)
저항 접지 $\dot{Z}_n = R_n$		$\dot{I}_g = \left(\dfrac{1}{R_n} + j3\omega C\right)\dot{E}$ *)
소호 리액터 접지 $\dot{Z}_n = j\omega L$		$\dot{I}_g = \left(\dfrac{1}{j\omega L} + j3\omega C\right)\dot{E}$ *) 병렬 공진일 때는 0

*선로 임피던스 ≒ 0인 조건에서 테브난의 정리를 이용해서 도출

테마 20 전선의 이도와 길이

(1) 전선의 이도(늘어짐)

$$D = \frac{WS^2}{8T}\,[\text{m}]$$

(2) 전선의 길이(실제 길이)

$$L = S + \frac{8D^2}{3S}\,[\text{m}]$$

경간 S
지지점의 최대 장력 $T_m = T + WD$[N]
이도 D
전선의 길이 L
수평 장력 T
커티너리 곡선

여기서, T : 전선 최저점의 수평 장력[N]
W : 전선 1[m]당 합성 하중[kg], S : 경간[m]

학습 POINT

① 이도 D를 구하는 식은 $D = \dfrac{WS^2}{8T}$[m]로 기억한다.

② 식에 사용된 기호의 의미를 기억해두면 편리하다.
D : Dip(늘어짐, 이도), T : Tension(장력), W : Weight(하중)
S : Span(경간), L : Length(길이)의 줄임말

③ 장력은 전선의 경간 위치에 따라 변화한다.
T는 전선 최저점의 수평 장력으로, 전선의 지지점에서는 최대 장력 T_m이 되어, $T_m = T + WD$[N]으로 계산할 수 있다.

④ 전선 1[m]당 합성 하중 W : 합성 하중은 피타고라스의 정리를 이용해서 다음처럼 구할 수 있다.

$$W = \sqrt{(w + w_i)^2 + w_w^{\,2}}\,[\text{kg}]$$

여기서, w : 전선의 자중[kg]
w_i : 빙설 하중[kg]
w_w : 풍압 하중[kg]

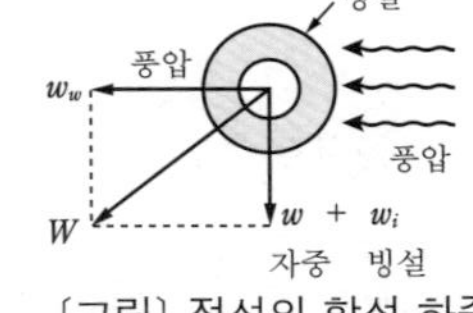

〔그림〕 전선의 합성 하중

⑤ 온도 변화에 따른 전선의 길이 : T_1[℃]일 때 실제 길이를 L_1[m]이라고 하고, 전선의 선팽창 계수를 α[1/K]($\alpha > 0$)이라고 하면, 온도 T_2[℃]일 때 전선의 실제 길이 L_2[m]는 다음 식과 같다.

$$L_2 = L_1\{1 + \alpha\underbrace{(T_2 - T_1)}_{\text{온도차}}\}\,[\text{m}]$$

㉠ $T_2 - T_1 > 0$이면 온도 상승으로, $L_2 > L_1$이 된다.
㉡ $T_2 - T_1 < 0$이면 온도 저하로, $L_2 < L_1$이 된다.

테마 21 선로 정수

(1) **저항** $R=\rho\dfrac{l}{A}[\Omega]$

(2) **인덕턴스** $L=\underbrace{0.05}_{\text{제1항}}+\underbrace{0.4605\log_{10}\dfrac{D}{r}}_{\text{제2항}}[\mathrm{mH/km}]$

(3) **정전용량** $C=\dfrac{0.02413}{\log_{10}\dfrac{D}{r}}[\mu\mathrm{F/km}]$

(4) **누설 컨덕턴스** g[℧](보통은 무시)

여기서, ρ : 전선의 저항률[$\Omega\cdot$m], A : 단면적[m^2]

l : 길이[m], r : 전선의 반지름, D : 선간 거리

학습 POINT

① 전도율은 경동선 97[%], 경알루미늄선 61[%]이다.

② 인덕턴스 L은 제1항의 내부 인덕턴스가 제2항의 외부 인덕턴스에 비해 매우 작으므로, 제1항을 무시하면, $\log_{10}\dfrac{D}{r}$에 비례한다.

③ L 값은 전선에서는 크고, 케이블에서는 작다.

④ 정전 용량 C는 $\log_{10}\dfrac{D}{r}$에 반비례한다.

⑤ C 값은 전선에서는 작고 케이블에서는 크다.

⑥ D는 가공 전선에서는 선간 거리를, 케이블에서는 절연층 외장 반경을 이용한다. 가공 계통에서 〔그림 1〕처럼 3상 선간 거리가 다른 경우에는 등가 선간 거리 D_e를 사용한다.

$$D_e=\sqrt[3]{D_aD_bD_c}[\mathrm{m}]$$

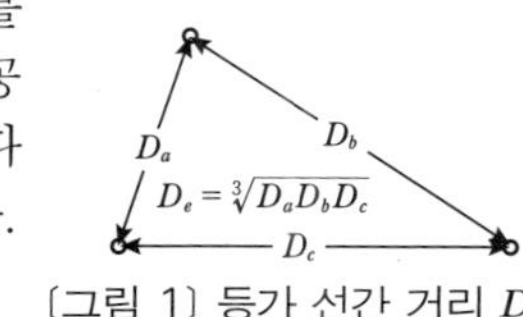

〔그림 1〕 등가 선간 거리 D_e

⑦ 누설 컨덕턴스 G는 누설 저항의 역수로, 값이 작으므로 일반적으로 무시한다.

⑧ 연가 : 각 상의 인덕턴스와 정전 용량의 전기적인 불평형을 없애고, 통신선에 대한 유도 장해를 줄인다.

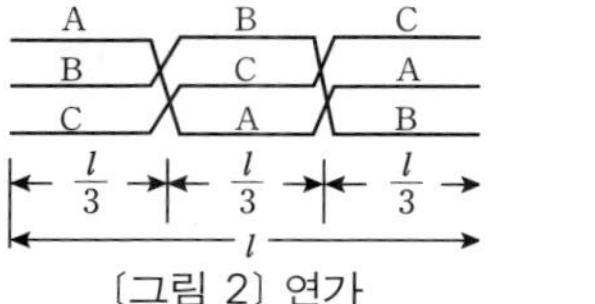

〔그림 2〕 연가

테마 22 케이블의 충전 전류와 충전 용량

(1) **작용 정전 용량** $C=C_s+3C_m$[F]

(2) **충전 전류** $I_C=\dfrac{\omega CV}{\sqrt{3}}=\dfrac{2\pi fCV}{\sqrt{3}}$[A]

(3) **충전 용량** $Q=\sqrt{3}VI_C=\omega CV^2$[Var]

여기서, C_s : 대지 정전 용량[F], C_m : 선간 정전 용량[F]

ω : 각주파수[rad/sec], V : 선간 전압[V]

f : 주파수[Hz]

학습 POINT

① 작용 정전 용량 C는 1상분의 정전 용량을 나타낸 것이다. 선간 정전 용량 C_m은 Δ에서 Y 변환하면 $3C_m$이 되고, 대지 정전 용량 C_s와 병렬 접속하므로, 작용 정전 용량은 $C=C_s+3C_m$이 된다.

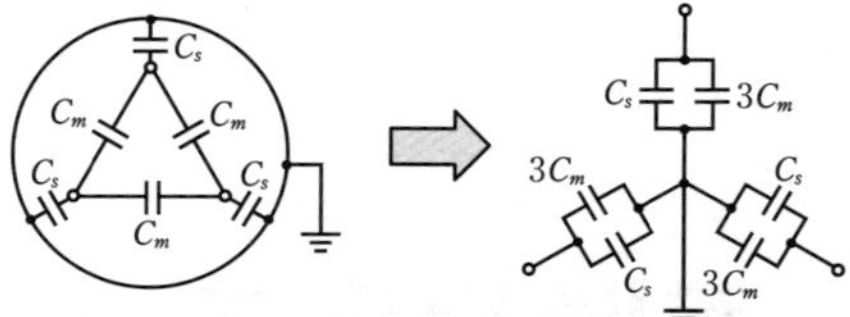

〔그림 1〕 3심 케이블의 정전 용량

② 케이블의 충전 용량 I_c는 $\dfrac{\text{상전압}}{\text{용량성 리액턴스}}$으로 구할 수 있다. 용량성 리액턴스 X_c는 다음과 같다.

$$X_C=\frac{1}{\omega C}=\frac{1}{2\pi fC}[\Omega]$$

케이블의 충전 용량 I_c는 다음과 같이 구한다.

$$I_C=\frac{\dfrac{V}{\sqrt{3}}}{\dfrac{1}{2\pi fC}}=\frac{2\pi fCV}{\sqrt{3}}[\mathrm{A}]$$

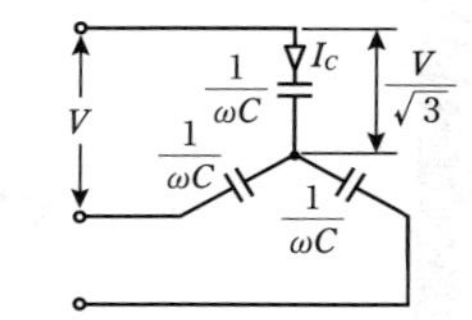

〔그림 2〕 케이블의 충전 용량

③ 충전 용량은 충전 전류 I_c를 이용해 다음 식으로 구할 수 있다.

$$Q=\sqrt{3}VI_C=2\pi fCV^2[\mathrm{Var}]$$

테마 23 케이블의 허용 전류

허용 전류 $I=\sqrt{\dfrac{1}{nr}\left(\dfrac{T_1-T_2}{R_{th}}-W_d\right)}$ [A]

여기서, n : 케이블 선심수[심], r : 도체 저항[Ω/m]

R_{th} : 전열 저항[km/W]

T_1 : 케이블의 도체 최고 허용 온도[℃]

T_2 : 대지의 기저 온도[℃], W_d : 유전체손[W/m]

학습 POINT

① 열회로의 옴법칙 : 열류[W]=$\dfrac{\text{온도차[K]}}{\text{열저항[K/W]}}$ 에서 다음 식이 성립한다.

$$nrI^2+W_d=\frac{T_1-T_2}{R_{th}}$$

$$\therefore I=\sqrt{\frac{1}{nr}\left(\frac{T_1-T_2}{R_{th}}-W_d\right)}$$

② 케이블의 전력 손실 : 도체의 줄열에 의한 전력 손실, 케이블 특유의 유전체손과 시스손이 있다. 허용 전류 계산에는 금속 시스가 있는 경우만 시스손을 고려한다.

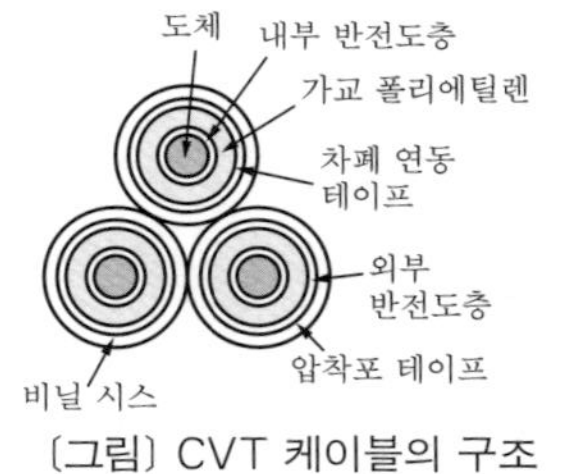

〔그림〕 CVT 케이블의 구조

③ 허용 전류 증대 방법

㉠ 전력 손실을 줄인다. : 도체 크기를 크게 한다.

㉡ 절연체를 내열화한다. : 내열성이 큰 재료(가교 폴리에틸렌)나 유전정접($\tan\delta$)이 작은 절연물을 채용한다.

㉢ 발생열을 냉각 및 제거한다. : 케이블을 냉각수 등으로 외부에서 냉각한다.

④ 상시 허용 전류 이외의 전류

㉠ 단시간 허용 전류 : 부하를 다른 계통으로 전환하는 등 몇 시간 내로 한정해 상시 허용 전류를 넘어서 흘려보낼 수 있는 전류이다.

㉡ 순시 허용 전류 : 단락 시 차폐기에 의해 차폐되기 전까지만 흘려보낼 수 있는 전류이다.

기초 용어 해설

전력공학

용어 01 수력 발전소의 분류

수력 발전소의 종류를 물의 이용면과 구조면에서 분류하면 다음과 같다.

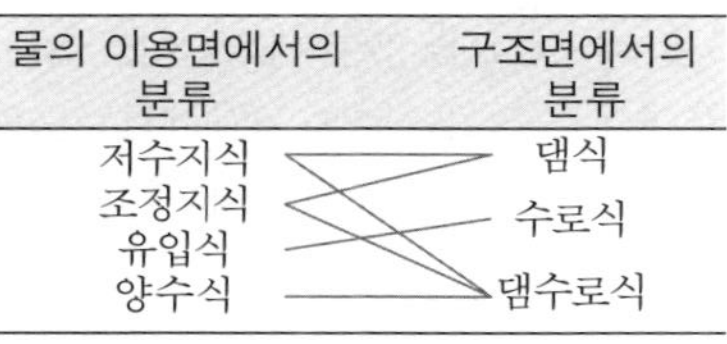

용어 02 수력 발전소의 구조면에 따른 분류

① 수로식 : 하천 상류 취수구에서 물을 도입해 긴 수로로 적절한 낙차를 얻을 수 있는 곳까지 물을 끌어와서 발전한다.

② 댐식 : 하천 폭이 좁고 양 둔덕의 암반이 높게 우뚝 솟은 지형에 댐을 구축하고, 그 낙차를 이용하여 발전한다.

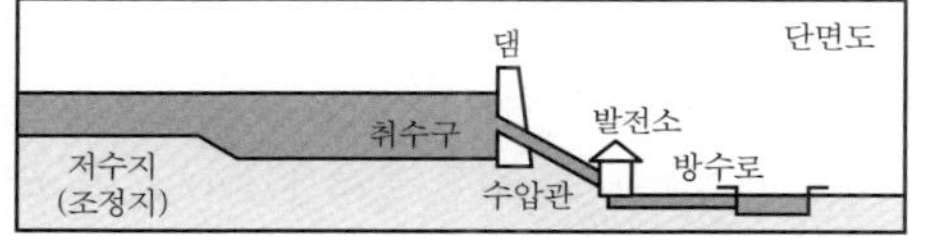

③ 댐수로식 : 댐식과 수로식을 조합한 방식으로, 댐의 물을 수로를 통해 하류로 끌어와서 큰 낙차를 이용하여 발전한다.

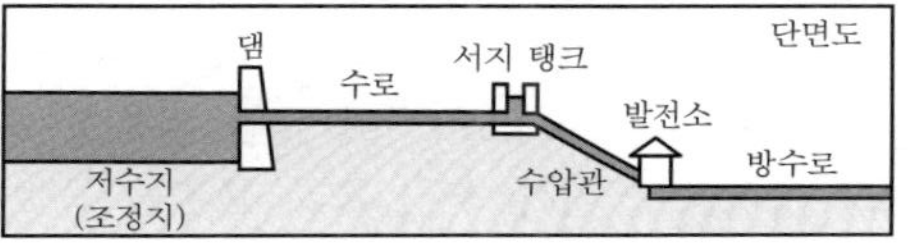

용어 03 댐의 분류

대표적인 댐으로는 다음과 같은 종류가 있다.

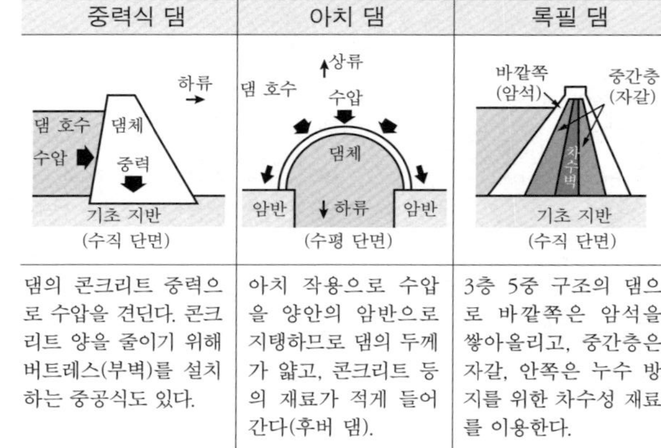

중력식 댐	아치 댐	록필 댐
댐의 콘크리트 중력으로 수압을 견딘다. 콘크리트 양을 줄이기 위해 버트레스(부벽)를 설치하는 중공식도 있다.	아치 작용으로 수압을 양안의 암반으로 지탱하므로 댐의 두께가 얇고, 콘크리트 등의 재료가 적게 들어간다(후버 댐).	3층 5중 구조의 댐으로 바깥쪽은 암석을 쌓아올리고, 중간층은 자갈, 안쪽은 누수 방지를 위한 차수성 재료를 이용한다.

용어 04 직축형 수차

소용량 고속기에는 횡축형이 채용되지만, 대용량 저속기에는 직축형이 사용된다. 직축형에서는 스러스트 베어링이 회전부의 중량과 스러스트(추진력)를 지탱하는 작용을 한다.

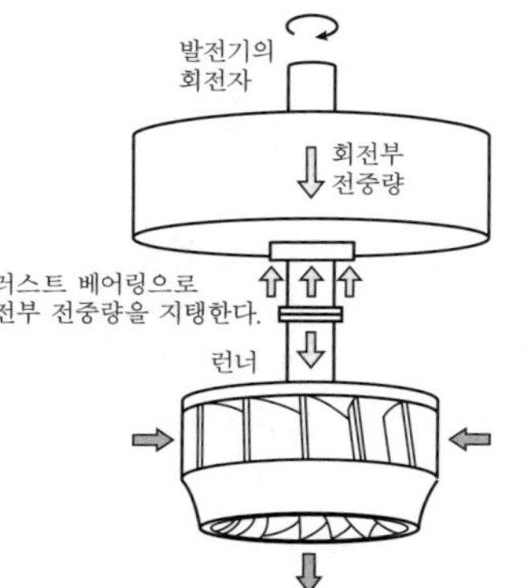

용어 05 캐비테이션

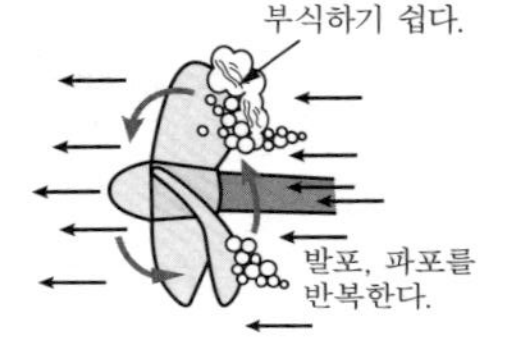

유수에 접촉하는 기계 표면이나 표면 가까이에 공동이 발생하는 현상을 말한다. 수차가 있는 부분에서 물의 흐름이 빨라지면, 속도 에너지가 증가한 만큼 압력 에너지가 감소된다. 이때, 물이 증발하면서 공기가 분리되어 기포가 발생한다.

유속이 원래대로 돌아오면 수압도 원래 압력으로 돌아오므로, 기포는 유수와 함께 흐르다가 마지막엔 붕괴된다. 이때, 수차 표면에 큰 충격이 발생하고 유수와 접한 금속면의 부식이나 진동, 소음을 발생시켜 효율을 저하시킨다.

캐비테이션 발생 방지 대책으로는 경부하, 과부하 운전을 피하고 흡출 높이를 적절히 선정한다.

용어 06 수격 작용

수차 밸브를 짧은 시간에 폐쇄하면 수압관 내 물의 운동 에너지가 변화한다. 밸브 직전의 수압이 높아지고, 그 압력은 압력파가 되어 상류로 전해진다. 압력파는 관 입구에서 반사되어, 마이너스의 압력파가 되어 반대로 밸브 쪽으로 전해진다.

이 충격으로 수압관 설비가 파손되는 경우도 있다. 밸브를 닫는 속도가 빠르거나 수압관 길이가 긴 경우에 특히 수격 작용이 현저해진다.

수격 작용 방지 대책은 다음과 같다.

① 수압 상승을 억제하기 위해 밸브 폐쇄 시간을 길게 한다.
② 수압 철관과 압력 터널 접속부에 서지 탱크를 설치한다.
③ 펠턴 수차에서는 디플렉터(deflector)를 설치한다.
④ 반동 수차에서는 제압기(압력 조절 장치)를 설치한다.

용어 07 흡출관

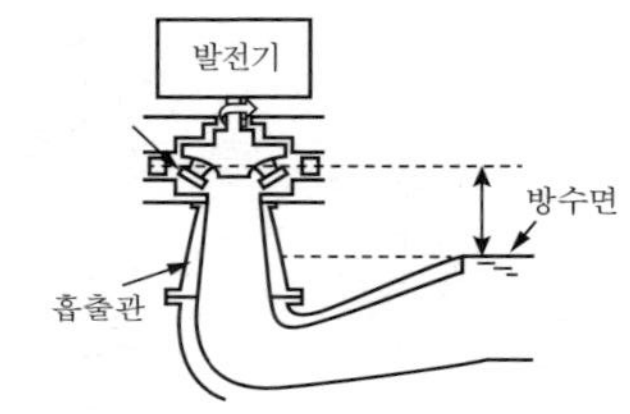

프란시스 수차, 사류 수차, 프로펠러 수차 등 반동 수차의 출구에서 방수면에 이르는 접속관이다. 동판 또는 콘크리트로 만들어지고, 원뿔형이나 엘보형이 있다.

흡출관의 역할은 다음과 같다.

① 러너와 방수면 사이의 낙차를 유효하게 이용한다.
② 러너에서 방출된 물의 운동 에너지를 위치 에너지로 회수해 흡출관 출구의 폐기 손실을 작게 한다.

용어 08 가변속 양수 발전 시스템

기존에는 양수 발전소에서 사용되는 발전 전동기는 일정한 회전 속도(동기 속도)로 운전했으므로, 양수 운전 시 입력이 일정했다. 양수 운전 시 회전 속도를 가변으로 하여 양수량을 변경할 수 있게 만든 것이 양수 발전 시스템으로 특징은 다음과 같다.

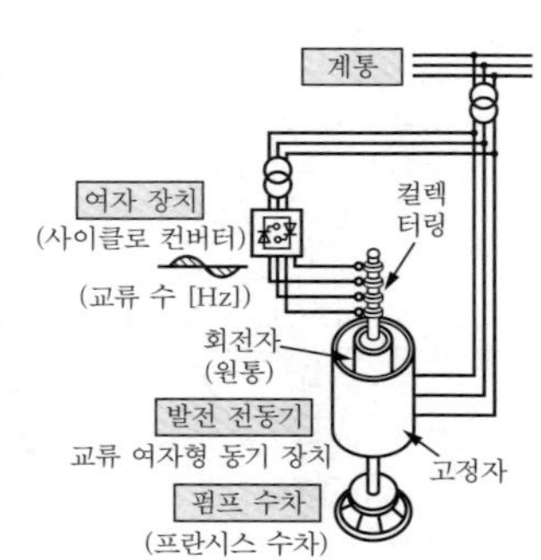

① 심야 등 최대 부하가 아닐 때 양수 운전으로 전력을 조정할 수 있게 되고, AFC(자동 주파수 제어 장치)로 주파수를 조정할 수 있다.
② 대규모 전원 사고로 정지 시나 부하 급증 시 등에서 발전 전동기를 가변속 범위 내 임의의 회전 속도로 운전할 수 있으므로, 운전 시작부터 계통 병입까지의 소요 시간을 대폭 단축할 수 있다.

용어 09 비속도(특유 속도)

어떤 수차와 기하학적으로 닮은 수차를 가정하고, 낙차 1[m]에서 1[kW]의 출력을 발생하게 했을 때 분당 회전 속도이다. 일반적으로 비속도가 작은 수차는 고낙차에 적합하고, 비속도가 큰 수차는 저낙차에 적합하다.

이 때문에 펠톤은 고낙차, 프로펠러는 저낙차, 프란시스는 그 중간 낙차에 이용된다.

비속도 $N_s = N \times \dfrac{\sqrt{P}}{H^{\frac{5}{4}}}$ [rpm] (편의적 단위)

여기서, N : 수차의 정격 회전 속도[rpm], H : 유효 낙차[m]

P : 펠톤 수차에서는 노즐 1개당 출력[kW]

반동 수차에서는 러너 1개당 출력[kW]

각 수차의 비속도는 낙차에 대한 강도, 효율 및 캐비테이션 등으로 범위가 정해진다.

용어 10 조속기(governor)

계통의 부하 증감이나 사고 등으로 부하가 급격히 감소하면, 수차나 터빈의 회전 속도가 변하고 발전기의 주파수도 변한다. 주파수를 규정값으로 유지하기 위해서 조속기가 회전 속도 변화를 검출하고 펠톤 수차에서는 니들 밸브를, 프란시스 수차에서는 가이드 베인을, 터빈에서는 입구 밸브를 조정한다. 이처럼 수차의 유입 수량이나 증기 유입량을 조정함으로써 회전 속도와 주파수를 규정값으로 유지한다.

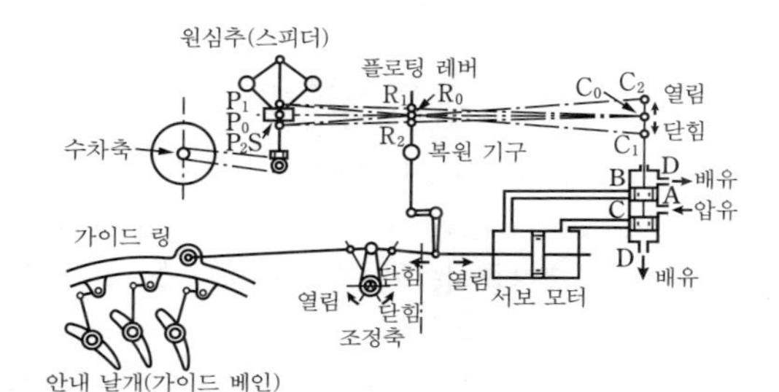

〔그림〕 프란시스 수차의 조속기 구조

용어 11 랭킨 사이클

기력 발전소의 기본 사이클로, T-s(온도-엔트로피) 선도를 이용해 상태 변화 관계를 나타내면 다음과 같다.

① 급수 펌프로 급수를 압축한다.

② 보일러에서 물이 증발해 습증기가 된다.

③ 다시 과열기로 가열해 과열 증기로 만든다.

④ 터빈으로 증기를 단열 팽창시킨다.

⑤ 증기는 복수기에서 응축되어 물로 돌아간다.

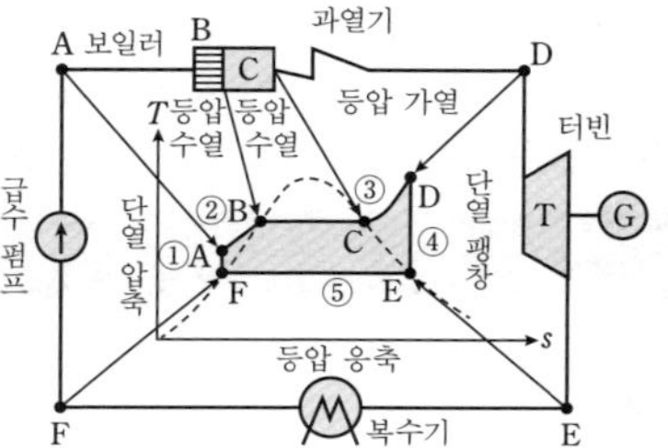

용어 12 충동 터빈과 반동 터빈

터빈의 동력부에는 고정측의 노즐(정익)과 회전 날개(동익)가 있고, 증기 에너지 이용 방법에 따라 다음과 같은 2가지 종류가 있다.

충동 터빈	반동 터빈
증기 / 회전 날개(동익) / 원판	증기 / 고정 날개(동익) / 회전 날개(정익)
노즐에서 분출하는 고속 증기를 회전 날개에 충돌시켜 충동력에 의해 회전한다.	고정 날개로 흐름을 조절하고, 회전 날개로 압력을 강하시켜 분출하는 증기의 반발력으로 회전한다.

용어 13 복수기

복수기는 터빈에서 일한 증기를 냉각수(바닷물)로 냉각 응축해 물로 되돌리고, 복수로서 회수하는 설비이다. 냉각수로 냉각 응축하면 체적이 현저히 감소해 고진공을 얻을 수 있으므로, 터빈의 열유효 낙차가 증가해서 열효율이 높아진다. 실제 화력 발전소에서는 진공도 95~98[kPa]로 운전한다. 또한, 화력 발전소의 손실 중 복수기 손실이 가장 커서 약 50[%]에 이른다.

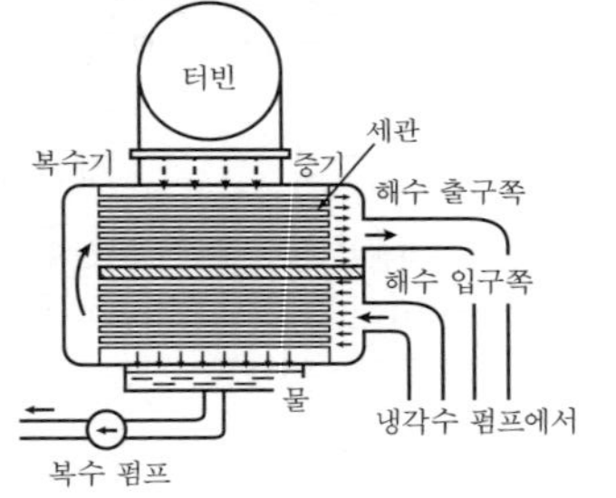

용어 14 복수 터빈과 배압 터빈

① 복수 터빈 : 터빈에서 일한 증기를 냉각 응축해 열효율을 높이기 위해 복수기가 설치되어 있다. 이 타입은 대형 발전용 터빈으로 이용된다.

② 배압 터빈 : 복수기를 설치하지 않고, 터빈에서 일한 다량의 증기를 일정 압력의 공장 프로세스 증기로 내보내는 터빈이다. 전력 발생과 함께 저압 배기를 이용할 수 있다.

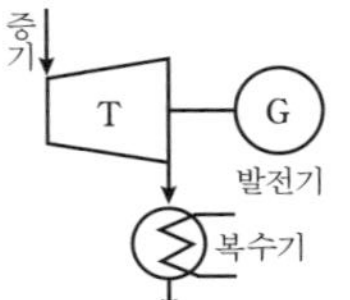

〔그림 1〕 복수 터빈 〔그림 2〕 배압 터빈

용어 15 LNG(액화 천연가스)

천연가스를 액화한 것으로, 주성분은 메탄(CH_4)이다. 끓는점은 -162[℃]이고, 기체인 메탄이 액체가 되면 체적은 $\frac{1}{600}$이 된다. LNG는 액화 과정에서 필요 없는 성분이 분리·제거되어 연소 시 유황산화물을 생성하지 않으므로, 비교적 깨끗한 연료이다. LNG를 사용할 때는 해수열 등을 이용해 기화한다.

용어 16 셰일 가스

지하 2000~3000[m] 혈암층(셰일층) 틈에 있는 천연가스로, 기술이 발달함에 따라 셰일층에서 대량으로 채취할 수 있다. 앞으로 기력 발전 연료의 하나로 기대된다.

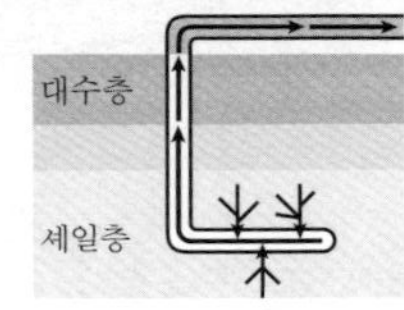

용어 17 수소 냉각 발전기

대용량 터빈 발전기에서는 냉각 매체로 수소 가스를 이용하는 수소 냉각이 많이 사용된다.

공기 냉각에 대한 수소 냉각의 특징은 다음과 같다.

① 풍손이 감소하므로, 발전기의 효율이 향상된다.

② 수소의 열전도율은 크므로, 냉각 효과가 향상된다.

③ 수소는 절연물에 대해 불활성이고, 코로나 발생 전압이 높아 절연물의 열화가 적다.

④ 공기가 침입하면 인화 및 폭발 위험이 있으므로, 확실하게 밀봉할 필요가 있다.

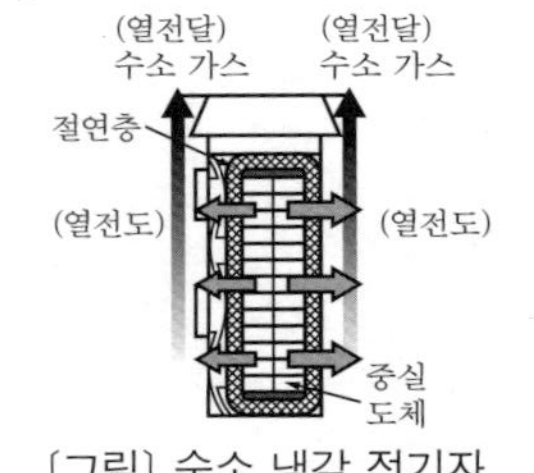

〔그림〕 수소 냉각 전기자 코일 단면

용어 18 연소 가스 생성량

중유 등의 연료를 연소시키려면 이론 공기량 A_0에 공기비를 곱한 공급 공기량 A가 필요해진다. 이들의 연소 결과로 생성되는 연소 가스 W는 다음 식으로 구할 수 있다.

$$W = G + (A - O_0)\ [\text{Nm}^3]$$

여기서, G: 연료가 연소해 생성되는 가스의 양, O_0: 이론 산소량

중유

탄소 | 수소 | 유황 + 이론 산소량 O_0 | 질소 외 | 과잉 공기

← 공급 공기량 A →

← 이론 공기량 A_0 →

연료가 연소해 생성되는 가스양 G

사용되지 않은 공기량 $A-O_0$

연소 가스 생성량 W

용어 19 화력 발전소의 환경 대책

화력 발전소의 환경 대책을 아래 표에 정리했다.

종류	방지 대책	개요
유황 산화물 (SO_X)	저유황 연료	중유 대신에 원유, 나프타, LNG를 사용한다.
	배연 탈황 장치	석회 석고법 등으로 배기가스 중의 SO_X를 제거한다.
질소 산화물 (NO_X)	이단 연소법	연소 온도를 내려 NO_X를 저감한다.
	배기가스 혼합법	연소용 공기에 재순환 가스를 혼합해 산소 함유율을 줄인다.
	배연 탈초 장치	암모니아법 등으로 배기가스 중의 NO_X를 제거한다.
매진	집진 장치	배기가스 중의 매진을 제거한다.

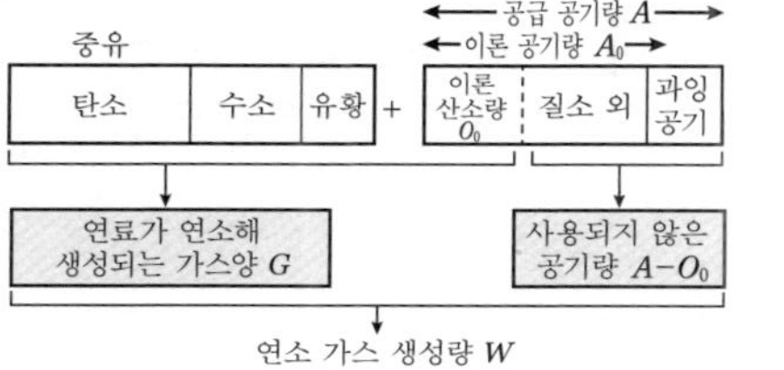

집진 장치에는 기계식과 전기식이 있고, 앞단의 기계식에서는 큰 매진을 제거하고, 뒷단의 전기식 집진기는 가스 중의 입자를 음전하로 대전시켜 양 전극에서 작은 매진을 제거한다.

용어 20 복합 사이클 발전(CC 발전)

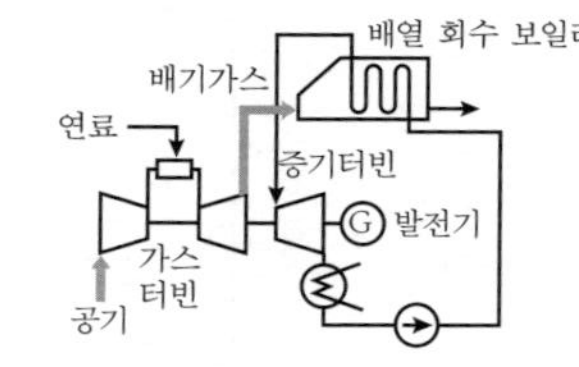

가스 터빈 발전과 증기 터빈 발전을 조합한 발전 방식으로, 고온부에 1500[℃]급 가스 터빈을 적용하여, 배열 회수 보일러로 회수한 에너지를 증기계에서 유효하게 회수함으로써 종합 열효율은 약 60[%]로 높다.

가스 터빈쪽 연소용 공기의 흐름은

압축기 → 연소기 → 터빈 → 배열 회수 보일러 순이다.

복합 사이클 발전 전체의 효율 η는 가스 터빈 발전 효율을 η_G, 증기 터빈 발전 효율을 η_S라고 할 때 다음과 같이 구할 수 있다.

$$\eta = \eta_G + (1 - \eta_G)\eta_S$$

연료 소비도 작고, 이산화탄소 배출량도 적은 친환경 발전 방식이다.

용어 21 코제너레이션 시스템

가스, 석유와 같은 한 종류의 연료에서 두 종류 이상의 에너지를 발생시키는 시스템이다. 가스 터빈, 디젤 엔진, 연료 전지 등으로 발전하면서 동시에 배열을 이용해 증기, 급탕, 냉·난방 등의 열 수요에도 대응할 수 있다.

필요한 장소에 설치할 수 있으므로 송·배전 손실이 없고 종합 열효율이 80[%] 정도로 높아 에너지 절약 시스템으로서 기대된다. 코제너레이션 시스템의 운전에는 전력 또는 열 중 어느 것을 주로 운전하냐에 따라 전주열종 운전과 열주전종 운전이 있다.

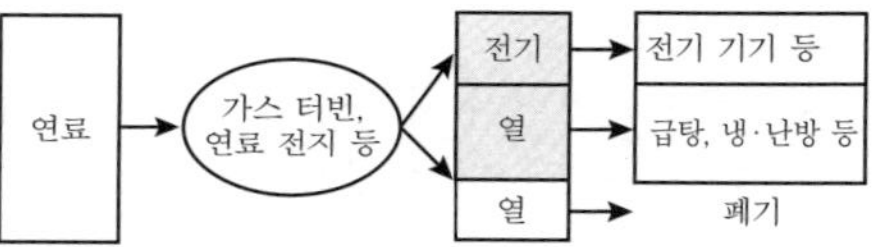

용어 22 비등수형 경수로(BWR)

경수를 원자로 내에서 가열·증발시켜 직접 증기 터빈으로 보내 발전하는 방식으로, 터빈계를 포함해 1차 계통으로 되어 있다. 가압수형(PWR)과 비교할 때 압력 용기 내부에 기수 분리기 및 건조기가 있어 크기가 커지고, 출력 밀도는 작다. 또한, 터빈계에 방사성 물질이 유입되므로 터빈 등에 차폐 대책이 필요하다.

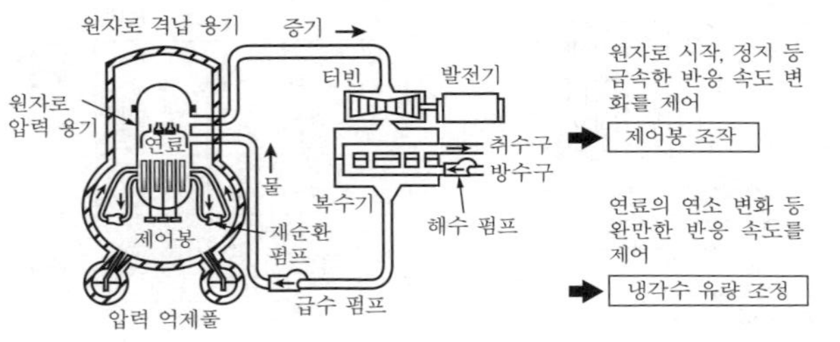

용어 23 가압수형 경수로(PWR)

경수를 원자로 내에서 가열하고 증발하지 않도록 가압한다. 증기 발생기에서 2차 계통의 물과 고온의 물을 열교환해 증기를 만들고, 증기 터빈으로 내보내 발전한다.

2차 계통은 증기 발생기에서 누설 등의 사고가 없는 한 방사능 누출이 발생하지 않는다.

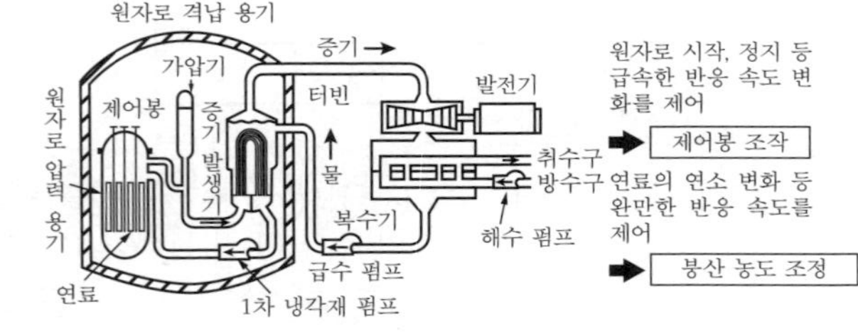

용어 24 경수로의 자기 제어성(고유의 안전성)

경수로에서는 경수가 냉각재와 감속재를 겸하고 있으므로, 핵분열 반응이 증대해 출력이 증가하고 수온이 상승하면 기포(보이드)가 생긴다. 이는 물의 밀도가 감소한 상태와 같아서 중성자의 감속 효과가 저하된다.

그 결과 핵분열에 기여하는 열 중성자가 감소하고 핵분열은 자동적으로 억제된다.

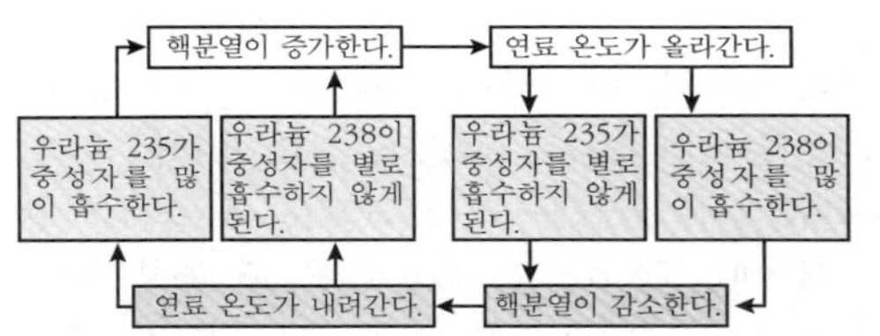

용어 25 핵연료 사이클

우라늄 광산에서 캐낸 우라늄 광석은 정련, 전환, 농축 등의 공정을 거쳐 연료 집합체로 조립되고, 원자력 발전소에서 핵연료로 사용된다.

다 쓴 연료는 재처리 공장에서 타다 남은 우라늄과 새롭게 생성된 플루토늄으로 추출되고, 다시 연료로 가공해서 사용할 수 있다. 이 일련의 흐름을 핵연료 사이클이라고 한다.

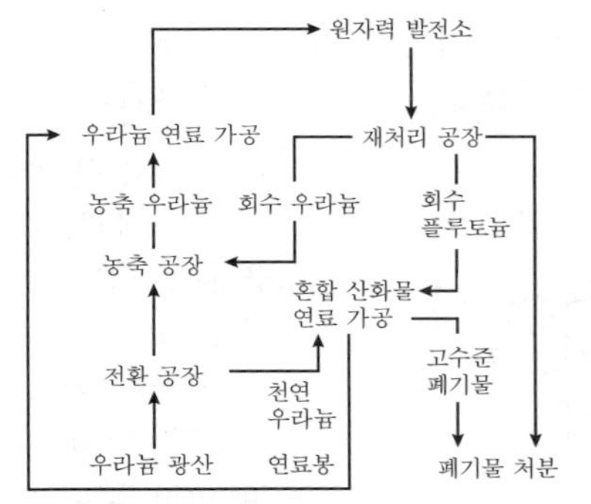

〔그림〕 일반적 핵연료 사이클의 흐름

용어 26 태양광 발전

태양광 발전(PV : Photovoltaic)은 실리콘 등의 반도체 pn 접합부에 태양광이 닿을 때 발생하는 광기전력 효과를 이용해 직류 전압을 얻는다. 에너지 변환 효율은 20[%] 이하로 낮다. 교류 계통과 접속할 경우에는 인버터로 교류로 변환하고, 연계 보호 장치를 통해 계통에 접속한다.

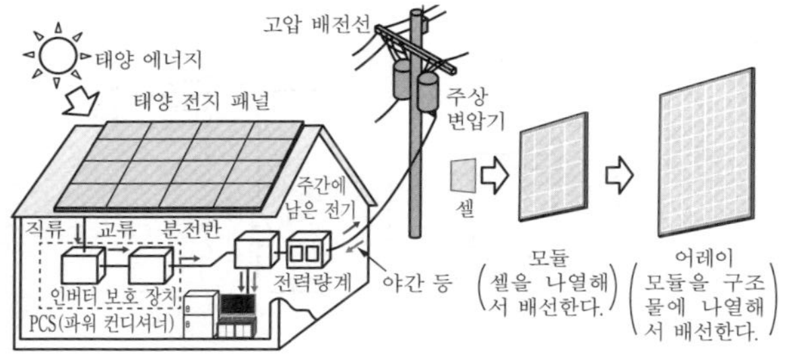

용어 27 풍력 발전

수평축형 프로펠러 풍차가 주류이며 풍속을 v[m/sec], 바람에 수직인 단면적을 A[m²]라고 하면, 단위 시간에 통과하는 체적은 vA[m³]가 된다. 따라서, 공기 밀도를 ρ[kg/m³]라고 하면, 풍력 에너지 W는 풍속 v의 세제곱에 비례한다.

$$W = \frac{1}{2}mv^2 = \frac{1}{2}(\rho vA)v^2 = kv^3\,[\mathrm{J}]$$ (여기서, k : 비례 상수)

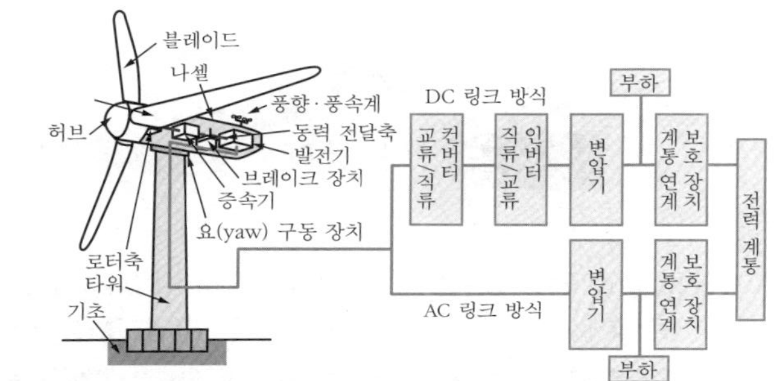

용어 28 연료 전지(FC : Fuel Cell)

물 전기 분해의 역반응을 이용해 직류 전압을 발생시킨다. 천연가스인 메탄올을 리포밍(개질)해서 얻은 수소를 공급하는 음극 연료극(애노드)과 대기 중의 산소를 공급하는 양극 공기극(캐소드), 이온만 통과시키는 전해질로 이루어진다. 음극에서 전자를 방출한 수소 이온(H^+)이 양극을 향해서 전해질을 통과해간다. 전자는 음극에서 외부 회로를 지나 양극에 이르고, 거기서 수소 이온과 산소가 반응해 물이 된다.

전체 반응 $H_2 + \frac{1}{2}O_2 \rightarrow H_2O$

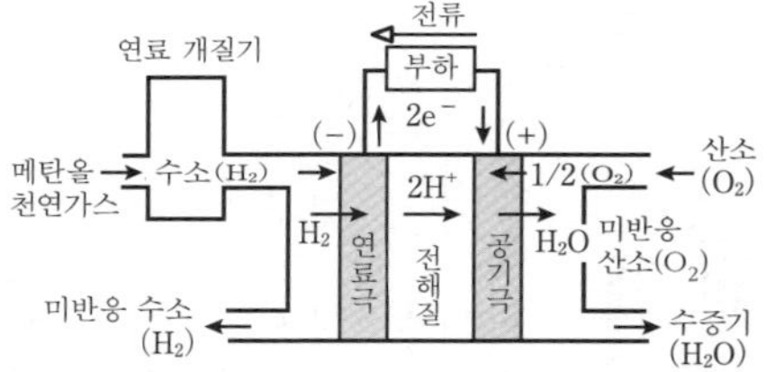

연료 전지는 전해질 종류에 따라 인산형, 용융 탄산염형, 고체 고분자형, 고체 산화물형이 있다.

용어 29 바이오매스 발전

동·식물 등의 생물계 자원을 이용한 발전 방식이다.

① **바이오매스의 종류** : 바이오매스에는 폐기물계 바이오매스(가축 분뇨 등)와 에너지 작물계 바이오매스(목재, 사탕수수)가 있다.

② **카본 뉴트럴** : 바이오매스를 연소시키면 이산화탄소가 발생하지만, 원래 이 이산화탄소는 식물이 광합성으로 대기 중의 이산화탄소를 탄소로서 고정한 것이다. 작물에 흡수된 이산화탄소량과 발전 시 이산화탄소량이 같다고 할 수 있다면, 환경에 부담을 주지 않는 에너지원이 된다.

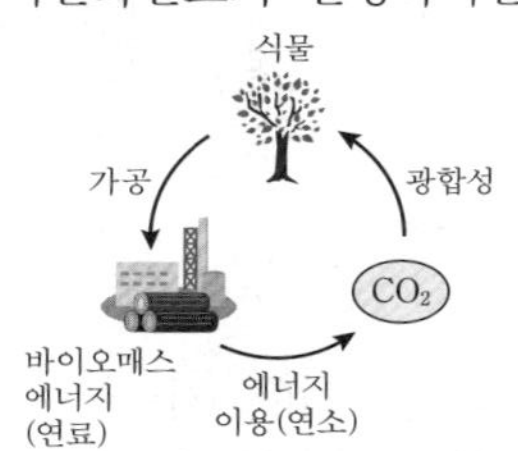

용어 30 전력 계통

발전 설비, 송전 설비, 변전 설비, 배전 설비, 수요 가설비와 같은 전력 생산(발전)부터 유통(송전, 변전, 배전) 및 소비까지 하는 설비 전체를 말한다.

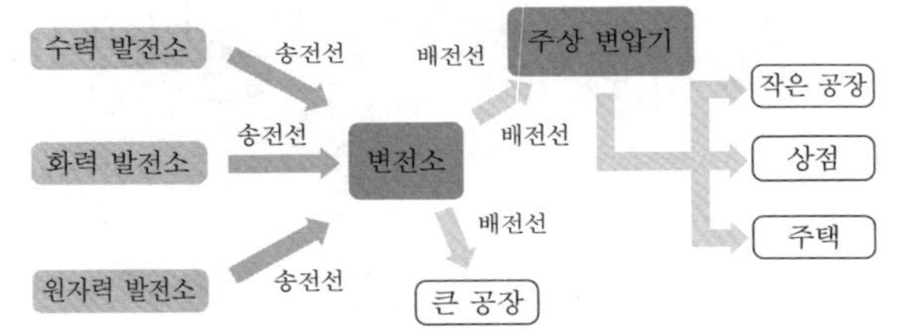

용어 31 부하 시 탭전환 변압기(LRT)

LRT(Load Ratio control Transformer)는 권선에 탭을 설치해 부하 상태인 채로 변압기를 전환해 전압을 조정하는 것이다.

직접식	간접식
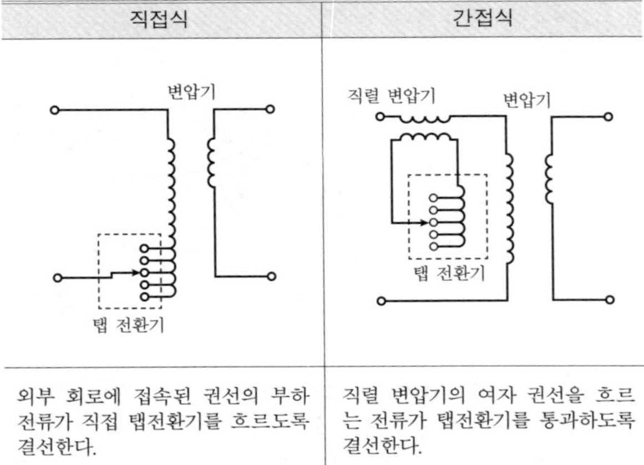	
외부 회로에 접속된 권선의 부하 전류가 직접 탭전환기를 흐르도록 결선한다.	직렬 변압기의 여자 권선을 흐르는 전류가 탭전환기를 통과하도록 결선한다.

용어 32 차단기(CB : Circuit Breaker)

부하 상태에서의 고압 회로 개폐나 고장 시 단락 전류, 지락 전류를 차단하는 데 이용된다.

자기 차단기 (MBB : Magnetic Blow-out Circuit Breaker)	대기 중에서 개폐 동작을 한다. 차단 전류에 의해 발생한 자계를 이용해 아크를 아크 슈트로 유인하고, 아크 길이를 늘리면서 냉각해 소호한다.	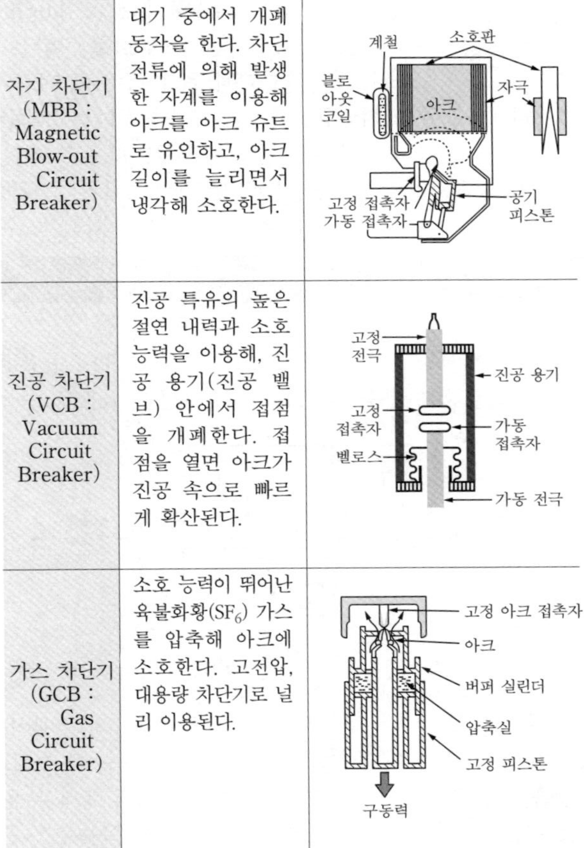
진공 차단기 (VCB : Vacuum Circuit Breaker)	진공 특유의 높은 절연 내력과 소호 능력을 이용해, 진공 용기(진공 벨브) 안에서 접점을 개폐한다. 접점을 열면 아크가 진공 속으로 빠르게 확산된다.	
가스 차단기 (GCB : Gas Circuit Breaker)	소호 능력이 뛰어난 육불화황(SF_6) 가스를 압축해 아크에 소호한다. 고전압, 대용량 차단기로 널리 이용된다.	

용어 33 GIS(가스 절연 개폐 장치)

GIS(Gas Insulated Switch gear)는 차단기(CB), 단로기(DS), 피뢰기(LA), 변류기(CT) 등의 기기를 절연 특성이 우수한 SF_6 가스가 충진된 금속 용기에 일괄 수납한 구조로 된 개폐 장치이다.

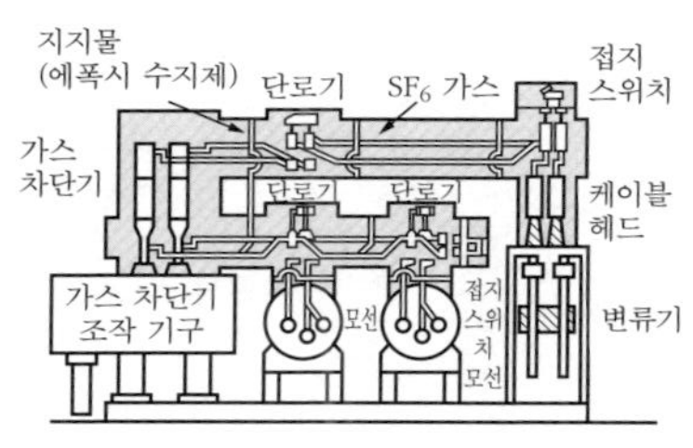

기기의 충전부를 밀폐한 금속 용기는 접지되므로, 감전 위험성이 거의 없다. 또한, 기중 절연보다 장치가 소형화되므로, 대도시 지하 변전소나 염해, 분진 대책의 개폐 장치로 이용된다.

용어 34 피뢰기(LA : Lightning Arrester)

직격뢰나 유도뢰에 의한 뇌 과전압이나 전로의 개폐 등에서 생기는 개폐 과전압을 방전해서 제한 전압을 유지한다. 서지 통과 후 상용 주파수의 속류를 단시간에 차단하고, 원래의 상태로 스스로 복구하는 기능이 있다.

피보호 기기의 전압 단자와 대지 사이에 설치한다. 특성 요소로 ZnO 소자를 이용한 갭레스 피뢰기가 널리 사용된다.

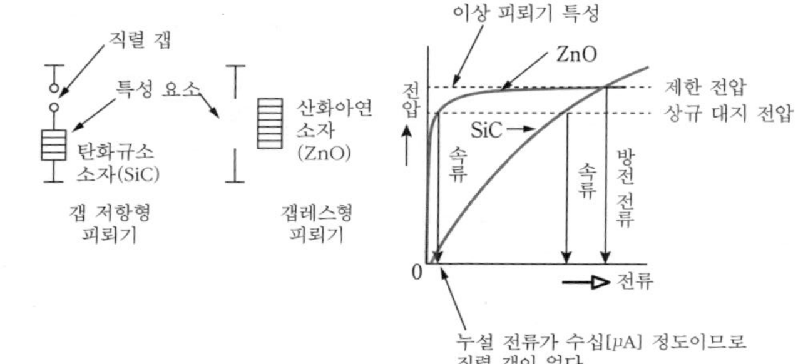

용어 35 단로기(DS : Disconnecting Switch)

아크 소호 장치가 없으므로, 무전압 상태의 개폐에 이용한다. 잘못해서 부하 전류를 차단하면 접촉자 간에 아크가 발생하고, 3상 단락으로 발전해 큰 사고로 이어질 위험이 있다.

오조작을 방지하기 위해 직렬로 접속된 차단로를 개방한 후에만 단로기를 열 수 있도록 인터록 기능을 설치한다.

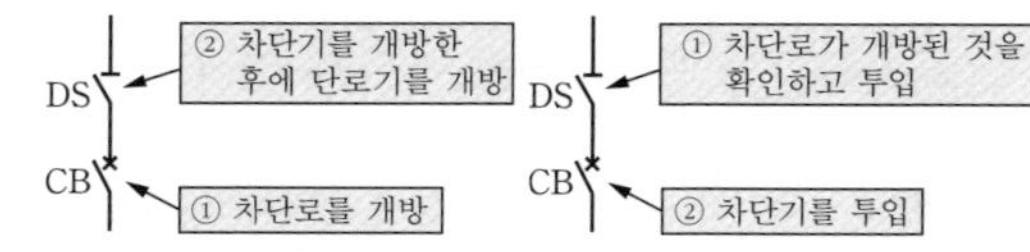

용어 36 차단 시간

차단기는 개폐 능력이 가장 뛰어나 단락 사고나 지락 사고가 발생했을 때, 계전기의 동작으로 자동으로 차단한다.

차단기의 차단 시간은 3사이클 차단이나 5사이클 차단 등 차단기의 개극 시간과 아크 시간을 회로의 사이클수로 나타낸 것이다.

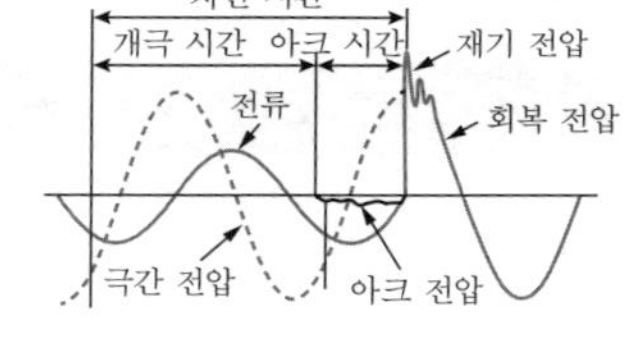

용어 37 한류 저항기(CLR)

비접지식 고압 배전선에서 1선 지락 사고가 발생했을 때 배전용 변전소에서는 지락 방향 계전기를 동작시킨다. 이때의 동작 입력은 영상 전압 V_0과 영상 전류 I_0이고, 접지형 계기용 변압기(GPT)의 3차 권선을 오픈 델타로 하고, 그 단자에 제한 저항 R을 붙여 영상 전압 V_0를 검출한다.

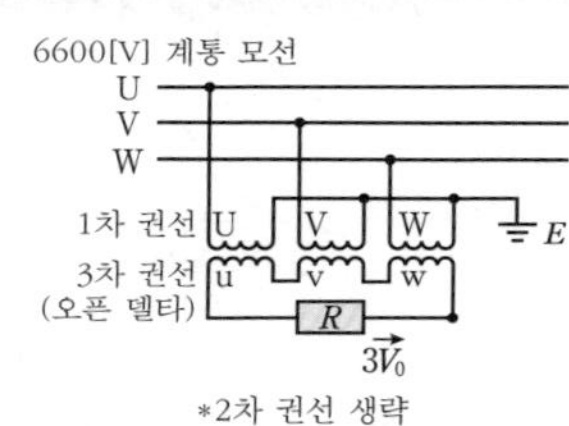

용어 38 정지형 무효 전력 보상 장치(SVC)

사이리스터 스위치에 의해 무효 전류를 고속으로 조정(늦은 역률일 때는 역률을 앞세우고, 앞선 역률일 때는 역률을 지연시킨다)할 수 있는 조상 설비로 부하와 병렬 접속한다.

그림처럼 리액터 전류의 위상 제어하는 TCR 방식인 것은 무효 전력을 연속으로 변화시킬 수 있고, 전압 플리커 대책으로도 사용된다.

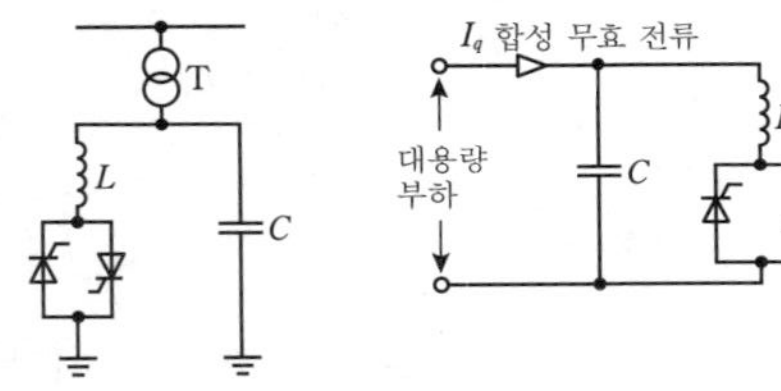

용어 39 과전류 계전기의 타임레버

고압 수용이 구내에서 과부하나 단락 사고가 발생했을 때에는 수용가의 과전류 계전기(OCR)가 배전용 변전소의 과전류 계전기보다 빨리 동작하도록 조정할 필요가 있다.

〔그림〕은 유도 원판형 과전류 계전기의 타임레버(시한 레버)가 10일 때 한시 특성을 나타낸다. 여기서, 탭 정정 전류의 배수는 OCR의 전류 탭에 대한 CT 2차쪽 전류의 배율이다.

타임레버는 동작 시간을 변경하기 위해 설치된 것으로, 예를 들어 레버를 4로 하면 동작 시간은 레버가 10인 경우의 0.4배가 된다.

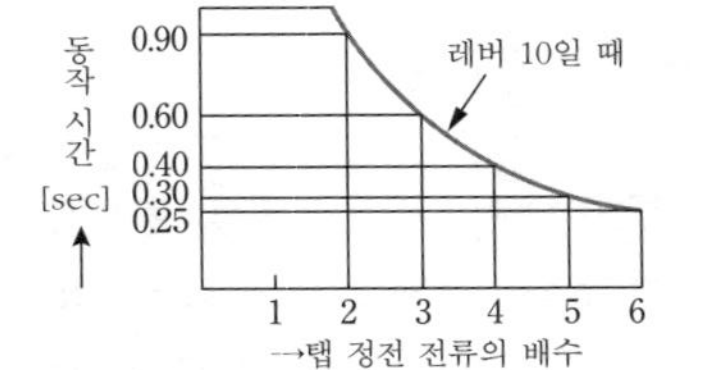

〔그림〕 타임레버 위치 10에서 한시 특성도

용어 40 비율 차동 계전기

변압기의 1차 전류와 2차 전류의 크기를 변류기(CT)로 검출하고, 동작 코일과 억제 코일에 흐르는 전류의 비율을 검출한다. 변압기의 내부 사고 시 등과 같이 비율이 일정 수준 이상이 되면 동작한다.

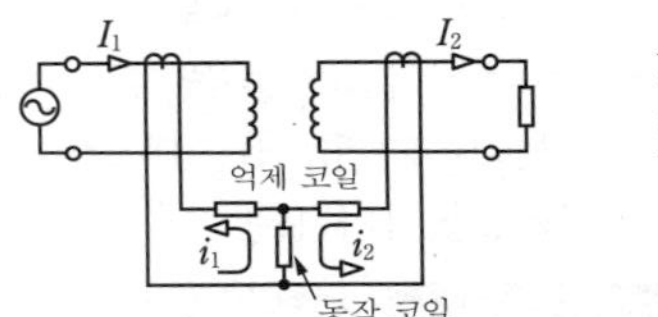

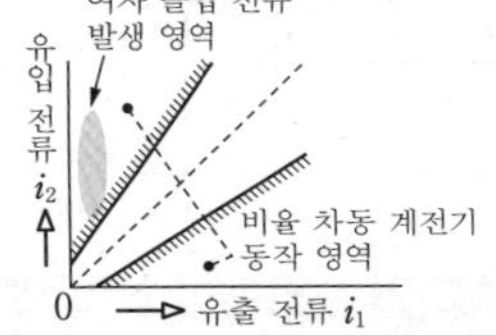

3상 변압기의 경우 변압기의 결선 방법에 따라 1차 전류와 2차 전류 간에 위상차가 생긴다. 변압기의 결선이 Y일 때는 Δ결선에, Δ일 때는 Y결선으로 해서 오동작을 방지해야 한다.

용어 41 부흐홀츠 계전기

변압기 내부 고장이 발생한 경우 급격한 유류 변화나 분해 가스 압력에 의해 기계적으로 동작하는 계전기이다.

변압기의 주탱크와 콘서베이터를 잇는 연결관 사이에 부착한다. 2개의 부낭이 있고 A접점은 작은 고장 검출용으로, 절연 열화 등으로 발생하는 가스에 의해 동작한다. B접점은 큰 고장 검출용으로, 권선 단락 등으로 생기는 유류에 의해 동작한다.

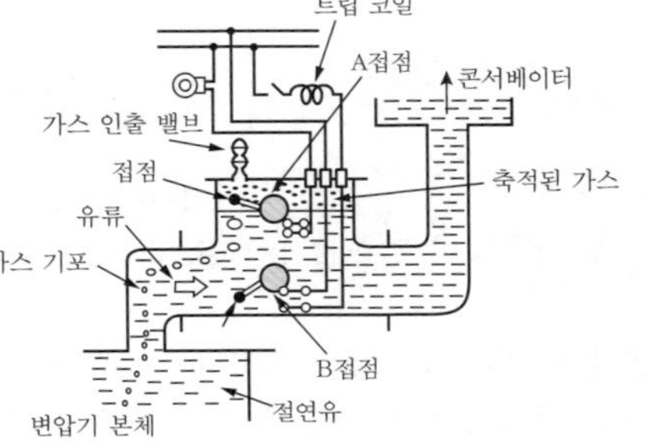

용어 42 재폐로 방식

송전선이 해당 구간의 사고로 보호 계전기가 동작해 차단된 경우 일정한 무전압 시간 후에 자동으로 차단기가 재투입되는 것을 재폐로라고 한다. 송전선 고장의 대부분이 아크 지락이고, 사고 구간을 계통에서 일시적으로 분리해 무전압으로 하면 아크가 자연 소멸하는 경우가 많아, 재폐로에 의해 이상 없이 송전을 계속할 수 있을 확률이 높다.

재폐로에는 아래 표와 같은 종류가 있다.

3상 재폐로	평행 2회선의 편회선쪽에 사고가 발생한 경우, 사고상에 관계 없이 사고 회선을 일괄 차단하여 재폐로 한다.
단상 재폐로	1선 지락 사고 시에 사고상만 선택 차단하고 재폐로 한다.
다상 재폐로	평행 2회선 송전선 사고 시 적어도 2상이 건전한 경우 사고상만 선택 차단하여 재폐로 한다.

재폐로 중 1초 정도 이하에 재투입하는 것을 고속 재폐로, 1~15초 정도에 재투입하는 것을 중속 재폐로, 1분 정도에 재투입하는 것을 저속 재폐로라고 한다.

용어 43 절연 협조

낙뢰 서지에 대해 설비를 구성하는 기기의 절연 강도에 알맞은 제한 전압의 피뢰기를 설치함으로써 합리적인 협조를 도모하고 절연 파괴를 방지하는 것을 절연 협조라고 한다.

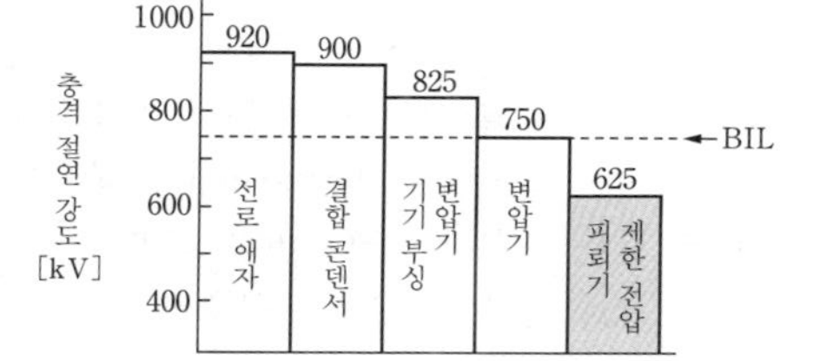

참고 BIL
피뢰기의 제한 전압보다 여유있게 한 기준 충격 절연 강도이다.

용어 44 가공 지선(GW : 그라운드 와이어)

철탑 꼭대기에 가선해서 송전선으로 직격하는 낙뢰를 방지하기 위한 차폐선이다. 가공 지선에는 아연도 강연선, 강심 알루미늄 합금 연선, 알루미늄 복강 연선 등이 이용되고, 차폐각이 작을수록 차폐 효율이 높아진다.

광섬유 복합 가공 지선(OPGW)은 가공 지선에 광섬유를 내장해 통신선 기능도 갖춘 것이다.

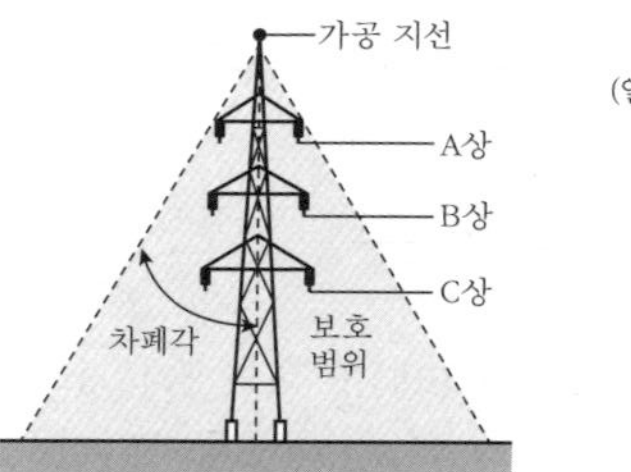

〔그림 1〕 가공 지선과 차폐각

〔그림 2〕 OPGW의 구조

용어 45 강심 알루미늄 연선(ACSR)

강연선 주위에 알루미늄선을 꼬아서 만든 것으로, 가공 송전선의 전선으로 일반적으로 사용된다. 강연선에는 장력을 부담시키고, 알루미늄선에는 통전 능력을 갖게 했다. 경동 연선과 비교할 때 지름은 커지지만 경량이고 코로나 대책으로 적합하다.

TACSR(강심 내열 알루미늄 합금 연선)은 ACSR의 알루미늄선을 내열성 알루미늄 합금선으로 한 것이다. ACSR보다 사용 온도를 높일 수 있으므로(90 → 180[℃]), 허용 전류가 크고 대용량 송전선에 이용할 수 있다.

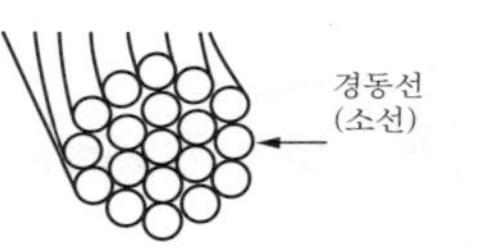

〔그림 1〕 경동 연선(HDCC)

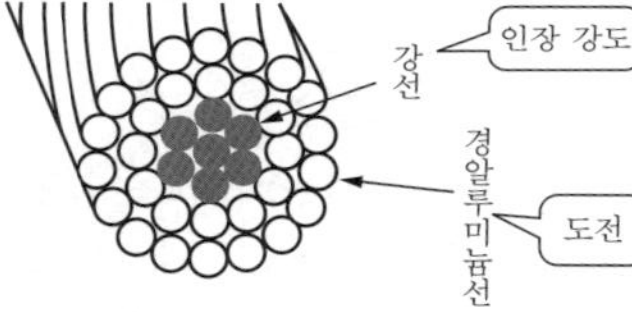

〔그림 2〕 강심 알루미늄 연선(ACSR)

용어 46 코로나 방전

전선 표면의 전위 기울기가 표준 상태(1기압, 기온 20[℃])에서 직류 30[kV/cm](교류 21.1[kV/cm])에 달하면, 전선 주위 공기의 절연이 깨져 코로나 방전이 일어난다. 코로나 방전의 성질은 다음과 같다.

① 코로나 방전이 일어나면 전기 에너지 일부가 작은 소리나 엷은 빛 등으로 나타나는 코로나 손실이 발생한다.
② 가는 전선이나 소선수가 많은 연선일수록 발생하기 쉽다(바깥 지름이 큰 ACSR이나 다도체에서는 발생하기 어렵다).
③ 맑은 날보다 비·눈·안개인 날에 발생하기 쉽다.
④ 코로나 방전이 일어나면 전파 장해나 통신 장해가 발생한다.

〔그림 1〕 단도체

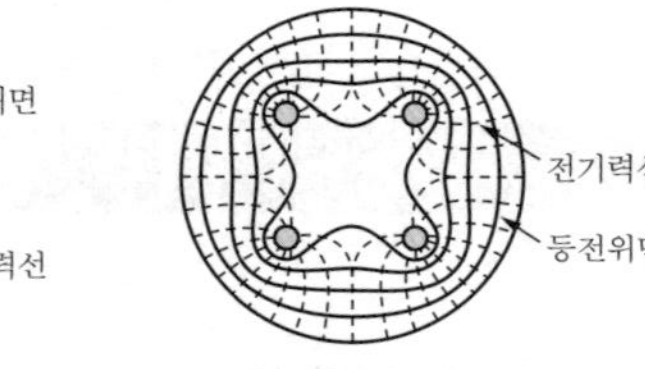

〔그림 2〕 다도체

용어 47 표피 효과

도체에 직류 전류를 보내면 전류는 도체 단면을 균등하게 흐른다. 하지만, 교류 전류를 보내면 전류는 도체 표면에 집중해서 흐르게 된다. 이것이 표피 효과이고, 교류에서는 자속 ϕ가 시간상으로 변화하므로, 전류 i를 방해하는 방향으로 유도 전류 i_i가 흘러 i를 감소시킨다. 표피 효과의 영향은 도전율, 투자율, 주파수가 높을수록 현저해진다.

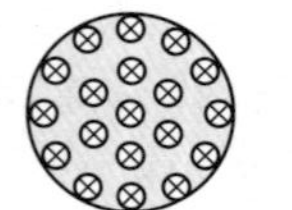
〔그림 1〕 직류 전류를 흘려 보낸다.

〔그림 2〕 전류와 유도 자속

〔그림 3〕 교류 전류를 흘려 보낸다.

용어 48 근접 효과

병행한 도체에 전류가 같은 방향으로 흐를 경우에는 흡인력이, 반대 방향으로 흐를 경우에는 반발력이 작용한다. 이 결과로 도체 내 전류가 몰려서 전류 밀도가 불균일해지고, 도체의 실효 저항이 증가한다.

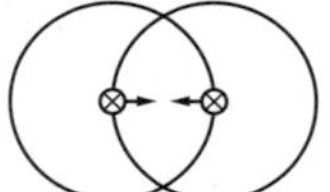
〔그림 1〕 같은 방향 전류

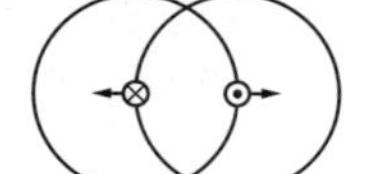
〔그림 2〕 다른 방향 전류

용어 49 페란티 효과

장거리 송전 선로와 케이블 계통에서는 정전 용량이 크기 때문에 심야 등 부하가 아주 작을 경우에는 위상이 앞선 충전 전류의 영향이 증가하여 수전단 전압이 송전단 전압보다 높아진다. 이 현상을 페란티 효과라고 한다.

송전 선로의 저항을 R, 리액턴스를 X_L이라고 하고, 앞선 전류 I가 흐르면 아래 〔그림〕처럼 수전단 전압 E_R은 송전단 전압 E_S보다 높아진다. 페란티 효과는 심야 등에 고압 수용가의 전력용 콘덴서가 선로에서 분리되지 않은 경우 배전 계통에서도 발생한다.

이를 방지하기 위해 분로 리액터를 설치한다.

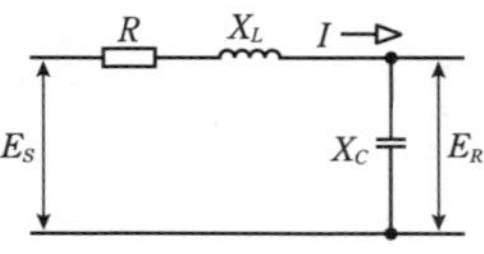

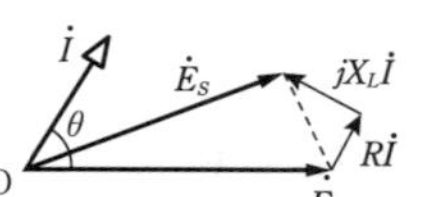

용어 50 피빙 도약

전선에 붙어 있던 빙설이 기온이나 바람 등 기상 조건의 변화로 한꺼번에 떨어져 나갈 때 전선이 튀어오르는 현상이다.

피빙 도약이 발생하면 송전선 상간 단락 사고나 지지물 파손 사고를 초래하기도 한다.

방지 대책은 다음과 같다.

① 수직 경간 거리나 전선의 오프셋을 크게 잡고, 전선끼리 닿지 않게 한다.
② 전선에 스페이서를 부착한다.
③ 되도록 빙설이 적은 경로를 선정한다.
④ 경간이 길면 피빙 도약이 발생하기 쉬우므로 경간 길이를 적정하게 한다.

용어 51 갤러핑

겨울철에는 송전선에 편평한 빙설이 붙는 경우가 있다. 비대칭으로 붙은 빙설에 수평풍이 닿으면 비행기 날개처럼 양력이 발생해 전선이 잘려 진동한다.

갤러핑이 발생하기 쉬운 풍속은 10~20[m/sec]이고, 갤러핑이 발생하면 송전선의 상간 단락 사고가 일어나는 경우가 있다.

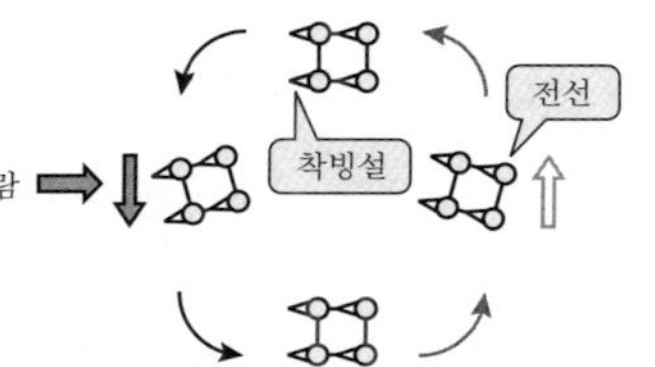

방지 대책은 다음과 같다.

① 경간이 길수록 진동이 커지므로, 경간 길이를 제한한다.
② 지나치게 늘어지지 않도록 전선의 장력을 적정하게 한다.
③ 스페이서를 삽입하거나 선간 거리를 늘려준다.
④ 빙설이 부착되기 어려운 전선을 사용한다.
⑤ 착빙설이 적은 경로를 선정한다.

용어 52 서브 스판 진동

다도체를 사용하는 초고압 송전선에서 스페이서 부착 간격을 서브 스판이라고 한다. 풍속이 10[m/sec]를 넘거나 그 이하라도 소선에 빙설이 부착되면, 풍하측에 카르만 소용돌이가 발생하고 전선에 상하 교번력이 가해져 이것이 서브 스판의 고유 진동수와 일치하면 공진 상태가 되어 진동이 발생한다.

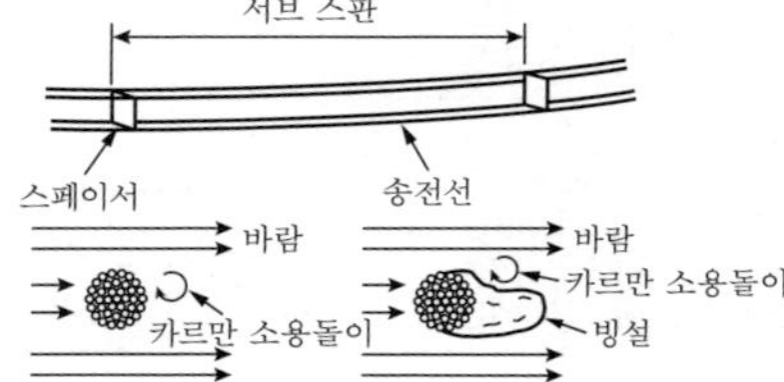

방지 대책은 다음과 같다.

① 서브 스판 간격을 조절해 고유 진동수를 바꾼다.
② 스페이서의 전선 지지부에 완충재를 넣는다.

용어 53 현수 애자

현수 애자는 갓 모양의 자기 절연층의 양쪽에 연결용 금구를 접속한 애자로, 전선을 철탑에서 현수해서 지탱한다.

주로 송전선에 이용되며 사용 전압이나 오손 구분에 따라 적당한 개수를 연결할 수 있다. 연결 방식에 따라서 클레비스형과 볼 소켓형이 있다.

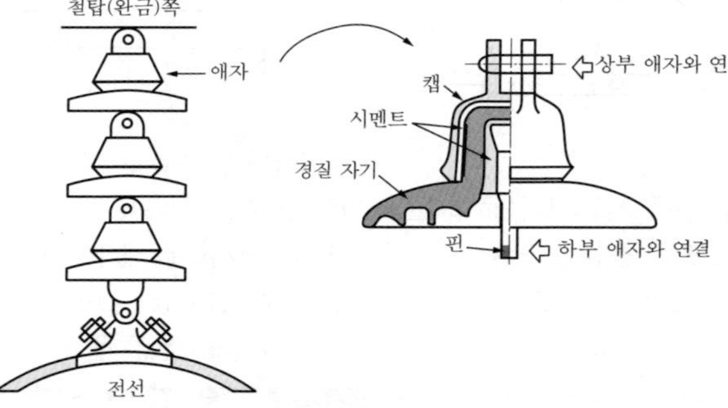

용어 54 아킹혼

송전선에 설치된 애자를 낙뢰로부터 보호하고자 애자연 양 끝에 뿔모양 금구를 부착해 플래시 오버할 때 아크 열에 의한 열파괴를 방지한다.

낙뢰가 송전선에 침입하면 아킹혼 부분에서 플래시오버가 발생하고 낙뢰 아크 전류가 흐른다. 이때, 보호 계전기는 그 속류를 검출하고 차단기를 동작시켜 절연을 회복한다. 아킹혼의 간격은 애자연 길이의 80[%] 정도로 설정되어 있다.

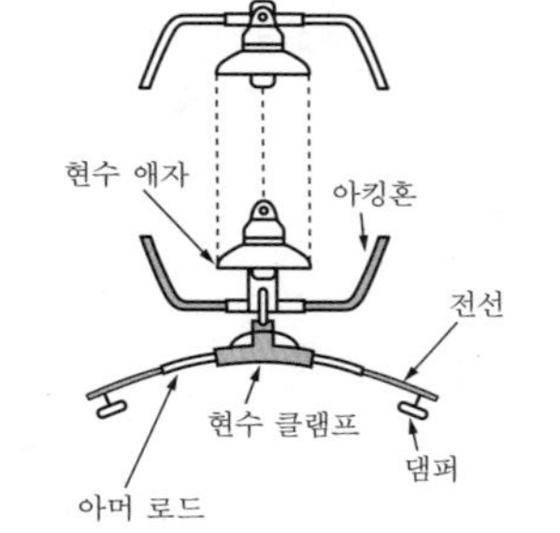

용어 55 염해

① 염해의 의미 : 애자 표면에 부착된 염분이 안개나 보슬비에 의한 습윤으로 녹아 전도성을 띠면, 표면 누설 전류가 증가한다. 이에 따라 애자 표면이 건조해 부분 방전을 일으키고, 표면부 절연 파괴와 플래시오버를 일으킨다. 계절풍이 불거나 태풍이 올 때 피해가 크다.

② 애자 염해 대책

㉠ 애자 연결 개수를 늘리거나 내염 애자를 사용한다.

㉡ 애자의 활선 세정을 한다.

㉢ 발수성 물질(실리콘 컴파운드)을 도포한다.

㉣ GIS에 의한 은폐화와 전력 설비의 옥내화를 계획한다.

용어 56 연가

3상 3선식 가공 송전선의 전선 배열 순서가 일정하면 인덕턴스와 정전 용량이 불평형하게 된다. 이 때문에 전체 길이를 3등분으로 분할하고 각 구간의 선을 서로 엇갈리게 해 전기적 불평형을 방지한다. 연가를 함으로써 중성점에 나타나는 잔류 전압을 감소시키고, 부근 통신선에 대한 정전 유도 장해나 전자 유도 장해를 경감할 수 있다.

용어 57 수전 방식

특고압과 고압 수전 방식에는 다음과 같은 종류가 있다.

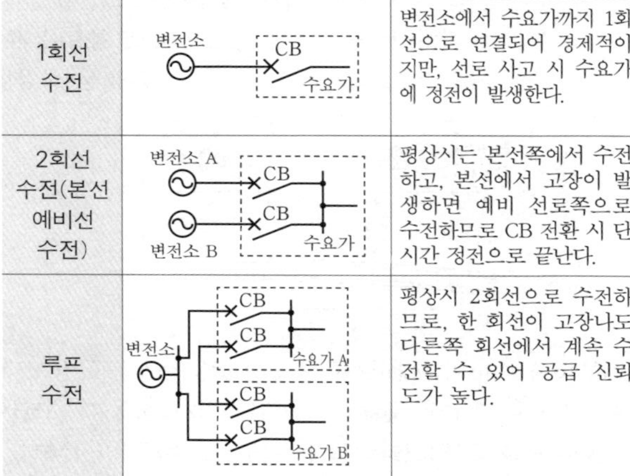

1회선 수전		변전소에서 수요가까지 1회선으로 연결되어 경제적이지만, 선로 사고 시 수요가에 정전이 발생한다.
2회선 수전(본선 예비선 수전)		평상시는 본선쪽에서 수전하고, 본선에서 고장이 발생하면 예비 선로쪽으로 수전하므로 CB 전환 시 단시간 정전으로 끝난다.
루프 수전		평상시 2회선으로 수전하므로, 한 회선이 고장나도 다른쪽 회선에서 계속 수전할 수 있어 공급 신뢰도가 높다.

용어 58 380[V] 배전

① 중성점 직접 접지 방식인 Y결선 3상 4선식으로, 380[V]/220[V]의 전압이다.

② 380[V]는 3상 3선식으로 이용하고, 전동기 등의 동력 부하를 접속한다.

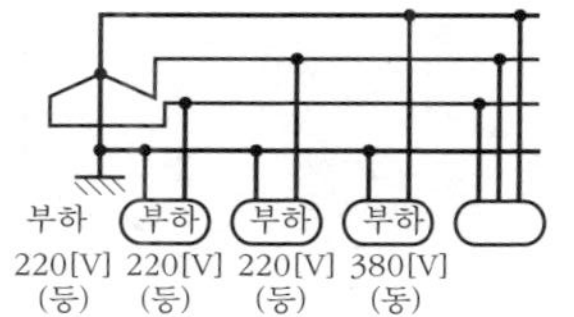

③ 220[V]는 전압선과 중성선 사이에서 얻어지고, 형광등이나 수은등 같은 전등 부하에 이용한다.

④ 백열전등이나 콘센트 회로 등의 110[V] 부하에 대해서는 220[V]/110[V] 변압기를 매개해 공급한다.

⑤ 규모가 큰 빌등 등의 옥내 배선에 이용되며 전등 및 동력 설비에 함께 쓸 수 있어, 전압격상에 의한 공급력 증가나 전압 손실 경감 효과가 있다.

용어 59 스폿 네트워크 방식

다른 2회선 이상의 배전선에 접속된 변압기의 2차쪽을 병렬로 접속한 수전 방식이다. 공급 신뢰도가 매우 높아서 1회선 고장 시에도 무정전으로 수전할 수 있다.

변전소
급전선
차단기
네트워크 변압기
프로텍터 퓨즈
프로텍터 차단기
네트워크 프로텍터
네트워크 모선
간선 보호 퓨즈
수요가, 수전실

네트워크 프로텍터의 특성은 다음과 같다.

① **무전압 투입 특성**: 고압쪽에 전압이 있고, 저압쪽에는 전압이 없을 때 자동 투입한다.

② **과전압(차전압) 투입 특성**: 저압쪽이 전력을 공급할 수 있는 전압 상태에 있을 때 자동 투입한다.

③ **역전력 차단 특성**: 네트워크 변압기에 역전류가 흘렀을 때 자동 차단한다.

용어 60 한류 퓨즈

자기제 절연통 내 퓨즈와 아크를 냉각 소호하는 규사를 수납한 것이다. 퓨즈 용단 시 아크 저항으로 단락 전류를 한류 억제하고 반파에서 한류 차단을 한다.

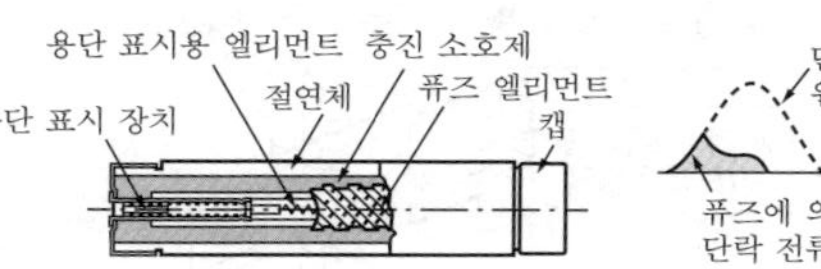

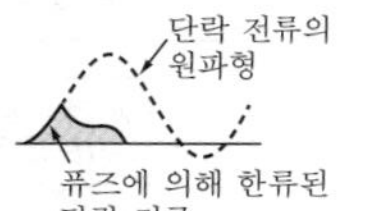

용어 61 직렬 리액터(SR)

전력용 콘덴서에 직렬로 접속해 설치한다.

제5고조파에 대해 유도성으로 하기 위해, $5\omega L > \frac{1}{5\omega C}$을 만족하는 6[%] 리액터가 표준으로 사용된다.

① 고조파 확대를 방지하고, 계통의 전압 왜곡을 개선한다.

② 콘덴서의 투입 전류를 억제함과 동시에 이상 전압 발생을 억제한다.

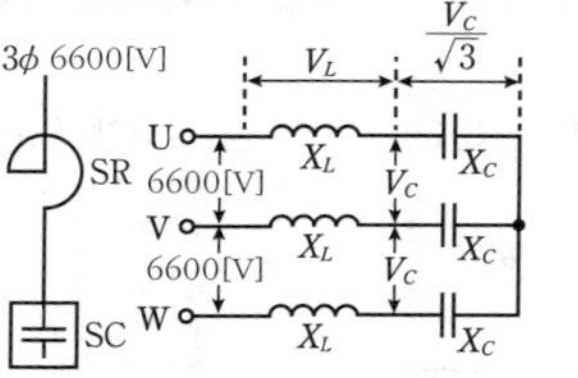

용어 62 OE 전선과 OC 전선

양쪽 다 고압 가공 전선으로 사용되고 있다.

① OE 전선 : 옥외용 폴리에틸렌 절연 전선으로 전기적 특성, 내후성 모두 뛰어난 성능을 가진 폴리에틸렌 절연체로 되어 있다.

② OC 전선 : 옥외용 가교 폴리에틸렌 절연 전선으로 절연체에 가교 폴리에틸렌을 사용하여 OE 전선보다 전류 용량을 15[%] 정도 증가시킬 수 있다.

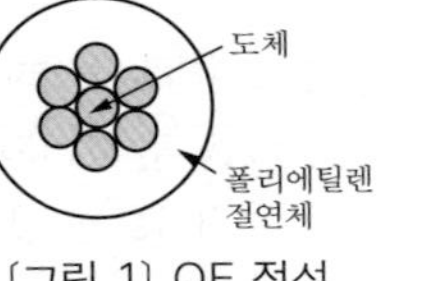

〔그림 1〕 OE 전선

〔그림 2〕 OC 전선

용어 63 절연 격차

주상 변압기부에 대해 고압 본선측 절연 레벨을 올리는 방식이다. 이에 따라 절연 전극의 아크 용단이나 본선 부분에서의 고장 발생을 적극적으로 방지하고, 낙뢰에 의한 플래시오버 발생 장소를 주상 변압기 주변에 집중시킨다.

플래시오버에 동반하는 속류는 고압 컷아웃 타임 래그 퓨즈의 용단으로 처리하고, 낙뢰에 의한 고장을 주상 변압기에서의 공급 범위로 제한한다.

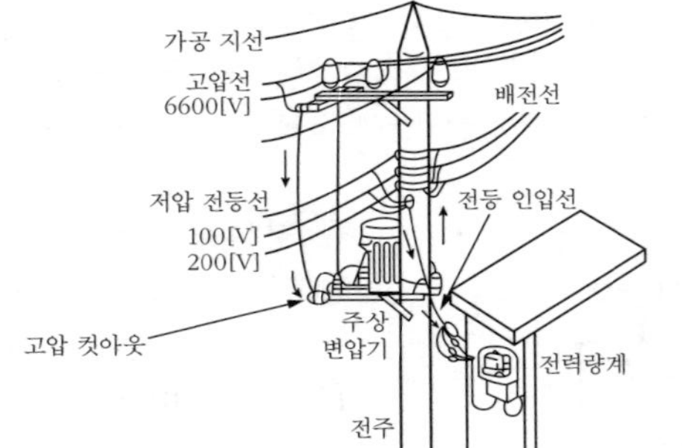

용어 64 밸런서

단상 3선식 배전선에서 AN, BN 부하의 불평형이 크면, 중성선에 큰 전류가 흘러 전압의 불평형을 발생시킬 뿐만 아니라 전력 손실이 증가한다. 이 상태를 해소하기 위해 저압 배전선 말단에 밸런서를 설치한다. 밸런서는 권수비 1 : 1인 단권 변압기이다.

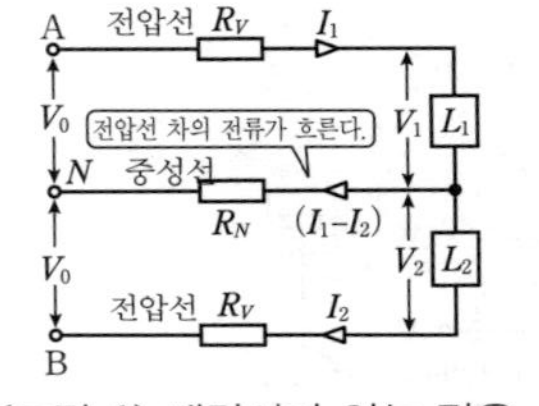

〔그림 1〕 밸런서가 없는 경우

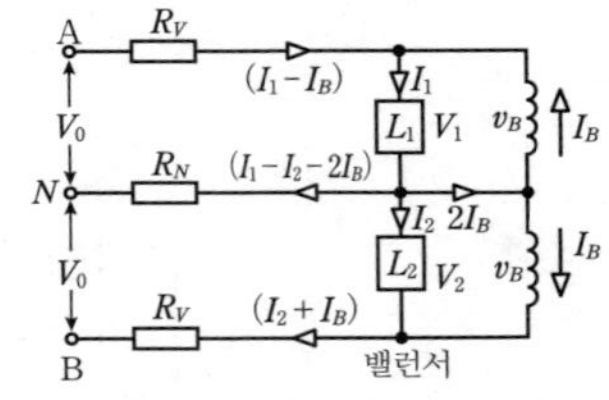

〔그림 2〕 밸런서가 있는 경우

용어 65 스마트 미터

수요가에 설치하는 전력량계에 통신 기능이나 개폐 기능을 부여해 전력 회사와 수요가 간의 양방향 통신이 가능하게 한 계량기이다. 스마트 미터를 설치하면 사용 전력량, 역조류 전력량, 시각 정보, 정전 정보 등의 정보 수집, 수요가의 선택 차단, 데이터 교환, 가전제품 제어 등을 할 수 있게 된다.

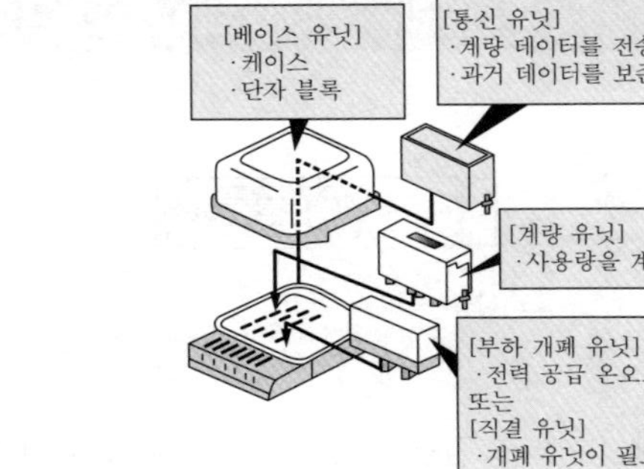

용어 66 OF 케이블

저점도 절연유를 케이블 절연체의 절연지에 함침시키고, 유압을 대기압 이상으로 유지함으로써 보이드 발생을 방지하는 케이블로 최고 허용 온도는 80[℃]이다.

급유 설비가 필요하고 연결이 어렵지만 절연 두께를 얇게 할 수 있으므로 초고압 케이블 등에 사용된다.

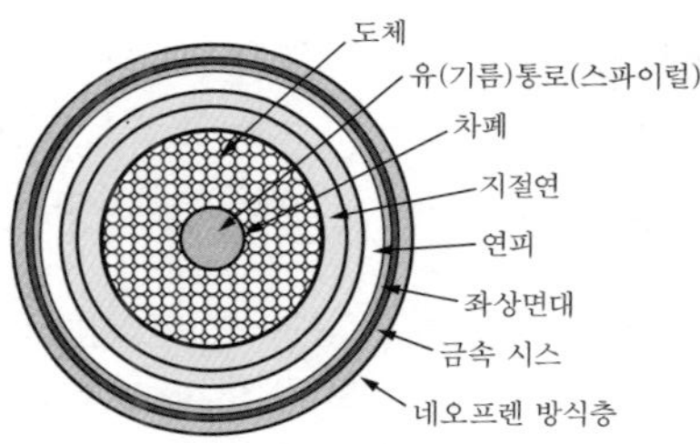

용어 67 CVT 케이블

CV 케이블은 도체를 가교 폴리에틸렌으로 피복하고, 그 외주를 비닐 시스로 피복한 가교 폴리에틸렌 절연 비닐 시스 케이블이다.

가교 폴리에틸렌은 폴리에틸렌 분자를 가교함으로써 분자를 망상으로 보강하고 내열성을 높인 것으로, 최고 허용 온도는 90[℃], 단락 시 허용 온도는 230[℃]까지 견딜 수 있다.

또한, 비유전율이 작아서 유전체 손실도 작아진다. CVT 케이블(트리플렉스형 케이블)은 CV 케이블 3가닥을 꼬아서 만든 것이다.

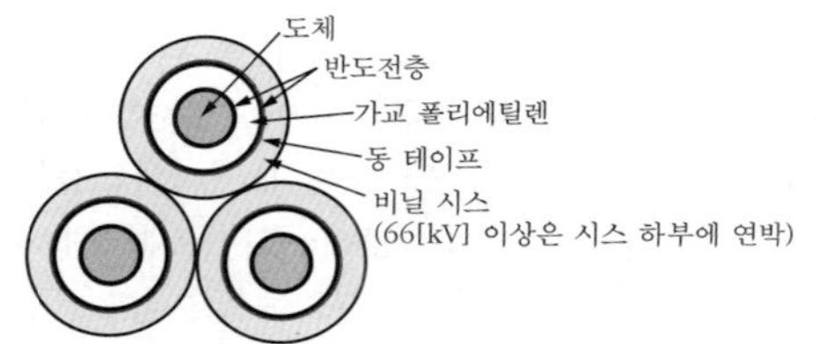

용어 68 수트리(water tree)

CV 케이블에서 물과 과전에 의한 전계의 공존 상태에서 발생하는 열화 현상으로, 수트리가 발생하면 절연 파괴 전압이 저하된다. 과전 상태가 아니라면 케이블 내로 침수해도 수트리가 진행되지 않는다.

수트리에는 계면 수트리(외도 수트리와 내도 수트리)와 보타이형 수트리가 있다.

방지 대책으로 건식 가교나 내·외부 반도전층과 절연층의 3개 층을 동시에 압출하는 E-E 타입이 채용되고 있다.

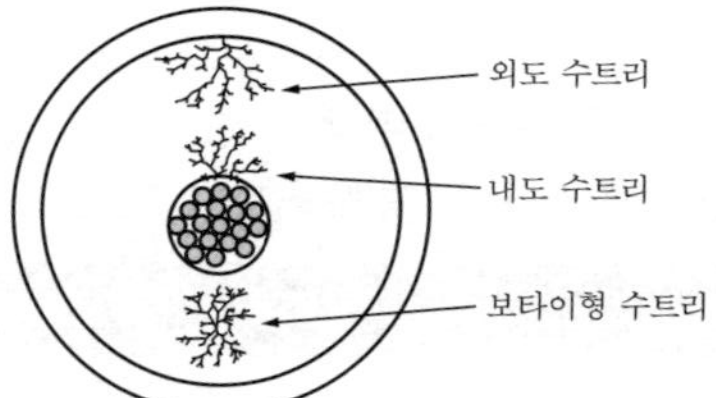

용어 69 스트레스콘

케이블 피복을 벗기면 케이블 단말부 전계 분포는 차폐층 절단면에 집중되므로 내전압 특성이 저하된다. 이 때문에 전계의 집중을 완화하는 방법으로서 차폐층 절단점 가까이를 절연 테이프로 원뿔(cone) 모양으로 성형하여 부풀린다. 이것을 스트레스콘이라고 하며, 스트레스콘을 이용하면 절연체의 연면 전계의 집중을 완화할 수 있고 내전압 특성이 향상된다.

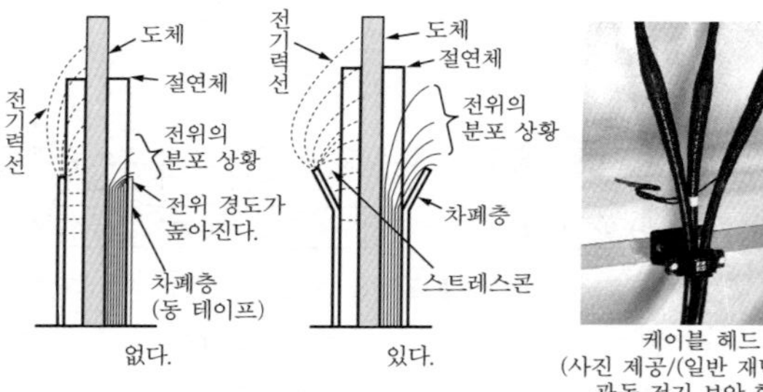

케이블 헤드
(사진 제공/(일반 재단 법인) 관동 전기 보안 협회)

용어 70 지락 방향 계전기(DGR)

지락 과전류 계전기는 지락 전류의 크기만을 검출하므로 지락 전류가 전원 쪽에서 흘러왔는지, 부하쪽에서 되돌아왔는지 판별할 수 없다. 이 때문에, 고압 수요가의 고압 케이블 길이가 긴 경우에는 외부 사고로 불필요하게 동작해 버리기도 한다. 이를 해소하고자 지락 방향 계전기를 설치해 영상 전압 V_0와 영상 전류 I_0와의 두 요소로 동작하게 하고 영상 전압과 영상 전류의 위상을 검출하여 방향이 다를 경우에는 동작하지 않게 한다.

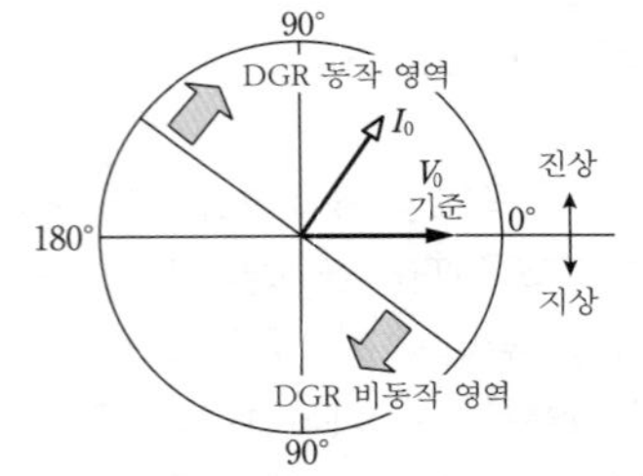

용어 71 자심 재료와 영구자석 재료

〔그림〕의 히스테리시스 루프에서 B_r은 잔류 자기[T]를, H_c는 보자력[A/m]을 나타낸다.

B_r이 크고 H_c가 작은 강자성체는 전자석에 적합하며, 히스테리시스 루프를 에워싸는 면적이 작고, 히스테리시스 손실은 작다.

반면에, B_r과 H_c가 모두 큰 강자성체는 영구자석 재료에 적합하며, 히스테리시스 루프를 에워싸는 면적이 크고, 히스테리시스 손실도 크다.

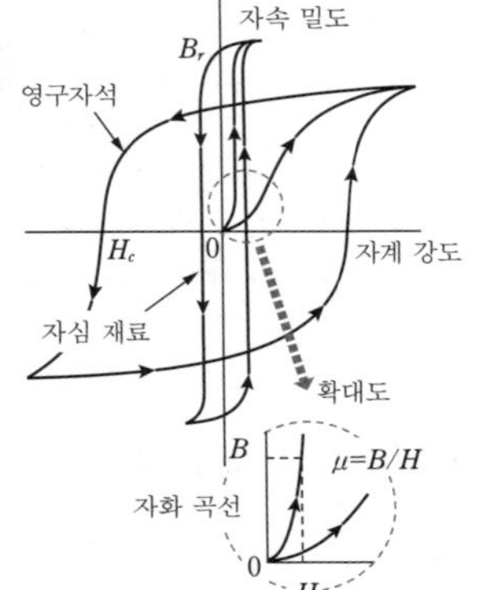

용어 72 와전류 손실

교번 자계가 강자성체 속을 통과하면, 자속 주변에 와전류가 흘러 와전류 손실이 발생한다. 와전류 손실이 발생하는 단계는 다음과 같다.

① 코일에 흐르는 전류가 증가한다. → ② 자속 Φ가 증가한다.

③ 와전류가 흐른다. → ④ 도체판의 저항에서 줄열이 발생한다.

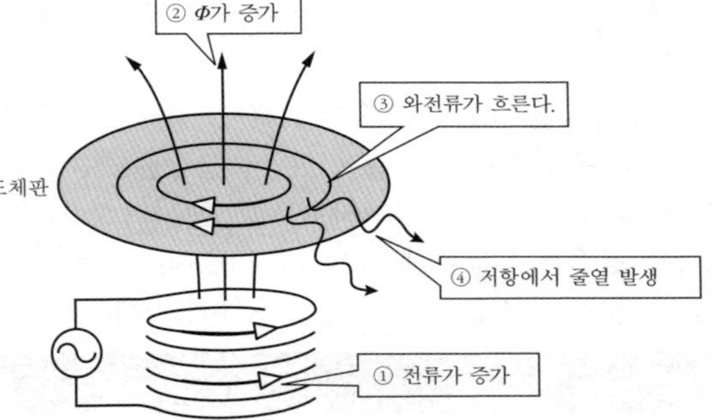

용어 73 내열 클래스

① 절연물에는 상시 그 온도로 사용해도 절연 열화 문제가 없는 온도의 상한값(허용 최고 온도)이 있으므로 등급을 나누어 규정하고 있다.

② 등급은 다음과 같은 것들이 있다.

Y종(90[℃]), A종(105[℃]), E종(120[℃]), B종(130[℃]), F종(155[℃]), H종(180[℃]), C종(180[℃] 초과)

용어 74 전기에서 자주 사용하는 문자와 단위·기호

〔전기 시험에 관계된 SI 조립 단위〕

조립량	단위 명칭	기호	SI 기본 단위, 조립 단위 표시 방식
평면각	라디안	rad	m/m
입체각	스테라디안	sr	m^2/m^2
주파수	헤르츠	Hz	1/s
힘	뉴턴	N	$kg·m/s^2$
열량, 일, 에너지	줄	J	$J=N·m=kg·m^2/s^2=W·s$
공률(일률), 전력	와트	W	$W=J/s=kg·m^2/s^3$
압력, 응력	파스칼	Pa	$N/m^2=kg/(m·s^2)$
전기량, 전하	쿨롬	C	A·s
전압, 기전력	볼트	V	$V=W/A=kg·m^2/(s^3·A)$
전계의 세기	볼트/미터*	V/m	$V/m=kg·m/(s^3·A)$
전기 저항	옴	Ω	$Ω=V/A=kg·m^2/(s^3·A^2)$
정전 용량	패럿	F	$F=C/V=A^2·s^4/(kg·m^2)$
자속	웨버	Wb	$Wb=V·s=kg·m^2/(s^2·A)$
자속 밀도	테슬라	T	$T=Wb/m^2=kg/(s^2·A)$
자계의 세기	암페어/미터*	A/m	A/m
인덕턴스	헨리	H	$H=Wb/A=kg·m^2/(s^2·A^2)$
기자력	암페어	A	A
광속	루멘	lm	lm=cd·sr
조도	럭스	lx	$lx=lm/m^2=cd·sr/m^2$
휘도	칸델라/제곱미터*	cd/m^2	cd/m^2
컨덕턴스	지멘스	S	$S=1/Ω=s^3·A^2/(kg·m^2)$

*명칭 자체도 조립되어 있는 단위

memo

[참!쉬움]
합격이 참 쉽다!

02 전력공학

2020. 4. 10. 초 판 1쇄 발행
2025. 1. 8. 5차 개정증보 5판 1쇄 발행

지은이 | 문영철
펴낸이 | 이종춘
펴낸곳 | BM (주)도서출판 성안당
주소 | 04032 서울시 마포구 양화로 127 첨단빌딩 3층(출판기획 R&D 센터)
10881 경기도 파주시 문발로 112 파주 출판 문화도시(제작 및 물류)
전화 | 02) 3142-0036
031) 950-6300
팩스 | 031) 955-0510
등록 | 1973. 2. 1. 제406-2005-000046호
출판사 홈페이지 | **www.cyber.co.kr**
ISBN | 978-89-315-1352-3 (13560)
정가 | **22,000원**

이 책을 만든 사람들
기획 | 최옥현
진행 | 박경희
교정·교열 | 김원갑
전산편집 | 오정은
표지 디자인 | 박현정
홍보 | 김계향, 임진성, 김주승, 최정민
국제부 | 이선민, 조혜란
마케팅 | 구본철, 차정욱, 오영일, 나진호, 강호묵
마케팅 지원 | 장상범
제작 | 김유석